U0865111

材料科学与工程系列教材(二)
总主编　曹茂盛　蒋成禹　田永君
总主审　吴　林　马莒生　方洪渊

材料加工原理

蒋成禹　胡玉洁　马明臻　主编
张　涛　侯跃永　审

哈尔滨工业大学出版社
哈尔滨

内容提要

本书是高等学校材料科学与工程类专业的技术基础课教材，主要阐述材料加工的主要工艺方法及加工过程的基本原理。内容包括：液态金属凝固原理，金属塑性加工原理，粉末冶金材料加工原理，无机非金属材料、复合材料和高分子材料加工原理，材料连接加工原理，材料切割加工原理，现代材料加工新技术及原理。

本书以材料加工方法为主线，力求在阐述其基本原理的同时做到理论联系实际。本书为高等学校材料科学与工程类各专业本科生的通用教材，也可作为有关专业科技人员的参考书。

图书在版编目(CIP)数据

材料加工原理/蒋成禹等主编.—2版.—哈尔滨：哈尔滨工业大学出版社，2003.8

(材料科学与工程系列教材；2)

ISBN 7-5603-1649-2

Ⅰ.材… Ⅱ.蒋… Ⅲ.工程材料-加工-理论-高等学校-教材 Ⅳ.TB3

中国版本图书馆CIP数据核字(2003)第068142号

出版发行 哈尔滨工业大学出版社
社 址 哈尔滨市南岗区教化街21号 邮编150006
传 真 0451—86414749
印 刷 肇东粮食印刷厂
开 本 787×1092 1/16 印张23.75 字数548千字
版 次 2003年8月第2版 2003年8第2次印刷
书 号 ISBN 7-5603-1649-2/TB·19
印 数 3 001~7 000
定 价 25.00元

序　言

材料科学与工程系列教材是由哈尔滨工业大学出版社组织国内部分高校专家学者共同编写的大型系列教学丛书，其中第一系列、第二系列教材已分别被列为国家新闻出版总署“九五”、“十五”重点图书出版计划。第一系列教材9种已于1999年陆续出版。编写本系列教材丛书的基本指导思想是：总结已有、通向未来、面向21世纪，以优化教材链为宗旨，依照为培养材料科学人才提供一个较为广泛的知识平台的原则，并根据培养目标，确定书目、编写大纲及主干内容。为确保图书品位，体现较高水平，编审委员会全体成员对国内外同类教材进行了细致的调查研究，广泛征求各参编院校第一线任课教师的意见，认真分析国家教育部新的学科专业目录和全国材料工程类专业教学指导委员会第一届全体会议的基本精神，进而制定了具体的编写大纲。在此基础上，聘请了国内一批知名的专家，对本系列教材书目和编写大纲审查认定，最后确定各册的体系结构。经过全体编审人员的共同努力，第二系列教材即将出版发行，我们热切期望这套大型系列教学丛书能够满足国内高等学校材料工程类专业教育改革发展的需要，并且在教学实践中得以不断充实、完善和发展。

在本书的编写过程中，注意突出了以下几方面特色：

1.根据科学技术发展的最新动态和我国高等学校专业学科归并的现实需求，坚持面向一级学科、加强基础、拓宽专业面、更新教材内容的基本原则。

2.注重优化课程体系，探索教材新结构，即兼顾材料工程类学科中金属材料、无机非金属材料、高分子材料、复合材料共性与个性的结合，实现多学科知识的交叉与渗透。

3.反映当代科学技术的新概念、新知识、新理论、新技术、新工艺，突出反映教材内容的现代化。

4.注重协调材料科学与材料工程的关系，既加强材料科学基础的内容，又强调材料工程基础，以满足培养宽口径材料学人才的需要。

5.坚持体现教材内容深广度适中、够用的原则，增强教材的适用性和针对性。

6.在系列教材编写过程中，进行了国内外同类教材对比研究，吸取了国内外同类教材的精华，重点反映新教材体系结构特色，把握教材的科学性、系统性和适用性。

此外，本系列教材还兼顾了内容丰富、叙述深入浅出、简明扼要、重点突出等特色，能充分满足少学时教学的要求。

参加本系列教材编审工作的单位有：清华大学、哈尔滨工业大学、北京科技大学、北京航空航天大学、北京理工大学、哈尔滨工程大学、北京化工大学、燕山大学、哈尔滨理工大学、华东船舶工业学院、北京钢铁研究总院等22所院校100余名专家学者，他们为本系列教材的编审付出了大量心血。在此，编审委员会对这些同志无私的奉献致以崇高的敬意。此外，编审委员会特别鸣谢中国科学院院士肖纪美教授、中国工程院院士徐滨士少将、中国工程院院士杜善义教授，感谢他们对本系列教材编审工作的指导与大力支持。

限于编审者的水平，疏漏和错误之处在所难免，欢迎同行和读者批评指正。

材料科学与工程系列教材编审委员会

2001年7月

再版前言

本书阐述材料加工的主要工艺方法及加工过程的基本原理，内容包括液态金属凝固原理，金属塑性加工原理，粉末冶金材料加工原理，无机非金属材料、复合材料和高分子材料加工原理，材料连接加工原理，材料切割加工原理，现代材料加工新技术及原理。

本书以材料加工方法为主线，力求在阐述其原理的同时做到理论联系实际。本书为高等学校材料科学与工程类各专业的本科生通用教材，也可供硕士研究生讲授之用，对专业科技人员也是很好的参考书。

参加本书编写的有蒋成禹、孙振国、官英平、朱海涛、马明臻、胡玉洁、邹家生、李敬勇、陈铮等。全书由蒋成禹、胡玉洁、马明臻主编，由张涛、侯跃永审。

本书在两年的教学实践中广受欢迎。再版之即，蒋成禹、胡玉洁、孙振国、李敬勇、邹家生等对本书进行了认真的修改，并校正了第一版中的错误。

限于编者的水平，仍然可能有错误与不妥之处，欢迎使用本书的读者继续批评指正。

编　者

2003 年 7 月

来信请寄：哈尔滨工业大学出版社 杨桦(收)

地　　址：哈尔滨市南岗区教化街 21 号

邮　　编：150006

目　录

绪　论

《材料加工原理》一书是高等学校材料科学与工程类专业的技术基础课教材。材料科学与工程是一门综合利用现代的先进科学技术成就、多学科交叉、知识密集、投资量大的一门科学。根据其基本组分，材料科学可归纳为金属材料(Metallic Materials)、无机非金属材料(Inorganic Non-metallic Materials)、高分子材料(Polymer Materials)、先进复合材料(Advanced Composite Materials)四大类。而材料加工是实现材料在工程中应用的主要工艺过程。本书阐述了材料加工的主要工艺方法及加工过程的基本原理。

0.1　材料科学与工程

材料是用于制造有用物件的物质。在人类历史发展进程中，一直把材料作为人类进步的里程碑。20世纪60年代，人们把材料、信息与能源誉为当代文明的三大支柱，70年代又把新型材料、信息技术和生物技术作为新技术革命的主要标志。材料的发展与社会的文明进步有着十分密切的关系，无论是计算机技术、航空航天技术，还是海洋工程技术、能源技术，所有技术的发展都与材料科学的发展密切相关，都是以材料为基础而发展起来的。近年来，生物工程材料、超导材料、纳米材料、环境工程材料等的发展受到全世界的关注，成为工业先进国家优先发展的领域。这些材料的发展将拓宽人类对未来各种科学领域的认识，将会展示出人类以往历史上无法探知领域的开发和应用。因此，材料是一切科学技术发展的物质基础，也是人类提高生活质量所必须的前提。

就材料整体来说，认为它已构成一门科学，是近30多年的事。20世纪60年代初，美国科学家首先提出材料科学这个名词。材料的获得、质量的改进及如何使材料成为人们可用的物件，这些都离不开生产工艺和制造技术等工程知识，所以人们往往把“材料科学”与“材料工程”相提并论，并称为“材料科学与工程”。所谓材料，它包括金属材料、陶瓷材料(无机非金属材料)、有机高分子材料以及由几种材料组合在一起的复合材料。将这些原来分属不同学科的知识融为一体，形成新的学科，已成为世界各国材料界、教育界的共识，这是因为：①各类材料的研究可以互相借鉴、互相促进，如金属材料中的缺陷类别及其行为的理论、各种力学测试方法和性能指标都是研究陶瓷和高分子材料所不可缺少的。同样，陶瓷与高分子材料在许多方面也为研究金属材料提供参考，如材料的制备过程等。②对不同类型材料的深入了解，为材料的相互代用及最佳选材创造了条件。例如某些陶瓷材料已部分代用高温合金。③有利于开发复合材料，如玻璃钢便是以无机非金属材料玻璃纤维与有机材料树脂的复合，金属基复合材料主要是用无机非金属纤维或颗粒(SiC，Al_2O_3等)等与金属复合而成的一类材料。④各类材料所用制备、加工(例如粉末冶金和陶瓷制备工艺)，特别是性能与结构的测试设备往往是通用的，即使是专用的，相互之间也有参考价值。⑤有益于人才培养。由于扩大了专业知识面，使学习本专业的青年专家增加了开发新课题的应变能力。

材料科学与工程是多学科交叉的新兴学科，从发展历史看，对于每一类材料来说，各自都可以是一门学科，如金属材料的物理冶金与冶金学，有机高分子材料传统上是有机化学的一个分支，陶瓷材料是无机化学中的一部分，它们都积累了丰富的专业知识和基础理论。材料科学与许多基础学科还有着不可分割的关系，如固体物理学、电子学、光学、声学、固体化学、量子化学、有机化学、无机化学、胶体化学、数学与计算科学等。作为大力发展的生物材料，与生物学及医学有着紧密的联系。因此，材料科学的边界不十分固定，其范围随科学技术的发展而不断变化，研究对象的内涵也在变化。作为材料科学工作者要有广阔而坚实的基础知识，也要有因需要而变更研究课题的能力和素质。一个本科生，乃至硕士生和博士生很难固定一个研究方向，随着工程上的需要，可能需要不断地变换自己的研究课题，建立新的研究方向。因此教育更重要的是培养坚实的基础，掌握材料科学与工程方面的广泛的基础知识，以适应未来工作的需要。材料科学与工程技术有着不可分割的关系。材料科学研究材料的组织结构与性能的关系，从而发展新型材料，并合理有效地使用材料，但要使材料工程化及商品化，要经过一定经济合理的工艺流程，这就是材料工程。反之，科学的发展，也需要研制出新的材料才能实现。因此材料科学与工程是相辅相成的。材料科学与工程有很强的应用目的和明确的应用背景，这和材料物理有重要区别。研究材料中的基本规律，目的在于为新型材料提供新途径、新技术、新方法或新流程；或者为更好地使用已有材料，充分发挥其作用，进而能对使用寿命作出正确的估算。因此材料科学与工程是一门应用基础科学，它既要探讨材料的普遍规律，又有很强的针对性。材料科学研究往往通过具体材料的研究找出带普遍性的规律进而促进材料的发展和推广使用。根据学科性质，我国著名材料科学家师昌绪院士把材料科学与工程定义为“关于材料组成(成分)、结构、合成与加工、性能及使用性能相互关系的科学。”可用图 0.1 表示。

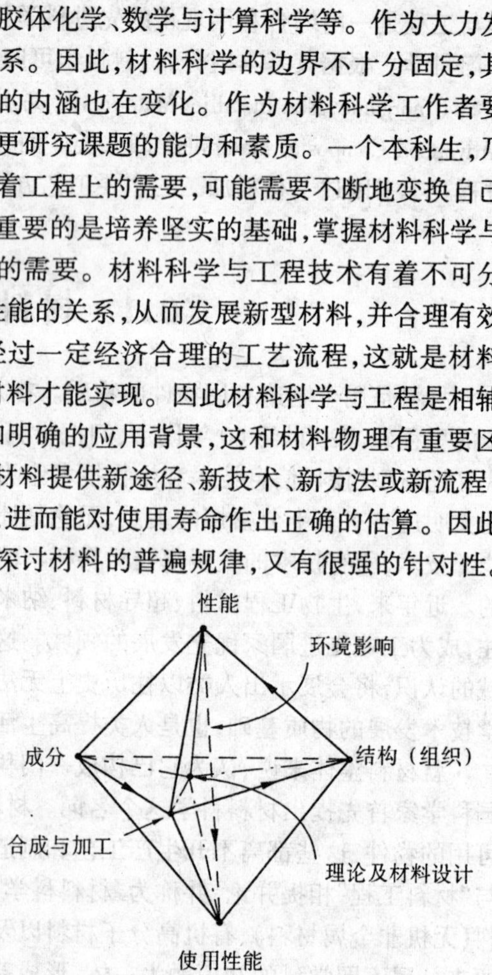

图 0.1　材料科学与工程的内涵示意图

一定的成分，经过确定的合成与加工的工艺手段表现出材料的一定的性能，材料性能指对电、磁、光、热、机械载荷的反应，而这些主要取决于材料的成分和结构。而使用性能是材料在使用状态下表现出的行为，它与设计、工程环境密切相关。有些材料的实验室性能很好，但在复杂的使用条件下，如在氧化与腐蚀、疲劳及其他复杂载荷条件下，就不令人满意，甚至失效，这一点在材料科学与工程的研究中显得特别的重要。合成与加工过程其内容很丰富，既包括传统的冶炼、铸锭、制粉、压力加工、焊接等，也包括各种新发展的真空溅射、气相沉积等新工艺；从微观水平到宏观制品，从制取高纯单一元素到多种材料的复合，各种化学的、物理的、机械加工的方法均应综合利用。这对新材料的生产应用往往起决定性的影响。实际上,一种新工艺的出现必将促进一系列新型材料的产生。

综上所述,大量的基础学科的知识指导材料成分、结构与性能的研究,也指导了合成与加工的发展,通过合成与加工生产出可供人们使用的工程材料,而工程材料在使用过程中所暴露的问题,再反馈到成分、结构和性能的研究,进而改进材料的合成和加工,得到更为合适的工程材料(包括结构材料与功能材料)。如此反复,使材料不断改进而更加成熟,这就是材料科学与工程的全面内涵,也是材料科学与工程的内容与任务。

0.2 材料加工

材料必须经过加工才能成为工程构件,材料加工是工程结构材料应用的前提。材料的合成与加工又是材料科学与工程的五大要素之一。

材料加工与材料的工艺性能紧密相连,所谓的材料工艺性能,系指材料对各种加工工艺手段所表现出来的特性,即材料的可加工性。其中包括铸造性能、锻造性能、焊接性能、热处理性能和切削加工性能等。材料的加工与选材原则又密切相关,一般说来,合理选材应考虑四项基本原则。

(1) 使用性能。材料的使用性能是材料使用时应首先考虑的问题。对所选材料使用性能的要求是在对构件工作条件及失效分析的基础上提出的,满足使用性能要求的材料才能达到产品质量的目的。

(2) 工艺性能。对构件加工的主要方法有铸造、锻造、焊接、热处理及切削加工等工艺,工艺性能的好坏直接影响生产效率和产品合格率。因此,选用的材料应具有良好的工艺性能。

(3) 经济性。选材时应考虑材料的价格、加工费用和国家资源等情况,以降低产品的成本。

(4) 环保性能。材料在制造和加工使用过程中对环境保护的影响。

材料加工过程必须统筹考虑材料构件的使用性能、工艺性能、环保性能及经济承受能力,经过对比分析、系统考虑后,找出解决实际工程要求的方法和途径,这是材料加工的基本原则。

材料的发展非常迅速,除了传统的金属材料、无机非金属材料、高分子材料外,复合材料、电子材料、光电子材料、超导材料及纳米材料等发展也非常迅速。但是传统材料如金属材料、塑料等的使用面广量大,从数量上占材料总量的95%以上。尽管传统材料的生产工艺已很成熟,材料品种也已形成了自己的体系,但对传统材料性能的提高与生产流程、加工原理的改进应该给予更大的重视,因为我国传统材料的研究和应用和国际先进水平相比,存在很大的差距,制约了我国机电工业、汽车工业及建筑工业的发展。而我国的先进材料或新型材料的研究与国际上的差距不太大,并且还有所创新。

本着上述观点,重点介绍使用面广量大的传统材料在加工制造中的基本原理是本书的主要任务。

0.3 材料加工原理的任务与内容

材料加工原理课是材料工程类专业的技术基础课，着重阐述材料加工的主要加工方法及加工过程的基本原理，内容包括：液态金属凝固原理，金属塑性加工原理，粉末冶金加工原理，无机非金属材料、复合材料和高分子材料加工原理，材料连接加工原理，材料切割加工原理，现代材料加工新技术原理等。本书以材料加工方法为主线，力求在阐述其基本原理的同时做到理论联系实际。

液态金属凝固原理。金属材料以铸造工艺进行零件加工的主要理论基础。通过对金属凝固的温度场、凝固方式、凝固时间、金属凝固后产生的结晶组织及其可能产生的凝固缺陷的学习，可基本上掌握材料的成分、铸造方法及冷却条件对铸件性能的影响。必须指出，材料连接机理也与液态金属凝固原理密切相关，通常所说的焊接过程(熔化焊方法)即为“小铸造过程”。

金属塑性加工原理。金属材料冷热成型、锻造的基本理论。通过对金属材料屈服条件和强化条件、塑性本构关系、塑性平面应变问题及滑移线场理论的学习，可以清楚认识材料在冷热成型及锻造过程的基本理论。

粉末冶金原理。某些特殊构件制造过程的主要方法，如刀具、模具的制造，特殊条件下使用的耐磨、耐高温件的制造等，都普遍采用这种加工制造方法。通过对粉末冶金的一般知识、粉末的制取、粉末的成型、烧结过程等的学习，可基本掌握粉末冶金加工方法的基本理论。

无机非金属材料加工原理。陶瓷材料具有一般金属材料所不具备的特殊性能，如耐磨、耐高温性能等，因而广泛用于航天航空及机电行业。通过对陶瓷材料的概述、陶瓷材料的制备工艺、陶瓷材料的力学性能、陶瓷材料的韧化、陶瓷材料的连接等的学习，可基本掌握陶瓷材料特性及加工原理、可能存在的主要问题及研究思路。

复合材料加工原理。复合材料是两种及两种以上材料相互复合，它具有单一材料所不具有的特殊性能。介绍了对颗粒及纤维增强复合材料的复合原理的探讨和树脂基复合材料、金属基复合材料及其他类复合材料的加工原理。

高分子材料加工原理。由于高分子材料具有特殊的性能，如密度小、易成型、应用广等，被广泛应用到国民经济各个领域。鉴于高分子材料的结构特点及力学性能，介绍了高分子材料加工基本原理，特别是成型模具选取的基本原则。

材料连接加工原理。长期以来，人们一直应用“焊接”这个名词。随着科学技术的发展，人们把焊接(熔化焊、钎焊、电阻焊等)、粘接、胶接、扩散连接，统称为“连接技术”，连接技术是金属材料加工的主要手段之一。主要介绍连接方法的基本原理。

材料切割加工原理。切割工艺是由材料到产品的中间工艺过程。介绍了普通气体气切、等离子切割、激光切割、水切割等目前最常用的加工方法及原理。

现代材料加工新技术及原理。随着工业技术的进步，现在发展起来一系列新的加工技术。这些加工技术突破了传统加工方法的理论和实践。这些新方法的出现，带来了许多奇妙的材料的物理及化学特性，限于篇幅，在着重讲述传统加工方法的同时，概要地阐述目前国际上研究的几种热点材料的加工方法及基本原理，达到使学生能跟踪现代技术发展及掌握在将来工作中从事和开发、发展这些领域所需的基本知识和基本技能的目的。这包括超细金属颗粒、金属纤维、氧化物弥散强化与机械合金化、金属的超塑性及超塑性成型、人工晶体生长等新的加工技术及原理。

材料加工原理是一门实用性很强的学科，它是包含多门基础学科知识的综合性学科，同时材料加工原理是材料科学和工程工作者需要掌握的基本技能，也是从材料研究到材料应用的桥梁。通过学习可以掌握材料科学和材料工程结合的最佳切入点。

第一章　液态金属凝固原理

凝固是指从液态向固态转变的相变过程，广泛存在于自然界和工程技术领域。从水的结冰到火山熔岩的固化，从钢铁生产过程中铸锭的制造到机械工业领域各种铸件的铸造，以及非晶、微晶材料的快速凝固，半导体及各种功能晶体的液相生长，均属凝固过程。金属在焊接时，焊缝中的金属也要发生凝固。几乎一切金属制品在生产流程中都要经历一次或一次以上的凝固过程。由于金属凝固后通常是晶体，所以又将液态金属向固态金属的这一转变过程称之为结晶。结晶和凝固这两个术语虽然指的是同一个状态变化过程，但有人认为它们在含义上是有区别的。结晶主要是从物理化学的观点出发，研究液态金属的生核、成长、结晶组织的形成规律；而凝固则是从传热学的观点出发，研究铸件与铸型的传热过程、铸件凝固方式与铸件质量的关系、铸件的凝固时间以及金属结晶组织和凝固缺陷的控制等。关于金属的结晶问题已在“材料科学基础”课程中作过介绍，本章仅讨论液态金属的凝固规律。

认识液态金属的凝固规律，研究凝固过程的控制途径，对于防止产生凝固缺陷、改善铸件组织、提高铸件的性能有着十分重要的意义。

1.1　金属凝固的温度场

在实际生产中，液态金属通常是在铸型(铸模)中凝固，而后得到铸件(铸锭)。液态金属接触铸型以后，液态金属和铸型间便发生了传热过程，结果，液态金属的温度不断下降，铸型温度不断上升。液态金属和铸型各部分的温度在不断地发生变化，即温度场在不断地变化。

1.1.1　温度场的概念

在某一瞬间，物体内各点温度分布的情况称为温度场。图 1.1 所示为 80mm 厚的板形钢铸件在浇注后不同瞬间测定的铸件截面上的温度分布情况。可以看出，在铸件截面上某一点，不同时刻，其温度是不同的。如在离铸件外表面 15mm 处，浇注后 24min，温度为 1 460℃；而在浇注后 26min 时，该处温度下降为 1 450℃。可见铸件截面某一点的温度 t 是浇注后时间 τ 的函数。在同一瞬间，铸件截面上各点的温度也不同。如在浇注后 26min，距离铸件外表面为 5mm 及 15mm 处的温度，分别为 1 440℃和 1 450℃。可见在同一瞬间，铸件截面上各点温度 t 是各点空间坐标 x、y、z 的函数。

综合上述，可知温度 t 是坐标 x、y、z 和时间 τ 的函数，所以温度场的数学表达式为

$$t = f(x, y, z, \tau) \tag{1.1}$$

这种随时间 τ 而改变的温度场称为不稳定温度场。图 1.1 中每根曲线表示在相应瞬间铸件内的温度场,可见该铸件内的温度场为不稳定温度场。反之,不随时间 τ 而改变的温度场称为稳定温度场,其数学表达式为

$$t = f(x, y, z) \tag{1.2}$$

当物体各部分温度不同时,就有热量从温度较高的地区向温度较低的地区传递,使各处温度逐步趋于均匀。如果要阻止物体温度自发地趋于均匀这一趋势,则一定要从外界不断地向温度较高的那部分补充热量,还必须不断地从温度较低的那部分取走所传递的热量。欲保持物体内部的稳定温度场,则要求补充的热量等于被取走的热量。从式(1.1)可知,在某一瞬间,温度场是由空间三个坐标 x、y、z 所决定,这称为三维温度场,若温度场仅与两个或一个坐标有关,则分别称为二维或一维温度场。一维不稳定温度场的数学表达式为

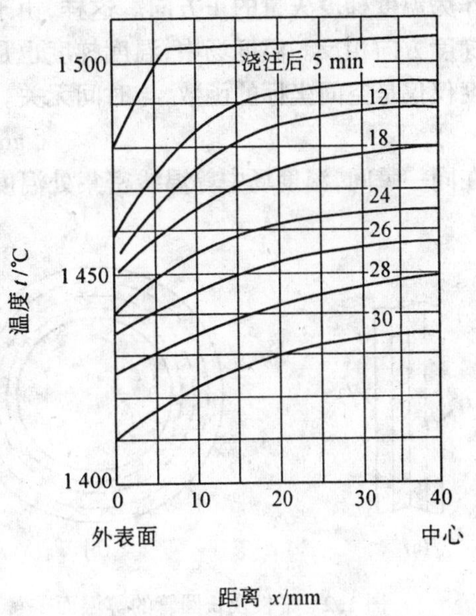

图 1.1　不同瞬间铸件截面上温度分布情况

$$t = f(x, \tau)$$

一维稳定温度场具有最简单的数学表达式,即

$$t = f(x)$$

在同一瞬间,温度场中温度相同点所组成的面(或线)称为等温面(或等温线),它可以是平面(或直线),因为在温度场中,每一点不可能同时具有两个不同的温度,因此代表不同温度的等温面(或等温线)就不能相交。

物体内温度场通常用画等温面来表示,物体断面的温度场通常用不同瞬间的温度分布情况来表示。在某些有规则的物体上,容易找到其等温面。如有一个面积很大、材料均匀的等厚度平板,只要它两个表面的温度都是均匀的,即一个表面的温度为 t_1,另一个表面的温度为 t_2,则它的等温面就是平行于表面的平面,如图 1.2(a)虚线所示。如果物体为长圆管,且内外壁面温度各自均匀,管壁内部的等温面则为同轴圆柱面,如图 1.2(b)虚线所示。对于不规则的物体,它内部的等温面一般需通过温度的实际测定方能得到。图 1.3 为某铸件在砂型中凝固时测出的砂型温度场分布。

绘出物体内的等温面,可以直观地了解物体内温度分布情况。在实际生产当中尤其是铸造生产上,这对于判断铸件凝固顺序,找出复杂铸件中缩孔分布的位置有重要意义。

在同一等温面上,各处的温度是相同的,所以没有热量传递。热量只能由温度场的高温等温面向低温等温面传递,且热量的传递方向只能是沿着等温面的法线方向。温度场中单位长度上的最大温度变化率是在等温面的法线方向 n 上。通常把温度场中任意点的温度沿等温面法线 n 方向的增加率称为该点的温度梯度 grad$t$,且

$$\mathrm{grad}\,t = \lim_{\Delta n \to 0}(\Delta t / \Delta n) = \partial t / \partial n \tag{1.3}$$

因为 n 是矢量,所以温度梯度是表示温度变化强度的一个矢量,通常把温度增加的方向

作为温度梯度矢量的正方向。这样，由于热流朝着温度降低的方向，所以热流方向与温度梯度方向相反。温度场中，温度梯度也是时间和空间的函数。对于稳定温度场，其温度梯度仅仅是空间坐标的函数，与时间无关。对于一维稳定温度场，其温度梯度

$$\mathrm{grad}t = \mathrm{d}t/\mathrm{d}x \tag{1.4}$$

在同一瞬间，温度场中等温线密集处温度梯度较大，等温线稀疏处温度梯度较小。

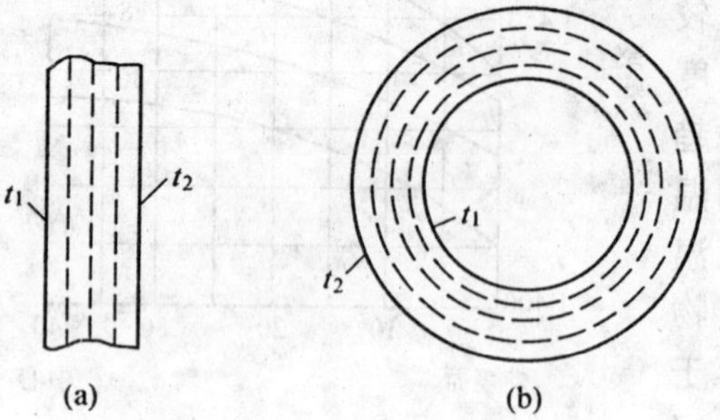

图 1.2　平板及长圆管的等温面

(a)平板　(b)圆管

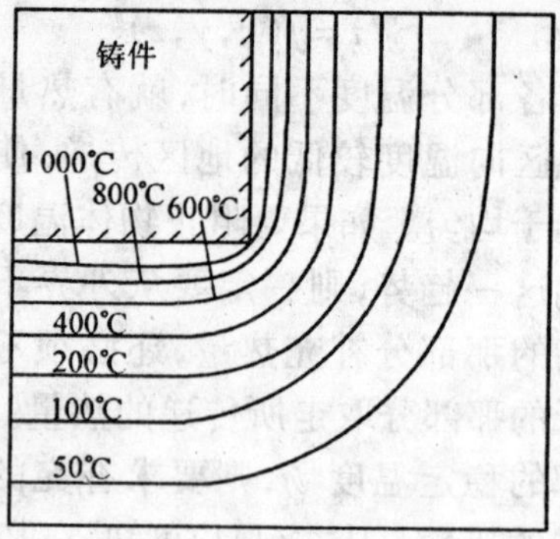

图 1.3　浇注 15min 后砂型中的温度场

1.1.2　凝固过程中传热的方式与特点

液态金属凝固过程的传热符合传热的普遍规律，包括传导、辐射和对流三种基本传热方式。图 1.4 示出了典型金属凝固过程中的主要传热方式。从图中可以看到，铸件与铸型之间的传热主要是传导传热，而铸型的外表面向周围环境中散失热量则是以辐射和对流的形式进行的。

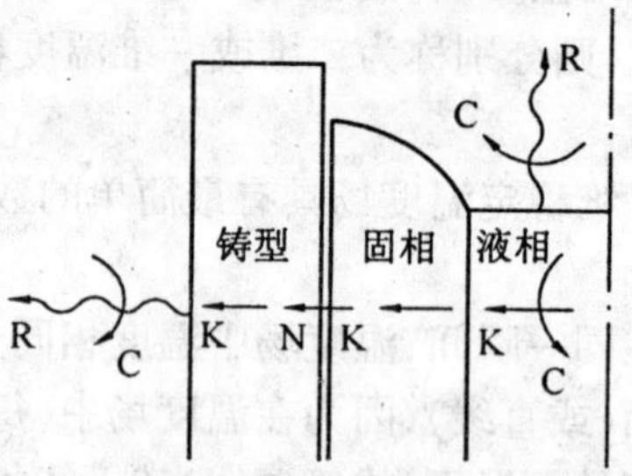

图 1.4　金属凝固过程中的主要传热方式

K—传导传热　C—对流传热

R—辐射传热　N—牛顿换热

在传导传热中，傅里叶(J.B.Fourier)实验结果表明，单位时间内，通过单位截面面积所传递的热量（称为比热流量）与温度梯度成正比，即

$$q \propto \mathrm{grad}\ t \tag{1.5}$$

或

$$q = -\lambda \partial t/\partial n \tag{1.6}$$

式(1.6)为傅里叶定律的数学表达式，也称为傅里叶导热方程式。式中，q 为比热流量，单位是 $\mathrm{W/m^2}$，负号表明导热的方向永远沿着温度降低的方向；比例系数 λ 称为导热系数，单位为 W/m·℃，在数值上等于物体单位距离上温度降低 1℃时的比热流量，所以导热系数表示了物质导热能力的大小。

铸件凝固期间与铸型的热交换，主要是将液态金属的显热（即过热热量）和凝固潜热通过一系列热阻（热交换系统中某组元的厚度与该组元导热系数之比称为该组元的热阻）传给铸型乃至环境。从图 1.4 中可以看出，凝固过程的热阻应包括以下几部分：液态金属的热阻、已凝固金属的热阻、中间层的热阻以及铸型的热阻等。各部分的热阻随着铸造条件的不同而异，这样，在热交换过程中起决定作用的热阻也要随铸造条件的改变而改变，从而导致了不同铸造条件下具有不同的热交换特点。下面简要介绍四种典型的热交换情

况。

1. 铸型热阻起决定作用

砂型铸造属于这类情况。由于砂型的导热系数远远小于金属铸件的导热系数，铸件在砂型中凝固冷却时冷却缓慢，其断面上的温差($\delta_1 t$)很小。由于同样的理由，铸型内表面被铸件加热至很高的温度，而其外表面仍处于较低的温度，断面上的温差($\delta_2 t$)很大。铸件和铸型断面上的温度分布如图 1.5 所示。可见，铸件和中间层断面上的温差($\delta_3 t$)与铸型的温差相比是相当小的，甚至可以忽略不计。在这种情况下，热交换过程主要由铸型热阻起决定作用，亦即铸件的冷却强度主要取决于铸型的热物理参数。

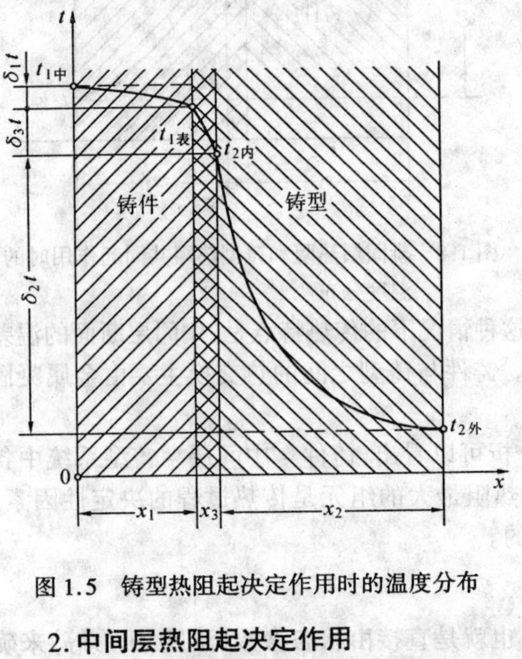

图 1.5　铸型热阻起决定作用时的温度分布

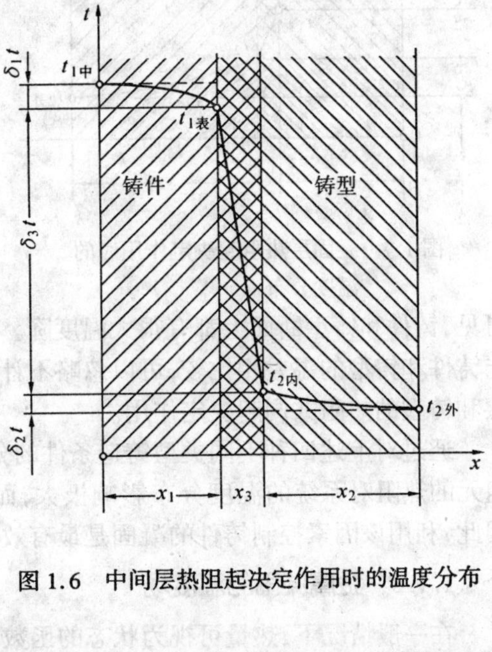

图 1.6　中间层热阻起决定作用时的温度分布

2. 中间层热阻起决定作用

铸件在金属型中凝固且型腔内表面有隔热涂料时属于这种情况。由于型腔内表面涂有较厚的涂料，加之可能在铸件与铸型之间形成的间隙，使得这种间隙和涂料兼而有之的中间层热阻很大。在这种情况下，铸件、中间层和铸型断面上的温度分布如图 1.6 所示。可见，大部分温度降在中间层。其传热特点是，铸件断面上的温差和铸型断面上的温差与中间层的温差相比，显得很小，可以忽略不计。此时，对铸件与铸型之间的热交换起决定作用的是中间层的热阻。

3. 金属凝固层热阻起决定作用

液态金属在水冷金属型中凝固时，金属型的冷却能力远大于金属凝固层的导热能力。当液态金属浇入型腔之后，金属的表面温度便由熔点突然降至很低温度，造成铸件断面上的温度差很大。相反，在金属型的断面上温度差则很小。在这种情况下，铸件和铸型断面上的温度分布如图 1.7 所示。其传热特点是，中间层和金属铸型断面上的温差很小，可以忽略不计。传热过程主要取决于铸件本身的热阻。

4. 金属凝固层热阻和铸型热阻共同起决定作用

在非水冷厚壁金属型铸造的情况下，铸件和铸型断面上的温度分布如图 1.8 所示。

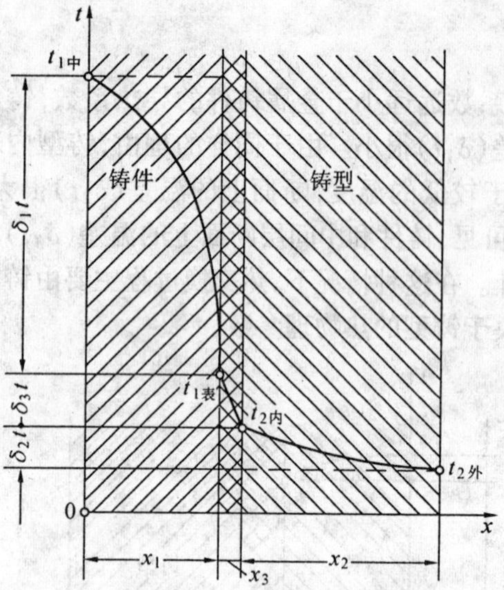

图 1.7　凝固层热阻起决定作用时的温度分布

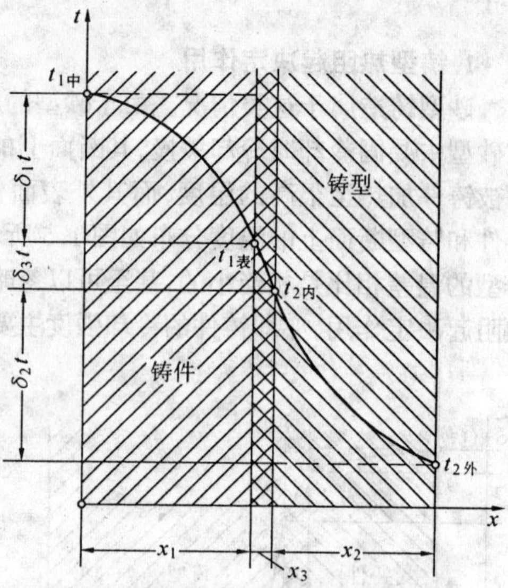

图 1.8　凝固层热阻和铸型热阻共同起作用时的温度分布

可见,铸件和铸型断面上都有很大温度降。这种情况下的传热特点是,中间层断面的温差与铸件和铸型的温差相比较,可以忽略不计。铸件与铸型之间的热交换主要由金属凝固层和铸型的热阻共同起决定作用。

通过对上述四种不同类型铸造条件的分析可以看出,铸件－中间层－铸型系统中各组元的热阻对系统的温度分布影响极大,而热阻最大的组元是传热过程的决定性因素。因此,利用该因素控制铸件的凝固是最有效的。

1.1.3　金属凝固的温度场

在一般情况下,热量可视为状态的函数,也就是直接由状态参数(温度、压力等)来确定。对于固体,状态取决于温度这一个参数。因此,铸件和铸型间传热过程的惟一表现是铸件和铸型各部分的温度变化,即温度场的变化。

对金属凝固过程中温度场的变化进行研究,就是要获得铸件的任一位置在任一时刻的温度情况。从而可根据铸件温度场随时间变化的特征,预计铸件凝固过程中其断面上各时刻的凝固区域的大小及变化、凝固前沿向中心的推进速度、铸件结构上各部分的凝固次序等重要问题。这为正确设计浇注系统、设置冒口、冷铁以及采取其他工艺措施控制凝固过程提供可靠的依据。这对消除凝固缺陷、获得健全铸件,对于提高铸件的组织和性能都是非常重要的。

研究金属凝固过程中温度场变化的方法主要有数学分析法、数值计算法和实验测定法。现做如下简要介绍。

1.数学分析方法

数学分析方法是直接从不稳定导热微分方程出发,在给定的定解条件下,求出温度场的解析式,这个解析式反映了凝固过程不同时刻铸件及铸型中的温度分布。描述不稳定导热过程中温度与时间和空间的关系的基本方程是不稳定导热的微分方程,也称为傅里

叶导热微分方程,写成

$$\partial t/\partial \tau = \alpha(\partial^2 t/\partial x^2 + \partial^2 t/\partial y^2 + \partial^2 t/\partial z^2) \tag{1.7}$$

形式。式中,α 为导温系数,$\alpha = \lambda / c\rho$,单位为 m^2/s,其中,c 为比热容(J/kg·℃),ρ 为密度(kg/m^3)。

在实际凝固过程中,应用导热微分方程能获得温度与时间和空间关系的解析式的情况十分少见,即使在最简单的条件下也需要引入许多假设。下面以一维半无限大铸件凝固为例,在做一些假设的情况下,给出铸件和铸型的温度场的解析式。图 1.9 示出了一维半无限大铸件凝固过程中的导热模型。假定铸件与铸型为理想接触,凝固界面温度 t_k 为恒定,铸件与铸型的界面温度 t_i 也为恒定,t_{L0}为液态金属的原始温度,t_{M0}为铸型原始温度,t_L、t_S、t_M 分别为液相、固相和铸型中的温度,δ 为凝固层厚度。根据边界条件可求出液相、固相和铸型中的不同时刻的温度场表达式:

$$t_S = t_i + \frac{t_k - t_i}{\mathrm{erf}(\delta/2\sqrt{\alpha_S \tau})} \mathrm{erf}\left(\frac{x}{2\sqrt{\alpha_S \tau}}\right) \tag{1.8}$$

$$t_L = t_{L0} - \frac{t_{L0} - t_k}{\mathrm{erf}(\delta/2\sqrt{\alpha_L \tau})} \mathrm{erf}\left(\frac{x}{2\sqrt{\alpha_L \tau}}\right) \tag{1.9}$$

$$t_M = t_i - (t_{M0} - t_i)\mathrm{erf}\left(\frac{x}{2\sqrt{\alpha_M \tau}}\right) \tag{1.10}$$

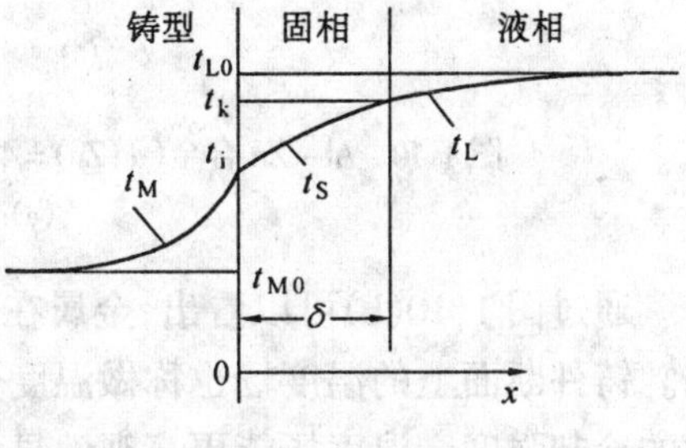

图 1.9　一维半无限大铸件凝固过程的导热模型

式中,erf(β)称为高斯误差函数,可在相关手册中查表求得。

2.数值计算法

以上讨论了导热微分方程最简单情况的定解问题,并给出了解的解析表达式,即包括位置和时间在内的温度场方程式,因此可以很方便地计算出任何时刻任意位置的温度。但是,对于较复杂的问题,这种解析表达式很难得到,或者即使得到了解析表达式,也难以进行数值计算。另外,实际中所遇到的问题又往往只要求得到具有一定准确度的近似解,所以,数值计算法在工业上的应用很广泛。该方法以导热基本方程和边界条件为基础,采用差分法或有限元法进行温度的数值计算。即使铸件形状很复杂,也只是计算式和程序繁杂而已,原则上都是可以计算的。数值计算方法是近年来发展最快的方法,世界上许多国家都有成熟的软件,并已进入工程化应用阶段。

3.实验测定法

测温法是实验测定法中最通用的一种,它是通过向铸型中安放热电偶来直接测出金属凝固过程的温度变化情况。测温法的主要技术包括热电偶布放位置的选择及测温结果的处理,其目的是用尽可能少的热电偶获得尽可能多的信息。图 1.10(a)为测温装置记录下的 Al - Zn 合金自金属液注入型腔起至任意时刻铸件断面上各相应点的温度 - 时间曲线(冷却曲线)。根据该曲线还可绘制出铸件断面上不同时刻的温度场,如图 1.10(b)所示。铸件温度场的绘制方法简述如下:以温度为纵坐标,以离开铸件表面向中心的距离为横坐标,将图 1.10(a)上同一时刻各测温点的温度分别标注在图 1.10(b)的相应点上,连接各标注点即得到该时刻的温度场。以此类推，则可绘制出各时刻铸件断面上的温度场。

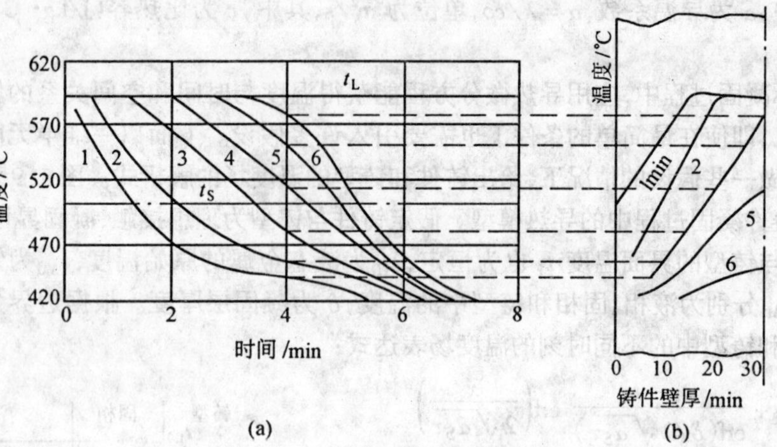

图 1.10 Al－Zn 合金(w(Zn)＝42.4%)铸件断面上各测温点的冷却曲线及温度场
(a)冷却曲线 (b)温度场

通过图 1.10(b)可以看出，金属在冷却过程中的温度场随时间而变化，为不稳定温度场。铸件断面上的温度场也称做温度分布曲线。温度场的变化速率，即温度梯度表征铸件的冷却强度。温度场能更直观地显示出凝固过程的情况。

图 1.11 是直径 250mm 的纯铝圆柱形铸件的温度场，是根据实测的温度－时间曲线绘制的。从曲线上可以看出，铸型中的全部液态金属几乎同时从浇注温度很快降至凝固温度，接近铸件表面的金属结晶温度时释放出结晶潜热，阻止了内部金属液的温度继续下降，而保持在凝固温度上，在曲线上表现为平台。曲线上的拐点表示铸件中该等温面上发生凝固的时刻。所以，注意发生这种情况的时刻，就能确定凝固前沿从铸件表面向内部的进程。当铸件热中心处出现拐点时，整个铸件即凝固完毕。从图 1.7 可见，凝固初期温度场的梯度大，温度下降得快，以后逐渐减慢，凝固由表及里逐层到达铸件中心。

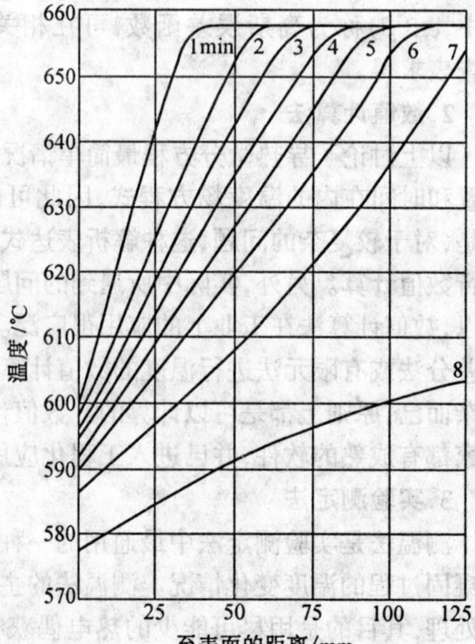

图 1.11 根据冷却曲线绘制的纯铝铸件的温度场

对于固溶体合金，由于在固相线附近释放的结晶潜热很少，不能明显地改变曲线的性质，所以各温度场都看不到明显的固相线拐点，其温度场与纯金属的相似。

图 1.12 为共晶类合金的典型温度场，是根据相应的温度－时间曲线绘制的。铸型内

液态金属很快降至液相线温度,并保持在此温度上。各时刻的温度场在对应液相线温度和共晶转变温度的地方发生弯曲。由于距共晶成分较远的共晶合金液相线温度和共晶转变温度间隔较大,所以,温度场中两类拐点构成的等温面间距较大,见图 1.12(a);而距共晶成分较近的共晶合金液相线温度和共晶转变温度间隔较小,所以,温度场中两类拐点构成的等温面间距较小,见图 1.12(b)。

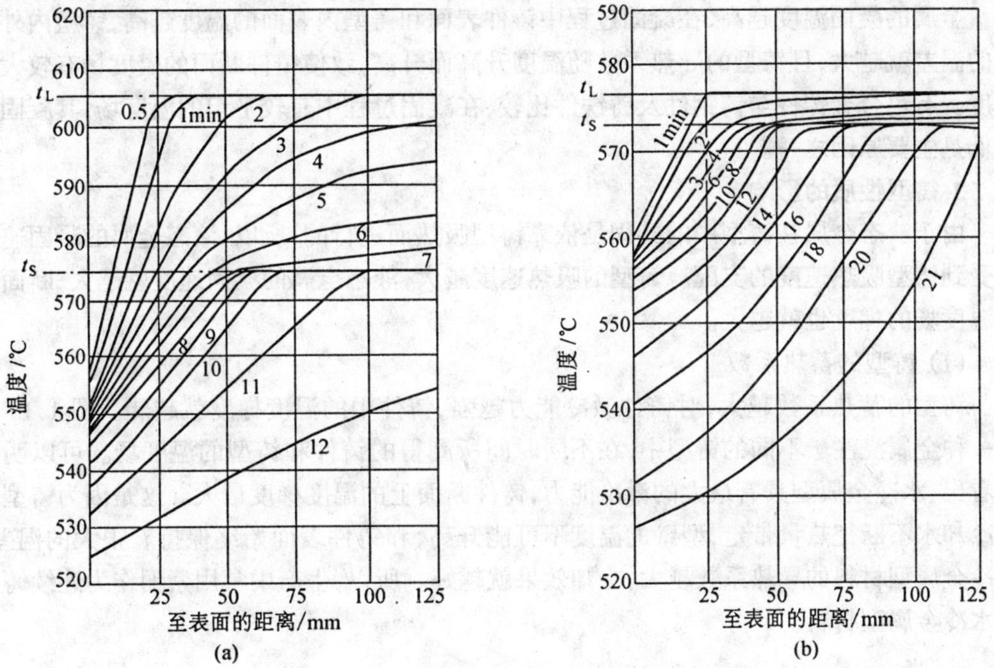

图 1.12　共晶型合金铸件的典型温度场

(a) 距共晶成分较远的合金　(b) 距共晶成分较近的合金

根据铸件的等温面,可以直观地判断铸件的凝固顺序,找出最后凝固的位置,即缩孔的位置,这对铸造工艺设计是很有意义的。

1.1.4　影响金属凝固温度场的因素

影响金属凝固温度场的因素主要包括凝固金属的性质、铸型的性质、浇注条件和铸件的结构。

1.金属性质的影响

(1)金属的导温系数

金属在铸型中的凝固是依靠铸型吸收热量而进行的,因此铸件表面温度比中心部分的温度低。金属的导温系数大,铸件内部的温度均匀化的倾向就大,温度梯度就小,断面上温度分布曲线就比较平坦;反之,温度分布曲线就比较陡。液态铝合金的导温系数比液态铁碳合金的导温系数大约高 9 ~ 11 倍,而且铝的比热容和密度较小,所以在相同的铸造条件下,铝合金铸件断面上的温度分布曲线平坦得多,具有比较小的温度梯度。相反,高合金钢的导温系数一般都比普通碳钢小得多,如高锰钢的导温系数不足普通碳钢的 1/4。所以,合金钢在砂型铸造时有较大的温度梯度。

(2) 结晶潜热

金属的结晶潜热越大，向铸型传递的热量越多，铸型内表面维持更高温度的时间越长。因此，在其他条件相同的情况下，铸件断面的温度梯度减小，铸件的冷却速度下降，温度场较为平坦。

(3) 金属的凝固温度

金属的凝固温度越高，在凝固过程中铸件表面和铸型内表面的温度越高，铸型内外表面的温差就越大，且铸型的导热系数随温度升高而升高，致使铸件断面的温度场有较大的梯度。有色合金铸件与铸钢件及铸铁件比较，在凝固过程中有较平坦的温度场，其凝固温度低是主要原因之一。

2. 铸型性质的影响

由于液态金属在铸型中的凝固是依靠铸型吸热而进行的，所以，液态金属的凝固速度要受到铸型吸热速度的支配。铸型的吸热速度越大，液态金属的凝固速度就越大，断面上的温度场的梯度也就越大。

(1) 铸型的蓄热系数

铸型的蓄热系数越大，对铸件激冷能力越强，铸件中的温度梯度就越陡。图 1.13 为同一种金属浇注于不同的铸型中，在不同时间所测得的铸件和铸型的温度场。可以明显地看出，水冷金属型具有最大的激冷能力，铸件断面上的温度梯度最大。这是因为铸型是靠冷却水不断把热量带走，型壁的温度不可能升高，和铸件表面始终保持着很大的温差。水冷金属型材料的导热系数越大，冷却效果就越好。所以，生产中常用紫铜作为连续铸造的水冷金属型材料。

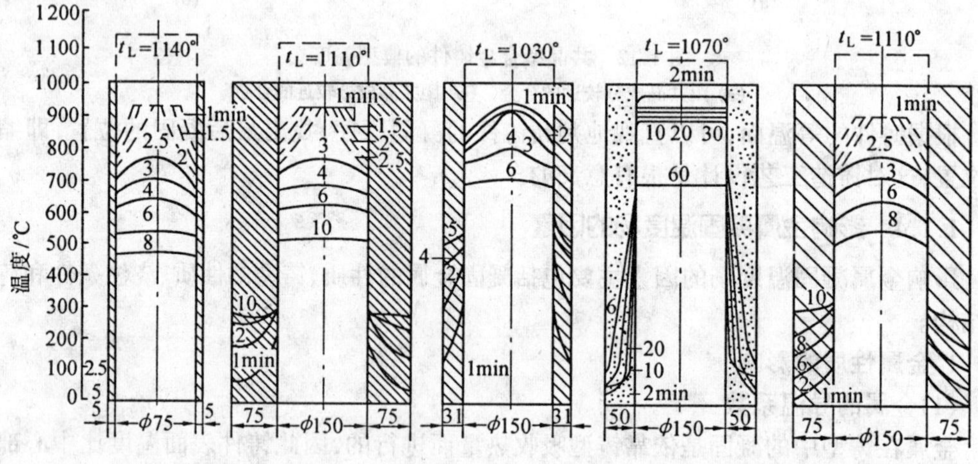

图 1.13 黄铜铸件 $w(Cu)=70\%$在不同的冷却条件下铸件和铸型断面上的温度场

(a)水冷铜铸型 (b)厚壁铸铁型 (c)薄壁铸铁型 (d)砂型 (e)铜型

对于铜铸型，由于导热系数非常大，能够把热量由内表面迅速传至“后方”，所以内表面的温升也很小，与铸件表面也有较大的温差。厚壁铸铁型的激冷能力不如铜型大。但是，由于铸铁的导热能力也很大，所以型壁内表面的温升也比较小，与铸件表面之间也有较大的温差，铸件断面上的温度梯度很大。薄壁金属型在开始时吸热速度很大，但由于铸型壁薄，蓄热有限，型壁温度很快升高，铸件的冷却速度降低，铸件断面上的温度梯度较小。对于铝、镁、铜等合金铸件，由于它们的凝固温度低，在凝固时期型壁不可能被加热到很高的温度，所以从铸型外表面向周围介质辐射和对流散热作用不大，铸件的冷却主要是依靠铸型本身积蓄热量，所以厚壁金属型比薄壁金属型的冷却作用大。凝固温度较高的铸铁件和铸钢件，在薄壁金属型中凝固时，型壁外表面能达到很高的温度，向周围介质散热作用很大，尤其是厚大铸件，由铸型表面向外散失热量的速度几乎能与厚壁金属型蓄热速度相等。所以，金属型的壁厚，对于高熔点合金铸件的冷却强度影响不十分明显。

在金属型铸造中，当铸件表面凝固形成坚固的硬壳后，由于金属的固态收缩使铸件的线尺寸缩小，而铸型受热后膨胀，在铸件和铸型之间形成一个间隙，使铸型的激冷作用显著下降，这是铸件在凝固后期温度梯度减小的一个原因。

金属型的涂料层和"间隙"一样，使铸型的冷却作用降低。在生产中经常用改变涂料层厚度和它的热物理性质的方法来控制铸件的冷却强度。

在砂型铸造中，由于砂型的导热能力很低，不能把热量由内表面迅速传至"后方"，使更厚的砂层参加蓄热，所以铸型内表面温度在浇注后立即达到很高温度，几乎接近铸件表面温度，并且在铸件凝固时期基本保持不变。当铸型厚度适当时，型壁外表面的温度接近周围介质的温度，向介质散热作用可以忽略不计，铸件在砂型中的凝固主要是靠铸型本身积蓄热量，因此，砂型的激冷能力很差，铸件截面的温度分布曲线自始至终都很平坦，温度梯度很小。

(2) 铸型的预热温度

用易熔材料(如蜡料)制成模样，在模样上包覆若干层耐火涂料，然后制成型壳，熔去模样后再行浇注的铸造方法称为熔模铸造。在熔模铸造中，为了提高铸件的精度和减少热裂等缺陷，型壳在浇注前被预热到 600～900℃。在金属型铸造中，铸型的预热温度为 200～400℃。铸型预热温度越高，冷却作用就越小，铸件断面上的温度梯度也就越小。

3.浇注条件的影响

液态金属的浇注温度很少超过液相线以上 100℃的，因此，金属由于过热所得到的热量比结晶潜热要小得多，一般不大于凝固时期放出的总热量的 5%～6%。但在砂型铸造时，需要等到液态金属的所有过热热量全部散失后铸件才进行凝固。所以，此时增加过热程度，相当于提高了铸件凝固时铸型的温度，使铸件断面上的温度梯度减小。金属型铸造时，由于铸型有较大的导热能力，而过热热量所占比重又很少，能够迅速传导出去，所以浇注温度的影响不十分明显。

4.铸件结构的影响

厚壁铸件比薄壁铸件含有更多的热量，当凝固层逐渐向中心推进时，必然要把铸型加热到更高的温度。铸件越厚，则铸件断面温度梯度越小。

铸件的形状对冷却速度会产生影响。铸件的凸面和外角部分的冷却速度比平面快，而铸件的凹面和内角部分的冷却速度比平面要慢。

1.2 金属的凝固方式

液态金属浇入铸型以后，随着温度不断地降低，便要发生凝固。除纯金属和共晶成分的合金以外，凝固都在一定温度范围之内进行。在凝固过程中，其断面一般呈现三个区域，即固相区、凝固区和液相区，这三个区域在断面上的位置和凝固区的宽窄随时间的变化而发生改变。这种凝固过程中动态变化情况可用凝固动态曲线进行分析。金属的凝固方式取决于凝固区（液固两相区）的宽度，可以直接从凝固动态曲线上判断。为此，本节首先介绍凝固动态曲线。

1.2.1 凝固动态曲线

铸件断面凝固动态曲线又称为凝固动态图，它是根据从铸件表面到中心各测温点的冷却曲线绘制的，步骤如下：首先在冷却曲线上给出合金的液相线温度 t_L（由冷却曲线中的平台确定）和固相线温度 t_S（平衡状态图中的固相线温度），如图 1.14(a)；将各测温点的冷却曲线与液相线及固相线的交点标注到以离开铸件表面的距离 x 为纵坐标、以时间 τ 为横坐标的坐标系中；将两种不同类型的点连接起来即得到凝固动态曲线，如图 1.14(b)所示。图 1.14(b)中左侧的曲线是由各测温点的冷却曲线与液相线的交点演变而来，所以称为凝固开始线，或液相边界线；右侧的曲线是由各测温点的冷却曲线与固相线的交点演变而来，所以称为凝固终了线，或固相边界线。

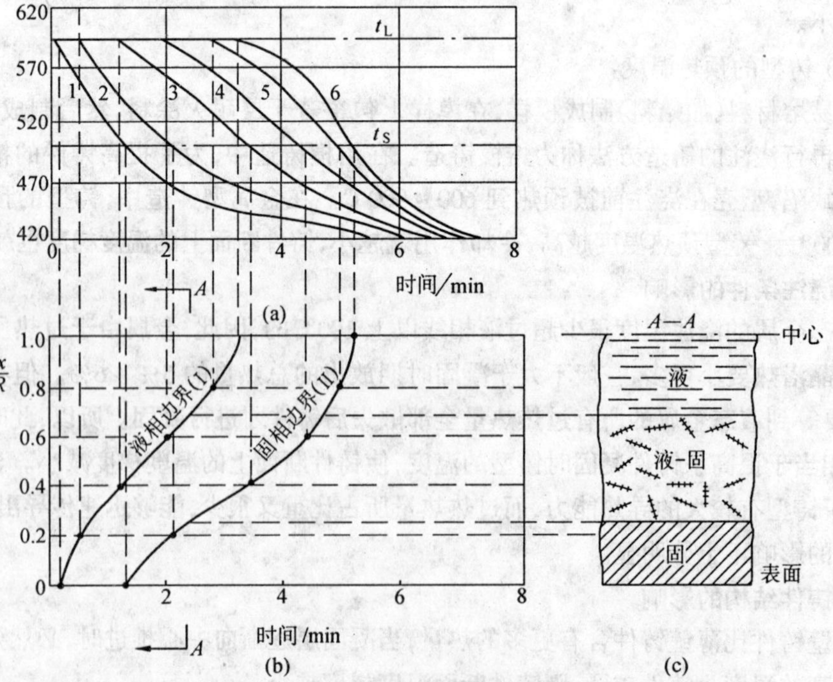

图 1.14 铸件凝固动态曲线的绘制

(a)铸件断面各测温点的冷却曲线 (b)凝固动态曲线 (c)某一时刻的凝固情况

应用凝固动态曲线，可以找到合金冷却到一定时刻以后什么部位即将开始凝固，什么部位凝固刚好结束。凝固开始部位至铸件中心的合金在这一时刻仍处于液态(液相区)，凝固刚好结束部位至铸件表面的合金已处于固态，两部位之间的合金是液固两相区。从图 1.14(b)可以清楚地看出，随时间的变化，液相区、固相区和液固两相区的大小也在发生变化。图 1.14(c)是液态金属浇入铸型 2min 时铸件断面上的凝固情况、各区在断面上的分布。

1.2.2 凝固区域及其结构

图 1.15(a)是 A－B 二元合金的状态图，图 1.15(b)是壁厚为 D 的 M 成分的合金某瞬间铸件断面的温度场，由此可以确定该瞬间的凝固区域，如图 1.15(c)所示。从图 1.15 可以看出，断面上呈现三个区域，即固相区、液相区和凝固区。温度场上的 b 及 b′点温度为固相线温度 t_S，因此Ⅰ－Ⅰ和Ⅰ′－Ⅰ′线称为等固相线，此线至铸件表面的区域为固相区。温度场上的 c 及 c′点温度为液相线温度 t_L，故Ⅱ－Ⅱ与Ⅱ′－Ⅱ′线称为等液相线，两线之间的区域为液相区。在Ⅰ－Ⅰ和Ⅱ－Ⅱ线之间的区域，在Ⅰ′－Ⅰ′和Ⅱ′－－Ⅱ′线之间的区域，其温度处于 t_S 与 t_L 之间，即处于液固两相并存状态，故称为凝固区域。

在凝固区域较宽的情况下，凝固区域又可划分为两个部分(见图 1.16 所示)：液相占优势的液－固部分和固相占优势的固－液部分。在液－固部分中，晶体处于悬浮状态尚未连成一片，当用倾出法做实验时，这些晶体能够随液态金属一起被倾出。因此，液－固部分与固－液部分的边界称为“倾出边界”。

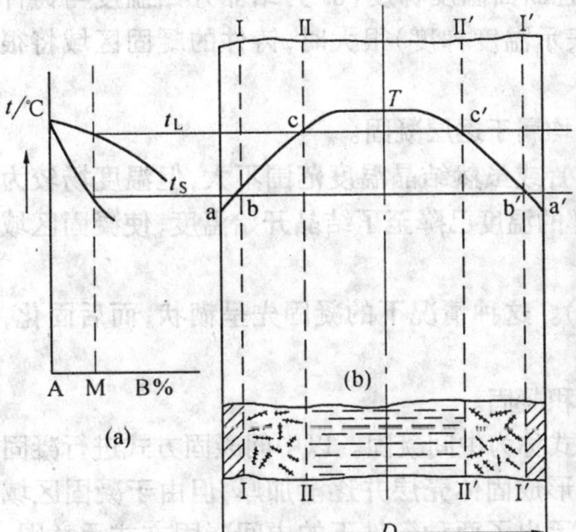

图 1.15 某瞬间凝固区域的确定方法

(a)A－B 二元合金状态图

(b)某瞬间铸件断面的温度场

(c)凝固区域

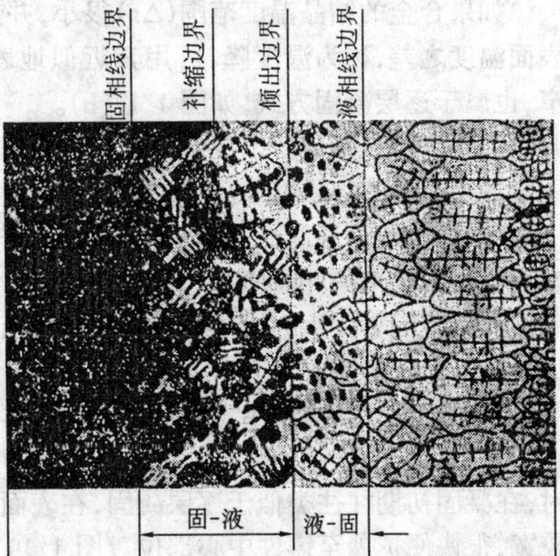

图 1.16 宽凝固区域结构示意图

还可以把固－液部分划分为两个带：在左边的带中，晶体已连成骨架，但是，液体还能在期间移动；在右边的带中，因为它接近固相线温度，固相占绝大部分，并已连成牢固的骨架,存在于骨架之间的少量液体被分割成一个个互不沟通的小“熔池”(图中的黑点)。当这些小“熔池”进行凝固而发生体积收缩时,得不到液体的补充。固-液部分中这两个带的边界称为“补缩边界”。

以上是某一瞬间的凝固情况。在铸件凝固过程中,凝固区域按凝固动态图所示的规律向铸件中心推进。凝固区域宽度不断发生变化,直至消失。

1.2.3 凝固方式及其影响因素

1.凝固方式

根据液固两相区的宽窄可将铸件的凝固方式分为逐层凝固、体积凝固(也称糊状凝固)和中间凝固三种方式。

纯金属或共晶成分的合金由于在恒温下结晶,故在凝固过程中不存在液、固并存的凝固区。图 1.17(a)示出了这类金属某瞬间的凝固情况,t 是结晶温度,T 是铸件断面上的温度场。从图中可以清楚地看出,断面上的固体和液体由一条界限(凝固前沿)清楚地分开。随着时间的延长,温度不断下降,固体层将不断加厚,液体层不断减薄,直到中心层全部凝固。这种凝固方式称为逐层凝固。

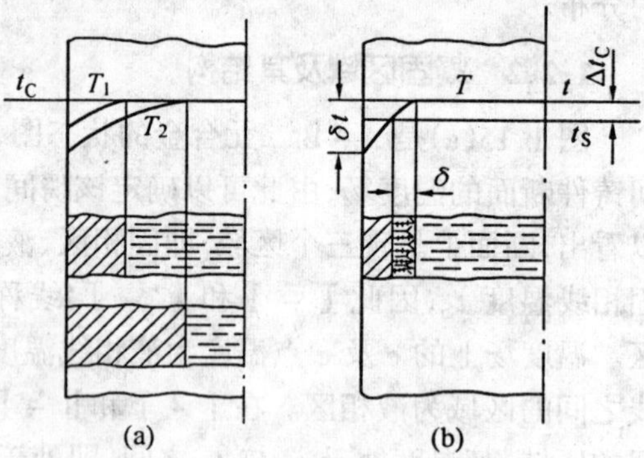

图 1.17 逐层凝固方式示意图

(a)$\Delta t = 0$ 的情况 (b)Δt 很小且 δt 很大的情况

如果合金的结晶温度范围(Δt)很小,并且断面温度梯度(δt 为结晶开始温度与铸件表面温度之差,称为温度降,可用其近似地表示温度梯度)很大时,铸件的凝固区域将很窄,也属于逐层凝固方式,如图 1.17(b)。

纯铜、纯铝、灰铸铁以及低碳钢等的凝固均属于逐层凝固。

如果合金的结晶温度范围很宽(Δt 很大),或虽然结晶温度范围不大,但温度场较为平坦,以至于表面温度尚高于 t_S 时,铸件心部的温度已降至了结晶开始温度,使凝固区域宽泛到贯穿整个铸件断面。

这种凝固方式称为体积凝固(见图 1.18)。这种情况下的凝固先呈糊状,而后固化,故又称为糊状凝固。

球墨铸铁、高碳钢、锡青铜等合金均为体积凝固。

介于逐层凝固和糊状凝固之间的凝固方式称为中间凝固。以中间凝固方式进行凝固时,在凝固初期往往类似于逐层凝固,在表面形成固体壳层并逐渐加厚,但由于凝固区域较宽,很快便扩展至铸件中心部位。图 1.19 示出了两种条件下的中间凝固方式示意图。图(a)表示的是结晶温度范围中等的合金在温度梯度较大条件下的中间凝固情况;图(b)表示的是结晶温度范围宽泛的合金在温度梯度很大条件下的中间凝固情况。

大多数合金均以中间凝固方式进行凝固,例如中碳钢、白口铸铁等。

凝固区域的宽度可以根据凝固动态曲线上的凝固开始线和凝固终了线之间的纵向距离直接判断,因此,这个距离的大小是划分凝固方式的一个准则。如果两条曲线重合在一起,产生恒温下结晶的金属,或者其间距很小、断面温度梯度又很大,则将以逐层凝固方式凝固;如果二曲线的间距很大,且满足铸件断面中心线处已开始凝固而表面尚未结壳的条件，则将以体积凝固方式凝固；如果二曲线之间的距离适中，则多以中间凝固方式进行凝固。

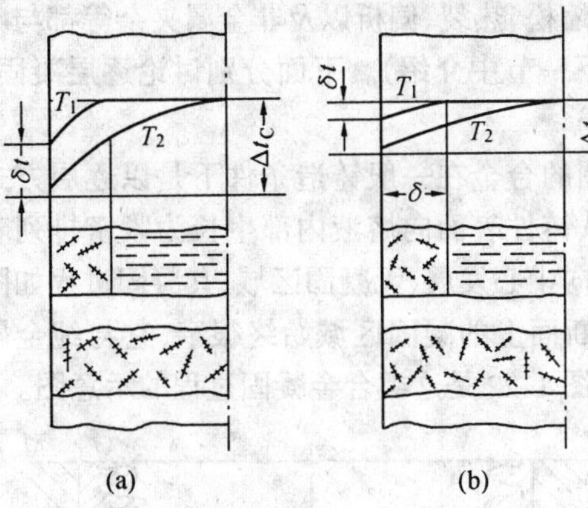

图 1.18 体积凝固方式示意图

(a)结晶温度范围很宽 (b)温度场平坦

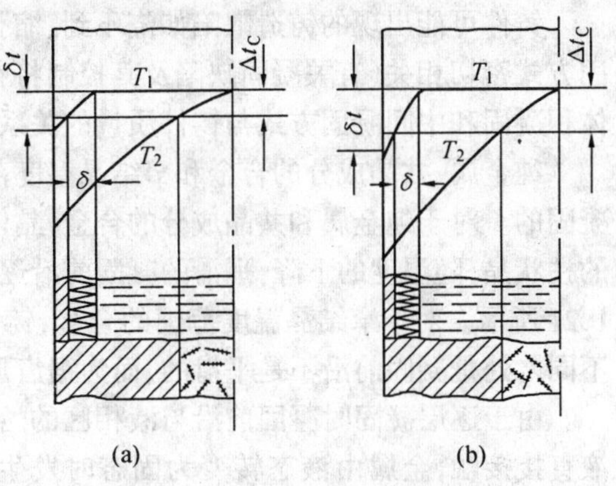

图 1.19 中间凝固方式示意图

(a)温度范围中等，合金温度梯度较大

(b)温度范围宽泛，合金温度梯度很大

2.影响凝固方式的因素

前已表明，凝固区域的大小影响着合金的凝固方式，而这一大小是由合金的结晶温度范围和温度梯度共同决定的。所以，结晶温度范围和温度梯度这两个量构成了影响铸件凝固方式的主要因素。

合金的结晶温度范围越小，凝固区域越窄，越倾向于逐层凝固；反之，越倾向于体积凝固。

在合金结晶温度范围已定的前提下，凝固区域的宽窄取决于合金凝固时的温度梯度，图 1.20 示意地画出了温度梯度对凝固区域大小的影响，T_1、T_2 分别表示 τ_1、τ_2 时刻断面上的温度场。可以看出，随着温度梯度由小到大，凝固区域由宽变窄。温度梯度很大的温度场，可以使很宽结晶范围的合金成为中间凝固方式，甚至成为逐层凝固方式；很平坦的温度场，可以使窄结晶温度范围的合金成为体积凝固方式。所以，温度梯度是凝固方式的重要调节因素。

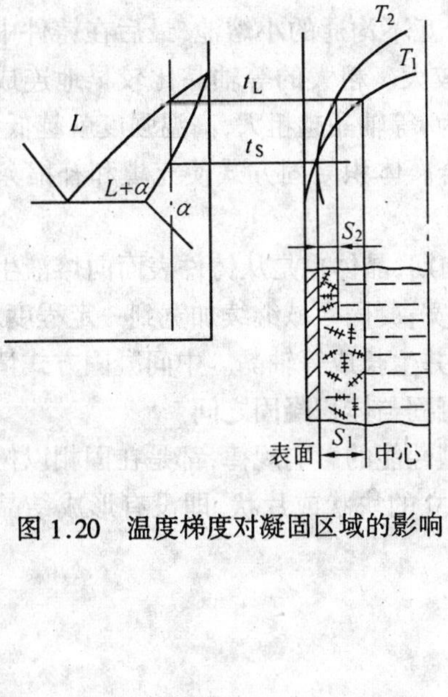

图 1.20 温度梯度对凝固区域的影响

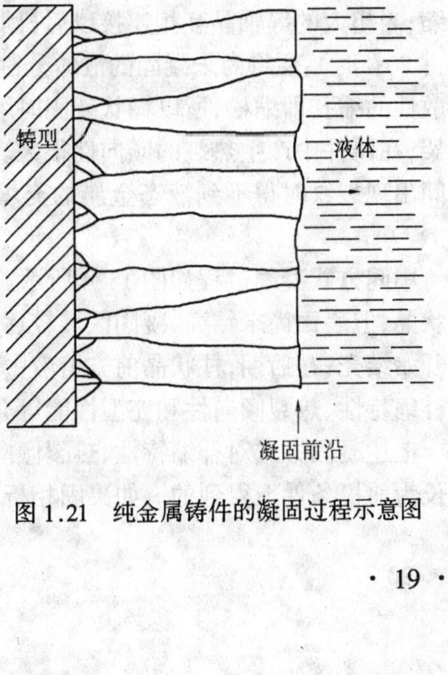

图 1.21 纯金属铸件的凝固过程示意图

1.2.4 凝固方式对铸件质量的影响

铸件可能出现的铸造缺陷如浇不到、缩孔、缩松、热裂、偏析以及非金属夹杂等都与凝固方式密切相关(有关凝固缺陷及其控制将在下一节中介绍)。下面分别讨论逐层凝固、体积凝固和中间凝固方式与铸件质量的关系。

纯金属、共晶成分的合金和窄结晶温度范围的合金在一般铸造条件下是以逐层方式凝固的。对于纯金属和共晶成分的合金,晶体从铸件表面向熔液内部生长为紧密排列着的柱状晶,随温度的下降,平滑的凝固前沿逐步向中心发展,无凝固区域,其凝固过程如图1.21所示。对于窄结晶温度范围的合金,铸件断面上的凝固区域始终很窄,它与纯金属不同之处是凝固前沿不是平滑的,而为锯齿形,图1.22是这类合金凝固过程的示意图。

由于逐层凝固时凝固前沿与液相区的熔液直接接触,金属由液态转变为固态时发生的体积收缩将不断取得邻近熔液的补充。因此,产生分散性缩松的倾向性很小,而是在铸件最后凝固的部位形成集中的缩孔。如果设置合理的冒口,可使缩孔移入冒口。但在壁的拐弯以及壁与壁的连接处仍易出现小缩孔,在长条或板状的轴线处易产生轴线缩松。在凝固过程中,由于收缩受阻而产生晶间裂纹时,容易得到熔液的补充,使裂纹愈合,所以热裂倾向小。逐层凝固方式具有良好的充填及补缩条件。

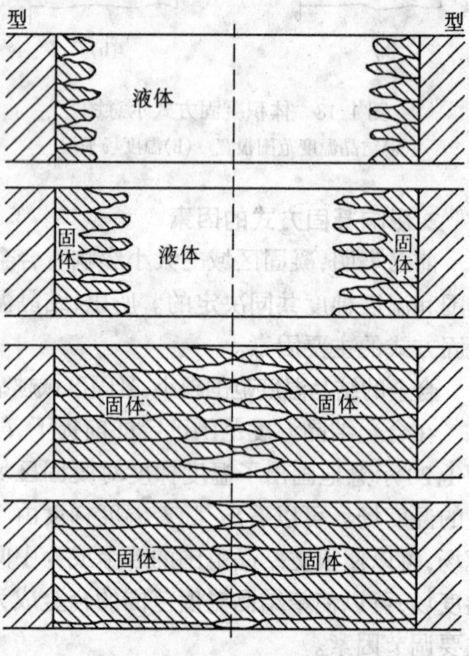

图1.22 窄结晶温度范围合金的凝固过程示意图

体积凝固过程如图1.23所示。晶体在熔液内部形核和生长,易发展成粗大的等轴晶,并且很快就连成一片,形成骨架。在连成一片之前,液体和固体可以一起下降,作整体补缩;当粗大的等轴晶互相连接以后(固相大约占70%时),便将尚未凝固的液体分割为一个个互不沟通的小熔池,最后在铸件中形成分散性的缩孔即缩松,所以糊状凝固时缩松倾向较大。粗大的等轴晶比较早地连成晶体骨架,在铸件中产生热裂的倾向性很大。这是因为,等轴晶越粗大,高温强度就越低,加之晶间出现裂纹时得不到液态金属的充填使之愈合。体积凝固方式使充填和补缩条件变差。

中间方式凝固过程如图1.24所示。在凝固初期,晶体也是从铸件表面向熔液生长成柱状晶,但表面尚未结壳,凝固区域较逐层凝固时宽;凝固区域继续加宽到一定程度后,表面开始结壳;在后期,柱状晶前方熔液中出现晶核并生长成等轴晶。中间凝固方式情况下的补缩特性、热裂倾向性和充型性能等介于逐层凝固与体积凝固之间。

上述凝固方式对补缩特性、热裂倾向性和充型性能的影响规律,都是在固相以树枝晶生长为前提条件下得到的。如果固相析出时是孤立的块状或片状,即没有形成结晶骨架的能力，则它们对补缩特性、热裂倾向性和充型性能的影响较小。例如过共晶 Al－Si 合金结晶时，初晶硅是块状；过共晶灰铸铁的初生相是石墨。这些初晶都没有连成骨架的能力。

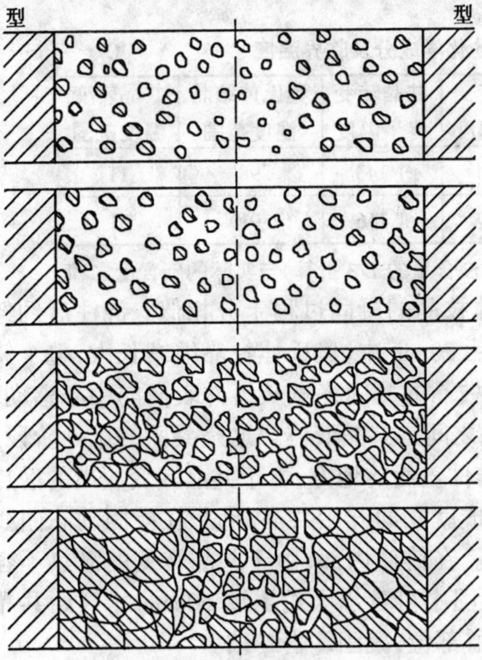

图 1.23　体积凝固过程示意图

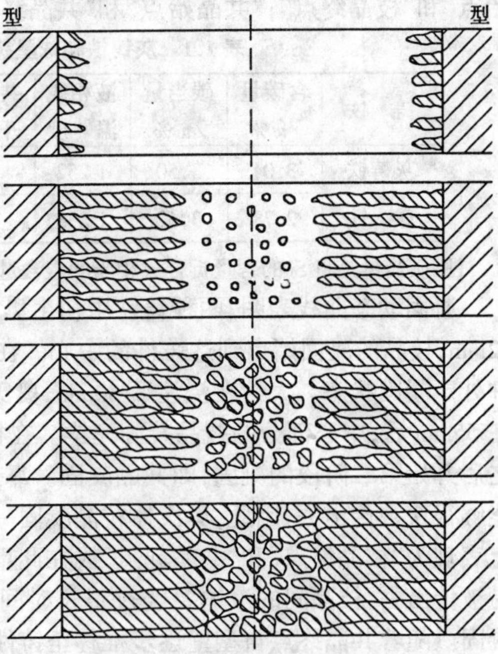

图 1.24　中间方式凝固过程示意图

1.2.5　灰铸铁和球墨铸铁的凝固方式

生产中常用的灰铸铁和球墨铸铁是接近共晶成分的合金，但是，它们的凝固特点和铸造性能却与一般的窄结晶温度范围的合金有很大差别。

表 1.1 所列为亚共晶灰铸铁和球墨铸铁的成分和临界温度，图 1.25 是该两种铸铁的凝固动态曲线。

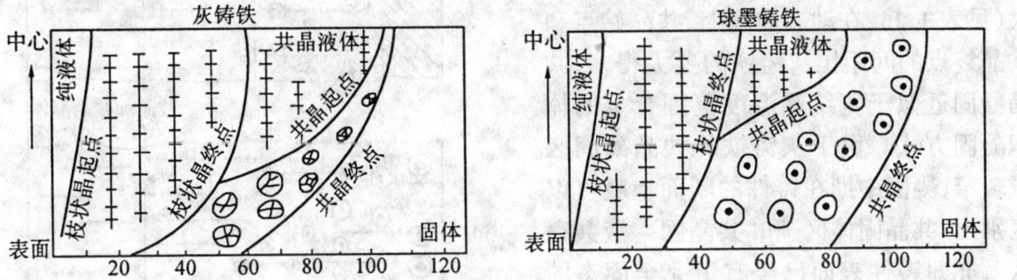

图 1.25　亚共晶灰铸铁和球铁的凝固动态曲线（铸件尺寸为 178×178 方断面杆件，砂型）

(a)灰铸铁　(b)球墨铸铁

亚共晶铸铁的凝固过程可以分为两个阶段：从液相线到共晶转变开始温度，析出奥氏体晶体（先共晶奥氏体呈树枝状），这阶段很像碳钢；从共晶转变开始温度到共晶转变终了温度(因为铸铁至少应视为 Fe－C－Si 三元合金,其共晶转变在一定温度范围内进行),发生奥氏体＋石墨的共晶转变。在凝固动态曲线上与此两阶段相对应有两组曲线:“枝晶始点”和“枝晶终点”;“共晶始点”和“共晶终点”。

表 1.1　灰铸铁和球墨铸铁的化学成分及临界温度　　℃

铸　铁	含碳量 /w%	碳当量 /w%	液相线温　度	共晶转变开始温度	共晶转变终了温度	奥氏体结晶温度范围	共晶转变温度范围
灰铸铁	3.04	3.50	1 252	1 154	1 143	98	11
球　铁	2.78	3.62	1 238	1 147	1 116	91	31

注:碳当量是将 Si 的含量折合成相当的碳含量(按 Si 含量的 1/3 折算)与实际的碳含量之和。

凝固动态曲线表明,两种铸铁中初生奥氏体枝晶的凝固过程十分相似。浇注后约经 12min,枝晶的凝固始点到达铸件的中心。在此后 20min 中,奥氏体枝晶继续长大,整个铸件处于凝固状态。大约在浇注后 30min,奥氏体枝晶的凝固终点从铸件表面向中心移动。在 55min 后,中心部分的枝晶凝固完毕。在枝晶之间是共晶液体。这是凝固的第一阶段。之后开始第二阶段的凝固,即共晶凝固。靠近铸件表面的地方,由于共晶转变放出的潜热能够很快被传出去,因此,奥氏体枝晶凝固一完成就立即开始共晶凝固,在凝固动态曲线上表现为“枝晶终点”和“共晶起点”线在此重合。在铸件内部,由于共晶转变的潜热不容易被传出去,枝晶间的液体要经过很长时间(从图中可看出大约需要 50min)才开始共晶凝固。随着共晶终点自型壁逐步推移至铸件中心部位,凝固即告终结。

两种铸铁凝固的共同点是:奥氏体枝晶始点迅速到达中心(图中“枝晶起点”线陡),使铸件长期处于凝固状态,而且奥氏体枝晶具有很大的连结成骨架的能力,使补缩难以进行。所以,两种铸铁都有产生缩松的可能性。但是,由于它们的共晶凝固阶段有很大差别,使得最后得到的结果是不同的。不同点主要表现在以下两方面:

其一,灰铸铁的共晶始点和共晶终点之间的距离较小,共晶凝固近似于逐层凝固方式。球墨铸铁的共晶转变温度范围大(见表 1.1),在动态曲线上,共晶始点和共晶终点的间距比灰铸铁的要大得多,共晶凝固近似于宽结晶温度范围合金的体积凝固方式。由于灰铸铁的共晶凝固区域较窄,凝固中期在铸件的断面上就可以区别出“共晶固体区”和“共晶固－液共存区”,亦即铸件表面已经有了完全固态的外壳;球墨铸铁共晶凝固所表现的糊状凝固方式,使铸件表面在凝固后期仍有液体存在,而不具备一个完全固态的外壳,因此,在凝固期间球墨铸铁外壳的坚固程度远比不上灰铸铁的。灰铸铁和球墨铸铁共晶凝固的上述差异已被实验所证实。这两种铸铁的凝固示意图如图 1.26 所示。

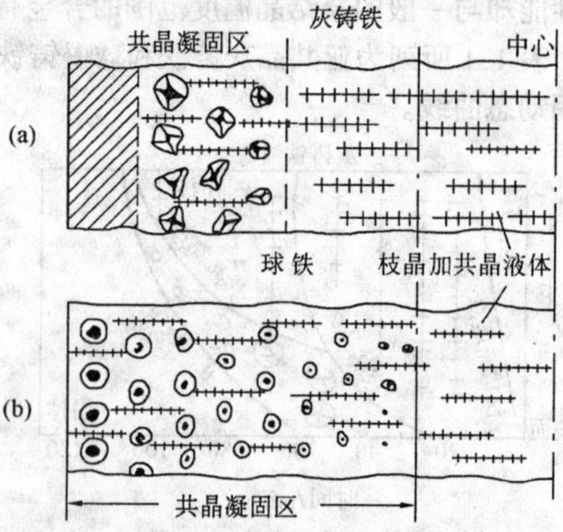

图 1.26　亚共晶灰铸铁和球铁的凝固示意图
(a)灰铸铁　(b)球墨铸铁

其二,两种铸铁在共晶凝固阶段都析出石墨而发生体积膨胀。但是,由于它们的石墨形态(灰铸铁的石墨形态为片状,球墨铸铁的石墨形态为球状)和长大机理不同,石墨化的膨胀作用对合金的铸造性能有着截然不同的影响。灰铸铁共晶团中的片状石墨,与共晶液体直接接触的尖端优先长大,石墨长大所发生的体积膨胀大部分作用在所接触的液体上,迫使液体去填充奥氏体枝晶间的孔洞,从而降低了灰铸铁产生缩松的倾向。在球墨铸铁中,球状石墨是在奥氏体包围下长大的。当共晶团长大相互接触后,石墨球继续长大的体积膨胀大部分作用在相邻的共晶团上,趋向于把它们挤得更开,使其间的孔洞扩大。而且,球墨铸铁是以体积凝固方式凝固的,补缩性很差,所以产生缩松的倾向性很大。

由于两种铸铁都发生石墨化膨胀,线收缩率比其他合金小,所以,产生热裂的倾向性很小。

1.3 金属的凝固时间

凝固时间是指从液态金属充满型腔后至凝固完毕所需的时间。在设计冒口和冷铁时,需要对铸件或其某些部位的凝固时间进行估算,以保证冒口和冷铁具有合适的尺寸和正确的位置。对大型或重要铸件,为了掌握开箱时间,也要对铸件凝固时间进行估算。

铸件的凝固时间可以用热电偶直接测定,也可以通过计算来确定。本节主要介绍在最常用的砂型铸造和金属型铸造情况下,铸件凝固时间的计算。

1.3.1 砂型铸造条件下的铸件凝固时间

1.铸件和铸型断面上温度场的简化模型

已经表明,在铸件和铸型之间存在着一个中间层,该中间层可能是由于金属收缩使铸件各方向的尺寸缩小和铸型受热后发生膨胀形成的间隙,可能是铸型表面的涂料层,也可能是间隙和涂料兼而有之。所以,液态金属注入铸型以后,铸型的内表面温度与其接近的铸件表面温度是不同的。铸件与铸型之间是一个“铸件 - 中间层 - 铸型”的不稳定交换系统。

在砂型铸造条件下,由于铸型的热阻远大于金属,与铸型热阻相比,中间层(厚度很小很小)的热阻也很小。这样,几乎所有的热阻全在铸型中,铸型的热阻对热交换起决定作用。可以认为,此时,铸件内部以及中间层中的温度差是很小的。在铸型中,由于内表面被铸件加热至很高温度,而其外表面仍处于较低的温度,断面上的温度差很大。

为简化起见,假设:①铸件和铸型都是半无限大,其接触界面为无限大平面;②与液态金属接触的铸型表面温度,浇注后立即升到铸件表面温度,且以后保持不变;③凝固是在恒温下进行的;④除凝固潜热外,在凝固过程中没有释放其他热量;⑤铸型和金属的热物理性质不随温度而变化;⑥由于液态金属对流作用引起的温度场改变可以略而不计;⑦与凝固潜热相比,金属的显热可以忽略不计。

根据上述假设,铸件凝固过程中某一瞬间铸件及铸型断面上的温度场可简化为如图 1.27 所示(图中,t_m 为金属的凝固温度,t_0 为铸型外面温度,中间层相对于铸件与铸型的厚度很小,故图上未画出)。

2.凝固时间的计算

按上述的假设条件,设在 τ 时间内凝固层厚度为 δ。根据铸型－铸件界面上的热平衡,单位时间内通过单位界面因金属凝固放出的潜热(q_1)等于单位时间内单位界面进入铸型的热量(q_2),且

$$q_1 = \rho_1 L \mathrm{d}\delta/\mathrm{d}\tau \tag{1.11}$$

式中 ρ_1——金属密度;

L——金属结晶潜热;

$\mathrm{d}\delta/\mathrm{d}\tau$——凝固速度。

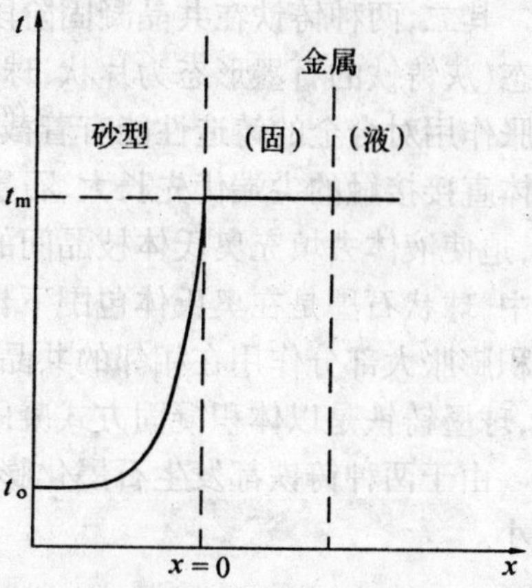

图 1.27 砂型铸造条件下的铸件凝固过程中某一瞬间的温度场简化模型

根据傅里叶定律有

$$q_2 = -\lambda_2(\partial t/\partial x)_{x=0}$$

式中 λ_2——铸型导热系数。

导热微分方程

$$(\partial t/\partial x)_{x=0} = (t_{20} - t_i)/\sqrt{\pi\alpha_2\tau}$$

式中 t_i——铸件与铸型接触界面的温度;

t_{20}——铸型初始温度;

α_2——铸型导温系数,且 $\alpha_2 = \lambda_2/c_2\rho_2$。

考虑温度场的边界条件,即在 $x = 0$ 处,$t_i = t_m$(t_m 为金属的凝固温度),则

$$q_2 = \lambda_2 \frac{t_m - t_{20}}{\sqrt{\pi\alpha_2\tau}} = \frac{t_m - t_{20}}{\sqrt{\pi}\sqrt{\tau}} b_2$$

式中 b_2——铸型蓄热系数,$b_2 = \sqrt{\lambda_2 c_2 \rho_2}$。

由于 $q_1 = q_2$,即

$$\rho_1 L \mathrm{d}\delta/\mathrm{d}\tau = (t_m - t_{20})/(\sqrt{\pi}\sqrt{\tau}) b_2$$

故,凝固速度

$$\mathrm{d}\delta/\mathrm{d}\tau = b_2(t_m - t_{20})/\rho_1 L\sqrt{\pi}\sqrt{\tau} \tag{1.12}$$

凝固层厚度

$$\delta = \int_0^\tau \frac{b_2(t_m - t_{20})}{\rho_1 L\sqrt{\pi}\sqrt{\tau}} \mathrm{d}\tau = \frac{2b_2(t_m - t_{20})\sqrt{\tau}}{\rho_1 L\sqrt{\pi}}$$

令

$$k = 2b_2(t_m - t_{20})/\rho_1 L\sqrt{\pi}$$

则

$$\delta = k\sqrt{\tau} \tag{1.13}$$

式(1.13)称为"平方根定律",即凝固层厚度与时间的平方根成正比。式中 k 称为铸件的凝固系数,其值与许多因素有关,在实际中常用实验方法测得。表 1.2 列出了几种合金在砂型中的凝固系数。

表 1.2 几种合金在砂型中的凝固系数

合 金	凝固系数 $k/(m \cdot s^{-1/2})$	合 金	凝固系数 $k/(m \cdot s^{-1/2})$
灰铸铁	0.000 93	铸 钢	0.001 68
可锻铸铁	0.001 42	黄 铜	0.002 32

根据式(1.13)可求出铸件的凝固速度(即单位时间内凝固层增长的厚度)

$$v = d\delta/d\tau = k/(2\sqrt{\tau}) \tag{1.14}$$

图 1.28 是根据式(1.13)和式(1.14)得出的凝固层厚度 δ 和凝固速度 v 与时间 τ 的关系曲线。可以清楚地看出,$\delta-\tau$ 是抛物线关系,凝固初期增长很快,以后逐渐缓慢;在浇注后最初瞬间 v 值很大,过一段时间凝固速度急剧下降,以后则变化很小。实际上,铸件在凝固过程中并非自始至终遵循平方根定律,而在凝固末期凝固速度有加快现象,如曲线上端虚线所示。出现这种现象的原因是,在铸件凝固末期,铸件中心剩余的液态金属体积与其散热的表面积之比远远小于凝固初期的比值。

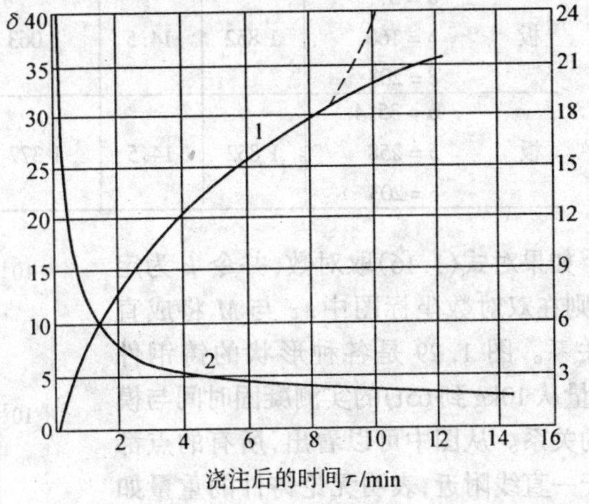

图 1.28 $\delta-\tau$ 与 $v-\tau$ 的关系曲线
1—$\delta-\tau$ 曲线 2—$v-\tau$ 曲线

令平板铸件的厚度为 D,则凝固层的厚度达 $D/2$ 时,铸件将凝固完毕,此时所需时间为

$$\tau = (1/4k^2)D^2 \tag{1.15}$$

式(1.15)表明,平板铸件的凝固时间与铸件厚度的平方成正比。

对于平板型铸件,当表面面积为 S 时,体积 $V = S \times D$,散热的表面积可近似认为 $2S$,则铸件的体积与散热的表面积之比(M)为 $D/2$,于是,式(1.15)可改写为

$$\tau = (1/k^2)M^2 \tag{1.16}$$

式中,M 称为铸件模数,又称当量厚度、折算厚度,定义为铸件体积与铸件有效散热表面积之比。铸件模数的概念是 Chvorinov 考虑了铸件形状这个主要因素,根据对大量实验结果的分析,创造性地引入的,从而将“平方根定律”发展为著名的“Chvorinov 法则”,即式(1.16)。式(1.16)还可以用于其他形状如圆柱体、立方柱体、球体等铸件的凝固时间的计算。

表 1.3 是在干砂型中浇注的不同形状铸钢件的凝固时间的实验结果。

由表 1.3 中数据可见,结构形状不同的铸钢件,虽然其体积和重量相同,但由于散热表面积不相等,即铸件模数不等,凝固时间相差很大。在体积相同条件下,球形铸件散热表面积最小,铸件模数最大,其凝固时间最长,而板形铸件凝固时间最短。

表 1.3　不同形状铸钢件的凝固时间

铸件的外形和大小 /mm		体　积 $/10^3mm^3$	重　量 /kg	散热面积 $/10^2mm^2$	铸件模数 /mm	铸件全部凝固时间 /min
球形	$d=152.4$	1 852	14.5	729	25.4	7.2
圆柱	$d=108$ $h=203$	1 852	14.5	872	21.3	4.7
立方柱体	$d=92$ $h=219$	1 852	14.5	976	19.0	3.6
板	$a=57$ $b=160$ $c=203$	1 852	14.5	1 063	17.4	2.7
板	$a=35.4$ $b=258$ $c=203$	1 852	14.5	1 377	13.5	1.5

如果对式(1.16)取对数,并令 k 为定值,则在双对数坐标图中,τ 与 M 将成直线关系。图 1.29 是各种形状的铸钢件(重量从 10kg 到 65t)的实测凝固时间与模数的关系。从图中可以看出,所有的点都位于一直线附近,表明无论铸件的重量如何,只要它们的模数相等,其凝固时间就相等或相近。例如,80mm × 400mm × 600mm 的平板、$\phi150\times800$mm 的圆柱体和 $\phi229$mm 的球形铸件,其重量分别为 150kg、110kg 和 50kg,由于它们的模数大致相同,所以凝固时间也大致相同。由于式(1.16)是在假定铸件与铸型接触面为平面的条件下推导出来的,所以它用于计算大平板的凝固时间比较准确。对于其他形状的铸件,计算结果一般要比实际凝固时间长 10% ~ 15%。这在图 1.29 中已经看到这种现象,例如,200mm × 1 500mm × 1 800mm 的平板与 $\phi400\times800$mm 的圆柱体,它们的模数相等,但圆柱体的凝固时间短于平板。

Chvorinov 法则虽然并不很准确,但是在不需要精确计算时,却是最有用的近似计算方法。

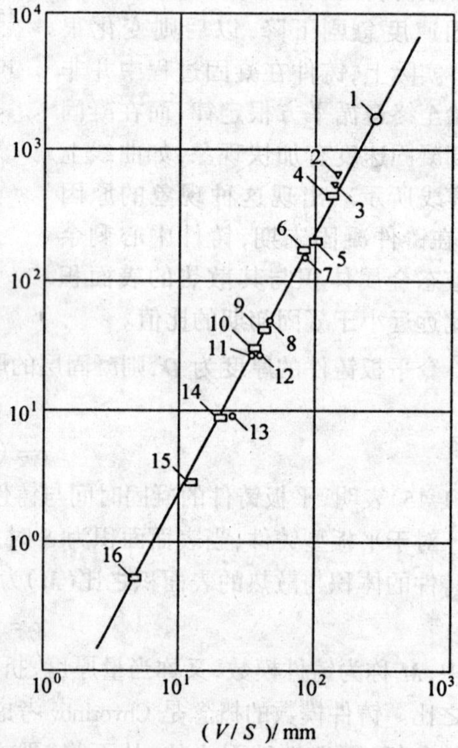

图 1.29　钢铸件的凝固时间与模数的关系

1—底座(重 65t) 2—环形冒口 3—环形铸件 4—350 × 1800 × 2400 5—200 × 1800 × 2400 6—200 × 1500 × 1800 7—ϕ400 × 800 8—ϕ200 × 800 9—100 × 800 × 800 10—80 × 400 × 600 11—ϕ150 × 800 12—球(ϕ229) 13—球(ϕ153) 14—50 × 400 × 400 15—30 × 400 × 400 16—10 × 400 × 400

1.3.2 金属型铸造条件下的铸件凝固时间

1. 铸件和铸型断面上温度场的简化模型

金属型铸造时，型腔内表面一般涂有较厚的涂料，加之可能在铸件与铸型之间形成的间隙，使得这种间隙和涂料兼而有之的中间层热阻很大，以至于可以忽略金属和铸型内部的温度梯度，此时，全部温度降将集中在中间层，造成型腔表面温度和铸件表面温度的差别很大。这样，在金属型铸造情况下，几乎所有的热阻全在中间层，这个热阻将对铸件与铸型之间的热交换起决定作用。

如果仍作砂型铸造条件下的几点假设（其中第②点假设修改为“与液态金属接触的中间层表面温度……”），铸件凝固过程某一瞬间铸件及铸型断面上的温度场可简化为如图 1.30 所示（中间层对于铸件与铸型的厚度很小，故图上未画出）。

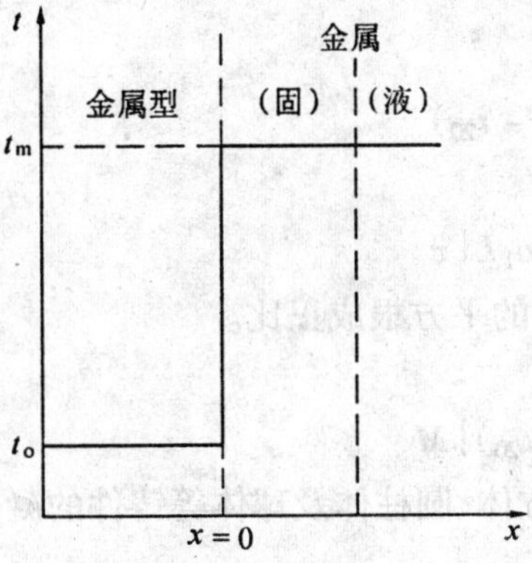

图 1.30 金属型铸造条件下的铸件凝固过程中某一瞬间的温度场简化模型

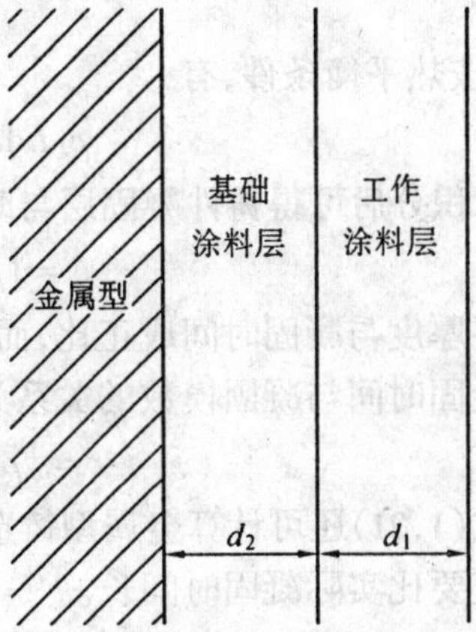

图 1.31 铸型－铸件界面处的涂料层

2. 凝固时间的计算

按上述的假设条件，设在 τ 时间内凝固层厚度为 δ。根据铸型－铸件界面上的热平衡，单位时间内通过单位界面金属凝固放出的潜热（q_1）等于单位时间内单位界面进入铸型的热量（q_2），即 $q_1 = q_2$。

值得指出的是，在金属型铸造情况下，金属凝固放出的热量要通过中间层传给铸型。由于中间层包含了涂料及间隙，在间隙中的传热将主要以对流换热形式进行，因而金属凝固放出的热量将以综合传热的方式传给铸型。依牛顿换热公式，单位时间内通过单位面积中间层进入铸型的热量（q_2）为

$$q_2 = \beta(t_m - t_{20}) \tag{1.17}$$

式中 β——综合给热系数，且

$$\beta = 1/\{(1/\beta_1) + (d_1/\lambda_1) + (d_2/\lambda_2) + (1/\beta_2)\} \tag{1.18}$$

式中 β_1——铸件侧的给热系数，单位为 $W/(m^2 \cdot ℃)$；

β_2——铸型侧的给热系数，单位为 $W/(m^2 \cdot ℃)$；

d_1——工作涂料层的厚度；

d_2——基础涂料层的厚度;

λ_1——工作涂料层的导热系数;

λ_2——基础涂料层的导热系数。

表1.4列出一些主要涂料成分的导热系数。图1.31示出了铸型-铸件界面处的涂料层。

表1.4　涂料成分的导热系数 λ

涂　料	导热系数/[W·(m·K)$^{-1}$]	涂　料	导热系数/[W·(m·K)$^{-1}$]
石　墨	46.05×10^{-2}	水玻璃	13.82×10^{-2}
石英粉	17.17×10^{-2}	熟耐火粘土	13.82×10^{-2}

于是,按热平衡条件,有

$$\rho_1 L\mathrm{d}\delta/\mathrm{d}\tau=\beta(t_{\mathrm{m}}-t_{20}) \tag{1.19}$$

对式(1.19)积分后可得铸件凝固层与时间的关系

$$\delta=\{\beta(t_{\mathrm{m}}-t_{20})/\rho_1 L\}\tau \tag{1.20}$$

这里凝固层厚度与凝固时间成正比,而不是与时间的平方根成正比。

铸件凝固时间与凝固模数的关系为

$$\tau=\{\rho_1 L/2\beta(t_{\mathrm{m}}-t_{20})\}M \tag{1.21}$$

应用式(1.21)还可计算金属型铸造情况下立方体、圆柱体及球体等铸件的凝固时间,但所得数值要比实际凝固时间长。

1.4　金属结晶组织和凝固缺陷的控制

在实际生产中,虽然液态金属的凝固过程遵循着凝固的普遍规律,但由于冷却条件的复杂性,因而给铸态组织带来很多特点。铸态组织包括晶粒的大小、形态和取向,合金元素和杂质的分布以及凝固缺陷等。对铸件来说,铸态组织直接影响到它的机械性能和使用寿命;对铸锭来说,铸态组织不但影响到它的压力加工性能,而且还影响到压力加工后的金属制品的组织及性能。本节首先介绍铸件晶粒组织的形成过程,然后介绍常见的凝固缺陷以及防止这些缺陷的途径。

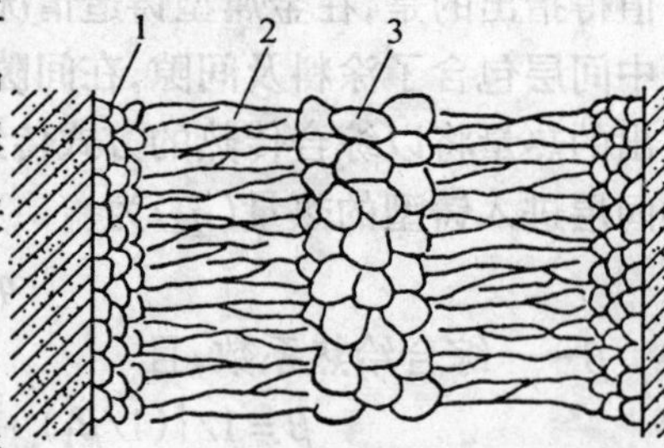

图1.32　铸件断面组织示意图

1—表面细晶区　2—内部柱状晶区

3—中心等轴晶区

1.4.1　铸件典型晶粒组织的形成及其影响因素

最典型的铸件晶粒组织由三个晶区组成,即表面细晶区、内部柱状晶区和中心等轴晶区,如图1.32所示。之所以典型,不是指这种晶粒组织在铸件中经常存在(它常存在于铸锭中),而是因为其形成过程最为典型，它包括了所有三种在铸件中常见的晶粒形态。

1.表面细晶粒区的形成

传统的理论认为，当液体金属浇入温度较低的铸型时，与铸型接触的一层液体受到强烈激冷，产生很大过冷，因而在型壁上及液体中大量生核，成长为细晶粒区。这些细晶粒是在过冷液体中生核、生长的，其生长方式也采取枝晶状。由于它的结晶潜热既能从型壁导出，也能向过冷的液体中散失，因此受型壁散热方向影响较小，其一次分枝有的与型壁垂直，有的则倾斜，所以晶体的生长是无方向性的。

近年来的研究丰富了上述传统理论的内容，认为液体的流动对表面细晶区的形成起着决定性的作用。浇注时液流的冲刷和浇注刚结束时液体内外温度梯度较大而产生的强烈对流，都会引起铸型表面晶体的脱落和以后的增殖，使激冷区内大量生核。

表面细晶区的大小与浇注温度、铸型温度、铸型导热能力、合金的生核能力以及合金成分有关。如浇注温度高、铸型导热能力强，在金属开始凝固时，金属中的温度已大为均匀，且铸型表面生核和形成的晶体少，脱落后被高温液体重新熔化的几率大，细晶区小而晶粒粗大，甚至细晶区会完全消失。金属中溶质元素量多时，晶体与型壁之间和分枝的根部将产生"颈缩"现象，晶体和分枝易脱落，它们在沿型壁沉降过程中，其中一部分受到型壁的冷却，集结在型壁附近，也参与形成表面细晶组织。此外，当存在符合晶面共格对应原则的非金属夹杂物时，同样能促进表面细晶区的形成。可见，细晶区的形成关键在于造成大量生核的条件，除了晶体脱落及其增殖作用外，有效质点的存在也能增加此区的生核，促进细晶区的形成。

2.内部柱状晶区的形成

柱状晶区是表面层区晶体向内单向延伸生长的结果。

随着液体中对流的减弱，型壁上或凝固层上晶体的脱落减少，结晶潜热的析出使型壁温度升高。上述种种原因，均使细晶区不能扩展，而此时液体金属冷却减慢，温度梯度变得平缓，于是即开始形成柱状晶区。因为这时在结晶前沿液体中有适当的过冷度，这一过冷度很小，以至于不能生成新的晶核，但它有利于细晶区内靠近液相的某些小晶粒的继续长大，而离柱状晶前沿稍远处的液态金属尚处于过热之中，无法另行生核，因此结晶主要靠晶粒的继续长大来进行；由于垂直于型壁方向散热最快，因而晶体沿其相反方向择优生长成柱状晶。晶体的长大速度是各向异性的，一次轴方向长大速度最大，但是由于散热条件的影响，只有那些一次轴平行于散热方向，即垂直于型壁的晶粒长大速度最快，迅速地优先长入液体中，而那些主轴斜生的晶粒则被"挤掉"，不能发展，如图1.33所示。由于这些优先成长的晶粒并排向液体中生长，侧面受到彼此的限制而不能侧向生长，只能沿散热方向生长，结果便形成了柱状晶区。各柱状晶的位向都是一次轴方向，例如立方晶系各个柱状晶的一次轴都是<001>方向，结果柱状晶区在性能上就显示出了各向异性，这种晶体学位向一致的铸态组织称为"铸造织构"或"结晶织构"。

由此可见，柱状晶区形成的外因是传热的方向性，内因是晶体生长的各向异性。柱状晶的长大速度与已凝固固相的温度梯度和液相的温度梯度有关，固相的温度梯度越大，或液相的温度梯度越小时，则柱状晶的长大速度便越大。此外，浇注温度高、合金凝固温度范围小、液体流动的抑制、合金中有效质点少，都能促使形成柱状晶的发展。

如果已结晶的固相的导热性好，散热速度很快，始终能保持定向散热，并且在柱状晶前沿的液体中没有新形成的晶粒阻挡的话，那么柱状晶就可以一直长大到铸件中心，直到与其他柱状晶相遇而止，这种组织称为穿晶组织（在铸锭和铸件中均可以产生），图 1.34 示出了铸锭中的穿晶组织。

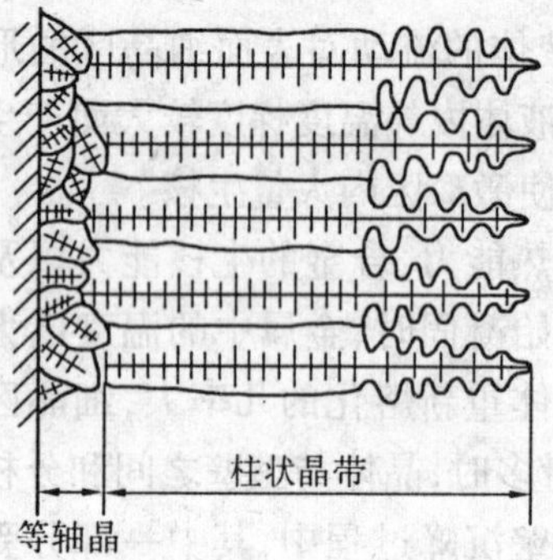

图 1.33 由细晶区晶粒发展成柱状晶

图 1.34 铸锭中的穿晶组织

3. 中心等轴晶区的形成

从本质上说，中心等轴晶区的形成是由于液态金属内部的独立形核和生长。等轴晶晶核的来源一是随对流漂移到铸件中心部位的自由小晶体；二是符合晶面共格对应原则的非金属夹杂物。这些自由小晶体可以来自型壁晶体的脱落、枝晶分支的熔断脱落、顶部晶体的沉积以及这三种原因形成的小晶体随液体对流而发生的晶体增殖。因此，凡增加自由小晶体数目的各种因素都有利于中心等轴晶区的扩大，且能细化等轴晶；与此同时，柱状晶区则变窄。

为什么会形成等轴晶呢？这是由于随着柱状晶的发展，散热已失去了方向性，已经成为晶核的小晶体在液体中可以自由生长，在各个方向上的长大速度几乎相等，于是就长成了等轴晶。当它们长到与柱状晶相遇，全部液体凝固完毕，就形成了明显的中心等轴晶区。

对于给定的合金，在一定的温度范围内，随着浇注温度的升高，柱状晶区扩大而等轴晶区缩小；反之，随着浇注温度的降低，柱状晶区缩小而等轴晶区扩大，如图 1.35 所示。而且随着浇注温度的提高，在柱状晶区扩大的同时，等轴晶晶粒则变粗，如图 1.36 所示。对于给定的浇注条件而言，柱状晶区宽度随合金元素含量的增加而减小，等轴晶区则相应地扩大，如图 1.37 所示。

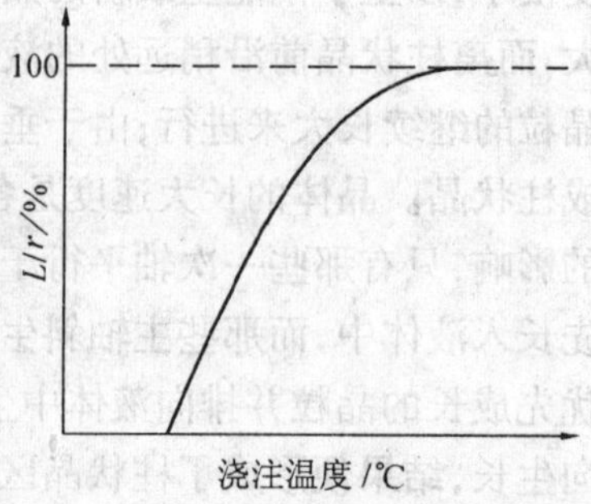

图 1.35 浇注温度对柱状晶长度的影响

r—试样半径 L—柱状晶长度

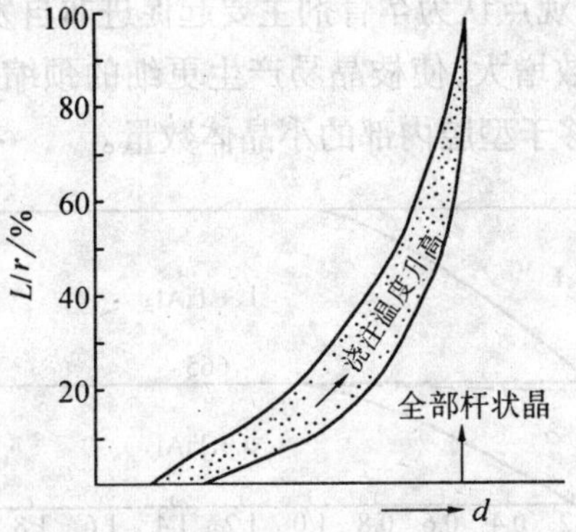

图 1.36　等轴晶尺寸 d 与柱状晶长度 L 的关系（r 为试样半径）

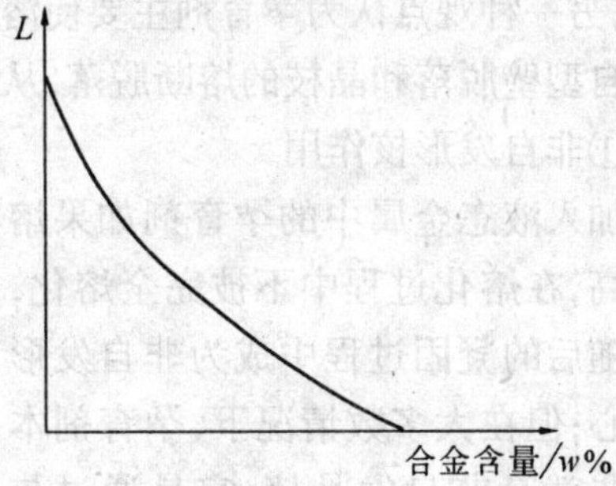

图 1.37　柱状晶长度 L 与合金含量的关系

1.4.2　铸件晶粒组织的控制

由对三晶区组织形成的讨论可以看出,影响各晶区组织形成的因素是多方面的。在某些情况下有的只有柱状晶区,而在另外一些情况下却只有等轴晶区,即使是具有三个晶区的组织,其三个晶区所占比例也往往不相同。由于不同的晶区具有不同的性能,因此必须设法控制凝固条件,使希望得到的晶区所占比例尽可能大,而使不希望得到的晶区所占比例尽量减少以至完全消失。

表层细晶区的晶粒十分细小,组织致密,机械性能很好。但由于细晶区的厚度一般都很薄,有的只有几个毫米厚,因此没有多大的实际意义。与柱状晶区相比,等轴晶区的各个晶粒在长大时彼此交叉,枝叉间的搭接牢固,裂纹不易扩展;不存在明显的脆弱界面;各晶粒的取向各不相同,其性能没有方向性。因此,对于钢铁等许多材料的铸件(铸锭)来说,一般都希望得到尽可能多的等轴晶,限制柱状晶的发展,并且等轴晶的晶粒要更加细小,因为这样的组织有利于铸件力学性能的提高。

1.等轴晶组织的获得和细化

获得等轴晶组织的原则是使液态金属中不断地产生新晶核,以阻止柱状晶的生长。晶核越多则形成的等轴晶晶粒就越细。主要措施有:

(1)降低浇注温度

降低浇注温度是缩小柱状晶区和扩大等轴晶区并细化晶粒的有效措施。降低浇注温度能使液态金属与型壁及浇道壁接触时就产生大量晶体并自型壁脱落。降低浇注温度能使游离的小晶体在随后的漂移中重新熔化的可能性减小。实验表明,锡青铜在 1 150℃的温度下浇注时,得到的等轴晶晶粒很粗大,晶粒的平均直径达 4mm;当在 1 070℃的温度下浇注时,得到的等轴晶晶粒细小,晶粒的平均直径只有 0.6mm。必须指出,对于形状复杂的铸件,为获得细等轴晶组织不宜采取降低浇注温度的工艺措施,因为那样会严重降低合金流动性而使充型困难。

(2)孕育处理

在液态金属中加入孕育剂,促进液态金属内部形核从而获得细等轴晶的方法称为孕育处理。关于孕育的作用,目前有两种说法:一种观点认为孕育剂主要起促进非自发形核作用;另一种观点认为孕育剂主要使溶质偏析系数增大,使枝晶易产生更细的颈缩,促进晶体自型壁脱落和晶枝的熔断脱落,从而增加漂移于型腔内部的小晶体数量。

①非自发形核作用

加入液态金属中的孕育剂如果熔点很高,在熔化过程中不被完全熔化,则在随后的凝固过程中成为非自发形核核心;但在大多数情况下,孕育剂本身并非就是非自发晶核,它是通过与液态金属中的某些组元发生反应,形成高熔点化合物并在液态金属中弥散分布,这些化合物与欲细化相符合界面共格对应原则,可作为欲细化相的非自发晶核,从而起细化作用。例如钛以 Al - Ti 中间合金(Al - Ti 中间合金的典型成分是 Al - Ti6$w\%$)或钛盐(K_2TiF_6,可分解获得 Ti)的形式添加到铝液中,可获得显著的细化晶粒效果(加入钛盐远不如加入中间合金的细化效果)。由 Al - Ti 相图(见图 1.38)可以看出,当含钛量大于 0.15$w\%$以后,合金首先从液态中析出初晶 $TiAl_3$,然后在 665℃发生包晶转变:$L + TiAl_3 \rightarrow \alpha$。$TiAl_3$ 对 α 相起非自发形核作用,α 相依附于 $TiAl_3$ 上形核并长大。由于从液体中析出的 $TiAl_3$ 细小而弥散,非自发形核作用效果很好,细化晶粒作用显著。又如钢中加入 V、Ti 等,能形成 VN、VC、TiN、TiC 等高熔点化合物,细化钢的晶粒。这些孕育剂起着形核作用,故又称为形核剂。为保证孕育剂的最佳效果,控制孕育剂在合金液中的停留时间非常重要。孕育剂加入合金液后要经历一个孕育期和衰退期,在孕育期内,中间合金完成熔化过程并使起细化作用的异质固相颗粒均匀分布,达到最佳的细化效果。此后,由于异质固相颗粒的聚集(或溶解)而使细化效果下降,出现衰退。当细化效果达到最佳值时浇注是最理想的。

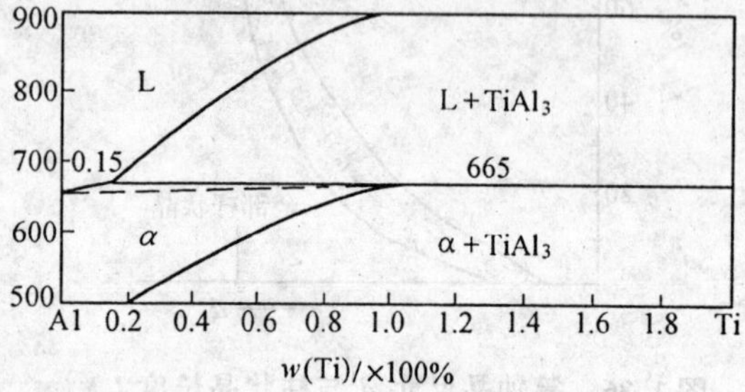

图 1.38 Al - Ti 相图一角

②溶质偏析的作用

如果所加入的孕育剂元素能促使在型壁上产生的晶体和枝晶分支的根部形成颈缩,则易使它们自型壁脱落和自晶枝熔断脱落,而且还能促进晶体增殖。因此该元素就起到扩大等轴晶区和细化晶粒的作用。由于颈缩是由固 - 液界面前沿液相中溶质偏析造成的,因此溶质偏析程度越严重则颈缩越细。偏析程度的大小取决于溶质平衡分配系数 K_0,即固 - 液两平衡相中溶质浓度的比值。对于 K_0 小于 1 的合金,即液相线和固相线随着溶质浓度的增加而降低的合金(图 1.39(a)),K_0 值越小,结晶过程中造成的溶质偏析程度就越严重;反之,对于 K_0 大于 1 的合金,即液相线和固相线随着溶质浓度的增加而上升的合金(如图 1.39(b)),K_0 值越大,则偏析程度越严重。因此可以用 $1 - K_0$ 的绝对值,即 $|1 - K_0|$ 作为描述固 - 液界面前沿液相的溶质偏析程度的参数,$|1 - K_0|$ 简称溶质偏析系数。不论 K_0 小于 1 还是 K_0 大于 1,凡偏析系数大的元素对晶粒细化的作用就大。$|1 - K_0|$ 数值的大小就成了选择晶粒细化剂的依据。表 1.5 列出了钢中各元素的偏析系数。

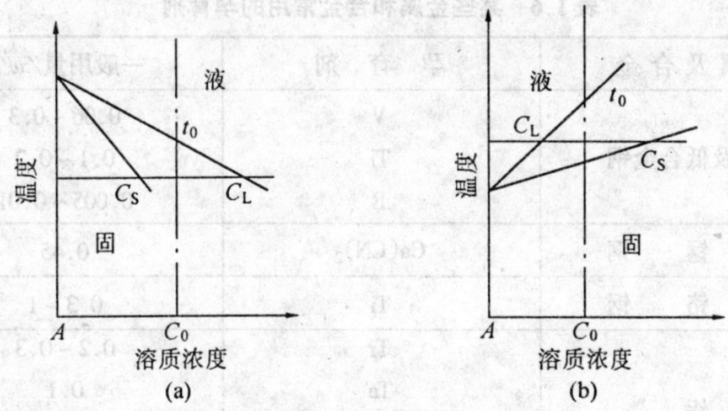

图 1.39 平衡分配系数

(a) $K_0 < 1$ (b) $K_0 > 1$

表 1.5 钢中各元素的偏析系数

元素	$\lvert 1-K_0 \rvert$	元素	$\lvert 1-K_0 \rvert$
S	0.95 ~ 0.98	Pb	0.45
O	0.90 ~ 0.98	Si	0.34 ~ 0.15
B	0.95	Ni	0.20 ~ 0.26
C	0.71 ~ 0.87	Nh	0.22
P	0.50 ~ 0.87	Mn	0.15 ~ 0.20
Ti	0.50 ~ 0.86	Co	0.10
N	0.65 ~ 0.72	V	0.10
H	0.68	Al	0.08
Ta	0.54	Cr	0.03 ~ 0.05
Ca	0.44	W	0.05

由表 1.5 可知，S 在钢中的偏析系数最大，因此钢中含 S 较多容易形成等轴晶，但加入足够量的 Mn 后，由于 Mn 与 S 的化学亲和力大于 Fe 与 S 的化学亲和力，Mn 优先夺取 S 而形成 MnS，故促使形成等轴晶的作用消失，反而会导致形成粗大的柱状晶（S 是钢中的有害元素，除特殊情况下应尽量降低它的含量，此处仅从偏析系数的角度说明偏析元素的影响）。由于 B 在钢中的偏析系数很大，因此钢中加 B 能消除柱状晶，细化等轴晶。形核剂和起溶质偏析作用的元素联合使用可获得更细的晶粒，故通常复合孕育剂比单一孕育剂有更好的细化晶粒效果。例如，高锰钢采用 B 加稀土元素作复合孕育剂所得的晶粒比单独加 B 或单独加稀土元素的要细。表 1.6 列出了某些金属和合金常用的孕育剂。表中所列的孕育剂仅用于细化纯金属、单相固溶体合金、共晶型合金的初生固溶体相晶粒。

(3)动力学细化法

动力学细化方法主要是采用机械力或电磁力引起固相和液相的相对运动，导致枝晶的破碎或与铸型分离，在液相中形成大量结晶核心，达到细化晶粒的效果。常用的动力学细化方法如下。

表1.6 某些金属和合金常用的孕育剂

金属及合金	孕育剂	一般用量/w%
碳钢及低合金钢	V	0.06~0.3
	Ti	0.1~0.2
	B	0.005~0.01
高锰钢	$Ca(CN)_2$	0.45
高铬钢	Ti	0.3~1
铝	Ti	0.2~0.3
	Ta	0.1
	B	0.2
	Zr	0.5
铝硅合金	Ti	0.1~0.15
	B	0.1~0.2
	Ti+B	Ti0.05+B0.05
铝镁合金	Ti	0.05~0.1
	Zr	0.1~0.2
锡青铜	Ti+B	Ti0.04+B0.05
	V+B	V0.05+B0.05
	Zr+B	Zr0.1+B0.05
	Zr	0.1
铝青铜	V	0.05~0.1
	B	0.05~0.1
	V+B	0.05~0.02
黄铜	V+B	V0.02~B0.02
	Ti+B	Ti0.05~B0.05
铜	Li	0.005~0.02
	Bi	0.5
	Li+Bi	Li0.05~Bi0.05

①浇注过程控制技术

在铸件浇注过程中，液态金属在型壁的激冷作用下，大量形核，被冲击液流带入液相区，并发生增殖。若这些晶核在液态金属显热完全散失之前尚未被完全熔化，则成为后续凝固的结晶核心。因而通过控制浇注方式，使液态金属连续冲击铸型，提供大量的晶核。图1.40示出了使晶粒细化的几种浇注方法。采用图1.40(a)所示的方法浇注，获得的凝固组织较粗大；而采用1.40(b)所示的方法，使液流沿型壁冲击，则可促进形核，细化晶粒；进一步使液流分散，采用图1.40(c)所示的沿型壁四周缓慢浇注的方法浇注，则更利于形核，并且浇注结束时过冷度较低，利于晶核的生存；采用图1.40(d)所示的斜板浇注细化效果更好。

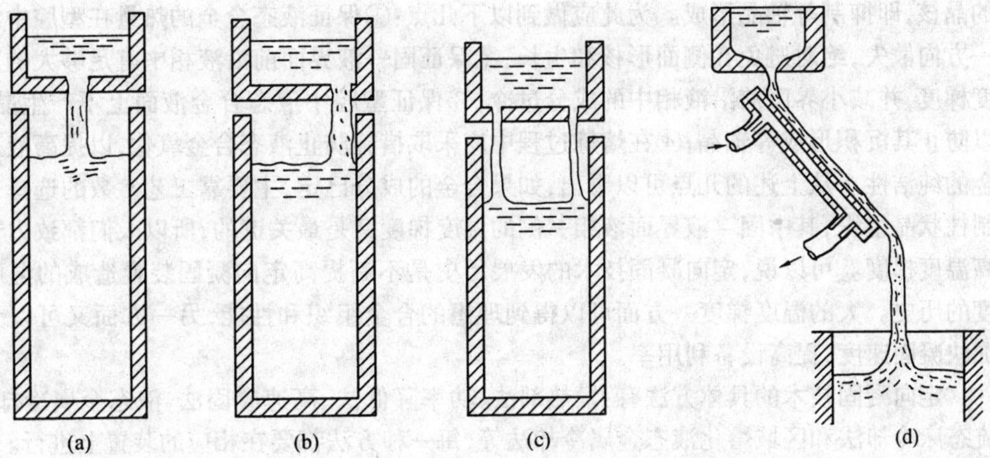

图 1.40　利用浇注过程液流控制进行晶粒细化的几种方法

(a)铸型中间浇注　(b)沿型壁浇注　(c)沿型壁四周浇注　(d)斜板浇注

②铸型振动

在凝固过程中，振动铸型可使液相和固相发生相对运动，导致枝晶破碎形成结晶核心。同时，振动铸型可促使表面形成的晶核下落形成“晶雨”，因为当液态金属静止时表面凝固的金属结壳不能下落，铸型振动可使壳层中的枝晶破碎，形成“晶雨”。

③超声波振动

超声波振动可在液相中产生空化作用，形成空隙，当这些空隙崩溃时，液体迅速补充，液体流动的动量很大，产生很高的压力，起到促进形核的作用。

④液相搅拌

采用机械搅拌、电磁搅拌或气泡搅拌均可造成液相相对固相的运动，引起枝晶的折断、破碎与增殖，达到细化晶粒的目的。

(4)提高冷却速度

冷却速度对铸件晶粒组织的影响较为复杂。对于薄壁铸件，采用金属型以提高冷却速度，使整个铸件断面产生很大的过冷，可获得细等轴晶。但对于厚壁铸件或导热率较差的合金，采用金属型比采用砂型更易获得柱状晶，特别在高温浇注时更是如此。这是因为金属型的激冷能力比砂型大得多，使靠近型壁处的液态金属产生很大的过冷，在型壁上形成大量彼此接近的晶体并且很快长成凝固壳。这种凝固壳不断加厚，此时即便其前沿液相中存在流动，晶体也难以从型壁上脱落，所以在型壁上形成柱状晶。反之，如果采用砂型，则型壁上不易形成凝固壳，当型壁附近液态金属有流动时，晶体便有可能自型壁上脱落，尽管为数不多，但却能在柱状晶形成之前均匀分布于整个铸件断面，阻碍柱状晶的形成，从而获得全部粗大的等轴晶组织。

2.定向凝固技术与柱状晶组织的获得

在某些情况下，如果铸件组织中全部是柱状晶，可使铸件具有良好的使用性能。比如，高温条件下工作的耐热合金涡轮叶片，当其组织全部由柱状晶组成时（晶界与叶片主应力平行），将具有很高的抗蠕变性能。获取柱状晶组织必须采用定向凝固技术。

欲使柱状晶充分发展，必须在柱状晶生长方向的固－液界面前沿液相中避免形成新的晶核，即抑制等轴晶形成。为此应做到以下几点：①保证液态合金的热量在型腔中沿单一方向散失，绝对避免在侧面形核和生长；②保证固—液界面前沿液相中有足够大的正温度梯度，并减小界面前沿液相中的成分过冷；③保证型腔中液态合金液面上不产生晶体，以防止其沉积形成等轴晶；④在熔炼过程中应采取措施防止液态合金氧化，以提高液态合金的纯洁性。从上述的几点可以看出，如果合金的成分已定，主要靠工艺参数的选择来控制柱状晶组织，其中固－液界面液相一侧的温度梯度又是最关键的，所以人们都致力于提高温度梯度。可以说，定向凝固技术的发展历史是不断提高定向凝固装置造成的温度梯度的历史。大的温度梯度一方面可以得到理想的合金组织和性能，另一方面又可以允许加快凝固速度，提高设备利用率。

定向凝固技术的具体方法有：发热剂法、功率降低法、高速凝固法、液态金属冷却法、流态床冷却法和区域熔化液态金属冷却法等，每一种方法都要在相应的装置上进行。

如果铸件开始结晶时只有一个柱状晶，就有可能在定向凝固条件下使铸件只由一个晶体（晶粒）构成，这就是单晶体铸件。用于制造单晶体铸件的铸型要带有制造单晶的装置。

1.4.3 凝固缺陷及其控制

液态金属在铸型中凝固以后，除了结晶组织以外，还经常出现一些缺陷，如偏析、缩孔、缩松、气孔和非金属夹杂等等。这些缺陷的出现都不同程度地影响了铸件的质量，使其使用寿命下降，甚至是报废。下面简要介绍铸件中经常出现的缺陷以及这些缺陷的控制办法。

1.偏析

铸件凝固时，要获得化学成分完全均匀一致是十分困难的。铸件的不同部位乃至晶粒内部，产生化学成分不均匀的现象称为偏析。偏析可分为两大类：微观偏析和宏观偏析。微观偏析是指微小范围内的化学成分不均匀现象，一般在一个晶粒尺寸范围左右；宏观偏析是指大范围内的化学成分不均匀现象，宏观偏析也叫区域偏析。

(1)微观偏析

①胞状偏析

胞状亚结构是固溶体合金在成分过冷不大的情况下形成的。固－液界面是由网状的沟槽分开的胞，沟槽中富集了合金的低熔点组元。胞状偏析的范围局限于一个胞的尺寸内。由于这种偏析是小范围内的成分不均匀，所以实现成分均匀化是不困难的。在固体冷却期间，由于有一定程度的原子扩散，可以减轻胞状偏析的程度。

②晶内偏析

实际生产条件下的结晶是不平衡的结晶，不平衡结晶时先结晶出来的固体含高熔点组元较多，后结晶的含低熔点组元较多，这种在一个晶粒内部出现的化学成分不均匀的现象称为晶内偏析，由于固溶体晶体通常呈树枝状，故又称为枝晶偏析。晶内偏析的存在会造成晶粒内部性能不一致，从而降低合金的力学性能，特别是塑性和韧性；晶内偏析还将导致合金化学性能的不一致，从而降低合金的耐蚀性。

在实际生产条件下，晶内偏析是很难避免的。减弱晶内偏析的主要措施是细化晶粒，因为工业上消除晶内偏析的方法是采用均匀化退火。对于给定的合金，均匀化退火时间正比于枝晶间距的平方（枝晶间距限定了晶内偏析的范围），枝晶间距越小，晶内偏析范围越小，这就意味着均匀化退火时原子扩散的路程越短，所需时间也越短。

③晶界偏析

各晶粒在生长过程中最后相遇的地方称为晶界，是晶粒与晶粒之间的边界。晶界处富集了合金的低熔点组元，其他低熔点非金属夹杂物和在结晶过程中未被固相裹住的高熔点非金属夹杂物也汇集于此，结果，晶界的化学成分与晶粒本身大不相同，这就是晶界偏析。晶界存在低熔点非金属夹杂物，容易使铸件产生热裂缺陷，晶界偏析（尤其是各种非金属夹杂物的存在）大大降低合金的力学性能，特别是塑性和韧性，晶界偏析在腐蚀介质条件下还会引起“晶间腐蚀”。

晶界偏析的预防和消除方法如同晶内偏析所采用的措施，细化晶粒和均匀化退火。但晶界上存在稳定的化合物如氧化物、硫化物和某些碳化物，即使采用均匀化退火也往往无能为力。因此，对于这些化合物所引起的晶界偏析，应该从减少合金中氧和硫的含量入手去加以控制。

(2)宏观偏析

①正常偏析与反常偏析

铸件（或铸锭）凝固时，如果固溶体作为初生晶从型壁上生长成柱状晶，当溶质的分配系数 $K_0<1$ 时，先凝固的区域（铸件外层）的溶质浓度低于后凝固的区域（铸件内层）的溶质浓度；当溶质的分配系数 $K_0>1$ 时，先凝固的区域（铸件外层）的溶质浓度高于后凝固的区域（铸件内层）的溶质浓度，这种发生在整个铸件范围内的成分不均匀的现象称为正常偏析，也叫正偏析。如果出现的偏析恰与正常偏析相反，其表现是 $K_0<1$ 的合金铸件表层溶质含量偏高，这种宏观偏析即为反常偏析，也叫反偏析或逆偏析。

化学成分和组织等决定了铸件的力学性能。显然，出现这种宏观偏析以后，将会使铸件沿断面的化学成分不均一，明显地降低了铸件的力学性能。

出现正常偏析和反常偏析以后，不能像微观偏析那样可以通过均匀化退火予以消除。因为宏观偏析是区域偏析，在实用的温度和时间内不可能使溶质在长距离范围内扩散均匀。因此，主要应采取控制措施以防止或减轻铸件的这种宏观偏析。

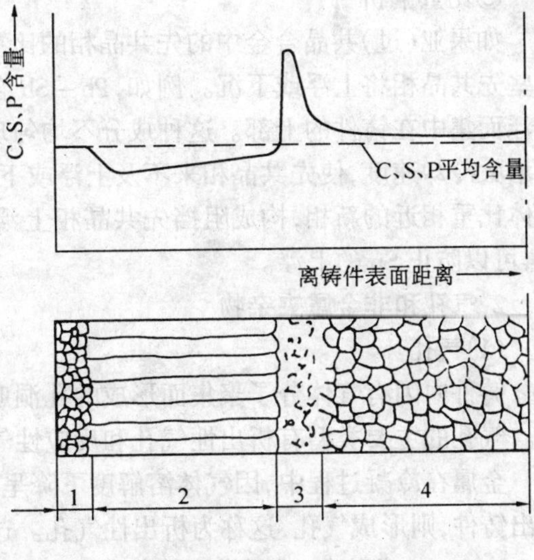

图 1.41　厚壁钢铸件断面 C、S、P 偏析规律与宏观组织的关系

1—细晶区　2—柱状晶区

3—偏析物富集区　4—粗大等轴晶区

断面上的宏观偏析与断面晶粒组织有密切关系。图 1.41 是厚壁钢铸件 C、S、P 的宏观偏析规律与组织之间的联系。型壁附近的钢液因受到型壁的激冷而迅

速冷却，钢液来不及在宏观范围内选择结晶，使铸件表面形成一层细晶粒区，故不易产生宏观偏析。与细晶粒区相连的柱状晶区，其结晶速度比表面层的慢，凝固次序依然是由外向内进行，先形成的柱状晶由于溶质的再分配而含溶质元素（C、S、P）较低，与之接触的液相则富集了溶质元素，并通过扩散和对流转移到中心，这样依次进行，就会使钢液的溶质浓度逐渐提高，结晶的开始温度也相应地降低。当整个铸件断面上温度继续降低，中心部分降低至结晶开始温度以下时，由于中心部分冷却缓慢，基本上是同时凝固，生成等轴晶并向外生长，于是，柱状晶前沿固液界面附近的溶质浓度高的液体就被阻止在柱状晶与粗大等轴晶之间的区域，使该处含溶质元素最高，偏析最大。在柱状晶区，C、S、P 的分布规律属于正常偏析。

既然铸件断面的宏观偏析与结晶的宏观组织有密切的关系，因而可以通过控制铸件的结晶过程，改变宏观组织，从而达到控制宏观偏析的目的。对于柱状晶区产生的正常偏析，如果减轻固液界面处液相与中心部位的混合，将会使正常偏析得到大大减轻。

形成反常偏析的原因的新观点认为，靠近模壁的一段柱状晶局部重熔变细，使富集溶质的液体得以透入，相邻柱状晶的分枝互相接触后，将这部分液体封闭，凝固后即形成反偏析（见图 1.42）。用形成细小等轴晶的方法可以防止反常偏析，因为在型壁上产生了晶体脱落现象，阻碍了铸件表层形成粗大的晶体，因而防止了铸件表面高溶质层的形成。

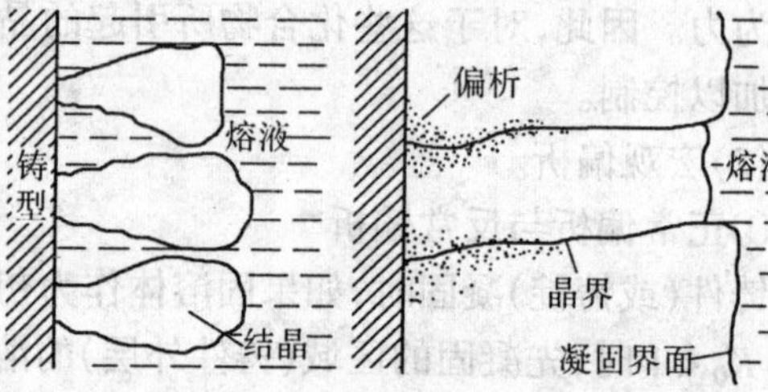

图 1.42　反常偏析示意图

②比重偏析

如果亚（过）共晶合金中的先共晶相的比重与液体相差较大，当铸件冷却速度不大时，这些先共晶相将上浮或下沉。例如，Pb－Sb 合金中的 Sb 及铸铁中的石墨在铸件中均将上浮而集中在铸件的上部。这种成分不均匀现象叫做比重偏析。控制比重偏析的办法一是增大冷却速度，使先共晶相来不及上浮或下沉；二是加入第三种元素，凝固时先析出与液体比重相近的新相，构成阻挡先共晶相上浮或下沉的骨架。例如，Pb－Sn 合金中加入铜，可以防止 Sn 的上浮。

2. 气孔和非金属夹杂物

(1)气孔

铸件内因有气体分子聚集而形成的孔洞叫做气孔。气孔内壁光滑、明亮或微带氧化色。气孔的主要类型有析出性气孔和反应性气孔。

金属在冷凝过程中，因气体溶解度下降呈过饱和状态而析出气体，析出的气泡若未能浮出铸件，则形成气孔，这称为析出性气孔。这类气孔的特征是，多为分散的小圆孔，直径为 0.5～2mm 或稍大，或呈微裂纹的多角形。

金属与型壁之间或金属液内部某些元素间发生反应所形成的气孔称为反应性气孔。金属与型（芯）壁间生成的反应性气孔，一般位于铸件表皮下，称为针孔或皮下气孔。

气孔不仅能减少铸件的有效截面积，而且能使局部造成应力集中，成为零件断裂的裂纹源。尤其是形状不规则的气孔，如裂纹状气孔和尖角形气孔，不仅增加缺口的敏感性，使金属强度下降，而且能降低零件的疲劳强度。以固溶体形式存在的气体，虽然危害较小，但也会降低铸件的韧性。在一定条件下从固溶体析出的氢气压力使晶粒间形成须状裂纹。如钢中析出的氢气造成“白点”而使钢变脆，即所谓氢脆。铸铁中固溶的氢，还会增加白口倾向。对要求承受液压和气压的铸件，若含有气孔，能明显地降低它的气密性。金属含有气体也会影响到它的铸造性能。铸件凝固时析出气体的反压力，阻碍金属液的补缩，造成晶间疏松，即缩气孔。合金液含有气体，也降低它的流动性。

可以从以下几个途径来控制析出性气孔的产生。①减少金属液的原始含气量。炉料应干燥，避免有机物污染；各种炉前附加物、孕育剂等使用前应预热，去除水分；炉衬等应充分烘干等等。控制熔炼温度不要过高，防止金属液过度吸收气体。采用真空熔炼，降低金属液含气量。②对金属液进行脱气处理。方法有：浮游去气，即向金属液中吹入不溶于金属的气体，使溶解的气体通过扩散进入气泡而逸出；采用真空去气，使已溶解的气体在真空中不断析出而排除；氧化去气，对能溶解氧的金属液（如铜液），可先吹氧去氢，然后再脱氧；冷凝除气法，即将熔炼好的金属液缓慢地冷却到凝固温度，已溶解的气体因降温使溶解度减小而不断析出，然后再迅速加热至浇注温度进行浇注，这样，气体就来不及重新溶解而降低了含气量。③阻止气体析出。对容易形成析出性气孔的某些合金，可采取阻止浇入铸型内的金属液析出气体的办法来阻止气孔的形成。具体方法一是提高铸件冷却速度，如对铝合金采用金属型铸造能阻止气孔产生；二是提高铸件凝固时的外压，如将浇注的铝合金铸型放在通入400～600kPa的压缩空气的压力室中凝固，可有效地减少或消除铝合金铸件中的气孔。

对于反应性气孔，可以采取以下措施加以控制。①尽量减少浇注前合金液的含气量。为避免钢液吸氢，炉料要去除湿、油和锈，熔炼时要充分进行沸腾，浇包、出钢槽及合金料要彻底烘干，钢液应充分脱氧。铸铁液应避免过度氧化。熔炼有色金属时要严格控制熔炼温度，勿使过热度太高，以免吸氢过多。②严格控制和氧亲和力强的元素含量。例如，原铁水中S、Al、Ti的含量要尽量低。球铁的残余镁量、稀土含量不宜太高。③适当提高浇注温度。型内气体的量和压力虽随之增加，但能降低凝固速度，有利于气体排除，从而有助于减少和防止气孔的产生。④限制型砂水分，避免铸型返潮，铸型应保证有良好的透气性。⑤为防止金属液氧化，可加入煤粉等附加剂或采用树脂涂料，以增加型内还原性气氛，使界面处形成一层保护膜，达到减少和防止皮下气孔的作用。⑥尽量保证金属液平稳进入铸型内，以减少金属液产生氧化。

(2)非金属夹杂物

铸件在熔炼和铸造过程中通常会带来各种非金属夹杂物。目前常见的分类方法有以下几种。

按来源分类可分为内在夹杂物和外在夹杂物。内在夹杂物是在熔炼和铸造过程中，金属与非金属元素发生化学反应而产生的各种化合物，如铁碳合金液能溶解一定数量的硫，在液态或凝固过程中能形成FeS、MnS等硫化物。外在夹杂物是金属在熔炼与铸造过程中与外界物质接触发生相互作用所产生的非金属夹杂物，如金属炉料表面粘砂、粘土，焦炭中的灰分以及锈蚀等，熔化后变为熔渣。

按夹杂物的成分组成分类可分为氧化物、硫化物、硅化物、氮化物、磷化物和碳化物等以及它们组成多种元素的复杂化合物。但在钢铁中的氮化物、碳化物、硼化物、磷化物往往不作为夹杂物,而视为一个组成相。

按夹杂物形成的时间分类可分为一次夹杂物和二次夹杂物。一次夹杂物是浇注前,即金属熔炼及炉前处理过程中形成的。二次夹杂物是液态金属在铸造过程中形成的。

金属夹杂物的形状可分为球形、多面体形、不规则多角形、条状及薄膜形等,多分布在晶内、晶界及局部区域。

非金属夹杂物随其类型、形状、大小、数量及分布的不同,对铸件质量的影响也不相同。总括起来,非金属夹杂物有如下有害作用:①缩小金属有效断面积,降低机械强度。②尖角形的夹杂物引起应力集中,同时它与金属基体的弹性模量和膨胀系数不同,会降低铸件的疲劳强度和冲击韧性,特别是热疲劳强度。③和金属晶体相润湿的易熔夹杂物,如钢中的 FeS,会进入晶间孔隙,形成沿晶界分布的脆性薄膜,不仅降低强度且能引起热裂。④金属液中含有大量的难熔非金属夹杂物时,会显著降低金属的流动性。⑤出现在重要加工面的渣孔常会使铸件报废。

由于非金属夹杂物会显著降低铸件的各种性能,因此,要对它加以控制。①控制金属液中一次夹杂物的方法:a.加熔剂。金属液表面覆盖一层熔剂,上浮的夹杂物能被它吸收。如铝合金精炼时加入氯盐和氟盐。或者加入熔剂与夹杂物形成重度更轻的夹杂物,以利于排除。如球墨铸铁加冰晶石熔剂,可降低夹杂物的熔点,从而有利于减少铸件产生夹杂物缺陷。b.过滤法。金属液通过过滤器达到去除夹杂物的目的。过滤器分非活性与活性两种,前者起机械作用,如用石墨、镁砖、陶瓷碎屑等,后者还多一种吸附作用,排渣效果更好,如用 NaF、CaF 等作过滤器。②控制二次氧化夹杂物的方法:a.防止铸型内氧化性气氛。除要严格控制铸型水分外,还可加入煤粉等碳素材料,或采用树脂涂料,以形成还原性气氛。b.排除氧化夹杂物。除在金属液表面加入熔剂外,也可在铸型表面撒上一层熔剂,后者还可保护型内金属液表面不受氧化。c.对要求高的重要铸件或易氧化的合金铸件,可采取在真空或在保护性气氛(如氩气)下浇注。

3.缩孔与缩松

除极少数金属以外,收缩是凝固过程伴随的必然现象。金属在凝固过程中所发生的收缩可分为三个阶段,即液态收缩阶段、凝固收缩阶段和固态收缩阶段。由浇注温度冷却到液相线温度所发生的收缩为液态收缩;从合金液中开始析出固相至凝固终了,在这段时期所发生的收缩为凝固收缩;合金凝固刚刚结束后(固相线温度)至室温这一阶段所发生的收缩为固态收缩。铸件产生的收缩通常以缩孔、缩松和外形体积的减少等形式表现出来。

铸件在凝固过程中,由于合金的液态收缩和凝固收缩,往往在铸件最后凝固的部位出现孔洞,这称为缩孔,图 1.43 示出了铸件中缩孔形成过程的示意图。铸件断面上出现的分散而细小的缩孔称为缩松。

在铸件中存在任何形态的缩孔和缩松都会由于它们减小受力的有效面积,以及在缩孔和缩松处产生应力集中现象,而使铸件的机械性能显著降低。由于缩孔和缩松的存在,

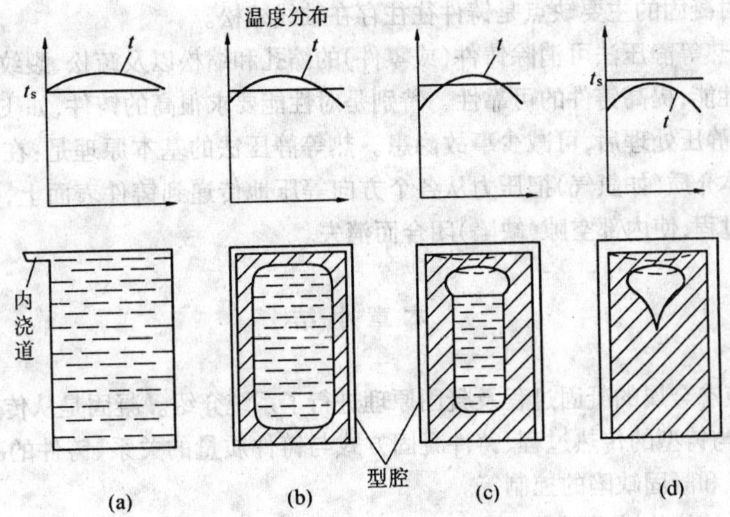

图 1.43 铸件中缩孔形成过程示意图

还降低铸件的气密性和物理化学性能。因此,缩孔和缩松是铸件的重要缺陷之一,必须设法加以控制。

控制铸件中产生缩孔和缩松的基本原则是针对该合金的收缩和凝固特点制定正确的铸造工艺,使铸件在凝固过程中建立良好的补缩条件,尽可能使缩松转化为缩孔,并使缩孔出现在铸件最后凝固的地方。这样,在铸件最后凝固的地方安置一定尺寸的冒口,使缩孔集中于冒口中,或者把浇口开在最后凝固的地方直接补缩,就可以获得健全的铸件。要使铸件在凝固过程中建立良好的补缩条件,主要是通过控制铸件的凝固方向使之符合于"顺序凝固"或"同时凝固"。

(1)顺序凝固

创造条件使距离冒口最远的部位先凝固,并向着冒口方向逐渐凝固,使冒口内的合金最后凝固。这样,建立以冒口为凝固终点的由远及近的铸件凝固顺序称为顺序凝固。因凝固方向始终向着冒口,又称方向性凝固。实现顺序凝固能保证铸件在凝固过程中不断地得到冒口内液态合金的补给,由于冒口内的合金最后凝固,从而把凝固过程中发生的缩孔等的缺陷转移到冒口内,这样,就得到了致密的铸件。实现顺序凝固要保证三个条件:一是冒口内金属液的凝固时间应大于等于铸件的凝固时间;二是冒口内应有足够的金属液补给铸件的收缩;三是在凝固过程中始终有和冒口连通的补缩通道。值得注意的是,顺序凝固时,会使铸件存在很大温度差,冷却过程中内应力大,容易发生热裂和变形。当合金呈糊状凝固时,用冒口消除缩松效果欠佳。

(2)同时凝固

由于顺序凝固有冒口,所以出品率低、费用高、工艺也复杂。当合金的结晶温度范围大,对气密性要求不高,而热裂和变形成为主要矛盾时,可以采用同时凝固的办法。这种办法的涵义是,要求铸件各部分同时凝固完毕,无补缩通道,一般也不设置冒口。其目的是把缩松(如果存在)最大限度地分散到所有断面上,以减轻对铸件性能的危害,获得合格的铸件。同时凝固的主要缺点是铸件往往存在轴线缩松。

另外,用热等静压法可消除铸件(或零件)的缩孔和缩松以及疏松、裂纹、气孔等缺陷,改善铸件的性能,提高铸件的可靠性。特别是对性能要求很高的铸件,如飞机用的涡轮叶片等,经热等静压处理后,可减少事故隐患。热等静压法的基本原理是:在高温、高压下,通过惰性气体介质(如氩气)把压力从各个方向等压地传递到铸件表面上,金属经蠕变-扩散结合的过程,使内部空隙(缺陷)闭合而消失。

本章小结

本章对液态金属的凝固过程及凝固原理进行了系统介绍。凝固是从传热学的观点出发,研究铸件与铸型的传热过程、铸件凝固方式与铸件质量的关系、铸件的凝固时间以及金属结晶组织和凝固缺陷的控制等。

液态金属的传热过程可用温度场来描述,温度场在整个凝固过程中是不断变化的。应了解凝固过程中传热的方式与特点,以及计算和测定温度场的方法。影响金属凝固温度场的因素主要包括凝固金属的性质、铸型的性质、浇注条件和铸件的结构。凝固方式分为逐层凝固、体积凝固(也称糊状凝固)和中间凝固三种方式,结晶温度范围和温度梯度这两个量构成了影响铸件凝固方式的主要因素。凝固方式对铸件质量有显著影响,铸件可能出现的铸造缺陷如浇不到、缩孔、缩松、热裂、偏析以及非金属夹杂等都与凝固方式密切相关。应了解估算金属凝固时间的方法。最后,还要重点掌握铸件晶粒组织的形成过程、凝固缺陷以及防止这些缺陷的途径。

复习思考题

1.在铸件凝固期间对铸件与铸型之间热交换起决定性作用的因素是什么?它对铸件断面温度场起怎样的影响?

2.根据铸件断面上各点的“温度-时间”曲线,怎样绘制铸件断面温度场和凝固动态曲线?

3.凝固方式是根据什么进行分类的?有哪几种凝固方式?如何从凝固动态曲线分析凝固方式?凝固方式决定于哪些因素?凝固方式对铸件的质量都有哪些影响?

4.根据 Chvorinov 法则讨论铸件凝固时间的影响因素。

5.为什么通常希望获得细等轴晶组织的铸件?简述获得细等轴晶组织的措施。

6.什么是微观偏析和宏观偏析?什么是正常偏析和反偏析?

7.什么是枝晶偏析?怎样消除已有的枝晶偏析。

8.气孔和非金属夹杂物对铸件质量有什么影响?

9.什么是缩孔和缩松?它们对铸件的质量有什么危害?

参考文献

1 李庆春.铸件形成理论基础.北京:机械工业出版社,1982
2 李魁胜.铸造工艺及原理.北京:机械工业出版社,1989
3 周尧和等.凝固技术.北京:机械工业出版社,1998
4 许肇钧.传热学.北京:机械工业出版社,1980
5 崔忠圻.金属学与热处理.北京:机械工业出版社,1997
6 卢光熙等.金属学教程.上海:上海科学技术出版社,1985
7 赵品等.材料科学基础.哈尔滨:哈尔滨工业大学出版社,1999

第二章　金属塑性加工原理

金属塑性加工(也称为塑性成形)是对金属施加外力,在不破坏其本身完整性的条件下改变形状,从而获得所需工件的一种无切屑加工方法。塑性变形不仅引起金属形状的改变,而且引起金属内部组织及其性能的改变。

按照金属成形特点,一般将塑性成形分为块料成形(又称体积成形)和板料成形两大类,如轧制、挤压、拉拔、自由锻、模锻、板料冲压等。随着生产技术的发展,还产生了一些新的塑性加工方法,如连铸连轧、液态模锻、等温锻造等。

利用金属塑性加工方法,不但能获得强度高、性能好、形状复杂和精度高的工件,而且具有生产率高、材料消耗少等优点。特别是在汽车、拖拉机、航天、船舶、军工、电器和日用品等工业领域,塑性加工更是主要的加工方法。

金属塑性加工原理的任务是研究塑性成形中共同的规律性问题,就是在阐述应力、应变理论及屈服准则等塑性理论的基础上,研究塑性加工中有关力学问题的各种解法,分析变形体内的应力和应变分布,确定变形力和变形功,为选择设备和模具设计提供依据。

2.1　应力分析

2.1.1　直角坐标系中点的应力状态

1.应力分量

设在直角坐标系中有一承受任意力系的物体。这些力是通过两个途径作用在物体上:①作用在物体的每个质点,例如重力和磁力,称之为体力;②直接作用在物体外表面上,并通过构成此物体的质点,传递到物体的内部,称之为面力或接触力。塑性成形时,除了高速锻造、爆炸成形、磁力成形等情况外,体力相对于面力是很小的,可以忽略不计。一般都假定面力是平衡力系。

考虑一物体,如图 2.1 所示,在外力系 P_1、P_2…… 的作用而处于平衡状态。设想一个平面将物体分为两部分:A 与 B。将其中一部分(例如 A)去掉,为了使剩下的部分(B)处于平衡,就需要把作用在截面上的内力系与作用在剩下部分上的外力系平衡。即把内力问题当作外力来处理。

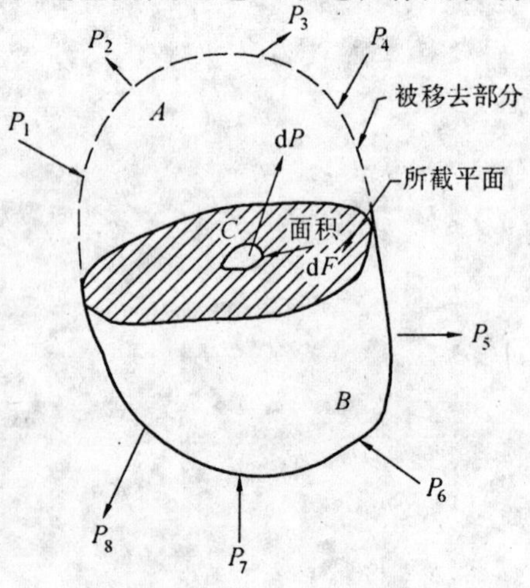

图 2.1　变形体的内力

若在截面上取一微元面 dF,设该面积上内力的合力为 S,则定义

$$S = \lim_{\Delta F \to 0} \frac{\Delta P}{\Delta F} = \frac{\mathrm{d}P}{\mathrm{d}F} \tag{2.1}$$

为微元面上的全应力。全应力 S 可以分解成两个分量,一个分量的方向与参考平面相垂直,叫做正应力,一般用 σ 表示;另一个平行于参考平面,叫做剪应力,用 τ 表示。设 C 为图 2.1 内任意一点,围绕 C 点切取一矩形六面体作为单元体,其棱边分别平行于三个坐标轴。取六面体中三个相互垂直的表面作为微分面,如果这三个微分面上的应力为已知,则该单元体任意方向上的应力都可求。这就是说,可以用质点在三个相互垂直的微分面上的应力来完整地描述该质点的应力状态。或者说,点的应力状态这一物理量要用三个方向上的应力矢量来表示。

上述三个微分面上的应力都可以按坐标轴的方向分成三个分量。由于每个微分面都与一坐标轴垂直而与另两个坐标轴平行,故三个应力分量中必有一个是正应力分量,另两个则是剪应力分量。因此一般情况下,一点的应力状态可以用 σ_x、σ_y、σ_z、τ_{xy}、τ_{yx}、τ_{xz}、τ_{zx} 和 τ_{yz}、τ_{zy} 九个应力分量来描述,如图 2.2 所示。

上述应力分量可用符号 $\sigma_{ij}(i,j = x,y,z)$ 表示。使下角标 i、j 分别依次等于 x、y、z,即可得到九个应力分量。例如,$i = x$、$j = x$,可得 σ_{xx},即 σ_x;如 $i = x$、$j = y$,则得到 σ_{xy},也即 τ_{xy}。将应力分量表示成矩阵形式,得

$$[\sigma_{ij}] = \begin{bmatrix} \sigma_x & \tau_{xy} & \tau_{xz} \\ \tau_{yx} & \sigma_y & \tau_{yz} \\ \tau_{zx} & \tau_{zy} & \sigma_z \end{bmatrix} \tag{2.2}$$

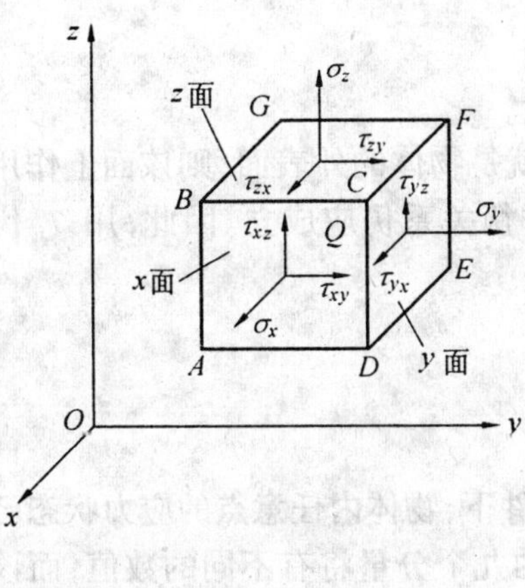

图 2.2　单元体上的应力分量

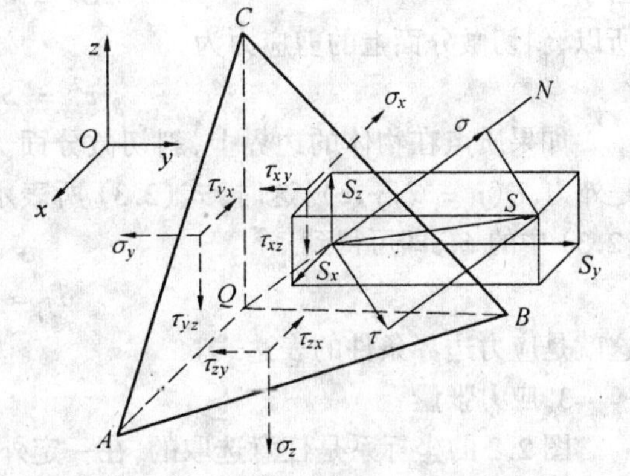

图 2.3　斜切微分面上的应力

2. 质点在任意方向切面上的应力和应力边界条件

如果通过一点的上述九个应力分量为已知,则可通过静力平衡求得该点任意方向上的应力。为此,在直角坐标系中任取一质点(单元体)Q,设其应力分量为 σ_{ij}。现有一任意方向的斜切微分面 ABC 把单元体切成一个四面体 $QABC$(图 2.3),则该微分面上的应力就是质点在任意切面上的应力,它可通过四面体 $QABC$ 的静力平衡求得。设 ABC 微分面的法线为 N,N 的方向余弦为 l、m、n(或 l_x、l_y、l_z),即

$$l = \cos(N,x) \quad m = \cos(N,y) \quad n = \cos(N,z)$$

或简记为

$$l_i = \cos(N,x_i)$$

设微分面 ABC 的面积为 $\mathrm{d}F$,微分面 QBC(即 x 面)、QCA(即 y 面)、QAB(即 z 面)的面积分别为 $\mathrm{d}F_x$、$\mathrm{d}F_y$ 及 $\mathrm{d}F_z$,则

$$\mathrm{d}F_x = l\mathrm{d}F \quad \mathrm{d}F_y = m\mathrm{d}F \quad \mathrm{d}F_z = n\mathrm{d}F$$

设 ABC 面上的全应力为 S,它在三个坐标轴方向的分量为 S_x、S_y、S_z。根据静力平衡 $\sum P_x = 0$,可得

$$S_x\mathrm{d}F - \sigma_x l\mathrm{d}F - \tau_{yx}m\mathrm{d}F - \tau_{zx}n\mathrm{d}F = 0$$

即

$$\left.\begin{aligned} S_x &= \sigma_x l + \tau_{yx}m + \tau_{zx}n \\ S_y &= \tau_{xy}l + \sigma_y m + \tau_{yz}n \\ S_z &= \tau_{xz}l + \tau_{yz}m + \sigma_z n \end{aligned}\right\} \tag{2.3}$$

或记为

$$S_j = \sigma_{ij}l_i \tag{2.3a}$$

于是,斜切微分面 ABC 上的全应力为

$$S^2 = S_x^2 + S_y^2 + S_z^2 = S_i \tag{2.4}$$

通过全应力 S 及其分量 S_i,即可方便地求得斜切微分面上的正应力和剪应力。正应力 σ 就是 S 在法线 N 上的投影,也就等于 S_i 在法线 N 上的投影之和,即

$$\sigma = S_x l + S_y m + S_z n \tag{2.5}$$

将式(2.3) 代入式(2.5),并考虑到 $\tau_{ij} = \tau_{ji}$,整理后可得

$$\sigma = \sigma_x l^2 + \sigma_y m^2 + \sigma_z n^2 + 2(\tau_{xy}lm + \tau_{yz}mn + \tau_{zx}nl) \tag{2.6}$$

由于

$$S^2 = \sigma^2 + \tau^2$$

所以,斜切微分面上的剪应力为

$$\tau^2 = S^2 - \sigma^2 \tag{2.7}$$

如果质点在物体的边界上,斜切微分面 ABC 就是物体的外表面,则该面上作用的就是外力 $T_j(j = x,y,z)$。这时,式(2.3) 所表示的平衡关系仍应成立。因此,用 T_j 代替式(2.3) 中的 S_i,即可得到

$$T_j = \sigma_{ij}l_i \tag{2.8}$$

这就是应力边界条件的表达式。

3. 应力张量

图 2.2 的坐标系是任意选取的,在一定外力条件下,物体内任意点的应力状态已被确定,但如果取不同的坐标系,则表示该点应力状态的九个分量将有不同的数值,而该点应力状态并没有变化。某一坐标系的九个应力分量组成的物理量,能被转换到另一坐标系,这种物理量在数学上叫做二阶张量。因此,点的应力状态是一个张量,称为应力张量。式(2.2) 所示的矩阵可叫张量矩阵。由于剪应力互等,即 $\tau_{ij} = \tau_{ji}$,该矩阵主对角线 σ_x,σ_y,σ_z 的两边是对称的,所以应力张量是对称张量。

张量有许多特性,例如可以合并,也可以分解,存在主方向,有主值和不变量等,这些对于进一步分析应力状态是很有用的。在后面的分析中,我们将引用这些特性,但不加以证明。

4. 主应力和应力不变量

由式(2.6) 和式(2.7) 可知,任意斜切面上的正应力 σ 和剪应力 τ 是随着该面法线 N 的方向余弦 l、m、n 的变化而变化。过一点可以做无数个斜面,总能得到这样一组斜面,其上只有正应力没有剪应力。这种剪应力为零的平面,叫做主平面。主平面上的正应力叫做主应力。主平面的法线方向,也就是主应力的方向,叫做主方向或应力主轴。

设图 2.3 中的斜面 ABC 是待求的主平面,其上剪应力为 $\tau = 0$,因此正应力就是全应力,即 $\sigma = S$。于是 S 在三个坐标轴上的投影为

$$S_x = l\sigma \quad S_y = m\sigma \quad S_z = n\sigma \tag{2.9}$$

将上式代入式(2.3),整理后得

$$\left.\begin{aligned}(\sigma_x - \sigma)l + \tau_{yx}m + \tau_{zx}n = 0\\ \tau_{xy}l + (\sigma_y - \sigma)m + \tau_{yz}n = 0\\ \tau_{xz}l + \tau_{yz}m + (\sigma_z - \sigma)n = 0\end{aligned}\right\} \tag{2.10}$$

上式是以 l、m、n 为未知数的齐次线性方程组。此方程的一组解是 $l = m = n = 0$。但由解析几何可知,方向余弦之间必须满足

$$l^2 + m^2 + n^2 = 1 \tag{2.11}$$

即 l、m、n 不能同时为零。齐次线性方程组存在非零解的条件是方程组系数所组成的行列式等于零,即

$$\begin{vmatrix}(\sigma_x - \sigma) & \tau_{yx} & \tau_{zx}\\ \tau_{xy} & (\sigma_y - \sigma) & \tau_{zy}\\ \tau_{zx} & \tau_{yz} & (\sigma_z - \sigma)\end{vmatrix} = 0$$

将行列式展开,并设

$$J_1 = \sigma_x + \sigma_y + \sigma_z \tag{2.12}$$

$$J_2 = -\left[\sigma_x\sigma_y + \sigma_y\sigma_z + \sigma_z\sigma_x - (\tau_{xy}^2 + \tau_{yz}^2 + \tau_{zx}^2)\right] \tag{2.12a}$$

$$J_3 = \sigma_x\sigma_y\sigma_z + 2\tau_{xy}\tau_{yz}\tau_{zx} - (\sigma_x\tau_{yz}^2 + \sigma_y\tau_{zx}^2 + \sigma_z\tau_{xy}^2) \tag{2.12b}$$

则上式可写成

$$\sigma^3 - J_1\sigma^2 - J_2\sigma - J_3 = 0 \tag{2.13}$$

此方程叫做应力状态的特征方程,它有三个实根,也就是三个主应力。一般用 σ_1、σ_2、σ_3 表示。将解得的每一个主应力代入式(2.10) 并与式(2.11) 联解,即可得到该主应力的方向余弦,这样就可以得到三个相互垂直的主方向。

对于一个确定的应力状态,只能有一组(三个) 主应力数值,因此,特征方程(2.13) 的系数 J_1、J_2、J_3 应该是单值的,不随坐标而变。于是可以得出如下重要结论:尽管应力张量的各分量随坐标而变,但系数 J_1、J_2、J_3 并不改变。J_1、J_2、J_3 称为应力张量的第一、第二和第三不变量。

如果坐标轴与主方向重合,应力不变量简化为

$$\left.\begin{aligned}J_1 &= \sigma_1 + \sigma_2 + \sigma_3\\ J_2 &= -(\sigma_1\sigma_2 + \sigma_2\sigma_3 + \sigma_3\sigma_1)\\ J_3 &= \sigma_1\sigma_2\sigma_3\end{aligned}\right. \tag{2.14}$$

如果以主平面的法线方向(主方向)为参数坐标轴,则应力张量矩阵简化为

$$[\sigma_{ij}] = \begin{bmatrix} \sigma_1 & 0 & 0 \\ 0 & \sigma_2 & 0 \\ 0 & 0 & \sigma_3 \end{bmatrix} \tag{2.15}$$

在主轴坐标系中,斜面上应力的公式可以简化为

$$S_1 = l\sigma_1 \quad S_2 = m\sigma_2 \quad S_3 = n\sigma_3 \tag{2.9a}$$

$$S^2 = l^2\sigma_1^2 + m^2\sigma_2^2 + n^2\sigma_3^2 \tag{2.4a}$$

$$\sigma = \sigma_1 l^2 + \sigma_2 m^2 + \sigma_3 n^2 \tag{2.6a}$$

$$\tau^2 = S^2 - \sigma^2 = \sigma_1^2 l^2 + \sigma_2^2 m^2 + \sigma_3^2 n^2 - (\sigma_1 l^2 + \sigma_2 m^2 + \sigma_3 n^2)^2 \tag{2.7a}$$

在三个主应力中,如果有两个主应力为零,叫单向应力状态。如果一个主应力为零,则为平面应力状态。如果有两个主应力相等,称为圆柱体应力状态。如果三个应力都相等,称为球应力状态,此时所有方向都是主方向,且应力都相等。

5. 主剪应力和最大剪应力

通过变形体中一点的任意斜面,当斜面上的剪应力为极大值时,该剪应力称为主剪应力。主剪应力作用的平面称为主剪应力平面。主剪应力大小为

$$\left.\begin{aligned} \tau_{12} &= \pm(\sigma_1 - \sigma_2)/2 \\ \tau_{23} &= \pm(\sigma_2 - \sigma_3)/2 \\ \tau_{31} &= \pm(\sigma_3 - \sigma_1)/2 \end{aligned}\right\} \tag{2.16}$$

三个主剪应力中绝对值最大的一个叫做最大剪应力,用 $\sigma_{\max}$ 表示。如设 $\sigma_1 \geq \sigma_2 \geq \sigma_3$,则最大剪应力为

$$\tau_{\max} = \tau_{13} = (\sigma_1 - \sigma_3)/2 \tag{2.16a}$$

主剪应力平面上的正应力为

$$\left.\begin{aligned} \sigma_{12} &= (\sigma_1 + \sigma_2)/2 \\ \sigma_{23} &= (\sigma_2 + \sigma_3)/2 \\ \sigma_{31} &= (\sigma_3 + \sigma_1)/2 \end{aligned}\right\} \tag{2.17}$$

6. 应力球张量和应力偏张量

应力张量和矢量一样,也是可以分解的。现设 σ_m 为三个正应力分量的平均值,即

$$\sigma_m = \frac{1}{3}(\sigma_x + \sigma_y + \sigma_z) = \frac{1}{3}J_1 = \frac{1}{3}(\sigma_1 + \sigma_2 + \sigma_3) \tag{2.18}$$

σ_m 称为平均应力,是不变量,与所取坐标无关,对于一个确定的应力状态,它是单值的。

应力张量可分解成两个张量,用张量符号可把上式简记为

$$\sigma_{ij} = \sigma'_{ij} + \delta_{ij}\sigma_m \tag{2.19}$$

式中的 δ_{ij} 是一个常用的符号,叫克式符号(Kronecker Delta),是单位球张量的标记。当 $i = j$ 时,$\delta_{ij} = 1$;当 $i \neq j$ 时,$\delta_{ij} = 0$。使用克式符号可以将角标不同的元素去掉。

上式中的后一个张量 $\delta_{ij}\sigma_m$,表示一种球应力状态,称为应力球张量。由于在球应力状态下,任何方向都是主方向,而且主应力相同,均为平均应力 σ_m,因此 σ_m 可看成是一种静态应力,它不能使物体产生形状变化和塑性变形,只能产生体积变化。

上式中 σ'_{ij} 叫做应力偏张量。它是由原应力张量减去球张量后得到的。

由于应力球张量没有剪应力，各方向都是主方向且主应力相等，因此，应力偏张量 σ'_{ij} 的剪应力分量、主剪应力、最大剪应力、应力主轴等都与原应力张量相同。所以，应力偏张量使物体产生形状变化，而不能产生体积变化，材料的塑性变形就是由应力偏张量引起的。

7.八面体应力和等效应力

以相等角度倾斜于三个主方向的平面构成一个正八面体，如图 2.4 所示。正八面体的每个平面叫做八面体平面。八面体平面上的应力叫八面体应力。

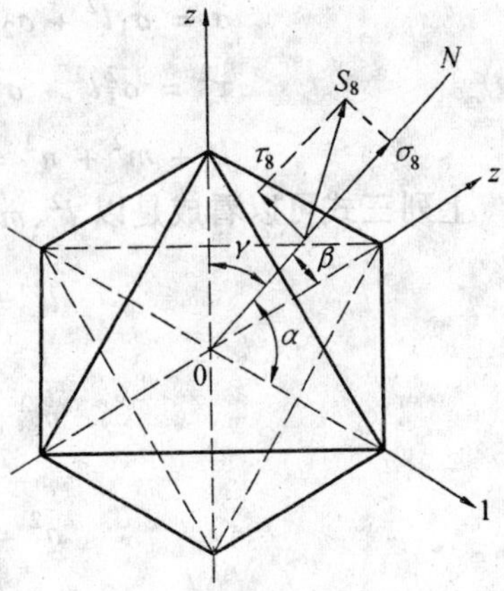

图 2.4　八面体应力

八面体平面的方向余弦为

$$l = m = n = \pm 1/\sqrt{3}$$

代入式(2.6a) 和式(2.7a) 中，可求得八面体正应力和八面体剪应力

$$\sigma_8 = (\sigma_1 + \sigma_2 + \sigma_3)/3 = \sigma_m = J_1/3 \tag{2.20}$$

$$\tau_8 = \pm \frac{1}{3}\sqrt{(\sigma_1 - \sigma_2)^2 + (\sigma_2 - \sigma_3)^2 + (\sigma_3 - \sigma_1)^2} \tag{2.21}$$

可见，σ_8 就是平均应力，是不变量。τ_8 则是与应力球张量无关的不变量。对于一个确定的应力偏张量，τ_8 是确定的。以任意坐标系应力分量表示的八面体应力为

$$\sigma_8 = (\sigma_x + \sigma_y + \sigma_z)/3 \tag{2.20a}$$

$$\tau_8 = \pm \frac{1}{3}\sqrt{(\sigma_x - \sigma_y)^2 + (\sigma_y - \sigma_z)^2 + (\sigma_z - \sigma_x)^2 + 6(\tau_{xy}^2 + \tau_{yz}^2 + \tau_{zx}^2)} \tag{2.21a}$$

将八面体剪应力 τ_8 取绝对值，并乘以系数 $3/\sqrt{2}$，所得到的参量仍是一个不变量，这个参量称为等效应力，也称广义应力或应力强度，用 $\bar{\sigma}$ 表示。对于主轴坐标系，有

$$\bar{\sigma} = \frac{3}{\sqrt{2}}\tau_8 = \sqrt{\frac{1}{2}[(\sigma_1 - \sigma_2)^2 + (\sigma_2 - \sigma_3)^2 + (\sigma_3 - \sigma_1)^2]} \tag{2.22}$$

对于任意坐标系，则为

$$\bar{\sigma} = \sqrt{\frac{1}{2}[(\sigma_x - \sigma_y)^2 + (\sigma_y - \sigma_z)^2 + (\sigma_z - \sigma_x)^2 + 6(\tau_{xy}^2 + \tau_{yz}^2 + \tau_{zx}^2)]} \tag{2.22a}$$

等效应力并不代表某一实际平面上的应力，因而不能在某一特定平面上表示出来，它表示的是三个主应力的综合效果。也可以理解为等效应力代表一点应力状态中应力偏张量的综合作用。等效应力和材料的塑性变形有密切的关系。

单向拉伸时，由于 $\sigma_2 = \sigma_3 = 0$，由式(2.22) 得 $\bar{\sigma} = \sigma_1$，即等效应力等于单向拉伸时的主应力，其值可由简单拉伸实验求出。

8.应力莫尔圆

应力莫尔圆也是应力状态的一种几何表达。

设已知某应力状态三个主应力 $\sigma_1 \geq \sigma_2 \geq \sigma_3$。以应力主轴为坐标轴，做一斜切微分面，其方向余弦为 l、m、n，则可有方程

$$\sigma = \sigma_1 l^2 + \sigma_2 m^2 + \sigma_3 n^2$$

$$\tau^2 = \sigma_1^2 l^2 + \sigma_2^2 m^2 + \sigma_3^2 n^2 - (\sigma_1 l^2 + \sigma_2 m^2 + \sigma_3 n^2)^2$$

$$l^2 + m^2 + n^2 = 1$$

上列三式可以看成是以 l^2、m^2、n^2 为未知数的方程组。联解此方程可得

$$l^2 = \frac{(\sigma - \sigma_2)(\sigma - \sigma_3) + \tau^2}{(\sigma_1 - \sigma_2)(\sigma_1 - \sigma_3)}$$

$$m^2 = \frac{(\sigma - \sigma_3)(\sigma - \sigma_1) + \tau^2}{(\sigma_2 - \sigma_3)(\sigma_2 - \sigma_1)}$$

$$n^2 = \frac{(\sigma - \sigma_1)(\sigma - \sigma_2) + \tau^2}{(\sigma_3 - \sigma_1)(\sigma_3 - \sigma_2)}$$

将上列各式分子中含 σ 的括号展开并对 σ 配方，整理后可得

$$\left.\begin{aligned}
(\sigma - \frac{\sigma_2 + \sigma_3}{2})^2 + \tau^2 &= l^2(\sigma_1 - \sigma_2)(\sigma_1 - \sigma_3) + (\frac{\sigma_2 - \sigma_3}{2})^2 \\
(\sigma - \frac{\sigma_3 + \sigma_1}{2})^2 + \tau^2 &= m^2(\sigma_2 - \sigma_3)(\sigma_2 - \sigma_1) + (\frac{\sigma_3 - \sigma_1}{2})^2 \\
(\sigma - \frac{\sigma_1 + \sigma_2}{2})^2 + \tau^2 &= n^2(\sigma_3 - \sigma_1)(\sigma_3 - \sigma_2) + (\frac{\sigma_1 - \sigma_2}{2})^2
\end{aligned}\right\} \tag{2.23}$$

在 $\sigma\tau$ 坐标平面上，上式表示三个圆，圆心都在 σ 轴上，距原点分别为 $(\sigma_2 + \sigma_3)/2$、$(\sigma_3 + \sigma_1)/2$、$(\sigma_1 + \sigma_2)/2$，它们在数值上就是主剪应力平面上的正应力，三个圆的半径随方向余弦值而变。对于每一组 $|l|$、$|m|$、$|n|$，都将有图 2.5 所示的三个圆。应注意到，式(2.23) 的三个式子中，每个都只包含一个方向余弦值，表示某一方向余弦值为定值时 σ 和 τ 的变化规律。例如第一式只含 l，故圆 O_1 即表示 l 为定值而 m、n 变化时，σ 和 τ 的变化规律。对于一个确定的微分面，l、m、n 都是定值，因此三个圆必然有共同的交点，交点 P 的坐标即该面上的正应力和剪应力。

如将 $l = 0$ 代入(2.23) 第一式，$m = 0$ 代入第二式，$n = 0$ 代入第三式，则可得到三个圆方程

$$\left.\begin{aligned}
(\sigma - \frac{\sigma_2 + \sigma_3}{2})^2 + \tau^2 &= (\frac{\sigma_2 - \sigma_3}{2})^2 = \tau_{23}^2 \\
(\sigma - \frac{\sigma_3 + \sigma_1}{2})^2 + \tau^2 &= (\frac{\sigma_3 - \sigma_1}{2})^2 = \tau_{31}^2 \\
(\sigma - \frac{\sigma_1 + \sigma_2}{2})^2 + \tau^2 &= (\frac{\sigma_1 - \sigma_2}{2})^2 = \tau_{12}^2
\end{aligned}\right\} \tag{2.24}$$

这三个圆叫应力莫尔圆(图 2.6)。它们的圆心位置与上述的三个圆相同，半径分别等于三个主剪应力，其中圆心为 O_1 表示 $l = 0$、$m^2 + n^2 = 1$ 时，也即微分面法线 N 垂直于 σ_1 轴且在 $\sigma_2\sigma_3$ 旋转时，σ 和 τ 的变化规律。圆 O_2、O_3 也可同样理解。

在 l、m、n 都不等于零时，代表微分面上应力的点虽然不在三个圆上，但它们将必然落在三个莫尔圆之间，也即图 2.6 画阴影线的部分。

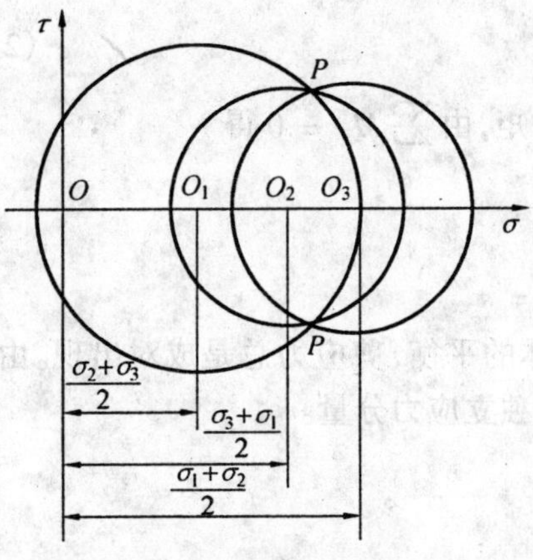

图 2.5　l、m、n 分别为定值时的 σ 和 τ 的变化规律

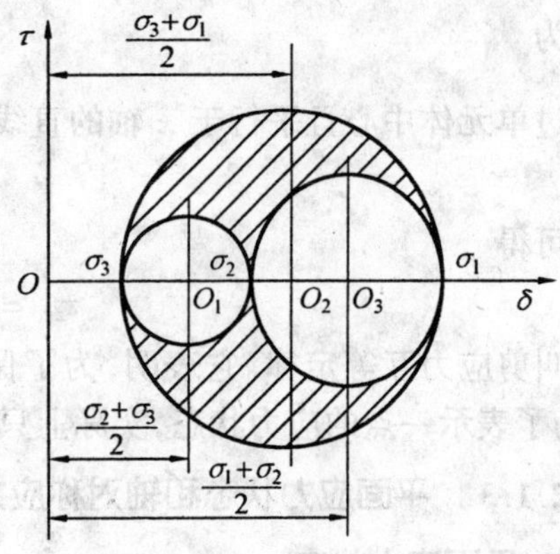

图 2.6　应力莫尔圆

2.1.2　应力平衡微分方程

在外力作用下处于平衡状态的变形物体，其内部点与点之间的应力大小是连续变化的，也就是说，应力是坐标的连续函数。

在直角坐标系中，设物体内一点 Q 的坐标为 x、y、z，应力状态为 σ_{ij}。在 Q 点无限附近处有另一点 Q'，坐标为 $x+\mathrm{d}x$、$y+\mathrm{d}y$、$z+\mathrm{d}z$，则形成一个边长为 $\mathrm{d}x$、$\mathrm{d}y$、$\mathrm{d}z$ 并与三个坐标面平行的平行六面体。由于坐标发生了变化，因此 Q' 点的应力比 Q 点的应力要增加一个微小的增量。

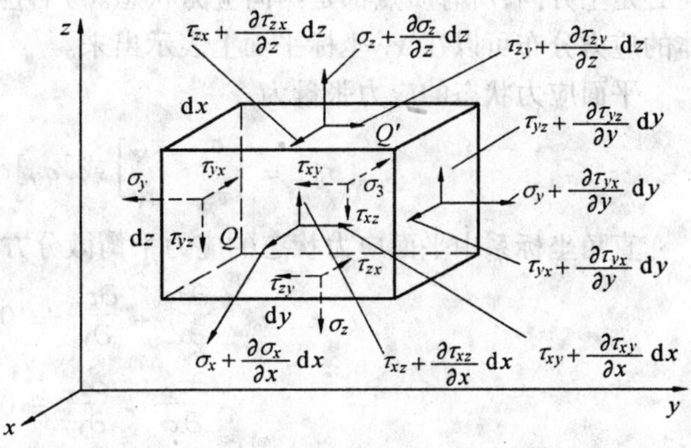

图 2.7　单元体六个面上的应力分量

若 Q 点 x 面上的正应力分量为

$$\sigma_x = f(x,y,z)$$

则 Q' 点 x 面上的正应力分量将为

$$f(x+\mathrm{d}x,y,z) = f(x,y,z) + \frac{\partial f}{\partial x}\mathrm{d}x + \frac{1}{2}\frac{\partial^2 f}{\partial x^2}\mathrm{d}x^2 + \cdots \approx \sigma_x + \frac{\partial\sigma_x}{\partial x}\mathrm{d}x$$

其余的八个应力分量也可同样推导，得到相类似的式子，如图 2.7 所示。

分别根据 x、y、z 向平衡条件可得

$$\left.\begin{aligned}
\frac{\partial\sigma_x}{\partial x} + \frac{\partial\tau_{yx}}{\partial y} + \frac{\partial\tau_{zx}}{\partial z} = 0\\
\frac{\partial\tau_{xy}}{\partial x} + \frac{\partial\sigma_y}{\partial y} + \frac{\partial\tau_{zy}}{\partial z} = 0\\
\frac{\partial\tau_{xz}}{\partial x} + \frac{\partial\tau_{yz}}{\partial y} + \frac{\partial\sigma_z}{\partial z} = 0
\end{aligned}\right\}\tag{2.25}$$

简记为

$$\frac{\partial \sigma_{ij}}{\partial x_i} = 0 \tag{2.25a}$$

过单元体中心且平行于 x 轴的直线为轴取力矩，由 $\sum M_x = 0$ 得

$$\tau_{yz} = \tau_{zy}$$

同理可得

$$\tau_{zx} = \tau_{xz} \quad \tau_{xy} = \tau_{yx}$$

上式叫剪应力互等定律。它表明，为了保持单元体的平衡，剪应力总是成对出现。由此可见，为了表示一点的应力状态，实际上只需要六个独立应力分量。

2.1.3　平面应力状态和轴对称应力状态

1. 平面应力状态

平面应力状态的基本特征是：① 物体内所有质点在与某一方向垂直的平面上都没有应力，如取该方向为坐标的 z 轴，则有 $\sigma_z = \tau_{xz} = \tau_{yz} = 0$，只剩下 σ_x、σ_y、τ_{xy} 等应力分量。z 向必是主方向，所有质点都是两向应力状态。② 各应力分量都与 z 坐标无关，因此整个物体的应力分布可以在 xy 坐标平面上表示出来。

平面应力状态的应力张量为

$$[\sigma_{ij}] = \begin{bmatrix} \sigma_x & \tau_{xy} \\ \tau_{yx} & \sigma_y \end{bmatrix} \text{或} [\sigma_{ij}] = \begin{bmatrix} \sigma_1 & 0 \\ 0 & \sigma_2 \end{bmatrix} \tag{2.26}$$

直角坐标系中平面应力状态的应力平衡微分方程为

$$\left.\begin{aligned} \frac{\partial \sigma_x}{\partial x} + \frac{\partial \tau_{yx}}{\partial y} = 0 \\ \frac{\partial \tau_{xy}}{\partial x} + \frac{\partial \sigma_y}{\partial y} = 0 \end{aligned}\right\} \tag{2.27}$$

2. 轴对称应力状态

在塑性成形中，经常遇到旋转体。当旋转体承受的外力为对称于旋转轴的分布力而且没有周向力时，物体内的质点就处于轴对称应力状态。处于轴对称状态时，旋转体的每个子午面都始终保持平面，而且各子午面之间的夹角始终不变。

对于旋转体，一般采用圆柱坐标或球坐标表示单元体及应力状态，如图 2.8 所示（圆柱坐标系），平衡微分方程的一般形式为

$$\left.\begin{aligned} \frac{\partial \sigma_\rho}{\partial \rho} + \frac{1}{\rho}\frac{\partial \tau_{\theta\rho}}{\partial \theta} + \frac{\partial \tau_{z\rho}}{\partial z} + \frac{\sigma_\rho - \sigma_\theta}{\rho} = 0 \\ \frac{\partial \tau_{\rho\theta}}{\partial \rho} + \frac{1}{\rho}\frac{\partial \sigma_\theta}{\partial \theta} + \frac{\partial \tau_{z\theta}}{\partial z} + \frac{2\tau_{\rho\theta}}{\rho} = 0 \\ \frac{\partial \tau_{\rho z}}{\partial \rho} + \frac{1}{\rho}\frac{\partial \tau_{\theta z}}{\partial \theta} + \frac{\partial \sigma_z}{\partial z} + \frac{\tau_{\rho z}}{\rho} = 0 \end{aligned}\right\} \tag{2.28}$$

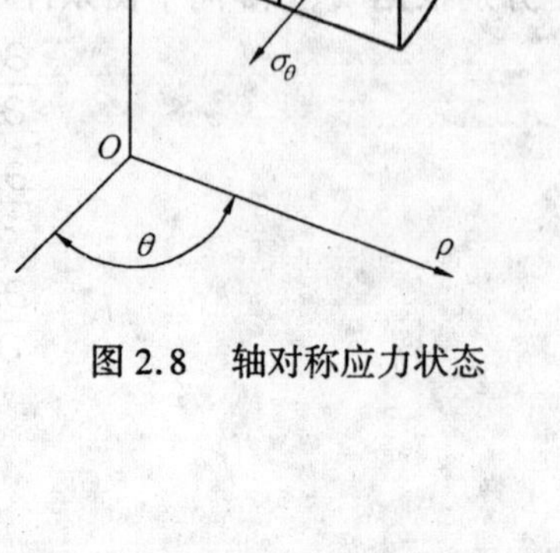

图 2.8　轴对称应力状态

轴对称应力状态的特点是：① 由于子午面（指通过旋转体轴线的平面，即 θ 面）在变形过程中始

终不会扭曲，所以 θ 面上没有剪应力，即 $\tau_{\rho\theta}=\tau_{z\theta}=0$，只有 σ_ρ、σ_θ、σ_z、$\tau_{\rho z}$ 等应力分量，而且 σ_θ 是主应力。② 各应力分量与 θ 坐标无关，对 θ 的偏导数都为零。

根据轴对称应力状态的特点，由式(2.28) 可得轴对称应力状态平衡微分方程式

$$\left.\begin{aligned}\frac{\partial\sigma_\rho}{\partial\rho}+\frac{\partial\tau_{z\rho}}{\partial z}+\frac{\sigma_\rho-\sigma_\theta}{\rho}=0\\ \frac{\partial\tau_{\rho z}}{\partial\rho}+\frac{\partial\sigma_z}{\partial z}+\frac{\tau_{\rho z}}{\rho}=0\end{aligned}\right\}\tag{2.29}$$

对于在圆柱体平砧镦粗、圆柱体坯料的挤压和拉拔等轴对称问题，$\sigma_\rho=\sigma_\theta$。此时，只有三个独立的应力分量，方程式(2.29) 还可以进一步简化。

2.2 应变分析

2.2.1 变形的基本概念

应变是表示变形大小的一个物理量。物体变形时，体内各质点都产生了位移。如果各质点之间的相对位置没有发生变化，则物体只是作了刚性位移，外形并没有改变，物体内也不产生应力。只有当质点间的相对位置发生了变化，即产生了相对位移时，才会引起物体变形。因此，在分析变形时，通常要把刚性位移排除。

我们先观察一些简单的例子。图 2.9(a) 表示均匀拉伸，这时变形体在拉伸后被拉长变细，单元体 P 移至 P_1 的位置。但在不同方向切取单元体时，单元体的变形形式表现是不同的，例如斜切的单元体 Q 移至 Q_1 时就歪斜了。图 2.9(b) 表示一物体在粗糙的平板间镦粗成鼓形，这时中心线上的一个单元体 P 被压扁移至 P_1；而 Q 移至 Q_1 时，由于摩擦力的作用而歪斜了；单元体 R 移至 R_1 时还有明显的偏转。图 2.9(c) 是弯曲工序，单元体 P 移至 P_1 时被压短而且转了角度，单元体 Q 移至 Q_1 时，转了一个角度但没有变形。由此可以得出关于变形的一些基本概念：

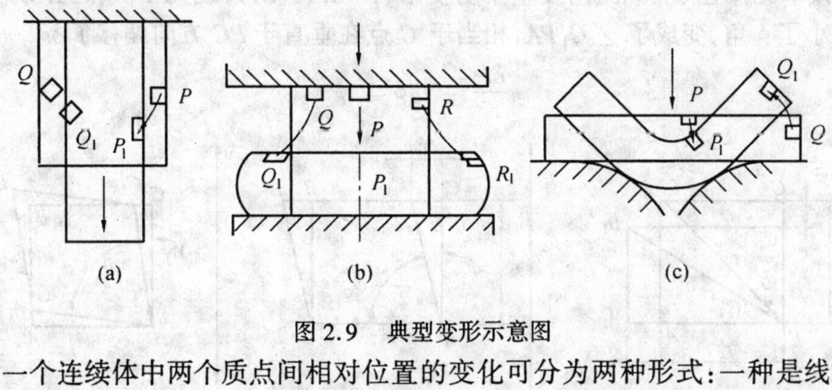

图 2.9　典型变形示意图

(1) 一个连续体中两个质点间相对位置的变化可分为两种形式：一种是线尺寸的伸长、缩短，叫做正变形或线变形；一种是单元体发生歪斜，叫做剪变形或角变形。

(2) 对于同一变形的质点，随着切取单元体的方向不同，单元体表现出来的变形值也是不同的。因此，亦需要引入“点应变状态” 概念。

(3) 物体变形时,单元体一般同时发生平移、转动、正变形和剪变形。平移和转动本身并不代表变形,只表示刚体位移。所以,只有从单元体位置、形状和尺寸变化中除去刚性位移,才能得到纯变形。

由以上分析可见物体的变形是物体内各点位移不同致使各点相对位置发生变化的表现,因此变形必须和物体内的位移场密切地联系在一起。由于应变分析基本上是几何问题,并不涉及材料的性质,所以对一点应变特性的描述通常对于弹性变形及塑性变形是相同的。

2.2.2 小变形分析

在材料力学以及一般弹、塑性理论中所讨论的变形大多不超过 $10^{-3} \sim 10^{-2}$ 数量级,这种很小的变形统称小应变。虽然金属塑性加工属于大变形,但是了解小应变的基本理论及相应的微分关系方面的知识是必要的,因为任何一个塑性变形过程常常可按其过程中的每一瞬时来考虑,即利用一系列小应变问题来解决大应变问题。

1. 小应变

设想从物体中取一单元正六面体,当其变形时,不仅改变了位置而且也改变了自己的形状。在一般情况下不仅正六面体的棱边改变了长度,角度也不再为直角。我们得到两类应变:线应变和剪应变。忽略高阶微量,可以认为:当变形处于小变形时,剪应变不影响线尺寸。现设一单元体 $PABC$ 仅仅在 xy 坐标平面内发生了很小的正变形(图 2.10(a),这里暂不考虑刚体转动),变成了 $PA_1B_1C_1$。单元体内各线元的长度都发生了变化。例如其中线元 PB 由原长 r 变成了 $r_1 = r + \delta r$,于是我们把单位长度的变化

$$\varepsilon = \frac{r_1 - r}{r} = \frac{\delta r}{r} \tag{2.30}$$

叫做线元 PB 的正应变(线应变)。线元伸长时 ε 为正,缩短时为负。其他线元也可同样定义。例如平行于 x 轴和 y 轴的线元 PA 和 PC,将分别有

$$\varepsilon_x = \frac{\delta r_x}{r_x} \quad \varepsilon_y = \frac{\delta r_y}{r_y}$$

又设该单元体在 xy 平面内发生了剪变形(图 2.11(b)),线元 PC 和 PA 所夹的直角 $\angle CPA$ 缩小了 ϕ 角,变成了 $\angle C_1PA$,相当于 C 点在垂直于 PC 方向偏移了 δr_τ,一般把

$$\frac{\delta r_\tau}{r_y} = \mathrm{tg}\phi \approx \phi \tag{2.31}$$

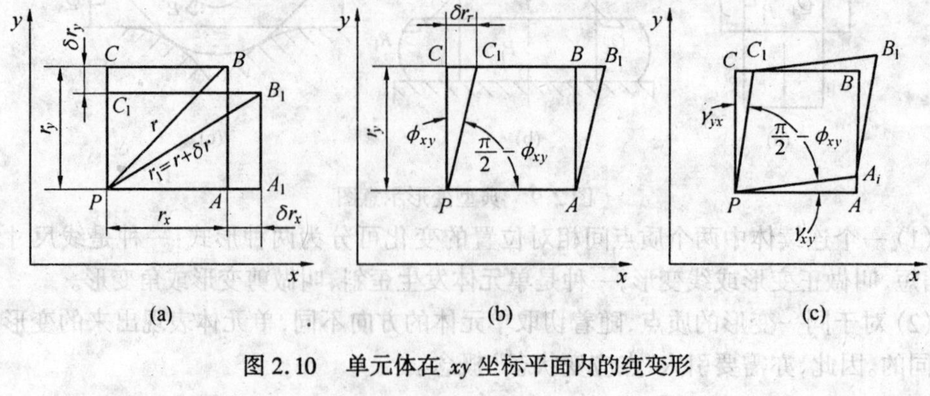

图 2.10 单元体在 xy 坐标平面内的纯变形

叫做工程剪应变。$\angle CPA$ 缩小时 ϕ 取正号。图 2.11(b) 中的 ϕ 是在 xy 平面内发生的,故可写成 ϕ_{xy}。由于变形很小,故可认为 PC 偏转至 PC_1 时长度不变。

图 2.10(b) 所示的剪应变 ϕ_{xy} 可看成是由线元 PA 和 PC 同时向内偏转相同的角度 γ_{xy} 及 γ_{yx} 而成(图 2.10(c)),且

$$\gamma_{xy} = \gamma_{yx} = \phi_{xy}/2 \tag{2.32}$$

本书中把 γ_{xy} 和 γ_{yx} 定义为剪应变。γ_{xy} 表示 x 方向的线元向 y 方向偏转的角度。在实际变形中,线元 PA 和 PC 的偏转角度不一定相同。现设它们的实际偏转角分别为 α_{xy} 及 α_{yx}(图 2.11(a)),偏转的结果仍然使 $\angle CPA$ 缩小了 ϕ_{xy} 角,于是

$$\alpha_{xy} + \alpha_{yx} = \phi_{xy}$$

$$\gamma_{xy} = \gamma_{yx} = (\alpha_{xy} + \alpha_{yx})/2 \tag{2.33}$$

这时,在 α_{xy} 及 α_{yx} 中已经包含了刚体转动。我们可以设想单元体的线元 PA、PC 先同时偏转 γ_{xy} 和 γ_{yx} 和(图 2.11(b)),然后整个单元体绕 z 轴转动了一个角度 ω_z(图 2.11(c))。由几何关系有

$$\left.\begin{aligned} \alpha_{xy} &= \gamma_{xy} - \omega_z \\ \alpha_{yx} &= \gamma_{yz} + \omega_z \\ \omega_z &= \frac{1}{2}(\alpha_{yx} - \alpha_{xy}) \end{aligned}\right\} \tag{2.34}$$

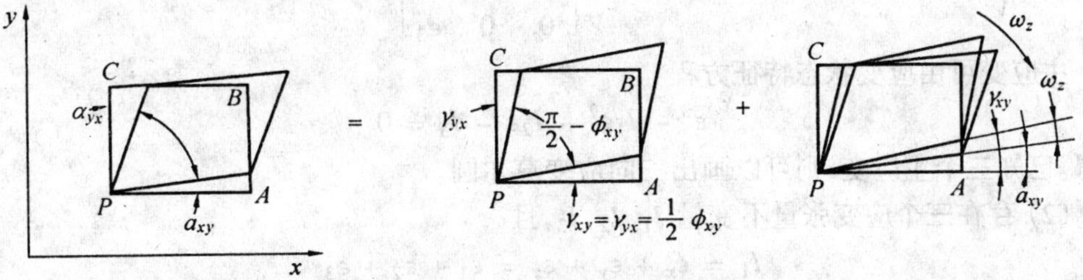

(a) (b) (c)

图 2.11 剪应变及刚体转动

2. 质点的应变状态及应变张量

在直角坐标系中切取一个平行于坐标平面的微分六面体 $PAB\cdots G$,边长分别为 r_x、r_y 和 r_z,小变形后移至 $P_1A_1B_1\cdots G_1$,变成了一个偏斜的平行六面体,如图 2.11 所示。这时,单元体同时产生了线变形、剪变形、刚体平移和转动。现设想单元体先平移至变形后的位置,然后再发生变形,其变形可分解为以下几部分:

(1) 单元体在 x、y、z 方向长度发生了变化,其线应变分别为

$$\varepsilon_x = \frac{\delta r_x}{r_x} \quad \varepsilon_y = \frac{\delta r_y}{r_y} \quad \varepsilon_z = \frac{\delta r_z}{r_z}$$

(2) 单元体分别在 x 面、y 面和 z 面内发生了角度偏转,产生的剪应变分别为

$$\gamma_{xy} = \gamma_{yx} = \frac{1}{2}\phi_{xy} \quad \gamma_{yz} = \gamma_{zy} = \frac{1}{2}\phi_{yz} \quad \gamma_{zx} = \gamma_{xz} = \frac{1}{2}\phi_{zx}$$

将上述变形叠加起来就可以得到图 2.12 中偏斜了的六面体 $P_1A_1B_1\cdots G_1$。于是该单元的变形就可以用 ε_x、ε_y、ε_z、γ_{xy}、γ_{yx}、γ_{yz}、γ_{zy}、γ_{xz} 和 γ_{zx} 等九个应变分量来表示。由于 $\gamma_{ij} =$

γ_{ji}，所以上述九个应变分量中只有六个是独立的。这九个应变分量组成一个张量，称为应变张量，而且是二阶对称张量，一般用 ε_{ij} 来表示，即

$$[\varepsilon_{ij}] = \begin{bmatrix} \varepsilon_x & \gamma_{xy} & \gamma_{xz} \\ \gamma_{yx} & \varepsilon_y & \gamma_{yz} \\ \gamma_{zx} & \gamma_{zy} & \varepsilon_z \end{bmatrix} \tag{2.35}$$

因此，点的应变状态需要用九个应变分量或应变张量来描述。若已知应变张量的分量，则该点的应变状态就完全被确定。

应变张量与应力张量具有同样的性质和特性，参照应力张量可以得到关于应变张量的性质和特性：

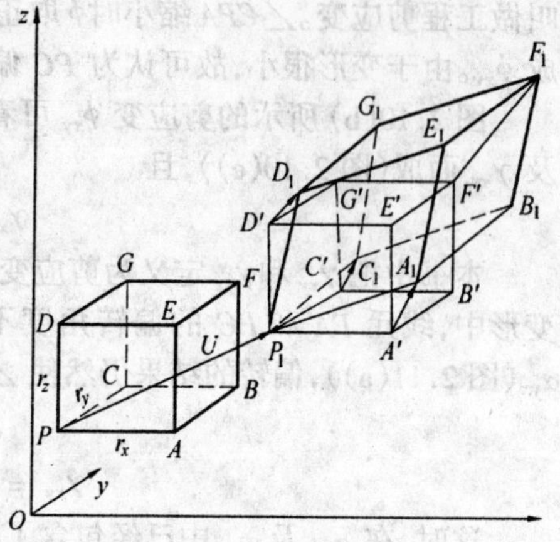

图 2.12　单元体变形

(1) 存在三个相互垂直的主方向，该方向上线元没有剪应变，只有线应变，称为主应变，用 ε_1、ε_2、ε_3 表示。对于各向同性材料，可认为小应变主方向和应力主方向重合。主应变张量为

$$[\varepsilon_{ij}] = \begin{bmatrix} \varepsilon_1 & 0 & 0 \\ 0 & \varepsilon_2 & 0 \\ 0 & 0 & \varepsilon_3 \end{bmatrix} \tag{2.36}$$

主应变可由应变状态特征方程

$$\varepsilon^3 - I_1\varepsilon^2 - I_2\varepsilon - I_3 = 0$$

求得。已知三个主应变，则可以画出三向应变莫尔圆。

(2) 存在三个应变张量不变量 I_1、I_2、I_3，且

$$I_1 = \varepsilon_x + \varepsilon_y + \varepsilon_z = \varepsilon_1 + \varepsilon_2 + \varepsilon_3$$

$$I_2 = -[\varepsilon_x\varepsilon_y + \varepsilon_y\varepsilon_z + \varepsilon_z\varepsilon_x + (\gamma_{xy}^2 + \gamma_{yz}^2 + \gamma_{zx}^2)] = -(\varepsilon_1\varepsilon_2 + \varepsilon_2\varepsilon_3 + \varepsilon_3\varepsilon_1)$$

$$I_3 = \begin{vmatrix} \varepsilon_x & \gamma_{xy} & \gamma_{xz} \\ \gamma_{yx} & \varepsilon_y & \gamma_{yz} \\ \gamma_{zx} & \gamma_{zy} & \varepsilon_z \end{vmatrix} = \begin{vmatrix} \varepsilon_1 & 0 & 0 \\ 0 & \varepsilon_2 & 0 \\ 0 & 0 & \varepsilon_3 \end{vmatrix} = \varepsilon_1\varepsilon_2\varepsilon_3 \tag{2.37}$$

塑性变形时体积不变，故有 $I_1 = 0$。

(3) 在与主方向成 45° 角方向上也存在有主剪应变，其大小为

$$\gamma_{12} = \pm\frac{1}{2}(\varepsilon_1 - \varepsilon_2) \quad \gamma_{23} = \pm\frac{1}{2}(\varepsilon_2 - \varepsilon_3) \quad \gamma_{31} = \pm\frac{1}{2}(\varepsilon_3 - \varepsilon_1) \tag{2.38}$$

若 $\varepsilon_1 \geq \varepsilon_2 \geq \varepsilon_3$，则最大剪应变为

$$\gamma_{\max} = \pm\frac{1}{2}(\varepsilon_1 - \varepsilon_3) \tag{2.39}$$

(4) 应变张量也可以分解为应变球张量和应变偏张量

$$[\varepsilon_{ij}] = \begin{bmatrix} \varepsilon_x - \varepsilon_m & \gamma_{xy} & \gamma_{xz} \\ \gamma_{yx} & \varepsilon_y - \varepsilon_m & \gamma_{yz} \\ \gamma_{zx} & \gamma_{zy} & \varepsilon_z - \varepsilon_m \end{bmatrix} + \begin{bmatrix} \varepsilon_m & 0 & 0 \\ 0 & \varepsilon_m & 0 \\ 0 & 0 & \varepsilon_m \end{bmatrix} \tag{2.40}$$

其分量关系为

$$\varepsilon_{ij} = \varepsilon'_{ij} + \delta_{ij}\varepsilon_m$$

式中 $\varepsilon_m = (\varepsilon_x + \varepsilon_y + \varepsilon_z)/3 = I_1/3$ 为平均线应变。前者为应变偏张量,表示形状变化;后者为应变球张量,表示体积变化。塑性变形时体积不变,即 $\varepsilon_m = 0$,所以应变偏张量就是应变张量。

(5) 存在有八面体应变和等效应变,其值为

$$\varepsilon_8 = \frac{1}{3}(\varepsilon_x + \varepsilon_y + \varepsilon_z) = \frac{1}{3}(\varepsilon_1 + \varepsilon_2 + \varepsilon_3) = \frac{1}{3}I_1 = \varepsilon_m \tag{2.41}$$

$$\gamma_8 = \frac{1}{3}\sqrt{(\varepsilon_x - \varepsilon_y)^2 + (\varepsilon_y - \varepsilon_z)^2 + (\varepsilon_z - \varepsilon_x)^2 + 6(\gamma_{xy}^2 + \gamma_{yz}^2 + \gamma_{zx}^2)} = \frac{1}{3}\sqrt{(\varepsilon_1 - \varepsilon_2)^2 + (\varepsilon_2 - \varepsilon_3)^2 + (\varepsilon_3 - \varepsilon_1)^2} \tag{2.42}$$

$$\bar{\varepsilon} = \sqrt{2}\gamma_8 = \frac{\sqrt{2}}{3}\sqrt{(\varepsilon_x - \varepsilon_y)^2 + (\varepsilon_y - \varepsilon_z)^2 + (\varepsilon_z - \varepsilon_x)^2 + 6(\gamma_{xy}^2 + \gamma_{yz}^2 + \gamma_{zx}^2)} = \frac{\sqrt{2}}{3}\sqrt{(\varepsilon_1 - \varepsilon_2)^2 + (\varepsilon_2 - \varepsilon_3)^2 + (\varepsilon_3 - \varepsilon_1)^2} \tag{2.43}$$

单向拉伸时,主应变为 $\varepsilon_2 = \varepsilon_3 = -\varepsilon_1/2$,故有

$$\bar{\varepsilon} = \frac{\sqrt{2}}{3}\sqrt{\left(\frac{3}{2}\varepsilon_1\right)^2 + \left(-\frac{3}{2}\varepsilon_1\right)^2} = \varepsilon_1$$

3. 位移分量和小变形几何方程

物体变形后,体内的每一质点都产生了位移。设物体内任意点的位移矢量为 $\boldsymbol{u}$,则它在三个坐标轴方向的投影就称为该点的位移分量,分别用 u、v、w 表示,并简记为 u_i。由于物体在变形之后仍应保持连续,故位移分量应是坐标的函数,而且一般都有连续的二阶偏导数,即

$$\left.\begin{aligned} u &= u(x,y,z) \\ v &= v(x,y,z) \\ w &= w(x,y,z) \end{aligned}\right\} \tag{2.44}$$

在变形体中某一点 A 分离出一单元体,其棱边长为 dx、dy、dz,棱边和坐标轴平行。单元体的一个顶点与 A 点重合。A 点在 xoy 平面上的投影为 F,并以 $EFGB$ 表示单元体变形前在 xoy 平面上的投影(图 2.13)。

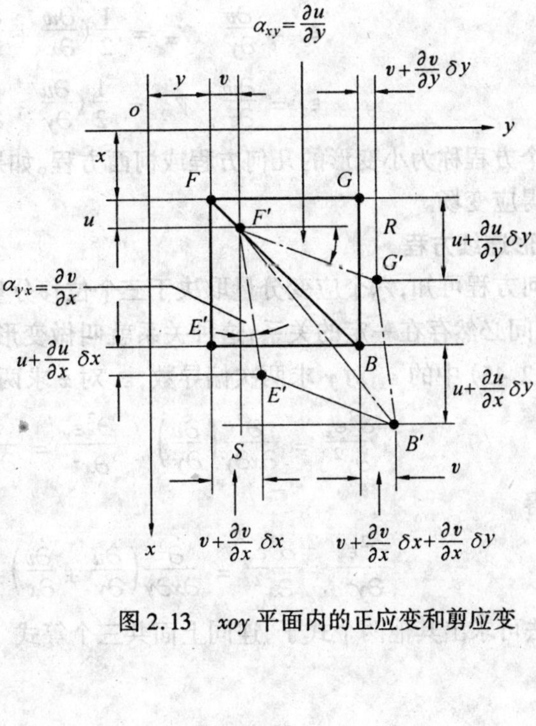

图 2.13 xoy 平面内的正应变和剪应变

变形后点 E、F、B、G 分别移至点 E'、F'、B' 和 G'。设 F 点在 xoy 平面内的位移为 u、v,则根据公式(2.44),E 点在 x 轴方向的位移 $u_E = u(x + dx,$

$y,z)$，u_E 用泰勒公式展开并略去高次项，得

$$u_E = u + \frac{\partial u}{\partial x}\mathrm{d}x$$

那么，沿 x 方向的应变为

$$\varepsilon_x = \frac{u_E - u}{\mathrm{d}x} = \frac{\partial u}{\partial x}$$

同理可得沿 y 方向位移和应变为

$$v_E = v + \frac{\partial v}{\partial y}\mathrm{d}y \qquad \varepsilon_y = \frac{\partial v}{\partial y}$$

由于角度变化是无限小，所以 $\mathrm{tg}\alpha_{yx} \approx \alpha_{yx}$，$\mathrm{tg}\alpha_{xy} \approx \alpha_{xy}$，因此由图 2.13 得

$$\alpha_{yx} = (v + \frac{\partial v}{\partial x}\mathrm{d}x - v)/(u + \frac{\partial v}{\partial x}\mathrm{d}x + \mathrm{d}x - u) = \frac{\partial v}{\partial x}/(1 + \frac{\partial u}{\partial x})$$

由于$\frac{\partial u}{\partial x}$远小于 1，所以

$$\alpha_{yx} = \frac{\partial v}{\partial x}$$

同理可得

$$\alpha_{xy} = \frac{\partial u}{\partial y}$$

将 α_{yx} 和 α_{xy} 代入公式(2.33)得

$$\gamma_{xy} = \gamma_{yx} = \frac{1}{2}(\frac{\partial u}{\partial y} + \frac{\partial v}{\partial x})$$

将所分析的六面体在 yoz、zox 平面上投影，可得到其余应变分量的公式，综合可得

$$\left.\begin{aligned}
\varepsilon_x &= \frac{\partial u}{\partial x} \quad \gamma_{yz} = \frac{1}{2}(\frac{\partial v}{\partial z} + \frac{\partial w}{\partial y}) \\
\varepsilon_y &= \frac{\partial v}{\partial y} \quad \gamma_{zx} = \frac{1}{2}(\frac{\partial w}{\partial x} + \frac{\partial u}{\partial z}) \\
\varepsilon_z &= \frac{\partial w}{\partial z} \quad \gamma_{xy} = \frac{1}{2}(\frac{\partial u}{\partial y} + \frac{\partial v}{\partial x})
\end{aligned}\right\} \tag{2.45}$$

这六个方程称为小变形的几何方程或柯西方程。如果物体中的位移场已知，则可由几何方程求得应变场。

4. 变形连续方程

由几何方程可知，六个应变分量取决于三个位移分量，所以六个应变分量不能是任意的，它们之间必然存在一定的关系，这种关系就叫做变形连续方程或变形协调方程。将几何方程式(2.45)中的 ε_x 对 y 求两次偏导数，ε_y 对 x 求两次偏导数，得

$$\frac{\partial^2 \varepsilon_x}{\partial y^2} = \frac{\partial^2}{\partial x \partial y}\left(\frac{\partial u}{\partial y}\right) \qquad \frac{\partial^2 \varepsilon_y}{\partial x^2} = \frac{\partial^2}{\partial x \partial y}\left(\frac{\partial v}{\partial x}\right)$$

两式相加得

$$\frac{\partial^2 \varepsilon_x}{\partial y^2} + \frac{\partial^2 \varepsilon_y}{\partial x^2} = \frac{\partial^2}{\partial x \partial y}\left(\frac{\partial u}{\partial y} + \frac{\partial v}{\partial x}\right) = 2\frac{\partial^2 \gamma_{xy}}{\partial x \partial y}$$

用同样方法可求出其他两个式子，连同上面共三个等式

$$
\left.\begin{aligned}
\frac{1}{2}\left(\frac{\partial^2 \varepsilon_x}{\partial y^2}+\frac{\partial^2 \varepsilon_y}{\partial x^2}\right) &= \frac{\partial^2 \gamma_{xy}}{\partial x \partial y} \\
\frac{1}{2}\left(\frac{\partial^2 \varepsilon_y}{\partial z^2}+\frac{\partial^2 \varepsilon_z}{\partial y^2}\right) &= \frac{\partial^2 \gamma_{yz}}{\partial y \partial z} \\
\frac{1}{2}\left(\frac{\partial^2 \varepsilon_z}{\partial x^2}+\frac{\partial^2 \varepsilon_x}{\partial z^2}\right) &= \frac{\partial^2 \gamma_{zx}}{\partial z \partial x}
\end{aligned}\right\} \tag{2.46}
$$

上式表明:在一个坐标平面内,两个线应变分量一经确定,剪应变分量也就被确定。将式(2.45) 中的后三式分别对 x、y、z 求偏导数得

$$
\begin{aligned}
\frac{\partial \gamma_{yz}}{\partial x} &= \frac{1}{2}\left(\frac{\partial^2 v}{\partial z \partial x}+\frac{\partial^2 w}{\partial y \partial x}\right) \\
\frac{\partial \gamma_{zx}}{\partial y} &= \frac{1}{2}\left(\frac{\partial^2 w}{\partial x \partial y}+\frac{\partial^2 u}{\partial z \partial y}\right) \\
\frac{\partial \gamma_{xy}}{\partial z} &= \frac{1}{2}\left(\frac{\partial^2 u}{\partial y \partial z}+\frac{\partial^2 v}{\partial x \partial z}\right)
\end{aligned}
$$

将第一和第二式相加减去第三式得

$$
\frac{\partial \gamma_{yz}}{\partial x}+\frac{\partial \gamma_{zx}}{\partial y}-\frac{\partial \gamma_{xy}}{\partial z}=\frac{\partial^2 w}{\partial x \partial y}
$$

再将上式对 z 求偏导数,得

$$
\left.\begin{aligned}
\frac{\partial}{\partial z}\left(\frac{\partial \gamma_{yz}}{\partial x}+\frac{\partial \gamma_{zx}}{\partial y}-\frac{\partial \gamma_{xy}}{\partial z}\right) &= \frac{\partial^2 \varepsilon_z}{\partial y \partial x} \\
\frac{\partial}{\partial y}\left(\frac{\partial \gamma_{xy}}{\partial z}+\frac{\partial \gamma_{yz}}{\partial x}-\frac{\partial \gamma_{zx}}{\partial y}\right) &= \frac{\partial^2 \varepsilon_y}{\partial z \partial x} \\
\frac{\partial}{\partial x}\left(\frac{\partial \gamma_{zx}}{\partial y}+\frac{\partial \gamma_{xy}}{\partial z}-\frac{\partial \gamma_{yz}}{\partial x}\right) &= \frac{\partial^2 \varepsilon_x}{\partial y \partial z}
\end{aligned}\right\} \tag{2.46a}
$$

上式表明,在三维空间内三个剪应变分量一经确定,则线应变分量也就被确定。

变形连续方程的物理意义在于:只有当应变分量之间的关系满足上述方程时,物体变形后才是连续的。否则,变形后会出现"撕裂"或"重叠",破坏变形体的连续性。

需要指出的是:如果已知位移分量 u_i,则由几何方程求得的应力分量 ε_{ij} 自然满足连续方程。但若先用其他方法求得应变分量,则要同时满足连续方程,才能由几何方程式(2.45) 求得止确的位移分量。

5.塑性变形程度的表达式

塑性变形时的变形程度常用相对应变和对数应变表示:

(1) 相对应变

相对应变

$$
\varepsilon=\frac{l_1-l_0}{l_0}=\frac{\Delta l}{l} \tag{2.47}
$$

式中 l_0—— 试样原始标距长度;

l_1—— 拉伸后标距长度。

相对断面收缩率

$$\psi = \frac{A_0 - A_1}{A_0} \tag{2.48}$$

式中　A_0—— 试样原始断面积；

A_1—— 拉伸后试样断面积。

(2) 对数应变

设在单向拉伸过程某瞬时试样长度为 l，该瞬时后试样的长度又伸长了 dl，则其应变增量为

$$d\in = \frac{dl}{l}$$

当试样从 l_0 伸长至 l_1 时，则总应变为

$$\in = \int_{l_0}^{l_1} d\in = \int_{l_0}^{l_1} \frac{dl}{l} = \ln\frac{l_1}{l_0} \tag{2.49}$$

$\in$ 称为对数应变，是用应变增量的积分来表示的全量应变，它反映了物体变形的实际情况，因此又称为真实应变。

(3) 相对应变、断面收缩率及对数应变之间的关系

在均匀拉伸阶段(试样出现颈缩之前)，相对应变、断面收缩率及对数应变之间存在

$$\in = \ln\frac{l_1}{l_0} = \ln\frac{l_0 + \Delta l}{l_0} = \ln(1 + \varepsilon) \tag{2.50}$$

关系，及

$$\varepsilon = e^{\in} - 1 \tag{2.51}$$

将式(2.50) 按泰勒级数展开，得

$$\in = \varepsilon - \frac{\varepsilon^2}{2} + \frac{\varepsilon^3}{3} - \cdots$$

当 ε 很小时，$\in \approx \varepsilon$。例如当 $\varepsilon \leq 0.1$，$\in$ 与 ε 的误差不超过 5%。

在均匀拉伸阶段，由于体积不变，即

$$A_0 l_0 = A_1 l_1$$

由式(2.45) 有

$$\psi = \frac{A_0 - A_1}{A_0} = 1 - \frac{A_1}{A_0} = 1 - \frac{l_0}{l_1} = 1 - \frac{1}{1 + \varepsilon} = \frac{\varepsilon}{1 + \varepsilon} \tag{2.52}$$

或

$$\varepsilon = \frac{\psi}{1 - \psi} \tag{2.53}$$

(4) 对数应变的特点

与相对应变比较，对数应变有以下特点：

① 对数应变具有叠加性，为可加应变。如设某物体原长 l_0，经历 l_1、l_2 变为 l_3，总的对数应变为

$$\in = \int_{l_0}^{l_3} \frac{dl}{l} = \ln\frac{l_3}{l_0} = \ln\frac{l_1 l_2 l_3}{l_0 l_1 l_2} = \ln\frac{l_1}{l_0} + \ln\frac{l_2}{l_1} + \ln\frac{l_3}{l_2} = \in_1 + \in_2 + \in_3$$

因此对数应变反映了变形的积累程度，而相对应变则不具有叠加性。

② 对数应变为可比应变。例如将试样拉长一倍，再压缩一倍，其对数应变的数值相

同。拉长一倍时

$$\in_L = \ln\frac{2l_0}{l_0} = \ln 2$$

再压缩一倍时

$$\in_Y = \ln\frac{0.5l}{l} = -\ln 2$$

负号表示应变方向相反，而相对应变则不具有这种性质。

由于对数应变反映了瞬时的变形，真实地表示了塑性变形过程，因此在金属塑性成形中一般都采用对数应变来表示变形程度。但是，对数应变不具有坐标旋转的性质，只能用于主应变方向不变的情况，所以它不是张量。

6. 塑性变形体积不变条件

设单元体初始的边长为 dx、dy、dz，则初始体积为 $V_0 = dxdydz$。小变形时，可以认为只有正应变才引起边长和体积的变化，而剪应变引起的边长和体积的变化可以忽略不计。因此变形后单元体的体积为

$$V_1 = (1+\varepsilon_x)dx(1+\varepsilon_y)dy(1+\varepsilon_z)dz \approx (1+\varepsilon_x+\varepsilon_y+\varepsilon_z)dxdydz$$

于是单元体的体积变化率为

$$\theta = \frac{V_1 - V_0}{V_0} = \varepsilon_x + \varepsilon_y + \varepsilon_z$$

弹性变形时，体积变化率必须考虑。但在塑性变形时，由于材料连续且致密，体积变化很微小，与形状变化相比可以忽略，因此认为塑性变形时体积不变，即

$$\theta = \varepsilon_x + \varepsilon_y + \varepsilon_z = 0 \tag{2.50a}$$

若用主应变表示，则有

$$\varepsilon_1 + \varepsilon_2 + \varepsilon_3 = 0 \tag{2.50b}$$

式(2.50b) 称为塑性变形时体积不变条件。

体积不变条件用对数应变表示则更为准确。设变形体的原始长、宽、高分别为 l_0、b_0、h_0，变形后为 l_1、b_1、h_1，则体积不变条件表示为

$$\in_1 + \in_2 + \in_3 = \ln\frac{l_1}{l_0} + \ln\frac{b_1}{b_0} + \ln\frac{h_1}{h_0} = \ln\frac{l_1 b_1 h_1}{l_0 b_0 h_0} = 0 \tag{2.50c}$$

7. 应变增量

前面所讨论的应变都是反映单元体在某一变形过程或变形过程中的某个阶段结束时的变形大小，称之为全量应变。而塑性变形问题一般都是大变形，大塑性变形的整个过程是十分复杂的。因此，一般采用无限小的应变增量来描述某一瞬时的变形情况，整个变形过程可以看做是很多瞬时应变增量的积累。

产生位移增量后，变形体内各质点就有一个相应的无限小应变增量，用 $d\varepsilon_{ij}$ 表示。应变增量和位移增量之间的关系，也即几何方程，形式上与小变形几何方程相同，把式(2.45) 中的 u_i 改成 du_i，便得应变增量几何方程

$$
\left.\begin{aligned}
d\varepsilon_x &= \frac{\partial(du)}{\partial x} \quad d\gamma_{yz} = d\gamma_{zy} = \frac{1}{2}\left[\frac{\partial(dv)}{\partial z} + \frac{\partial(dw)}{\partial y}\right] \\
d\varepsilon_y &= \frac{\partial(dv)}{\partial y} \quad d\gamma_{zx} = d\gamma_{xz} = \frac{1}{2}\left[\frac{\partial(dw)}{\partial x} + \frac{\partial(du)}{\partial z}\right] \\
d\varepsilon_z &= \frac{\partial(dw)}{\partial z} \quad d\gamma_{xy} = d\gamma_{yx} = \frac{1}{2}\left[\frac{\partial(du)}{\partial y} + \frac{\partial(dv)}{\partial x}\right]
\end{aligned}\right\} \tag{2.54}
$$

应变增量也是二阶对称张量，即

$$
[d\varepsilon_{ij}] = \begin{bmatrix} d\varepsilon_x & d\gamma_{xy} & d\gamma_{xz} \\ d\gamma_{yx} & d\varepsilon_y & d\gamma_{yz} \\ d\gamma_{zx} & d\gamma_{zy} & d\varepsilon_z \end{bmatrix} \tag{2.55}
$$

需要特别指出的是，$d\varepsilon_{ij}$ 中的 d 表示增量，不是微分的符号。对一般的塑性变形过程，$d\varepsilon_{ij}$ 并不表示ε_{ij}的微分；对 $d\varepsilon_{ij}$ 的积分也毫无意义，并不等于 ε_{ij}。只有在满足简单加载的条件下，对应变增量 $d\varepsilon_{ij}$ 的积分才是全量应变ε_{ij}。

8. 平面变形和轴对称变形

(1) 平面变形问题

如果物体内所有质点都只在一个坐标平面内发生变形，而在该平面的法线方向没有变形，这种变形就叫平面变形。设 z 方向没有变形，则 z 方向必为主方向，z 向的位移分量 $w = 0$，且其余各位移分量与 z 轴无关，故有 $\varepsilon_z = \gamma_{yz} = \gamma_{zx} = 0$。因此，平面变形只有三个应变分量，即 ε_x、ε_y、γ_{xy}。平面变形问题的几何方程为

$$
\left.\begin{aligned}
\varepsilon_x &= \frac{\partial u}{\partial x} \quad \varepsilon_y = \frac{\partial v}{\partial y} \\
\gamma_{xy} &= \frac{1}{2}\left(\frac{\partial u}{\partial y} + \frac{\partial v}{\partial x}\right)
\end{aligned}\right\} \tag{2.56}
$$

根据塑性变形体积不变条件及 $\varepsilon_z = 0$，有

$$
\varepsilon_x = -\varepsilon_y
$$

需要指出的是平面塑性变形时应变为零的方向应力一般不为零，其正应力为主应力，且

$$
\sigma_z = \frac{\sigma_x + \sigma_y}{2} = \frac{\sigma_1 + \sigma_3}{2} = \sigma_m
$$

它是一个不变量。

(2) 轴对称变形问题

轴对称变形问题采用圆柱坐标比较方便。轴对称变形时，通过轴线的子午面始终保持平面，所以 θ 向的位移分量 $v = 0$，且各位移分量均与 θ 坐标无关，因此 $\gamma_{\rho\theta} = \gamma_{\theta z} = 0$，$\theta$ 向必为应变主方向，这时只有四个应变分量，其几何方程为

$$
\left.\begin{aligned}
\varepsilon_\rho &= \frac{\partial u}{\partial \rho} \quad \varepsilon_z = \frac{\partial w}{\partial z} \quad \varepsilon_\theta = \frac{u}{\rho} \\
\gamma_{z\rho} &= \frac{1}{2}\left(\frac{\partial w}{\partial \rho} + \frac{\partial u}{\partial z}\right)
\end{aligned}\right\} \tag{2.57}
$$

2.3 屈服准则

屈服准则又称屈服条件或塑性条件，它是变形体由弹性状态向塑性状态过渡的力学条件。或者说在不同的应力状态下，变形体某点进入塑性状态并使塑性变形继续进行，各应力分量与材料性能之间必须符合一定的关系，这种关系称为屈服准则。

2.3.1 屈雷斯加(H. Tresca)屈服准则

法国工程师屈雷斯加1864年提出，当变形体(质点)中的最大剪应力达到某一定值时，材料就发生屈服。或者说，材料处于塑性状态时，其最大剪应力是一不变的定值，该定值只取决于材料在变形条件下的性质，而与应力状态无关。所以该准则又称最大剪应力不变条件。若规定 $\sigma_1 \geq \sigma_2 \geq \sigma_3$，则最大剪应力为

$$\tau_{\max} = \frac{\sigma_1 - \sigma_3}{2}$$

所以屈雷斯加屈服准则可写成

$$|\sigma_1 - \sigma_3| = C \tag{2.58}$$

式中常数 C 与应力状态无关，可用单向拉伸试验来确定。单向拉伸时，$\sigma_2 = \sigma_3 = 0$ 及 $\sigma_1 = \sigma_s$，可得 $C = \sigma_s$，所以屈雷斯加屈服准则为

$$|\sigma_1 - \sigma_3| = \sigma_s$$

如果不知道主应力大小顺序，则屈雷斯加屈服准则为

$$\left.\begin{aligned} |\sigma_1 - \sigma_2| = \sigma_s \\ |\sigma_2 - \sigma_3| = \sigma_s \\ |\sigma_3 - \sigma_1| = \sigma_s \end{aligned}\right\} \tag{2.59}$$

上述三个式子只要满足一个，该点即进入塑性状态。

对于平面变形以及主应力异号的平面应力问题，因为

$$\tau_{\max} = \sqrt{[(\sigma_x - \sigma_y)/2]^2 + \tau_{xy}^2}$$

所以用任意坐标系应力分量表示的屈雷斯加屈服准则为

$$(\sigma_x - \sigma_y)^2 + 4\tau_{xy}^2 = \sigma_s^2 \tag{2.60}$$

2.3.2 密席斯(Von. Mises)屈服准则

德国力学家密席斯1913年提出了另一个屈服准则，并称之为密席斯屈服准则。它可叙述如下：当等效应力 $\bar{\sigma}$ 达到某定值时，材料就屈服，该定值与应力状态无关。或者说，材料处于塑性状态时，其等效应力是一不变的定值，该定值只取决于材料在变形时的性质，而与应力状态无关，即

$$\bar{\sigma} = \sqrt{\frac{1}{2}[(\sigma_1 - \sigma_2)^2 + (\sigma_2 - \sigma_3)^2 + (\sigma_3 - \sigma_1)^2]} =$$

$$\sqrt{\frac{1}{2}[(\sigma_x - \sigma_y)^2 + (\sigma_y - \sigma_z)^2 + (\sigma_z - \sigma_x)^2 + 6(\tau_{xy}^2 + \tau_{yz}^2 + \tau_{zx}^2)]} = C \tag{2.61}$$

由于常数 C 与应力状态无关，因此也可由单向拉伸实验确定。单向拉伸时，有

$$\sigma_2 = \sigma_3 = 0 \quad \bar{\sigma} = \sigma_1 = \sigma_s$$

所以

$$C = \sigma_s$$

于是，密席斯屈服准则的表达式为

$$(\sigma_1 - \sigma_2)^2 + (\sigma_2 - \sigma_3)^2 + (\sigma_3 - \sigma_1)^2 = 2\sigma_s^2 \tag{2.62}$$

或

$$(\sigma_x - \sigma_y)^2 + (\sigma_y - \sigma_z)^2 + (\sigma_z - \sigma_x)^2 + 6(\tau_{xy}^2 + \tau_{yz}^2 + \tau_{zx}^2) = 2\sigma_s^2 \tag{2.62a}$$

对于平面应力状态，若设 $\sigma_z = \tau_{yz} = \tau_{zx} = 0$，或 $\sigma_3 = 0$，则密席斯屈服准则为

$$\sigma_x^2 + \sigma_y^2 - \sigma_x\sigma_y + 3\tau_{xy}^2 = \sigma_s^2$$

或

$$\sigma_1^2 - \sigma_1\sigma_2 + \sigma_2^2 = \sigma_s^2 \tag{2.63}$$

对于平面变形状态，由于 $\tau_{yz} = \tau_{zy} = 0, \sigma_z = \dfrac{\sigma_x + \sigma_y}{2}$ 或 $\sigma_3 = \dfrac{\sigma_1 + \sigma_2}{2}$，密席斯屈服准则可简化为

$$\sigma_1 - \sigma_2 = \frac{2}{\sqrt{3}}\sigma_s \tag{2.64}$$

或

$$(\sigma_x - \sigma_y)^2 + 4\tau_{xy}^2 = \frac{4}{3}\sigma_s^2 \tag{2.64a}$$

对于轴对称状态，由于子午面（θ 面）上 $\tau_{\rho\theta} = \tau_{\vartheta z} = 0$，式(2.62a)可以简化。对于一些特殊情况，即当 $\sigma_\rho = \sigma_\theta$ 时，密席斯屈服准则还可以简化为

或

$$\left.\begin{aligned}(\sigma_\rho - \sigma_z)^2 + 3\tau_{\rho z}^2 &= \sigma_s^2\\ |\sigma_1 - \sigma_3| &= \sigma_s\end{aligned}\right\} \tag{2.63a}$$

2.3.3 中间主应力的影响——屈服准则的简化表达式

设 $\sigma_1 \geq \sigma_2 \geq \sigma_3$，则屈雷斯加屈服准则为

$$|\sigma_1 - \sigma_3| = \sigma_s$$

上式表明中间主应力 σ_2（在 $\sigma_1 \sim \sigma_3$ 之间变化）不影响屈服。而密席斯屈服准则表明，σ_2 对材料屈服有影响。为评价中间主应力 σ_2 的影响，现引入罗代(Lode)应力参数

$$\mu_\sigma = \frac{(\sigma_2 - \sigma_3) - (\sigma_1 - \sigma_2)}{\sigma_1 - \sigma_3} = \frac{\sigma_2 - (\sigma_1 + \sigma_3)/2}{(\sigma_1 - \sigma_3)/2} \tag{2.65}$$

上式中的分子是三向应力莫尔圆中 σ_2 到大圆圆心的距离，分母为大圆半径。当 σ_2 在 $\sigma_1 \sim \sigma_3$ 之间变化时，μ_σ 则在 $1 \sim -1$ 之间变化。因此，μ_σ 实际上表示了 σ_2 在莫尔圆中的相对位置变化。

由式(2.65)，可用 μ_σ 表示中间主应力 σ_2，即

$$\sigma_2 = \frac{1}{2}(\sigma_1 - \sigma_3)\mu_\sigma + \frac{1}{2}(\sigma_1 + \sigma_3)$$

代入密席斯屈服准则，整理得

$$|\sigma_1 - \sigma_3| = \frac{2}{\sqrt{3 + \mu_\sigma^2}}\sigma_s$$

设

$$\beta = \frac{2}{\sqrt{3 + \mu_\sigma^2}}$$

则 $|\sigma_1 - \sigma_3| = \beta\sigma_s$ (2.66)

式中的 β 值的变化范围为 1 ~ 1.155，如图 2.14 所示。

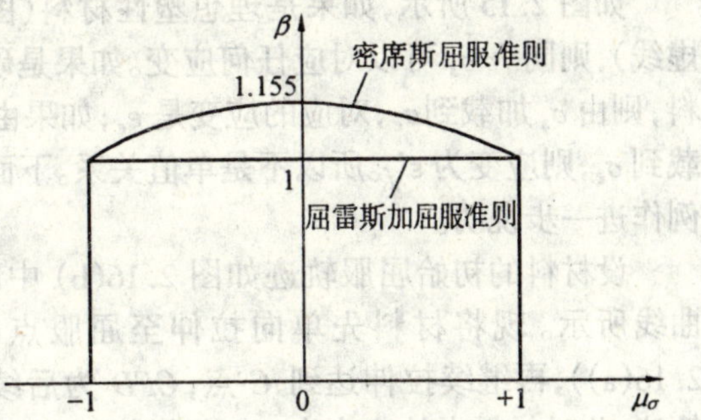

图 2.14 μ_σ 和 β 的关系

屈雷斯加准则相当于式(2.66)中 $\beta \equiv 1$ 的情况，即如图 2.14 的水平线所示。这样，两个屈服准则及中间主应力的影响就看得很清楚了，其中，单向应力叠加球张量时，两个准则是一致的；平面应变，即纯剪叠加球张量时，两个准则相差最大，为 15.5%。设 K 为屈服时的最大剪应力，则

$$K = \pm \frac{\sigma_1 - \sigma_3}{2} = \pm \frac{1}{2}\beta\sigma_s \tag{2.67}$$

于是，两个屈服准则可统一表达为

$$\sigma_1 - \sigma_3 = \pm 2K \tag{2.68}$$

按屈雷斯加屈服准则，$K = 0.5\sigma_s$；按密席斯屈服准则，$K = (0.5 \sim 0.577)\sigma_s$。

2.4 塑性应力应变关系

塑性变形时应力应变关系叫做本构关系，这种关系的数学表达式称为本构方程，也叫物理方程，它和屈服准则一样，是求解塑性成形问题的补充方程。

2.4.1 塑性应力应变关系特点

弹性变形应力应变关系特点：

(1) 应力与应变成线性关系；

(2) 弹性变形是可逆的，加载和卸载的规律完全相同；

(3) 弹性变形时应力球张量使物体产生体积变化，泊松比 $v < 0.5$；

(4) 应力主轴与应变主轴重合。

因此，弹性变形时应力与应变之间是单值的一一对应关系，与加载路径无关。如图 2.15 所示，其中应力 σ_c 是在弹性范围内的值，所以它总是对应应变 ε_c，无论是加载还是卸载。

当应力超过屈服极限进入塑性状态以后，情况就完全不同了：

(1) 应力与应变之间的关系是非线性的；

(2) 塑性变形是不可恢复的，是不可逆的关系；塑性变形可以认为体积不变，应变球张量为零，因此，泊松比 $v = 0.5$；

(3) 全量应变主轴与应力主轴一般不重合。

因此，塑性变形应力与应变之间没有一般的单值关系，不能一一对应，而与加载历史和加载路径有关。

如图2.15所示，如果是理想塑性材料（图中的虚线），则同一 σ_s 可以对应任何应变。如果是硬化材料，则由 σ_s 加载到 σ_e，对应的应变是 ε_e；如果由 σ_f 卸载到 σ_e，则应变为 ε'_f。所以不是单值关系。下面再举例作进一步说明。

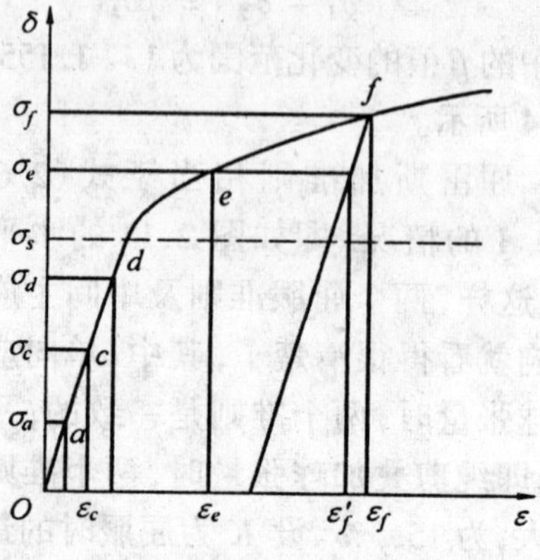

图2.15　单向拉伸时应力应变关系

设材料的初始屈服轨迹如图2.16(b)中的 AB 曲线所示。现将材料先单向拉伸至屈服点 A（图2.16(a)），再继续拉伸达到 C 点，CFD 为后续屈服轨迹，此时材料中的应力为 σ_x，应变为

$$
\left.\begin{aligned}
&\varepsilon_x^p \\
&\varepsilon_y^p = \varepsilon_z^p = -\frac{\varepsilon_x^p}{2} \\
&\gamma_{xy} = \gamma_{yz} = \gamma_{zx} = 0
\end{aligned}\right\} \qquad \text{(a)}
$$

式中 p 表示塑性应变。

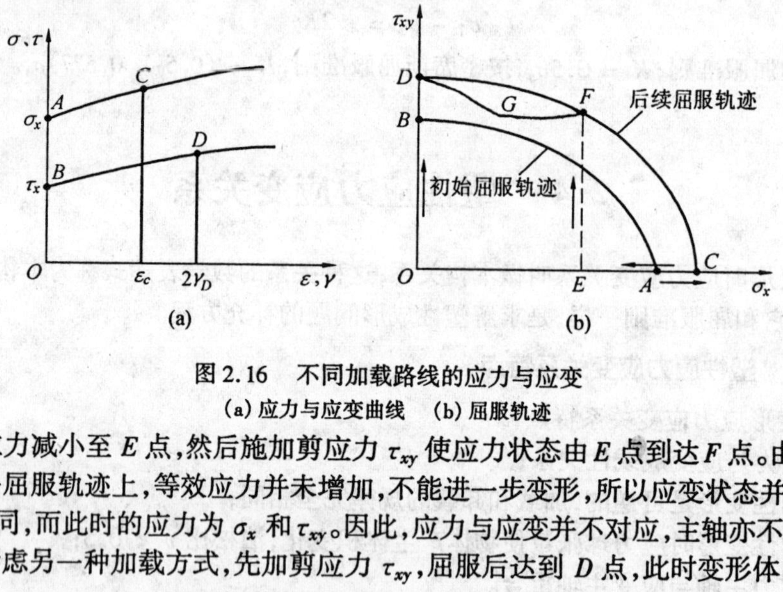

图2.16　不同加载路线的应力与应变

(a) 应力与应变曲线　(b) 屈服轨迹

再将拉力减小至 E 点，然后施加剪应力 τ_{xy} 使应力状态由 E 点到达 F 点。由于 C 点和 F 点在同一屈服轨迹上，等效应力并未增加，不能进一步变形，所以应变状态并未改变，即与(a)式相同，而此时的应力为 σ_x 和 τ_{xy}。因此，应力与应变并不对应，主轴亦不重合。

现在考虑另一种加载方式，先加剪应力 τ_{xy}，屈服后达到 D 点，此时变形体内应变为

$$
\begin{aligned}
&\gamma_{xy}^p \\
&\varepsilon_x^p = \varepsilon_y^p = \varepsilon_z^p = \gamma_{yz}^p = \gamma_{zx}^p = 0
\end{aligned} \qquad \text{(b)}
$$

再经另一条路线 DGF 而达到 F 点，由于仍在同一屈服轨迹上，塑性应变仍为式(b)，此时的应力为 σ_x 和 τ_{xy}。

从上述例子可以看出：由于加载路线不同，同一种应力状态可以对应不同的应变状态，同一种应变状态，也可以对应几种应力状态，而且应力与应变主轴不一定重合。因此，一般情况下只能建立起应力与应变增量之间的关系，仅在简单加载的条件下，应力主轴与应变主轴重合，才可以建立全量关系。

2.4.2　塑性变形的增量理论

增量理论又称流动理论，是描述材料处于塑性状态时，应力与应变增量或应变速率之

间关系的理论。由于它是针对加载过程的每一瞬间,认为应力状态确定的不是全量应变,而是该瞬时的应变增量,这样就撇开了加载路线和加载历史的影响。应用最为广泛的是列维 - 密席斯(Levy - Mises)方程。

列维 - 密席斯理论包含以下假定:

(1) 材料是理想刚塑性材料,弹性应变增量为零,塑性应变增量就是总应变增量;

(2) 材料符合密席斯屈服准则,即 $\bar{\sigma} = \sigma_s$;

(3) 塑性变形时体积不变,即

$$d\varepsilon_x + d\varepsilon_y + d\varepsilon_z = d\varepsilon_1 + d\varepsilon_2 + d\varepsilon_3 = 0$$

所以

$$d\varepsilon_{ij} = d\varepsilon'_{ij}$$

(4) 应力主轴与应变增量主轴重合;

(5) 应变增量与应力偏张量成正比,即

$$d\varepsilon_{ij} = \sigma'_{ij} d\lambda \tag{2.69}$$

式中,$d\lambda$ 为瞬时的非负比例系数,它在变形过程中是变化的,但在卸载时,$d\lambda = 0$。式(2.69) 称为列维 - 密席斯方程,其形式与广义虎克定律相似。

列维 - 密席斯方程还可以写成比例形式和差比形式:

$$\frac{d\varepsilon_x}{\sigma'_x} = \frac{d\varepsilon_y}{\sigma'_y} = \frac{d\varepsilon_z}{\sigma'_z} = \frac{d\gamma_{xy}}{\tau_{xy}} = \frac{d\gamma_{yz}}{\tau_{yz}} = \frac{d\gamma_{zx}}{\tau_{zx}} = d\lambda \tag{2.70}$$

及

$$\frac{d\varepsilon_x - d\varepsilon_y}{\sigma_x - \sigma_y} = \frac{d\varepsilon_y - d\varepsilon_z}{\sigma_y - \sigma_z} = \frac{d\varepsilon_z - d\varepsilon_x}{\sigma_z - \sigma_x} = d\lambda \tag{2.71}$$

或

$$\frac{d\varepsilon_1 - d\varepsilon_2}{\sigma_1 - \sigma_2} = \frac{d\varepsilon_2 - d\varepsilon_3}{\sigma_2 - \sigma_3} = \frac{d\varepsilon_3 - d\varepsilon_1}{\sigma_3 - \sigma_1} = d\lambda \tag{2.71a}$$

上式表明应力莫尔圆与应变增量莫尔圆几何相似,只是原点的位置不同(图 2.17)。

式(2.69) 还可以写成广义表达式,因为

$$d\varepsilon_x = \sigma_x d\lambda = (\sigma_x - \sigma_m) d\lambda = \frac{2}{3} d\lambda \left[\sigma_x - \frac{1}{2}(\sigma_y + \sigma_z) \right] \tag{2.72}$$

于是有

$$\left.\begin{aligned} d\varepsilon_x &= \frac{2}{3} d\lambda \left[\sigma_x - \frac{1}{2}(\sigma_y + \sigma_z) \right] \qquad & d\gamma_{yz} &= \tau_{yz} d\lambda \\ d\varepsilon_y &= \frac{2}{3} d\lambda \left[\sigma_y - \frac{1}{2}(\sigma_z + \sigma_x) \right] \qquad & d\gamma_{zx} &= \tau_{zx} d\lambda \\ d\varepsilon_z &= \frac{2}{3} d\lambda \left[\sigma_z - \frac{1}{2}(\sigma_x + \sigma_y) \right] \qquad & d\gamma_{xy} &= \tau_{xy} d\lambda \end{aligned}\right\} \tag{2.73}$$

比例系数 $d\lambda$ 可按以下方法确定。将式(2.72(a)) 分成三个式子,平方后相加得

$$\frac{9}{2} d\bar{\varepsilon}^2 = 2\bar{\sigma}^2 (d\lambda)^2$$

所以

$$d\lambda = \frac{3}{2} \frac{d\bar{\varepsilon}}{\bar{\sigma}} \tag{2.74}$$

由式(2.69) 和(2.73) 可以证明本章第一节中的一些结论:

(1) 平面塑性变形时,如设 z 向没有变形,则有 $d\varepsilon_z = 0$,于是有

$$\sigma_z = \frac{1}{2}(\sigma_x + \sigma_y) \text{ 或 } \sigma_2 = \frac{1}{2}(\sigma_1 + \sigma_3)$$

(2) 若有两个正应变增量相等，其对应的应力也相等。例如在某些轴对称问题中，$d\varepsilon_\rho = d\varepsilon_\theta$，于是$\sigma'_\rho = \sigma'_\theta$，因此$\sigma_\rho = \sigma_\theta$。

列维－密席斯方程仅适用于理想刚塑性材料，它只给出了应变增量与应力偏量之间的关系。由于$d\varepsilon_m = 0$，因而对球张量σ_m不能惟一确定。因此如果已知应变增量，只能求出应力偏量或正应力之差，一般不能求出应力。另一方面，如果已知应力分量，由于$\bar{\sigma} = \sigma_s$是常数，$d\bar{\varepsilon}$是不定值，也只能求出应变增量各分量之间的比值，而不能求出它们的数值。

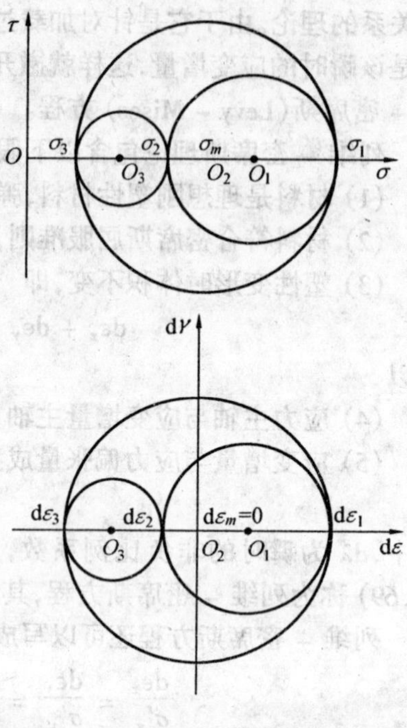

图 2.17　应力莫尔圆和应变增量莫尔圆

2.4.3　塑性变形的全量理论

全量理论又称形变理论，它是要建立塑性变形的全量应变与应力之间的关系。对于小弹塑性变形，可以认为应力主轴与全量应变主轴重合。而在塑性变形时，只有满足简单加载条件，其应力主轴才与全量应变主轴重合。所谓简单加载，是指在加载过程中任一点的各应力分量都按同一比例增加。因此，也叫做比例加载。由于应力分量按同一比例增加，应力主轴的方向将固定不变，而应变增量主轴是和应力主轴重合的，所以它的主轴也将保持不变，在这种情况下，对应变增量进行积分便可得到全量应变。

全量理论最早由汉基在 1924 年提出，如果假定材料为刚塑性材料，而且不考虑弹性变形，则可用全量应变ε_{ij}代替密席斯方程中的应变增量，即

$$\varepsilon_{ij} = \lambda\sigma'_{ij} \tag{2.75}$$

式中比例系数$\lambda = \dfrac{3}{2}\dfrac{\bar{\varepsilon}^p}{\bar{\sigma}}$，上式也可写成比例形式和差比形式，即

$$\frac{\varepsilon_x}{\sigma'_x} = \frac{\varepsilon_y}{\sigma'_y} = \frac{\varepsilon_z}{\sigma'_z} = \frac{\gamma_{xy}}{\tau_{xy}} = \frac{\gamma_{yz}}{\tau_{yz}} = \frac{\gamma_{zx}}{\tau_{zx}} = \lambda \tag{2.75a}$$

$$\frac{\varepsilon_x - \varepsilon_y}{\sigma_x - \sigma_y} = \frac{\varepsilon_y - \varepsilon_z}{\sigma_y - \sigma_z} = \frac{\varepsilon_z - \varepsilon_x}{\sigma_z - \sigma_x} = \lambda \tag{2.75b}$$

或

$$\frac{\varepsilon_1 - \varepsilon_2}{\sigma_1 - \sigma_2} = \frac{\varepsilon_2 - \varepsilon_3}{\sigma_2 - \sigma_3} = \frac{\varepsilon_3 - \varepsilon_1}{\sigma_3 - \sigma_1} = \lambda \tag{2.75c}$$

还可以写成广义表达式

$$\left.\begin{aligned}
\varepsilon_x &= \frac{2}{3}\lambda\left[\sigma_x - \frac{1}{2}(\sigma_y + \sigma_z)\right] & \gamma_{yz} &= \tau_{yz}\lambda \\
\varepsilon_y &= \frac{2}{3}\lambda\left[\sigma_y - \frac{1}{2}(\sigma_z + \sigma_x)\right] & \gamma_{zx} &= \tau_{zx}\lambda \\
\varepsilon_z &= \frac{2}{3}\lambda\left[\sigma_z - \frac{1}{2}(\sigma_x + \sigma_y)\right] & \gamma_{xy} &= \tau_{xy}\lambda
\end{aligned}\right\} \tag{2.75d}$$

通过上述分析可知，在塑性成形中，由于难以普遍保证简单加载，所以一般都采用增

量理论。但是,塑性成形理论中很重要的问题之一是求变形力,这时一般只需研究变形过程中某一特定瞬间的变形,如果以变形体在该瞬时的形状、尺寸及性能作为原始状态,那么小变形的全量理论和增量理论可以认为是一致的。

2.5 塑性变形力的工程解法

金属塑性加工理论的基本任务之一是对各种塑性成形工序进行力学分析和确定工序变形力,以作为合理选用成形设备、正确设计模具和制订工艺规程的主要理论依据。精确求解塑性成形问题,需要利用应力平衡方程、几何方程、应力应变关系和塑性条件等联立求解。但是,这种数学解析法只在某些特殊情况下才能解,而且计算十分复杂,对于一般的三维问题,数学处理十分困难,甚至无法求解。因此,工程上一般采用一些近似的方法来求解变形力,主要方法有:主应力法、滑移线法和上限法等。

2.5.1 主应力法

1. 主应力法的基本原理

主应力法又称切块法(Slab Method),它通过对应力状态作一些近似假设,建立以主应力表示的简化平衡方程和塑性条件,使求解过程大大简化。其基本假设为:

(1) 把问题简化为平面问题或轴对称问题,对于形状复杂的变形体,可以把它划分为若干部分,每一部分分别按平面问题或轴对称问题处理。

(2) 根据变形时金属流动的方向,沿变形体整个(或部分)截面切取一个包含接触面在内的基元体,且设作用于该基元体上的正应力与一个坐标无关并为均匀分布的主应力,接触面上的摩擦力用库仑摩擦条件或常摩擦条件表示。根据基元体的静力学平衡条件,得到一个简化的应力平衡微分方程。这实际上是一个常微分方程。

(3) 应用塑性条件时,假定接触面上的正应力为主应力,即忽略摩擦力对塑性条件的影响,从而使塑性条件大大简化。

将经过简化的平衡微分方程和塑性条件联立求解,并利用边界条件确定积分常数求得接触面上的应力分布,进而求得变形力。

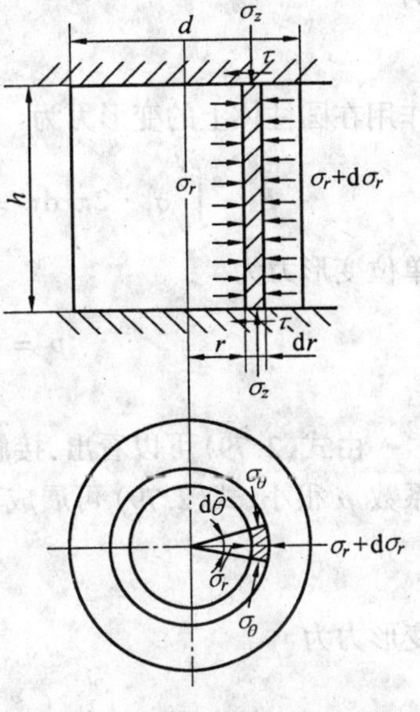

图 2.18 圆柱体镦粗时基元体受力分析

2. 主应力法的应用

(1) 圆柱体镦粗变形力计算

沿整个坯料高度方向在半径 r 处截取一厚度为 dr、圆心角为 $d\theta$ 的扇形基元体,如图2.18所示。沿基元体高度方向上作用着均布的径向应力 σ_r、$\sigma_r + d\sigma_r$ 以及切向应力 σ_θ。由于是轴对称问题,$\tau_{\theta r} = \tau_{\theta z} = 0$,所以 σ_θ 是主应力。设接触面上正应力为 σ_z,摩擦剪应力为 τ,根据库仑摩擦条件,

$\tau = \mu\sigma_z$。将单元体上作用的应力沿径向投影，得

$$\sigma_r hr\mathrm{d}\theta - (\sigma_r + \mathrm{d}\sigma_r)h(r + dr)\mathrm{d}\theta + 2\sigma_\theta hr\sin\frac{\mathrm{d}\theta}{2} - 2\mu\sigma_z r\mathrm{d}\theta\mathrm{d}r = 0$$

因 $\mathrm{d}\theta$ 是一微量，故 $\sin\frac{\mathrm{d}\theta}{2} \approx \frac{\mathrm{d}\theta}{2}$，略去二阶微量，则上式可以简化为

$$rh\mathrm{d}\sigma_r + \sigma_r h\mathrm{d}r + 2\mu\sigma_z\mathrm{d}r - \sigma_\theta hdr = 0 \tag{2.76}$$

前面已经证明，圆柱体镦粗时 $\sigma_\theta = \sigma_r$，代入上式得

$$\mathrm{d}\sigma_r = -\frac{2\mu\sigma_z}{h}\mathrm{d}r \tag{2.77}$$

引入塑性条件时，假设接触面上 σ_z 为主应力，忽略摩擦剪应力对塑性条件的影响，此时，近似屈服准则为

$$\sigma_z - \sigma_r = \sigma_s$$

因此

$$\mathrm{d}\sigma_r = \mathrm{d}\sigma_z \tag{2.78}$$

代入式(2.77)得

$$\mathrm{d}\sigma_z = -\frac{2\mu\sigma_z}{h}\mathrm{d}r$$

将上式积分得

$$\sigma_z = C\mathrm{e}^{\frac{-2\mu}{h}r} \tag{2.79}$$

当 $r = \frac{d}{2}$ 时 $\sigma_r = 0$，代入屈服准则及上式求得 C 值，并代回上式求得接触面上正应力分布为

$$\sigma_z = \sigma_s\mathrm{e}^{\frac{2\mu}{h}\left(\frac{d}{2}-r\right)}$$

作用在圆柱体上的变形力为

$$F = \int_0^{\frac{d}{2}}\sigma_z\cdot 2\pi r\mathrm{d}r = 2\pi\sigma_s\int_0^{\frac{d}{2}}\mathrm{e}^{\frac{2\mu}{h}\left(\frac{d}{2}-r\right)}r\mathrm{d}r = \frac{\pi hd}{2\mu}\sigma_s\left[\frac{h}{\mu d}(\mathrm{e}^{\frac{\mu}{h}d} - 1) - 1\right] \tag{2.80}$$

单位变形力为

$$p = \frac{F}{\frac{1}{4}\pi d^2} = \frac{2h}{\mu d}\sigma_s\left[\frac{h}{\mu d}(e^{\frac{\mu}{h}d} - 1) - 1\right] \tag{2.81}$$

由式(2.79)可以看出，接触面上的正应力分布随着半径 r 按指数函数变化。如果摩擦系数 μ 很小，式(2.79)可展成泰勒级数，即

$$\sigma_z = \sigma_s\left[1 + \frac{2\mu}{h}\left(\frac{d}{2} - r\right)\right] \tag{2.79a}$$

变形力为

$$F = \int_0^{\frac{d}{2}}\sigma_s\left[1 + \frac{2\mu}{h}\left(\frac{d}{2} - r\right)\right]2\pi r\mathrm{d}r = \frac{1}{4}\pi\mathrm{d}^2\sigma_s\left[1 + \frac{\mu d}{3h}\right] \tag{2.80a}$$

单位变形力为

$$p = \frac{F}{\frac{1}{4}\pi d^2} = \sigma_s\left[1 + \frac{\mu d}{3h}\right] \tag{2.81a}$$

当摩擦系数很大时,例如圆柱体热镦粗,其接触面上作用着最大摩擦力 $\tau_{max} = K$,即 $\mu = 0.5$,此时镦粗变形力为(推导过程略)

$$F = \frac{1}{2}\pi d^2 K\left[1 + \frac{d}{6h}\right] \tag{2.80b}$$

单位变形力为

$$p = \frac{F}{\frac{1}{4}\pi d^2} = 2K\left(1 + \frac{d}{6h}\right) \tag{2.81b}$$

(2) 拉延

将平板毛坯通过拉延模制成开口空心件的工艺称为拉延。

图 2.19 表示拉延过程中的某一瞬时。此时毛坯的变形主要集中在凸缘部分和凹模圆角部分。筒壁和筒底只起力的传递作用而不产生塑性变形。随着拉延过程的继续进行,塑性变形区逐渐收缩、进入凹模并转化为筒壁。

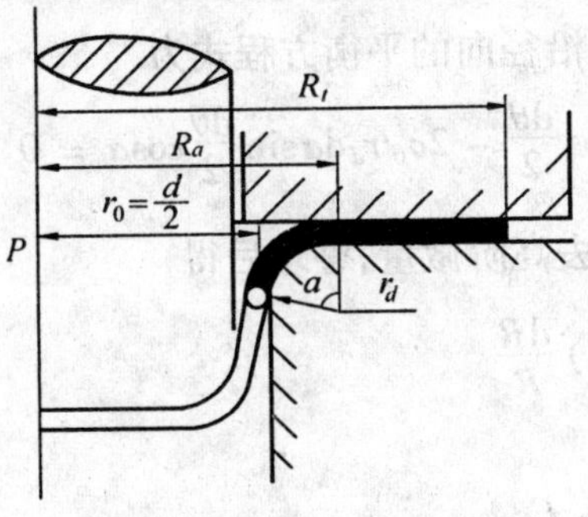

图 2.19　拉延过程的变形区

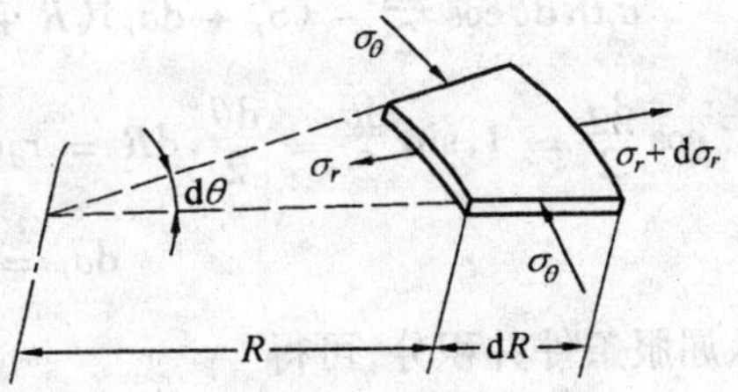

图 2.20　凸缘部分基元上的作用力

① 凸缘变形区的应力分布

用主应力法可以求解凸缘区的应力分布。为简单起见,假设拉延过程中板厚不变,且不考虑摩擦的影响。从凸缘变形区切取一扇形基元体(图 2.20),该基元体处于平衡状态,故径向合力为零,即

$$\sigma_r tR\mathrm{d}\theta - (\sigma_r + \mathrm{d}\sigma_r)(R + \mathrm{d}R)t\mathrm{d}\theta - 2\sigma_\theta t\mathrm{d}R\sin\frac{\mathrm{d}\theta}{2} = 0$$

略去高阶微量,整理后得

$$\mathrm{d}\sigma_r = -(\sigma_r + \sigma_\theta)\frac{\mathrm{d}R}{R} \tag{2.82}$$

式中,σ_r、σ_θ 均为绝对值。

根据屈服准则

$$\sigma_r - (-\sigma_\theta) = \beta\sigma_s \tag{2.83}$$

联解式(2.82)、(2.83),得

$$\sigma_r = -\beta\int S\frac{\mathrm{d}R}{R} \tag{2.84}$$

式中,S 是材料的真实应力,可根据变形程度由真实应力 - 应变曲线求得。但由于凸缘上不同 R 处有不同的变形程度,因此,在整个凸缘上 S 不是一个常数,而是 R 的函数。为简化

起见，我们采用平均硬化的方法，即假设整个凸缘区的真实应力为一平均值 $\bar{S}$，该 $\bar{S}$ 与凸缘的平均硬化程度相对应。于是可得式(2.84) 的另一形式

$$\sigma_r = -\beta\bar{S}\int\frac{\mathrm{d}R}{R}$$

积分上式得

$$\sigma_r = -\beta\bar{S}\ln R + C$$

当 $R = R_t$ 时，$\sigma_r = 0$，所以 $C = \beta\bar{S}\ln R_t$，代入上式得

$$\sigma_r = \beta\bar{S}\ln\frac{R_t}{R} \tag{2.85}$$

切向应力

$$\sigma_\theta = \beta\bar{S}\left(1 - \ln\frac{R_t}{R}\right) \tag{2.86}$$

② 凹模圆角区的应力分布

从该部分取基元体 $ABCD$(见图 2.21)，可列出沿径向的平衡方程式为

$$\sigma_r tR\mathrm{d}\theta\cos\frac{\mathrm{d}\alpha}{2} - (\sigma_r + \mathrm{d}\sigma_r)(R + \mathrm{d}R)t\mathrm{d}\theta\cos\frac{\mathrm{d}\theta}{2} - 2\sigma_\theta t r_d\mathrm{d}\alpha\sin\frac{\mathrm{d}\theta}{2}\cos\alpha = 0$$

由于 $\cos\frac{\mathrm{d}\alpha}{2} \approx 1, \sin\frac{\mathrm{d}\theta}{2} \approx \frac{\mathrm{d}\theta}{2}, \mathrm{d}R = r_d\cos\alpha\,\mathrm{d}\alpha$，略去高阶微量，整理后得

$$\mathrm{d}\sigma_r = -(\sigma_r + \sigma_\theta)\frac{\mathrm{d}R}{R}$$

代入屈服条件并积分，可得

$$\sigma_r = -\beta\bar{S}\ln R + C$$

当 $R = R_t$ 时，δ_r 即为凸缘内缘处的径向应力，该应力可由式(2.85) 求得，于是有

$$\beta\bar{S}\ln\frac{R_t}{R} = -\beta\bar{S}\ln R + C$$

$$C = \beta\bar{S}\ln R_t$$

$$\sigma_r = -\beta\bar{S}\ln R + \beta\bar{S}\ln R_t = \beta\bar{S}\ln\frac{R_t}{R} \tag{2.87}$$

$$\sigma_\theta = \beta\bar{S}\left(1 - \ln\frac{R_t}{R}\right) \tag{2.88}$$

可见，σ_r 在凹模圆角终点处(即 $R = r_0$) 最大，其值为

$$(\sigma_r)_{\max} = \beta\bar{S}\ln\frac{R_t}{r_0} = \beta\bar{S}\ln\left(\frac{R_t}{R_0}\frac{R_0}{r_0}\right) = \beta\bar{S}\left(\ln\frac{R_t}{R_0} - \ln m\right) \tag{2.89}$$

式中，$m = \frac{r_0}{R_0}$ 称为拉延系数，表示拉延变形程度的大小。m 值愈小，则变形程度愈大。而 σ_θ 在凸缘处(即 $R = R_t$) 最大，其值为

$$(\sigma_\theta)_{\max} = \beta\bar{S} \tag{2.90}$$

③ 塑性变形区的应变分布

为了求得 $\bar{S}$ 从而计算 σ_r、σ_θ，需要知道塑性变形区的应变分布。假定当板坯半径由 R_0 变为 R_t 时，平板坯上半径为 R' 的点移至凸缘上半径为 R 的地方(见图 2.22)。根据体积不

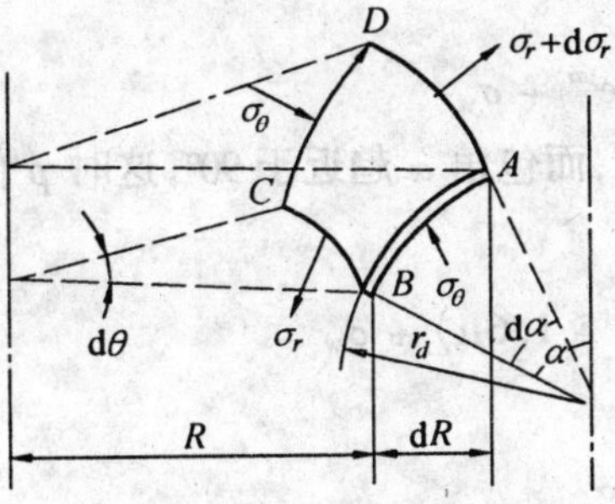

图 2.21　凹模圆角部分基元体上的作用力

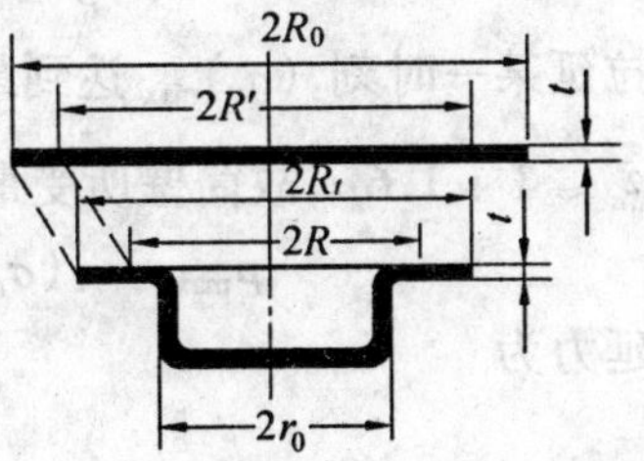

图 2.22　拉延过程中的直径变化

变条件，并忽略板厚的变化，则可列出

$$\pi(R_0^2-R'^2)=\pi(R_t^2-R^2)$$

由此求得

$$R'=\sqrt{R_0^2-R_t^2+R^2}$$

凸缘上 R 处的切向应变为

$$\varepsilon_\theta=\ln\frac{2\pi R}{2\pi R'}=\ln\frac{R}{\sqrt{R_0^2-R_t^2+R^2}} \tag{2.91}$$

该处径向应变为

$$\varepsilon_r=-\varepsilon_\theta$$

由于在拉延过程中凸缘厚度是增加的，因此 ε_θ 必为三个主应变中绝对值最大者，可以用 ε_θ 近似代替等效应变，即 $\varepsilon_\theta\approx\bar{\varepsilon}$，而整个塑性变形区的平均等效应变可表示为

$$\bar{\varepsilon}=\left|\frac{1}{2}[(\varepsilon_\theta)_t+(\varepsilon_\theta)_0]\right|=\frac{1}{2}\left|\ln\frac{R_t}{R_0}+\ln\frac{r_0}{\sqrt{R_0^2-R_t^2+r_0^2}}\right|=\left|\frac{1}{2}\ln\frac{R_tr_0}{R_0\sqrt{R_0^2-R_t^2+r_0^2}}\right|$$

根据真实应力－应变关系的表达式，可写出塑性变形区的平均真实应力

$$\bar{S}=A\bar{\varepsilon}^n=A\left(\left|\frac{1}{2}\ln\frac{R_tr_0}{R_0\sqrt{R_0^2-R_t^2+r_0^2}}\right|\right)^n \tag{2.92}$$

④ 拉延力的计算

凸模压力 P 通过筒壁传至塑性变形区的内边缘，将变形区的材料逐渐拉入凹模。显然，筒壁所受的拉应力主要来源于该变形区的变形阻力 $(\sigma_r)_{\max}$。除此之外还应考虑：

a. 压边力 Q 在凸缘表面上所产生的摩擦阻力。该阻力在筒壁内部产生的拉应力为

$$\sigma_{\mathrm{m}}=\frac{2\mu Q}{2\pi r_0t}=\frac{\mu Q}{\pi r_0t} \tag{2.93}$$

b. 板坯沿凹模圆角滑动所产生的摩擦阻力。该阻力对筒壁拉应力的影响用系数 $\mu\alpha$ 考虑。

c. 凸缘板料流经凹模圆角时所产生的弯曲阻力 σ_{w}，σ_{w} 可以近似确定为

$$\sigma_{\mathrm{w}}=\frac{\sigma_{\mathrm{b}}}{2\dfrac{r_d}{t}+1} \tag{2.94}$$

归纳以上各项,可以求得拉延所需拉应力为

$$p = [(\sigma_r)_{\max} + \sigma_m]e^{\mu\alpha} + \sigma_w \tag{2.95}$$

在拉延某一时刻,$(\sigma_r)_{\max}$ 达到最大值$(\sigma_r)_{\max}^{\max}$,而包角 α 趋近于 90°,这时 p 值最大。由于 $e^{\mu\frac{\pi}{2}} \approx 1 + 1.6\mu$,故筒壁所受最大拉应力为

$$p_{\max} = [(\sigma_r)_{\max}^{\max} + \sigma_m](1 + 1.6\mu) + \sigma_w \tag{2.96}$$

最大拉延力为

$$p_{\max} = \pi d t p_{\max} \tag{2.97}$$

(3) 挤压

挤压是指金属坯料在凸模压力作用下,通过一定形状的凹模,使其横截面减小,长度增加,从而获得所需形状工件的一种塑性成形方法。按照挤压时金属流动方向的不同,挤压工艺可以分为正挤压、反挤压和复合挤压三种。下面以轴对称实心零件正挤压为例来说明挤压变形的特点及挤压力的计算。

① 挤压时金属变形特点

图 2.23 为正挤压时金属流动特征。根据变形前后网格的变化,可以看出在正挤压时金属的流动有如下特点:

a.大部分坐标网格线都发生弯曲,但是各处的弯曲程度不同,这表明金属变形是不均匀的。已挤出部分的横坐标网格线弯曲程度很大,这是因为凹模内壁与挤压坯料之间存在着摩擦力,使外层金属的轴向流动速度比中心部分慢的缘故。

b.由于模壁的影响,挤出部分的金属除了发生两向压缩应变、一向拉伸应变以外,还产生剪切变形。在挤出金属的外表面,剪切变形最大,到中心逐渐递减为零,这一点可以从金属变形后横向坐标的网格变化特征看出。

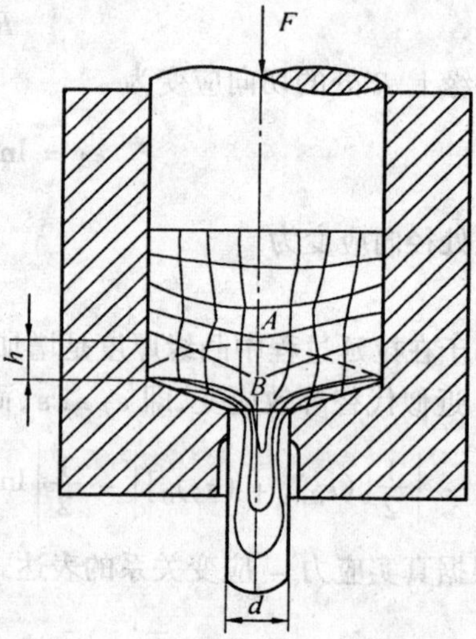

图 2.23 正挤压时金属流动特征

c.由于接触摩擦力的影响,坯料中心的金属比靠近挤压筒壁的金属先开始变形。当坯料被挤出凹模口时,中心部位的金属也先结束其变形过程。因而正挤压时的变形区位于凹模孔口附近,即图中两条虚线所包围的区域。

d.正挤压过程中,凹模底部通常有一小部分金属不参与塑性流动,形成所谓的"死区"。"死区"的大小与摩擦系数及凹模锥角的大小有关。摩擦系数越大,凹模锥角越大,"死区"也就越大。

② 挤压变形力的计算

根据挤压时金属的流动特点,可以把整个坯料分为四部分:凹模出口部分 1、中间圆锥部分 2、凸模下面的直筒部分 3 以及死区 4,如图 2.24 所示。为了求挤压时凸模的作用力和单位流动压力,必须先分别求出出口部分和锥形部分的单位变形力。在挤压变形的任一时刻,以上各区金属经历的变形程度不同,因而流动应力也各不相同,为了简化计算,各区

的流动应力都取为常数。

a.凹模出口部分的单位变形力

这部分是挤压塑性变形结束后的金属，处于弹性变形状态，在向下移动的过程中，力图在径向弹性扩胀，因此受模壁的径向压应力 σ_{r1} 作用，由此产生了相应的摩擦剪应力 τ_1。取图 2.24 所示的基元体，则在 z 轴方向的力学平衡条件为

$$(\sigma_{z1} + \mathrm{d}\sigma_{z1})\frac{\pi}{4}d_1^2 - \frac{\pi}{4}d_1^2\sigma_{z1} - \tau_1\pi d_1 \mathrm{d}z = 0$$

假设该区中的摩擦剪应力符合常摩擦条件，即 $\tau_1 = \mu_1 S_1$，代入上式并积分得

$$\sigma_{z1} = \frac{4\mu_1}{d_1}S_1 z + C$$

在凹模出口工作带以下，即 $z = -h_1$ 时，$\sigma_z = 0$，从而求得积分常数 $C = 4\mu_1 S_1 h_1/d_1$，故有

$$\sigma_{z1} = 4\mu_1 S_1\frac{h_1 + z}{d_1}$$

当 $z = 0$ 时，即在 1、2 区域交界处

$$\sigma_{z1} = p_1 = 4\mu_1 S_1\frac{h_1}{d_1} \tag{2.98}$$

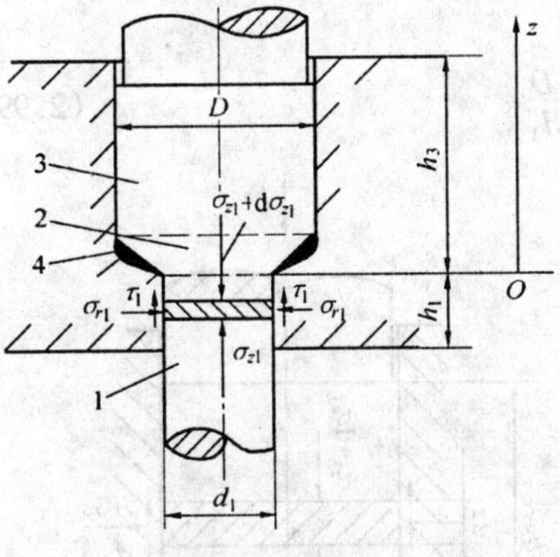

图 2.24　正挤压变形区模型

1— 凹模出口部分　2— 锥形变形区

3— 直筒部分　4— 死区

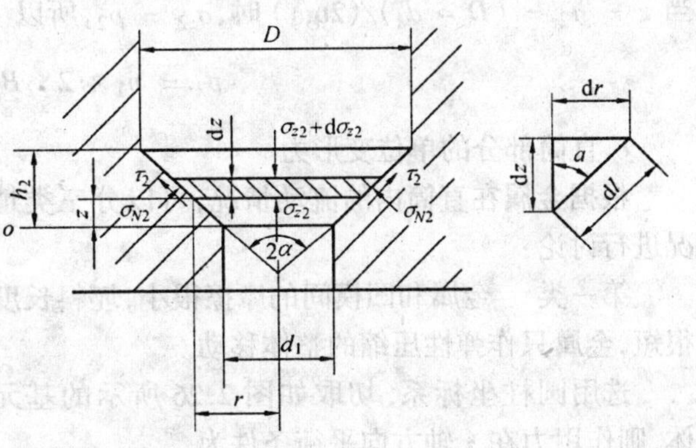

图 2.25　锥形部分基元体受力分析

b.圆锥变形区部分的单位变形力

这部分金属是挤压的主要变形区，对变形力起决定作用。现在该区高度为 z 处取一个厚度为 dz 的截锥基元体，如图 2.25 所示，图中有几何关系

$$\mathrm{d}r = \mathrm{d}z\mathrm{tg}\alpha \quad \mathrm{d}l = \mathrm{d}z/\cos\alpha$$

基元体在 z 轴方向的静力平衡条件为

$$\sigma_{z2}\pi r^2 - \pi(\sigma_{z2} + \mathrm{d}\sigma_{z2})(r + \mathrm{d}r)^2 + 2\pi r\tau_2\mathrm{d}l\cos\alpha + 2\pi r\sigma_{N2}\mathrm{d}l\sin\alpha = 0$$

把上述几何关系代入，将上式展开并略去二阶以上微量，经整理可得

$$2\sigma_{z2}\mathrm{d}r + r\mathrm{d}\sigma_{z2} - 2\tau_2\mathrm{d}z - 2\sigma_{N2}\mathrm{d}z\mathrm{tg}\alpha = 0 \tag{a}$$

基元体在径向的静力平衡条件为

$$\sigma_{N2} = \sigma_{z2} + \tau_2\mathrm{tg}\alpha \tag{b}$$

将式(b)及 dr、dl 的几何关系代入式(a)中,有

$$2\sigma_{z2}\mathrm{d}z\mathrm{tg}\alpha + r\mathrm{d}\sigma_{z2} - 2\tau_2\mathrm{d}z - 2\sigma_{r2}\mathrm{d}z\mathrm{tg}\alpha - 2\tau_2\mathrm{d}z\mathrm{tg}^2\alpha = 0$$

整理得

$$2(\sigma_{z2} - \sigma_{r2})\mathrm{d}z\mathrm{tg}\alpha + r\mathrm{d}\sigma_{z2} - 2\tau_2\mathrm{d}z(1 + \mathrm{tg}^2\alpha) = 0 \tag{c}$$

近似屈服准则为

$$\sigma_{r2} - \sigma_{z2} = S_2$$

设凹模锥角处为常摩擦条件,即 $\tau_2 = \mu_2 S_2$,并将几何关系 $r = d_1/2 + z\mathrm{tg}\alpha$ 代入式(c),积分得

$$\sigma_{z2} = \frac{2S_2[\mathrm{tg}\alpha + \mu_2(1 + \mathrm{tg}^2\alpha)]}{\mathrm{tg}\alpha}\ln\left(\frac{d_1}{2} + z\mathrm{tg}\alpha\right) + C = 2S_2B\ln\left(\frac{d_1}{2} + z\mathrm{tg}\alpha\right) + C$$

式中

$$B = [\mathrm{tg}\alpha + \mu_2(1 + \mathrm{tg}^2\alpha)]/\mathrm{tg}\alpha$$

当 $z = 0$ 时,$\sigma_{z2} = p_1$,求得积分常数,并代入上式得

$$\sigma_{z2} = p_1 + 2S_2B\left[\ln\left(\frac{d_1}{2} + z\mathrm{tg}\alpha\right) - \ln\frac{d_1}{2}\right]$$

当 $z = h_2 = (D - d_1)/(2\mathrm{tg}\alpha)$ 时,$\sigma_{z2} = p_2$,所以

$$p_2 = p_1 + 2S_2B\ln\frac{D}{d_1} \tag{2.99}$$

c. 直筒部分的单位变形力

根据金属在直筒内的流动情况,可以分三类情况进行讨论:

第一类　金属和凹模间的摩擦很小,坯料长度很短,金属只作弹性压缩的整体移动。

选用圆柱坐标系,切取如图 2.26 所示的基元体,则作用力在 z 轴方向平衡条件为

$$\sigma_{z3}\frac{\pi}{4}D^2 - (\sigma_{z3} + \mathrm{d}\sigma_{z3})\frac{\pi}{4}D^2 + \tau_3\pi D\mathrm{d}z = 0$$

采用库仑摩擦条件 $\tau_3 = \mu_3\sigma_{r3}$,代入上式并简化得

$$\mathrm{d}\sigma_{z3} = 4\mu_3\frac{\sigma_{r3}}{D}\mathrm{d}z \tag{2.100}$$

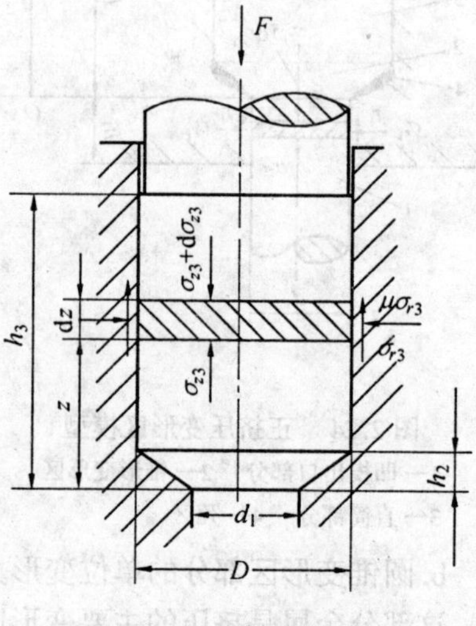

图 2.26　直筒部分受力分析

假设该部分材料处于弹、塑性变形的临界状态,则 σ_{z3} 与 σ_{r3} 仍服从屈服准则,即

$$\sigma_{z3} - \sigma_{r3} = S_3$$

代入式(2.100)并积分得

$$\sigma_{z3} = S_3 + \mathrm{e}^{\frac{4\mu_3 z}{D}} \tag{2.101}$$

直筒与锥形部分的交界处，即 $z = h_2$ 时，$\sigma_{z3} = p_2$，代入上式得积分常数为

$$C = (p_2 - S_3)\mathrm{e}^{\frac{-4\mu_3 h_2}{D}}$$

从而该部分材料的轴向应力为

$$\sigma_{z3} = (p_2 - S_3)\mathrm{e}^{\frac{4\mu_3(z-h_2)}{D}} + S_3$$

当 $z = h_3$ 时，σ_{z3} 即为挤压时凸模的单位变形力

$$p_3 = (p_2 - S_3)\mathrm{e}^{\frac{4\mu_3(h_3-h_2)}{D}} + S_3 \tag{2.102}$$

由上式可知，最大挤压力发生在变形的开始阶段，此时表面摩擦和 h_3 均为最大（由于 h_2 很小，$h_3 \approx H_0$ 为坯料原始高度）。因此，第一类情况下的单位挤压力为

$$p_3 = (p_2 - S_3)\mathrm{e}^{\frac{4\mu_3 H_0}{D}} + S_3 = \left(4\mu_1 S_1 \frac{h_1}{d_1} + 2S_2 B \ln\frac{D}{d_1} - S_3\right)\mathrm{e}^{\frac{4\mu_3 H_0}{D}} + S_3 \tag{2.103}$$

上式只适用于金属在直筒下不发生塑性变形的情况。这时，可根据 $\tau_3 \leq 0.5S_3$ 求具有这类情况的坯料最大高度 $H_{\max}$，即

$$\mu_3(p_2 - S_3)\mathrm{e}^{\frac{4\mu_3 H_{\max}}{D}} \leq 0.5S_3$$

所以

$$H_{\max} = \frac{D}{4\mu_3}\ln\frac{S_3}{2\mu_3(p_2 - S_3)} \tag{2.104}$$

第二类　$H_0 > H_{\max}$，μ_3 比较大，τ 在 $H_{\max}$ 处达到最大值，直筒内金属产生塑性变形。这类情况的近似平衡方程与第一类情况中的公式(2.138)相同，只是用 $\frac{1}{2}S_3$ 代替 $\mu_3\sigma_{r3}$，所以

$$\mathrm{d}\sigma_{z3} = \frac{2}{D}S_3\mathrm{d}z$$

积分得

$$\sigma_{z3} = \frac{2S_3}{D}z + C \tag{2.105}$$

$z = H_{\max}$ 时，$\tau = \frac{1}{2}S_3 = \mu_3\sigma_{r3}$，得 $\sigma_{r3} = \frac{S_3}{2\mu_3}$。根据屈服准则 $\sigma_{z3} - \sigma_{r3} = S_3$，有

$$\sigma_{z3} = \sigma_{r3} + S_3 = \frac{S_3}{2\mu_3} + S_3$$

代入公式(2.105)得

$$C = S_3\left(\frac{1}{2\mu_3} + 1 - \frac{2H_{\max}}{D}\right)$$

所以

$$\sigma_{z3} = S_3\left[\frac{2\mu_3 + 1}{2\mu_3} + \frac{2}{D}(z - H_{\max})\right] \tag{2.106}$$

当 $z = H_0$ 时，σ_{z3} 达到最大值，即凸模的单位压力为

$$p_3 = S_3\left[\frac{2\mu_3 + 1}{2\mu_3} + \frac{2}{D}(H_0 - H_{\max})\right] \tag{2.107}$$

第三类　$H_0 > H_{\max}$，μ 很大，τ_3 沿整个凹模筒长度都达到最大值 $\frac{1}{2}S_3$，塑性变形极不均匀。其单位挤压力可由式(2.105)求出。当 $z = 0$ 时，$\sigma_z = p_2$，代入式(2.105)，求出 C 值。然后令 $z = H_0$，则得到本类情况下的挤压时的单位变形力

$$p_3 = 4\mu_1 S_1 \frac{h_1}{d_1} + \frac{2S_2[\mu_2(1 + \mathrm{tg}^2\alpha) + \mathrm{tg}\alpha]}{\mathrm{tg}\alpha}\ln\frac{D}{d_1} + \frac{2S_3}{D}H_0 \tag{2.108}$$

对于热挤压，不考虑硬化，$S_1 = S_2 = S_3 = \sigma_S$，且取 $\mu_1 = \mu_2 = 0.5$，则上式简化为

$$p_3 = 2\sigma_s\left[\frac{h_1}{d_1} + \frac{(1 + \mathrm{tg}\alpha)^2}{2\mathrm{tg}\alpha}\ln\frac{D}{d_1} + \frac{H_0}{D}\right] \tag{2.109}$$

2.5.2　滑移线法

塑性变形体内各点最大剪应力的轨迹称为滑移线。由于最大剪应力成对正交，因此滑移线在变形体内成两族互相正交的线网，组成所谓滑移线场。

严格地说，滑移线法仅适用于处理理想刚塑性体的平面应变问题，但对于主应力互为异号的平面应力问题、简单的轴对称问题以及有硬化的材料，也可推广使用。

1.滑移线的基本概念

(1) 平面变形应力状态的特点

处于平面塑性应变状态的物体，某一个方向的应变为零(如 $\varepsilon_z = 0$)，变形只发生在一个坐标平面内(如 xoy 平面)，该坐标平面称为塑性流动平面。此时塑性变形体内任一点 P 的应力状态及其应力莫尔圆如图 2.27 所示，其最大剪应力为

$$\tau_{\max} = \frac{1}{2}(\sigma_1 - \sigma_3) = K$$

作用在最大剪应力平面上的正应力 σ_{13} 恰好等于中间主应力 σ_2 或平均应力 σ_m，即

$$\sigma_{13} = \sigma_m = \sigma_2 = \frac{1}{2}(\sigma_1 + \sigma_3) = \frac{1}{2}(\sigma_x + \sigma_y)$$

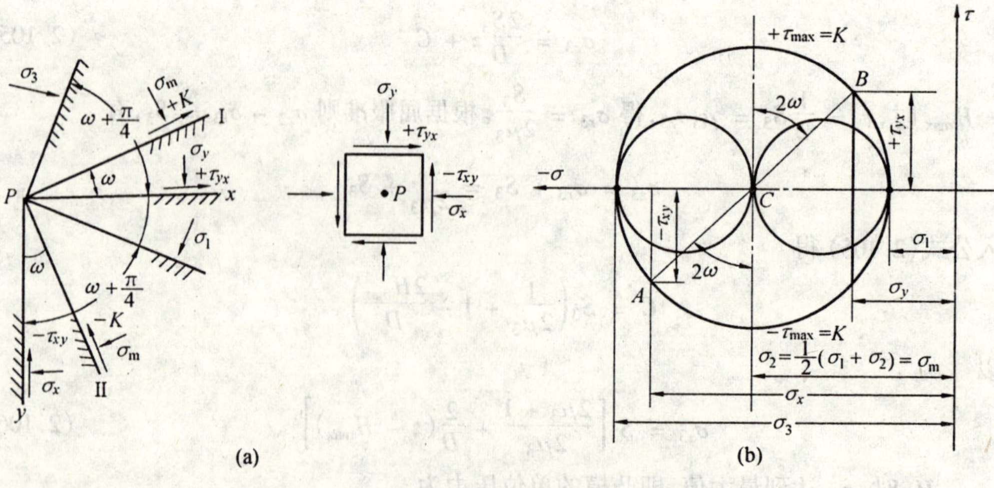

图 2.27　平面变形的应力状态和应力莫尔圆

(a) 应力状态　(b) 应力莫尔圆

由应力莫尔圆的几何关系已知，应力分量 σ_x、σ_y 和 τ_{xy} 可以用 σ_m 及 K 表示，即

$$\left.\begin{aligned}\sigma_x &= \sigma_m - K\sin 2\omega \\ \sigma_y &= \sigma_m + K\sin 2\omega \\ \tau_{xy} &= \pm K\cos 2\omega\end{aligned}\right\} \tag{2.110}$$

式中，ω 为最大剪应力平面与 x 轴的夹角。

对于理想刚塑性材料，K 为常数，因此塑性变形体内各点应力莫尔圆大小相等，应力状态的差别只在于平均应力 σ_m 值不同，即各点的应力莫尔圆的圆心在 σ 轴上位置不同。

由图2.27还可以看出，平面塑性应变状态的三个主应力也可以用平均应力 σ_m 与最大剪应力 K 表示，即

$$\left.\begin{aligned}\sigma_1 &= \sigma_m + K \\ \sigma_2 &= \sigma_m \\ \sigma_3 &= \sigma_m - K\end{aligned}\right\} \tag{2.111}$$

而且主应力 σ_1 和 σ_3 所在的平面与最大剪应力平面的交角为45°。

塑性变形体(或变形区)内每一点都能找到一对正交的最大剪应力方向，将无限接近的最大剪应力方向连接起来，即得两族正交的曲线，线上任一点的切线方向即为该点最大剪应力方向。此两族正交的曲线称为滑移线，其中一族叫 α 族，另一族叫 β 族，它们布满于塑性区，形成滑移线场。

为了区别滑移线，通常采用下述规则：

(1) 当 α 线与 β 线构成右手坐标系时，则代数值最大的主应力 σ_1 的作用线位于第一和第三象限(图2.28)。显然，此时 α 线两侧的最大剪应力组成顺时针方向，而 β 线两侧的最大剪应力组成逆时针方向。

(2) ω 角是 α 滑移线在任意点 P 的切线的正向与 ox 轴的夹角(见图2.28)，并规定 ox 轴的正向为 ω 角的度量起始线，逆时针旋转形成的 ω 角为正，顺时针旋转形成的 ω 角为负。显然，过 P 点 β 滑移线的切线与 ox 轴的夹角为 $\omega' = \omega + \pi/2$。

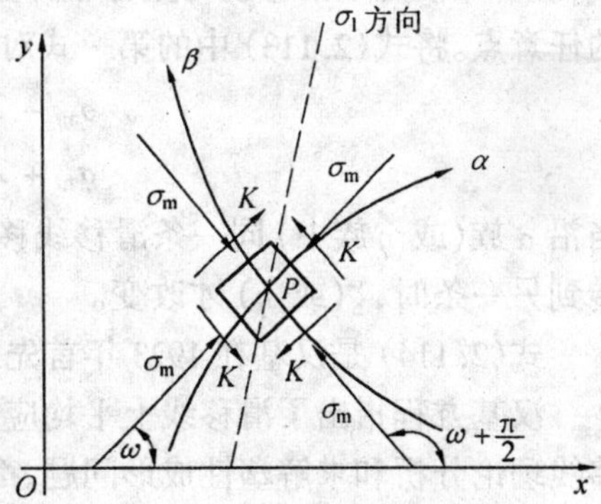

图 2.28　滑移线 α 与 β 的判别

2. 滑移线场的应力方程(汉基应力方程)

由上述已知，平面塑性应变状态下的应力分量完全可用 σ_m 和 K 来表示。而 K 为材料常数，故只要能找到沿滑移线上 σ_m 的变化规律，即可求得整个变形体(或变形区)的应力分布。这就是应用滑移线法求解平面塑性变形问题的实质。

汉基应力方程给出了滑移线场内的平均应力的变化与滑移线转角的关系式。其推导过程如下：

已知平面应变的平衡微分方程为

$$\left.\begin{aligned}\frac{\partial \sigma_x}{\partial x} + \frac{\partial \tau_{xy}}{\partial y} = 0 \\ \frac{\partial \sigma_y}{\partial x} + \frac{\partial \tau_{xy}}{\partial y} = 0\end{aligned}\right\}$$

将式(2.111)代入上式，可得

$$\left.\begin{aligned}\frac{\partial\sigma_{\mathrm{m}}}{\partial x}-2K\left(\cos2\omega\frac{\partial\omega}{\partial x}+\sin2\omega\frac{\partial\omega}{\partial y}\right)=0\\\frac{\partial\sigma_{\mathrm{m}}}{\partial y}-2K\left(\sin2\omega\frac{\partial\omega}{\partial x}-\cos2\omega\frac{\partial\omega}{\partial y}\right)=0\end{aligned}\right\}\tag{2.112}$$

取滑移线本身为坐标轴，设为 α 轴和 β 轴。将 xy 坐标原点置于某两条滑移线的交点 a 上，并使坐标轴 x、y 分别与滑线的切线 x'、y' 重合(见图2.29)。因为在推导式(2.111)时，坐标轴方向是任意选取的，所以经坐标变换后式(2.110)、(2.112)仍然有效。在离 a 点无限临近处，坐标轴 α 和 β 的微分弧可认为与曲线的切线重合，故有

$$\omega=0\quad dx=ds_{\alpha}\quad dy=ds_{\beta}\text{及}\frac{\partial}{\partial x}=\frac{\partial}{\partial s_{\alpha}}\quad\frac{\partial}{\partial y}=\frac{\partial}{\partial s_{\beta}}$$

但 ω 对滑移线的变化率$\frac{\partial\omega}{\partial s_{\alpha}}$和$\frac{\partial\omega}{\partial s_{\beta}}$并不为零，因为 ω 是沿着曲线坐标方向而改变的。将这些关系代入式(2.112)，得

$$\left.\begin{aligned}\frac{\partial\sigma_{\mathrm{m}}}{\partial s_{\alpha}}-2K\frac{\partial\omega}{\partial s_{\alpha}}=0\quad(\text{沿 }\alpha\text{ 线})\\\frac{\partial\sigma_{\mathrm{m}}}{\partial s_{\beta}}+2K\frac{\partial\omega}{\partial s_{\beta}}=0\quad(\text{沿 }\beta\text{ 线})\end{aligned}\right\}\tag{2.113}$$

式(2.113)便是以滑移线为坐标轴并且满足塑性条件的平衡方程，它适用于塑性变形区内的任意点。将式(2.113)中的第一式对 α 积分，第二式对 β 积分，得

$$\left.\begin{aligned}\sigma_{\mathrm{m}}-2K\omega=\zeta(\text{沿 }\alpha\text{ 线})\\\sigma_{\mathrm{m}}+2K\omega=\eta(\text{沿 }\beta\text{ 线})\end{aligned}\right\}\tag{2.114}$$

当沿 α 族(或 η 族中)同一条滑移线移动时，任意函数 ζ(或 η)为常数，只有从一条滑移线转到另一条时，ζ(或 η)才改变。

式(2.114)是汉基在1923年首先提出的，称为汉基应力方程或汉基方程。

汉基方程指出了滑移线上平均应力的变化规律，这无论是在建立滑移线场，还是用滑移线理论分析和求解塑性成形问题，都具有重要的意义。

3.滑移线的基本特性

由汉基应力方程和滑移线的正交性可以得出滑移线的一些基本特性，这些特性对求解具体问题很有帮助，下面主要讨论沿线特性和跨线特性。

(1) 沿线特性

假设同一条滑移线 α 上，有 a、b 两点(见图2.29)，a 点的切线与 ox 轴的交角为 ω_a，其平均应力为 σ_{ma}；b 点的切线与 ox 轴的交角为 ω_b，其平均应力为 σ_{mb}，利用式(2.114)第一式，可得

$$\sigma_{ma}-\sigma_{mb}=2K(\omega_a-\omega_b)$$

同理，沿 β 线有

$$\sigma_{ma}-\sigma_{mb}=-2K(\omega_a-\omega_b)\tag{2.115}$$

或

$$\left.\begin{aligned}\Delta\sigma_{\mathrm{m}}=2K\Delta\omega\quad(\text{沿 }\alpha\text{ 线})\\\Delta\sigma_{\mathrm{m}}=-2K\Delta\omega\quad(\text{沿 }\beta\text{ 线})\end{aligned}\right\}\tag{2.115a}$$

式(2.115a) 表明，沿同一滑移线上 σ_m 的变化与 ω 的变化成正比，这就是滑移线的沿线特性。根据这一性质，如已知滑移线场，则各点的 ω 已知，即可从上式求出这些线上 σ_m 的变化；如已知滑移线场内某点的 σ_m 值，即可求出整个场内的 σ_m 值和应力状态。

如滑移线场为直线，即 $\Delta\omega = 0$，则$\Delta\sigma_m = 0$。因此，滑移线为直线时，σ_m 和 ω 为常数。从式(2.110) 可知 σ_x、σ_y 和 τ_{xy} 也不改变。

若某一区域的两组滑移线都是直线，则整个区域内的 σ_m 和 ω 均为常数，故这个区域为均匀应力场。反之，均匀应力场所对应的滑移线场为正交的直线场。

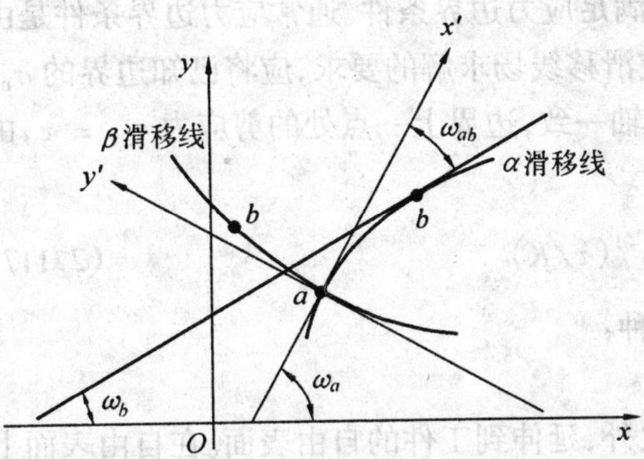

图 2.29　坐标系变换示意图

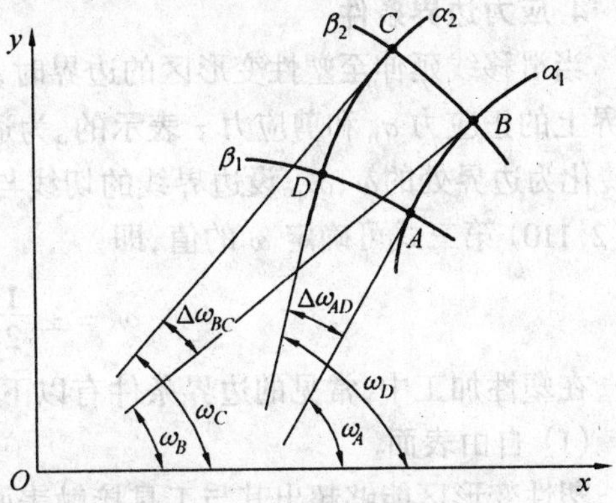

图 2.30　证明汉基第一定理的两对 α 和 β 线

(2) 跨线特性(汉基第一定理)

同族的两条滑移线与另一族的一条滑移线相交，则两交点切线间的夹角 $\Delta\omega$ 与平均应力的变化 $\Delta\sigma_m$ 均为常数。例如 α 族的两条滑移线与另一族的一条 β 线相交于两点 A、D(图 2.30)，则有

$$\left.\begin{aligned}\Delta\omega_{AD} &= \Delta\omega_{BC} = \cdots = 常数\\ \Delta\sigma_{m(A,D)} &= \Delta\sigma_{m(B,C)} = \cdots = 常数\end{aligned}\right\} \tag{2.116}$$

证明：如图 2.30，沿 $A \to B \to C$ 和 $A \to D \to C$ 两条路线，按式(2.114) 计算出的 A 和 C 点平均应力差$\sigma_{mc} - \sigma_{ma}$ 必然相等，据此便可以证明此定理。按式(2.115)，则

① $A \to B$，沿 α_1 线，$\sigma_{mA} - 2K\omega_A = \sigma_{mB} - 2K\omega_B$；

$B \to C$，沿 β_2 线，$\sigma_{mB} + 2K\omega_B = \sigma_{mC} + 2K\omega_C$

所以
$$\sigma_{mC} - \sigma_{mA} = 2K(2\omega_B - \omega_A - \omega_C)$$

② $A \to D$，沿 β_1 线，$\sigma_{mA} + 2K\omega_A = \sigma_{mD} + 2K\omega_D$；

$D \to C$，沿 α_2 线，$\sigma_{mD} - 2K\omega_D = \sigma_{mC} - 2K\omega_C$

所以
$$\sigma_{mC} - \sigma_{mA} = 2K(\omega_A + \omega_C - 2\omega_D)$$

由于沿这两条路线计算出的 $\sigma_{mc} - \sigma_{ma}$ 必然相等，所以

$$\omega_D - \omega_A = \omega_C - \omega_B \tag{2.116a}$$

同理可证
$$\sigma_{mD} - \sigma_{mA} = \sigma_{mC} - \sigma_{mB} \tag{2.116b}$$

这就是滑移线的跨线特性，也称为汉基第一定理。根据这个特性，在滑移线场的任一网格中，若已知三个节点上的 σ_m、ω 值，则第四个节点上的 σ_m、ω 值即可求出。这个定理对

用数字和图解建立滑移线场是相当重要的。

根据这一关系,并用弧线或直线表示两节点间的曲线段,在给出的边界条件下,就能绘出滑移线网格和塑性区的应力分布。

根据汉基第一定理可得出如下推论:

推论 1　同族滑移线必须具有相同方向的曲率。

推论 2　如果 β 族(或 α 族) 滑移线的某一线段是直线,则被 α 族(或 β 族) 滑移线所切割的 β 族(或 α 族) 的相应线段都是直线。论述从略。

4.应力边界条件

当滑移线延伸至塑性变形区的边界时,应满足应力边界条件。通常应力边界条件是由边界上的正应力 σ_n 和剪应力 τ 表示的。为适应滑移线场求解的要求,应将已知边界的 σ_n、τ 转化为边界处的ω、σ_m。设边界线的切线与 x 轴一致,边界上一点处的剪应力 $\tau_{xy} = \tau$,由式(2.110) 第三式可确定 ω 的值,即

$$\omega = \pm \frac{1}{2}\cos^{-1}(\tau/K) \tag{2.117}$$

在塑性加工中,常见的边界条件有以下几种:

(1) 自由表面

塑性变形区能够超出其与工具接触表面之外,延伸到工件的自由表面。在自由表面上没有切向应力和法向应力,所以自由表面是主平面。分析自由表面上单元体的应力状态可知,此时存在两种情况:

① $\sigma_1 = 2K, \sigma_3 = 0$ (见图 2.31a);

② $\sigma_1 = 0, \sigma_3 = 2K$ (见图 2.31b)。

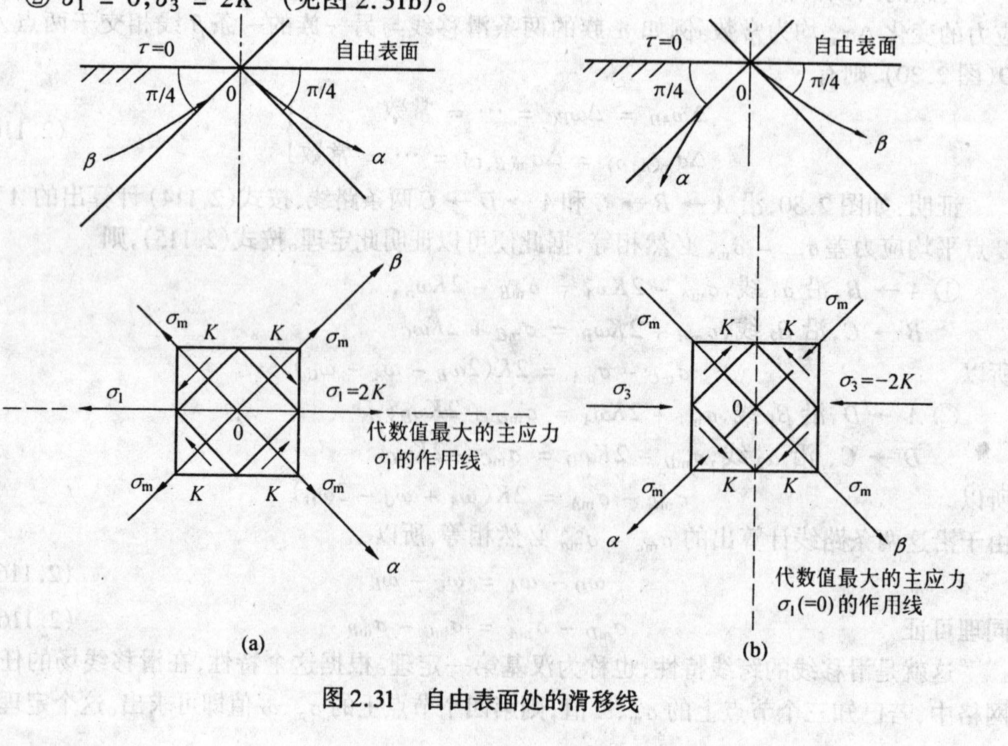

图 2.31　自由表面处的滑移线

由于 $\tau = 0$,按式(2.117),$\omega = \pm\pi/4$。这说明两族滑移线与自由表面相交45°角。若 $\sigma_1 = 2k$,α 和β 线如图 2.31(a) 所示。若 $\sigma_3 = -2K$,α 和β 线如图 2.31(b) 所示。

(2) 无摩擦的接触表面

由于接触表面无摩擦,即 $\tau = 0$,则与不受力的自由表面一样,$\omega = \pm\dfrac{\pi}{4}$,两族滑移线与接触表面相交成 45° 角。这时接触表面上的正应力多半不为零。

按照判断 α 族和β 族的规则,若垂直于接触表面的主应力为代数值最小的主应力 σ_3,则 α 线和β 线如图 2.32 所示。

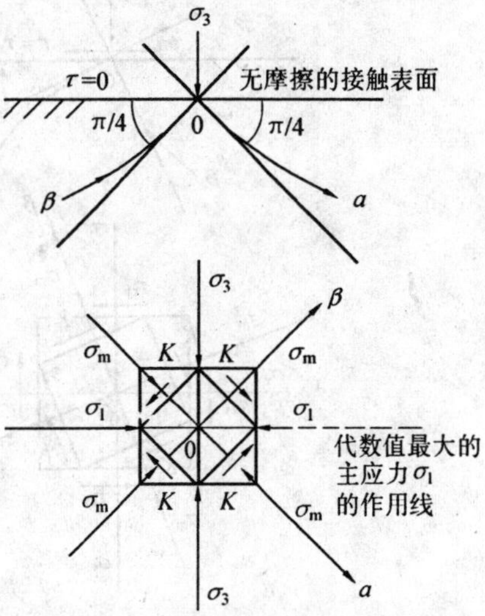

图 2.32 无摩擦时接触表面上的滑移线

(3) 摩擦剪应力达到最大值 K 的接触表面

由于 $\tau = \pm K$,则由式(2.117) 得 $\omega = 0$或 $\omega = \dfrac{\pi}{2}$。一族滑移线与接触表面相切,另一族滑移线的切线与接触表面相交成 90° 角。此时接触表面处的 α 线和β 线如图 2.33 所示。

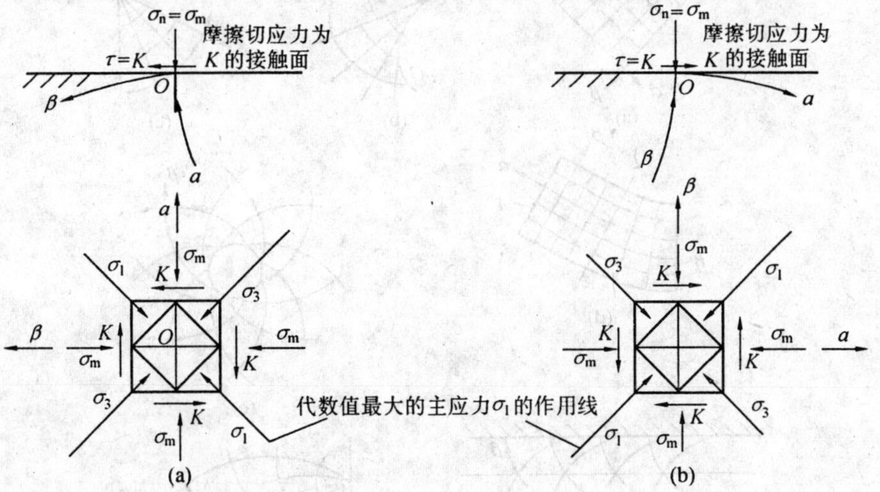

图 2.33 剪应力为 K 的接触面上的滑移线

(4) 摩擦剪应力为某一中间值的接触面

此种情况介于上述(2)、(3) 两种情况之间。其剪应力为$0 < \tau < K$。将 τ 的数值代入式(2.117) 可求得的两个解。根据 σ_x、σ_y 的代数值并利用莫尔圆来确定α 线和β 线(参见图 2.34(b))。如果是 σ_y 已知,则可根据整个物体的受力情况,并利用莫尔圆来判断可能的 σ_x,以选取正确的 ω。求得 ω,即确定了 α 线,因而也就确定了β 线。

5. 常见的滑移线场

(1) 均匀应力场

均匀应力场由两族正交直线构成,如图 2.35(a) 所示。场内各点 σ_m、ω 均为常数。

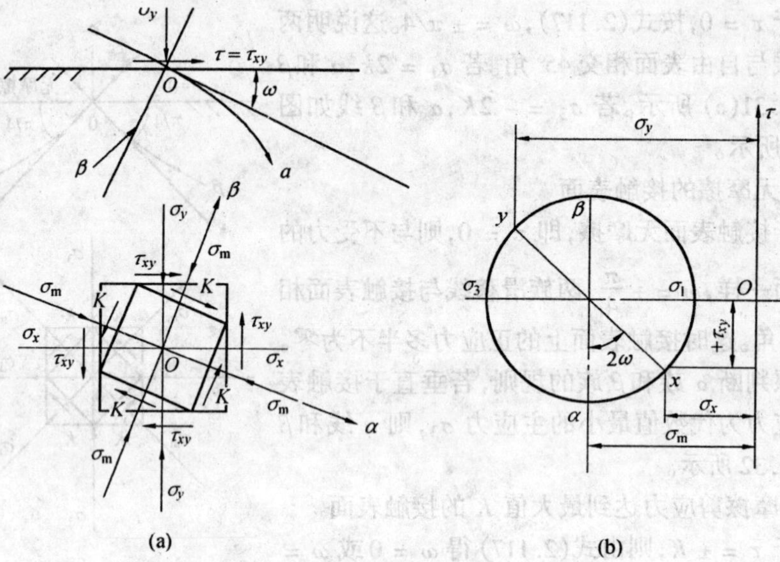

图 2.34　剪应力为某一中间值的接触面上的滑移线

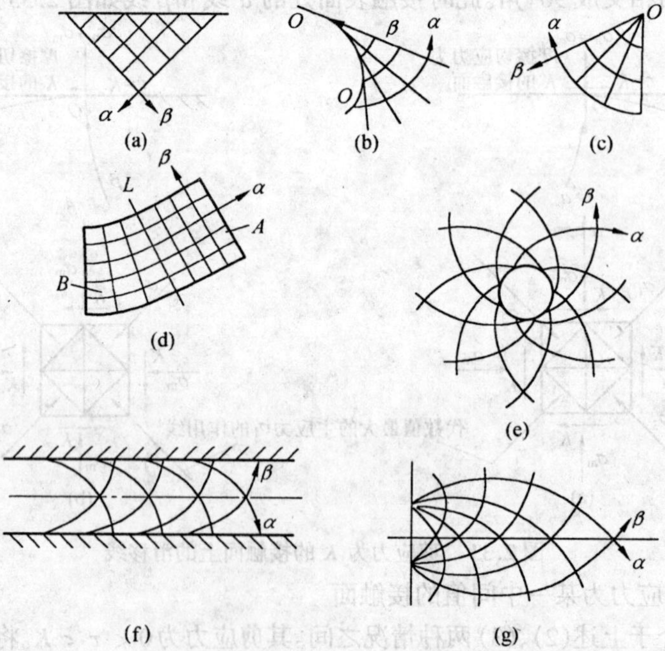

图 2.35　常见的滑移线场

(2) 简单应力场

一族滑移线由直线构成，另一族滑移线则为与直线正交的曲线，如图 2.35(b)、(c) 所示。这种滑移线场有以下两种情况：

① 同心圆和半径族(图 2.35(c)) 这种类型的滑移线场称为有心扇形场。中心点 O 称为应力奇点，该点的 ω 角不确定，应力不具有惟一值。

② 无心扇形场

直线型滑移线是滑移线族包络线的切线，这个包络线称为极限曲线，如图 2.35(b) 所示。在图示的情况下，α 族由等距离的极限曲线的渐开线形成。包络线通常为边界线，当包络线退化为一点时，即变成有心扇形场。

在简单应力场中，沿直线运动，σ_m 和 ω 均为常数，但由一直线至另一直线，σ_m 和 ω 是变化的。不难理解，与均匀应力场相邻的区域，滑移线场只能是简单应力场。例如在图 2.35(d) 中，区域 A 为均匀应力场，滑移线 L 为其边界。L 同时又属于区域中的一条滑移线。L 既然为直线，则区域 B 中与 L 同族的滑移线必定全部是直线。

(3) 由两族相互正交的曲线构成的滑移线场

属于这一类的主要有：

① 当圆形界面为自由表面或其上作用有均布的法向应力时，滑移线场为正交的对数螺旋线网(图 2.35(e))。

② 粗糙平行刚性板间塑性压缩时，相应于接触面上摩擦剪应力达到最大值的那一段，滑移线场为正交的圆摆线场(图 2.35(f))。

③ 两个等半径圆弧所构成的滑移线场(图 2.35(g))，也称为扩展的有心扇形场。

在塑性加工中，由于情况比较复杂，整个变形区的滑移线场很少属于同一类型。通常可根据变形区各部分边界条件和应力情况，参照上述特定条件下的滑移线场类型，确定相应的滑移线场，然后按滑移线的性质将它们组合起来，以构成一个完整的滑移线场。

6. 滑移线场理论的应用

应用滑移线场理论求解塑性成形问题，首先要建立变形体内的滑移线场。建立滑移线场的方法，概括起来有两种：数学解析法和分析推理法。数学解析法是以变换特征微分方程为有限差分关系式，并利用滑移线的特性作为基础，其数学运算比较复杂。在塑性加工力学中，往往采用分析推理法，它是根据金属的流动情况、塑性区的边界条件和应力状态等，利用滑移线的特征，直接建立滑移线场。由于变形区各部分的边界条件和应力状态不一定相同，常常需要分区考虑滑移线场，然后由一系列的滑移线场拼接起来构成一个完整的滑移线场。有时，对于同一个问题，可以做出不同的滑移线场。另外，滑移线场也可用图解法建立，其实质是用折线代替光滑的曲线，且相邻节点间折线的夹角为常数。

应用滑移线场理论求解塑性成形问题的第二步是由滑移线场确定应力。此应力可由汉基方程，从应力已知的适当点开始计算。

(1) 平冲头压入半无限体

大型自由锻中剁刀切断大钢坯或用压铁在锻件上局部压入等工步的金属变形状态，可以看作是平冲头压入半无限体内的塑性成形问题。如钢坯尺寸很大，可以认为是平面变形。

关于平冲头压入半无限体的滑移线解法有普朗特(Prandtl) 解和希尔解。本书只介绍希尔解，对于普朗特解，读者可以自己参考有关书籍。

设冲头的宽度为 $2b$，冲头表面光滑，即冲头与坯料的接触面上无摩擦。现用滑移线法求解。

① 建立滑移线场。如图2.36所示，冲头压入时，不仅冲头下的金属受压缩要产生塑性变形，而且靠近冲头两侧附近自由表面的金属因受挤后也会凸起而产生塑性变形。在冲头两侧的自由表面上，因为没有外力作用，根据滑移线的特性和应力边界条件，$\omega = \pi/4$、$\sigma_m = -K$，因此，$\triangle ACD$ 为均匀应力场，CD 为 α 线，AC 为 β 线，均与自由表面 AD 交成 45° 角。

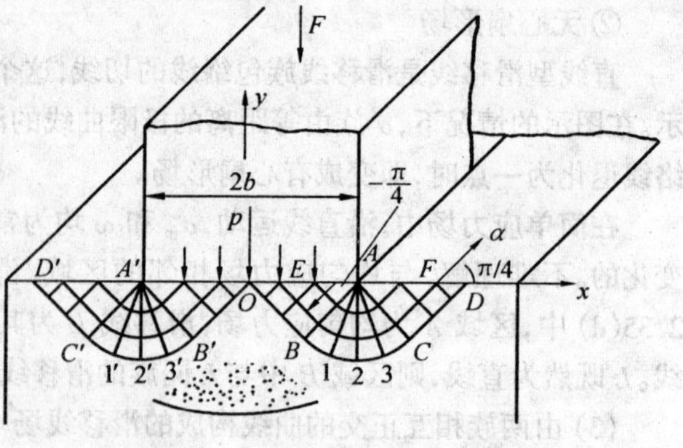

图 2.36　平冲头压入半无限体

冲头下面无摩擦，即 $\tau = 0$，滑移线与表面的交角为 $\pi/4$。若接触面的单位压力 p 均匀分布，则 $\triangle OBA$ 也是均匀应力场，OB 为 α 线，AB 为 β 线。按照滑移线性质，两均匀应力场必然由扇形场相连接，故 ABC 区域是有心扇形场，半径为 β 线，圆弧为 α 线，A 点为应力奇点。

冲头压入时，首先在 A、A' 两点附近产生变形，然后逐步扩展，当塑性区扩展到 O 点时，冲头开始压入，此时的滑移线场如图 2.36 所示。如以冲头的中心线为基准，滑移线场是对称的。

② 求平均单位压力 p。由于对称，取右半部分分析。在滑移线场中任取一条连接自由表面和冲头接触面的 α 线 EF，对于 F 点，其微元体上 $\sigma_1 = \sigma_y = 0$，只有 $\sigma_3 = \sigma_x$ 作用，而且是压应力，根据屈服准则，$\sigma_3 = \sigma_x = -2K$，因此平均应力 $\sigma_{mF} = \frac{1}{2}(\sigma_1 + \sigma_3) = -K$(压应力)。$E$ 点在接触面上，其微元体上有 σ_x、σ_y 作用，均为压应力，且 $\sigma_3 = \sigma_y = -p$，$\sigma_1 = \sigma_x$，根据屈服准则，$\sigma_1 = 2K - p$，因此 $\sigma_{mE} = -p + K$。

在边界 AD 上，$\omega_F = \pi/4$；在接触面 AO 上，$\omega_E = -\pi/4$(或 $3\pi/4$)。由式(2.114)第一式得

$$\sigma_{mF} - 2K\omega_F = \sigma_{mE} - 2K\omega_E$$

将以上各值代入上式得

$$p = 2K\left(1 + \frac{\pi}{2}\right) \tag{2.118}$$

于是，单位长度上冲头的压力为

$$F = 2bp = 2bK(2 + \pi) \tag{2.119}$$

③ 平面变形挤压

a. 挤压比为 2 的无摩擦正挤压(平底模)

狭长矩形截面条料置于内壁光滑($\mu = 0$)的挤压筒内(图 2.37)，可以作平面变形处理。

设坯料高为 H，凹模出口高为 h，$H = 2h$，这样滑移线场是中心对称的两个扇形场 AOB 和 $A'OB'$。AB、$A'B'$ 与挤压筒壁和中心线均成 45° 角，AO、$A'O$ 与对称中心线也成 45°

角。$\triangle ABC$ 和 $\triangle A'B'C'$ 是无塑性变形的刚性区，$\triangle A'OA$ 是均匀应力场，AA' 是自由表面。由于滑移线场对称，故分析上半部即可。

工作时挤压力全部作用于刚性区的边界 AB 和 $A'B'$ 上。O 点的应力可由应力边界条件和屈服准则求出，即

$$\sigma_x = 0 \quad \sigma_y = -2K$$

所以 O 点的平均应力 σ_{mO} 和转角 ω_O 为

$$\sigma_{mO} = -K \quad \omega_O = \frac{3}{4}\pi$$

OB 线为 α 族滑移线，如图 2.37 所示，因此在 B 点，$\omega_B = \dfrac{\pi}{4}$。根据汉基方程有

$$\sigma_{mO} - 2K\omega_O = \sigma_{mB} - 2K\omega_B$$

所以 $\qquad \sigma_{mB} = -K(1+\pi)$

B 点的应力分量为

$$\left.\begin{aligned}\sigma_{xB} &= \sigma_{mB} - K\sin 2\omega_B = -K(2+\pi)\\ \sigma_{yB} &= \sigma_{mB} + K\sin 2\omega_B = -K\pi\\ \tau_{xyB} &= K\cos 2\omega_B = 0\end{aligned}\right\}$$

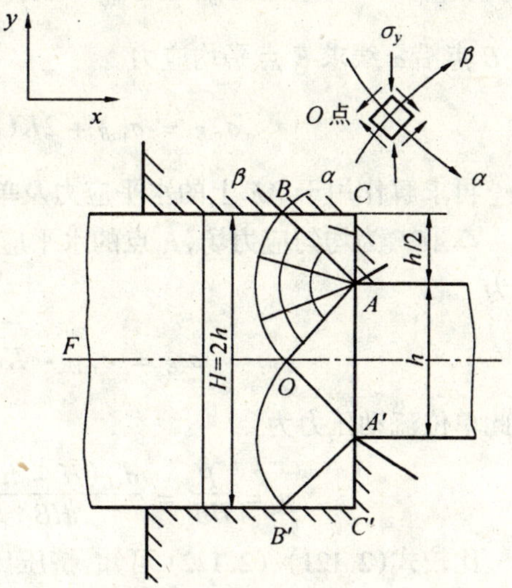

图 2.37 平面变形正挤压（$H = 2h$）

所需挤压力

$$F = 2\int_0^{\frac{h}{2}} \sigma_{xB} B \mathrm{d}y = K(2+\pi)hB \tag{2.120}$$

单位流动应力为

$$p = \frac{F}{HB} = K\left(1+\frac{\pi}{2}\right) = 2.57K \tag{2.121}$$

b. 挤压比不等于 2 的无摩擦正挤压（平底模）

图 2.38 为 $H/h = 1.45 < 2$ 的滑移线场，它由有心扇形场 Ⅰ、均匀应力场 Ⅱ 及有心扇形场扩展的部分 Ⅲ 组成。绘制滑移线场从 AE 开始，AE 与筒壁的交角为 $\pi/4$。由作图法可以找到一条滑移线（本例中 $\omega_B = -\pi/6$），其延长线与中心轴交成 $\pi/4$。由于挤压力作用在 AE 上，所以只要通过滑移线求出 E 点的平均应力，就能求出单位流动压力。

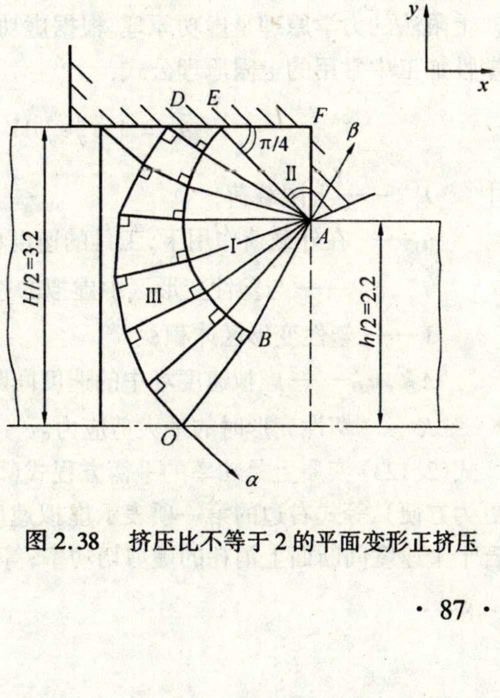

图 2.38 挤压比不等于 2 的平面变形正挤压

首先由 O 点沿 β 线求 B 点平均应力：

在 O 点，$\sigma_x = 0$，由屈服准则得 $\sigma_y =$

$-2K$,所以 $\sigma_{\mathrm{m}O}=-K$,同时 $\omega_O=-\pi/4$。因此 B 点平均应力为

$$\sigma_{\mathrm{m}B}=\sigma_{\mathrm{m}O}+2K(\omega_O-\omega_B)=-K\left(1+\frac{\pi}{6}\right)$$

由 B 点沿 α 线求 E 点平均应力

$$\sigma_{\mathrm{m}E}=\sigma_{\mathrm{m}B}+2K(\omega_E-\omega_B)=-K\left(1+\frac{4\pi}{3}\right)$$

再求解作用于 AF 上的水平应力及单位流动压力:

$\triangle AEF$ 为均匀应力场,E 点的水平应力代表了该场任意点的水平应力。E 点的水平应力为

$$\sigma_{xE}=\sigma_{\mathrm{m}E}-K\sin 2\omega_E=-K\left(2+\frac{4\pi}{3}\right)$$

因此单位流动压力为

$$p=\frac{F}{HB}=\frac{\sigma_{xE}(H-h)B}{HB}=\frac{1}{3.2}\sigma_{xE}=1.93K<2K \tag{2.122}$$

比较式(2.121)、(2.122)可知,挤压比减小,挤压时的单位流动压力也减小。

2.5.3 上限法

1.上限法的基本概念

在金属塑性成形中要准确地求得真实载荷往往非常烦琐,也很困难,这就迫使人们去寻求比较简单的确定近似载荷的方法。界限法是求近似载荷的一种有效的方法。

界限法的原理包括上限原理和下限原理,统称为极值原理。上限法求得的载荷总是大于(理想情况下等于)真实载荷,是高估的近似值;下限法求得的载荷总是小于(理想情况下等于)真实载荷,是低估的近似值。

由于上限法所确定的载荷是高估值,这对于保证塑性成形过程的顺利进行、选择设备和设计模具都是十分有利的。因此,在金属塑性成形领域内经常采用上限法。

上限法的力学原理是虚功原理。根据虚功原理和最大散逸功原理,可以推导出在一般的塑性加工中常用的上限原理公式:

$$F^*\dot{u}_i=\int_V\sigma_{ij}^*\dot{\varepsilon}_{ij}^*\,\mathrm{d}V+\sum\int_{A_D^*}K\dot{u}_D^*\,\mathrm{d}A_D^* \tag{2.123}$$

式中 F^*—— 上限载荷;

$\dot{u}_i$—— 在外载荷作用下,工具的速度(通常为已知);

$\sigma_{ij}^*,\dot{\varepsilon}_{ij}^*$—— 与塑性变形区中虚拟的速度场 $\dot{u}_i^*$ 相对应的应力场和应变速率场;

V—— 塑性变形区体积;

$A_D^*,\dot{u}_D^*$—— 虚拟速度场中的速度间断面面积和速度间断值;

K—— 塑性变形时的最大剪应力。

式(2.123)实质上是功率的平衡方程式(即功的平衡方程,用功率的形式表达在使用上更为方便)。等式右边的第一项表示虚拟速度场 $\dot{u}_i^*$ 下的虚塑性变形功率;第二项表示在若干个速度间断面上消耗的虚剪切功率;等式的左边为上限载荷功率。

用上限法计算极限载荷的关键在于要对塑性变形区虚拟运动学许可的速度场，这种速度场应满足以下三个条件：① 速度边界条件；② 体积不变条件；③ 在变形区内保持连续。而与此速度场相对应的应力场则不一定要求满足平衡条件和力的边界条件。

2. 平面变形问题的上限原理

(1) 平面变形问题的上限原理

上限法在处理平面变形问题时，把塑性变形区设计成由若干个三角形块组成，每个三角形块本身并不变形，因此是刚性三角形块。在载荷作用下，刚性块之间相互滑动，从而获得整个塑性变形。在各刚性块边界产生速度间断，也就是说刚性块在通过速度间断面时产生剪切变形，每小块都有确定方向。

由于刚性块内的质点相互之间没有剪切，即刚性块本身不发生变形，这样式(2.123)中的第一项功率为零，即

$$\int_V \sigma_{ij}^* \dot{\varepsilon}_{ij}^* \mathrm{d}V = 0$$

因此，上限法公式用于平面变形时就简化为

$$F^* \dot{u}_i = \sum \int_{A_D^*} K \dot{u}_D^* \mathrm{d}A_D^* \tag{2.124}$$

当速度间断线为直线时，上式可写成

$$F^* \dot{u}_i = \sum K \dot{u}_D^* A_D^* \tag{2.125}$$

因此，只要确定出速度间断面(或线)上的速度间断值，便可求得上限载荷。此外，当与工具接触面存在着摩擦且有相对滑动时，也要消耗摩擦功，通常把这种接触面按速度间断面处理。

(2) 速度间断的概念

如图 2.39 所示，某一单位厚度的刚性平行四边形 $abcd$ 以速度 v_1 向左运动，从(1) 区穿过速度间断面 $x—x$ 进入(2) 区。在通过速度间断面时，由于剪应力 τ 的作用四边形产生歪斜，变为 $a'b'c'd'$，并朝着与原来方向成 α 角的方向继续运动，速度为 v_2。

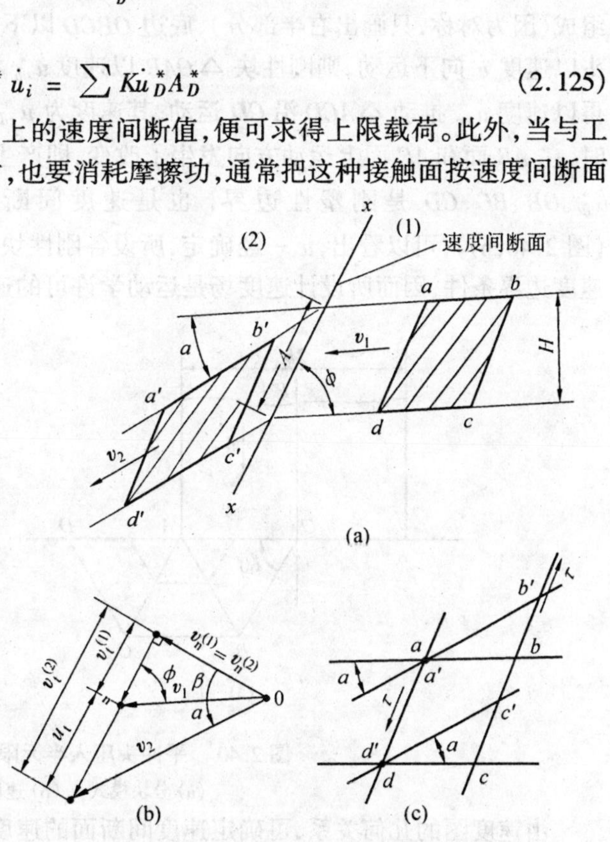

图 2.39 速度间断面上的速度间断

(a) 物理平面 (b) 速度图 (c) 基元变形

四边形的速度图如图 2.39(b) 所示。速度 v_1 可分解为垂直于 $x—x$ 的法向分量 $v_n^{(1)}$ 和平行于 $x—x$ 的切向分量 $v_t^{(1)}$。同理，速度 v_2 也可分解为 $v_n^{(2)}$ 和 $v_t^{(2)}$。由于塑性变形时物体的体积保持不变，即材料在法线方向不能拉开也不能重叠，因而在穿过 $x—x$ 时其法向速度必然相等，即

$$v_n^{(1)} = v_n^{(2)}$$

因此只能有切向速度可以发生间断，也就是产生了切向速度不连续，其速度间断值（或切向速度不连续值）为

$$\dot{u}_t = v_t^{(2)} - v_t^{(1)}$$

四边形 $abcd$ 从(1)区进入(2)在穿过 $x—x$ 时，由于有速度间断，则需消耗功率。若 $x—x$ 为直线，穿越的长度为 A，则所消耗的功率为 $\tau \dot{u}_t A$。塑性变形时 $\tau = K$。对于存在多个速度间断面的情况，所消耗的总功率为

$$\sum K \dot{u}_t A$$

对于虚拟的速度场 $\dot{u}_i^*$，上式就是式(2.125)中等式的右边的形式。

3.上限法在平面变形问题中的应用

应用上限法求解时，可以设计几种运动学许可的变形模式，从而获得不同的上限解。

(1) 平冲头压入半无限体

设冲头底面光滑，即不考虑摩擦，应用滑移线法解得其接触面的单位变形力为

$$p = K(2 + \pi) = 5.14K$$

现在用上限法求解。这里可参考滑移线场，将变形区设计为由三个等边三角形刚性块组成（因为对称，只画出右半部分），底边 $OBCD$ 以下为不变形的刚性区（图2.40(a)）。设冲头以速度 $\dot{u}$ 向下运动，则刚性块 $\triangle OAB$ 以速度 $\dot{u}_{ob}^*$ 沿 OB 推动 $\triangle ABC$ 沿 BC 运动，$\triangle ABC$ 再以速度 $\dot{u}_{bc}^*$ 推动 $\triangle ACD$ 沿 CD 运动，其速度为 $\dot{u}_{cd}^*$。可见由速度 $\dot{u}_{ob}^*$ 转为 $\dot{u}_{bc}^*$，再转为 $\dot{u}_{cd}^*$ 时，在 AB 面和 AC 面上运动方向发生了改变，即产生速度不连续，其速度间断值为 $\dot{u}_{ab}^*$ 和 $\dot{u}_{ac}^*$。OB、BC、CD 是刚塑性边界，也是速度间断面。将以上各速度绘制成速度图（图2.40(b)），可以看出，$\dot{u}$ 一经确定，所设各刚性块的速度便已确定。此虚拟速度场满足速度边界条件，因而所设计速度场是运动学许可的速度场。

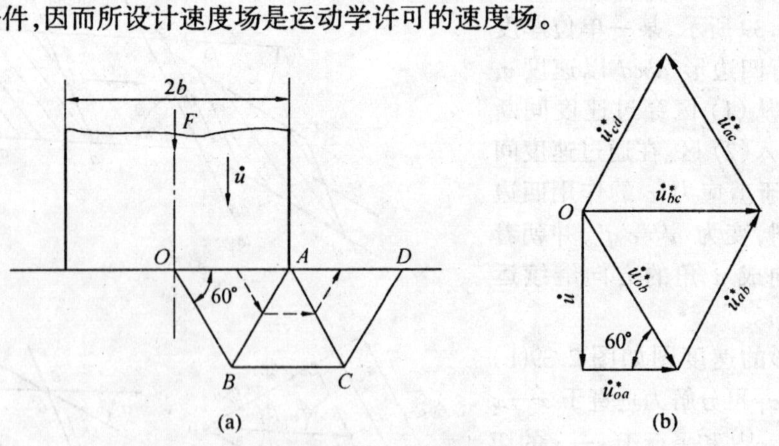

图2.40　平冲头压入半无限体上限模式

(a) 分块模式　(b) 速度图

由速度图的几何关系，可确定速度间断面的速度间断值

$$\dot{u}_{ob}^* = \dot{u}_{ab}^* = \dot{u}_{bc}^* = \dot{u}_{ac}^* = \dot{u}_{cd}^* = \dot{u}\frac{1}{\sin 60^\circ} = \frac{2}{\sqrt{3}}\dot{u}$$

已知速度间断面上的剪应力为 K,由式(2.125)可得

$$F^* \dot{u} = K(\dot{u}_{ob}^* \overline{OB} + \dot{u}_{ab}^* \overline{AB} + \dot{u}_{bc}^* \overline{BC} + \dot{u}_{ac}^* \overline{AC} + \dot{u}_{cd}^* \overline{CD}$$

因为 $$\overline{OB} = \overline{AB} = \overline{BC} = \overline{AC} = \overline{CD} = b$$

故 $$F^* = K(5 \times \frac{2}{\sqrt{3}} \times b) = \frac{10}{\sqrt{3}} Kb$$

单位变形力 $$p^* = \frac{F^*}{b} = \frac{10}{\sqrt{3}} K = 5.78K$$

这就是图2.40模式的上限解,显然比滑移线场解要大。

(2) 圆柱体镦粗

设上砧向下移动速度为 v_0,在子午面上任意一点面素上的速度为 u 和 v,坯料直径 $D = 2R_0$,高如图2.41所示。设

$$-\frac{\partial v}{\partial z} = c$$

积分后得 $$v = -cz + c_1$$

当 $z = 0, v = 0$,得

$$c_1 = 0$$

当 $z = H, v = v_0$,得

$$c = -\frac{v_0}{H}$$

因此 $$v = \frac{v_0}{H} z$$

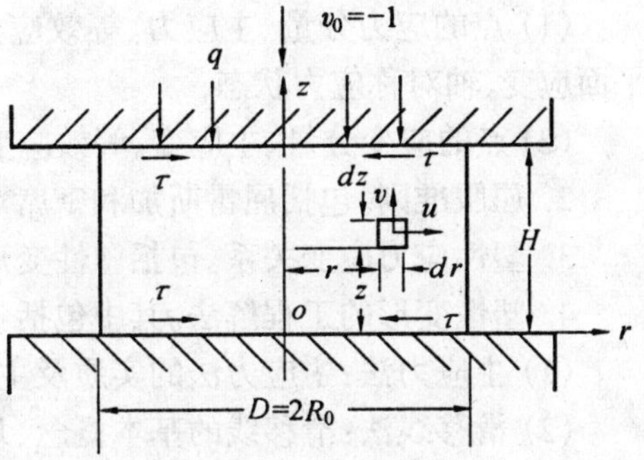

图2.41　圆柱体镦粗

应变速度 $$\dot{\varepsilon}_z = \frac{\partial v}{\partial z} = \frac{v_0}{H}$$

设圆柱体镦粗过程保持圆柱形,根据体积不变原则有

$$\dot{\varepsilon}_r = \dot{\varepsilon}_\theta = -\frac{1}{2}\dot{\varepsilon}_z = -\frac{v_0}{2H}$$

因此 $$u = -\frac{v_0 r}{2H} \quad \gamma_{zr} = 0$$

塑变功率为

$$\dot{W}_1 = \sqrt{2}K\int_V \sqrt{\dot{\varepsilon}_r^2 + \dot{\varepsilon}_\theta^2 + \dot{\varepsilon}_z^2}\,\mathrm{d}V = \sqrt{2}K\int_V \sqrt{\frac{3v_0^2}{2H^2}}\,\mathrm{d}V = \sqrt{3}K\pi R_0^2 v_0$$

变形过程坯料上下端面和砧子接触,摩擦阻力所消耗的功率为

$$\dot{W}_2 = \sum \tau v^* S$$

坯料和工具的相对运动速度为

$$v^* = u = \frac{r v_0}{2H}$$

设摩擦应力 τ 为常数,所以

$$\dot{W}_2 = 2\tau\int_S \frac{r v_0}{2H}\mathrm{d}S = 2\tau\int_0^{R_0} \frac{r v_0}{2H} 2\pi r \mathrm{d}r = \frac{2}{3}\pi\tau\frac{v_0}{H}R_0^3$$

外力所作功率为 Pv_0，根据虚功原理得

$$Pv_0 = \sqrt{3}K\pi R_0^2 v_0 + \frac{2}{3}\pi\tau \frac{v_0}{H}R_0^3$$

设 $\tau = mK = 2\mu K, P = \pi R_0^2 q$，$q$ 为单位面积平均压力，得

$$q = \sqrt{3}K\left(1 + \frac{4\mu}{3\sqrt{3}}\frac{R_0}{H}\right) \tag{2.126}$$

本章小结

在本章中，主要讲授了以下基本问题。

1. 应力、应变分析，主要包括：

(1) 点的应力分量、主应力、等效应力、应力平衡微分方程、应力莫尔圆、平面应力和平面应变、轴对称应力状态；

(2) 点的应变分量、主应变、等效应变、应变增量、应变与位移的关系方程、连续方程。

2. 屈服准则。包括屈雷斯加和密席斯屈服准则及中间主应力对材料屈服的影响。

3. 塑性应力应变关系。包括塑性变形时应力应变的特点、全量理论和增量理论。

4. 塑性变形的工程解法。其中包括：

(1) 主应力法：主应力法的实质及主应力法的应用；

(2) 滑移线法：滑移线的基本概念、几何性质及应力边界条件、汉基应力方程、滑移线的应用；

(3) 上限法：平面问题的上限法原理及上限法在平面变形问题中的应用。

复习思考题

1. 什么是应力张量、应力球张量、应力偏张量和应力不变量？其物理意义如何？

2. 什么是主应力、主剪应力、八面体应力、等效应力？

3. 什么是平面应力状态、平面应变的应力状态、圆柱体应力状态和球应力状态？

4. 设某点应力分量为

$$[\sigma_{ij}] = \begin{bmatrix} 4 & 2 & 3 \\ 2 & 6 & 1 \\ 3 & 1 & 5 \end{bmatrix}$$

试求主应力及主方向(应力单位：MPa)。

5. 已知应力分量为

$$[\sigma_{ij}] = \begin{bmatrix} q & q & q \\ q & q & q \\ q & q & q \end{bmatrix} \quad [\sigma_{ij}] = \begin{bmatrix} 0 & \tau & 0 \\ \tau & 0 & \tau \\ 0 & \tau & 0 \end{bmatrix}$$

试求主应力，并指出应力状态的特点。

6. 设某物体内应力场为

$$\sigma_x = -6xy^2 + C_1x^3$$

$$\sigma_y = -\frac{3}{2}C_2xy^2$$

$$\tau_{xy} = -C_2y^3 - C_3x^2y$$

$$\sigma_z = \tau_{xz} = \tau_{yz} = 0$$

试求系数 C_1、C_2、C_3。

7. 什么是点的应变状态?如何表示点的应变状态?应变球张量和应变偏张量各表示什么变形。

8. 试判断下列应变场能否存在。

(1)$\varepsilon_x = xy^2, \varepsilon_y = x^2y, \varepsilon_z = xy, \gamma_{xy} = 0, \gamma_{yz} = \frac{1}{2}(z^2 + y^2), \gamma_{zx} = \frac{1}{2}(x^2 + y^2)$;

(2)$\varepsilon_x = x^2 + y^2, \varepsilon_y = y^2, \varepsilon_z = 0, \gamma_{xy} = 2xy, \gamma_{yz} = \gamma_{zx} = 0$。

9. 设 $\varepsilon_x = a(x^2 - y^2), \varepsilon_y = axy, \gamma_{xy} = 2bxy$,其中 a、b 为常数。试问上述应变场在什么条件下成立?

10. 某理想塑性材料的屈服应力为 $\sigma_s = 100\text{MPa}$,试分别用屈雷斯加及密席斯屈服准则判断下列应力状态处于什么状态(是否存在、弹性或塑性)。

$$\begin{bmatrix} 100 & 0 & 0 \\ 0 & 0 & 0 \\ 0 & 0 & 100 \end{bmatrix}, \begin{bmatrix} 150 & 0 & 0 \\ 0 & 50 & 0 \\ 0 & 0 & 50 \end{bmatrix}, \begin{bmatrix} 120 & 0 & 0 \\ 0 & 10 & 0 \\ 0 & 0 & 0 \end{bmatrix}, \begin{bmatrix} 50 & 0 & 0 \\ 0 & 50 & 0 \\ 0 & 0 & 0 \end{bmatrix} (\text{MPa})$$

11. 一直径为 ϕ50mm 的圆柱形试样在无摩擦的光滑平板间压缩,当总压力达到 314kN 时试样屈服。现在圆柱体周围加上 10MPa 的静水压力,试求试样屈服时所需的总压力。

12. 已知塑性状态下某质点的应力张量为:$[\sigma_{ij}] = \begin{bmatrix} -50 & 0 & 5 \\ 0 & -150 & 0 \\ 5 & 0 & -350 \end{bmatrix}$MPa,应变分量 $d\varepsilon_x = 0.1\delta$($\delta$ 是一无限小量)。试求应变增量的其余分量。

13. 在平砧上镦粗长矩形截面的钢坯,其宽度为 a,高度为 h,且 $l \gg a$,接触面上的摩擦符合库仑摩擦条件。试推导单位流动压力的表达式。答案:$p = 1.155S\frac{h}{\mu a}e^{\frac{\mu a}{h}-1}$

14. 上题中,假设接触摩擦为常摩擦条件,即 $\tau = \mu S$(S 为常数),其结果又如何?答案:$p = 1.155S\frac{h}{\mu a}(\frac{\mu a}{2h} + 1)$

15. 已知某零件在高温塑性变形时是刚塑性题,而且是平面变形,其滑移线如图 2.42 所示,α 线是直线族,β 线是同心圆,$\sigma_{mc} = -90\text{MPa}, K = 60\text{MPa}$。试求:

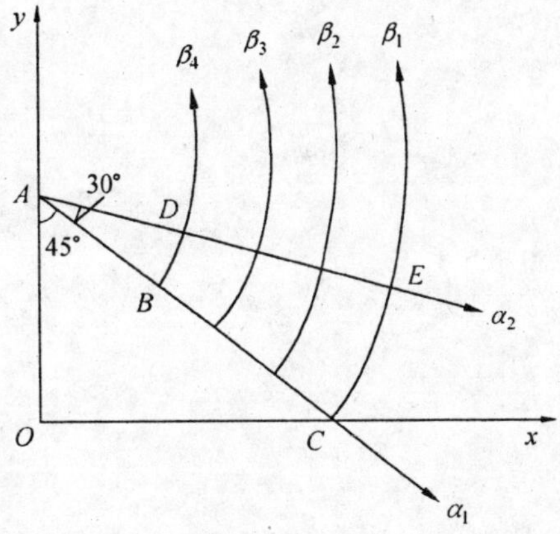

图 2.42

(1) C 点应力状态：

① $\sigma_x, \sigma_y, \tau_{xy}, \zeta_1$；

② $\sigma_1, \sigma_2, \sigma_3, \tau_{12}, \tau_{23}, \tau_{13}$。

(2) D 点的应力状态：$\sigma_x, \sigma_y, \tau_{xy}$。

16. 根据平面应变状态应力莫尔圆特点，试分析滑移线场中各点应力变化与莫尔圆坐标之间有什么联系？

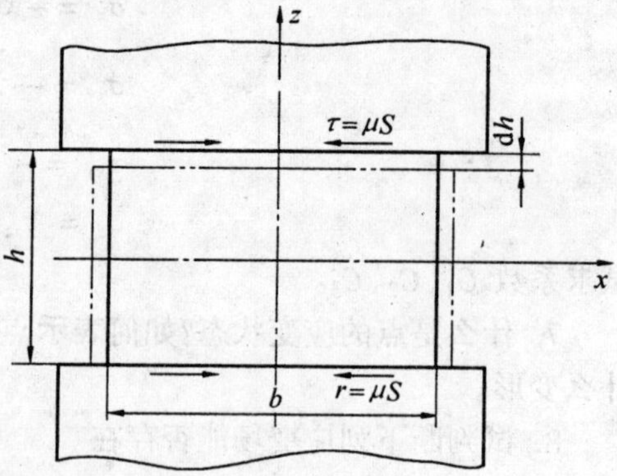

图 2.43

17. 如图 2.43 所示，两平行平板间均匀压缩一高为 h、宽为 b，长为 l 的条料，设 l 较长，则长度方向的应变可以忽略不计，且接触面上的摩擦剪应力 $\tau = \mu S$（S 为真实应力）。试用上限法计算压缩时的平均单位变形力。答案：$p = S(1.155 + \frac{\mu b}{2h})$

参考文献

1　汪大年. 金属塑性成型原理. 北京：机械工业出版社，1986

2　M B 斯德洛日夫，E A 波波夫. 金属压力加工原理. 北京：机械工业出版社，1980

3　王祖唐. 金属塑性加工工步的力学分析. 北京：清华大学出版社，1987

4　林治平. 锻压变形力的工程计算. 北京：机械工业出版社，1986

5　王祖唐. 金属塑性成型理论. 北京：机械工业出版社，1989

6　郝石坚. 金属热加工原理. 西安：陕西人民教育出版社，1989

7　陈森灿，叶庆荣. 金属塑性加工原理. 北京：清华大学出版社，1991

8　梁炳文，胡世光. 板料成型塑性理论. 北京：机械工业出版社，1987

9　万胜狄. 金属塑性成型原理. 北京：机械工业出版社，1995

第三章 粉末冶金与无机非金属材料加工原理

3.1 概 述

粉末冶金是冶金学的一个分支，是制取金属粉末或以金属粉末(或金属粉末与非金属粉末混合物)为原料，经过成型和烧结，制造各种金属或金属－非金属材料和制品的工艺过程。它主要包括粉末制备、成型、烧结、后处理等基本工序。

用粉末冶金工艺制造机械部件，其精密度大为提高，原材料损耗小(仅1%～5%)，加工时成本大大节约；某些在组织、性能具有特殊要求的产品(如多孔材料、氧化物弥散强化合金、陶瓷、硬质合金)惟有用粉末冶金方法才能制造；对于高熔点的金属、高活性的金属，利用粉末冶金的方法代替熔炼法，更便于保证产品的质量。这些优越性使得粉末冶金技术在民用、军用的工业领域得到迅速的发展。粉末冶金材料及制品的应用领域介绍见表3.1。

表3.1 粉末冶金材料及制品的应用

工业部门	金属粉末和粉末冶金材料及制品应用举例
采 矿	硬质合金，金刚石，金属组合材料
机械加工	硬质合金，陶瓷刀具，粉末高速钢
汽车、拖拉机制造	机械零件，摩擦材料，多孔含油轴承，过滤器
机床、纺织机械制造	机械零件，多孔含油轴承
机车制造	多孔含油轴承
造 船	摩擦材料，油漆用铝粉
冶金矿山机械	机械零件，多孔含油轴承
电机制造	多孔含油轴承，铜、石墨碳刷
精密仪器	仪表零件，软磁材料，硬磁材料
电器和电子工业	电触头材料，电真空电极材料
无线电和电视	磁性材料
计算机工业	记忆元件
五金和办公用品	锁零件，缝纫机零件，打字机零件
医疗器械	各种医疗机械
化学工业	过滤器，防腐零件，催化剂
石油工业	过滤器
军 工	穿甲弹头，炮弹箍，军械零件
航 空	摩擦片，过滤器，防冻用多孔材料，粉末超合金
航天和火箭	发汗材料，难熔金属及合金，纤维强化材料
原子能工业	核燃料元件，反应堆结构材料，控制材料

无机非金属材料几乎包括了除金属材料、高分子材料之外的所有材料,主要有陶瓷、玻璃、水泥、耐火材料、人工晶体等。无机非金属材料以其卓越的性能、繁多的品种和广泛的用途进入到各个领域,特别是近年来随着科学技术的进步,其应用从建筑、日常生活、化工、冶金等领域发展到能源、信息、国防以及尖端科技等领域。无机非金属材料已成为各种结构、信息、功能材料的主要来源,如耐高温耐磨损耐腐蚀氧化铝、氧化锆、氧化硅、碳化硅、赛隆陶瓷;具有信息转化功能的铁电、热敏、光学、磁性陶瓷,耐久性优良的高性能水泥等。无机非金属材料种类繁多,特性各异,但它们之间仍具有许多的共性,因此本章以在材料工程中应用较广、发展较快的先进陶瓷为主。

先进陶瓷材料的制备工艺一般包括粉体制备、成型、烧结、后处理等基本工序。与粉体冶金工艺相似,二者的加工原理也相近。二者的不同之处在于粉末冶金采用的粉末为金属粉末或金属 - 非金属粉末混合物,陶瓷采用的大多为无机非金属粉末,因此在加工过程中其加工原理有所差异。如在粉末制备方法上,金属粉末多采用还原法还原金属氧化物或盐类制备金属粉末,或雾化液体金属制备金属粉末;而陶瓷粉末一般难采用上述方法。在后处理方面,粉末冶金材料多为金属或金属 - 非金属材料,其后处理包括精整、浸油、机加工、热处理、电镀等,与金属类似,在此不再赘述;而陶瓷材料是脆性材料,硬度大,强度高,其后处理主要有精加工、表面改性及连接,其机理不同于粉末冶金材料。因此本章以二者的共性为主线,主要介绍粉末制备、成型、烧结、陶瓷精加工、表面改性及连接等加工原理,并对二者的差异在相关部分予以讨论。

3.2 粉体的制备与处理

3.2.1 粉体的制备技术

制备粉体是粉末冶金与陶瓷材料加工的第一步。随着对材料要求的不断提高,以及材料加工技术的发展,粉体的种类也越来越多。如从材质范围看,不仅有金属、合金、金属化合物粉体,也有氧化物、氮化物、碳化物、硼化物等非金属粉体以及复合粉体。从粉体粒度看,有微米粉体、亚微米粉体、纳米粉体。为了满足不同工业对粉体的各种要求,可采取不同的方法来制备粉体。

粉体的制备方法一般说来有两种。一种是粉碎法,它是由粗颗粒(或熔融液体)粉碎获得细粉的方法,如机械粉碎,熔融液体雾化;另一种是合成法,即由离子、原子、分子,通过反应、成核和成长、收集、后处理来获得细粉体的方法。合成法的特点是纯度、粒度可控,均匀性好,颗粒微细,并且可实现粉体在分子水平上的复合、均化。合成法通常包括固相法、液相法和气相法。本节主要介绍粉末冶金及陶瓷粉体制备中常用的方法。

1.机械粉碎法

机械粉碎既是一种独立的粉碎方法,又常作为其他制粉方法不可缺少的补充工序,如粉碎固相合成的莫来石、粉碎还原制得的海绵状金属等。因此,机械粉碎法在粉末冶金及陶瓷粉体制备中占有重要的地位。固体物料的粉碎实际上是在粉碎力的作用下,固体料块或颗粒发生变形，进而破裂的过程。当粉碎力足够大，力的作用又很迅猛时，物料块或颗粒之间瞬间产生的应力大大超过了物料的机械强度，因而物料发生了破碎。物料的基本粉碎方式有压碎、剪碎、冲击粉碎和磨碎。工业上采用的粉碎设备，虽然技术设备不同，但粉碎机制大同小异，一般的粉碎作用都是这几种力的组合。物料颗粒在机械力作用下被粉碎时，还会导致物质结构及表面物理化学性质的变化。

机械粉碎主要有球磨、振动磨、辊碾磨、高速旋转磨、气流粉碎等粉碎技术。机械粉碎法适合于粉碎大多数的陶瓷粉体，如石英、长石及氧化物、碳化物、氮化物等原料，也可用于脆性金属或合金，以及处理后有脆性的金属或合金，如锑、锰、铬、高碳铁、铁合金、热处理后的锡等。

2. 雾化法

雾化法属机械制粉法，是直接击碎液体金属或合金制取粉体的方法。雾化法因工艺简便、可连续大量生产等特点，被广泛用于粉末冶金粉体的制备，如铅、锡、铝、锌、铜、镍、铁等金属粉体，青铜、黄铜、合金钢、高速钢、不锈钢等预合金粉体。雾化法主要有二流雾化法，离心雾化法等。

二流雾化法使用高速气流或高压水击碎液体金属或合金。图3.1是金属液流物化过程示意图。在这个过程中，液体金属从保温包底的小孔垂直落下，压缩的气体从环形喷嘴高速喷出，并形成一定的喷射顶角。环形气流构成一个倒圆锥体，气流在顶点交汇，然后分叉散开，金属液流与气流相互作用，作用区域被分成四部分：Ⅰ负压紊流区，Ⅱ原始液流形成区，Ⅲ有效雾化区，Ⅳ冷却凝固区。在高速气流作用下，液流喷嘴下方形成负压紊流区，因此金属液流在气流波振动下，分散成许多纤维细束，这些细束在表面张力的作用下有自动收缩成液滴的倾向。当这些金属液细束进入Ⅱ区时，开始分裂出许多液滴，我们称之为原始液滴。当原始液滴向下运动，达到Ⅲ区时，气流能量集中，对原始液滴产生强烈的破碎作用，使其分散成更细的液滴颗粒。破碎的程度主要取决于气流的动能，其次是金属液流的表面张力和粘度。在Ⅳ区，破碎后的液滴被气流吹散，最后凝固成粉末颗粒。

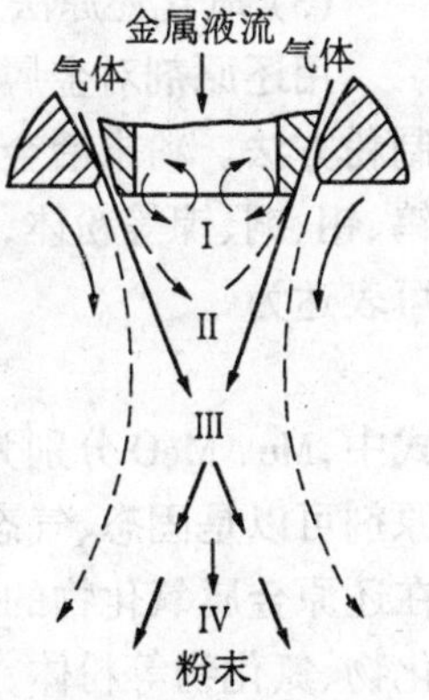

图3.1　金属液流雾化过程图

雾化介质通常为气体或液体。气体可为空气和惰性气体，如氮气、氩气等。液体通常采用水。雾化介质对雾化粉体的化学成分、颗粒形状有很大的影响。

离心雾化是利用机械旋转的离心力将金属液流击碎成很细的液滴，然后冷却凝结成粉末，主要有旋转圆盘雾化、旋转电极雾化、旋转水流雾化等形式。

3. 固相法

固相法就是以固态物质为原料来制备粉体的方法。作为固相反应，事实上包含很多内容，如化合反应、分解反应、固溶反应、氧化还原反应以及相变等等。这里只介绍几种主要的反应，即化合反应、热分解反应及氧化还原反应。其实，实际工作中往往几种反应同时发生，并且反应生成物需要粉碎。

(1) 化合反应法

两种或两种以上的固态粉末经混合后在一定热力学条件和气氛下进行化合反应形成

化合物粉末，有时也伴随气体产生。如钛酸钡是经等摩尔的 $BaCO_3$ 和 TiO_2 混合粉末在一定条件下反应制得的，反应为

$$BaCO_3 + TiO_2 \rightarrow BaTiO_3 + CO_2 \tag{3.1}$$

类似有

$$Al_2O_3 + MgO \rightarrow MgAl_2O_4 \tag{3.2}$$

(2) 热分解反应法

用硫酸盐、硝酸盐等通过加热使之分解形成氧化物粉末。如用硫酸铝铵分解制备 Al_2O_3 粉体，其分解过程为

$$Al_2(NH_4)_2(SO_4)_4 \cdot 24H_2O \rightarrow Al_2(SO_4)_3 \cdot (NH_4)_2SO_4 \cdot H_2O + 23H_2O \tag{3.3}$$

$$Al_2(SO_4)_3 \cdot (NH_4)_2SO_4 \cdot H_2O \rightarrow Al_2(SO_4)_3 + 2NH_3 + SO_3 + 2H_2O \tag{3.4}$$

$$Al_2(SO_4)_3 \rightarrow \gamma - Al_2O_3 + 3SO_3 \tag{3.5}$$

$$\gamma - Al_2O_3 \rightarrow \alpha - Al_2O_3 \tag{3.6}$$

如上通过对高纯硫酸铝铵进行热分解转化而得到 $\alpha - Al_2O_3$ 粉，其纯度高，粒度小（$< 0.1\mu m$），是高纯 Al_2O_3 陶瓷的重要原料。

(3) 氧化还原法

用还原剂对金属氧化物或盐类进行还原制备金属粉体，是粉末冶金中应用最广泛的制粉方法。粉末冶金中使用量最大的纯铁粉，主要采用还原法制取。此外还可用来制取钨、钼、铜、镍等粉体，也可制取钽、铌、锆、钛、铀等稀有金属粉末。还原反应的一般化学式可表达为

$$MeO + X \rightarrow Me + XO \tag{3.7}$$

式中，Me、MeO 分别为金属和金属氧化物；X、XO 分别表示还原剂和还原剂的氧化物。还原剂可以是固态、气态以至液态，如固体碳、CO、H_2 或金属热还原剂（钙、镁、钠等）。如果在还原金属氧化物的同时进行化合（如氮化、碳化等），可以制备金属的碳化物、硼化物、硅化物、氮化物等粉体，即

碳化物　$Me + C \rightarrow MeC + CO$　(3.8)

硅化物　$MeO + Si \rightarrow MeSi + SiO_2$　(3.9)

氮化物　$MeO + N_2(NH_3) + C \rightarrow MeN + CO + (H_2O + H_2)$　(3.10)

4. 液相法

液相法制备金属粉末主要有金属置换法、溶液还原法等；用于制备氧化物粉末主要有沉淀法、水解法、溶剂蒸发法。

(1) 金属置换法

是用一种金属从水溶液中置换出另一种金属，从热力学上讲，只能用负电位较大的金属去置换溶液中正电位较大的金属，反应通式为

$$Me_1^{2+} + Me_2 \rightarrow Me_1 + Me_2^{2+} \tag{3.11}$$

例如

$$Cu^{2+} + Zn \rightarrow Cu + Zn^{2+} \tag{3.12}$$

金属置换法可用来制备铜粉、铅粉、锡粉、银粉和金粉。

(2) 溶液氢还原法

用氢从溶液中还原金属离子使之析出金属的方法。反应通式可表示为

$$Me^{n+} + 1/2nH_2 \rightarrow Me + nH^+ \tag{3.13}$$

反应进行的条件是金属的还原电位比氢的还原电位更正。这可通过降低氢电位(增加氢分压或提高 pH 值)、提高金属电位(增加溶液重金属离子浓度)来调节。

溶液氢还原法可用于制备铜粉、镍粉、钴粉,也可制备合金粉如镍-钴合金粉。如果溶液中分散有其他固相粉末,也能制备包覆粉体,如镍包铝、镍包氧化铝、镍包氧化钍、钴包碳化钨、镍包金刚石等。

(3) 沉淀法

通常是在溶液状态下将不同化学成分的物质混合,在混合溶液中加入适当的沉淀剂,形成前躯体沉淀物,再将此沉淀物进行干燥或煅烧,从而制得相应的粉体。其基本过程为

$$\text{金属盐溶液} \xrightarrow{\text{加入沉淀剂}} \text{盐或氢氧化物} \xrightarrow{\text{分解热}} \text{氧化物粉末}$$

所制得的氧化物粉末的特性取决于沉淀和热分解两个过程。热分解过程中,分解温度和气氛是重要的影响因素。沉淀法制备粉体的特点是:易控制组成,能合成复合氧化物粉;添加微量成分方便,可获得良好混合均匀性等。沉淀法制备粉体可分为直接沉淀法、共沉淀法、均匀沉淀法、化合物沉淀法等。这里给出几种有代表性的方法,说明沉淀法的基本原理。

①均匀沉淀法

均匀沉淀法是利用某一化学反应使溶液中的构晶离子(构晶阴离子或构晶阳离子)由溶液中缓慢地、均匀地产生出来的方法。在这种方法中,加入到溶液中的沉淀剂不立即与被沉淀物组分发生反应,而是通过化学反应使沉淀剂在整个溶液中均匀地释放出来,从而使沉淀在整个溶液中缓慢均匀地析出。利用均匀沉淀法在不饱和溶液中均匀地得到沉淀的方法通常有两种:一种是在溶液中进行包含氢离子变化的缓慢的化学反应,逐渐改变溶液 pH 值,使溶解度逐渐下降而析出沉淀;另一种是借助形成或放出沉淀离子的反应提高沉淀离子的浓度。均匀沉淀法过程中,由于构晶离子的过饱和度在整个溶液中比较均匀,所以沉淀的颗粒均匀而致密,便于过滤、洗涤。此外也可以避免杂质的共沉淀。

利用这种方法可以制备 Al、Fe、Sn、Ga、Th、Zr 等的氢氧化物或碱式盐沉淀。

②共沉淀法

共沉淀法是在混合物的金属盐溶液(含有两种或两种以上的金属离子)中加入合适的沉淀剂,即得到各种成分混合均匀的沉淀,然后进行热分解,便可得到复合氧化物粉体,若再进行选择性还原,便可得到金属-氧化物复合粉体。

从一般意义上讲,让组成材料的多种离子同时沉淀是很困难的。事实上,溶液中金属离子随 pH 值的上升,按满足沉淀条件的顺序依次沉淀,形成单一的或几种金属离子构成的混合沉淀物,其本质仍是分别沉淀。其沉淀物是一种混合物。弥补共沉淀法的缺点,并在原子尺度上实现成分原子的均匀混合方法之一是化合物沉淀法。

③化合物沉淀法

所谓化合物沉淀法,就是使溶液中金属离子按化学计量比来配制溶液,得到标准化学计量比的化合物沉淀物。这样,当沉淀颗粒的金属元素之比等于产物化合物的金属元素之比时,沉淀物可以达到在原子尺度上的组成均匀性。然而,当定量地加入其他微量成分

时，沉淀物组成的均匀性一般难以保证。采用化合物沉淀法可以对多种草酸盐化合物进行操作，如 $BaTiO(C_2O_4)_2 \cdot 4H_2O$、$BaSn(C_2O_4)_2 \cdot 1/2H_2O$、$CaZrO(C_2O_4)_2 \cdot 2H_2O$ 等，从而制得 $BaTiO_3$、$BaSnO_3$ 和 $CaZrO_3$ 等粉体。

(4) 溶剂蒸发法

沉淀法存在下列几个问题：生成的沉淀物较难进行水洗和过滤；沉淀剂($NaOH$、KOH)易作为杂质混入粉料中；如采用可以分解、消除的 NH_4OH、$(NH_4)_2CO_3$ 作为沉淀剂，某些金属离子，如 Cu^{2+}、Ni^{2+}，就会形成可溶性络离子；沉淀过程中各成分可能分离；在水洗时一部分沉淀将再溶解。为解决这些问题，研究了不用沉淀剂的溶剂蒸发法。

在溶剂蒸发法中，为了保持溶剂蒸发过程中液体的均匀性，必须使溶液分散成小滴以使成分偏析的体积最小，因而需用喷雾法。用喷雾法时，如果没有氧化物成分蒸发，则粒子内各成分的比例与原溶液相同；又因为不产生沉淀，故可合成复杂的多成分氧化物粉末；另外，采用喷雾法生成的氧化物粒子一般为球状，流动性好，利于后续成型。由喷雾液滴制备氧化物粉末可采用冷冻干燥法、喷雾干燥法和喷雾热解法等。

①冷冻干燥法

冷冻干燥法是将金属盐水溶液喷到低温有机液体中，使液滴进行瞬时冷冻，然后在低温降压条件下升华、脱水，再通过分解制得粉体。采用这种方法能制得组成均匀、反应性和烧结性良好的粉体。

②喷雾干燥法

喷雾干燥法是将溶液喷雾至热风中，使之急剧干燥的方法。这是一种适合工业化大规模生产超细粉体的方法。在干燥室里，用喷雾器把混合盐水溶液(如硫酸盐)雾化成 $10 \sim 20\mu m$ 或更细的球状液滴，经过燃料产生的热气体时被烘干，这时成分保持不变。快速干燥后，所得到的是如同中空球那样的圆粒粉料，再经热分解便可制得氧化物粉体。因此只要在初始盐溶液中无不纯物，以及过程中无杂质进入，就能得到化学成分稳定、高纯度、性能优良的超细粉。如 Ni－Zn 铁氧体粉、$MgAl_2O_4$ 粉体的制备。

③喷雾热解法

喷雾热解法是将金属盐溶液喷入高温气氛中，立即引起溶剂的蒸发和金属盐的热分解，从而直接合成氧化物粉体的方法。也称为喷雾焙烧法、火焰喷雾法。喷雾热解法和喷雾干燥法适合于连续操作，生产能力强。喷雾热解法包括两种方法，一种是将溶液喷到加热的反应器中，另一种是将溶液喷到高温火焰中。多数场合使用可燃性溶剂(通常为乙醇)，以利用其燃烧热。例如，将 $Mg(NO_3)_2 + Mn(NO_3)_2 + 4Fe(NO_3)_3$ 的乙醇溶液进行喷雾热解，就得到 $(Mg_{0.5}Mn_{0.5})Fe_2O_4$ 的微粉。

(5) 水解法

众所周知，很多化合物可水解生成沉淀，其中有些正广泛用来合成超细粉体。水解反应的产物一般是氢氧化物或水合物。因为原料是水解反应的对象即金属盐和水，所以如果能高度精制金属盐，就很容易得到高纯度的微粉。常用的原料有氯化物、硫酸盐、硝酸盐、氨盐等无机盐以及金属醇盐。水解法包括无机盐水解法和(金属)醇盐水解法。

①无机盐水解法

利用金属的硫酸盐溶液、硝酸盐溶液、氯化物溶液实现胶体化的手段来合成超细粉，早为人们熟知的是制备金属氧化物或水合物的方法。一些金属盐溶液在高温下可水解生成氢氧化物或水合氧化物沉淀，经过热分解后可得到氧化物粉末。如 $NaAlO_2$ 水解可得 $Al(OH)_3$ 沉淀，$TiOSO_4$ 水解可得 $TiO_2 \cdot nH_2O$ 沉淀，热分解后分别得到 Al_2O_3 和 TiO_2 超细粉体。此法也可制备复合氧化物粉体，如用 $ZrOCl_2$ 和 YCl_3 混合液水解，热分解后可得到 Y_2O_3 和 ZrO_2 的复合粉体。

②醇盐水解法

金属醇盐是金属与醇反应生成的含有 Me—O—C 键的金属有机化合物，可用通式 $Me(OR)_n$ 来表示，式中 Me 为金属，R 为烷基或烯丙基。金属醇盐易水解，水解后形成金属氧化物、氢氧化物或水合物沉淀。金属醇盐一般具有挥发性，故易精制，水解时只加水，不需添加其他物质，因而生成的沉淀纯度高。如用 $Ba(OC_3H_7)_2$ 和 $Ti(OC_5H_{11})_4$ 混合后水解，得到的 $BaTiO_3$ 粒子粒径小于 15nm，纯度达 99.98%。该法是今后制备单一和复合氧化物高纯微粒的重要方法。

(6) 水热法

水热过程是指在高温高压水、水溶液或蒸气等流体中所进行有关化学反应的总称。水热条件能加速离子反应和促进水解反应。在常温常压下，从热力学分析看，一些可以进行的反应，往往因反应速度极慢，以至于在实际上没有应用价值，但在水热条件下却能得以实现。水热条件下，水可作为一种化学组分起作用并参与反应，既是溶剂又是膨化促进剂，同时，还可作为压力传递介质；通过加速渗析反应和控制其过程的物理化学因素，实现无机化合物的形成和改性。此法既可制备单组分微小晶体，又可制备多组分的特殊化合物粉末，并能克服某些高温制备不可克服的晶型转变、分解、挥发等。水热法制备的粉体，颗粒细、纯度高、分散性好且形状可控。利用水热法可进行水热氧化、水热分解、水热合成、水热结晶、水热沉淀等。水热法制备粉体引起了世界性的重视。

液相法制备粉体，除上述方法外，还有溶胶－凝胶法、微乳液法、低温燃烧合成法、超临界法、有机溶剂热合成法、γ 射线辐照法、电子辐照法、相转移法等。限于篇幅，不作详细介绍。

5.气相合成法

由气相制备粉体主要有两种方法：一种是系统中不发生化学反应的蒸发－凝聚法，另一种是气相化学反应法。

(1)蒸发－凝聚法

蒸发－凝聚法是将原料加热至高温，使之蒸发、汽化成为原子或分子，再使原子或分子在较大温度梯度条件下急冷，凝聚成超微颗粒。采用这种方法能制得颗粒直径在 5～100nm 之间的超细粉体。蒸发－凝聚法主要有气体中蒸发法、溅射法、活化氢－熔融金属反应法、流动油面上真空沉积法、通电加热蒸发法、混合等离子体法等。其中气体中蒸发法按原料加热蒸发的技术手段不同，又可分为电阻加热法、等离子体喷雾加热法、高频感应加热法、电子束加热法、激光束加热法等。限于篇幅，不作详细介绍。蒸发－凝聚法特别适合于制备液相法和固相法难以直接合成的金属、氮化物、碳化物的超细粉，既可用于制备单一氧化物，也可制备复合氧化物的超细粉。

(2) 气相化学反应法

气相化学反应法是以挥发性金属卤化物、氢化物或有机金属化合物等蒸气为原料，进行气相热分解和其他化学反应来合成超细粉，它是合成高熔点无机化合物超细粉最引人注目的方法。

气相化学反应可分为两类，一类是单一化合物的热分解（$A_{(g)} \rightarrow B_{(s)} + C_{(g)}$），如$CH_3SiCl_3 \rightarrow SiC + 3HCl$，热分解法必须具备含有全部所需元素的适当化合物；另一类为两种以上化学物质之间的反应（$A_{(g)} + B_{(g)} \rightarrow C_{(s)} + D_{(g)}$），这种方法可以有多种组合，因此具有一定的灵活性。

气相反应法与沉淀法及盐类热分解法相比，具有如下特点：①金属化合物原料易挥发、容易提纯，而且生成粉料不需进行粉碎，因而生成物纯度高；②生成颗粒的分散性好；③反应条件控制适当，可获得粒径分布窄的超细粉；④不仅能制备氧化物超细粉，还可通过控制气氛制备液相法难以制备的金属、碳化物、氮化物、硼化物等非氧化物超细粉。因而在超细粉体制备技术中占有很重要的地位。目前利用这种方法制备炭黑、氧化铝等超细粉已达到工业生产水平，高熔点碳化物、氮化物、硼化物超细粉的合成也从实验室走向批量生产。

气相化学反应法按加热方式有电阻炉法、化学火焰法、等离子体法、火花放电法、激光法等。

3.2.2 粉体的特性

所谓粉体，就是大量固体粒子的集合体，它表示物质的一种存在状态，它既不同于气体、液体，也不完全同于固体，不少学者认为粉体是气、液、固三相之外的第四相。粉体是由粉体颗粒组成，所谓粉体颗粒，是指在物质的本质结构不发生改变的情况下，分散或细化而得到的固态基本颗粒，这种基本颗粒，一般是指没有堆积、絮联等结构的最小单元，即一次颗粒。但在实际应用的粉体原料中，往往都存在一定程度上团聚了的颗粒，即所谓二次颗粒。

粉体的特性主要指粉体的粒度、粒度分布、粉体颗粒的形状、粉体表面特性、粉体的流动性等。

1. 粉体的粒度与粒度分布

粉体颗粒的大小用其在空间范围所占据的线性尺寸表示。球形颗粒的直径就是粒径，非球形颗粒的粒径则可用球体、立方体或长方体的代表尺寸表示。实际粉体由大量的颗粒所组成。在多颗粒系统中，一般将颗粒的平均大小称为粒度。习惯上粒径和粒度可通用。实际的粉体颗粒，其形状、不均匀程度千差万别，因而粒度的表示法亦多种多样。不规则形状颗粒的粒度表示法常用的有：①球当量直径：包括等表面积球相当径（记作D_S）、等体积球相当径（记作D_V）、等比表面积球相当径（记作D_{SV}）、沉降速度相当径。②投影径：如二轴径、Feret 径、Mortin 径、投影面积相当径等。③三轴径。④筛分径。

对于某一粉体系统来说，如果组成颗粒的粒径一样或近似一样，就称其为单粒度体系。但实际粉体所含颗粒的粒径都有一个分布范围，常称为多粒度体系，这时我们用粒度分布来描述其颗粒组成。粒度分布是指用简单的表格、绘图和函数形式表示颗粒群粒径的分布状态。常用的表示法有频率分布(表示各个粒径相对应的颗粒百分含量)、累积分布(表示小于或大于某粒径的颗粒占全部颗粒的百分含量与该粒径的关系)和分布函数。粉体的粒度和粒度分布一般根据粒度的大小可选用筛分法、沉降法、激光法、观察法等进行测量。

2. 粉体颗粒的形状

粉体颗粒的形状是指一个颗粒的轮廓或表面上各点所构成的图像。粉体颗粒的形状因粉体的制备方法不同而各异。由于颗粒形状千差万别,通常准确描述粉体颗粒的形状是困难的。为此,粗略地划分为规则形状和不规则形状两类,并以几何形状的名称近似地加以描述。典型的粉体颗粒形状如图 3.2 所示。尽管这些术语并不能精确地描述颗粒的形状,但它们大致反映了颗粒形状的某些特征,因此这些术语在工程中仍被广泛应用。另外也可用形状系数、形状指数等数学语言描述颗粒的形状,在此不再详述,可参考有关专著。

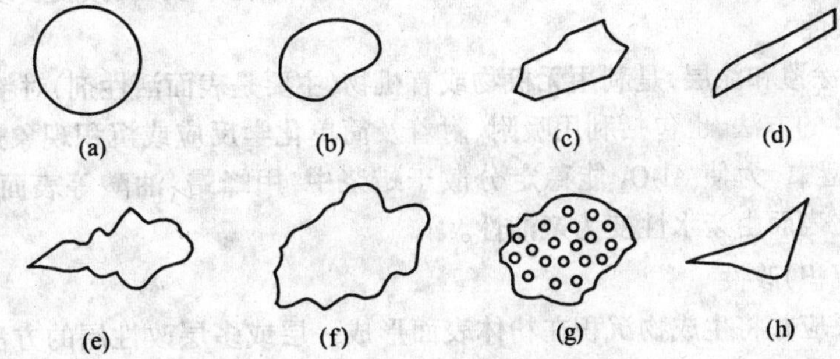

图 3.2 粉体颗粒的形状

(a)球形 (b)近球形 (c)多角形 (d)片状

(e)树枝状 (f)不规则形 (g)多孔海绵状 (h)碟状

粉体颗粒的形状直接影响粉体的流动性、自然堆积密度、比表面、成型体密度以及烧结体密度等。

3. 粉体的表面特性

粉体之所以在性能上与块体物质有很大差异,其重要的原因就是二者的表面状态存在着很多不同。随着颗粒的不断细化,粉体表面问题将成为颗粒学的首要问题。从吸附、凝聚态的变化到纳米颗粒的量子化效应等,都无不与粉体的表面特性有关。

我们知道,随物质被粉碎成细小颗粒,就会产生大量的新表面,表面产生断键。随粒径的减小,表面原子数占总原子数的比例不断增大,比表面积增大,粉体的表面能增大。这时粉体颗粒通过表面离子的极化重排、吸附、凝聚等方式降低表面能,因而颗粒表面存在严重的缺陷,如颗粒表面常吸附有气体、杂质,粉体颗粒易团聚等等。

4. 粉体的流动性

粉体的流动性是指 50g 粉体从标准流速漏斗流出所需的时间,单位为 s/50g,俗称流速。粉体流动的阻力是由于粉体颗粒相互直接或间接接触,而阻碍其他颗粒自由运动引起的。这种流动时的阻力与粉体种类、粒度及其分布、颗粒形状、松装密度、所吸附的水分和气体等有关。另外,还可采用粉体自然堆积时的安息角作为流动性的量度。安息角愈大，则表示粉体的流动性愈差，反之流动性愈好。粉体的流动性直接影响粉体压制成型时的填充密度及压坯密度的均匀性，因此是压制成型中必须考虑的重要工艺性能。

3.2.3 粉体的处理

由于成型的要求或产品最终性能的需要，在成型之前需要对粉体进行预处理，它主要包括表面改性、热处理、混合、悬浮、塑化、造粒等。悬浮是将粉体分散于液体介质中形成稳定、均匀、流动性好的料浆，从而利于浆料法成型。塑化是将粉体与适量液体、塑化剂混合形成具有塑性的坯料，从而可进行塑性成型。这二者在成型时再详细讨论。

1. 表面改性

在粉体的制备及应用过程中，为提高粉体的分散性、活性、相容性及使用功能，常常要对粉体进行表面改性。表面改性是指采用物理或化学方法对粉体颗粒进行表面处理，有目的地改变其表面物理化学性质的工艺。粉体表面改性方法很多，分类也各不相同，最主要的有包覆改性法、沉淀(沉积)改性、表面化学改性、机械化学改性、微胶囊改性等。

(1) 包覆改性

包覆，也称涂覆和涂层，是利用无机物或有机物(主要是表面活性剂)对粉体表面进行包覆以达到改性的方法，也包括利用吸附、附着及简单化学反应或沉积现象进行的包膜。如在热压注成型中，为使 Al_2O_3 能稳定分散于蜡浆中，用蜂蜡、油酸等表面活性剂包覆 Al_2O_3 粉体，使之表面由亲水性变为亲油性。

(2)沉淀(沉积)改性

利用化学反应并将生成物沉积在粉体表面形成一层或多层改性层的方法，称为沉淀(沉积)改性。如制备 $Al_2O_3\cdot SiC$ 复相陶瓷材料时，对 SiC 粉体颗粒进行沉淀改性，使之表面沉积一层 Al_2O_3，从而使 SiC 能均匀稳定分散于 Al_2O_3 粉体中。还有 ThO_2 颗粒表面沉积 Ni，Al_2O_3 颗粒表面沉积 Cu 等。

(3)表面化学改性

表面化学改性是通过表面改性剂与粉体颗粒表面进行的化学反应或化学吸附而改性，这类表面改性剂有偶联剂、高级脂肪酸及其盐、不饱和有机酸和有机硅等。如利用钛或硅系偶联剂与纳米 TiO_2 表面的反应，使之转变为亲油表面。

(4)机械化学改性

机械化学改性是采用机械作用激活粉体和表面改性剂(或更细的另一种用于包覆或复合的粉体)，使其界面间发生化学作用，以达到化学改性的效果，进而增加表面改性剂与被改性粉体间的结合力。其实质是机械作用促进表面化学改性，将机械能转变为化学能。对被改性粉体及改性剂混合物进行高速机械搅拌、冲击、研磨、球磨等都可实现机械化学改性。该方法适用于无机粉体改性，单层粒子包覆粉体、多层粒子包覆粉体等复合粒子的制备。

2. 热处理

粉末冶金粉体的热处理主要是使氧化物还原，降低碳和其他杂质的含量，提高粉末的纯度；同时还能消除粉体的加工硬化、稳定粉体的晶体结构。特殊情况下，为防止超细金属粉体的自燃需将其表面钝化，也将其热处理。热处理的气氛一般用还原性气氛(氢、分解氨、煤气、转化天然气等),有时也可用惰性气氛或真空。

无机粉体热处理的主要目的是促进脱水及晶体转变,稳定晶体结构,减少在烧结时的体积变化。如对 $\gamma-Al_2O_3$、TiO_2 进行煅烧使之分别转变为 $\gamma-Al_2O_3$、金红石结构,ZrO_2 粉体固溶使之转变为稳定或部分稳定 ZrO_2。有时热处理是为了破坏粉体颗粒的层状结构,避免成型时的定向排列,如云母、滑石等的热处理。

3. **混合**

粉末冶金和陶瓷材料的配料中一般不只一种粉体,而是多种粉体。此外还需加入分散剂、润滑剂等,这就需要对其进行混合,使之均匀。混合一般采用机械法,即使用各种混合机,如球磨机、V 型混合器、锥型混合器、酒桶式混合器、螺旋混合器等将粉料机械地掺和均匀。机械法混料又可分为干混和湿混。湿混的液体介质主要有水、酒精、汽油、丙酮等。

4. **造粒**

对于粉末冶金和陶瓷工业中所用的粉料,一般希望越细越好,这有利于高温烧结,降低烧成温度。但在成型时却不然,尤其对于压制成型,因粉料粒度越细,其流动性越差,不能充满模具,易产生孔洞,坯体致密度低。因此在成型之前要进行造粒。所谓造粒,就是在细粉中加入一定塑化剂(如水),制成粒度较粗,具有一定颗粒级配、流动性好的大颗粒或团粒。造粒的主要方法有加压造粒、喷雾造粒等。喷雾造粒是目前工业中大规模应用的较先进的造粒方法,它是将粉料与塑化剂(一般用水)混合均匀形成浆料,再用喷雾器喷入造粒塔,利用热风进行雾化干燥,即得到流动性好的球状团粒。

3.3 成型原理

成型是粉末冶金和陶瓷材料加工的第二道工序。成型的任务是将粉体加工成为具有一定形状、尺寸、强度、孔隙度坯体的工艺过程。根据粉体成型时的状态可将成型方法分为以下三类。

胶态成型法。胶态成型法是将粉料与介质(水、有机溶剂)、添加剂等充分混合形成流动的料浆,注入特定模具中,通过介质的排除或介质的凝固,使之固态化,从而成为具有一定形状、尺寸、强度的坯体。如石膏模注浆成型、热压注、流延成型、原位凝固胶态成型。

塑性成型法。粉料中加入适量液体介质、塑化剂,将之混炼成为具有塑性的坯料,然后通过各种成型机械进行挤制、滚压、轧膜、注射等成型。

粉料成型法(压制法、模压法)。粉料与少量水分、塑化剂混合,造粒后形成粉状坯料,然后在较高的压力下,在模具中压制成型,如干压、半干压、等静压等。

3.3.1 胶态成型

胶态成型是将粉末颗粒均匀分散于液体介质(水、有机溶剂)中形成料浆,利用料浆的流动性使之填充到所要求的空间(模腔)中,通过改变料浆的稳定分散条件使之固化,从而保持模腔的形状,达到成型的目的。在胶态成型中关键技术是料浆的制备及料浆的固化。

1. **料浆的制备**

料浆的制备就是使粉末颗粒分散于液体介质中形成稳定、均匀、低粘度、流动性好的料浆。料浆的制备对于胶态成型是非常重要的,它是成型工艺能否实现的前提,是制备均匀坯体的关键。

(1)颗粒在液体介质中的相互作用力

粉末颗粒能否均匀、稳定地分散于液体介质中,主要取决于颗粒在液体介质中的相互作用力。液体中颗粒间的相互作用力主要有以下几种:

范德华作用力。是由分子间作用力导致的颗粒间作用力,它与距离的七次方成反比,作用范围极小,因而范德华作用力通常只表现为引力作用。

静电作用力。在液体中,颗粒表面因离子的选择性溶解或选择性吸附而荷电,反号离子由于静电吸引而在颗粒周围的液体中扩散分布,形成双电层,产生双电层静电作用力。颗粒表面电荷同号时,表现为排斥力;异号时,则表现为吸引力。

溶剂化膜作用力。是指颗粒在液体介质中形成的溶剂化膜具有抵抗颗粒在近程范围内互相靠近并接触的作用力。

毛细管力。颗粒表面被介质良好润湿,当两个颗粒接近到了一定距离时,在其颈部形成液桥,在液桥中存在着一定的压力差,使颗粒相互吸引,这便是毛细管力。

空间效应力。当颗粒表面吸附无机或有机聚合物时,聚合物吸附层将在颗粒接近时产生一种附加的作用,称为空间效应。当吸附层牢固、致密、有良好的溶剂化性质时,它起对抗颗粒接近及聚团的作用,此时高聚物吸附层表现出很强的排斥力,称为空间排斥力;当链状高分子在颗粒表面的吸附密度很低(如覆盖率小于50%),它们可以同时在两个或数个颗粒表面吸附,此时颗粒通过高分子的桥连作用而聚团。

水动力。普遍存在于固相含量高的分散体系中,当两颗粒相互靠近时,液-液间的剪切应力阻止颗粒的接近,当颗粒分开时,它又表现为吸引力。

(2) 料浆稳定分散机制

根据颗粒在液体介质中的相互作用力,料浆稳定分散的机制主要有:

静电稳定分散机制。又称双电层稳定机制,即通过调节 pH 值或加入电解质,使颗粒胶团表面产生一定量的表面电荷,形成双电层,通过 Zeta 电位增加,使颗粒间斥力增强,从而实现颗粒的稳定分散。实现静电稳定分散的分散剂一般为小分子量、带电量高的电解质,如焦磷酸钠、六偏磷酸钠、硅酸盐等。

空间位阻稳定机制。通过加入一定量的不带电的高分子聚合物,聚合物分子吸附在颗粒的表面上,其溶剂化链在介质中充分伸展,聚合物吸附层充当位阻层,形成空间位阻稳定作用。此类分散剂一般为分子量高的非离子型聚合物,如阿拉伯树胶、明胶、羧甲基纤维素、聚乙烯醇等。

静电位阻稳定分散机制(又称电空间稳定机制)。固体颗粒表面吸附了一层带电较强的聚合物分子层,带电的聚合物分子层既通过本身所带电荷排斥周围粒子,又用位阻效应防止粒子的靠近,产生复合稳定作用。此类分散剂为可电离的高聚物,如木质磺酸钠、聚甲基丙烯酸及其盐、聚丙烯酸及其盐等。

(3) 颗粒在液体介质中的分散调控

影响颗粒稳定分散的因素主要有颗粒本身结构与性质、分散介质、分散剂种类及其用量、机械方式等。对于一定的粉末颗粒,主要通过以下三类调控手段来实现颗粒在液体介质中的稳定分散。

介质调控。根据相同极性原则,即非极性颗粒易于在非极性液体中分散,极性颗粒易于在极性液体中分散,对不同表面性质的颗粒选择不同的液体介质。常用的液体介质有水、乙二醇、乙醇、丁醇、环已烷等。

药物调控。根据颗粒表面性质和介质性质以及对浆料的要求,选择合适的分散剂种类和用量,利用以上三种机制达到稳定分散的目的。对于高固相、低粘度的浆料,常常利用聚电解质的电空间稳定机制来制备。

机械调控。粉体颗粒间常常存在不同程度的团聚状态(包括软团聚和硬团聚),要打开颗粒间的团聚达到稳定分散的目的,除了化学作用外,还须施加机械能来消除团聚。常用的机械方式有球磨或超声。

2. 料浆的固化

颗粒间的相互作用力可分为两类:一是颗粒间的排斥作用力,如溶剂化力、静电排斥力;另一类是颗粒间的吸引力,如范德华力、毛细管力。颗粒间的排斥力使颗粒间相互远离,而吸引力使之相互靠近。通过一定的调控手段可改变排斥势能和吸引势能的相对大小,从而控制浆料的流动性,最终实现固化。胶态成型中,料浆的固化都是依靠提高浆料的粘度,使其失去流动性,从而固化成型。根据改变浆料流动性的方法,主要的固化方式有:

(1) 液体介质的改变

通过改变液体介质的量使料浆固化。如在注浆成型中,利用多孔模具的毛细管作用力或外加压力,使料浆中液体介质的量减少、粘度增加而固化;也可通过液体介质随温度变化的特性而固化,如热压注成型利用石蜡在高温下的热流性、低温的热固性而成型。

(2)颗粒间作用力的改变

通过调整料浆的某些分散条件,如 pH 值、离子强度等,使颗粒间作用力改变而固化。如在直接凝固注模成型(DCC)工艺中,通过尿素在尿素酶作用下的水解反应,调节体系的 pH 值,使料浆固化。

(3)外加剂特性的改变

通过料浆某些外加剂的特性来使料浆固化。如凝胶注模成型(Gelcasting)中,利用有机单体交联形成聚合物而固化。温度诱导成型(TIF)工艺中利用分散剂分散效果随温度变化的特性絮凝成型。

(4)依靠料浆的流变特性而固化

利用料浆在不同条件下具有的流变特性(如震凝性、触变性等),改变条件使之固化。如胶态振动注模成型利用料浆的触变性来固化。

3. 成型方法

(1)注浆成型法

注浆成型是一种最古老的成型工艺。早在 17 世纪已开始使用此法制造粘土质陶瓷制品。它利用分散剂,先将粉料制成一定流动性、稳定性的浆料,再将之注入到石膏模具中,在石膏模毛细管力作用下,浆料中的水分沿着毛细管排出。与石膏接触的外圈层首先脱水固化,随时间延长,固化层厚度增加,直到达到要求厚度,就形成石膏模内腔所具有形状的坯体,如图 3.3。

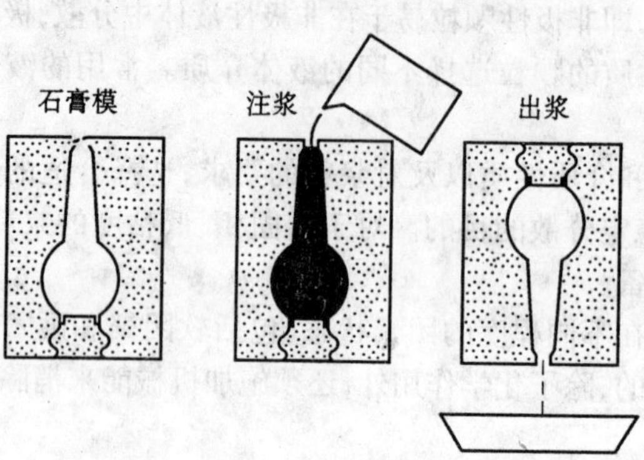

图 3.3 空心注浆法示意图

注浆成型方法主要有空心注浆、实心注浆。为了提高注浆速度和坯体质量,可采用压力注浆、离心注浆和真空注浆,这时所采用的模具可以是多孔树脂模具。

注浆成型工艺简单,模具便宜易得,可制造大型、形状复杂的部件,且可大批量生产,如发动机陶瓷部件、卫生洁具、复杂形状大件粉末冶金制品等。其缺点是生产周期长,占地面积大,劳动强度大,产量低,不易于自动化生产,产品质量差,收缩变形大,尺寸精度差。

(2)热压注成型

热压注成型法虽然也是浆料成型法,但与石膏模注浆工艺不同,它是利用了石蜡的热流性特点,把粉料、石蜡、表面活性剂混合均匀后,制成蜡饼。将蜡饼置于热压注机筒内,加热至一定温度熔化,使之具有一定的流动性。在压缩空气作用下,将筒内料浆通过吸注口压入金属模具中,根据产品形状和大小保持一定时间,料浆在模腔内凝固成型,脱模取出坯体。其工作原理如图 3.4 所示。

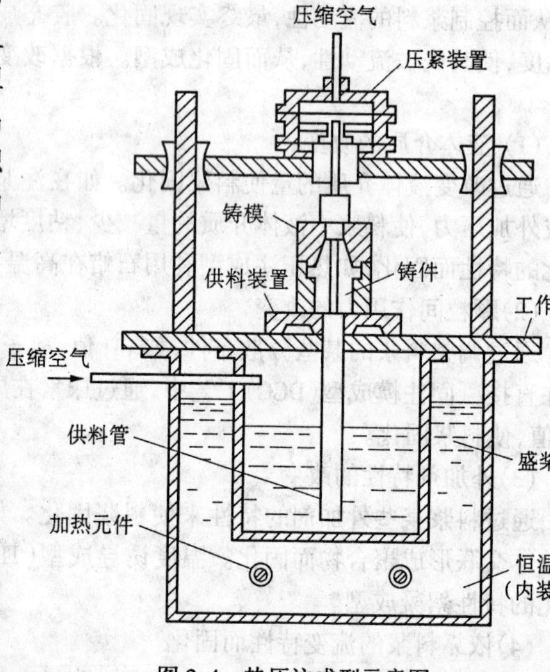

图 3.4 热压注成型示意图

热压注形成的坯体在烧成之前,先要经过排蜡处理,否则由于石蜡在高温熔化、挥发、燃烧,坯体将失去粘结而解体,不能保持其形状。

排蜡是将坯体埋入疏松、惰性的保护物中焙烧。这种保护物料(一般为煅烧的工业三氧化二铝粉)又称为吸附剂,它在高温下稳定,又不易与坯体粘结。在升温过程中,石蜡虽然会熔化扩散,但有吸附剂支持着坯体。当温度继续升高,石蜡挥发、燃烧完全,坯体中粉料之间有一定的烧结,坯体具有一定的强度。排蜡后的坯体要清理表面的吸附剂,然后再进行烧结。

热压注工艺适合于形状较复杂,精度要求高的中小型产品的生产,设备简单,操作方便,劳动强度不大,生产效率较高,模具磨损小、寿命长,在新型陶瓷生产中广为采用,如装置瓷件、化工陶瓷部件。热压注成型的不足之处是含蜡量高(约 13%),排蜡周期长,耗能大(多次烧),工序比较复杂。对于壁薄的大而长的制品,由于不易充满模腔,易变形,不太适宜。

(3)流延法成型

流延成型是将超细粉碎的坯料粉末与粘结剂、增塑剂、分散剂、溶剂等均匀混合制得料浆,再把料浆放入流延机的料斗中,如图 3.5。

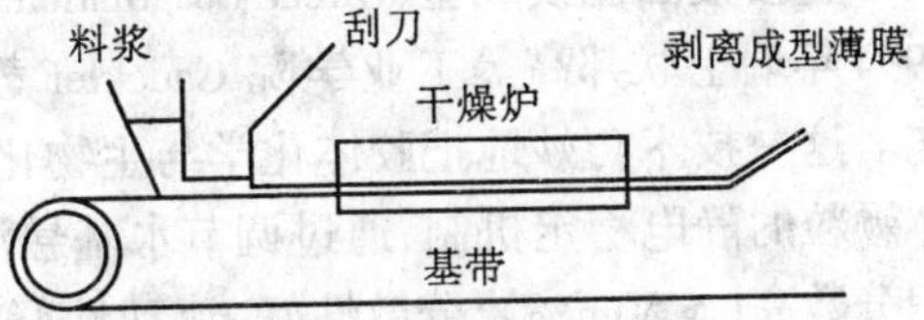

图 3.5　流延法示意图

料浆从料斗下部流至流延机的薄膜载体(传送带)上,用刮刀控制厚度。再经红外线加热等方法烘干得到膜坯,然后按所需的形状切割或开孔,然后烧结。

流延成型主要用于生产厚度在 0.2mm 以下表面光洁度好的超薄型制品。流延法设备较简单,工艺稳定,可连续操作,便于实现自动化,生产效率高,但由于所含粘结剂量大,因而收缩率大(20% ~ 21%),应予以注意。

(4)原位凝固胶态成型技术

原位凝固就是指颗粒在悬浮体中的位置不变,靠颗粒之间的作用力或者悬浮体内部的一些载体性质的变化,使悬浮体从液态转变为固态。在此过程中坯体没有收缩,介质的量没有改变,所采用的模具为非孔模具,这样的成型方法叫做原位凝固胶态成型。原位凝固胶态成型与其他胶态成型工艺的区别主要在于凝固技术的不同。这将会导致对浆料性质要求的差异和整个工艺过程的差异。陶瓷原位凝固胶态成型技术是降低陶瓷制造成本、提高材料可靠性的有效途径,因此近年来成为陶瓷界研究和关注的焦点之一。目前正在研究的原位凝固胶态成型技术有以下几种。

凝胶注模成型(Gelcasting)。凝胶注模成型工艺是美国橡树岭国家实验室在 20 世纪 90 年代初发明的一种新颖的陶瓷近净尺寸成型技术。该法将传统陶瓷工艺和聚合物化学有机结合起来,将高分子单体聚合的思路灵活地引入到陶瓷的成型工艺中,从而可近净尺寸成型复杂形状的零部件。具体方法是:首先将陶瓷粉料分散于含有有机单体和交联剂的水溶液或非水溶液中,室温下制备出稳定分散的低粘度高固相体积分数的浓悬浮体($>50\varphi\%$);然后加入引发剂和催化剂,将除过气的浓悬浮体注入非孔模具中,在一定温度下,引发有机单体聚合,浓悬浮体粘度剧增,从而导致原位凝固成型;再经低温干燥后得到坯体。该工艺加入的有机单体的质量占溶剂的 10% ~ 20%,占坯体总质量的 2% ~ 4% 左右。溶剂可通过干燥排除,而在干燥过程中,坯体中的网络聚合物不会随之迁移。此法成型的坯体结构均匀，密度高，强度高，可进行机加工；坯体中的聚合物含量低，易脱脂；另外，该法中模具材料可选范围广(如石蜡、塑料、金属、玻璃均可用)，模具设计及制造简单，成本低。

温度诱导絮凝成型(Temperature Induced Flocculation)。温度诱导絮凝成型(简称 TIF)是由瑞典表面化学研究所首先发明的。它首先将陶瓷粉料用特殊分散剂(如商业所售的 Hypermer KD－3)分散在有机溶剂中，以制备高固相体积分数的浓悬浮体。所用分散剂的一端牢固地吸附在颗粒的表面，另一端伸向溶剂中，起到空间位阻稳定作用。这种分散剂不仅对颗粒起稳定分散作用，而且，其分散效果随温度变化而变化，从而可通过控制浆料的温度来提高浆料的粘度，以实现原位凝固。此法的主要优点在于成型后不合格的坯体可作为原料重新使用。

直接凝固注模成型(Direct Coagulation Casting)。直接凝固注模成型工艺(简称 DCC)是 1994 年瑞士联邦高等工业学院 Gauckler 教授等提出的一种新颖的原位凝固胶态成型工艺。这一技术巧妙地把胶体化学与生物化学结合起来用于陶瓷成型中。其思路是利用胶体颗粒的静电稳定机制，通过调节水基悬浮体的 pH 值或加入分散剂，首先制备出固相体积分数高($>50\varphi\%$)、分散性好、流动性好的悬浮体。降低温度到 0～5℃，在悬浮体中引入延迟反应的生物酶及底物。悬浮体注入模具后，升高温度(20～50℃)，此时酶的活性被激发与底物发生反应。通过酶的催化反应，或是增加了悬浮体的离子强度，或是使底物与酶反应释放出 H^+ 或 OH^- 来调节体系的 pH 值，使体系的 Zeta 电位移向等电点，悬浮体的粘度剧增，从而原位凝固成型。直接凝固注模成型工艺可有效地提高坯体的均匀性，并可制备高密度的坯体，同时具有近净尺寸成型复杂形状陶瓷部件的能力。该工艺不需加入粘结剂，也不需要有机物(或所加有机物极少，0.1%～1%)，避免了耗能的脱脂环节。另外，模具材料的选择范围广(塑料、金属、橡胶、玻璃等)，加工成本低。其缺点是生坯强度低。

其他原位凝固成型技术还有胶态振动注模成型、快速凝固成型、反应凝固成型等。

3.3.2 塑性成型

1. 可塑泥团的流变特性

可塑泥团是由固相、液相、少量气相组成的弹性－塑性系统，当它受到应力作用而发生变形时，既有弹性性质，又出现假塑性变形阶段，如图 3.6。

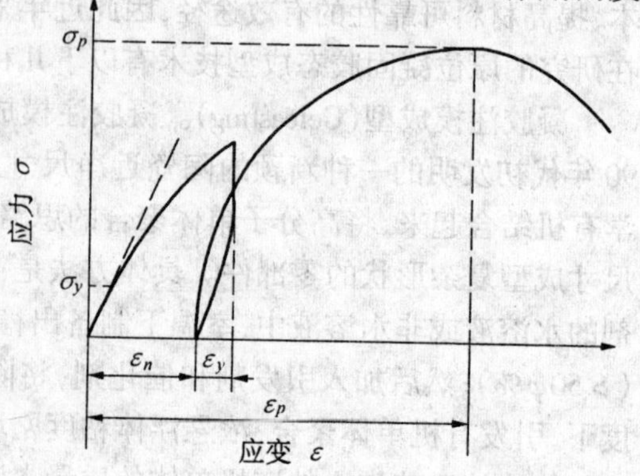

图 3.6 泥团的应力－应变曲线

当应力很小时，含水量一定的泥团受到应力 σ 的作用产生形变 ε，二者呈线性关系。当应力除去时，泥团可恢复原状，这种变形称为弹性变形。这主要是由于泥团中含有少量空气和塑化剂，它们具有弹性；同时由于粉料颗粒表面形成的水化膜所致。若应力增大超过极限值 σ_y，则出现不可逆的假塑性变形。由弹性变形过渡到假塑性变形的极限应力

σ_y 称为屈服应力，此值随泥团中水分增加而降低。达到屈服应力后，应力增加引起更大的变形速率，这时弹性模量 E 减小。若除去泥团所受到的应力，则会部分地恢复原来状态，用 ε_y 表示；剩下的不可逆变形部分 ε_n 叫假塑性变形。这是由于泥团中颗粒产生相对位移所致。若应力超过强度极限 σ_p，则泥团会开裂破坏。破坏时变形值 p 和应力 σ_p 的大小取决于所加应力的速度和应力扩散的速度。在快速加压和应力容易消除情况下，p 和 σ_p 值会较低。

成型时，希望泥团能长期维持塑性状态，这牵涉到加压方式和变形的关系。当压力是一次和快速施加到泥团上时，比较容易出现弹性变形，而不可逆的的假塑性变形值较小。所以要使泥团形成坯体要求的形状，成型的压力应该陆续、多次加到泥团上。此外，泥团受力作用变形后，若维持其变形量不变，应力会逐渐消失，即贮存在已经变形的泥团中的形变能会转化为热能而逐渐消失。这种应力降低到一定数值时所需的时间叫松弛期。如果成型时泥团受压的时间比其松弛期短得多，则在应力作用期间内，泥团来不及变形而又恢复为原状，成为弹性体；若延长加压时间，并且超过其松弛期，则泥团呈塑性变形，长期保持变形后的形状。

可塑坯料的流变性质中，有两个参数对成型过程有实际意义。一个是泥团开始假塑性变形时须加的力，即其屈服值；另一个是出现裂纹前的最大变形量。成型性能好的泥团应该有一个足够高的屈服值，以防止偶然的外力产生变形；而且还应有足够大的变形量，使得成型过程中不致出现裂纹。但这两个参数并不是孤立的，而是相互联系的。一般改变泥料的含水量，如增加含水量，坯料的最大变形量增大，但其屈服值减小；减少含水量，坯料屈服值增大，但最大变形量减小。因而近似地用屈服值和最大变形量的乘积来评价泥料的成型能力。

2. 影响坯料可塑性的因素

对于可塑泥团来说(特别对于含有粘土的泥团)，陶瓷颗粒之间主要存在两种力。一种是吸引力，它主要包括范德华力、局部边-面静电引力和毛细管作用力。毛细管作用力是塑性泥团中颗粒之间的主要吸引力。另一种是斥力，它主要包括带电颗粒之间的静电斥力或吸附聚合物形成位阻作用力。

由于颗粒之间存在这两种作用力，随条件改变，作用力改变，可塑性改变，因此影响坯料可塑性的因素主要有：

(1)液相含量与性质

液相(如水)是泥团出现可塑性的必要条件。如图 3.7。

可以看出，泥团的屈服值与最大变形量随含水量的变化是完全不同的，因此可塑性指数与含水量呈抛物线关系。

此外，液相介质的粘度、表面张力也显著影响可塑性。毛细管作用力公式$\rho=\dfrac{2\gamma}{r}\cos\theta$，液相介质表面张力 γ 大，毛细管作用力大，

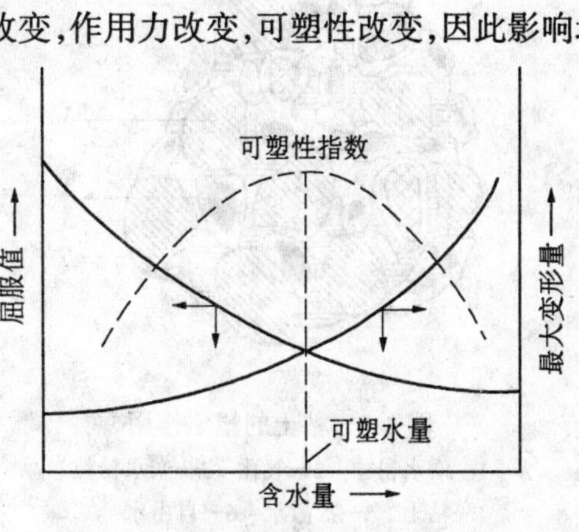

图 3.7　可塑泥团含水量与可塑性的关系

坯料可塑性增加。同样,高粘度的液体介质(如羧甲基纤维素、聚乙烯醇、糊精的水溶液、桐油等)也会提高坯料的塑性。这是由于这些有机物粘附在坯料颗粒表面,形成粘性薄膜,颗粒间作用力增大,再加上高分子化合物长链,阻碍坯料颗粒相对移动,从而使坯料具有一定的可塑性。

(2)颗粒尺寸和形状

颗粒尺寸对可塑性的影响也很大。颗粒越细,比表面积越大,颗粒表面形成液膜所需的液体也越多,最大变形量随之增大。由于液膜厚度改变不大,屈服值不减小,因而可塑性增加。此外,颗粒间形成的毛细管半径减小,毛细管作用力增大,可塑性也增加。

不同形状颗粒对可塑性的影响也有差异。板状、短柱状颗粒的比表面比球状颗粒的比表面大得多,前二种颗粒容易形成面与面的接触,形成的毛细管半径小,毛细管力较大;此外,它们的对称性低,移动时阻力大。因此,板状、短柱状颗粒形成的坯料可塑性增大。

粉体颗粒表面吸附的阴阳离子、矿物种类等也影响可塑性。

3. **瘠性料的塑化**

以上我们讨论的是粘土质坯料的可塑性。对于传统陶瓷来说,坯料中一般含有大量粘土,因此坯料本身就具有可塑性。而对于先进陶瓷而言,它所采用的原料大都为瘠性料,要使之成为可塑性坯料,则主要依靠加入塑化剂才能使之具有成型能力。瘠性料的塑化一般使用两类塑化剂,即天然粘土类矿物或有机高分子化合物。

粘土是廉价的天然塑化剂,但含有较多杂质,在制品性能要求不太高时广泛采用它为塑化剂。一般选用塑性高的膨润土,含膨润土的塑性浆料结构如图3.8。

其机理是:膨润土颗粒细小,水化能力大,颗粒水化后,外围有粘稠水化膜。瘠性料与膨润土颗粒均匀分散于连续介质水中,同时瘠性料均匀分散在粘稠膨润土胶粒之间。在外力作用下,粒子之间沿连续水膜滑移。当外力去除后,细小膨润土颗粒间的作用力仍能使它维持原状,这时泥团也就呈现可塑性。

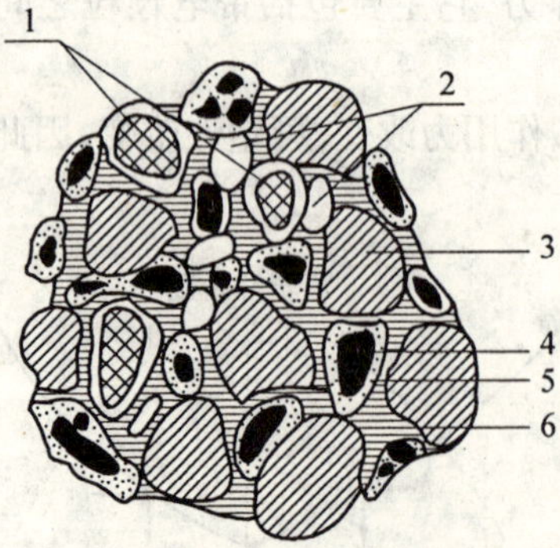

图3.8 粘土的塑化作用

1—憎水粉粒 2—气孔 3—亲水粉粒

4—粘土 5—扩散水 6—自由水

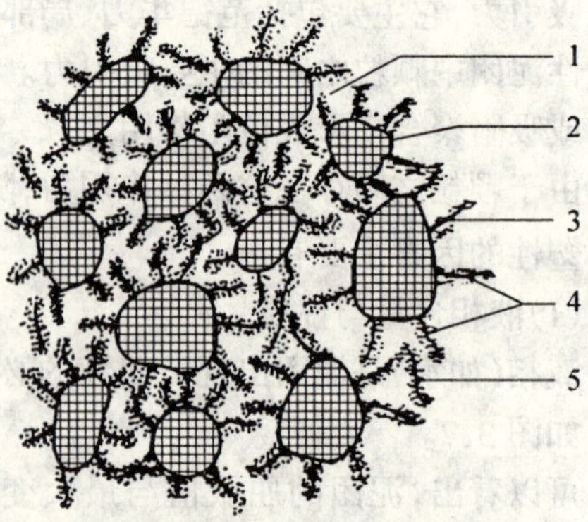

图3.9 聚乙烯醇的塑化作用

1—自由水或气孔 2—气塑瓷料粉粒

3—水化后的聚乙烯醇反态分子水膜

4—吸附在瓷料粉粒上的聚乙烯醇分子

5—处于溶液中的聚乙烯醇分子

瘠性料塑化常用的有机塑化剂有聚乙烯醇(PVA)、羧甲基纤维素(CMC)、聚醋酸乙烯酯、糊精等。其塑化机理如图 3.9,有机塑化剂的分子在水中能生成水化膜,对坯料颗粒表面有活性作用,能被颗粒表面吸附。而且分子上的水化膜也一起被吸附在颗粒表面。因此在瘠性粒子表面上,既有一层水化膜,又有一层粘性很强的有机高分子。这种高分子是卷曲线型分子,所以能把松散的瘠性粒子粘结在一起,这就使坯料具有可塑性。

4. 可塑成型的方法

(1)挤压成型

一般是将真空练制的塑性坯料放入挤制机内,这种挤制机一头可以对泥料施加压力,另一头装有机嘴,即成型模具,通过更换机嘴能挤出各种形状的坯体。挤压机适合挤制棒状、管状、短柱、纤维状及厚板状坯体,其外形可以是圆形或多边形,但上下尺寸大小一致。

传统的建材工业中的砖瓦、电子工业中的三氧化二铝钠灯管、各种柱状电子元件,以及蜂窝状或筛格式触媒载体等均采用挤压成型。粉末冶金中也广泛采用挤压成型,不同的是它分为冷挤压和热挤压。冷挤压采用的是金属粉与有机粘合剂混合的塑性坯料,它与陶瓷挤压成型相同;热挤压则采用粉状金属粉,并在高温下挤压,它把成型与烧结结合在一起。

挤压成型适于连续化批量生产,生产效率高,环境污染小,易于自动化操作。但挤嘴结构复杂,加工精度要求高。

(2) 轧制成型

轧制成型是由橡胶和塑料工业移植来的一种可塑成型方式,在先进陶瓷中应用较普遍。它适宜于生产厚度 1~0.05mm 之间的薄片状制品。

轧制成型是将准备好的陶瓷粉料拌以一定量的有机粘结剂(如聚乙烯醇 PVA)和溶剂,置于轧制机两轧辊之间,通过粗轧和精轧多次轧制,制成所要求厚度的薄片;薄片再经过冲切得到所需坯片。原理如图 3.10。

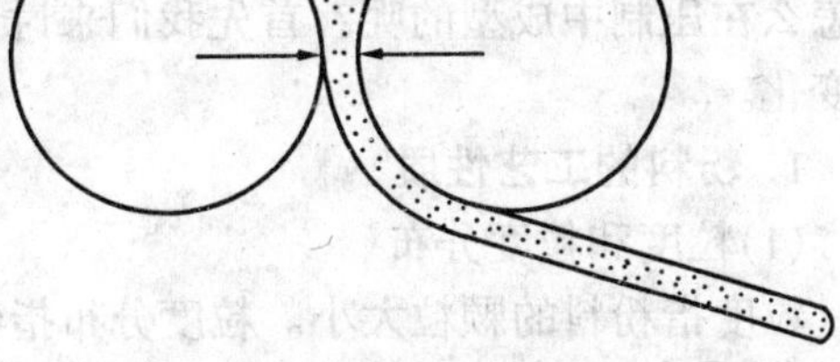

图 3.10 轧膜成型的原理

粉末冶金中的轧制则分两类,一类是把金属粉与一定数量粘结剂混合成塑坯粉料进行轧制,得到带材,再进行烧结,这与陶瓷轧制成型类同;另一类则是直接采用金属粉末在常温或加热下轧制成带材,一般不需要烧结。

(3) 注射成型

粉末冶金和陶瓷注射成型是借鉴塑料注射成型而发展的新型成型技术,工艺流程如图 3.11。它是将金属或陶瓷粉料与热塑性树脂(聚苯乙烯、聚乙烯、聚丙烯、丙烯酸类树脂等)、增塑剂(石蜡、脂肪酸脂等)等有机物混炼后,得到造粒料。经注射成型机在一定压力和温度(60~100MPa,160~200℃)下,将流动的混合料高速注射到金属模具中,经充填、保压、冷却后热塑性树脂固化,便可脱模取出坯体,其成型时间通常为数十秒。坯体经高温脱脂(去除坯体内有机物)便得到素坯,然后再烧结。

注射成型可制备形状复杂、尺寸精密的制品。制品的最终尺寸可以控制,一般不再修整,如 Si_3N_4 增压涡轮。该法能自动化、大规模生产,成本低,效率高。由于成型时坯料高速流动产生较强的附壁效应和湍流现象，使制品截面上密度不同，因而它不适用于大截面的制品。另外，由于其排塑时间长，若坯体厚度过大，在排塑时易存在残余应力和开裂。

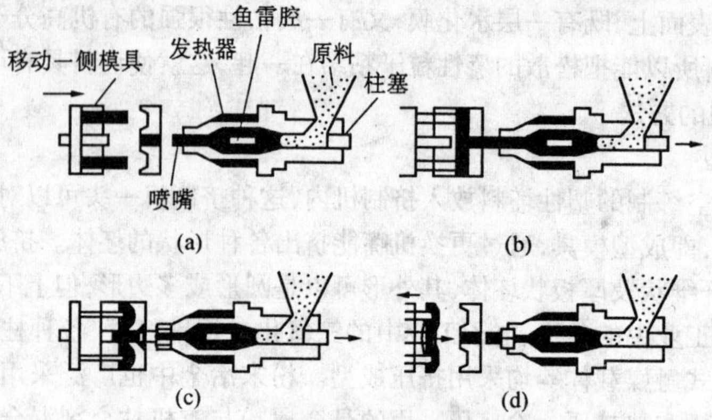

图 3.11　注射成型工艺过程

(a)模具调整　(b)注塑成型　(c)模具冷却与原料供给　(d)脱模

3.3.3　压制成型

在胶态成型、塑性成型中，所用坯料在流变学上可当作连续的物体，成型过程中液体介质(水)形成的毛细管作用力，使固体颗粒互相紧密接触，一直维持到干燥过程结束。这一毛细管作用力相当于 25~30N/mm^2 外压的作用。对于压制成型所用的是粉状坯料，它是怎么在压制中成型的呢？首先我们来讨论粉料的性质，然后讨论压制过程中坯体发生的变化。

1. 粉料的工艺性质

(1)粒度和粒度分布

粒度指粉料的颗粒大小。粒度分布指各种不同大小颗粒的百分比。从实际生产中可知，很细或很粗的粉料，在一定压力下被压紧成型的能力较差，表现在相同压力下坯体的密度和强度相差很大。细粉在成型时，由于受压面较致密，在颗粒间分布的大量空气，在受压时沿着与加压方向垂直的层面逸出，坯体易产生层裂。而一定颗粒级配的粉料成型后密度和强度较高，这与粉料的粒度分布和堆积性质有关。

(2)堆积性质

由于粉料的形状不规则、表面粗糙，使堆积起来的颗粒间存在大量空隙。粉料的堆积密度与堆积性质有关。采用一定粒度分布的粉料可以减少孔隙率，提高自由堆积密度。在生产中，我们希望粉料较细一点，这样可以提高活性，降低烧成温度。但在成型时又需要颗粒具有一定的粒度和粒度分布，来改善粉料的流动特性、堆积特性，以调整孔隙率。为了提高成型质量，通常采用“造粒”使许多小颗粒聚集成团粒，这样就提高了堆积密度。而在压制成型时，在一定压力下，团粒结构破坏，不阻碍后续烧结致密化和结构均匀性。

(3)粉料的拱桥效应

粉料自由堆积的孔隙率往往比理论计算值大得多，这是因为粉料不是球形，加上表面粗糙，结果颗粒互相交错啮合形成拱桥形空间，增大孔隙率，这种现象称为拱桥效应。粗大光滑的颗粒堆积在一起时，不容易形成拱桥，孔隙率不会很大；细颗粒的重量小，比表面大,颗粒间的附着力大,容易形成拱桥。

(4) 粉料的流动性

粉料虽然由固体小颗粒所组成,但由于其分散度较高,具有一定的流动性。粉料的流动性决定于粉料的内摩擦力,即粉料的粒度、粒度分布、颗粒形状、大小、表面状态等。

在压制成型时,粉料的流动性决定着粉料在模型中充填的速度和充填程度。流动性差的粉料,难于在短时间内填满模具,且易产生填充不均匀,影响压机产量和坯体质量。可以通过造粒、添加润滑剂、改变粉料形状及表面状态提高流动性。

2. 压制过程中坯体发生的变化

(1)密度和强度的变化

压制成型过程中,随着压力增加,松散的粉料迅速形成坯体。假如不考虑不同压制成型方式带来的密度不均匀,坯体的相对密度和强度与成型压力关系如图 3.12 所示。

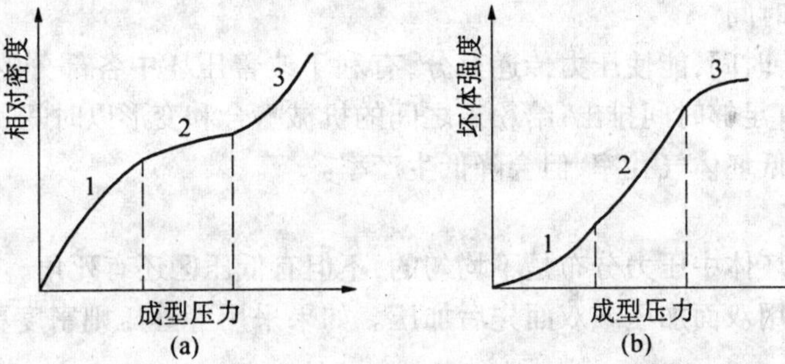

图 3.12 坯体相对密度、强度与成型压力的关系

在加压第一阶段,随压力增加,坯体密度急剧增加(图(a)),强度变化不大(图(b)),这主要是开始受压时,大量颗粒产生相对位移和滑动,位置改变,孔隙填充,假颗粒(团粒)破碎,拱桥破坏,孔隙减少,因此密度增加较快;但颗粒间的接触面积仍较小,所以强度并不大。在第二阶段,随压力增大,坯体中宏观的大量孔隙已不存在,坯体颗粒仅是通过适当的弹 - 塑性变形来增加接触面积,减小孔隙,因此密度变化不大(图(a))但颗粒间的距离减小,接触面积大大增加,出现原子间力的相互作用,因此强度直线提高(图(b))。当压力继续增大,达到使固体颗粒变形破碎的程度(即极限变形应力),颗粒的棱角压平,孔隙继续填充,坯体密度又有明显的增加(图(a)),坯体强度也增加(图(b))。

(2)坯体中压力的分布

压制成型时,遇到的一个问题是坯体中压力分布不均匀,即不同部位受到的压力不等,因而导致坯体各部分的密度出现差别。产生压力分布不均的原因是摩擦力,它包括粉料间内摩擦力及粉料颗粒对模壁摩擦力。这两种摩擦力妨碍着压力的传递,坯体中离开加压面的距离越大,该处受到的压力越小。它一方面与粉料的组成和性质有关,另一方面与模壁和粉料的摩擦面积有关,即与坯体的大小和形状有关。摩擦力对坯体中压力及密度分布的影响,随压制坯体高度与直径的比值 H/D 不同而不同,H/D 比值越大,则分布不均匀现象越严重,因而高而细的制品不适于采用压制成型。由于坯体各部位密度不同,烧成时收缩也就不同,容易引起产品变形和开裂。

3. 影响坯体性能的因素

(1)粉料的自由堆积孔隙率

装模时粉料的自由堆积孔隙率越小,则坯体成型后的孔隙率也越小,因此可以控制粉料的粒度和粒度分布或采用造粒、振动装料等方式,减小自由堆积孔隙率,从而得到较致密的坯体。

(2)粉料流动性

提高粉料流动性,减少颗粒间内摩擦力,也可使成型后坯体气孔率降低,这可通过造粒得到球形颗粒,加入成型润滑剂,采用边加压边加温等方式来实现。

(3)成型压力

增大成型压力,可使坯体孔隙率减小,但在实际生产中受到设备的限制,以及坯体质量的要求,加压压力不能太大。

(4)加压保持时间

延长加压保持时间,能使压力传递充分,有利于改善压坯中各部分的密度分布;能使粉体空隙中空气有足够时间排出;给粉末之间的机械啮合和变形以时间,有利于应变弛豫的进行,因而可降低坯体气孔率,但会降低生产率。

(5)加压方式

单面加压时,坯体中压力分布是不均匀的,不但有低压区还有死角。为了使坯体致密度均匀一致,宜采用双面加压或双面先后加压。如果采用等静压则密度更均匀。如图 3.13。

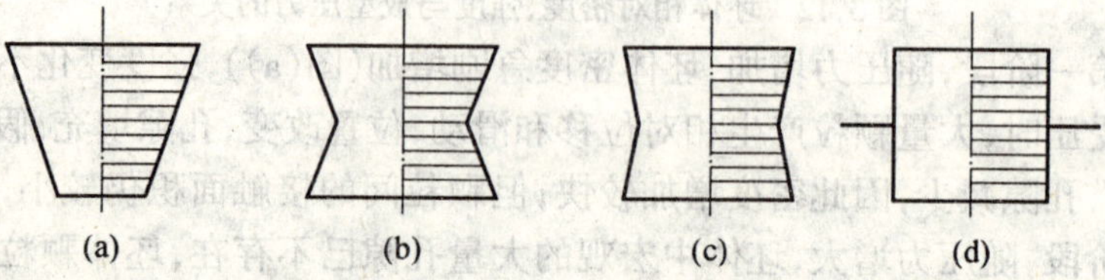

图 3.13 加压方式和压力分布关系图(横条线为等密度线)

(a)单面加压 (b)双面同时加压 (c)双面先后加压 (d)四面加压

(6)加压速度

开始加压时压力应小一些,以利于空气的排出,然后短时间释放此压力,使受压气体逸出。初压时坯体疏松,空气易排出,可以稍快加压。当用高压使颗粒紧密靠拢后,必须缓慢加压,以免残余空气无法排出,以致在释放压力后,空气膨胀,回弹产生层裂。为了提高压力的均匀性,可采用多次加压。开始压力稍小,然后压力加大,这样不致封闭空气排出的通路。最后一次提起时要轻、缓慢,防止残留空气急速膨胀产生裂纹。若在加压时振动粉料(振动加压)效果更好。

(7)添加剂

在压制成型的粉末中,往往加入一定种类和数量的添加剂。其目的是减少粉料颗粒间及粉料与模型间的磨擦,增加粉料颗粒之间的粘结作用,或促进粉料颗粒润湿、变形,从而提高坯体的密度和强度,减少密度分布不均现象。

4.成型方法

(1)干压成型

干压成型是将流动性好、颗粒级配合理的造粒粉料装入模具中,通过压机施以外加压力,使粉料压制成一定形状的坯体的方法。干压成型所用的压机有摩擦压力机、液压成型机、自动压片机等。加压方式有单面加压、双面同时加压及双面先后加压。

干压成型工艺简单,操作方便,周期短,效率高,便于实现自动化生产;成型坯体粘合剂少,致密度高,尺寸比较精确,烧成收缩小。广泛用于圆形、薄片状各种电子元件和功能陶瓷的生产。在建筑陶瓷、耐火材料工业中也广为使用,如地面砖、耐火砖。干压成型也是粉末冶金中采用最多的成型方法。

干压成型必须具有一定功率的加压设备,成型的坯体结构具有明显的各向异性,对模具的要求也较高,不适用于复杂形状的制品和大型坯体生产。

(2)等静压成型

等静压成型指粉料的各个方向同时均匀受压。它是利用液体介质压缩性很小、能均匀传递压力的特性,而实现均匀施压的一种方法。等静压成型方法有冷等静压成型和热等静压成型。热等静压把成型与烧结结合在一起,属热压烧结。冷等静压成型又分为湿式等静压和干式等静压成型两种。

湿式等静压成型。过程如图3.14所示。先将配好的坯料装入塑料或橡胶制成的弹性模具内,置于高压容器中,密封后打入高压液体介质。压力传递至弹性模具,对坯体加压。然后释放压力取出模具,并从模具中取出成型好的坯体。

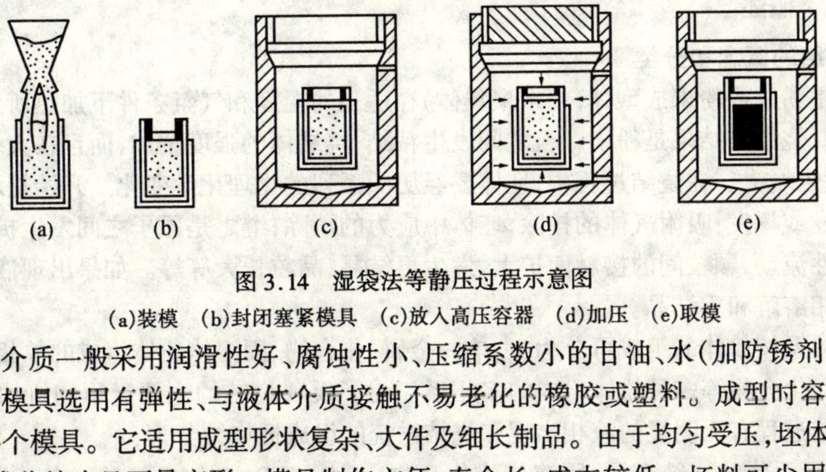

图3.14　湿袋法等静压过程示意图

(a)装模　(b)封闭塞紧模具　(c)放入高压容器　(d)加压　(e)取模

液体介质一般采用润滑性好、腐蚀性小、压缩系数小的甘油、水(加防锈剂)、刹车油等。成型模具选用有弹性、与液体介质接触不易老化的橡胶或塑料。成型时容器中可同时放入多个模具。它适用成型形状复杂、大件及细长制品。由于均匀受压,坯体密度高且均匀,烧成收缩小且不易变形。模具制作方便,寿命长,成本较低。坯料可少用或不用粘结剂。但成型设备投资大,高压操作需特别防护,另外不能连续操作。

干式等静压成型。干式等静压相对于湿式而言,其模具并不都是处于液体之中,而是半固定的,坯料的添加和坯件的取出都是在干燥状态下操作,因而叫干式等静压。成型过程如图3.15所示。

干式等静压只能在粉料周围加压,模具的顶部和底部无法加压。它更适合于生产简单的长形、薄壁管状制品,并能用于自动化生产。如 Al_2O_3 球、硬质合金整体异形刀具等的成型。

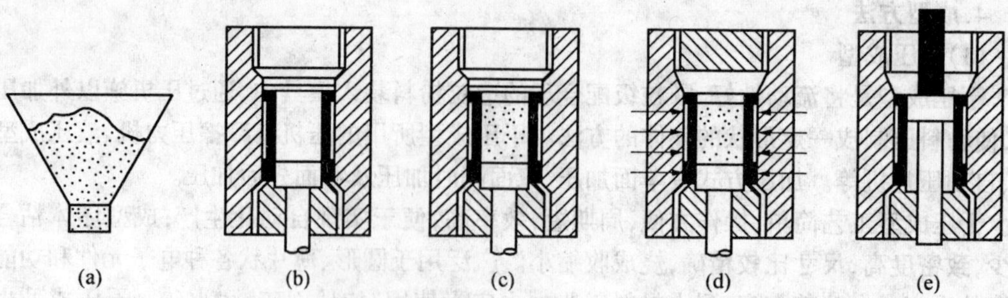

图 3.15　干袋法等静压过程示意图

(a)粉料斗　(b)压力室　(c)装入粉料　(d)加压　(e)出坯

3.4　烧结原理

烧结是粉末冶金和陶瓷材料生产过程中最基本的工序,烧结是材料的显微结构形成的过程,对最终产品的性能起决定性作用。因为烧结造成的废品是无法通过以后的工序挽救的,烧结实际上对产品质量起着"把关"的作用。另外,烧结是耗能的高温处理,其能耗是构成产品成本的重要部分。因此,了解烧结的现象及机理,了解影响烧结的因素等,对控制和改进材料的结构、性能,提高经济效益有十分重要的意义。

3.4.1　概述

1. 烧结的概念和分类

烧结是粉末或粉末成型体(粉末聚集体)在适当的温度和气氛条件下加热所发生的现象或过程。烧结的结果是粉末颗粒之间发生粘结,烧结体的强度增加,而且在大多数情况下,其密度也增大。在烧结过程中,坯体要经历一系列的物理化学变化。开始是水分或有机物的蒸发或挥发,吸附气体的排除,坯体中应力的消除;继之是原子之间发生扩散、粘性流动或塑性流动,颗粒间的接触面扩大,发生再结晶、晶粒长大等等。如果出现液相时,还可能有固相溶解和重结晶。

烧结体系按粉体的组成可分为:由单一金属、化合物、固溶体粉体组成的单相系;由金属、非金属、化合物等多种粉体组成的多相系。为了反映烧结的主要过程和机构的特点,通常按烧结过程有无明显的液相出现和烧结系统的组成把烧结分为:

(1)单元系烧结。纯金属、固溶体或化合物(Al_2O_3、ZrO_2、SiC、Si_3N_4 等)在其熔点温度以下进行的固相烧结。

(2)多元系固相烧结。由两种或两种以上的组分构成的烧结体系,在其中低熔点组分的熔点以下进行烧结。根据组元之间在烧结温度下有无固相溶解存在,又分为:①无限固溶系烧结;②有限固溶系烧结;③完全不互溶系烧结。

(3)多元液相烧结。以高于系统中低熔组分熔点的温度进行的烧结。由于低熔组分同难熔固相之间的互相溶解或形成固溶体的性质不同,液相可能消失或始终存在于全过程,故又分为:①稳定液相烧结系统;②瞬时液相烧结系统。

2. **烧结的基本过程**

在高温下，原子振动幅度加大。在粉末或粉末压坯内，颗粒间由于原子扩散形成粘结面；随着原子的扩散，粘结面的扩大，烧结体的强度增大；粘结面扩大进而形成烧结颈，使原来的颗粒界面形成晶界界面，而且随着烧结的进行，晶界可以向晶粒内部移动，导致晶粒长大。

烧结体强度增大还反映在孔隙体积和孔隙总数的减少以及孔隙的形状变化上，图3.16用球形颗粒模型表示孔隙形状的变化。

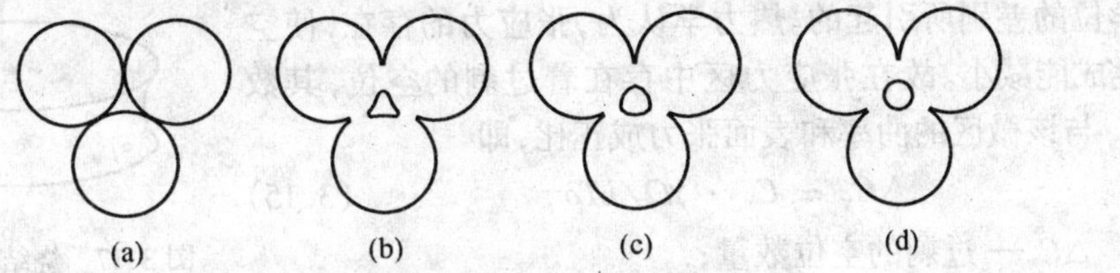

图3.16 球形颗粒的烧结模型

(a)烧结前颗粒的原始接触 (b)烧结早期的烧结颈长大

(c),(d)烧结后期的间隙球化

粉末等温烧结的过程，按时间大致可以划分为三个界线不十分明显的阶段。

(1)第一阶段——发生粘结。烧结初期，颗粒间的原始接触点或面转变为晶体结合，形成烧结颈。在这一阶段，颗粒内晶粒不发生变化，晶粒外形也基本不变，整个烧结体不发生收缩，密度增加也极微，但烧结体的强度和导电性则有明显增加。

(2)第二阶段——烧结颈长大。原子向结合面的大量迁移，使烧结颈扩大，颗粒间距离缩小，形成连续的孔隙网络；同时由于晶粒长大，晶界越过孔隙移动，而被晶界扫过的地方，孔隙大量消失。体积收缩，密度和强度增加是这个阶段的主要特征。

(3)第三阶段——闭孔隙球化和缩小。当烧结体密度达到90%以后，多数孔隙完全被分隔，闭孔数目大为增加，孔隙形状趋于球形并不断缩小。在这个阶段，整个烧结体仍可缓慢收缩，但主要是靠小孔的逐渐消失来实现的。这是烧结的完成阶段。该阶段即使是持续很长时间，也很难完全消灭小孔。

等温烧结三阶段的相对长短主要由烧结温度决定。温度低，可能仅出现第一阶段；在生产条件下，至少应保证第二阶段接近完成；温度越高出现第二、第三阶段就越早。在连续烧结时，第一阶段可能在升温过程中就能完成。

3. **烧结的推动力**

粉末有自发粘结成团的倾向，特别是极细的粉末，即使是在低温下，也会逐渐聚结。在高温下结块更十分明显。粉末受热，颗粒之间发生结团，即我们所谓的"烧结"现象。这里，加热只不过是从外在条件上保证了这种自发倾向的充分实现而已。

微细粉末具有巨大的比表面积，它带来丰富的过剩表面能。在烧结的各阶段，减小表面积，降低表面自由能，始终是烧结过程的推动力。此外，破碎制粉过程中，颗粒内部产生了大量的各种晶格缺陷，它们所储藏的能量，也成为烧结的推动力。

可以应用库钦斯基的简化烧结模型(图3.17)，推导由表面能提供的烧结原动力。根据理想的两球模型，作用于烧结颈的应力为

$$\sigma = -\gamma/\rho \tag{3.14}$$

式中 γ—— 表面张力；

ρ—— 烧结颈的曲率半径，负号表示作用于曲颈面上的应力是张力。

烧结颈处的空位浓度分布的模型见图 3.18，各个部位空位浓度是不均匀的。

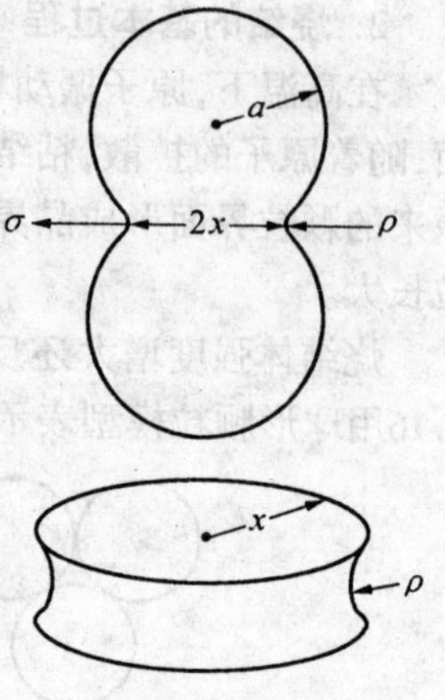

图 3.17 烧结的两球模型

按照近代晶体缺陷理论，物质扩散是由空位浓度梯度造成化学位的差别所引起的。热力学认为，张应力的存在，使空位的生成能减小。故在张应力区中存在着过剩的空位，其数量 ΔC_v 与该微区的曲率和表面张力成正比，即

$$\Delta C_v = C_{v_0} \cdot \gamma\Omega / kT\rho \tag{3.15}$$

式中 ΔC_v— 过剩的空位数量；

C_{v_0}—— 无应力区空位的平衡浓度；

Ω—— 空位体积；

γ—— 烧结颈处的表面张力；

ρ—— 烧结颈处的曲率半径；

k—— 波尔兹曼常数；

T—— 绝对温度。

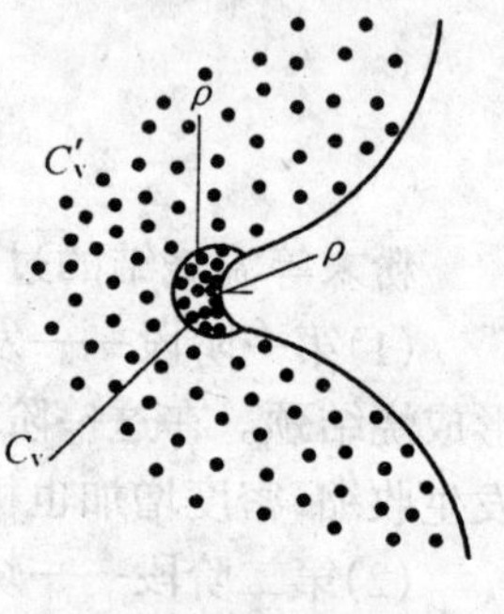

图 3.18 烧结颈曲面下的空位浓度分布

如果我们以 ρ 为半径，在烧结颈表面以下划出一个微区，并计算该区内部的过剩空位梯度的话，则可推导出

$$\Delta C_v / \rho = C_{v_0} \cdot \gamma\Omega / kT\rho^2 \tag{3.16}$$

过剩空位浓度梯度将引起烧结颈表面下微小区域内的空位向球体内扩散，相反，球体内的原子将向烧结颈的表面上扩散，使颈部长大。该式科学地反映了在烧结过程中表面能转化为物质传输流的定量规律，因此是研究烧结机构的基本公式。

烧结过程中还可能发生物质由颗粒表面向空间蒸发的现象，这时可从物质蒸发角度研究烧结推动力，即烧结体系内各处的蒸气压力差成为烧结通过物质蒸发转移的驱动力。

3.4.2 烧结机制

烧结过程中，颗粒粘结面上发生的量与质的变化，以及烧结体内孔隙的球化与缩小等过程，都是以物质迁移为前提的。烧结机制就是研究烧结过程中各种可能的物质迁移形式及其速率。

烧结时物质迁移的各种可能形式示于表 3.2。

烧结初期颗粒间的粘结具有范德华力的性质，不需要原子做明显的移动，只涉及颗粒表面上部分原子排列的改变或位置的调整，过程所需的激活能是很低的。因而，即使在温度较低、时间较短的条件下，粘结也能发生，这是烧结早期的主要特征。此时烧结体的收缩不明显。

表 3.2　物质迁移的几种可能的形式

<table>
<tr><td>Ⅰ</td><td>不发生物质迁移</td><td colspan="2">粘　　结</td></tr>
<tr><td rowspan="7">Ⅱ</td><td rowspan="7">发生物质迁移，并且原子移动较长距离</td><td>粘性流动</td><td>源于空位移动，发生在非晶体</td></tr>
<tr><td>蒸发 – 凝聚</td><td></td></tr>
<tr><td>表面扩散</td><td rowspan="3">晶体的空位与原子的移动</td></tr>
<tr><td>体积扩散
（晶格扩散）</td></tr>
<tr><td>晶界扩散</td></tr>
<tr><td>塑性流动
晶界移动</td><td>小块晶体移动</td></tr>
<tr><td>Ⅲ</td><td>发生物质迁移，但原子移动较短的距离</td><td colspan="2">回 复 和 再 结 晶</td></tr>
</table>

其他的物质迁移形式，如扩散、蒸发与凝聚、流动等，因原子移动距离较长，过程的激活能较大，只有在足够高的温度或外力的作用下才能发生。它们将引起烧结体收缩，使性能发生明显的变化，这是烧结主要过程的基本特征。

烧结体内虽然可能存在回复和再结晶，但只有在晶格畸变严重的粉末烧结时才容易发生。这时，随着致密化出现晶粒长大。回复和再结晶首先使坯体中颗粒接触面上的应力得以消除，因而促进烧结颈的形成。由于粉末中杂质和孔隙的阻碍作用，粉末烧结时的再结晶、晶粒长大不像致密金属中那样明显。

以下我们在图 3.17 的双球烧结模型和图 3.18 烧结颈部空位浓度模型的基础上，分别介绍有关的几种物质迁移形式的动力学和它们的烧结速度方程。

1. 蒸发 – 凝聚

烧结中可能发生物质由颗粒表面向空间蒸发的现象，这同样对烧结的致密化和孔隙的变化产生直接影响。曲面的饱和蒸气压与平面的饱和蒸气压之差 ΔP 可用吉布斯 – 开尔文方程计算，即

$$\Delta P = P_o \gamma \Omega / kTr \tag{3.17}$$

式中　P_o—— 平面上的饱和蒸气压；

r—— 烧结颈曲面上的曲率半径（按 $\frac{1}{r} = \frac{1}{x} - \frac{1}{\rho}$ 计算）。

由于 $\rho \ll x$，所以 $1/r \approx -1/\rho$，故在烧结颈的表面处（凹面）则可写成

$$\Delta P_{颈} = -P_o \gamma \Omega / kT\rho \tag{3.18}$$

同样，对于颗粒表面（凸面），曲率 $1/r = 2/a$（a 为球半径），则

$$\Delta P_{球} = 2P_o \gamma \Omega / kTa \tag{3.19}$$

两处压力差驱使物质从颗粒表面向烧结颈处迁移。蒸发与凝聚过程中，烧结颈半径变化的速度特征方程为

$$\frac{x^3}{a} = 3M\gamma \left(\frac{M}{2\pi RT} \right)^{\frac{1}{2}} \cdot \frac{P_a}{d^2 RT} \cdot t \tag{3.20}$$

式中，M 为烧结物质分子量，P_a 为颗粒表面的蒸气压，a 为球形颗粒半径，d 为烧结物质理论密度，R 为气体常数。

由上式可以看出，烧结颈的增长随时间（$t^{1/3}$）而变化，即在烧结开始时增长较快，随着烧结的进行很快就停滞了。所以，对于这种传质机制来说，延时是没有意义的。粉料的粒度对烧结影响很大，极细的颗粒十分有利于烧结。从上式可以导出，烧结颈半径 x 的 3 次方正比于 $T^{-1/2}$，直观地看似乎温度增高其增长速度反而下降，其实不然，升温会带来蒸气压 P_a 按指数函数增大，有利于烧结颈的增长。

前已提及，不同位置处表面曲率之差带来饱和蒸气压之差，引起蒸发与凝聚。对于一些氧化物、卤化物，例如 NaCl、TiO_2、ZnO_2，在烧结温度时具有较高的蒸气压，可以发生蒸发与凝聚过程。但对于大多数金属（除 Zn、Cd 外）及陶瓷粉体来说，烧结温度下其蒸气压都很低，因此蒸发与凝聚不可能成为主要的烧结机构。某些金属粉末在如下的一些条件下进行活化烧结时，可以加强蒸发－凝聚机制的作用：① 在活性气氛介质中烧结；② 颗粒表面有氧化膜存在；③ 加入少许卤化物等。

2. 表面扩散

表面扩散是指原子沿颗粒或孔隙的表面进行的扩散，它可以在较低的温度下发生，它的主要贡献是烧结初期在接触面上建立烧结颈。粉末越细，表面越多，表面活性原子越多，表面扩散就越容易进行。

表面扩散基本上源于空位机制，它的激活能比间隙式扩散或换位式扩散所需的激活能低得多。因位于不同曲率表面上原子的空位浓度或化学位不同，空位从凹面向凸面迁移，而原子则反向迁移，填补凹面，烧结颈长大。

表面扩散对烧结速度的贡献，可用公式表达为

$$x^7/a^3 = (56D_S\gamma\delta^4/kT)t \tag{3.21}$$

式中，D_S 为表面扩散系数，δ 为原子直径。该式表示：烧结颈半径的 7 次方与烧结时间成正比。比表面积大的细粉末，在较低的温度时，占优势的是表面扩散。多数学者认为在较低和中等烧结温度下表面扩散的作用十分显著，而在更高温度时，逐渐被体积扩散取代。

3. 体积扩散

体积扩散是相对于表面扩散而言，是指深在于颗粒内部的物质扩散，又称晶格扩散。晶体内部存在着超过该温度下平衡浓度的过剩空位，空位浓度梯度就是空位和原子定向移动的动力。

按最新观点，体积扩散是受空位扩散控制的位错攀移机构。前曾介绍烧结颈处是空位源。其实空位还有许多别的"源"，如小孔隙表面、凹面、位错等。相应地，可以成为空位阱的部位有：晶界、平面、凸面、大孔隙表面、位错等。因此，当空位由内孔隙向颗粒表面扩散，烧结体就发生收缩，小孔隙不断消失或合并，平均孔隙尺寸增大。

当以体积扩散为主时，其数学表达式为

$$x^5/a^2 = (80D_V\gamma\delta^4/kT)\cdot t \tag{3.22}$$

线收缩率与时间关系的数学式表达为

$$\Delta L/L_0 = [20\gamma\delta^3 D_V/a^3kT]^{2/5}\cdot t^{2/5} \tag{3.23}$$

式中，D_V 为体积扩散系数，δ^3 为空位体积，a 为原始颗粒半径。

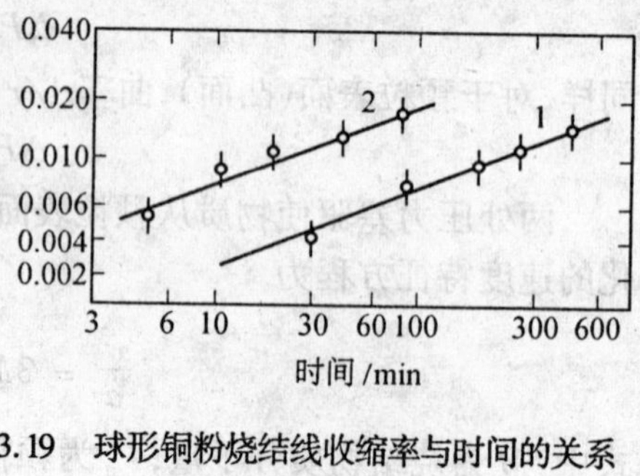

图 3.19 球形铜粉烧结线收缩率与时间的关系

1—950℃，斜率 1/5 2—1 000℃，斜率 1.9/5

有人以直径 100μm 的球形铜粉在 900 ~ 1 050℃ 烧结在铜板上，测定线收缩率与时间，按自然对数坐标作成图 3.19。图中的曲线证实了上述线收缩率数学式的正确性。

因为扩散系数与温度成 $D = D_0\exp(-Q/kT)$ 函数关系，故当温度升高时，不论何种扩散都会大大加快。

4. 晶界扩散

前已述及，晶界可以作为空位的"阱"，晶界扩散在许多反应和过程中起着重要作用。相对于表面扩散来说，晶界扩散其实也是一种体积扩散，但特别将它单独分出，是因为它在促进烧结过程方面有两个特殊贡献：① 烧结时在颗粒接触面上形成稳定的晶界，特别是细粉末烧结后形成许多网状晶界与孔隙相互交错，使烧结颈边缘和细孔隙表面的过剩空位容易通过邻接的晶界进行扩散或被它吸收；② 晶界扩散的激活能只有体积扩散的一半，而扩散系数大 1 000 倍，而且，随着温度的降低，这种差别增大，Burke 在研究 Al_2O_3 烧结时发现，分布在晶界附近的孔隙总是最先消失。

以晶界扩散为主要机制的烧结，其烧结速度特征方程为

$$x^6/a^2 = (960\gamma\delta^4 D_b/kT) \cdot t \tag{3.24}$$

晶界扩散引起的线收缩率与时间的关系式为

$$\Delta L/L_0 = [3\gamma\delta^4 D_b/a^4 kT]^{1/3} \cdot t^{1/3} \tag{3.25}$$

可见，如果要画出类似于图 3.19 的关系曲线，直线的斜率将是 1/3。这里提醒注意的是：式中的晶界扩散系数 D_b 比体积扩散系数 D_V 要大 1 000 倍。因此晶界扩散在引起收缩方面起着很重大的作用。

5. 粘性流动

和扩散传质不同，粘性流动和塑性流动都属于流动传质。粘性流动只发生于非晶体烧结时。坯体内颗粒间的烧结颈处，在表面张力 γ 的作用下颗粒发生类似粘性液体的流动，粘性流动的特征方程为

$$\sigma = \eta \mathrm{d}\varepsilon/\mathrm{d}t \tag{3.26}$$

式中，σ 为表面张力，η 为粘度系数，$\mathrm{d}\varepsilon/\mathrm{d}t$ 剪切形变率。

粘性流动是由于烧结体内空位的自扩散所造成，其结果使得系统的总面积减小。表面张力所做的功转换成粘性流动对外散失的能量。弗仑克尔由此导出烧结颈半径 x 长大的速度方程

$$x^2/a = (3/2) \cdot \gamma/\eta \cdot t \tag{3.27}$$

上式表明：在烧结过程中，粘性流动造成的烧结颈半径的 2 次方与时间成正比。温度的影响是通过升温时粘度大大下降而表现出来的。从该式可以看到颗粒原始粒度的影响不是很大的。

6. 塑性流动

塑性流动是当存在外加压力或孔隙内表面张力的作用时，某些局部出现高温蠕变的塑性流动。它既可能出现在固相的加压烧结以及无加压烧结后期的微孔收缩阶段，也可能发生在液相烧结中。

塑性流动与粘性流动不同，它的发生条件是外应力 σ 必须超过塑性材料的屈服应力 σ_y。它的特征方程是

$$\eta \cdot \mathrm{d}\varepsilon/\mathrm{d}t = \sigma - \sigma_y \tag{3.28}$$

将它与粘性流动特征方程($\sigma = \eta \cdot d\varepsilon/dt$)对比,只相差一项代表塑性流动阻力的$\sigma_y$。

塑性流动与金属的高温蠕变十分相似,区别在于蠕变是在恒定的低应力下发生的,而烧结时表面张力随着烧结的进行而逐渐松弛。

对于上述种种的传质方式的动力学特征方程(烧结颈长大速度方程),库津斯基提出了一个概括的通式

$$\left(\frac{x}{a}\right)^n = \frac{F_{(T)}}{a^m}t \tag{3.29}$$

式中,a为原始颗粒半径,$F_{(T)}$是温度的函数。在不同的机制中,此式包括不同的物理常数,如扩散系数、饱和蒸气压、粘度系数、表面张力等。各种烧结机制的不同就反映在指数m和n的数值上,见表3.3。

表3.3 式3.29中的指数

传质方式	粘性流动	蒸发-凝聚	体积扩散	晶界扩散	表面扩散
m 值	1	1	3	2	3
n 值	2	3	5	6	7

此表可以反映一些规律:m数值越小,该机制对于颗粒原始粒度敏感性也越小,对于m值大的机制,粉末的粗细对烧结有着巨大的影响;n数值越大,则在烧结开始后该机制起作用的持续性越短,对于这样的机制,企图依靠延时加强烧结是无意义的。

在实际的烧结过程中,比模型研究的条件复杂得多,上述各种机制可能同时或交替地出现在某一烧结过程中。不同的粉末、粒度、烧结温度,或等温烧结的不同阶段,以及不同的烧结气氛、烧结方式(如外应力)等等都可能改变实际的烧结机制和动力学规律。

蒸气压高的粉末烧结或通过气氛活化的烧结中,蒸发与凝聚不失为重要的机制;在较低温度或极细粉末的烧结中,表面扩散和晶界扩散可能是主要的;对于等温烧结过程,表面扩散只在早期阶段对烧结颈的形成与长大及后期对孔隙球化才有明显的作用。仅靠表面扩散不能引起烧结体的收缩。晶界扩散一般不是作为孤立的机制影响烧结过程,总是伴随着体积扩散出现,而且对烧结过程起催化作用。晶界对于致密化过程最为重要,明显的收缩发生在烧结颈的晶界向颗粒内移动和晶粒发生再结晶或聚晶长大的时候。

大多数金属与陶瓷粉体,在较高的烧结温度,特别是等温烧结后期,以晶界或表面为物质源的体积扩散总是占优势。烧结的明显收缩是体积扩散的直接结果。晶界、位错与扩散空位之间的交互作用引起收缩、晶粒大小和内部组织等一系列的复杂的变化。

3.4.3 单元系烧结

单元系烧结指纯金属或有固定化学成分的化合物,或均匀固溶体的粉末在固态下的烧结。单元系在烧结过程中除粘结、致密化及纯金属的组织变化之外,不存在组元间的溶解,也不形成化合物,烧结过程机构比较单纯。

下面以单元系烧结为例,介绍烧结过程中各种工艺因素对烧结质量的影响的一般规律。

粉末的烧结性,可以用烧结体的密度、强度、延性、电导率以及其他性能来衡量,反过来也根据这些变化来研究各种因素对烧结的影响。

1.烧结加热参数的制定

单元系烧结的主要机制是扩散和流动,它们和烧结温度、时间的关系极为重要。其中温度的影响又是关键的。只有超过材料的再结晶温度,使自扩散加快后,扩散和流动才能明显进行,温度越高,进行越快。

阻碍烧结的因素有:① 颗粒表面不完全接触;② 颗粒表面的气体和氧化膜;③ 化学反应或易挥发物析出的气体产物;④ 颗粒本身的塑性较差。但这些不利因素都是随着温度的升高而迅速减弱的,所以颗粒间的强度总是随温度提高而提高的。

升温也提高颗粒的塑性,高温使气体或杂质挥发、氧化物还原等使颗粒接触条件改善,这些都有利于金属粉末的烧结。金属的烧结温度范围比较广泛,但氧化物则只有接近于熔点才能充分烧结。

单元系粉末烧结存在最低的起始烧结温度,即烧结体的某种物理或力学性质出现明显变化的温度。例如,令 α 代表烧结温度(绝对温度) 与材料熔点之比,有人测定了各种金属明显地致密化的最低的 α 值分别为:Au 0.3;Cu 0.35;Ni 0.4;Fe 0.4;Mn 0.45;W 0.4。

实际的烧结过程都是连续烧结,温度逐步升高达到烧结温度,然后保温。高温保温的温度系数应该是 $\alpha = 0.67 \sim 0.80$。其温度低限应略高于再结晶温度,温度高限主要从技术和经济上考虑,而且应与烧结时间同时相关地确定。

烧结时间指保温时间,温度一定时,烧结时间越长,烧结体性能越高。但时间的影响远不如温度大,仅在烧结保温的初期密度随时间变化较快。从图 3.20 可以看到这一点。因此仅靠延长烧结时间,是难以达到完全致密的。应该依靠提高温度、缩短时间来保证产品性能。

关于加热的参数,除温度外,加热速度有时也有影响。对于有大量内应力存在的金属粉末,减慢升温速度有利回复和再结晶在较低温度下完成,因而使烧结在较低温度上就开始明显收缩(参见图 3.21)。此外,当压制压力大、压坯致密度大时,缓慢地升温,有利于气体在孔隙封闭之前排出,以期减少压坯的膨胀。

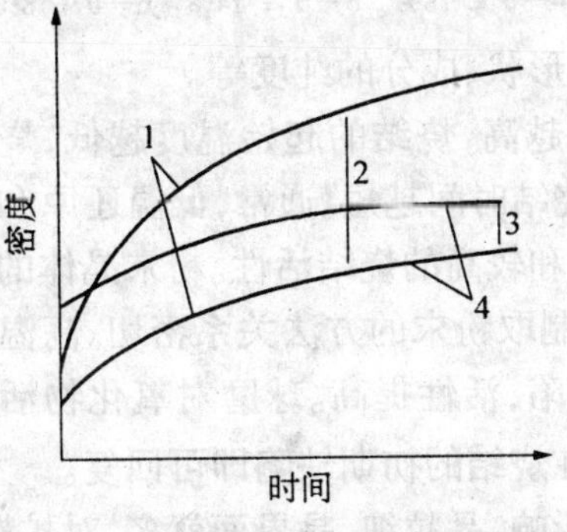

图 3.20 烧结密度 - 时间关系示意图

1— 相同压坯密度 2— 升高烧结温度

3— 提高压坯密度 4— 相同烧结温度

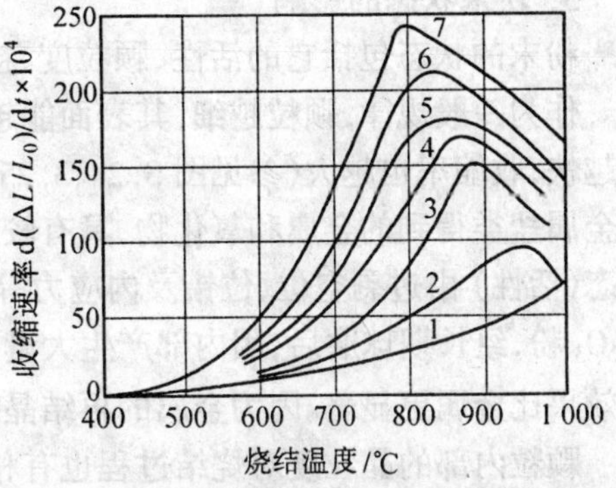

图 3.21 电解铜粉压坯在不同加热速度下的收缩速率与烧结温度的关系

1—50℃/s 2—2℃/s 3—0.8℃/s 4—0.4℃/s

5—0.2℃/s 6—0.1℃/s 7—0.05℃/s

2. 压制压力的影响

压制工艺影响烧结过程,主要表现在压制密度、残余应力、颗粒表面氧化膜的破坏以及压坯孔隙中气体等的作用上。

成型工序的压力大,可改善颗粒间的接触,有利于及早发生粘结和形成烧结颈,但压力过大反而不好,因为残余应力大,烧结时应力急剧消除使密度反而降低(因为高压下密度已经很高了),图 3.22 为不同压制压力下烧结密度随温度变化的示意曲线。可见压力极高时,烧结密度降低。

压力造成的直接后果就是孔隙度的变化。压坯的原始孔隙度越低,压坯内气体阻碍收缩的作用越强。当孔隙度低于 14% 后,烧结后根本不收缩,$\Delta L/L_0$ 出现负值(膨胀),而且粉末越细膨胀越显著(如图 3.23 所示)。

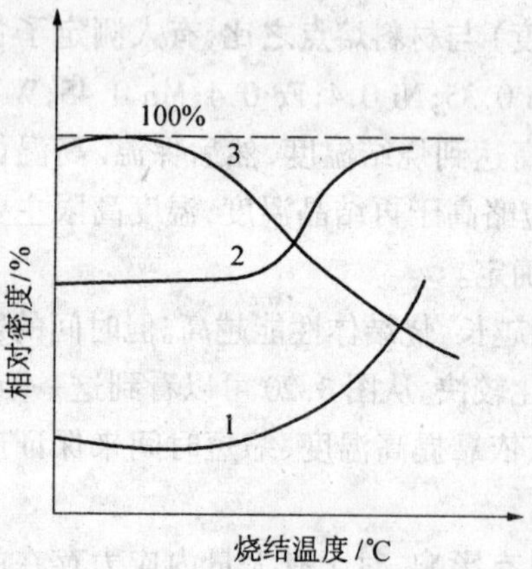

图 3.22　粉末压坯密度对烧结密度的影响

1— 低压　2— 中等压力　3— 高压力

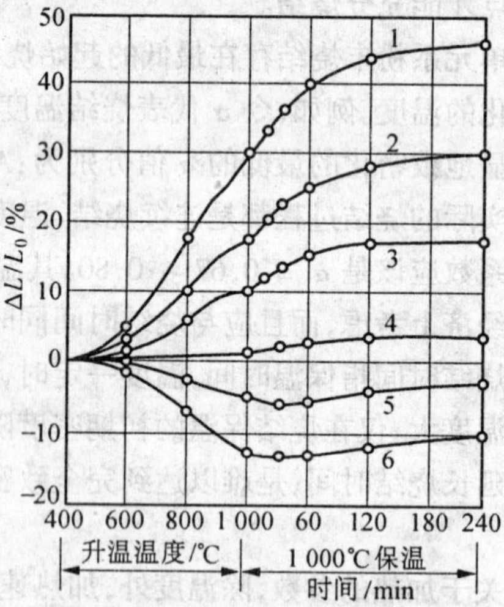

图 3.23　压坯孔隙度对烧结收缩或膨胀的影响

1—θ = 60%　2—θ = 40%　3—θ = 26%

4—θ = 18%　5—θ = 14%　6—θ = 8%

3. 粉末状态的影响

粉末的状态包括它的活性、颗粒度、粒度组成、形状、成分的纯度等。

作为一般规律,颗粒越细,其表面能越大,活性越高,烧结的起始温度越低,烧结的速度越快,收缩率也越大(参见图 3.24、3.25、3.26),烧结时间越短。通常,低温还原和低温煅烧金属盐类得到的金属和氧化物,具有较细的粉末和较高的烧结活性。粉末晶体的非平衡状态(活性)由过剩空位、位错及内应力等决定,与制取粉末的方法关系密切。高温煅烧的 Al_2O_3 粉,经长期球磨后,因内部产生大量的晶体缺陷,活性提高。球磨对氧化物活性提高的效果比金属更显著。因为金属的再结晶温度低,在烧结的初期缺陷即可回复。

颗粒内部的晶粒度对烧结过程也有相当大的影响。晶粒细,晶界面就多,对扩散有利。因此单晶颗粒组成的粉末晶粒长大趋势小,而多晶颗粒则晶粒长大趋势大。

一件压坯中,粉末不一定是同一的粒度,有时根据压制工艺性的需要,会用不同粒度的粉末按比例混合使用,即所谓的“粒度组成”。例如,对于塑性较差的粉末,可采用合适的粒度组成,通过压制获得高的密度,改善颗粒接触。

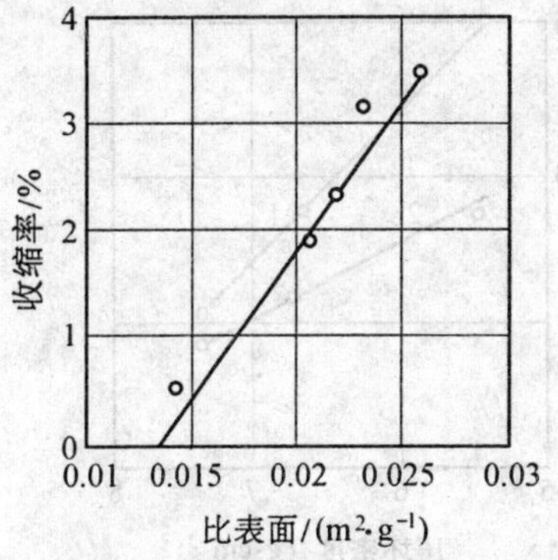

图 3.24　铁粉压坯烧结收缩率和粉末比表面的关系

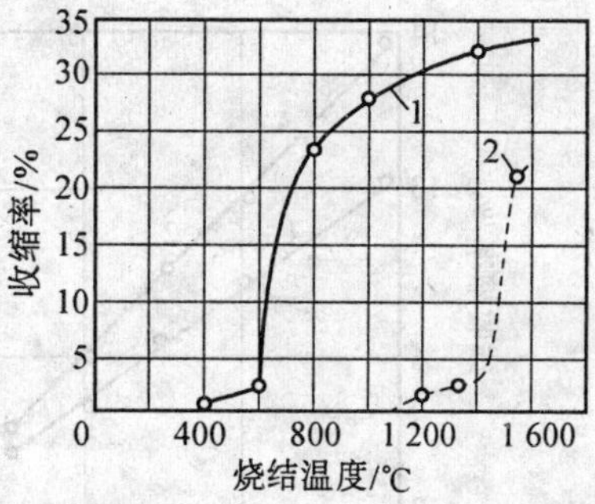

图 3.25　铁粉粒度对压坯烧结收缩率的影响

1— 孔隙体积 10%，细粉(1μm)

2— 孔隙体积 25%，粗粉(50μm)

粉末颗粒形状在某种条件下会影响产品的质量。例如，粒状铁粉和片状铁粉在压坯烧结时引起的变形(收缩)方向相反(见后)。

所谓粉末纯度是指其内部的杂质和表面的氧化膜程度。当金属颗粒表面氧化层小于一定的厚度(铜粉、铁粉分别为 40 ~ 50nm 和 40 ~ 60nm)，它们对促进烧结有利，因为氧化物很快被还原成金属，原子活性大，易于烧结，故对某些金属粉末进行预氧化，以降低烧结活化能。

但如果表面氧化层太厚，或不能被还原，则反而阻碍烧结(扩散)的进行。例如，铝、不锈钢、锡、锌都不允许表面存在氧化膜。

粉末中存在杂质，会阻碍烧结体中的晶粒长大，故晶粒较细。相反粉末越纯，则晶粒长大倾向越大。

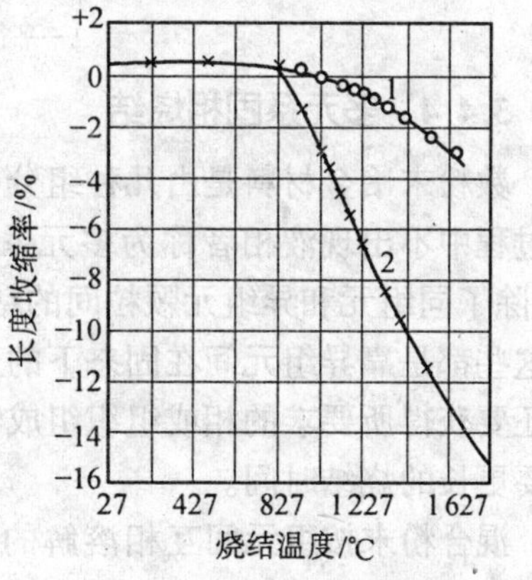

图 3.26　压制钨坯条在不同温度烧结的收缩值

1— 粗粉末　2— 细粉末

4. 烧结件密度与尺寸的控制

控制烧结件的密度和尺寸变化，对生产粉末零件极为重要，而在某种意义上说，控制尺寸比密度更难。因为密度靠压制，但尺寸要靠烧结来控制，可是烧结后各个方向上的尺寸变化(收缩)往往又不同。烧结过程中，多数情况下压制件是要收缩的，但有时也会膨胀。造成膨胀和密度降低的原因有：① 低温烧结时压制应力消除，抵消一部分收缩，因此压力过高时，烧结后会涨大；② 挥发的气体及反应产生的气体，阻碍孔隙的缩小，因此升温过快往往使产品鼓泡胀大；③ 烧结时间过长或温度偏高，造成聚晶长大会使密度略为降低；(4) 同素异晶转变可能引起比容改变导致体积增大。

压制产品的收缩，在垂直和平行于压制方向上是不相等的，图 3.27 说明了这一现象。一般说，垂直方向上收缩较大(图(a))，但也有相反情况(图(b))，主要取决于颗粒形状。为表示压坯各方向上的收缩不均匀性，可采用径向(垂直压制方向)收缩比 R/A 同轴向(平行压制方向)收缩值之比来表示。$R/A = 1$ 的情况不多，一般是 $R/A > 1$ 或 $R/A < 1$。R/A 偏离 1 越大，收缩越不均匀。影响 R/A 的因素有压制压力、粉末形状、压件高径比等。

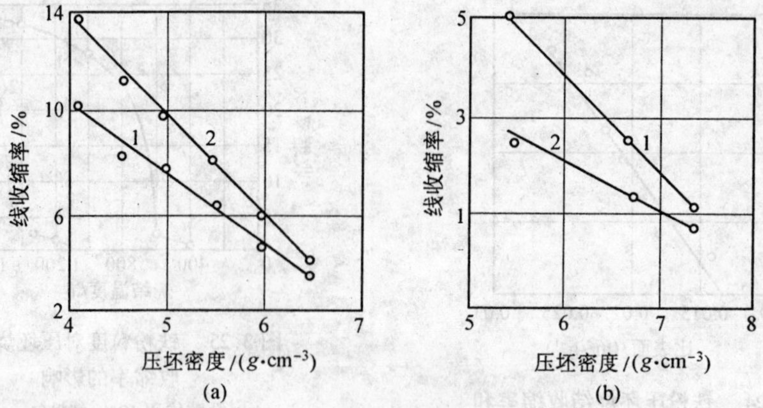

图 3.27　铁粉压坯烧结后的收缩率

(a) 普通铁粉　(b) 片状铁粉

1—平行压制方向　2—垂直压制方式

3.4.4　多元系固相烧结

数粉末冶金材料是由几种组分(元素或化合物)组成,即所谓混合粉末。混合粉末烧结过程中不出现液相者称为多元系固相烧结。多元系固相烧结比单元系烧结要复杂得多,除了同组元和异组元颗粒间的粘结之外,还发生异组元间的反应、溶解和均匀化过程。而这些都是靠异组元间在固态下的互相扩散来实现的。所以,烧结不仅要达到致密化,而且还要获得所要求的相或组织组成物。扩散、合金均匀化是极缓慢的过程,通常比致密化需要更长的烧结时间。

混合粉末按组元间互相溶解的程度,可分为无限互溶系、有限互溶系和完全不互溶系。以下按此三种情况分别介绍它们的烧结原理和工艺特点。

1. 无限互溶系混合粉末烧结

Cu-Ni、Cu-Co、Cu-Au、Ag-Au、W-Mo、Fe-Ni 等都属于无限互溶的混合粉末。它们烧结最后会形成一个均匀化程度较高的单相固溶体。粉末越细、加热温度越高、加热时间越长,均匀化越好。当两种(或更多)组元之间扩散系数差值较大时(例如 Cu-Ni),由于柯肯德尔效应合金内产生了空位聚集成的孔隙,从而使烧结体在烧结过程中尺寸不断膨胀,直到合金化充分完成,孔隙消除,尺寸才能稳定下来。有时采用一部分预合金粉(预先熔炼而成的合金),则可以大大地减少烧结时间,提高成分均匀化程度。

2. 有限互溶系的混合粉末烧结

有限互溶系的烧结合金有 Fe-C、Fe-Cu 等烧结钢,W-Ni、Ag-Ni 等合金,它们烧结后得到的是多相合金,有时还可以出现金属间化合物相。其中有代表性的是烧结钢。它是用石墨粉和铁粉混合,压制成零件,烧结并冷却后得到 α-Fe 与 Fe_3C 的多相合金,比烧结纯铁具有更高的强度、硬度。石墨加入铁粉中,既可以作为惰性的添加元素,又可以作为反应元素。由于石墨能在铁粉中起隔离作用,所以烧结时的收缩就会有一些降低。

在有限互溶粉末烧结收缩的过程中,可以发现收缩与合金含量有关。镍-钨粉末混合物烧结时,浓度与收缩就存在图 3.28 所示的曲线关系。压坯的长大现象与钨向镍的单向扩散和形成扩散孔隙有关。但是，在铜 - 铁有限互溶烧结合金中，浓度 - 收缩曲线的凸出方向与铁粉的制取方法和铁粉的粒度有关。例如，在向粒度为 50μm 的铜粉加入同样粒度的涡漩铁粉时，浓度 - 收缩曲线是向下凹的。在同样情况下，如果加入粒度 2μm 左右的碳基铁粉，则铜压坯的收缩量大，曲线向上凸起。

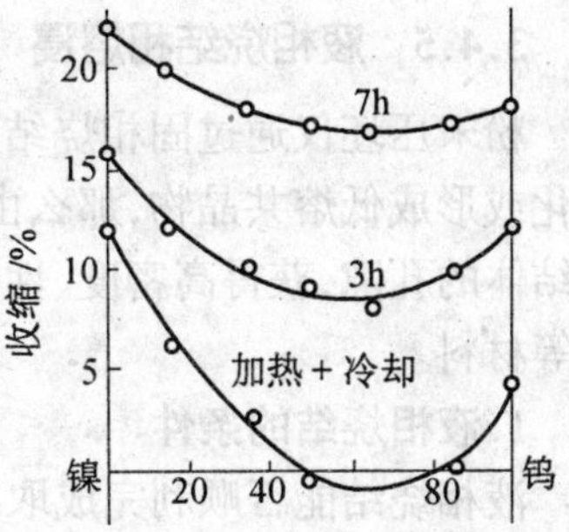

图 3.28　镍 - 钨系的收缩与浓度的关系，烧结温度 1 205 ℃

3. 互不溶解的混合粉末烧结

有时两种组元的熔点相差太大，用熔铸法根本无法制成合金。但通过粉末冶金却能得到它们的“假合金”，即组元间既不互溶、也无反应的合金。粉末固相烧结或液相烧结可以获得的假合金包括金属 - 金属、金属 - 非金属、金属 - 氧化物、金属 - 化合物等。最典型的是触头合金（Cu - W、Ag - W、Cu - C、Ag - CdO 等）。

两种互不溶解的粉末混合后，能否进行烧结的条件是

$$\gamma_{AB} < \gamma_A + \gamma_B$$

式中，γ_{AB}为形成新界面的表面能；γ_A、γ_B 分别为组元 A 和 B 的表面能。即，A - B 的表面能必须小于组元 A 和 B 单独存在时的表面能之和，A 和 B 之间才能进行烧结。否则，只能在 A - A、B - B 之间进行烧结，组元 A 和 B 间却不能烧结。

在满足上式的前提下，如果 $\gamma_{AB} > |\gamma_A - \gamma_B|$，则在颗粒 A、B 之间形成烧结颈的同时，颗粒间的接触面有一些凸出，凸出的方向朝向表面能低的组元。若 $\gamma_{AB} < |\gamma_A - \gamma_B|$，则烧结过程要分两个阶段进行。首先是表面能低的一种组元通过表面扩散来包覆住另一种组元，然后就像单元系一样进行烧结。只要烧结时间足够长，充分烧结是可能的。不论哪一种情况，总是服从 γ_{AB}越小，烧结的动力越大。

互不溶系固相烧结几乎包容了用粉末冶金方法制造一切典型复合材料基体强化材料（弥散强化、纤维强化）和金属 - 陶瓷材料。它们以熔点低、塑性好、导热（电）性强和烧结性好的成分（纯金属或单相合金）为粘结相，以熔点高、硬度大、高温性能好的成分（难熔金属或化合物）为强化相，组成机械混合物，因而兼有两种不同成分的性质，常常具有良好的综合性能。

互不溶系的烧结温度由粘结相的熔点决定。如果是固相烧结，温度要低于其熔点。如果其体积不超过 50%，亦可采用液相烧结。例如，Ag - W40 可在低于 Ag 熔点的 860 ~ 880℃烧结，而 Cu - W80 则要采用特殊的液相烧结（熔浸）法。

互不溶系内不同组分颗粒间的结合界面，对材料的烧结性及强度影响很大。固相烧结时，颗粒表面上存在微量的其他物生成的液相，或添加少量元素加速颗粒表面原子的扩散，以及表面氧化膜对异类粉末的反应，都可能提高原子的活性，和加速烧结过程。氧化物基金属陶瓷材料的烧结性能，因组分间有互相作用（湿润、溶解、化学反应）而得到改善。有选择地加入中间相（与两组分均起反应），可促使两相成分互相作用。例如，$Cr - Al_2O_3$ 高温材料，如有少量 Cr_2O_3 存在于颗粒表面，可以降低 Cr 与 Al_2O_3 之间的界面能，使烧结后强度提高。为此可以控制一定的气氛，使 Cr 表面产生轻微氧化膜即可。

3.4.5 液相烧结和熔浸

粉末压坯仅通过固相烧结一般难以获得很高的密度，如果在烧结温度下低熔点组元熔化或形成低熔共晶物，那么由液相引起的物质迁移比固相扩散快，而且最终液相将填满烧结体的孔隙，获得高密度、性能好的烧结产品。液相烧结广泛应用于制造陶瓷、硬质合金等材料。

1.液相烧结的条件

液相烧结能否顺利完成取决于与液相有关的三个基本条件。

(1)湿润性

液相对于固相颗粒具有湿润作用是液相烧结的重要条件之一。液相烧结需满足的润湿条件是湿润角 $\theta<90°$。若 $\theta>90°$，即使有液相生成，也会溢出烧结体外，使得液相烧结的致密化过程不能完成。液相只有具有完全或部分湿润条件时，才能渗入颗粒微孔、裂隙，甚至到晶粒间界上。

随着烧结时间的延长和烧结温度的提高，湿润角会减小，使湿润性得到改善。向液相金属中添加某些活性物质，可改善许多金属及化合物的湿润性。例如在 Ni 中添加少量的 Mo，可使 Ni 对 TiC 的湿润角由 30°降低到 0°。粉末表面存在吸附气体、杂质等均会降低液相对固相的湿润能力。

(2)溶解度

固相在液相中有一定的溶解度是液相烧结的另一条件。因为固相在液相中有限溶解可以改善湿润性；可以相对增加液相数量；还可以借助液相进行物质迁移；溶于液相的固相部分，冷却时如能析出，则可填充固相颗粒表面的缺陷和颗粒间隙，从而增大固相颗粒分布的均匀性。但是溶解度过大会使液相数量太多，有时可能使烧结体解体而无法进行烧结。另外，如果固相溶解度对液相冷却后的性能有不良影响时，也不宜采用液相烧结。

(3)液相数量

液相烧结时，液相数量应以液相填满颗粒的间隙为限度。一般认为液相数量以不超过烧结体体积的 35%为宜。超过这个值则不能保证烧结的形状和尺寸，数量过少则烧结体内会残存一些未被填充的孔隙。且固相颗粒由于直接接触而晶粒长大。

2. 液相烧结的基本过程

液相烧结大致可分为三个界线不十分明显的阶段。

(1)液相生成和颗粒重新分布阶段

在此阶段中，如果固相颗粒间尚未发生联系，坯体中的气体容易扩散或穿过液相冒气泡而逸出，在液相的毛细管力作用下，固相颗粒发生较大的流动，这种流动使粉末颗粒重新分布和致密化。

图 3.29 示出液相内的孔隙或凹面所产生的毛细管应力使粉末颗粒相互靠拢。毛细管的应力 P 与液相表面张力 γ_L 成正比，与凹面的曲率半径 ρ 成反比，即

$$P=-\gamma_L/\rho \tag{3.30}$$

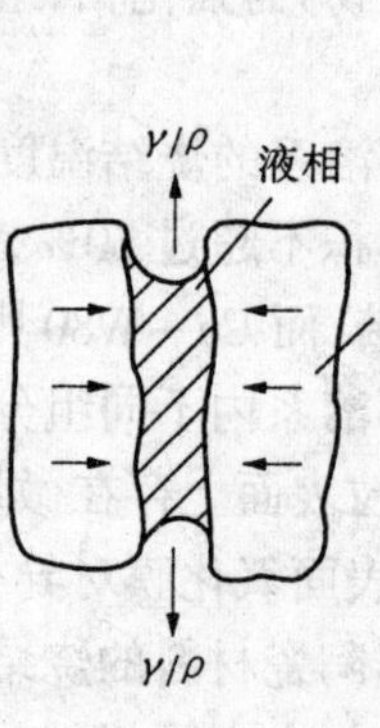

图 3.29 液相烧结时颗粒彼此靠拢

对于微细粉末来说，这是一项不可忽视的应力。在此应力作用下，粉末颗粒互相靠拢，从而提高了压坯的密度。在这一阶段中致密化虽然进行得很快，但不可能达到完全致密。因为颗粒距离拉近到一定程度，就形成了搭桥，对液相流动的阻力增大，不利于致密化的继续进行。

(2)溶解和析出阶段

如果固相能够在液相中溶解，则在液相出现后，细小的颗粒及大颗粒上的突出部会因溶解而消失。由于细小粉末在液相中溶解度要比大颗粒大，因此在细小颗粒溶解的同时，在大颗粒上会有析出的颗粒。这样就使得大颗粒球形化。物质的迁移是通过液相来进行的。在此阶段，由于相邻颗粒中心的互相靠近而发生收缩。

(3)固相烧结和形成刚性骨架阶段

如果液相湿润固相是不完全的，则会有固相颗粒之间的接触。可以认为，这是由于固－固界面的界面能低于固－液界面能之故。如果这种骨架在烧结早期形成，则会影响第一阶段的致密化过程。这阶段以固相烧结为主，致密化已显著减慢。

3．致密化的规律

液相烧结典型致密化过程如图 3.30 所示，由液相流动、溶解－析出、固相烧结等三个阶段组成，它们相继并彼此重叠地出现。致密化系数表达为

$$\alpha = \frac{烧结体密度 - 压坯密度}{理论密度 - 压坯密度} \times 100\% \quad (3.31)$$

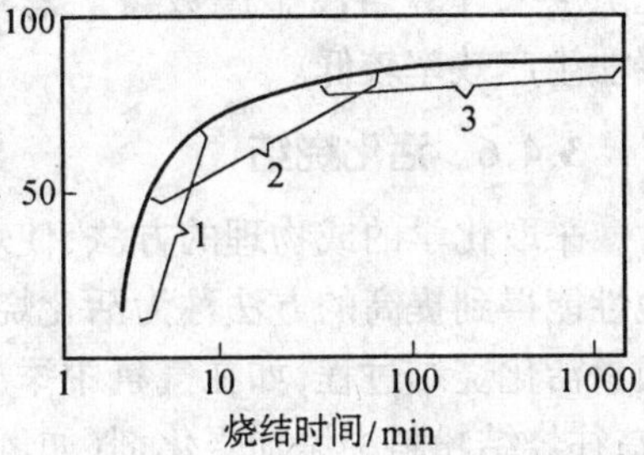

图 3.30　液相烧结致密化过程

1—液相流动　2—溶解－析出　3—固相烧结

影响致密化的因素有：液相数量、液相对固相的湿润性、固相颗粒大小、固相与液相间的互相溶解度以及压坯密度等。

显然，在第一阶段由于液相的形成，伴随有剧烈的收缩，此时的收缩主要取决于液相的数量。随着烧结温度的提高，液相的数量增加，收缩量也增大。粉末颗粒细，烧结时收缩量大，烧结体达到的密度也大。压坯密度小，其最终收缩大。这是因为压坯密度大时，固相与固相之间可能有一定的粘结，因而妨碍液相出现时的收缩。在烧结的第二阶段(溶解和析出)，致密速度逐渐减慢。此阶段是通过液相的扩散和界面反应来进行的，其收缩量比第一阶段要小，速度也较慢。在固相形成刚性骨架的第三阶段，致密化与固相的烧结机构相似。

4．熔　浸

将粉末压坯和液体金属接触或埋在液体金属内，让压坯的孔隙被液体金属充填，冷却下来就得到致密材料或零件，这种工艺称为熔浸或熔渗。

熔浸过程依靠金属液润湿粉末多孔体，在毛细管作用下，沿着颗粒间的孔隙或颗粒内的孔隙流动，直到完全填充孔隙为止。因此，从本质上说，它是液相烧结的一种特殊形式，其区别在于熔浸的致密化主要靠易熔成分从外面来填满压坯中的孔隙，而不是靠压坯本身的收缩。因此，熔浸的零件基本上不发生收缩，烧结所需时间也短。

熔浸主要应用于生产接触材料、机械零件，以及金属陶瓷材料和复合材料。熔浸必须具备的基本条件是：①骨架材料与熔浸金属材料熔点相差较大，不致造成零件变形；②熔

浸金属能很好地湿润骨架材料，即湿润角 $\theta<90°$；③骨架与熔浸金属之间互相不溶解或溶解度不大，以避免在熔浸过程中产生新相致使液相消失；④熔浸金属的量应以填满压坯中的孔隙为度，过多过少均不利。

金属的表面张力 γ 越大，对熔浸越有利。提高熔浸温度能使液相的粘度降低，有利于熔浸，但由于提高温度会降低表面张力 γ，故熔浸温度选择要适宜。在氢气中，特别在真空中进行熔浸可以改善湿润性，并减少孔隙内气体对熔浸金属流动的阻力。

熔浸的方式如图 3.31 所示。最简便的是接触法（图(c)），即把低熔点固体金属或碎片放在被浸材料的上面或下面，送入高温炉中进行熔浸。在这种情况下，需要根据压坯孔隙度来计算熔浸金属数量。总地来说，熔浸法生产效率较低。

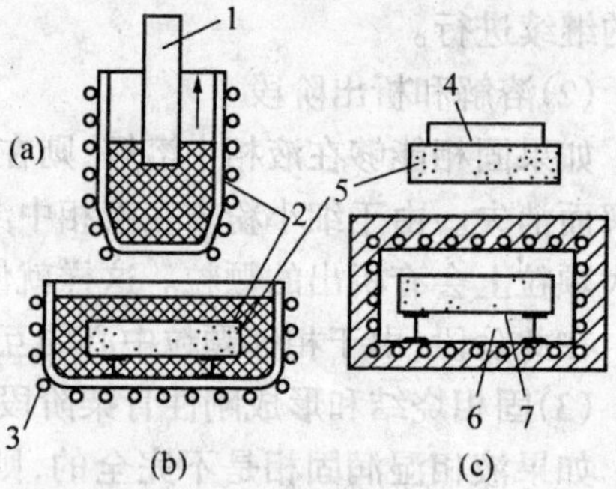

图 3.31　熔浸方式

(a)部分熔浸法　(b)全部熔浸法　(c)接触法

1,5—多孔体　2—熔融金属　3—加热体

4—固体金属　6—加热炉　7—烧结体

3.4.6　活化烧结

采取化学的或物理的方法，使烧结温度降低、烧结过程加快，或使烧结体的密度和其他性能得到提高的方法称为活化烧结。活化烧结从方法上可以分为两种：一是依靠外界因素活化烧结过程，如在气氛中添加活化剂；使烧结过程循环地发生氧化－还原或其他反应；往烧结粉料中添加强化剂（如氢化物）；循环改变烧结温度；施加外力等。二是依靠内在因素，即提高粉末本身的活性，使烧结过程活化，例如粉末或粉末压坯的表面氧化；使粉末颗粒产生较多的缺陷，添加活化元素；以及使烧结形成少量液相。另外，电火花烧结实际上也是一种物理活化方法。

1. 预氧化烧结

最简单的活化烧结是应用预氧化还原反应。在烧结过程中，一定量的颗粒表面氧化物薄膜被还原后，此处表面层出现了大量的活化原子，因而明显地降低了烧结时原子迁移的活化能。

采用湿氢可以有效地降低钼的烧结温度。例如利用湿氢烧结轧制的钼片坯，在 1 100℃烧结 1h，再在 1 700℃烧结 2～3h后，就可以得到密度很高的产品。

若是粉末中有的氧化物在烧结时很难还原，则只有当这些隔离着颗粒的氧化物薄膜（由于溶解于金属中，或者升华、聚结）被破坏后，烧结才可能进行。

2. 添加少量合金元素

在压坯中加入少量某些合金元素，可以促使烧结体收缩，改善其性能。图 3.32 所示为添加镍对钨制品烧结密度的影响。由于添加少量镍，钨粉压坯在较低的温度下烧结就可

图 3.32　添加镍对钨粉压坯烧结密度的影响

1—1 100℃　2—1 200℃　3—1 300℃

以得到较高的密度。镍和钴的加入形式应该是包覆在基体金属钨颗粒的外层。添加元素的活化机理,大多数认为体积扩散是主要的。包覆在表面的金属都是扩散系数较大的元素,它们将从颗粒外表向颗粒内部扩散,并在表面造成了大量的空位和微孔,其结果有助于扩散、粘性流动等物质迁移,从而强化烧结过程。

3. 在气氛或填料中加入活化剂

在烧结气氛中加入卤化物蒸气(以氯化物为主),可以促进烧结过程。特别是当制品中具有难还原的氧化物时,效果更好。氯化物加入方式有二:①烧结炉中直接通入 HCl;②在烧结料中加入 NH_4Cl,烧结时它分解出 HCl。

图 3.33 表示在有、无 HCl 的气氛中烧结的还原铁粉的力学性能。显然,HCl 的气氛中,于1 120℃烧结 20min 后的铁粉压坯,其抗拉强度 相当于在 1 150℃ 进行一般烧结 1h 所得的性能,其延伸率比一般烧结有显著提高。在烧结填料中加入少量 NH_4Cl,也可产生上述效果。

但是加氯活化缺点是残留氯有腐蚀作用,故在烧结终了时必须通入强烈的氢气流加以清洗。

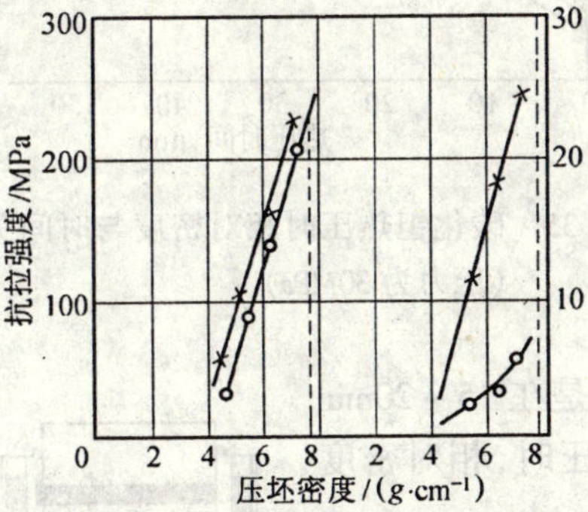

图 3.33 在有、无 HCl 的气氛中烧结的还原铁粉压坯的性能

×—活化烧结,1 120℃,20min

○—一般烧结,1 150℃,1h

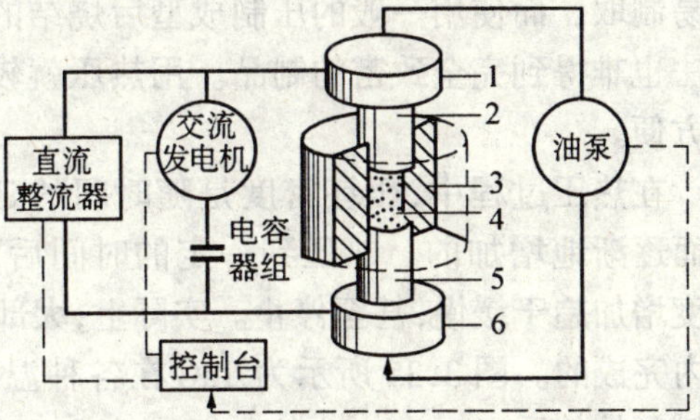

图 3.34 电火花烧结机原理图

1,6—电极板 2,5—模冲 4—粉末

4. 电火花烧结

电火花烧结也可称为电火花压力烧结,它是利用粉末间的火花放电所产生的高温,并同时受外应力的作用的特殊烧结方法。它实际上是一种物理强化烧结。

电火花烧结原理如图 3.34 所示。通过对电极板和上下模冲向模腔内的粉末直接通入高频或中频交流和直流叠加电流。加热粉末是靠火花放电产生的热和通过粉末与模具的电流。粉末在高温下处于塑性状态,通过模冲加压进行烧结。由于高频电流通过粉末形成的机械脉冲波的作用,致密化过程在极短时间内即可完成(约几秒钟)。

电火花烧结的零件可接近于致密件(一般为理论密度的 98% ~ 100%),也可有效地控制致密度,如制造大型自发汗冷却的火箭鼻锥。

3.4.7 全致密烧结

迄今为止,我们所介绍的烧结方法,不论是普通烧结,还是强化烧结,其共同特点都是在无压力的状态下进行的。因此,这些方法还不能完全消除孔隙,也就是说还不能完全致密化。

在烧结过程中同时保持压力,可以达到完全消除孔隙、完全致密化。各种同步加热和加压的方法实质上都是属于更进一步的强化烧结(或称全致密化)。

1. 热压

在普通的烧结工艺中,加压是在烧结之前,即冷加压,而在烧结加热时,压力已不复存在。热压实际上则是加压和烧结两个工序一并完成。由于加热改善了材料的塑性,故而能在较低(与冷压坯时相比)的压力下得到理想的致密度;也由于同步加压,能将加热温度降低。

原则上,用一般烧结方法可以得到的零件都适于用热压方法来制造。特别是难熔金属和化合物的全致密制件。难熔金属(如钨、钼、钽、铌等)或难熔化合物(如硼化物、碳化物、氮化物、硅化物)的材料熔点高,在高温下会分解或形成其他化合物,因此用熔炼方法不易制取。而使用一般的压制成型后烧结的办法也难得到完全致密的制品。用热压就较为方便。

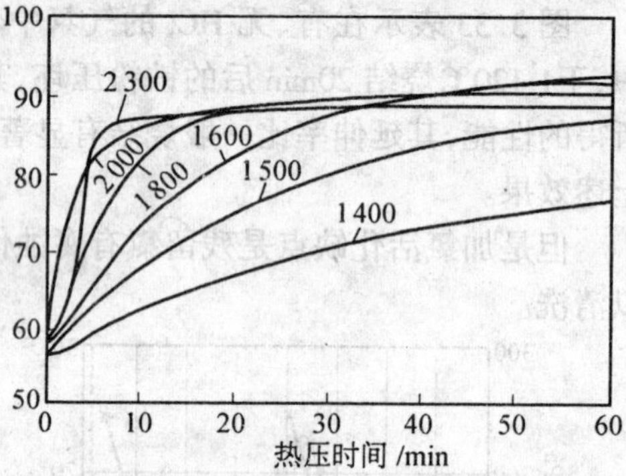

图 3.35　碳化钽热压时相对密度与时间关系(压力为 30MPa)

在热压过程中,压坯密度是随时间的延长而逐渐地增加的。热压到一定的时间后,密度增加趋于缓慢,甚至停止。实际上,大部分收缩是在 15 ~ 20min 之内完成的。图 3.35 所示为 TaC 在各种温度下热压时,相对密度与时间的关系。

为了使最终制品中孔隙度小,原始粉末粒度应该要小些。粒度大时烧结速度也下降。

2. 热等静压

把粉末压坯或装在特殊容器(称为粉末包套)里的粉末体置于热等静压机的高压容器内(图 3.36),施以高温和高压,使这些粉末被压制和烧结成致密的零件或材料。此过程称为粉末的热等静压制。

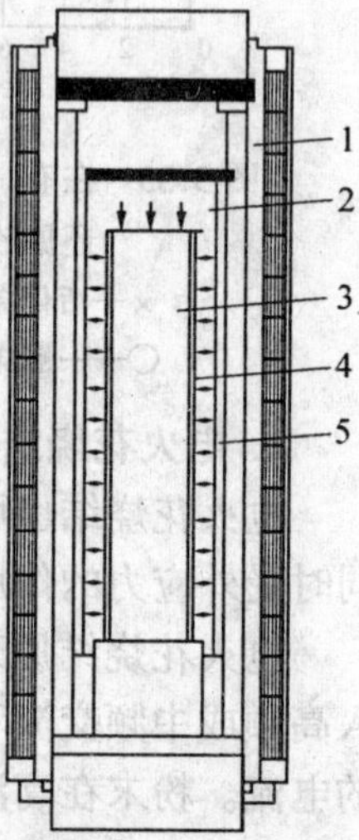

图 3.36　热等静压制原理

1—压力容器　2—气体压力介质　3—压坯　4—包套　5—加热炉

由于热等静压所加的压力比热压法大一个甚至两个数量级,而且粉末受力均匀,因此可以在较低的温度达到更大的致密度。降低加热温度还能有效地抑制晶粒长大,改善产品的机械性能。所以,热等静压法比热压法显出更大的优越性。

从 50 年代以来,国内外已经用热等静压技术制取了核燃料棒、钨喷嘴、陶瓷及金属的复合材料。至今,它在制取金属陶瓷硬质合金、难熔金属制品、有毒物质及放射性废料的处理等方面都得到广泛应用。热等静压技术已成为提高粉末冶金、陶瓷制品性能及压制大型复杂形状零件的先进技术。

3.5 烧结体性能

烧结体的性能主要指的是机械性能和物理、化学性能，如强度、硬度、延伸率、断裂韧性、冲击韧性、电阻率、导热性、导磁率、渗透性、抗腐蚀性等等。对于粉末冶金和陶瓷制品来说，上述的各项性能，归根结底，主要是由烧结体显微结构决定，即由烧结体中晶粒、晶界、孔隙等的大小、数量、形状、分布状态所决定。

影响烧结体性能，也就是影响其显微结构的因素很多，主要有粉体的性状、成型条件和烧结条件。属于粉末性状的因素包括粉末的粒度和粒度组成、颗粒形状、颗粒内的孔隙、流动性、纯度、夹杂物的分布状态、加工硬化程度等等。属于成型条件的因素有料浆分散状况、固化方式、坯料可塑性、压力、加压速度、压坯形状、压制方法、粉末和压模的润滑情况等等。属于烧结条件的因素包括加热速度、烧结温度、烧结时间、冷却速度、烧结气氛，以及烧结加压状况等等。本节主要以粉末冶金材料为例，讨论烧结温度、烧结时间、孔隙等对烧结体性能的影响。

3.5.1 烧结温度对各种性能的影响

粉末冷压坯的强度仅仅是靠颗粒间的机械啮合，只有加热达到一定温度水平，才能发生晶体结合、孔隙开始收缩；温度更高的水平上才能发生孔隙数量的明显减少、形状的球化。图 3.37 定性地显示了烧结体的各项性能与烧结温度的关系。可以理解，坯体密度的提高，导致强度、塑性、韧性都相应提高。因此这些指标的曲线保持着相同的走向。

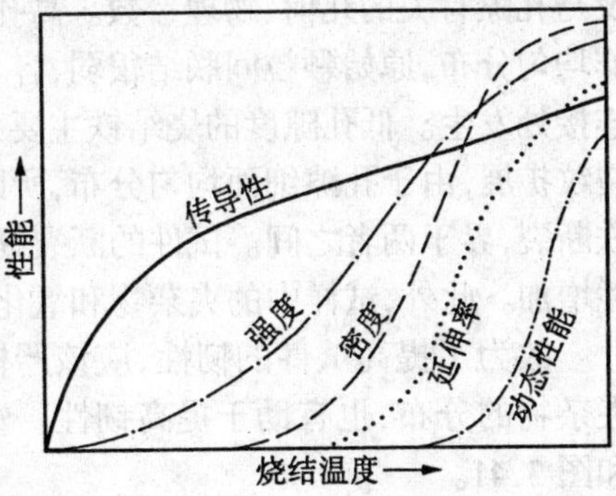

图 3.37 烧结温度与烧结体性能的关系

图 3.38 所示是几种金属的导电性与烧结体密度的关系。对导热性的影响也有相似的规律，如图 3.39。

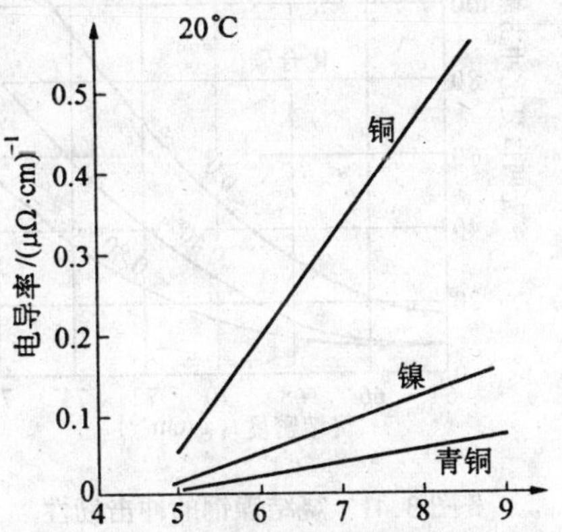

图 3.38 铜、镍、青铜(89w%Cu－11w%Sn)烧结体的导电性与烧结密度的关系

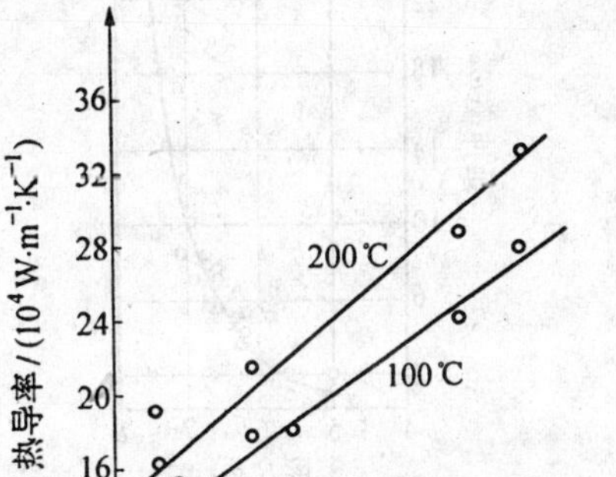

图 3.39 青铜(89w%Cu-11w%Sn)的烧结密度对热导率的影响

3.5.2 孔隙度对烧结体性能的影响

用粉末冶金生产的材料，在大多数情况下都存在一定量的孔隙。孔隙的存在使得粉末冶金材料的性能比同质铸锻材料差。

粉末冶金材料除一部分由塑性金属制成的致密材料属于延性断裂外，其余大多数材料均具有脆性断裂的特征。按照孔隙对材料断裂机理的影响的不同，可将粉末冶金材料分为两大类:一类是具有高硬度和脆性的致密(低孔)材料与多孔材料，如硬质合金、淬火的粉末钢等;第二类是具有一定塑性的，由塑性金属制成的致密(低孔)材料和多孔材料，如烧结金属和多孔金属等。在脆性粉末冶金材料中，孔隙引起强烈的应力集中，使材料在较低的名义应力下断裂。而具有一定塑性的粉末冶金材料，孔隙并不引起相当大的应力集中，孔隙主要是削弱了材料承载的有效截面，存在着应力沿着材料显微体积不均匀分布。并且随着孔隙度的增加，材料的塑性降低。即使是由塑性金属制成的粉末冶金材料，当含有大量孔隙时，材料断口仍然没有塑性变形的特征。所以一般孔隙度较高的材料，其断裂应力与同质的铸锻材料相比也是比较低的。研究表明，烧结材料的断裂在很大程度上取决于孔隙度以及与孔隙有关的几何、物理参数。高孔隙度的烧结铁主要沿原始颗粒边界断裂，由于孔隙的非均匀分布，原始颗粒间联结很弱，容易发生解理和分离，所以断裂在原始颗粒之间孔隙的连接处发生。低孔隙度的烧结铁主要是穿晶断裂，细小孔隙在切应力的作用下迅速长大，使裂纹扩展，由于孔隙细而均匀分布，所以断裂可通过孔隙的聚合而扩展。中等孔隙度的烧结铁断裂，界于两者之间。试件的断裂韧性与所制材料的密度有关，随孔隙度的减少，断裂韧性增加。此外，试样中的夹杂物和氧化物同样对断裂韧性影响很大。

故为了提高试件的韧性，应该严格控制杂质和氧化物。另外，通过二次锻造可以改善夹杂物的分布，也有助于提高韧性。塑性和冲击韧性也完全依赖于密度的改善，如图3.40和图3.41。

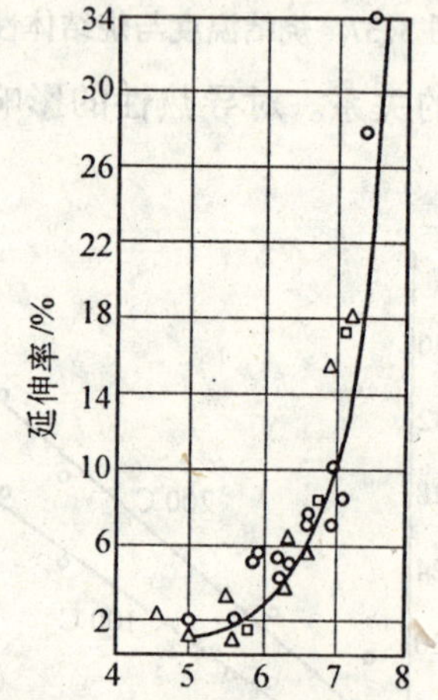

图3.40　烧结铁的延伸率与密度的关系

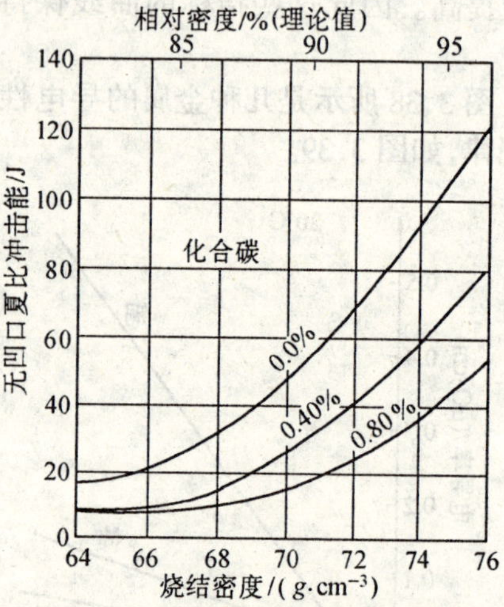

图3.41　烧结镍钢的冲击韧性与密度的关系

烧结体的孔隙度及烧结温度对静态强度的影响如图3.42所示。粉末粒度对烧结试样的强度也有影响，如图3.43。

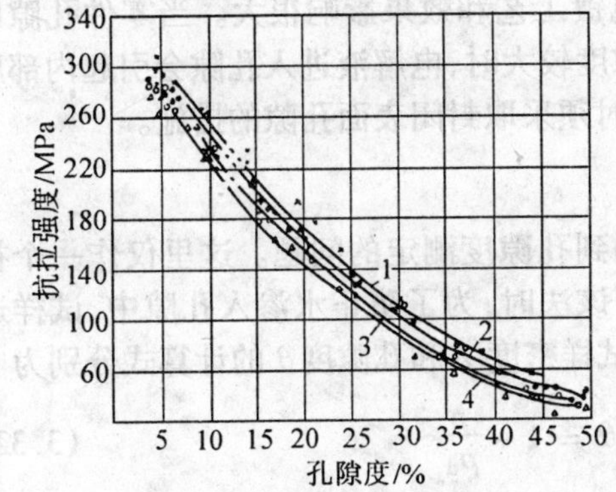

图 3.42　在不同温度下烧结铁粉试样的孔隙度对抗拉强度的影响

1—1 300℃　2—1 200℃　3—1 100℃　4—1 000℃

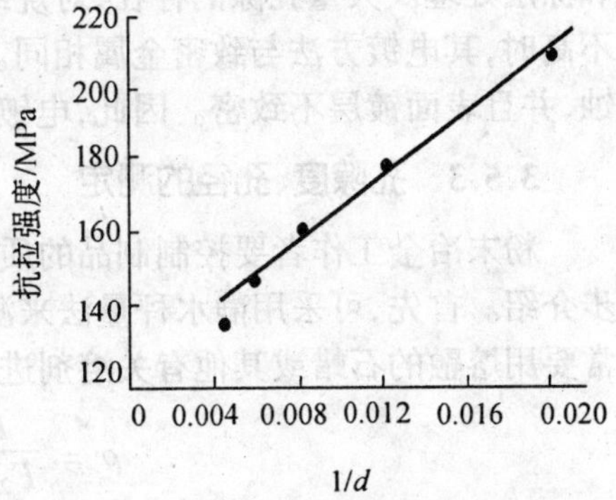

图 3.43　烧结铜试样的强度与粉末的平均粒度的关系(最终孔隙度为 14%)

在稳定的条件下导电率、导热率、导磁率、电容率等现象都可以用相似的方式描述。致密度对电导率的影响见图 3.44。其他传导性亦应有类似规律。

烧结后的材料或制品有时还要进行后期处理，例如浸透、复压复烧、精整、整形、锻造、轧制、挤压、拉丝、机加工、焊接、热处理、以及防蚀保护和外表装饰处理(如电化学处理、氧化处理、磷化处理)等，这些工艺性能也直接受到致密度的影响。

在烧结后处理的各种加热过程中，会发生再结晶与晶粒长大。而后二者会受到烧结体内存在的孔隙和第二相(如夹杂物等)以及晶界的影响。

应该指出，由于粉末材料的晶粒可以满足超细化、等轴化和稳定化的要求，所以有可能在一定的应变速率下和温度下产生超塑性，从而可以大大改善材料的热加工性能，使难于变形的材料具有良好的加工性能。

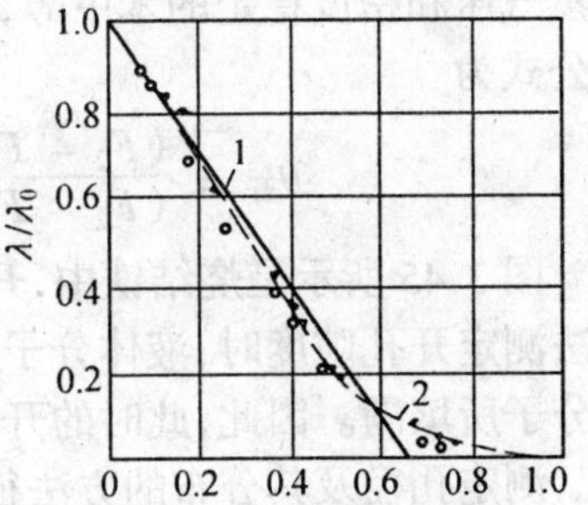

图 3.44　烧结体电导率与孔隙度的关系

1—计算值　2—实验值

○—1 150～1 200℃烧结铁

●—700～1 000℃烧结铜

当粉末冶金制品尺寸精度要求不超过 ± 0.025mm 时，必须精整和整形。精整压力与制品的孔隙度和合金的组织结构有关。随孔隙度的增加精整压力显著降低。

热处理可以有效地提高粉末冶金材质性能。但是孔隙度存在对其热处理的影响较大。在烧结钢中，晶粒细，氧化物夹杂含量高，特别是孔隙多，使烧结钢的导热性降低，淬火的临界冷却速度提高。因此烧结钢的淬火性比同质的铸锻钢低。淬火时，淬火液容易浸入孔隙，引起材料的腐蚀。孔隙和夹杂的尖端也容易引起淬火裂纹。

同样，由于孔隙的存在，对于烧结钢的渗碳、碳氮共渗等热处理也有影响。显然，密度低时，由于渗碳气体可以通过开孔隙向试样中心扩散，因此具有较深的渗碳层厚度，这对于要求心部韧表面硬的材料来说是不利的。因此，一般要求渗碳的烧结钢密度应不低于 $7g/cm^3$，或者也可以通过冷加工的方法来提高表面层的致密度。

此外，为了提高粉末冶金零部件的耐蚀性能、耐磨性能和表面质量，常进行电镀处理和涂层处理。大量孔隙的存在，对烧结零件的电镀工艺和效果影响很大。当零件孔隙度不高时，其电镀方法与致密金属相同。但当孔隙度较大时，电解液进入孔隙会引起内部腐蚀，并且表面镀层不致密。因此，电镀多孔制品时须采取封闭表面孔隙的措施。

3.5.3 孔隙度、孔径的测定

粉末冶金工作者要控制制品的质量，就会遇到孔隙度测定的问题。这里仅作一个初步介绍。首先，可采用静水秤量法来测定。应用该法时，为了防止水渗入孔隙中，试样通常要用熔融的石蜡或其他有关溶剂进行浸透。试样密度 ρ 和孔隙度 θ 的计算式分别为

$$\rho = \frac{F_1\rho_w}{F_2 - F_3} \qquad \theta = 1 - \frac{\rho}{\rho_d} \tag{3.32}$$

式中，F_1 为试样在空气中的质量，F_2 为浸透石蜡后试样在空气中的质量，F_3 为浸透石蜡后试样在水中的质量，ρ_w 为水的密度，ρ_d 为相应的致密无孔材料的密度。

查明开孔隙和闭孔隙的比例往往是很重要的。为此，烧结试样在真空中除气后，要用已知密度 ρ_c 的液体进行浸透。通常，可用经过除气后的油、二甲苯和苯甲醇等。应用具有小蒸气压和密度稳定的苯甲醇，可以得到良好的效果。测定开孔隙度 θ 开和闭孔隙度 θ 闭的公式为

$$\theta_{开} = \frac{(F_2 - F_1)\rho_w}{(F_2 - F_3)\rho_d} \quad \theta = \frac{F_1\rho_w}{(F_2 - F_3)\rho_d} \quad \theta_{闭} = \theta - \theta_{开} \tag{3.33}$$

图 3.45 所示是烧结铁中，开孔隙、闭孔隙的含量与总孔隙度的关系。应该指出：用浸透法测定开孔隙度时，液体分子不可能浸透到所有的孔隙中去，特别是窄缝部分不会被液体分子所填满。因此，此时的开孔隙就会被当成闭孔隙，或根本不被发现。

测定孔径及其分布的方法很多，主要有汞压入法、气泡法、离心力法、悬浊液过滤法、透过法、气体吸附法、X 线小角度散射法，以及显微镜分析法等。其中使用较多的是汞压入法。这是利用汞对固体表面不润湿的特点，把汞用一定的压力压入多孔体的孔隙中，应用毛细管方程把试样上所受的压力与能压入汞的孔隙半径联系起来，从而测得孔径的大小 。图 3.46 是用汞压入法测定孔隙大小的仪器示意图。

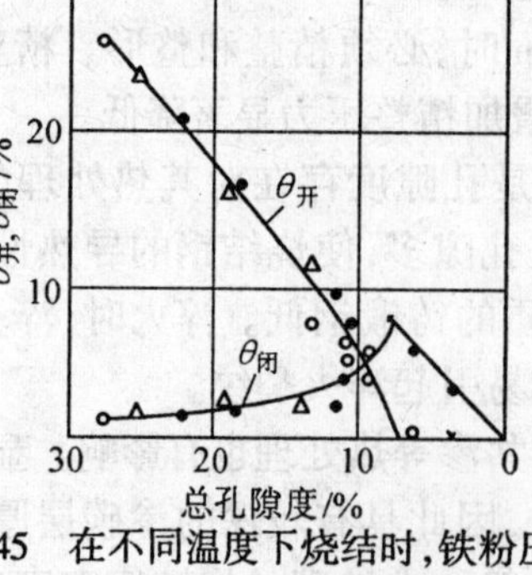

图 3.45 在不同温度下烧结时，铁粉压坯中开孔隙和闭孔隙的数量

○—880℃ △—950℃

●—1 200℃ ×—1 350℃

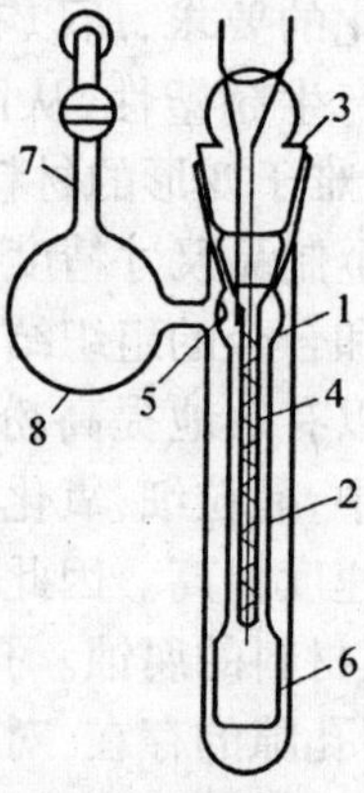

图 3.46 汞压入法测定孔隙大小的仪器示意图

1—外壳 2—圆筒 3—锥形塞

4—带电阻丝的毛细管 5—小孔 6—试样位置

7—真空系统的接头 8—装汞的球星瓶

3.5.4 烧结废品

烧结中产生废品的原因大体上可以分为三类：①违背了正确的加热规范（烧结温度过低或过高，时间过长或过短）；②破坏了烧结气氛（烧结气氛中存在氧或水蒸气，或存在能与烧结体相互作用的气体）；③压制成型过程中某个环节工艺不正确（采用了不合格的粉末、混料不均匀、压坯中存在较高的应力、压模结构不当等等）。

加热规范不正确，烧结体可能会出现裂纹，或者因体积膨胀而松散。这一类废品也可能因为压坯中加有成型剂，在快速加热时成型剂急剧分解而放出气体造成的。当烧结温度低于规定温度时，就会出现烧结不充分的情况，降低烧结体的强度和其他性能。在烧结多元系材料时，烧结温度低还会使均匀化不充分。温度过高时，可能产生过度收缩和变形，晶粒过大，组织中出现不希望存在的相（例如烧结铁－石墨基材料时，出现游离碳）。

因破坏烧结气氛而产生的废品，最常见的是制品氧化。如果能形成难还原的氧化物时，这类的废品则是无法挽救的。不当的气氛往往会改变烧结体的成分，例如铁－石墨制品在含有过量的水蒸气的气氛中烧结时，会发生强烈脱碳；在过量的甲烷气体中，铁粉制品会被渗碳；采用解离不充分的氨气，可能使烧结金属中出现氮化物。

压制成型的不良工艺也可能造成废品。例如，在使用氧化的铜粉进行烧结时，特别是压坯具有较小的孔隙度时，由于氧化物还原所产生的气体的作用，压坯可能产生膨胀。压制过程压力过高，在烧结时也可能出现分层现象。

3.6 陶瓷的精加工

3.6.1 概述

1. 精加工的必要性

陶瓷具有很多优良的功能（在没有加工成一定尺寸、形状时，它只具有定性的功能），但只有加工成一定形状和尺寸后，才能将这些功能定量地表示出来。加工后的陶瓷就成为零件或制品。如压电性虽取决于晶体结构，但如果不将尺寸、形状确定下来，那么谐振频率就无法定下来。目前，陶瓷之所以没有金属与塑料的使用范围广，很大程度上是由于很难控制陶瓷的形状、尺寸。

另外，将陶瓷作为结构材料时，特别是在机械结构上使用时，就必须与金属零（部）件接合或配合，这就要求将陶瓷零部件加工到与金属零件相一致的精度。虽然经过成型、烧结得到的烧结体具有一定的形状和尺寸，但由于工艺过程中存在较大的收缩（15%～25%），使烧结体尺寸偏差在毫米数量级甚至更大，这远达不到要求的精度，因而需精加工。

此外在陶瓷材料的成型烧结过程中，几乎所有的烧结制品都不同程度地遭到侵蚀、渗透、粘附，甚至整个表面包裹着一层厚厚的金属或其他化合物，于是只有对制品进行精加工才能去除这些夹杂物，并达到要求的表面状况。

2. 精加工的特殊性

陶瓷材料是由阴离子和阳离子或阴离子与阴离子之间的化学键结合而成。化学键以离子键和共价键为主，它不同于金属材料的金属键，具有方向性，而且有原子的堆积密度低、原子间距大等特点。另外电子密度低，因而表面能小。化学键的方向性意味着不易变形、杨氏模量大。这就使得陶瓷材料是硬脆性材料，其抗压强度大、抗拉强度低、硬度高、韧性低，而且有高熔点、低导电性、高化学稳定性。

陶瓷材料的精加工大多是除去加工，即把工件不必要的部分除去，而创造新生面的加工方法。其本质的机理在广义上是材料的破坏，而在狭义上是机械破坏、热的破坏、电气和化学的破坏，同时适当地控制这些破坏的规模或路径，而得到所要求的加工面。但由于陶瓷材料的高硬度、低韧性，对这些破坏的控制是非常困难的，所以其可加工性比金属差得多。

陶瓷是脆性材料，无论切削或磨削加工，刀具每一次除去的切削量最大限度也在 10 以下，因而烧结后制品的总切削量应在 10 以下为好，最大也不能超过 100。但是采用目前的成型、烧结工艺，尺寸精度很低，这使陶瓷的总加工量就增加了很多(时间、经费)，成本大大增加，因而精加工成本相当高。

陶瓷材料导电性低、化学稳定性高，这就限制了它的加工方法，除非特殊材料，一般不能用电加工或化学蚀刻。

3.精加工方法分类

按照供给的加工能量，目前陶瓷材料的精加工方法分类见表 3.4。

表 3.4　陶瓷材料精加工法的分类(按供给能量进行分类)

陶瓷材料精加工法分类
- 力学的
  - 磨料加工
    - 固结磨料加工
      - ①磨削
      - ②珩磨
      - ③超精加工
      - ④砂布砂纸加工
    - 悬浮磨料加工
      - ⑤研磨
      - ⑥超声波加工
      - ⑦抛光
    - ⑧滚筒抛光
    - ⑨粘弹性流动加工
    - ⑩喷射加工
  - 刀具加工
    - ⑪(切削加工)
    - ⑫切割
- 化学的
  - ⑬蚀刻
  - ⑭化学抛光
- 光化学的——⑮光刻
- 电化学的——⑯电解抛光
- 电学的
  - ⑰(电火花加工)
  - ⑱电子束加工
  - ⑲离子束加工
  - ⑳等离子体加工
- 光学的——㉑激光加工

在这些加工方法中，机械加工方法的生产率较高，因而在工业上得到广泛应用，特别是金刚石砂轮磨削、研磨和抛光较为普遍。进行表面精加工可采用表中①～⑤以及⑦～⑨和⑭的方法，其他加工方法大多适用于打孔、切割和微细加工。

3.6.2　精加工机理

陶瓷材料的精加工是通过加工点局部产生微观变形和削减等综合作用而进行的，随着加工量(加工屑的大小)与被加工材料的不均匀度(材料中的先天缺陷和因加工产生的缺陷)之间的关系不同,其加工机理也不同。下面我们以陶瓷材料最常用的磨料加工为例,说明精加工的机理。

1. 磨削区的相互作用

图 3.47 为磨削区中相互作用的示意图。

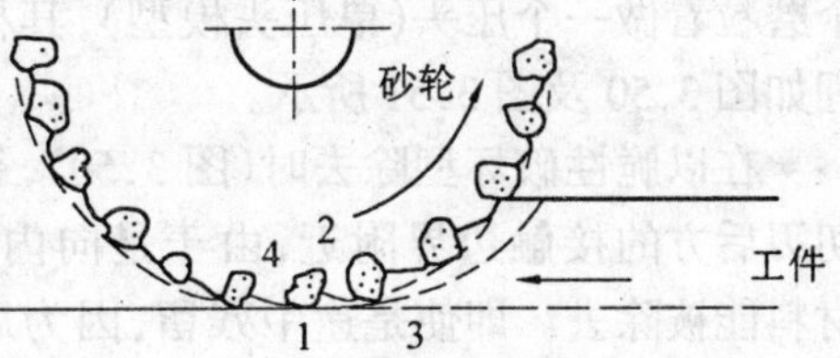

图 3.47　磨削区的相互作用

1—磨粒－工件界面　2—磨屑－结合剂界面

3—磨屑－工件界面　4—结合剂－工件界面

在磨削区通常要发生四种类型的表面相互作用:磨料与被加工材料之间的相互作用(磨料－工件界面的相互作用)、磨削产生的磨屑与工件界面的相互作用、磨削砂轮的基体(砂轮结合剂)与工件界面的相互作用、磨屑与结合剂界面之间的相互作用。在磨削的过程中,磨粒的切削几何形状不断变化,而一个高效率的磨削工艺,总是试图获得最大的磨料－工件界面的相互作用,并使其他三种摩擦相互作用(磨屑－结合剂、磨屑－工件、结合剂－工件)最小。而对于单刃或多刃的切削过程,如车削、铣等加工中,没有切屑－结合剂、结合剂－工件界面之间的相互作用,只有刀具－工件界面及切屑－工件界面的相互作用。

2. 切削加工中材料去除机理

切削加工主要是利用单刃钻石刀具,以数微米以下的微小切削量进行加工,其材料去除机理有脆性破坏型去除机理和塑性变形去除机理。在脆性破坏时材料的去除如图 3.48 所示。

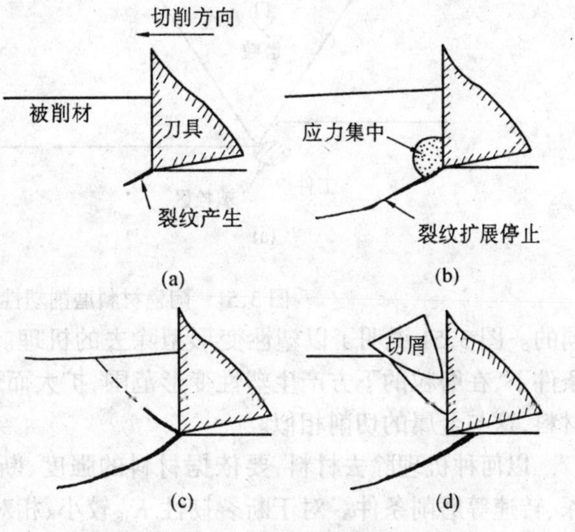

图 3.48　陶瓷材料切削脆性去除机理

按线性破坏力学理论,首先在刀具的正下方附近,产生最大应力,达到一定值时产生裂纹(a)。此主裂纹随切削的进行而扩大,由于能量的释放,达到切削深度的数倍程度裂纹停止(b)。裂纹扩展停止之后,从主裂纹前端附近,在刀尖近傍其应力集中程度升高,故在刀尖近傍生成第二条裂纹,而沿最大剪应力方向的前上方扩大(c)。由于第二条裂纹的生成,能量释放率增加,所以裂纹向未切削的自由表面传播而除去材料。结果在加工面中残留有停止扩展的主裂纹(d)。

如此的加工机理,在加工面上残留的裂纹严重地损害加工零件的性能,特别是残留纹的尺寸会达到切削深度的数倍(数十微米),这就是陶瓷材料加工后性能大大降低的原因。

如果切削时适当选择切削条件,切削斜角减小、切削速度增加、切削深度微小化,陶瓷材料破坏韧性增加,屈服应力减小,则可能产生塑性变形的材料去除机理,如图 3.49。这样就会得到与金属切削类似的连续切屑。

3. 磨料加工中材料去除机理

磨料加工是工业上广泛采用的机械加工形式，它是采用磨料进行的多刃切削。我们把磨料的每个磨粒看做一个压头(单压头模型)，其材料去除机理如图 3.50 及图 3.51 所示。

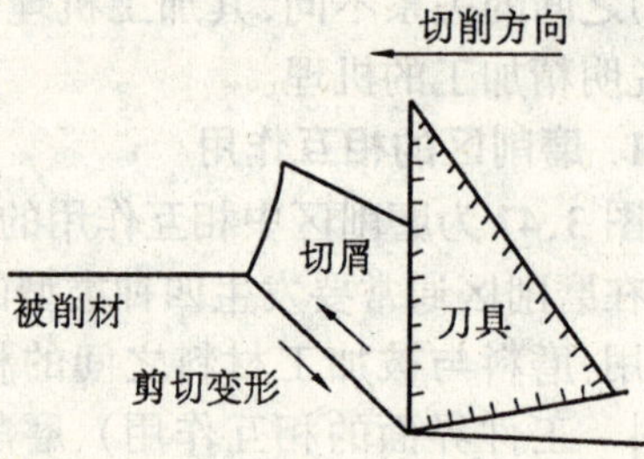

图 3.49　陶瓷材料切削塑性去除机理图

在以脆性破坏型除去时(图 3.50)，裂纹发生在切刃后方的接触边界附近，由于是向内部成长，而材料能被除去。即使是途中残留，因为后续磨粒切刃的缘故，也能容易去除材料，这与切削加工是不同的。图 3.51 说明了以塑性变形型除去的机理。在材料的硬度较低、磨粒较小、低荷重条件下，在磨粒的下方产生塑性变形范围，扩大而形成剪切区域。由于切屑的生成而除去材料，这与金属的切削相似。

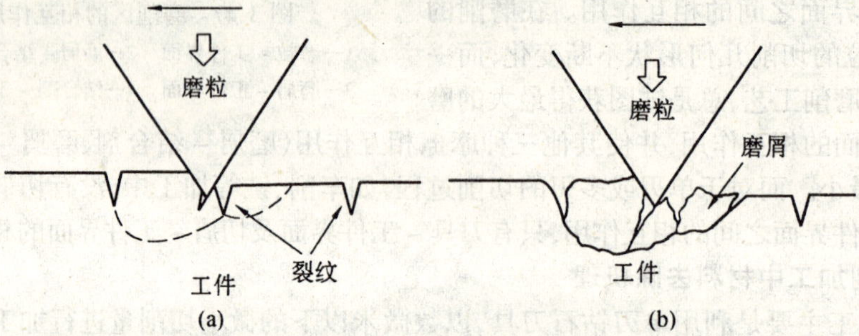

图 3.50　陶瓷材料磨削脆性破坏去除示意图

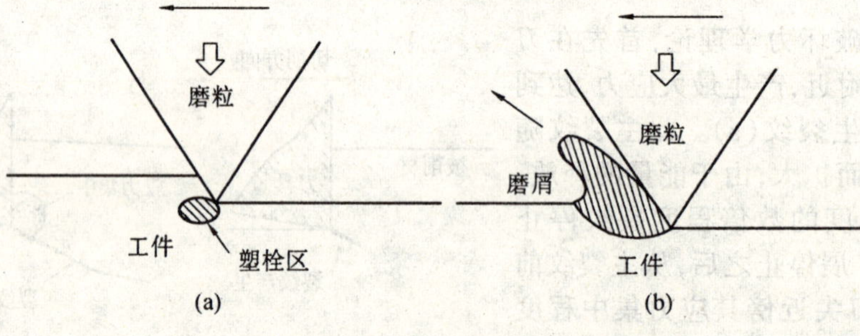

图 3.51　陶瓷材料磨削塑性变形去除示意图

以何种机理除去材料，要依据材料的强度、断裂韧性等物性以及磨料尺寸、形状、切深、转速等磨削条件。对于断裂韧性 K_{IC}较小、相对硬度 K_V 较大的陶瓷材料来说，容易产生脆性破坏型。相同的材料高速磨削时，K_{IC}有所增加，K_V 值有所减小，所以有可能转为塑性变形型。如果磨料粒径较小，应力场区域较小，易产生塑性变形，若磨削深度变大，由于压力变大，则易于产生脆性破坏。

4. 精加工的基本问题

(1)加工方向对材料性质的影响

在陶瓷材料的加工中，加工表面会残留有以裂纹为主的伤痕，它严重影响材料的强度。在加工时,加工方向不同,残留加工伤痕方向也不同。在材料使用时应力的作用方向和加工伤痕的方向也对材料强度产生明显影响,如图 3.52。

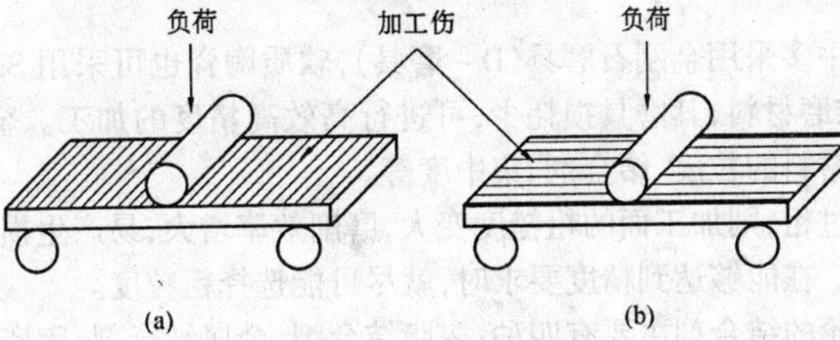

图 3.52 作用力与加工伤痕方向对强度的影响

(a)垂直伤痕(弱) (b)平等伤痕(强)

当垂直于加工伤痕方向作用抗弯应力和平行于加工伤痕作用抗弯应力,相比较,后者的强度和断裂韧性都较高,即加工方向对材料使用时的强度有很大影响。对于某些单晶材料和电子元器件,加工方向会影响其电气性能。这在加工时要仔细考虑。另外,加工时的加工方向不当,还容易产生材料的缺角和破损。

(2)加工的尺寸精度

由于陶瓷材料的抗压强度大、抗拉强度低,且弹性变性小,因而在陶瓷材料与金属材料或陶瓷材料连接时,其尺寸精度要引起注意。如轴与轴承的连接,若都为金属件,由于其弹性变性大,在全体或局部发生变形,便可在不破坏零件条件下,完成连接。但若有一方采用陶瓷,由于陶瓷的弹性变形小,这时陶瓷材料的配合公差就比金属材料严格许多,因而其加工尺寸精度要求更高。

3.6.3 精加工方法及其影响因素

陶瓷材料的精加工方法多种多样(表 3.4),在此介绍常用的几种方法。

1. 切削加工

它是利用单刃切削工具进行加工的方法,类似于金属的切削。进行切削加工时,一般要求切削工具的硬度是被加工物硬度的 4 倍左右。因而高硬度、高强度陶瓷材料的切削加工,常采用金刚石刃具。这种加工方式采用的是强制进给方式,即吃刀深设定值以及工件的精度都取决于机床的动态精度(母性原则)。这种加工方式的特点是加工形状精确、加工效率高,但对机床的精度要求也较高。

2. 磨削加工

磨削加工是高速旋转砂轮的磨粒对加工材料的表面进行挤压,通过塑性变形或脆性断裂产生磨削,从而形成新的表面。它也属于强制进给方式,精度取决于机床动态精度。切削加工中采用的是单刃刀具,在切削加工中刀具易产生磨损或缺损,这就使加工精度下降而无法再继续加工。而磨削采用的是多刃的微小加工,因此少数磨粒的缺损、脱落并不影响精度,所以有可能连续长时间进行加工。因而陶瓷的机械加工目前常采用磨削加工,而且这也是陶瓷加工不可缺的高精度加工方式。陶瓷零件经磨削加工后尺寸精度可达到 SJ1782－81 规定的 1 级精度,表面粗糙度可达金属标准的 $R_a1.6$ 以上,并能获得精确的几何尺寸。

陶瓷材料的磨削均在磨削机床上进行，只是选用的磨具和磨削条件不同。

(1) 磨具选择

在陶瓷的研磨中多采用金刚石磨具(D－磨具)，软质陶瓷也可采用 SiC 磨具。D－磨具硬度大，适用于难磨材料，其磨具损耗少，可进行高效高精度的加工。金刚石磨具的选择主要是考虑磨具磨料的粒度、结合剂、集中度等。

一般磨料粒度过粗，则加工面的粗糙度变大，磨削效率增大，易产生损伤；若过细则研磨效率可能低一些。在能够达到精度要求时，就尽可能选择粗粒度。

用于金刚石砂轮的结合剂主要有四种：树脂结合剂、金属结合剂、陶瓷结合剂、电镀金属结合剂。树脂结合剂是以酚醛树脂为主体的有机结合剂，其优点是灵活、使用方便、加工效率高、工件表面品位(加工面光洁度)良好，广泛用于精密玻璃、陶瓷的加工。金属结合剂结合的金刚石砂轮磨粒的保持力强、耐磨性好、使用寿命长、有高速加工的潜力，通常需要高的磨削力和功率。常用于混凝土和石材的切割、铁氧体、玻璃的磨削，水晶、半导体陶瓷等的精密磨削。陶瓷结合剂磨具重量轻、保形性好、刚性高，在高效率磨削方面有很大优势，可用于半导体硅、蓝宝石、玻璃等的磨削。电镀结合剂磨具是用电镀法来固定磨粒的磨具，其特点是易于制造形状复杂的砂轮，因磨粒突出量大，因而易于磨屑，磨削性能优良；但由于只有一层磨料，寿命短，常用于制动摩擦片、铁氧体的成型加工，眼镜、镜头的外圆加工，也可用于硅片切割。

集中度指金刚石层中 1cm^3 中含有金刚石磨粒的量。若金刚石含量为 4.4ct/cm^3，其集中度为 100；含量为 2.2ct/cm^3，其集中度为 50。一般金刚石砂轮的集中度为 75～100。集中度大约与砂轮的寿命成正比。

(2) 磨削条件的选择

在选择磨削条件时，磨料切入深度大小是目标之一。粗磨时，磨料的切入深度宜适当大一些。但切入太深，加工速度和磨具切入深度也过大，而磨具转速必然减小，这时加工物有崩坏的危险。粗磨时单次磨削量在 0.05～0.01cm 范围，精磨时磨削量比粗磨要小，一般每次磨削量小于 0.01cm。

在陶瓷的磨削中，磨具转速一般比磨削金属时低，干式磨削转速比湿式更低。作业时应尽可能避免干式作业，这是因为陶瓷热传导率小，干式作业产生热量难以传出，提高了加工点处温度。采用冷却液，使用树脂粘接剂，人造金刚石砂轮转速范围为 20～30m/s。在磨削时一般选用水溶性磨削液，这样可以在磨削液因磨屑混入而发粘时，可用大量水将磨屑沉淀出来，这有利于降低磨具的磨损。为了减少金刚石的氧化磨损，重视润滑性等原因，有时也使用非水溶性研磨液。表 3.5 列出各种陶瓷材料的磨削条件。

(3) 加工中注意的问题

由于磨削是强制进给方式加工，故磨削盘的刚性影响磨削的精度。采用刚性高的磨盘，不易发生振动，表面粗糙度好，精度高，还可延长磨具寿命。此外，在加工时还要注意磨削中产生的裂纹对材料强度的影响。

(4) 磨削的类型

通常磨削加工的形式很多，有外圆磨削、内圆磨削、平面磨削、无心磨削。平面磨削又可分为适用于精磨的圆周磨削、适用于粗磨的端面磨削和转盘式磨削。外圆磨削方法有纵向磨削法、切入磨削法、综合磨削法、深度磨削法等。

表 3.5 常用陶瓷材料磨削方式及磨削条件

陶瓷制备	磨削方式	人造金刚石砂轮参数			磨削条件	
		粒度(目)	集中浓度	粘结剂	砂轮转速/($m\cdot min^{-1}$)	冷却液
Al_2O_3+TiC Al_2O_3 ZrO_2	平面磨削$^{\text{粗}}_{\text{精}}$	120~140 270~325	75~100 75~100	M B	1 400~1 600 1 400~1 600	煤油、水及水溶性液体
	端面磨削$^{\text{粗}}_{\text{精}}$	120~140 270~325	50~75 50~75	M B	1 800 1 800	煤油、水及水溶性液体
	外圆磨削 倒棱	270~400 600~800	75 75	B B	1 400~1 600 1 400~1 600	煤油、水及水溶性液体
Si_3N_4	平面磨削$^{\text{粗}}_{\text{精}}$	140~170 300~400	75~100	M，B	1 400~1 600 1 400~1 600	煤油、水及水溶性液体
	端面磨削$^{\text{粗}}_{\text{精}}$	140~170 300~400	75	M，B	1 600~1 800	煤油、水及水溶性液体
	无心磨削	170~230	60~75	M	1 600~1 800	煤油、水及水溶性液体
SiC	内面磨削$^{\text{粗}}_{\text{精}}$	140~170 140~170	200 50~75	P B	700~1 400 700~1 400	煤油、水及水溶性液体
	端面磨削$^{\text{粗}}_{\text{精}}$	140~170 270~325	60~75 75	M，B B	1 800 1 800	煤油、水及水溶性液体

B—树脂粘结剂，M—金属粘结剂，P—以 Ni 为主成分的电镀粘结剂。

3．研磨与抛光

研磨与抛光是用散布磨料进行机械加工的方式，其研磨机理如图 3.53。

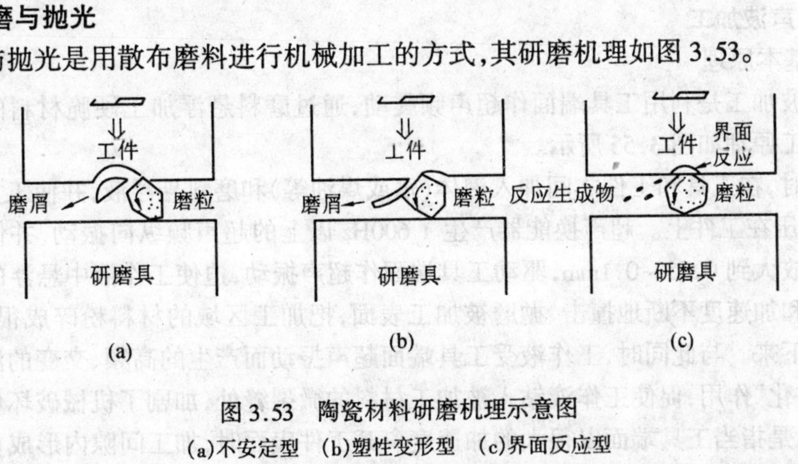

图 3.53 陶瓷材料研磨机理示意图

(a)不安定型 (b)塑性变形型 (c)界面反应型

研磨是压力进给方式，加工的精度不受加工机械精度的直接影响。影响研磨的因素主要有磨料粒度、形状、研磨压力等。

抛光与研磨方式相同,在抛光中为了获得光滑的加工平面,一般采用软质、富于弹性或粘弹性的微粉磨料及工具。抛光与研磨的差别在于磨料颗粒大小及其保持方法不同。抛光去除机理有机械微量去除理论、流动理论和化学作用理论。抛光方法主要有软质粉末抛光、机械化学抛光、水合抛光、复合抛光、无污染抛光等。

4. 粘弹性流动加工

(1) 基本原理

粘弹性流动加工是利用一种含磨料的半流动状态的粘性磨料介质,在一定压力下强迫粘性磨料介质通过被加工表面,由磨料颗粒的刮削作用,去除工作表面微观不平整部分的加工方法。图 3.54 为加工过程示意图。粘性磨料在一定压力作用下反复在工件待加工表面滑移通过,从而达到表面抛光或除去毛刺的目的。

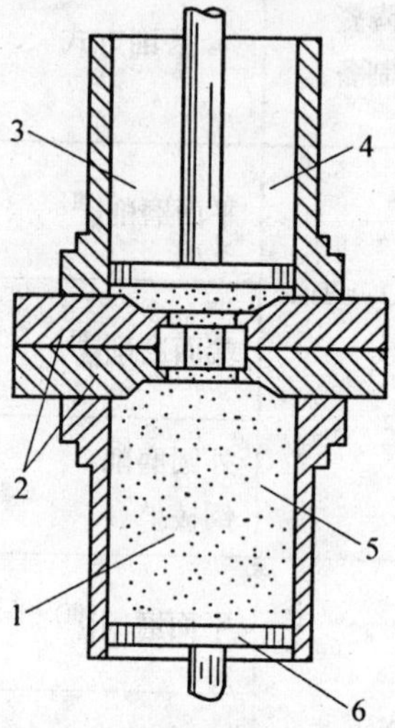

图 3.54 粘弹性流动加工过程示意图

1—粘性磨料 2—夹具 3—上部磨料室 4—工件 5—下部磨料室 6—液压操纵活塞

(2) 粘性磨料介质

粘性磨料介质是将磨料与特殊的基体介质均匀混合而成的。它应具备如下性能:有一定的流动性和粘弹性;有很强的内聚力和很小的内摩擦力;稳定性好,使用寿命长;切削作用强,加工速度快,抛光效果显著;介质对工件无腐蚀作用,对人体无影响。

(3) 粘弹性流动加工的特点

适用范围广,此法尤其适用于各种型孔、交叉孔、喷嘴小孔等内壁的精加工;抛光效果好,加工精度较高,加工后的表面粗糙度和原始状态有关,可达原始粗糙度的 1/10,一般可提高 3 级左右;加工效率高,加工时材料的去除量一般为 0.01 ~ 0.1mm,加工时间通常为 1 ~ 5min,对小型零件可以同时加工多件。但本加工方法仅适于表面加工,不能修正零件的形状误差。

5. 超声波加工

(1) 基本原理

超声波加工是利用工具端面作超声频震动,通过磨料悬浮加工硬脆材料的一种加工方法。加工原理如图 3.55 所示。

加工时,在工具和工件之间加入液体(水或煤油等)和磨料悬浮液,并使工具以很小的力 P 轻轻压在工件上。超声换能器产生 1 600Hz 以上的超声频纵向振动,并借助于变幅杆把振幅放大到 0.05 ~ 0.1mm,驱动工具端面作超声振动,迫使工作液中悬浮的磨粒以很大的速度和加速度不断地撞击、抛磨被加工表面,把加工区域的材料粉碎成很细的微粒,而被打击下来。与此同时,工作液受工具端面超声振动而产生的高频、交变的液压正负冲击波和“空化”作用,促使工作液钻入被加工材料的微裂缝处,加剧了机械破坏作用。所谓空化作用,是指当工具端面以很大的加速度离开工件表面时,加工间隙内形成负压和局部真空,在工作液体内形成很多微孔腔,当工具端面以很大的加速度接近工件表面时,空泡闭合,引起极强的液压冲击波,以强化加工过程。

(2) 影响加工速度的因素

影响超声波加工速度的主要因素有:①工具的振幅和频率的高低。过大的振幅和过高的频率会使工具和变幅杆承受很大的内应力,可能超过它的疲劳强度而降低使用寿命,而且在连接处的损耗也增大,因此一般控制振幅在 0.01 ~ 0.1mm、频率在 16 000 ~ 25 000Hz 之间。②进给压力的大小。加工时工具对工件应有一个合适的进给压力,压力过小,则工具末端与工件加工表面间的间隙增大,从而减弱了工件的撞击力和打击深度;压力过大,会使工件间隙减小,磨料和工作液不能顺利循环更新,也将降低生产效率。一般而言,加工面积小时,单位面积最佳静压力可较大。③磨料硬度的高低。磨料硬度越高,加工速度越快,通常采用金刚石、碳化硼、碳化硅、刚玉等磨料。④磨料悬浮液浓度的大小。磨料悬浮液浓度太大或太小都会使加工速度降低,通常采用的浓度为磨料对水的质量比约为 0.5 ~ 1左右。⑤被加工材料的性质。被加工材料愈脆,则承受冲击载荷的能力越低,因此愈易被加工;反之韧性较好的材料则不易加工。

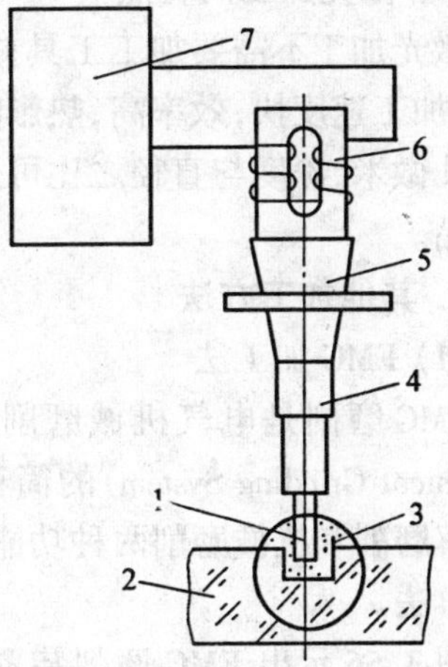

图 3.55　超声波加工原理示意图

1—工具　2—工件　3—磨料悬浮液

4,5—变幅杆　6—换能器　7—超声发生器

(3) 超声波加工的特点

超声波加工适合加工各种硬性材料,特别是不导电的非金属材料,例如玻璃、陶瓷、石英、金刚石等;超声波加工设备简单,操作、维修方便;工件表面的宏观切削力很小,切削应力、切削热很小,不会引起变形及烧伤,且可以加工薄壁、窄缝零件。

6. 激光加工

(1) 基本原理

当能量极高的激光照射在被加工工件表面时,光能被吸收并转换成热能,使照射斑点的局部区域迅速熔化以致气体蒸发,并形成小凹坑。随着激光能量的继续吸收,凹坑中蒸气迅速膨胀,压力突然增大,熔融物被爆炸性地高速喷射出来,熔融物高速喷射所产生的反冲击力又在工件内部形成一个方向性很强的冲击波。这样,工件材料就在高温熔融和冲击波的同时作用下,达到加工的目的。

(2) 影响激光加工的因素

影响激光加工的各种因素如下:①输出功率与照射时间。激光的输出功率大、照射时间长时,工件所获得的激光能量也大。实践表明,当焦点固定在工件表面时,输出的激光能量越大,所打的孔就越大而深,且锥度较小。激光的照射时间一般为几分之一秒到几毫秒。②焦距与发散角。发散角小的激光束,经短焦距的聚焦物镜以后,在焦面上可以获得更小的光斑和更高的功率密度,故应尽可能采用短焦距物镜。③焦点位置。激光的实际焦点一般在工件的表面或略低于工件表面为宜。④工件材料。在实际生产中,必须根据工件材料的性能选择合适的激光器。对于高反射率和透射率的工件应作适当的处理,例如打毛或黑化,增大对激光的吸收效率。

(3) 激光加工的特点

激光加工不需要加工工具；加工功率密度高，能加工各种金属、陶瓷、石英、金刚石等材料；加工速度快，效率高，热影响小；适于精微加工，能加工深而小的微孔和窄缝(直径可小至几微米，深度与直径之比可达 10 以上)；适宜对透明材料进行打孔。不宜加工厚尺寸的产品。

7. **其他加工方法**

(1) EMG 加工法

EMG 磨削是电气机械磨削系统(Electro Mechanical Grinding System)的简称，是同时具有电解磨削和机械磨削两种功能的复合磨削加工方法。

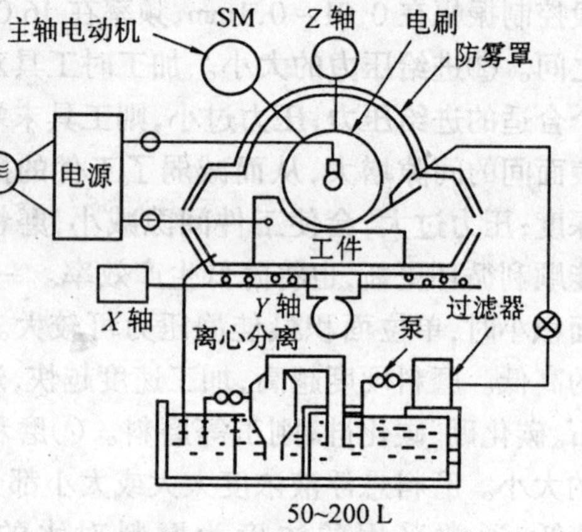

图 3.56 EMG 磨削装置的机械结构图

图 3.56 示出 EMG 磨削装置的机械结构图。主体是具有主轴和 X、Y、Z 三根轴的自动驱动能力的普通磨床。使用电解液作为磨削液。此外还有一个电源，其负极接到磨轮上，正极接到工件上。工件和磨轮之间注入特殊电解液，施加电压后，工件表面生成薄而脆的阳极氧化膜。在电解作用下选择性地溶解其凸部，从而使工件表面变得光滑，然后全面形成新的阳极氧化膜，再进行机械磨削。由于机械磨削能将阳极氧化膜一起磨除，因而磨削力为机械磨削的 2/3。

EMG 磨削是复合加工方法，除电解磨削和机械磨削外，还有阳极氧化现象。由于三者的复合，加在工件上的应力比普通机械磨削低了 30% ~ 50%，因而适用于脆性材料等的加工。

(2) MEEG 加工法

这种加工法也属于复合加工，它由一般机械磨削加工(Mechanical)、电解加工(Electrolysis)和电火花加工(Electro Discharge)三者结合而成。MEEG 加工由特殊导电砂轮、特殊加工电源和机械结构的复合系统产生电解、电火花作用。电解、电火花和机械作用这三个作用结合产生出最大加工能量。

用于 MEEG 加工的特殊导电砂轮有两种形式：一是将通电部分设计成辐射状的砂轮，采用通常直流加工电源，从而进行电解加工、电火花加工，再加上机械磨削加工。二是采用特殊导电整体型砂轮，用特殊加工的电源装置供给脉冲电场，从而引起电解、电火花。前者，因为放电脉冲是由旋转引起的，所以脉冲时间不能太短，但是加工电源装置比较简单。后者，脉冲是由加工电源装置引起的，将它施加在砂轮上，虽然脉冲时间可相当短，但是装置比较复杂。

(3) 电子束加工

电子束加工是在真空条件下，利用聚焦得到高能量密度(10^6 ~ 10^9 W/cm^2)的电子束，以极高的速度冲击到工件表面极小的面积上，在极短的时间(几分之一微秒)内，其能量的大部分转变为热能，使被冲击部分的工件材料达到数千度以上的高温，从而引起材料的局部熔化或汽化。

控制电子束能量密度的大小与能量注入时间,就可以达到不同的加工目的,如热处理、焊接、打孔、切割等加工,还可以进行光刻加工。

3.7 陶瓷表面改性

表面质量和性能往往是决定陶瓷材料能否成功使用的关键因素之一,因而运用各种手段使陶瓷材料表面的组成、结构和性能发生变化而优于基材的所谓陶瓷表面改性技术现已逐渐发展。

为满足陶瓷材料易于清洗、耐化学腐蚀、装饰等要求,传统陶瓷表面往往涂覆一层玻璃化釉层,这就是一种表面改性技术,它已有悠久的历史,但运用现代先进技术进行陶瓷表面改性仅刚刚开始,目前主要的改性技术有离子注入、气相沉积、表面相变、激光表面处理、表面涂层等。

3.7.1 离子注入改性

离子注入改性主要是通过大量离子注入材料表层,使表面损伤,如表层中的点阵空穴和间隙原子均会大量增加,同时使本征原子发生位移,从而使材料特性改变。以 $LiNbO_3$ 功能陶瓷为例,Ne、O、N 等离子注入过程可分为三个阶段:①预损伤阶段。当离子注入剂量 $\leqslant 1\times10^{15}/cm^2$ 时,Nb 原子发生位移较少,主要是点缺陷对电子极化造成折射率减少 Δn;②重损伤阶段。当注入剂量较大,为 $(1\sim5)\times10^{15}/cm^2$ 时,Nb 原子位移迅速增多,形成“缺陷串”,这时除了缺陷造成的 Δn 的改变以外,体积膨胀导致密度下降也起作用。③饱和损伤阶段。当注入剂量 $\geqslant 5\times10^{15}/cm^2$ 时,几乎所有的 Nb 原子均发生位移,表面损伤也达到了饱和的程度,而折射率的改变也达到了饱和。离子注入法可使 Δn 的变化达到 16%,而采用常规方法时,Δn 的变化只在 10%以内,由此可见离子注入技术的优越性。离子注入技术另一特点在于注入离子的种类、剂量和比例等易于控制,不受注入离子与基材组分是否相容等条件的限制,故而可作为先进陶瓷表面改性的重要手段。国内外均开展了离子注入技术用于改变陶瓷材料表面力学性质的研究,如(日、美、英等国)在 $\alpha-Al_2O_3$ 的表面注入 Ni、Cr、Ti、Zr、Y 等离子时,在剂量为 $5\times10^{15}/cm^2\sim2\times10^{16}/cm^2$ 的情况下,表层体膨胀达 5% ~ 6%,造成的表面压应力达 2 000MPa,表面硬度提高 50%。当注入剂量高达 $3\times10^{16}/cm^2\sim1\times10^{17}/cm^2$ 时,表层体膨胀达 10% ~ 20%,可使表层无定形化而呈现一定塑性,表层硬度降低。表层体膨胀造成压应力和呈现某些塑性对提高陶瓷材料的强度和韧性是有利的,但离子注入的作用深度一般仅 0.2 ~ 0.3μm,因而对陶瓷结构部件的强韧化有较大的局限性。当然由于其工艺简单,故仍具有一定的意义。如日本近期报道,用离子注入使 SiC 和 Si_3N_4 陶瓷的抗弯强度提高了 20% ~ 30%。

由于离子注入可大幅度地改变材料表面的组成、结构和性能,因而在不同材料的连接和复合技术上亦可发挥其重要作用。现已开展用离子注入技术来改善结构陶瓷与金属间的物理化学相容性,以及提高陶瓷的可焊性等技术性能的研究。

3.7.2 气相沉积

气相沉积在超细粉末和薄膜制备中已得到广泛应用,气相沉积作为陶瓷表面形成致密涂层的一项重要手段，既可单独用于陶瓷材料表面改性，也可与其他方法（如离子注入或激光表面处理）一并使用，以达到更佳效果。气相沉积的方法繁多，可分为化学气相沉积（CVD）和物理气相沉积（PVD）两大类。这两类又有许多分支，例如用激光作能源使涂覆物料变成气相的激光化学气相沉积（LCVD）和激光物理气相沉积（LPVD），而激光化学气相沉积又可分为热分解 LCVD 和光分解 LCVD 等。日本用于刀具和各种部件的气相沉积的涂层有 TiC、TiN、AlN、BN 和 B_4C 等，并可采用复合涂层，其使用效果和寿命均大为提高。

3.7.3 表层相变

表层相变目前仅用于新发展的氧化锆增韧陶瓷（ZTC）材料的表面改性。ZTC 材料，如四方氧化锆多晶体（TZP）、氧化锆增韧氧化铝（ZTA）和氧化锆增韧莫来石（ZTM）等材料结构中保持有在室温时呈介稳态的四方氧化锆 $t-ZrO_2$。在应力或负温诱导下，$t-ZrO_2$ 相变为单斜氧化锆 $m-ZrO_2$，伴随有 4% ~ 5% 的体积膨胀及 8% 左右的剪切应变，这是材料增强增韧之所在。如采用表面研磨（表面应力诱导）、热扩散（表层中 $t-ZrO_2$ 的稳定剂含量减少）和负温淬冷（表层降温和热应力协同诱导），均可促使表层中 $t-ZrO_2$ 相变为 $m-ZrO_2$，而使表层膨胀产生预压应力，达到强韧化的效果。美国 D.J. Green 等人用表面研磨法使 ZTA 陶瓷表层产生 1 000MPa 的压应力，并用热扩散法使 TZP 陶瓷表层产生 550MPa 的压应力。但是用这两种方法建立起来的表面压应力层的作用深度仅为 5 ~ 10μm，而材料表层损伤和表面裂纹的尺寸常为几十微米，因而如此薄的表面压应力层对“闭合”表面裂纹提高材料强度的作用不大。用液氮或液氦对不同的 ZTC 陶瓷试件进行负温淬冷时，根据材料发生马氏体相变的温度，选择适宜的冷处理温度、时间、冷却速率、循环次数及循环温度等，可在试件表面形成相当深度的压应力作用区。例如，中国学者已在 Y-TZP 陶瓷表面用液氮循环处理，造成 650MPa 的表面压应力，作用深度可达 120μm，使试件强度提高 30%。

3.7.4 激光表面处理

陶瓷激光表面处理是利用高功率密度的激光扫射陶瓷表面使其迅速加热至很高温度（2 000℃以上），然后迅速冷却，如与气相沉积联合使用，进行表面固溶化或表面熔涂（Cladding），则可使陶瓷表面的组成、结构和性能有大幅度地改变。凡用激光表面处理的陶瓷基体，因需经受急速加热和冷却，故应具有良好的抗热震性。中国学者已用增韧莫来石陶瓷作基板进行了激光表面处理试验，并证实该材料可承受功率密度为 $100W/mm^2$ 的激光束以 5 ~ 50mm/s 的速度进行的扫射，估算温度约为 2 700 ~ 3 200℃而无开裂之虞。

3.8 陶瓷的连接

3.8.1 概述

陶瓷是人类最古老的技术材料之一，在很久以前人们已经认识到了把它们连接起来的必要性。随着科学技术的发展，对陶瓷之间的连接尤其是陶瓷－金属间的连接的需求在不断扩大，并在现代技术的许多方面起重要的作用。如人们每天都使用的透明玻璃灯泡的连接，火花塞金属电极与绝缘氧化铝基体的密封，微电子电路与绝缘陶瓷基板的连接等。在新兴技术领域中，如耐热耐磨耐蚀陶瓷应用于汽车和飞机发动机上，引线与高温超导材料的连接等等。总地来说，连接工艺是为了满足两种类型的需要：①由简单形状的东西制造复杂结构，就如同砖瓦用于建造房屋。②制成复合材料器件，如坚硬的石头与有一定弹性的木柄结合制成斧子，或者将 WC/TiC 切削部件固定在现代加工工具上。

在陶瓷材料的连接中，大多数要求连接是永久性的，但是要满足这个要求是很难的。因为陶瓷和金属性质不同，陶瓷具有共价键或离子键，它们的键合电子并不像金属那样是非局域的，而是被限制在一两个离子或原子的周围，因而导致陶瓷的弱导电性。另外，陶瓷并没有相同的电特性，其导电性是按氧化物—氮化物—碳化物的顺序增加的，在导电性上的这种趋势对于科学理解陶瓷性质很重要。但更重要的是陶瓷具有更强的耐高温性，而热膨胀系数明显低于金属，这使得在陶瓷、金属的连接处易产生残余应力。

从原理或实践上说，用于陶瓷材料连接的方法很多，如机械连接、粘接、玻璃焊接、钎焊、扩散焊接、熔化焊接等，但没有一种所谓最佳工艺，每一种工艺都有其优点和局限。

机械连接不能获得永久性连接结构。它主要包括卡紧捆绑和热套，如珠宝镶嵌、窑炉炉顶耐火材料固定、航天飞机机翼陶瓷的固定。机械连接对于必须密封的元件或热循环条件下使用的工件是不适用的。

生产永久性连接结构，最普遍的工艺可能是粘接，它成本低，在室温或较低温度下便可完成粘接。缺点是粘接剂耐温低，一般不超过 300℃，因而连接件使用温度低，而且粘接接合处对水分渗入很敏感，水分渗入会降低其界面结合。

熔化焊接是金属 - 金属体系中进行永久性连接优先采用的方法，在玻璃 - 玻璃连接中也已采用了很长一段时间，但对于陶瓷 - 陶瓷和金属 - 陶瓷的连接则受到更多的限制。如陶瓷的熔点通常比金属高得多，有一些则在熔化之前就分解了。在实验室中已进行了陶瓷 - 陶瓷、陶瓷 - 金属体系的熔焊研究。另外磨擦焊接最近受到了重视。

对于陶瓷材料的连接工艺开发较少，且没有系统化，特别对于较新的非氧化物陶瓷的连接工艺更是很少的。目前在工艺上最普遍应用的是玻璃焊料焊接、钎焊及扩散焊接。后面章节将对其原理进行详述。下面我们首先讨论作为玻璃焊及钎焊理论基础的毛细现象。

3.8.2 毛细现象

要成功地完成玻璃焊和钎焊，需要焊料液体在工件表面的流动，并进入被连接工件之间的狭小的毛细管或缝隙中，这就要求焊料对工件表面润湿。对于一小滴静止的液体，当处于固体的水平平面上，如图 3.57，界面能与润湿角 θ 可用杨氏方程描述，即

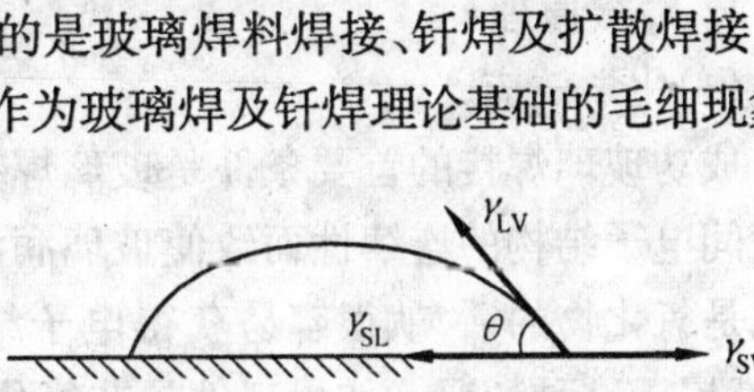

图 3.57 液滴在固体表面的润湿

$$\gamma_{SV} = \gamma_{SL} + \gamma_{LV} \cdot \cos\theta \tag{3.34}$$

式中，γ_{SV}代表固气界面能，γ_{LV}为液气界面能，θ 为润湿角，γ_{SL}为固液界面能。

如果 $\gamma_{SV} > \gamma_{SL} + \gamma_{LV}$，液滴将完全润湿固体，它将完全在固体表面上铺展开。如果 $\gamma_{SV} < \gamma_{SL} + \gamma_{LV}$，但是 $\gamma_{SV} > \gamma_{SL}$，液体将部分润湿固体，润湿角 θ 将小于 90°。为了使液体

渗透到毛细狭缝中，成功进行玻璃焊接和钎焊，最起码要做到使 $\theta < 90°$，使 θ 小于 20°是比较合适的。对于一个惰性系统，即焊料与固体界面不发生化学反应的系统，如果 $\theta < 90°$，对于水平方向的毛细管其渗透是无限的，但对于竖直方向的毛细管，由于重力作用，其渗透能力随 θ 角而变化，如对于竖直板与板之间的毛细现象，由于板宽度较大，边缘效应可忽略，则

$$P_{\mathrm{V}} = \frac{2\gamma_{\mathrm{LV}}\cos\theta}{w\rho g} \tag{3.35}$$

式中，P_{V} 代表竖直渗透，w 为毛细管宽度，ρ 为液体密度，g 代表重力加速度。

在产生毛细焊接过程中，需要焊料的渗透速度要快。对于水平毛细管，在经历时间 t 后的渗透之后，有

$$P_{\mathrm{H}} = \frac{\gamma_{\mathrm{LV}}wt\cos\theta}{3\eta} \tag{3.36}$$

式中，η 液体粘度。

对于竖直毛细管，其渗透与时间的关系更复杂，即

$$t = \frac{12\eta}{\rho^2 g^2 z^3}\left[-\rho g P_{\mathrm{V}} w - 2\gamma_{\mathrm{LV}}\cos\theta\ln\left(1 - \frac{\rho g w P_{\mathrm{V}}}{2\gamma_{\mathrm{LV}}\cos\theta}\right)\right] \tag{3.37}$$

可以看出，方向性及液体粘度对连接处渗透的影响是很大的。这些计算是针对理想系统的毛细渗透过程，即焊料与固体界面不发生化学反应，固体平面绝对平滑，但对于实际的玻璃焊料和钎焊系统，一般都要发生焊料与固体的反应。另外，焊料的粘度随温度变化也发生变化，这就使情况更加复杂。

3.8.3 玻璃焊料焊接

玻璃焊料焊接是一种很早就有的技术，可以在许多工业部门发现其大量的应用，尤其在电气工业方面应用更多。玻璃焊接适合于陶瓷与各种金属合金的封接，特别是强度和气密性要求高的场合，如生产灯泡、火花塞、显像管等等。

1. 焊接原理

(1)化学效应

成功玻璃焊接的首要条件是玻璃焊料和工件之间的密切接触，即由于玻璃焊料与工件之间电子结构的连续性而致使玻璃润湿工件。一般玻璃具有氧化物结构，如果工作表面也是氧化物的话，就很容易获得电子结构连续介质区和低 γ_{SL} 值。工件是氧化物陶瓷时，就属于这种情况。如果工件是非氧化物陶瓷，情况就比较复杂，后面将讨论。如果工件是金属，通过金属件的预氧化，就有利于形成连续区。无论怎样，重要的是产生连接的氧化物薄膜。

如果制出合适的表面，使 γ_{SL} 小于 γ_{SV}，接触角 θ 将小于 90°，这是根据扬氏公式在平衡条件下得到的。但在许多的玻璃焊料 - 工件体系中，焊料与工件表面发生反应，例如，在界面形成一种新相或玻璃组元溶入固体工件中，这将导致能量释放，使 γ_{SL} 减小。随着反应进行，反应产物层变厚，扩散受到阻碍，溶液浓度越接近饱和时，反应驱动力越小。因此，就存在一个与时间有关的平衡能量的偏差(Pask 等，1974)。杨氏公式需要改写成

$$\gamma_{SV} = \gamma_{LV}\cos\theta + \left[\gamma_{SL} + \frac{d(\Delta G_R / dA)}{dt} \right] \tag{3.38}$$

式中,ΔG_R 是反应自由能。

在处于非平衡条件下,化学反应有利于润湿和玻璃焊料的铺展,牢固的粘附是与稳定的界面化学相联系的。原则上说,这意味着界面区必需被基体上的低价氧化物所饱和。当基体是金属时这一点尤其重要。Pask 在 1987 年所做的典型研究表明,好的玻璃-金属连接是与"金属"氧化物和玻璃的结合分不开的。理论上这种氧化物层只需要单分子层厚,但实际上需要更厚一些的氧化物,因为很重要的一点是这种氧化物层会被玻璃溶解。如果氧化物层被溶解掉,界面上只有靠弱的范氏力结合。任何一种氧化物溶入玻璃中都会扩散并产生活度梯度,最初这种梯度会急剧增加,但随后随时间延长会逐渐减小。氧化物溶质的存在将影响到玻璃的热膨胀,但是更进一步的扩散将会产生薄层,因而,削弱了膨胀和应力梯度的有害作用。预氧化形成厚的可粘附氧化膜对产生较少溶质和膨胀梯度有好处。

另外,固体表面的气体吸附对焊接是不利的。一方面它降低 γ_{SV},同时又会阻止工件与玻璃焊料的直接化学接合。

(2) 物理因素

影响玻璃焊料焊接的一个重要的物理因素是热膨胀系数。如果要求玻璃焊料与基体连接处不能有过大的应变,那么不同工件之间应具有尽量相匹配的膨胀系数。玻璃焊料与相连工件的膨胀系数也应接近。因为玻璃的抗压强度远大于其抗拉强度,所以最好使玻璃焊料受到一个较小的压力。

由于玻璃焊接是在高温下进行的,在冷却温度范围内,各部件间膨胀系数的匹配是一个非常必要的条件。对于陶瓷和金属来说,在冷却温度范围内其膨胀系数是近于线性变化的,但玻璃的膨胀系数是非线性的,这很容易造成在加工温度和室温下膨胀系数是匹配的,但是在某一中间温度段由于膨胀系数不匹配,产生过分的残余应力,从而使连接失效。因此玻璃的凝固温度和弹性模量是非常重要的。

另外,工件表面的粗糙度也影响焊接。粗糙度增加会增加工件与玻璃焊料间的力学锁合作用,这种情况对界面是范德华力结合的情况很有好处。

2. 工艺过程

玻璃焊料焊接的工艺流程如图 3.58 所示。

用于玻璃焊的工件表面一般应该是平滑的,表面应没有污染物或可能的吸附气体,但利用粗糙表面的机械锁合作用实现结合时除外。当陶瓷与金属连接时,通常要求对金属表面进行预氧化,以形成与基材相粘附的氧化物膜。氧化物膜厚度应能使最终达到界面饱和和化学平衡。一般采用低温长时间氧化。

如果焊接所选材料合理,玻璃焊料焊接是相对简单的。对于玻璃焊料,使其具有与工件相匹配的热膨胀系数是必要的,而且要求玻璃焊料的凝固温度要高于在使用中所遇到的环境温度。另外,采用微晶玻璃焊料,通过在高温下晶相的析出,可使封接焊料得到与块体陶瓷相近的行为。对成分和热工艺进行优化可得到近于线性的热膨胀系数,这样可以与那些技术上重要的氧化物陶瓷和金属匹配。要获得良好的匹配的焊接,还取决于焊

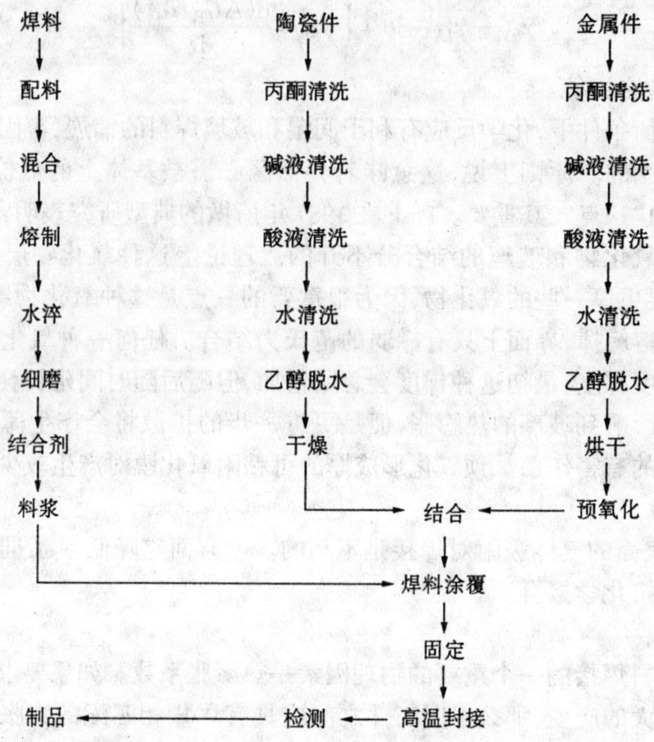

图 3.58 玻璃焊料焊接工艺流程图

料的显微结构。而焊料的显微结构与温度制度密切相关。升温过程中必须排尽粘结剂，快速跳过析晶温度，以免杂质和过早析晶的影响。封接的温度也要合适，一般在焊料熔化温度以上 60℃左右封接。温度太低，粘度大，润湿不好；太高，易使焊料析晶、晶粒过大，封接质量低。在降温过程，一是进行退火，释放应力；二是增加细小结晶相，提高焊料强度和工作温度。同时调整焊料膨胀系数使之与封接件一致。

对于非氧化陶瓷，由于工件的较高共价程度，使得难以在玻璃焊料－非氧化物界面形成一个电子连续介质区，所以较差的润湿和结合给封接增加了困难。在解决这一困难过程中有三种方法被采用，并取得了一定成功。

(1)用一种可以在非氧化陶瓷中自然生成连结相的玻璃。如 $MgO-Al_2O_3-SiO_2$ 玻璃作 Si_3N_4 陶瓷的封接焊料。

(2)用一种特殊的可与陶瓷形成化学相容的玻璃。如硼硅酸盐玻璃可在 AlN 上形成粘附层用于 AlN 的封接。

(3)用一种可以与陶瓷发生化学反应的玻璃。如像用活性金属合金焊料那样，用 $CaO-TiO_2-SiO_2$与 Si_3N_4 相结合，产生 TiN 结合层就是一例。

3.8.4 钎焊

钎焊是用低熔点的金属焊料，把焊接件和焊料加热到略高于焊料熔点温度，靠液态焊料填充焊件之间的间隙，并与之形成一体的连接方法。

通常，许多陶瓷与金属焊料是不润湿的，要成功钎焊就要促使其润湿。根据杨氏公式

$\gamma_{SV}=\gamma_{LV}\cos\theta+\gamma_{SL}$,一种方法是增加 γ_{SV},即利用金属涂层改变钎焊前陶瓷表面的基本化学性质,如烧结金属粉末法。另一种是在不影响 γ_{SV}的情况下减小 γ_{SL},这就要求使用能与陶瓷发生反应的钎料即活性金属钎焊。

1. 烧结金属粉末法

烧结金属粉末法是在高温还原性气氛中,使金属粉末在瓷件表面上烧结成金属薄膜,改变陶瓷表面性质,再进行陶瓷-金属的封接。烧结金属粉末法中最常用的是钼锰法,它最初用于含硅陶瓷的钎焊如 Al_2O_3 75 瓷、95 瓷,后来通过在烧结粉末中加入含硅活化剂,也可用于透明 Al_2O_3 瓷的封接。采用这种封接工艺应遵循以下原则:

(1)金属件的熔点应比金属化温度高 200℃以上,且焊料、金属件的成分不再与金属化中的金属形成合金。

(2)金属件与陶瓷件两者的膨胀系数应尽可能地接近,互相匹配,使陶瓷处于轻微受压状态。

下面以高铝瓷与无氧铜或可伐合金的封接为例,说明其工艺流程(如图 3.59)。

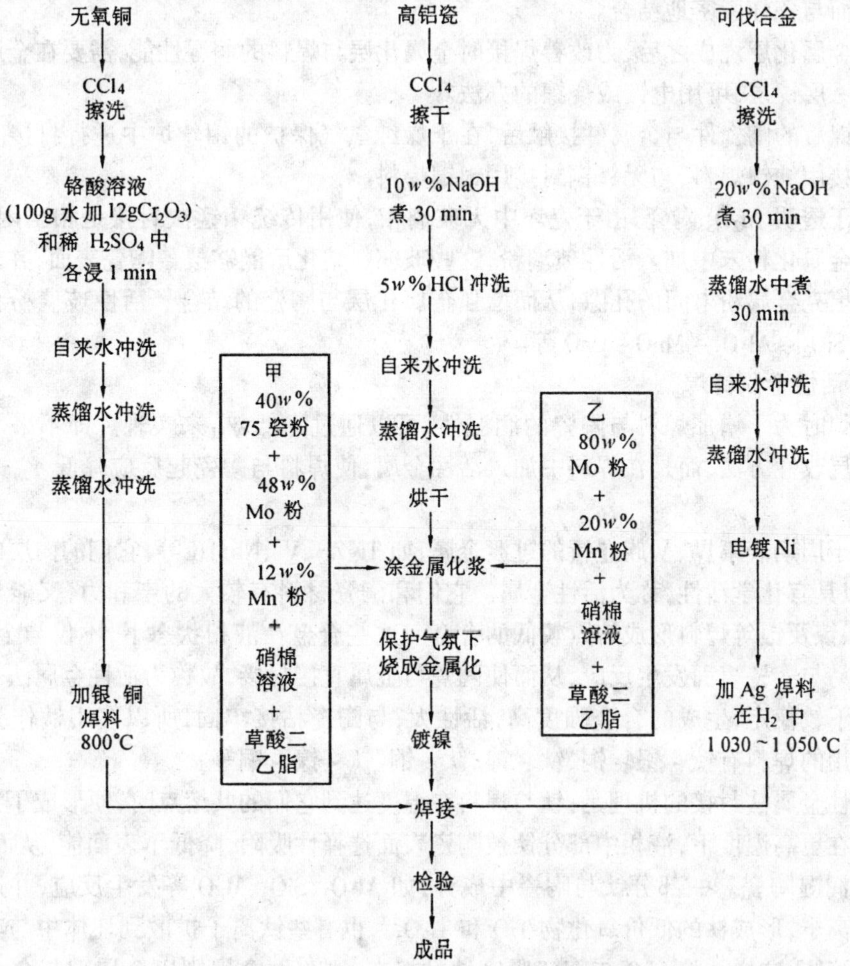

图 3.59 烧结金属粉末法封接工艺流程图

焊接部件中，陶瓷采用75瓷或95瓷，金属件用无氧铜或可伐合金。焊料中钼粉是金属化层的主体，要求其纯度大于99.5%，平均粒度1～2μm。锰粉粒度也要细，小于1μm的约占80%，大于3μm的不要超过3%，纯度大于99.5%。

为了使钼－锰粉能粘附在瓷件表面，粉末中加入硝棉溶液和草酸二乙脂，配成粘度合适的涂覆料浆，涂覆的厚度大约在50μm左右，然后在保护气氛中进行金属化烧结。

金属化的机理是：钼－锰法中的锰粉在含有微量水分（0.001φ%）的氢气中被氧化生成MnO，这种氧化作用在800℃左右完成。在高温下，MnO溶入玻璃相中，降低了其粘度，这种低粘度的玻璃相，一面渗入钼层的空隙，另一面向陶瓷坯体中渗透。由于Al_2O_3在玻璃相中产生溶解、重结晶过程，因此往往在界面上析出大颗粒的刚玉晶体。MnO除溶入玻璃相中以外，还能与Al_2O_3作用形成锰铝尖晶石或与SiO_2形成蔷薇辉石。钼在高温下开始烧结并形成一种多孔的烧结层。同时钼的表面在湿氢中被轻微地氧化。此微量的氧化物能溶解于渗入到金属化层孔隙中的玻璃相中，使玻璃相对钼有良好的润湿性，被包裹在玻璃态物质的钼颗粒得到很好的烧结，并逐渐向瓷体方向迁移。冷却后，金属钼层通过过渡区而与瓷坯紧密地结合。

在金属化层烧成之后，为改善焊接时金属化层与焊料的润湿性能，需要在金属化层上面再涂一层镍层，可用电镀或烧镍的办法。

涂镍后的陶瓷件与金属件接触后，在干燥纯氢气保护的钼丝炉中进行封接。与可伐合金封接用纯银焊料，与无氧铜封接用银铜焊料。

对于透明Al_2O_3陶瓷，由于瓷坯中无玻璃相，使用传统钼锰法封接是相当困难，这时可以在金属化粉末中加入活性玻璃粉，这些玻璃料熔化后能够覆盖陶瓷表面，并能渗入晶界中及填充金属粉末间的孔隙，从而增强金属化层与陶瓷的结合。活性玻璃粉料的主要成分是$SiO_2-Al_2O_3-MnO-CaO$等。

2. 活性金属钎焊

钎焊时为了增加焊料与陶瓷的润湿性，可以通过降低γ_{SL}来实现。即不采用陶瓷涂金属化层改性方法，而是在焊料中加入活性金属，使焊料与陶瓷起反应降低γ_{SL}来增加润湿性。

位于周期表第Ⅳ、Ⅴ族左行的过渡金属，如Ti、Zr、V、Nb、Hf等，它们的内层电子未充满，所以具有化学活性，称为活性金属。它们和陶瓷材料有较大的亲和力，又能与一些金属如铜、镍及银等焊料形成熔点较低的合金。这些合金在液相状态下，不仅与金属粘接，还很容易与陶瓷表面发生反应，从而使陶瓷与金属直接封接，故称为活性金属法。由于钛在室温下较稳定，生成的合金强度高，活性大，与陶瓷粘接牢固，所以多用钛作为活性金属。常用的焊料有钛－银－铜、钛－镍、钛－铜、钛－镍－铜等。

活性金属法封接的机理是：钛与焊料在温度达到它们的共熔点时，便形成了钛的液相合金。在更高温度下，液相中部分钛被陶瓷表面选择性吸附，降低了表面能，从而使 液相更好地润湿陶瓷。一部分钛与陶瓷中成分，如Al_2O_3、SiO_2、MgO等发生反应，并还原其中的金属离子，形成钛的低价氧化物TiO和Ti_2O_3。也有些钛离子扩散到坯体中与其主晶相形成固溶体，这样就将合金与陶瓷紧密地粘接在一起，而金属则以金属键与合金紧密连接。

3.8.5 扩散连接

扩散连接是一种固态连接工艺，连接面最初是通过在高的亚固态温度下施加压力实现接触，随后通过物质扩散，使接触面增加，这一过程是通过降低体系的表面能来实现。

扩散连接的基本驱动力是使接触体的表面能达到最小，当扩散连接形成界面时，其释放的能量是

$$W_{ad} = \gamma_{S1} + \gamma_{S2} - \gamma_{S1S2} \tag{3.39}$$

式中，S_1 和 S_2 分别代表两种固体，S_1S_2 代表它们的界面。

图 3.60 形象地描述了刚性陶瓷体与金属件扩散连接的过程。在最初阶段，在温度和压力作用下，初始表面产生屈服和蠕变变形，扩大了相互间的接触面(b)。随后，通过变形和扩散消除界面的孔隙(c)。由于体积扩散和界面移动，消除空隙，完成封接(d)。按封接界面的结合状态大致有机械结合、晶格一致的结合，以及形成扩散层的结合和形成反应层的结合。陶瓷材料与金属的封接大多是以形成反应层的结合为主(e)。如 SiC 陶瓷与镍基合金扩散接合时，在高温下，SiC 中 Si 和 C 向镍基合金扩散，而合金中 Ni 向 SiC 扩散，结果在合金一侧形成 Ni 的硅化物、碳化物等反应层。Si_3N_4 与 Ti 封接时，大约在 1 000℃产生反应，在界面上生成 Ti_5Si_3、$TiSi_2$ 及 TiN。

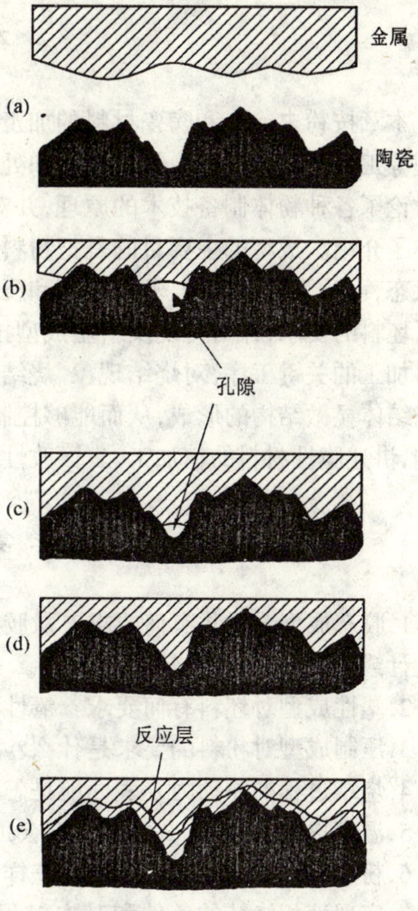

图 3.60 陶瓷－金属扩散连接过程的变化示意图
高温和加压增加了接触面，见(b)、(c)和(d)；实现接触后，穿过界面可以发生键合(d)，而且键合常常与反应产物的生长有关(e)；图中上面的相为金属

影响扩散连接的主要参数有温度、压力、时间、试样表面状态和气氛等。温度影响试样封接的全过程，因为接触面的屈服变形、蠕变表面扩散、体积扩散以及界面移动、空隙消除等均与温度有关。压力的作用主要见于对第一阶段接触面屈服变形的影响。时间虽不是独立因素，但与温度、压力相结合亦是不可忽视的因素。封接试样的表面应洁净、平滑，不能有杂质，否则妨碍界面移动而影响封接。气氛的影响比较复杂，主要因封接试样的性质而选择相宜的气氛。

本章小结

本章按粉末冶金和陶瓷材料的加工工序，主要介绍了粉体的制备、成型、烧结、烧结后处理等工序的基本原理。粉体制备和处理是粉末冶金和陶瓷材料加工的第一步，文中主要讨论了各种粉体制备技术的原理，并对粉体的特性以及表面改性、混合、造粒等粉体处理作了介绍。成型的主要目的是把粉料加工成具有一定尺寸、形状、强度的坯体，按坯料的状态，可分为胶态成型、塑性成型和压制成型，为此主要讨论了各种成型技术的原理及其对坯料的要求，并对传统及新型成型技术作了较详细的介绍。烧结是粉末冶金和陶瓷材料加工的关键工序，对烧结现象、烧结机理及影响烧结的各种因素的学习有助于我们认识烧结体显微结构的形成，从而能够控制和改进材料的性能。烧结后处理主要是以陶瓷为例，讲述脆性材料的精加工、表面改性和连接的原理。

复习思考题

1.胶态成型对料浆有何要求？从胶体化学的原理说明如何实现料浆的分散与固化，并设计或改进一种胶态成型工艺。

2.塑性成型对坯料有何要求？瘠性粉料如何才能具有塑性，其机理是什么？

3.压制成型对粉料的要求是什么？粉料造粒的作用和意义是什么？

4.烧结过程的原动力 - 表面能是怎样使物质发生迁移的？物质的迁移形式有哪些？

5.温度提高时，为什么烧结速度会加快？以各种传输机制的特征方程加以说明。

6.粉末等温烧结的三个阶段是怎样划分的？在三个阶段中都发生了哪些现象？

7.实现液相烧结的条件和基本过程是什么？在哪些情况下优先推荐使用液相烧结法？

8.怎样活化烧结过程？活化的原因如何？

9.实现全致密化的措施有哪些？

10.谈谈陶瓷材料精加工的必要性和特殊性。

11.陶瓷材料磨削加工时材料去除机理是什么，与金属有何不同？如何选择磨具及磨削条件？应注意的问题有哪些？

12.瓷材料超声波加工的机理是什么？影响因素有哪些？

13.玻璃焊料焊接的原理是什么？对焊料的要求是什么？

14.烧结金属粉末法金属化的机理是什么？

15.为了确保烧结件的质量，在制粉、成型、烧结等各个环节上，都可以采取哪些措施？

16.粉体的特性是什么？粉体的制备技术主要有哪些？其特点是什么？

参考文献

1 华南工学院等编. 陶瓷工艺学. 北京:中国建筑工业出版社,1984
2 李标荣. 电子陶瓷工艺原理. 武汉:华中工学院出版社,1992
3 钦征骑. 新型陶瓷材料手册. 南京:江苏科学技术出版社,1996
4 袁启明. 高技术新材料要览. 北京:中国科学技术出版社,1993
5 李世普主编. 特种陶瓷工艺学. 武汉:武汉工业大学出版社,1990
6 刘康时等编. 陶瓷工艺原理. 广州:华南理工大学出版社,1994
7 [日]工业调查会编辑部编. 最新精细陶瓷技术. 陈俊彦译. 北京:中国建筑工业出版社,1988
8 铃木弘茂著. 工程陶瓷. 陈世兴译. 北京:中国科学技术出版社,1989
9 蔡宗河. 陶瓷机械加工. 台北:全华科技图书股份有限公司 ,1991
10 R J Brook 主编. 陶瓷工艺. 清华大学新型陶瓷与精细工艺国家重点实验室译. 北京:科学出版社,1999
11 黄勇等. 先进陶瓷材料成型技术的现状与发展趋势. '94 全国结构陶瓷、功能陶瓷、金属/陶瓷封接学术会议论文集 ,北京,1994
12 杨金龙等. 精细陶瓷成型工艺现状与趋势. 材料导报,1995,9(3)
13 M A Janney ,1990,U. S. Patent 4894194
14 L Bergstrom, 1994,U. S. Patent 5340532
15 L J Gauckler , 1992, Swiss Patent 02337
16 F F Lange, 1993, U. S. Patent 5188700
17 黄培云. 粉末冶金原理. 北京:冶金工业出版社,1997

第四章　复合材料加工原理

复合材料是由基体与嵌入的增强相经复合而形成的材料。在制造复合材料的过程中,粉末状或液态的基体材料在模具中与增强相受热和压力的作用而融合为一体。其基体包括金属、陶瓷和聚合物等不同的材料,增强相可以是长(短)纤维、晶须或颗粒等。复合材料极为诱人之处是其具有很高的比强度、比模量,这是各种复合材料所具有的共同特点。同时,由于构成复合材料的基体与增强体的不同,又各有其独特的性能,如聚合物基复合材料具有重量轻、抗疲劳性好、破损安全性好、减振能力强、可设计性强以及抗冲击、耐摩擦、耐腐蚀和电绝缘性好的特性和优点;金属基复合材料具有使用温度高、剪切强度高、阻燃、不老化、不吸湿、不放气、耐磨损、导电、导热等金属特性;陶瓷基复合材料具有硬度高、耐高温、抗氧化、耐摩擦、耐腐蚀、热膨胀系数小和密度小等优良特性;碳/碳复合材料则具有优良的耐热烧蚀性能。另外,在复合材料的制备过程中,通过调整组分材料加入某些特殊物质或采用某种特定的制备方法,还可赋予复合材料特殊功能——功能复合材料(如阻尼、摩擦、换能、屏蔽、导电和导热等)。复合材料的上述特点都必须通过一定的制备技术来实现。因此,研究开发高效低成本的制备技术,提高复合材料加工工艺水平是十分重要的。

4.1　复合材料的种类与特点

4.1.1　复合材料的分类

复合材料是由基体与嵌入的纤维、晶须或颗粒经复合而形成的材料。复合材料的种类很多,可按不同的方式进行分类。

1.按基体材料分类

可分为碳/碳复合材料和树脂基、金属基、陶瓷基复合材料。其中树脂基复合材料是目前应用最广的复合材料,它包括不饱和树脂、环氧树脂、酚醛树脂、双马树脂基等复合材料;碳/碳复合材料主要用作导弹喷管等超高温烧蚀结构材料;金属基复合材料包括铝基、镁基、铜基、锌基、钛基和镍基等复合材料,主要用于活塞、结构材料、功能材料和发动机涡轮盘等高温结构材料;陶瓷基复合材料主要用于发动机或其他高温结构件。

2.按增强相的尺寸和形状分类

可分为长(连续)纤维增强复合材料、短(非连续)纤维或晶须增强复合材料和颗粒增强复合材料。长纤维一般包括硼纤维、碳纤维、碳化硅纤维、氧化铝纤维、玻璃纤维和芳纶纤维(有机纤维)等。各种纤维的物理特性有所不同,其共同的特点是脆性材料,容易损伤和断裂,但具有很高的强度和弹性模量。因此,可以显著地提高材料的强度和模量,在复合材料中主要起承受载荷作用。由于增强纤维在基体中按一定方向分布,使这种复合材料表现出明显的各向异性;短(非连续)纤维或晶须包括碳化硅、氧化铝和碳化钨等短纤维和晶须以及金属晶须。由短纤维或晶须增强的复合材料主要是用作耐磨材料,如日本的丰田汽车公司用 Al_2O_3 短纤维局部增强铝活塞的耐磨性,使耐磨性得到显著提高。颗粒增强复合材料主要是由碳化硅、氧化铝、碳化钛、硼化钛等微小颗粒(尺寸小于几十个微米以下)与基体复合而制得的材料。在这种复合材料中,基体起比较主要的承载作用。比基体坚硬的增强颗粒,均匀地分散在基体中,用以增强基体抗位错运动的能力,来提高材料的强度和模量,但同时降低了材料的塑性变形能力。因颗粒是随机分布在基体中,在宏观上可以认为是各向同性材料。

3.按功能分类

复合材料按功能可分为结构复合材料和功能复合材料。结构复合材料是作为受力结构使用的材料,由能承受载荷的增强体组元,与能连结增强体成为整体材料同时又起传递载荷作用的基体组元构成。其特点是可根据材料在使用中承受载荷的要求进行组元选材设计,更重要的是还可以进行复合结构设计,即增强体排布设计,能合理地满足需要并节约材料。功能复合材料要求具有某种特殊的物理或化学特性,如导电性、磁性、光学、声学、力学、低膨胀、高阻尼、耐摩擦和能量转换等。功能复合材料一般由功能组元体和基体组元体构成,基体不仅起到构成整体的作用,而且产生协同或加强功能的作用。

4.1.2 复合材料的特点

1.复合材料的共同特点

鉴于复合材料的工艺制造特点,它具有以下共同特点:

(1)复合材料属于低密度材料,不同的复合材料可以分别具有以下一项或多项性能:诸如高比强度、比模量、低膨胀系数、良好的尺寸稳定性、耐磨、抗疲劳、抗蠕变、抗冲击和高阻尼等优良特性。

(2)可以综合发挥各种组成材料的优点,使一种材料具有多种功能,以适应不同要求的需要。

(3)可以按对材料性能的需要进行材料的设计和制造,例如对方向材料强度的设计,针对某种介质耐腐蚀性能的设计。

(4)可以组成所需的任意形状的产品,实现少无余量或近终形加工,以避免金属产品的铸模、切削、磨光等多次加工工序。

2.复合材料的优越性

由于复合材料是由两种或两种以上性能不同的材料经过各种工艺手段所制成的新材料,所以这种材料具有组成它的任何一种单一材料所无法获得的优越的综合性能。

(1)比强度、比模量。高比强度(强度/密度)、比模量(弹性模量/密度)是指该材料单位密度的强度和模量,是衡量材料承载能力及模量特性的一个重要指标。由于在基体中加入了适量的高强度、高模量、低密度的纤维、晶须和颗粒等增强相,明显提高了复合材料的比强度和比模量。在众多的复合材料中,碳纤维/树脂基复合材料是目前比强度、比模量最好的材料。这种特性来源于纤维中的晶体是严格沿着纤维轴等位排列的完整结构,另外,纤维材料内部的缺陷比较少,这就使得纤维比其他材料具有更好的增强效果。

(2)热膨胀系数低。通常纤维和陶瓷颗粒都具有较低的热膨胀系数(CTE),与基体复合时可以显著地改善基体材料的热物理性能。以铝合金为例,据资料介绍,20φ% SiC_P/LY12复合材料的热膨胀系数仅为基体的50%。另外,复合材料的热膨胀系数在一定范围内可调,通过改变增强相的体积分数,可以将复合材料的热膨胀系数值进行调整。复合材料的上述热物理性能使得该材料适用于制作尺寸稳定性要求高的零、部件。

(3)抗蠕变性好。复合材料的抗蠕变能力一般均高于同种基体材料。特别是对金属基复合材料而言,由于增强相的加入,在基体内产生高密度的位错使复合材料的应力指数和激活能提高。许多研究结果都得到了相同的结论。以铝合金为例,有研究表明,颗粒强化Al-4Cu-1.5Mg复合材料在小于临界蠕变应力时最小蠕变速率随应力减少而下降几个数量级。这意味着蠕变过程的延长,亦即抗疲劳破坏寿命的延长。

(4)抗疲劳性好。当材料承受交变载荷时,金属材料与复合材料有着完全不同的表现。复合材料的疲劳断裂机理不同于金属材料,增强相与基体的界面可以阻止裂纹的扩展或改变裂纹扩展的方向,使复合材料的抗疲劳性能好于基体材料。据有关文献介绍,大多数金属材料的疲劳强度极限是其抗拉强度的30%~50%,而碳纤维/聚酯基复合材料的疲劳强度极限可为其抗拉强度的70%~80%。

(5)减振性能好。受力结构的自振频率除了与结构本身的形状有关外,还与材料的比模量的平方根成正比。复合材料的比模量高,其自振频率也高,可以避免因共振而引起的破坏。另外,复合材料中增强相与基体的结合界面具有吸振能力,可将部分动能转化为热能散逸出去,提高材料的阻尼能力,实现减振或降噪。对相同尺寸的梁进行振动试验,结果表明铝合金梁需9s才能停止振动,而碳纤维/环氧树脂复合材料梁只需2.5s即可停止振动。

(6)材料性能的可设计性。复合材料性能的可设计性,是复合材料所特有的主要优点之一。金属材料一般都是各向同性的,其强度值由最大的应力值来控制。往往结构的某一部分或某些方向的应力已达到最大允许值时,另一部分或其他方向的应力还很小,因此金属材料的强度潜力很难得到充分发挥。而复合材料是由两种或两种以上不同强度和模量的材料所构成,有许多材料参数和几何参数可以变动,因而可以人为地改变组分中材料的种类、成分、含量和增强相的分布方式。在一定范围内满足结构设计中对材料强度、刚度和方向性的要求,可使结构的性能、重量和经济指标等都做到合理的优化组合。这是任何单一材料所无法实现的。复合材料的出现为设计人员提供了一种在一定范围内可按人们意图进行设计的材料,使结构设计与材料设计达到高度统一的优化。

复合材料除上述性能外,还具有一些其他优越性能。如导电、导热、隔音和抗腐蚀等。下面将对不同复合材料的基体和增强相的特点进行介绍。

4.1.3 碳/碳复合材料

碳/碳复合材料是以碳纤维、石墨纤维或它们的织物为增强材料,以碳化或石墨化的树脂碳(或沥青),以及化学气相沉积(CVD)的碳为基体而制成的复合材料。碳-碳复合材料可分为碳纤维增强石墨、石墨纤维增强碳和石墨纤维增强石墨。由于这种复合材料是由碳元素构成的，具有耐高温和高应力的性能，可以承受极高的温度，故有极强的抗热冲击和抗热诱导能力。当温度升高时，其机械性能不但保持不变，甚至还有所提高。所有碳－碳复合材料都是脆性的，破坏时的变形或伸长率很低，仅有 0.12%～0.24%。它的机械强度随基体的不同而异。例如以碳化羊毛毡为基体的复合材料强度随其密度的增加而提高。热导率也随密度的增高而递增，当密度在 0.08g/cm^3 以下时，热导率与密度几乎成直线关系。其热膨胀系数也很低，约为金属的 1/5～1/6。有很高的比热容，并随温度的升高而上升，并且具有一定的化学惰性。碳/碳复合材料所用的增强材料和基体材料的特性分别见表 4.1 和表 4.2，表 4.3 是日本东丽公司生产的部分碳纤维性能。

表 4.1　沥青基石墨纤维的特性

项目	性能
直　径	7μm，10μm
每束纤维根数	1.5K，3K，4.5K，6K
抗拉强度	3 350MPa
抗拉模量	659GPa
导热系数	320W/MK

表 4.2　复合材料用沥青的成分

成分	百分比(%)
软化点	100℃
中间相	0%
C	93.2
H	6.6

表 4.3　日产部分牌号碳纤维的性能

纤维牌号	每束纤维根数	抗拉强度/MPa	抗拉模量/GPa	延伸率/%	单位长度质量/[g·(100m)$^{-1}$]	密度/(g·cm^{-3})
T300	1 000 3 000 6 000 12 000	3 530	230	1.5	66 198 396 800	1.76
T300J	3 000 6 000 12 000	4 210	230	1.8	198 396 800	1.78
T400H	3 000 6 000	4 410	250	1.8	198 396	1.80
T700S	12 000	4 900	230	2.1	800	1.80
T800H	6 000 12 000	5 400	294	1.9	223 445	1.81
T1000G	12 000	6 370	294	2.2	485	1.80
M35J	6 000 12 000	4 700	343	1.4	225 450	1.75
M40J	6 000 12 000	4 410	377	1.2	225 450	1.77
M46J	6 000 12 000	4 210	436	1.0	223 445	1.84
M50J	6 000	4 120	475	0.8	216	1.88
M55J	6 000	4 020	540	0.8	218	1.91

碳/碳复合材料可用作导弹头部进入大气层烧蚀的防热结构材料，也可作载人宇宙飞船或航天飞机的防热材料。用热解石棉布缠绕的酚醛复合材料，可用于火箭发动机燃烧室，还可满足火箭喷管的需要。这种复合材料无熔点，热膨胀低，耐热磨损，质轻，还适用于高速飞机的制动盘以及民用工业中的高温密封材料、高温轴承、涡轮叶片、喷气发动机的高温出口管等。

4.1.4 聚合物基复合材料

聚合物基复合材料是以连续纤维为增强材料与有机聚合物复合而制备的材料。基体材料可分为热固性塑料（不饱和聚酯树脂、环氧树脂、酚醛树脂等）和热塑性塑料（聚丙烯、低压聚丙烯、聚烯胺、聚甲醛、聚碳酸脂和 ABS 树脂等）。增强材料主要是玻璃纤维、碳纤维、硼纤维、SiC 纤维、Al_2O_3 纤维及其他纤维。由于增强纤维很高的抗拉强度和抗拉模量，是极为理想的承载体，加之聚合物材料的良好粘接性能，使增强纤维与基体之间可进行良好的复合，赋予了这种复合材料具有高的比强度和比刚度，通常要比钢或铝合金高出几倍以上；良好的高温性能；减振性能好，这是由于纤维与基体的结合界面具有吸振的能力，力学阻尼很高，减振效果好；抗疲劳性能好，当疲劳裂纹形成时，纤维与基体的结合界面有阻止裂纹扩展和改变裂纹扩展方向的作用，并且在破坏前有明显的征兆；安全性好等许多优良特性。另外还具有可设计性强和成型工艺简单的优点。

聚合物基复合材料的上述优良性能与其构成组分有关，亦即其性能与原材料的选择有关。因此，正确合理地选择各组分的原材料才能获得期望的性能指标。通常在选择原材料时要遵循以下原则：①比强度、比刚度高原则；②满足结构对特殊性能的要求，如对透波性、吸波性及阻燃性等的要求；③满足材料和结构与使用环境相适应的原则，要求材料具有较好的耐湿、耐高温性；④要求具有良好的工艺性，以利于复合材料的制备与加工；⑤材料来源广泛，易于获取；⑥价格相对低廉，通常复合材料的原材料与制备成本均比较高，限制了它的应用和推广，因此，降低成本，提高效益是一项重要的原则。

根据上述原则，对基体材料要求如下：①能在结构使用温度范围内正常工作；②具有一定的力学性能；③基体的断裂伸长率要大于或接近纤维的断裂伸长率，以保证充分发挥纤维的增强作用；④有满足使用要求的物理、化学性能；⑤要求具有良好的工艺性。

目前可供选择的基体材料主要有两类：一类是热固性树脂，主要包括环氧树脂、酚醛树脂、聚烯亚胺树脂和聚酯树脂；另一类是热塑性树脂，有聚砜、聚醚砜、尼龙、线型聚酯、聚丙烯、聚碳酸脂、聚苯醚和聚醚酰亚胺等。在热固性树脂材料中，环氧树脂和聚酯树脂具有较好的力学性能，但工作温度较低，只能在 $-40 \sim 130$ ℃范围内长期工作，由其构成的复合材料基本上能满足结构材料的要求，工艺性能好、成本低；以聚酰亚胺为基体的复合材料具有较好的耐高温性能，可在 $200 \sim 259$ ℃温度下长期工作，短时工作温度可达 $350 \sim 409$ ℃。表 4.4 给出了部分具体材料的性能。

对增强纤维的选择首先要确定其类别，再确定其品种规格，然后还要根据结构的功能选择能满足一定力学、物理和化学性能的纤维。例如，当要求复合材料具有较高的强度和刚度时，可选择比强度和比刚度高的碳纤维和硼纤维；要求具有良好冲击性能时，可选用玻璃纤维或芳纶纤维；要求结构尺寸稳定性时，可选择热膨胀系数低的碳纤维和芳纶纤维；要求结构具有较好的的低温工作性能时，要选择低温下不脆化的碳纤维；对复合材料要求有良好的透波、吸波性能时，通常选用 E 或 S 玻璃纤维、芳纶纤维和氧化铝纤维等。在工程实际中，除特殊要求外，从价格、性能等方面综合评价，常选用玻璃纤维、芳纶纤维或碳纤维作增强材料。表 4.5 至表 4.8 给出了不同增强纤维的性能和特点。

表 4.4 部分具体材料的性能

性 能	环 氧	酚 醛	聚 酯	有机硅
密度/$(g\cdot cm^{-3})$	1.11 ~ 1.23	1.30 ~ 1.32	1.10 ~ 1.46	1.79 ~ 1.90
吸水率 24h/%	0.10 ~ 0.14	0.12 ~ 0.36	0.15 ~ 0.60	
热变形温度/℃	120	78 ~ 82	60 ~ 100	—
热膨胀系数/$(10^{-6}\cdot K^{-1})$	60	60 ~ 80	80 ~ 100	308
洛氏硬度/M	100	120	115	45
收缩率/%	1 ~ 2	8 ~ 10	4 ~ 6	4 ~ 8
体积电阻率/$(\Omega\cdot mm)$	$10^{16} \sim 10^{17}$	$10^{12} \sim 10^{13}$	10^{14}	$10^{11} \sim 10^{13}$
介电强度/$(kV\cdot mm^{-1})$	16 ~ 20	14 ~ 16	15 ~ 20	7.3
介电常数	3.8	6.5 ~ 7.5	3.0 ~ 4.4	4.0 ~ 5.0
功率常数(60Hz)	0.001	0.10 ~ 0.15	0.003	0.006
耐电弧性/s	50 ~ 180	100 ~ 125	125	—
对玻璃、陶瓷、金属粘结力	优良	优良	良好	较差

表 4.5 玻璃纤维的化学成分

化学成分 /*w*%	有碱纤维 A	化学纤维 C	低介电纤维 D	无碱纤维 E	高强度纤维 E	粗纤维 R
SiO_2	72	65	73	55.2	65	60
Al_2O_3	0.6	4	*	14.8	25	25
B_2O_3	0.7	5	23	7.3	—	—
MgO	2.5	3	*	3.3	10	6
CaO	10	14	*	18.3	—	9
Na_2O	14.2	8.5	*	0.3	—	—
K_2O	—	—	*	0.2	—	—
Fe_2O_3	—	0.5	—	0.3	—	—
F_2	—	—	—	0.3	—	—

注：* 表示这些成分的总和 = 4%。

表 4.6 玻璃纤维的物理、机械性能

性 能	有碱纤维 A	化学纤维 C	低介电纤维 D	无碱纤维 E	高强度纤维 S	粗纤维 R	高模量纤维 M
抗拉强度/GPa	3.16	3.16	2.55	3.47	4.67	4.49	3.57
抗拉模量/GPa	74	75	56	72	87	88	112
伸长率/%	3.6	—	—	3.37	4.6	5.2	—
相对密度	2.46	2.46	2.14	2.55	2.5	2.55	2.89
比强度/GPa	1.14	0.97	—	0.96	1.59	1.23	
比模量/GPa	27	31	26	28	35	34	
热膨胀系数/$(10^{-6}\cdot K^{-1})$	—	8	2 ~ 3	—	—	4	
折射率	1.52	—	—	1.55	1.52	1.54	
损耗角正切值	—	—	0.0005	0.0039	0.0072	0.0015	
介电常数	—	—	3.8	6.11	5.6	6.2	
体积电阻值/$(\mu\Omega\cdot m)$	10^{14}	—	—	1019	—	—	

表 4.7 聚丙烯碳基纤维的性能

性　能	超高模量型	高模量型	极高强度型	高强度型
抗拉模量/GPa	493～572	352～383	239～258	212～220
抗拉强度/GPa	1.90	2.38	3.03	2.47
伸长率/%	0.38	0.60	1.27	1.12
单丝直径/μm	8.40	7.50	8.00	8.50
相对密度	1.96	1.85～1.91	1.75～1.77	1.75～1.76
单丝/束 $\times 10^3$	0.384×30 带	1,3,6,10,12,40	1,3,6,10,12,20,40	10,20,40
热膨胀系数/$(10^{-6}\cdot K^{-1})$	—	-1	-0.7	—
热导率/$[W\cdot(m\cdot K)^{-1}]$	140	100	20	10
比热容/$[J\cdot(kg\cdot K)^{-1}]$	—	710	710	—
碳含量/w%	99.8	99.0	96.5	94.5

表 4.8 芳纶纤维的性能

性　能	芳纶纤维（Kevlar-29 纤维）	芳纶-14 纤维（Kevlar-49 纤维）
抗拉强度/GPa	2.82	2.82
抗拉模量/GPa	59.7	126～141
伸长率/%	4	2.5
单丝直径/μm	12.1	11.9
相对密度	1.44	1.44
比强度/GPa	2.44	2.56
比模量/GPa	41.4	87
热膨胀系数/$(10^{-6}\cdot K^{-1})$		
轴向	—	-2
径向		59
比热容/$[J\cdot(kg\cdot K)^{-1}]$	—	1 420
损耗角正切值	—	0.005
介电常数	—	3.21
摩擦系数	—	0.45

聚合物基复合材料可广泛应用于航空航天、汽车、海洋、化工、建筑以及体育器材等领域。例如，在哥伦比亚航天飞机上用碳纤维/环氧树脂制作长 18.2m、宽 4.6m 的主货舱门；用凯芙拉纤维/环氧树脂制作各种压力容器；用碳纤维、有机纤维、玻璃纤维增强树脂以及各种混杂纤维的复合材料制造的机翼前缘、压力容器、引擎罩等构件已成功地应用于波音 767 飞机上。树脂基复合材料还广泛用来制造汽车壳体、化工管道、各种风格的建筑物、赛艇和滑雪板等。

4.1.5 金属基复合材料

金属基复合材料是以金属为基体，用各种金属、金属间化合物或非金属的纤维、晶须和颗粒作为强化材料所制成的复合材料。金属基体材料可以是任何具有工程应用价值的金属和合金。最常见的是有色合金材料，例如铝合金、镁合金、铜合金、锌合金及钛合金等。常用的强化材料主要是碳纤维、硼纤维、SiC 纤维、Al_2O_3 纤维、合金的晶须等具有超高比强度及比模量的材料及 SiC、Al_2O_3、TiC、TiB、ZrO_2 等具有高硬度的颗粒以及滑石和石墨等具有润滑性能的软质颗粒。金属基复合材料通常具有高的强度、模量及冲击韧性(纤维强化)、优良的耐磨性能(颗粒强化)和良好的高温性能等。

金属基复合材料按基体材料可分为铝基复合材料、镁基复合材料、铜基复合材料、锌基复合材料、钛基复合材料和镍基复合材料。铝基和镁基复合材料用于结构材料,铜基复合材料用于功能材料,锌基复合材料用于模具材料,钛基和镍基复合材料主要用于高温结构材料。

按增强相的种类和尺寸可分为长(短)纤维增强复合材料和颗粒增强复合材料;按对颗粒金属基复合材料的增强相加入方式可分为外加颗粒增强和原位自生颗粒增强复合材料。

由于金属基复合材料的增强相是外加进去的,因此在制造工艺上有三个要点:一是强化相要与基体相具有良好的润湿性,以保证两者密切结合;二是强化相与基体相之间不能发生显著的化学反应,以保持材料的特性;三是强化相能在基体相中按期望的方式分布。

润湿性是金属基复合材料的基本问题之一。而许多纤维和陶瓷颗粒与金属基体的润湿性很差或互不润湿,需要进行特殊处理。通常采用热处理、酸洗、表面涂覆或加入合金元素来改善润湿性。在选择增强相时一般要考虑以下几个方面:①弹性模量,②抗拉强度,③密度,④熔点,⑤热稳定性,⑥大小和形状,⑦热膨胀系数,⑧价格。通常选择具有高模量、高强度、抗磨及良好高温性能,并在物理和化学上能和基体适当匹配的材料作为增强相。表4.9是常用增强相的主要特性。另外,为了防止强化相与金属基体之间发生显著的化学反应,可采取以下措施:一是尽量缩短强化材料暴露在金属液中的时间;二是在强化材料表面包覆一层惰性膜,阻止两相接触。

表4.9 常用增强相的主要特性

增强相	密度/$(g\cdot cm^{-3})$	$\alpha/(10^{-6}C)$	E/GPa	σ_b/GPa
钨基硼纤维	2.47	1.5	400	3.45
硼纤维	2.68	5	413	3.488
碳纤维	1.74	2.57	230	3.53
SiC_W	3.08	1.5	400	3.346
Al_2O_{3W}	3.95	2.4	379	1.90
SiC_P	3.2	5.4	480	3
Al_2O_{3P}	3.97	6.8	460	8
TiC_P	4.25	6.52	420	0.2
TiB_P	4.5	6.39	550	0.23
B_4C_P	2.5	4.5	480	6.5
Si_3N_{4P}	3.2	2.11	360	3~6
BN_P	2.25	3.8	100~500	0.8
BeO_P	—	4.1	190(1 200℉)	0.024(2 000℉)
MgO_P	—	6.45	150(2 000℉)	0.041(2 000℉)
ZrO_{2P}	—	6.67	130(2 000℉)	0.086(2 000℉)
$MoSi_{2P}$	—	4.85	280(2 300℉)	0.28(2 000℉)
WC_P	—	2.83	670(75℉)	—
AlN_P	—	2.69		
31(2 000℉)	2.1(75℉)			

注:表中的下标W代表纤维,P代表颗粒。

强化材料在基体金属中的分布形式,对复合材料的性能有显著的影响。如何使强化相按所期望的方式分布,是复合材料研究的重要内容。

金属基复合材料除在航空航天及国防军事领域中具有重要应用之外,目前正在逐渐向民用领域推广。最早将金属基复合材料用于民品制造的是日本的丰田汽车公司,1982年该公司用 Al_2O_3 局部增强铝活塞,使其耐磨性得以显著提高。随后,Duralcan 公司用 6061Al－20w%Al_2O_3 复合材料制备出了汽车驱动轴;DWA 复合材料专业公司为 Lockheed 公司生产制备了 6061Al－25w%SiC 复合材料的飞机设备架。其中颗粒增强铝基复合材料获得比较广泛应用的是汽车制造行业。表 4.10 是颗粒增强铝基复合材料在汽车上的应用。

表 4.10　颗粒增强铝基复合材料在汽车上的应用

制造单位	基体材料	颗粒	%	应用对象
Martin 公司	Al2219	TiC	15	活塞,连杆,刹车片
Lanxide 公司	Al－(3－10)	Al_2O_3	55～60	燃料喷射管
	Al2024	Al_2O_3	10～20	刹车盘
Duralcan 公司	Al6061	Al_2O_3	10～20	活塞
	A356	SiC	10～20	轮,汽缸,驱动杆
DWA 公司	Al2124	SiC	10～20	活塞,连杆

除此之外,颗粒增强铝基复合材料在电子封装产品、高尔夫球和自行车等体育用品上也都获得了一定程度上的应用。

4.1.6　陶瓷基复合材料

陶瓷基复合材料是在陶瓷中加入连续纤维或离散的颗粒所制成的材料。与金属材料相比,高温结构陶瓷材料具有种类繁多的优点,包括有碳化物、氮化物、氧化物以及硅化物等等,可以说各有特色、各具所长,这就提高了材料设计的灵活性。由于它们都具有高熔点、高硬度、高强度、耐腐蚀、抗氧化等从常温到高温的优异力学性能,因而可以胜任结构材料的角色。但是,陶瓷材料是本质脆性材料,并且在制备过程中,容易产生一些内在的缺陷,如孔洞、杂质、异常大的晶粒及弱结合的晶界;在陶瓷加工及使用中或甚至不小心的拿放磕碰,又造成一些外在的缺陷,像划痕、小的坑洼和裂纹,所有这些缺陷都可能发展成为导致材料断裂的临界裂纹,导致陶瓷材料具有灾难性破坏的弱点,大大限制了其应用的广度和深度。改善陶瓷材料的韧性成为影响陶瓷材料在高技术领域中应用的关键。其中向陶瓷材料中加入起增韧作用的的第二相(纤维、晶须或颗粒)而制成陶瓷基复合材料是一种重要的方法。

作为基体材料目前采用较多的是 SiC、Si_3N_4、Al_2O_3 和 ZrO_2 等,并加少量的烧结助剂促进其烧结致密化。常用的增强材料主要有长、短纤维(碳纤维、硼纤维、氧化铝纤维、玻璃纤维等)、晶须(SiC、Si_3N_4、Al_2O_3 晶须等)和颗粒(SiC、、Si_3N_4 等)。其特点和性能见表 4.9。

随着陶瓷基复合材料理论研究的不断深入和制备工艺的逐渐完善,其实用化程度正在向前推进。已实现实用化和即将实用化的领域包括:刀具、滑动构件、航空航天飞行器构件、高性能发动机构件和能源构件等。法国已将长纤维增强碳化硅复合材料应用于制作超高速列车的制动件，它具有传统的制动件所无法比拟的优异摩擦磨损特性，并取得了满意的应用效果。在航空航天领域，用陶瓷基复合材料制作的导弹头锥、火箭的喷管、航天飞机的结构件等也收到了良好的效果。

4.2 复合材料的界面

复合材料属多相多组分材料，是由高强度、高模量的增强材料（连续纤维、短纤维、晶须和颗粒等）与基体（聚合物、金属、陶瓷等）材料经过各种工艺复合而成的，因此在不同组分和相之间会形成具有一定特性的界面相，而界面的性能在某种程度上对复合材料的性能起着决定性的作用。界面反应及作用程度与基体、增强体的类型、物理、化学性质及制备工艺参数密切相关。基体和增强体一旦确定，制备过程就决定了界面结构和性能。了解和掌握复合材料的界面特性和结构及其形成规律，对获得合格的复合材料至关重要。

4.2.1 界面上分子间的相互作用力

复合材料中各组分材料是通过界面来实现结合的，因而在界面处各组分材料之间必然存在着相互作用力。界面上分子之间的相互作用力决定着界面的一系列物化现象和性质。其分子间的作用力有以下几种：

(1)范德华力。范德华力一般包括三部分：取向力、诱导力和色散力。在大的溶质分子间近距离的相互作用力为色散力，它在非极性有机溶剂体系中起重要作用。

(2)氢键结合力。氢键是在质子接受体与连接在电负性大的原子或基团上的质子之间形成的。较短的氢键（<0.25nm）略显共价键特性，较长的氢键（>0.28nm）的共价键特性可忽略。

(2)酸－碱之间的作用力。它是由质子施主－质子受主之间电子对的交换所产生的力。这种作用力在材料的表面改性、改善界面粘结性能等方面具有很大作用。

(4)分子间各种作用力的加合性和作用分量。各种分子力具有线性加合性，将以上各种力中的非极性部分和极性部分加合起来，并通过考察各部分对界面能的贡献来预示界面的化学和物理特性。

4.2.2 基体与增强体的相容性、润湿性

1.相容性

相容性是指复合材料在制造和使用过程中各组分之间相互协调、配合的程度。相容性关系到复合材料中的各组分材料之间能否有效地发挥其作用，又关系到复合材料整体结构和性能是否长期稳定。它包括物理相容性和化学相容性两个方面。

(1)物理相容性。物理相容性是指复合材料在应力变化和温度变化条件下，组分材料之间相互配合的程度。前者为力学相容问题，后者为热相容问题。

力学相容性要求基体应有足够的韧性和强度，能将外部载荷均匀地传递到增强材料上，而不会产生明显的不连续现象，使增强材料不产生局部应力集中，这就要求基体应有较高的延伸率和屈从性。热相容性是在复合材料成型后，由于基体的固化和凝固产生体

积收缩和膨胀(通常为收缩),增强体体积相对稳定,界面上将产生内应力;同时又因增强体与基体之间存在热膨胀系数的差异,在不同环境温度下界面将产生热应力。这两种应力的加合总称为复合材料界面的残余应力。当材料在高温下成型冷却后,复合材料的基体将受拉应力,增强体将受压应力,界面受剪切应力。界面残余应力对复合材料力学性能有很大影响,所以在进行复合材料设计时,要充分考虑物理相容性问题,选择适当的组分体系,以避免产生高的残余应力。

(2)化学相容性。化学相容性较物理相容性相对复杂,它主要指复合材料的构成组分之间有无化学反应以及反应的速度,包括热力学相容性和动力学相容性。

大部分复合材料的制造过程都是热力学非平衡过程,两相间的热力学相容问题十分突出,通常要求基体对纤维表面有良好的润湿性能,在纤维表面能够有效地铺展开。润湿性能与材料的表面能、纤维表面的粗糙度有关。金属一般具有较高的表面能,金属纤维与环氧树脂、聚酰亚胺树脂等非金属材料基体具有良好的相容性。而金属基体在一些非金属纤维表面上铺展和润湿存在很大的困难,一般提高成型温度可改善润湿性能,但同时又可能引起一些有害的化学反应,需要综合考虑。在实际应用中,常通过对纤维表面进行各种处理和化学改性,用在基体材料中加入其他的化学成分、改变成型时的环境气氛等方法来改善组分材料之间的相容性。

化学相容性的另一个重要问题是基体与增强材料之间的化学反应。对金属基复合材料来说,这个问题显得尤为重要。金属基复合材料的成型温度一般比较高,应尽力避免组分之间不利的化学反应;有时也通过基体与增强材料间发生化学反应来增进二者之间的结合,但往往会不同程度地损伤增强材料的性能,例如在碳纤维/铝复合材料体系中,加入Ti、Zr、V等元素可形成碳化物,所形成的碳化物都可以促进浸润,但它们又可使碳纤维的性能严重下降。

2.润湿性

物质表面的原子或分子所处的状态与内部不同,物质内部质点受到各个方向均匀的吸引力,而表面的质点主要受到来自物质内部质点的吸引力,因而产生缩减表面的自发倾向,也就是说若要增加表面积就必须做功。通常表面层的原子或分子的能量要比内部的高,当固体物质与液体物质相接触时,在所形成的界面处会发生相互吸附现象而使表面能降低,液体物质将在固体表面铺展,这种液体在固体表面铺展的现象称为润湿,液体在固体表面铺展的能力即称为液体对固体的润湿性。液体对固体润湿性的好坏可用二者之间的接触角 θ 的大小来表示,即

$$\sigma_{SG} - \sigma_{LS} = \sigma_{LG}\cos\theta \tag{4.1}$$

$$\cos\theta = (\sigma_{SG} - \sigma_{LS})/\sigma_{LG} \tag{4.2}$$

式中 σ 为表面张力;下标 S、L、G 分别表示固体、液体和气体;θ 为接触角。图 4.1 给出了几种不同的润湿情况。

由图 4.1 可知,根据各相接触的性质,润湿角值由 0° ~ 180°。当 θ = 180° 时,液体将完全不润湿固体;当 θ = 90° ~ 180° 时,润湿不好;当 θ = 0° ~ 90° 时,润湿很好;当 θ = 0° 时,则完全润湿。

液体一旦对固体润湿,那么它们之间的粘结强度可用粘着功来度量。粘着功是指由固

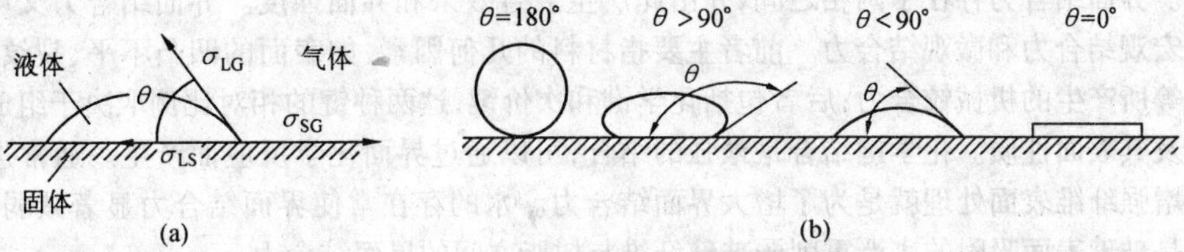

图 4.1　几种不同的润湿情况

(a) 表面张力的平衡条件　(b) 润湿角对液体润湿固体的影响

体、真空界面和液体 - 饱和蒸气界面形成一平方厘米固 - 液界面时需做的功，即

$$W_{SL} = \sigma_{LG} + \sigma_{SG} - \sigma_{SL} \tag{4.3}$$

或用接触角表示为

$$W_{SL} = \sigma_{LG}(1 - \cos\theta) \tag{4.4}$$

式(4.3)的物理意义是固体与液体的表面能除消耗于形成固 - 液界面所需的能量时，多余部分转为粘着功。显然，粘着功愈大，液体与固体的结合强度愈高。当 $\sigma_{LG} + \sigma_{SG} = \sigma_{SL}$，即固体和液体的表面能完全贡献给形成新的固 - 液界面时，粘着功为零，$\cos\theta = -1$，$\theta = 180°$，即液体不能润湿固体；当 $\sigma_{SG} = \sigma_{SL} + \sigma_{LG}$，即 $\sigma_{SG} - \sigma_{SL} = \sigma_{LG}$ 时，固体的表面能除贡献给形成新的固 - 液界面所需的能量外，还能提供数值等于 σ_{LG} 的粘着功，液体的表面也提供数值为 σ_{LG} 的粘着功，$W_{SL} = 2\sigma_{LG}$，此时 $\cos\theta = 1$，$\theta = 0°$，这表明，液体能完全铺展开在固体表面上。

从以上分析可知，降低固体与液体的界面张力 σ_{SL}，可使接触角减小，有助于润湿，并能增加粘结强度。因此，可以采用以下一些措施改善基体与增强体的润湿性：①改变固态增强体的表面状态和化学成分；②改变液态基体的化学成分；③改变温度；④改变工艺环境的气氛；⑤提高液相压力。

4.2.3　聚合物基复合材料的界面

1. 界面的形成

对于聚合物基纤维复合材料，其界面的形成可以分成两个阶段。第一阶段是基体与增强纤维的接触与浸润过程。由于增强纤维对基体分子的各种基团或基体中各组分的吸附能力不同，它总是要吸附那些能降低其表面能的物质，并优先吸附那些能较多降低其表面能的物质，因此界面聚合物层在结构上与聚合物本体是不同的。

第二阶段是聚合物的固化阶段。在此过程，聚合物通过物理的或化学的变化而固化，形成固定的界面层。固化阶段受第一阶段影响，同时它直接决定着所形成的界面层的结构。以热固性树脂的固化过程为例，树脂的固化反应可借助固化剂和本身官能团反应来实现。在利用固化剂的过程中，固化剂所在位置是固化反应中心，固化反应从中心以辐射状向四周扩展，最后形成中心密度大、边缘密度小的非均匀固化结构。密度大的部分称作胶束或胶粒，密度小的称作胶絮。在依靠树脂本身官能团反应的固化过程中也出现类似的现象。

界面层的结构大致包括：界面结合力、界面的区域(厚度)和界面的微观结构等几个方面。界面结合力存在于两相之间,并由此产生复合效果和界面强度。界面结合力又可分为宏观结合力和微观结合力。前者主要指材料的几何因素,如表面的凹凸不平、裂纹、孔隙等所产生的机械铰合力;后者包括化学键和次价键,这两种键的相对比例取决于组成成分及其表面性质。化学键结合是最强的结合,可以通过界面化学反应而产生。通常进行的增强纤维表面处理就是为了增大界面结合力。水的存在常使界面结合力显著减弱,尤其是玻璃表面吸附的水严重削弱玻璃纤维与树脂之间的界面结合力。

界面及其附近区域的性能、结构都不同于组分本身,因而构成了界面层。或者说,界面层是由纤维与基体之间的界面以及纤维和基体的表面薄层构成的。基体表面层的厚度约为增强纤维的数十倍,它在界面层中所占的比例对复合材料的力学性能有很大影响。对于玻璃纤维复合材料,界面层还包括偶联剂生成的偶联化合物。增强纤维与基体表面之间的距离受化学结合力、原子基团大小、界面固化后收缩等方面因素影响。

2.界面作用机理

界面层使纤维与基体形成一个整体,并通过它传递应力。若纤维与基体之间的相容性不好,界面不完整,则应力的传递面仅为纤维总面积的一部分。因此,为使复合材料内部能够均匀地传递应力,显示其优异性能,要求在复合材料的制造过程中形成一个完整的界面层。

界面对复合材料特别是力学性能起着极为重要的作用。从复合材料的强度和刚度来考虑,界面结合达到比较牢固和比较完善是有利的,它可以明显提高横向和层间拉伸模量、剪切模量。碳纤维、玻璃纤维等的韧性差,如果界面很脆、断裂应变很小而强度较大,则纤维的断裂可能引起裂纹沿垂直于纤维方向扩展,诱发相邻纤维相继断裂,所以这种复合材料的断裂韧性很差。在这种情况下,如果界面结合强度较低,则纤维断裂所引起的裂纹可以改变方向而沿界面扩展,遇到纤维缺陷和薄弱环节时再次跨越纤维,继续沿界面扩展,形成曲折的路径,这样就需要较多的断裂功。因此,如果界面和基体的断裂应变都较低,从提高断裂韧性的角度出发,适当减弱界面强度和提高纤维延伸率是有利的。

界面作用机理是指界面发挥作用的微观机理,关于这方面的研究工作,目前已有多种理论,但还不能说已达到完善的程度。

(1)化学键理论。化学键理论的主要论点是处理增强体表面的偶联剂。偶联剂在复合材料中的作用是它既含有能与增强体发生化学反应的官能团,又含有能与树脂基体发生化学作用的官能团,由此在界面上形成共价键结合,如能满足这一要求则在理论上可获得最强的界面粘结能。以聚合物基玻璃纤维复合材料为例,加入具有双官能团的偶联剂,它的一部分可与玻璃纤维表面形成化学键,而另一部分能与树脂形成化学键,通过这种化学媒介作用,将基体与增强体牢固的连接在一起。在无偶联剂存在时,如果基体与纤维表面可以发生化学反应,那么它们也能够形成牢固的界面。这种理论的实质即强调增加界面的化学作用是改进复合材料性能的关键。化学键理论在偶联剂的选择方面有一定指导意义。

(2)物理吸附理论。这种理论认为,增强纤维与树脂基体之间的结合是属于机械铰合和基于次价键作用的物理吸附,偶联剂的作用主要是促进基体与增强纤维表面完全浸润。一些试验表明,偶联剂未必一定促进树脂对玻璃纤维的浸润,甚至适得其反。这种理论可作为化学键理论的一种补充。

(3)变形层理论和抑制层理论。如果纤维与基体的热膨胀系数相差较大,固化成型后在界面会产生残余应力,将损伤界面和影响复合材料性能。另外,在载荷作用下,界面上会出现应力集中,若界面化学键破坏,产生微裂纹,同样也将导致复合材料性能变差。增强纤维经表面处理后,在界面上形成一层塑性层,可以松弛并减小界面应力。这种理论称作变形层理论。另一种理论即抑制层理论认为,处理剂是界面层的组成部分,它的模量应介于增强纤维和树脂基体之间才能起到均匀传递应力、减缓界面应力的作用。但变形层理论和抑制层理论都未能说明变形层和抑制层的形变过程和明确结构。

(4)扩散层理论。扩散层理论认为偶联剂形成的界面区应该是带有能与树脂基体相互扩散的聚合链活性硅氧烷层或其他的偶联剂层。它是建立在高分子聚合物材料相互粘结时引起表面扩散层的基础上,但不能解释聚合物基的玻璃纤维或碳纤维增强的复合材料的界面现象,因当时无法解释聚合物分子怎样向玻璃纤维、碳纤维等固体表面进行扩散的过程。后来由于偶联剂的使用及其偶联机理研究的深入,如偶联多分子层的存在等,使这一理论在复合材料领域中也得到了很多学者的承认。近年来提出的相互贯穿网络理论实际上就是扩散理论和化学键理论在某种程度上的结合。

(5)减弱界面局部应力作用理论。减弱界面局部应力作用理论认为,基体与增强纤维之间的处理剂,提供了一种具有"自愈能力"的化学键,在载荷作用下,它处于不断形成与断裂的动态平衡,低分子物质(主要为水)的应力浸蚀使界面化学键断裂,而在应力作用下处理剂能沿增强纤维表面滑移,使已断裂的键重新结合。与此同时,应力得以松弛,减缓了界面处的应力集中。

4.2.4 金属基复合材料的界面

1.界面的类型

对于金属基复合材料,其界面比聚合物基复合材料复杂得多。根据基体与增强体的相互作用情况,可将界面分为表4.11所示的三种类型

表4.11 金属基复合材料的类型

类型 I	类型 II	类型 III
增强材料与基体互不反应亦互不溶解	增强材料与基体不反应但能互相溶解	增强材料与基体互相反应生成界面反应物
Cu - W Cu - Al_2O_3 Ag - Al_2O_3 Al - B(表面除 BN) Al - 不锈钢 Al - B Al - SiC	Cu - Cr 合金 - W Nb - W Ni - C Ni - W 合金 - 其共晶	Cu - Ti 合金 - W Ti - Al_2O_3 Ti - B Ti - SiC Al - SiO Al - C(在一定温度下)

I类界面相对比较平整,而且只有分子层厚度。界面上除了原组成物质之外,基本上不含其他物质;II类界面是由原组成成分构成的犬牙交错的溶解扩散层;III类界面则含

有亚微级左右的界面反应物质(界面反应层)。

2.界面结合形式

界面结合可以分成机械结合、物理结合和化学结合三种形式。

机械结合力就是摩擦力,它决定于增强材料的比表面积、粗糙度以及基体的收缩。比表面和粗糙度越大,基体收缩越大,摩擦力也越大。基体与增强体之间完全靠机械结合力连接的结合形式称为机械结合。I类界面属于这种结合,具有这类界面结合的复合材料的力学性能差,除了不大的纵向载荷外,不能承受其他载荷,因此不宜作结构材料用。机械结合存在于所有复合材料中。

物理结合力主要是指范德华力和氢键,在金属基复合材料中表现为溶解和润湿结合,这是基体与增强材料之间发生润湿,并伴随一定程度的相互溶解而产生的一种结合形式,是靠原子(分子)范围内电子的相互作用产生的,它存在于所有复合材料中,II类界面多属于这种结合形式。

化学结合力就是化学键,这是基体与增强材料之间发生化学反应,在界面上形成化合物而产生的一种结合形式,它在金属基复合材料中占有重要地位,III类界面属于这种结合形式。

3.影响界面稳定的因素

与聚合物基复合材料相比,耐高温是金属基复合材料的主要特点。因此。金属基复合材料的界面能否在所允许的高温环境下长时间保持稳定,是非常重要的。影响界面稳定性的因素包括物理的和化学的两个方面。

物理方面的不稳定因素主要指在高温条件下增强纤维与基体金属之间的熔融。例如,用粉末冶金法制成的钨丝增强镍合金材料,由于成型温度较低,钨丝未溶入合金,故其强度基本不变,但若在1 100℃左右使用50h,则钨丝直径仅为原来的60%,强度明显降低,表明钨丝已溶入镍合金中。在某些场合,这种互溶现象不一定产生不良的效果。例如,钨铼合金丝增强铌合金时,钨也会溶入铌中,但由于形成很强的钨铌合金,对钨丝的强度损失起到补偿作用,强度不变或还有所提高。对于碳纤维增强镍基复合材料,在界面上还会出现先溶解再析出的现象。例如,在600℃以上复合材料的碳纤维会溶入镍基体中,而后析出具有石墨结构的碳,由于碳变成石墨密度增大留下孔隙,随着温度升高,镍渗入量增加,碳纤维强度进一步急剧下降。

化学方面的不稳定因素主要与复合材料在加工和使用过程中发生的界面化学作用有关。它包括连续界面反应、交换式界面反应和暂稳态界面变化等几种现象。其中,连续界面反应对复合材料力学性能的影响最大。这种反应有两种可能:发生在增强纤维一侧,或者基体一侧。前者是基体原子通过界面层向纤维扩散,后者则相反。观察发生深度界面反应后碳纤维/铝材料的断口发现,虽然碳纤维表面受到刻蚀,但内部并无明显变化,即反应发生在碳纤维一侧。在硼纤维/钛材料中,反应发生在靠近基体一侧。

交换式界面反应的不稳定因素主要出现在含有两种或两种以上合金的基体中。增强纤维优先与合金基体中某一种元素反应,使含有该元素的化合物在界面层富集,而在界面层附近的基体中则缺少这种元素,导致非界面化合物的其他元素在界面附近富集。同时,化合物的元素与基体中的元素不断发生交换反应,直至达到平衡。

界面结合状态对金属基复合材料沿纤维方向的抗张强度有很大影响，对剪切强度、疲劳性能等也有不同程度的影响。表 4.12 为碳纤维增强铝基复合材料的界面结合状态与抗拉强度、断口形貌的关系。显然，界面结合强度过高或过低都不利，适当的界面结合强度才能保证复合材料具有最佳的抗张强度。一般情况下，界面结合强度越高，沿纤维方向的剪切强度越大。在交变载荷作用下，复合材料界面的松脱会导致纤维与基体之间摩擦生热，加剧破坏程度。因此，就改善复合材料的疲劳性能而言，界面强度稍强一些为好。

表 4.12　碳纤维增强铝的抗张强度和断口形貌

界面结合状态	抗张强度/MPa	断口形貌
结合不良	206	纤维大量拔出，长度很长，呈刷子状
结合适中	612	有的纤维拔出，有一定长度，铝基体发生缩颈，可观察到劈裂状
结合稍强	470	出现不规则断面，可观察到很短的拔出纤维
结合过强	224	典型的脆性断裂，平断口

4.2.5　陶瓷基复合材料的界面

在陶瓷基复合材料中，增强纤维与基体之间形成的反应层质地比较均匀，对纤维和基体都能较好的结合，但通常它是脆性。因增强纤维的界面多为圆形，故界面反应层常为空心圆筒状，其厚度可以控制。当反应层达到某一厚度时，复合材料的抗张强度开始降低，此时反应层的厚度可定义为第一临界厚度。如果反应层厚度继续增大，材料强度亦随之降低，直至达某一强度值时不再降低，这时反应层厚度称为第二临界厚度。例如，利用 CVD 技术制造碳纤维时，第一临界厚度为 0.05μm，此时出现 SiC 反应层，复合材料的抗张强度为 1.8GPa；第二临界厚度为 0.58μm，抗张强度降至 0.6GPa。相比之下，碳纤维/铝材料的抗张强度较低，第一临界厚度 0.1μm 时，形成 Al_4C_3 反应层，强度为 1.15GPa；第二临界厚度为 0.76μm，抗张强度降至 0.2GPa。

氮化硅具有强度高、硬度大、耐腐蚀、抗氧化和抗热震性能好等特点，但断裂韧性较差，使其特点发挥受到限制。如果在氮化硅中加入纤维或晶须，可有效地改进其断裂韧性。由于氮化硅具有共价键结构，不易烧结，所以在复合材料制造时需添加助烧剂，如 6%Y_2O_3 和 2%Al_2O_3 等。在碳化硅基碳纤维复合材料的制造过程中，成型工艺对界面结构影响甚大。例如，采用无压烧结工艺时，碳化硅之间的反应十分严重，用扫描电子显微镜可以观察到非常粗糙的纤维表面，在纤维周围还存在许多空隙；若采用高温等静压工艺，则由于压力较高和温度较低，使得反应

$$Si_3N_4 + 3C \rightarrow 3SiC + 2N_2 \tag{4.5}$$

$$SiO_2 + C \rightarrow SiO + CO\uparrow \tag{4.6}$$

受到抑制，在碳纤维与氮化硅之间的界面上不发生化学反应，无裂纹或孔隙，是比较理想的物理结合。

在以 SiC 晶须作增强材料、氮化硅作基体的复合材料中，若采用反应烧结、无压烧结和高温等静压工艺也可获得无界面反应层的复合材料。但在反应烧结和无压烧结制成复

合材料中，随着 SiC 晶须含量增加，材料密度下降，导致强度降低，而采用高温等静压工艺时则不出现这种情况。

4.2.6 界面效应

通过选择不同的增强纤维和不同的基体、采用不同的复合方式和复合工艺，可使复合材料的界面显示出以下各种效应，这些效应也是复合材料区别于其他单纯材料的特征。

(1)分割效应。一个连续体被分割成许多区域时，其尺寸大小、中断程度、分散情况等对基体力学性能的影响。

(2)不连续效应。在界面上引起的物理性质的不连续性和界面摩擦出现的现象，如电阻、介电特性、磁性、耐热性、尺寸稳定性等。

(3)散射和吸收效应。光波、声波、弱弹性波、冲击波等在界面产生的散射和吸收，如透光性、隔热性、隔音性、耐冲击性及耐热冲击性等。

(4)感应效应。在界面产生感应效应特别是应变、内部应力和由此而出现的现象——强的弹性、低的热膨胀性、耐冲击性和耐热性等。

界面效应既与界面结合状态、形态和物理－化学性质等有关，也与界面两侧组分材料的润湿性、相容性、扩散性等密切相关。

4.3 纤维增强复合材料的制备工艺

4.3.1 纤维增强聚合物基复合材料的制备方法

纤维增强聚合物基复合材料的制备成型方法主要包括：

1.手糊工艺法

手糊工艺是聚合物基复合材料制造中最早采用和最简单的方法。其工艺过程是先在模具上涂刷含有固化剂的树脂混合物，再在其上铺贴一层按要求剪裁好的纤维织物，用刷子、压辊或刮刀压挤织物，使其均匀浸胶并排除气泡后，再涂刷树脂混合物和铺贴第二层纤维织物，反复上述过程直至达到所需厚度为止。然后，在一定压力作用下加热固化成型(热压成型)，或者利用树脂体系固化时放出的热量固化成型(冷压成型)，最后得到复合材料制品。

为便于在固化前排除多余的树酯和从模具上取下制品，预先应在模具上涂覆脱模剂。脱模剂的总类很多，石蜡、黄油、甲基硅油、聚乙烯醇水溶液以及玻璃纸、聚乙烯或聚丙烯薄膜、聚氯乙烯薄膜等都可作为脱模剂使用。

手糊工艺使用的模具主要有木模、石膏模、树脂模、玻璃模和金属模等，最常用的树脂是能在室温固化的不饱和聚酯和环氧树脂。该方法所用的设备和工具简单，产品尺寸不受限制，适于多品种小批量生产。但是，手糊工艺的技术性强，产品质量不易控制，操作条件差，生产效率低。用手糊法可以制作各种渔船和游艇、汽车壳体、贮罐、槽体、波纹瓦、大口径管件、雷达天线罩、飞机蒙皮、火箭外壳等。

手糊工艺也可直接使用预浸料制作复合材料制品。例如，首先在模具中涂覆脱模剂和析胶剂,将裁剪好的预浸料按一定方向和顺序逐层铺叠,直至所要求的厚度和层数,然后经加热和加压固化,脱模和修整后制成复合材料制品。析胶剂的作用是使多余的树脂在预浸料固化前排除。这种制造过程亦称铺层工艺,特别适于制作薄壁制品,也可制作工字梁等型材,制品的强度较高,并可根据受力情况制成强度各向异性的制品。用层铺工艺制成的先进复合材料在航空航天等领域已获得广泛应用。

2.喷射成型法

喷射成型的基本原理是利用高压空气将含有固化剂、引发剂等的树脂体系和短纤维从喷枪的不同喷嘴中同时喷出,沉积在模具表面上,用滚筒或橡胶滚压实以除去空气,使树脂浸透纤维,然后固化成型制成复合材料制品。其成型原理如图4.2所示。

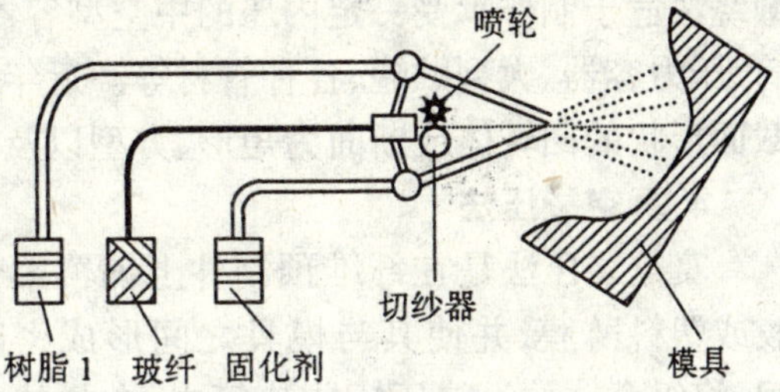

图4.2 喷射成型示意图

喷射成型对所用的原材料有一定的要求,例如树脂体系的粘度应适中,容易喷射雾化、脱除气泡和浸润纤维以及不带静电等。最常用的树脂是在室温或稍高温度下即可固化的不饱和聚酯等。喷射法采用的模具与手糊法类似,而生产效率可以提高数倍,劳动强度降低,能够制作大尺寸制品。用该方法虽然可以成型比较复杂形状的制品,但其厚度和纤维含量都较难精确控制,树脂含量一般在60%以上,空隙率较高,制品强度较低,施工现场污染和浪费较大。利用喷射法可以制作大篷车车身、船体、广告模型、舞台道具、建筑构件、机器外罩、容器、安全帽等。

3.连续纤维缠绕技术

利用连续缠绕技术制作复合材料制品时有两种不同的方式可供选择:将纤维或带状织物浸渍树脂后缠绕在芯模上,或者将纤维或带状织物缠好后再浸渍树脂。目前普遍采用前者。图4.3为纤维缠绕工艺示意图。缠绕机类似一部机床,纤维通过树脂槽后,用轧辊除去纤维中多余的树脂。为改善工艺性能和避免损伤纤维,可预先在纤维表面涂覆一层半固化的基体树脂,或者直接使用预浸料。纤维缠绕方式和角度可以通过计算机控制。缠绕达到要求后,根据所选用的树脂类型,在室温或加热箱内固化、脱模便得到复合材料制品。

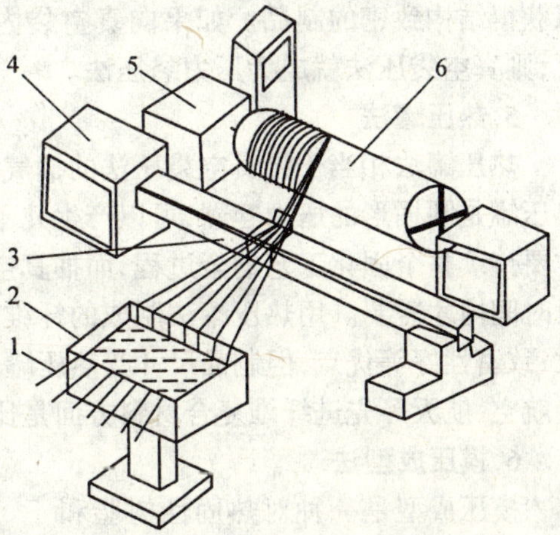

图4.3 纤维缠绕成型示意图

1—连续纤维 2—树脂槽 3—纤维输送架

4—输送架驱动器 5—芯模驱动器 6—芯模

利用纤维缠绕工艺制造压力容器时,一般要求纤维具有较高的强度和模量,容易被树脂浸润,纤维束的张力均匀和缠绕时不起毛、不断头。所使用的芯模应有足够的强度和刚度,能够承受成型加工过程中各种载荷如缠绕张力、固化时的热应力、自重等,满足制品形状尺寸和精度要求以及容易与固化制品分离。常用的芯模材料有石膏、石蜡、金属或合金、塑料等,也可用水溶性高分子材料如以聚乙烯醇作粘结剂粘结砂型制成芯模。

用连续纤维缠绕技术制造复合材料制品的优点包括：纤维按预定要求排列的规整度和精度高，通过改变纤维排布方式、数量，可以实现等强度设计，能在较大程度上发挥增强纤维抗张性能优异的特点，制品结构合理，比强度和比模量高，质量比较稳定和生产效率较高等。其主要缺点是设备投资费用大，只有大批量生产时才可能降低成本。连续纤维缠绕法适于制作承受一定内压的中空型容器，如固体火箭发动机壳体、导弹放热层和发射筒、压力容器、大型贮罐、各种管材等。近年来发展起来的异型缠绕技术，可以实现复杂横截面形状的回转体或断面为矩形、方型以及不规则形状容器的成型。

4.真空袋压法

真空袋压法是在纤维预制件上铺覆柔性橡胶或塑料薄膜，并使其与模具之间形成密闭空间，将组合体放入热压罐或热箱中，在加热的同时对密闭空间抽真空形成负压，进行固化。大气压力的作用可以消除树脂中的空气，减少气泡，排除多余树脂，使制品表面更加致密。图4.4为真空袋压法示意图。真空袋压法产生的压力小，只适于强度和密度受压力影响小的树脂体系如环氧树脂、不饱和聚酯树脂等。对于酚醛树脂等，固化时有低分子物逸出，利用此方法难以获得结构致密的制品。如果向真空袋内通入压缩空气或氮气等对预制件进行加压固化，则真空袋压法就成为压力袋压法。

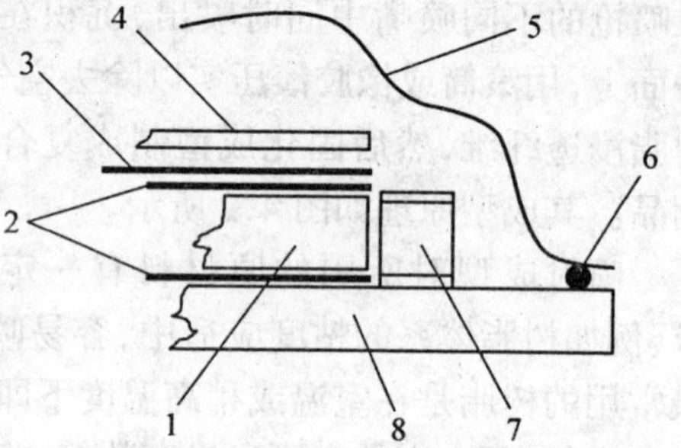

图 4.4　真空袋压法示意图

1—预制件　2—脱模层　3—排胶板　4—压板　5—真空袋　6—真空袋密封圈　7—边界支持　8—台板

5.热压罐法

热压罐法相当于将真空袋压法的抽气、加热以及加压固化放在加压罐中进行。一般热压罐是圆桶形的压力容器，可以产生几十万帕。采用热压罐成型工艺时，加热和加压通常要持续整个固化工艺的全过程，而抽真空是为了除去多余树脂及挥发物质，只是在某一段时间内才需要。用热压罐法制成的纤维复合材料制品，具有空隙率低、增强纤维填充量大、致密性好等优点，但制品尺寸受热压罐尺寸限制，设备费用比较昂贵。热压罐法在制造航空、航天等先进纤维复合材料方面是比较常用的方法。

6.模压成型法

模压成型是一种对热固性树脂和热塑性树脂都适用的纤维复合材料成型方法。将定量的模塑料或颗粒状树脂与短纤维的混合物放入敞开的金属对模中，闭模后加热使其熔化，并在压力作用下充满型腔，形成与模腔相同形状的模制品，再经加热使树脂进一步发生交联反应而固化，或者冷却使热塑性树脂硬化，脱模后得到复合材

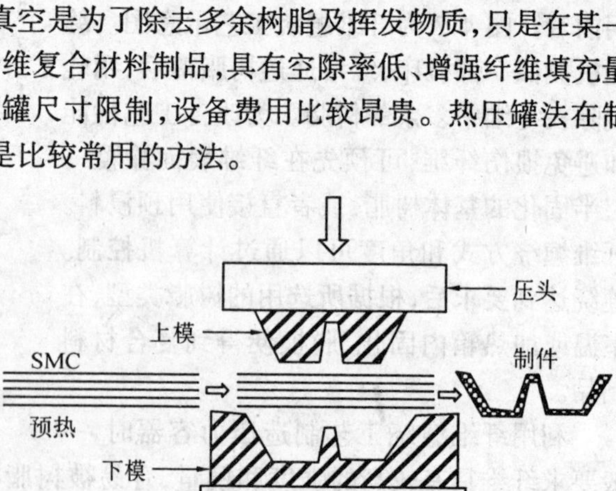

图 4.5　流动模压成型示意图

料制品。图4.5为流动模压成型工艺示意图。将剪裁好的片状模塑料按一定方向铺叠，在约高于树脂熔点10～20℃的条件下短时间预热，放入金属对模中，在高压作用下模塑料熔化并充满型腔，随即树脂受热发生化学交联，逐渐形成三维网状不熔的体型结构，最后固化成为一定形状的复合材料制品。例如，采用模压成型工艺制造玻璃纤维增强顺酐型聚酰亚胺时，先将物料预热到100℃，成型时模具的温度和压力分别为250℃和10～30MPa，在此条件下保持2min，脱模后再于250℃处理24h或200℃处理48h，即得到制品。模压成型所得制品的表面光洁，尺寸精确，适合一次成型复杂结构的制品，生产效率也较高，但模具设计和制造难度大。

用这种工艺方法制备汽车轮毂可实现一次成型，与钢车轮毂相比模压成型聚合物复合材料车轮可减重40%～50%，并具有质(重)量分布均匀和耐腐蚀性好的优点。加速疲劳试验和模拟路试表明模压成型复合材料车轮和钢车轮具有相当的性能，其缺点是在高温下聚合物及复合材料应力松弛导致螺栓挤压持久性较差。在模压时采用金属嵌件可克服这一缺点。

除上述的模压成型工艺外，还有其他一些模压成型方法。例如，树脂传递模压(Resin Transfer Moulding,RTM)是将增强纤维填充在密封模腔中，再利用压力使液态树脂注入模腔浸透纤维，固化成型而得到制品。该方法的成型压力低(0.5～0.8MPa)，但制品中树脂含量较高，机械性能差。用这种方法可制作微波天线罩、游艇、水槽、卫生洁具等。再如，弹性体贮胶模压(Elastic Rreservoir Moulding,ERM)是先用热固性树脂浸渍聚胺酯等开孔泡沫，得到贮存一定树脂的弹性体芯材，在芯材上下两面铺放纤维或织物制成弹性体贮胶坯料，低温保存。使用时按要求尺寸剪裁坯料，装入模具中，加压将贮存在芯材中的树脂挤出并浸渍上下两面的增强材料，加热固化即得到具有夹层结构的复合材料制品，这种模压工艺与SMC相似，而成型压力低，制品的综合性能优于SMC。成型时增强材料不能随树脂而流动，故该方法更适合制作几何形状简单的制品，如车壳、面板等。

7.注射成型法

注射成型是根据金属压铸原理发展起来的一种成型方法。该方法适合制作短纤维增强热塑性树脂(如聚酰胺、聚烯烃等)材料，也可用于加工热固性树脂基纤维复合材料。对于热塑性树脂基体，将颗粒状树脂、短纤维送入注射腔内加热熔化和混合均匀，并以一定的挤出压力注射到温度较低的密闭模具中，经过冷却定型后，开模便得到复合材料制品。整个过程包括加料、熔化、混合、注射、冷却硬化和脱模等步骤。加工热固性树脂时一般是将温度较低的树脂体系(防止物料在进入模具之前发生固化)与短纤维混合均匀后注射到模具中，然后再加热模具使其固化成型。

在加工过程中，由于熔体混合物的流动会使纤维在树脂基体中的分布有一定的各向异性，如果制品的形状比较复杂，则容易出现局部纤维分布不均匀或大量树脂富集区，影响材料的性能。因此，注射成型工艺要求树脂与短纤维混合均匀，混合体系有良好的流动性，而纤维含量不宜过高，一般在30%～40%左右。

注射成型法所得制品的精度高，生产周期短，效率较高，容易实现自动控制，除氟树脂外，几乎所有的热塑性树脂都可以采用这种方法成型。按物料在注射腔中熔化方式分类，常用的注射机有柱塞式和螺杆式两种。由于柱塞式注射机塑化能力较低、塑化均匀性较差、注射压力消耗大及注射速度较慢等,已很少发展,现在普遍使用的是往复螺杆式注射机。

8.拉挤成型法

拉挤成型法是将浸渍过树脂胶液的连续纤维束或带状织物在牵引装置作用下通过成型模定型,在模中或固化炉中固化,制成具有特定横截面形状和长度不受限制的复合材料型材(如管材、棒材、槽型材、工字型材、方材等)。一般情况下,只将预制品在成型模中加热到预固化的程度,最后固化是在加热箱中完成的。图4.6为挤拉成型工艺示意图。拉挤成型中要求增强纤维的强度高、集束性好、不发生悬垂和容易被树脂胶液浸润,常用的如玻璃纤维、芳香族聚酰胺纤维、碳纤维以及金属纤维等。用作基体材料的树脂以热固性树脂为主,要求树脂的粘度低(最好是无溶剂型或反应溶剂型树脂)和适用期长,大量使用的如不饱和聚酯树脂和环氧树脂等。

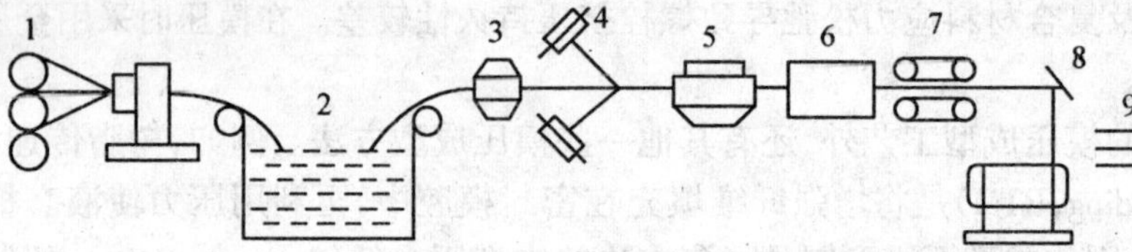

图4.6 挤拉成型示意图

1—连续纤维 2—树脂槽 3—预成型模 4—环向纤维增强

5—成型模 6—加热箱 7—牵引装置 8—切割制品 9—制品

以耐热性较好、熔体粘度较低的热塑性树脂为基体的拉挤成型工艺也取得了很大进展。其拉挤成型的关键在于增强材料的浸渍。目前常用的方法有热熔涂覆法和混编法。前者是使增强材料通过熔融树脂槽,浸渍树脂后在成型模中冷却定型;混编法是按一定比例将热塑性聚合物纤维预增强材料混编织成带状、空心状等几何形状的织物,通过热模时基体材料熔化并浸渍增强材料,冷却定型后成为产品。

9.增强反应注射成型法

使两种或两种以上高活性液态单体在高压下碰撞混合,使其在模具中迅速发生聚合反应而成型为塑料制品,这种方法称为反应注射成型(RIM)法。如果在反应单体中混入短纤维,制成有良好流动性的浆料,在模具中单体聚合反应并固化成型,脱模后得到短纤维增强复合材料,即增强反应注射成型(RRIM)。

RRIM中使用的基体以由聚醚型多元醇与异氰酸酯(如二苯基甲烷、二异氰酸酯等)反应而成的聚胺酯为主。此外,热塑性树脂如阴离子聚合聚酰胺-6等也有应用。增强纤维可以是长度1.0~3.0mm的短纤维或磨碎纤维(如玻璃纤维),纤维含量最高可达50%左右。如果采用混杂纤维代替单一纤维,可进一步提高复合材料的综合性能。

RRIM是在一定压力作用下高速完成注射成型的,成型周期很短(仅数分钟)。单体在模具中发生聚合反应是放热,不需外界提供热量,而且由于单体混合物的流动性好,可以成型质量均一的薄壁和形状复杂的复合材料制品。RIM和RRIM制品在汽车、电子电器、建材等方面得到广泛应用。这种成型方法效率高,产品质量好,被认为是聚合物基复合材料制造工艺的一次突破性进展。

4.3.2 纤维增强金属基复合材料的制备方法

与聚合物基纤维复合材料相比,金属基纤维复合材料具有许多特点。例如,金属基纤维复合材料的弹性模量大,硼纤维铝基复合材料的综合弹性模量(包括纵向弹性模量、横向弹性模量和剪切弹性模量在内)比聚合物基纤维复合材料高出约 1~2 个数量级,层间剪切强度也大于聚合物基纤维复合材料,断裂韧性和抗冲击韧性好。常用的金属基体为铝、钛及其合金或者镍合金等延性材料。这类金属材料受到冲击载荷作用时,吸收冲击功的能力强,同时由于塑性变形的能力强,对材料中的裂纹和应力集中表现出一种钝性,可使复合材料显示出很好的断裂韧性,材料性能对温度变化的敏感程度亦很小,并具有良好的导电性和导热性,是比较理想的结构材料。但是,这类复合材料的加工技术难度大,制造工艺远不如聚合物基纤维复合材料成熟。由于纤维与金属基体的复合需要在很高的温度下进行,所以在复合材料制造过程中需要考虑以下问题:①通常应避免在高温下纤维与基体之间发生扩散反应或者再结晶,否则不仅影响纤维机械性能,还会使基体金属变脆,成为产生裂纹的隐患。②纤维与基体之间的界面结合状态直接影响纤维与基体之间的应力传递。结合不好,就失去纤维增强的意义,特别是用非金属纤维作增强材料时,它们与金属的相容性一般较差,需要进行表面处理,而过分的结合又往往会影响纤维的力学性能。另外,目前对纤维与金属之间的结合状态,尚缺少有效的检验方法。

以下简要介绍几种金属基纤维复合材料的制造方法。

1.粉末冶金法

粉末冶金法是将金属粉末充满在排列规整的或无规则取向的短纤维或晶须间隙中,然后进行烧结或挤压成型。例如,用四氯化碳作分散剂以真空加热条件下容易除去的聚甲基丙烯酸丁酯丙酮溶液为增粘剂,用短切纤维与纯度为 99.9% 的铝粉混合,加热到 500℃左右,挤压成型,可制成铝基碳纤维复合材料,粉末冶金法的加工温度比较高,容易损伤纤维,工艺也比较复杂,复合效果往往并不十分理想。

2.固态扩散法

固态扩散法是将固态的纤维与金属适当地组合,在加压、加热条件下使它们相互扩散结合成为复合材料的方法。例如,SiC 纤维与铝合金薄片按一定方式排列和堆叠,然后在惰性气体保护下加热、加压使它们紧密地结合成为一定形状的制品。用这种方法制成的铝基纤维复合材料具有很高的质量。以硼纤维增强铝基复合材料为例,将带有碳化硼涂层的硼纤维按一定间距缠绕在裹有铝箔的滚筒上(见图 4.7),利用涂覆树脂胶液或等离子喷涂铝粉的方法将其固定在铝箔上,然后切开取下成为纤维-铝箔条带,经剪裁堆叠后放入真空热压炉内,在 520~600℃和 50~70MPa 压力下保持 0.5~2h。树脂在升温过程中挥发气化并被真空系统排除,铝箔在高温

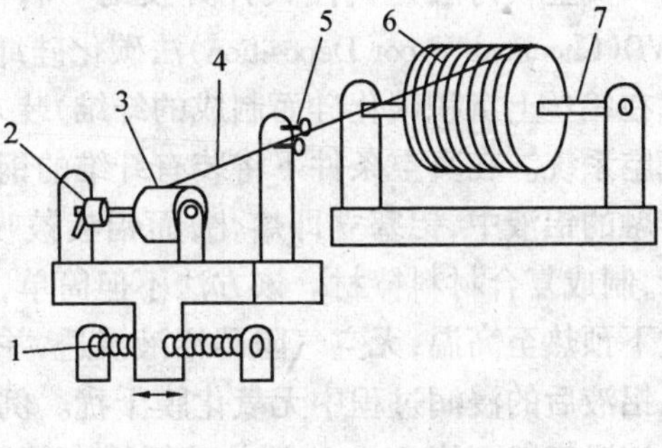

图 4.7 纤维滚筒缠绕示意图

1—纤维间距控制机构 2—纤维张力摩擦机构 3—纤维放线盘 4—滚筒缠绕的纤维 5—排纤维导论 6—涂有用溶剂溶解了的挥发性粘结剂的铝箔 7—转轴

高压作用下发生塑性变形，将硼纤维固结在其中而焊合成为一个整体。含有50φ%硼纤维的单向铝基复合材料板材，其密度为2.6g/cm^3，抗拉强度为1 250～1 400 MPa，模量为220GPa，具有很好的力学性能。但这种成型方法比较复杂，纤维堆叠等需要手工操作，成本较高，有一定局限性。

3.液态金属浸渍法

液态金属浸渍法是通过纤维或纤维预制件浸渍熔融态金属而制成金属基复合材料的方法。其工艺效率较高，成本较低，适于制作板材、线材、棒材等。加工时，可以抽真空利用渗透压使熔融的金属浸透到纤维的间隙中，也可以在熔融金属一侧用惰性气体或外载荷施加压力的方法实现渗透。制造过程中因纤维与熔融金属直接接触，它们之间容易发生化学反应，影响制品性能，故该方法更宜使用于高温下稳定性好的纤维与金属体系。例如，将单向石墨纤维于650℃在含有$TiCl_4$、BCl_3及Zn的氩气氛中处理30min，使纤维表面形成厚度约20nm的硼化钛(TiB_2)涂层，然后在铝合金熔体中浸渍处理2min，再于600℃和真空模具中热处理5min，制成铝基石墨纤维复合材料板材。又如，将含有碳化钛涂层的硼纤维在熔融铝－硅合金中也充分浸润，制成纤维体积含量为50φ%～60φ%、直径0.6mm的复合线材，其抗拉强度达1 300～1 500MPa，成型速度约1～3m/min。

4.高压挤铸法

高压挤铸法是将纤维与粘结剂制成的预制件放在模具中加热到一定温度，再将熔融金属注入模具中，迅速合模加压，使液态金属以一定速度浸透到预制件中，而其中的粘结剂受热分解除去，冷却后得到复合材料制品。整个制造过程中都需要在真空中进行，避免气体和杂质等的污染。由于纤维与熔融金属共处在高温下的时间很短，纤维与金属之间界面反应层的厚度较小，对材料性能影响不大。这种方法可加工复杂形状的制品。如果温度和压力控制适当，可以制成致密性好而又不损伤纤维的复合材料。

5.真空吸铸法

真空吸铸法是我国设计开发的一种制造碳化硅纤维/铝基复合材料的新工艺。将CVD(Chemical Vapor Deposition)法碳化硅纤维（以甲基三氯硅烷为反应气体，利用CVD技术在钨丝上沉积碳化硅而制成的纤维）装入钢管中，钢管的一端用铝塞密封，另一端连接真空系统。在真空条件下将装有纤维的钢管部位预热到高温，然后将带铝塞的一端插入熔融的铝液中，铝塞立即熔化，而铝液被吸入钢管中渗透纤维。冷却后用硝酸腐蚀掉钢管，制成复合材料棒材。该方法不但简单，而且提供了极为有利的浸润条件：①纤维在真空下预热至高温，无空气阻碍铝液浸透，并可活化纤维表面；②密封塞在铝液深处熔化，吸入铝液后的浸润过程中无氧化膜干扰。例如，以Al－10%Si合金为基体时，700～750℃的吸铸温度即可使CVD法碳化硅纤维在较短时间内完全浸润，对纤维的损伤很少，所得棒材的拉伸强度可达1 600～1 700MPa。对于纺织成型的碳化硅纤维，由于其润湿性较差，单靠真空吸铸的方法不能使纤维很好地浸润，一般需要施加压力。

6.等离子喷涂法

等离子喷涂法是利用等离子弧向增强材料喷射金属微粒子，从而制成金属基纤维复合材料的方法。例如，将碳化硅连续纤维缠绕在滚筒上，用等离子喷涂的方法将铝合金喷溅在纤维上，然后把碳化硅/铝合金复合片堆叠起来进行热压，制成铝基纤维复合材料，其抗拉强度和模量分别超过 1 500MPa 和 200GPa，而密度仅为 $2.77g/cm^3$。该方法的优点是熔融金属粒子能够与纤维牢固地结合，金属与纤维的界面比较密实，而且由于金属粒子离开等离子喷枪后，迅速冷却，金属几乎不与纤维发生反应。但纤维上的喷涂体比较疏松，需要热压固化处理。

7.电镀法

电镀法是利用电解沉积的原理在纤维表面附着一层金属而制成金属基复合材料的方法。其原理如图 4.8 所示。以金属为阳极，位于电解液中的卷轴为阴极，在金属不断电解的同时，卷轴以一定速度连续卷集附着金属层的纤维。通过调整卷轴的速度或电流大小，可以改变纤维表面金属层的附着厚度。将电镀后的纤维按一定方式层叠、热压，可制成多种制品。例如，利用电镀法在氧化铝纤维表面附着镍金属层，然后将纤维热压固结在一起，制成的复合材料在室温下显示出良好的力学性能，但在高温环境下可能因纤维与金属基体的热膨胀系数不同，强度不高。再如，在直径 7μm 的碳纤维表面上镀上一层厚度 1.4μm 的铜，将其切成 2 ~ 3mm 的短纤维，均匀分散在石墨模具中，先抽真空预处理，再于 5MPa 和 700℃下处理 1h，得到碳纤维含量为 50φ% 的铜基复合材料。

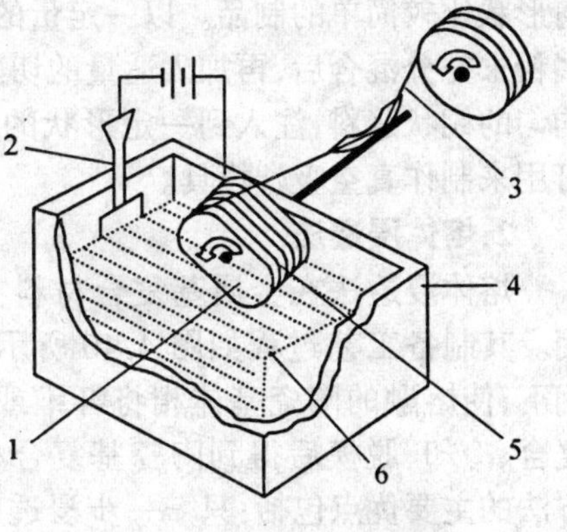

图 4.8　电镀法示意图

1—紧轴阴极　2—金属阳极　3—纤维
4—电镀液槽　5—纤维复合材料　6—电镀液

4.3.3　纤维增强陶瓷基复合材料的制备方法

陶瓷材料在耐高温、抗氧化、耐腐蚀、抗热震、尺寸稳定等方面具有很多突出优点，但它的脆性强，韧性差，应用受到限制。用纤维或晶须增强陶瓷，可有效地降低其脆性，提高韧性，是一种性能优异的、耐高温结构材料。

为了获得高韧性的陶瓷基复合材料，应遵循以下原则：①选用高强度和高模量纤维或晶须(强度和模量应大于基体材料)作增强材料；②在复合材料制造过程中，不损伤增强材料和基体的性能；③应避免或抑制增强材料与基体之间的界面化学反应；④增强材料与基体的热膨胀系数匹配；⑤增强材料与基体的界面结合强度适中。

目前纤维增强陶瓷基复合材料的制造方法主要包括以下几种。

1.浆料浸渍法

浆料浸渍法是制造连续纤维增强玻璃以及低熔点陶瓷复合材料的传统方法，其工艺过程如图 4.9所示。将增强材料浸渍含有基体粉末的聚合物溶液，缠绕、切断制成预制件，按要求的形状和尺寸堆叠、烧结和加热加压处理得到复合材料制品。在烧结过程中，聚合物分解使陶瓷基体成为连续相，同时也会在基体中产生气孔。为此，可使烧结温度接近或略高于陶瓷的软化温度，利用某些陶瓷如玻璃的粘性流动来改进基体的结构致密化程度，或者采用多次浸渍 - 热分解的方法，增加材料密度，改进机械性能。

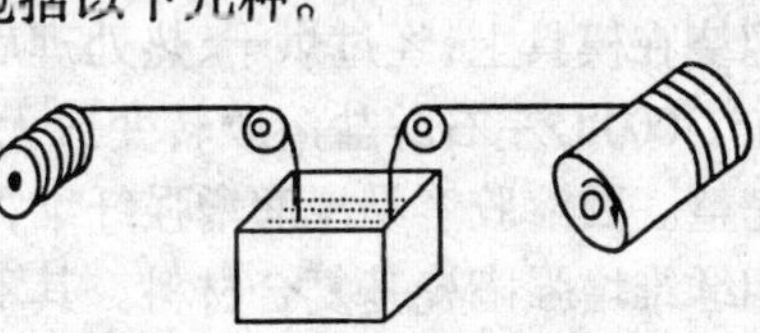
图 4.9　浆料浸渍缠绕工艺示意图

某些非氧化物陶瓷，烧结过程中的粘性流动性差，为了获得致密的烧结体就需要提高烧结温度，而提高烧结温度又会影响纤维性能以及引起纤维与基体之间发生界面化学反应。多次浸渍－热分解工艺虽有一定效果，但增加了制造过程的难度。因此，这种方法所适用的基体材料不多。由于热压烧结等方面的限制，浆料浸渍缠绕工艺只能制作一些几何形状比较简单的制品。以一定量的氧化铝、氧化硅、莫来石等陶瓷粉末与铁、镍、铬等金属粉末充分混合后，再加入适量的切削不锈钢短纤维，以挥发性硅溶胶为粘结剂，调制成均匀的糊状浆料，注入到一定形状的容器中，硬化后取出干燥，再烧结成复合材料制品。可用来制作真空吸塑模具。

2.熔体浸透法

熔体浸透法在金属基复合材料方面已得到应用。其制备工艺过程如图 4.10 所示，在外载荷作用下，使熔融的陶瓷基体相将纤维或预制件浸透、复合、冷却、脱模后得到陶瓷基复合材料制品。该方法的主要优点包括：只需一步浸透处理即可获得结构致密和无裂纹的陶瓷基复合材料；从预制件到成品的加工过程中，其尺寸基本不变；可以制作形状比较复杂的制品。它的缺点是：因陶瓷的熔点较高，浸透过程中容易损伤纤维或在纤维与基体之间的界面上引起某些化学反应；陶瓷熔体的粘度比金属大得多，为提高浸透速度必须加压；陶瓷熔体凝固时，会因热膨胀系数的变化而发生体积收缩，在复合材料中产生残余应力。

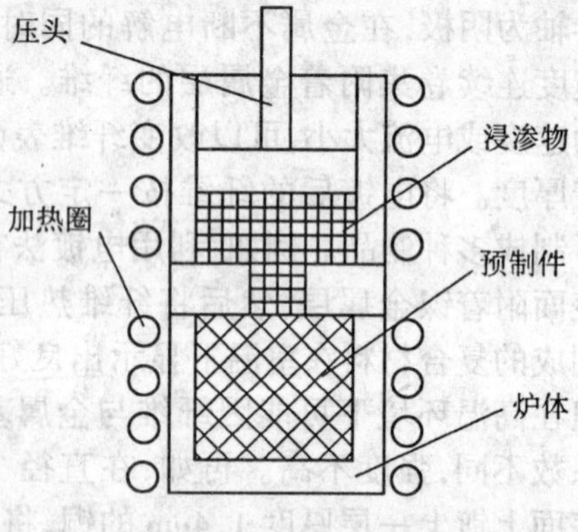

图 4.10　熔体浸透法示意图

浸透过程中陶瓷熔体对纤维的润湿性尤为重要。例如，熔融的 CaF_2 对碳化硅纤维不浸润，但对碳化硅晶须却有很好的润湿性。为改进陶瓷熔体对纤维的润湿性，常用的方法是采用真空加压或高温等静压浸透等。

3.溶胶－凝胶法

溶胶－凝胶法是以醇盐化合物为原料，在室温或略高于室温下将醇盐等经水解、缩聚反应，先由溶胶转变为凝胶，然后在较低温度下烧结成为无机材料。例如，将正硅酸乙酯和无水乙醇在室温下按一定比例混合，加入少量水和浓盐酸，控制体系的 pH 值为 3～4 左右，配置成溶胶。溶胶中也可以加入一些玻璃粉末。将碳纤维在溶胶中充分浸渍吸胶，然后缠绕在模具上，经过烘干、热处理后制成纤维增强玻璃基复合材料。热处理过程中，一般在 1 000℃左右醇盐溶胶转变成无定型结构的基体，在约 1 400℃时基体的结晶形态趋于完整。因溶胶容易浸润增强纤维，故所得制品的质地比较均匀。此方法也适用于制造多相纤维增强陶瓷基复合材料。其不足是利用醇盐水解制取陶瓷基体，所以它仅限于氧化物陶瓷类，而非氧化物陶瓷如 SiC、SiN_4 等则不宜采用此法。

4.化学反应法

化学反应法包括气相沉积（CVD）法、化学气相浸透（CVI）法、反应烧结法和直接氧化法等。CVD 是一种比较古老的技术，很早以前人们就利用它制造碳黑、碳丝等。化学气相沉积是利用气态物质于一定温度、压力条件下在固体物质表面上进行反应，生成固态沉积物的过程。它主要包括：①气态反应物输送到基体；②反应物被基体表面吸附；③被吸附的物质在基体表面进行反应和扩散；④反应后的气态物质从基体表面脱附并被排除。一般沉积物主要沉积在基体的表面，但当基体为多孔物质如碳毡时，沉积不仅发生在表面，而且也深入到基体内部空隙中。最后形成复合材料。

CVI 是在 CVD 的基础上发展起来的。图 4.11 是利用 CVI 技术制造纤维增强陶瓷基复合材料的工艺流程图。气态反应物渗透到由纤维编织而成的预制件内部，在预制件中反应沉积成为基体，制成陶瓷基复合材料。CVI 技术的特点是能在较低温度和压力下实现纤维与基体的复合，避免了由于高温烧结和处理而引起的弊病。同时，CVI 技术可以控制一定的温度梯度和气压梯度，使混合气体在热端发生反应和沉积，即整个复合材料制品的形成是由上至下，适于制作多相、均匀、致密和形状复杂的制品。但反应和沉积速度慢、生产效率低是这种方法的主要缺点。

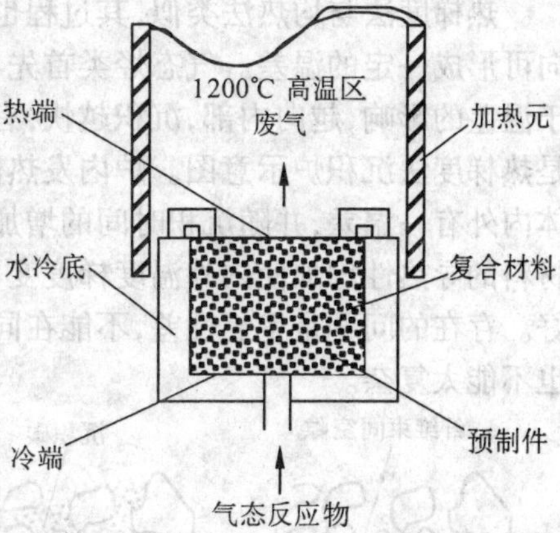

图 4.11　CVI 工艺流程示意图

用 SiC 纤维和 Si 粉，在氮气中烧结，可制成 SiC 纤维增强的氮化硅陶瓷复合材料；将 Al 熔融并浸透到纤维预制件中使其与氧气发生氧化反应，可制成纤维增强 Al_2O_3 复合材料。

4.3.4　碳/碳复合材料的制备方法

碳/碳复合材料是由碳纤维或各种碳织物增强碳，或石墨化的树脂碳（或沥青）以及化学气相沉积（CVD）碳所形成的复合材料，是具有特殊性能的新型工程材料，也被称为碳纤维增强碳复合材料。由于碳/碳复合材料几乎完全是由元素碳组成的，故可承受极高的温度和极大的加热速率。通过碳纤维适当的取向增强，可得到力学性能优良的复合材料，在高温下这些性能保持不变甚至某些性能指标有所提高。

碳/碳复合材料是由热分解树脂浸渍预成型或分解浸渍干燥增强预成型的。在第一种方法中，复合材料由浸渍带、纤维线、编织物或不连续短纤维制成。增强的复合材料通过加热、加压和聚合基体硬化之后，加热至近 2 760℃碳化。在第二方法中，由 3D 编织的细丝条或片层编织物制成稠密的、有向增强的预型坯，然后预型坯注入有机粘结剂后热分解，或者用化学气相沉积法直接将碳蒸气转变成碳/碳复合材料。

化学气相沉积法是制备复合材料比较常用的一种方法。所谓化学气相沉积就是将甲烷之类的烃类气体混合氢、氩之类的载气于 1 000～1 100℃进行热分解，在坯体的空隙中沉碳（如图 4.12 所示）。在沉碳之前，含碳气体中先生成一些活性基团，然后于坯体纤维的表面接触进行沉碳，为了得到致密的碳/碳复合材料，在沉积过程中必须让这些活性基团扩散到坯体的空隙内部。如果含碳气体在通过坯体之前生成的活性基团的速度太快，则容易形成表面涂层，对进一步渗透到内部不利，有碍于内部沉碳。

化学气相沉积基体碳主要采用四种方法，即均热法、热梯度法、压差法和脉冲法。

均热法是将坯体放在恒温的空间里（950～1 150℃），在适当低的压力（1～150mm 汞柱）下让烃类气体在坯体表面流过，其部分含碳气体扩散到坯体孔隙内产生热解碳，沉碳速率（大约在 0.01～0.1×10^3inch/h）取决于气体的扩散速率。此法渗透时间长，每一周期需要 50~120h。由于靠近坯体表面的孔优先被充填,生成硬壳,故在渗透过程中要进行机械加工(磨去或用机械加工方法除去热解碳或热解石墨表面层)将其硬壳除去,然后再继续沉碳。

热梯度法与均热法类似,其过程也受气体扩散所支配,但因炉压较高,沿坯体厚度方向可形成一定的温差。气态烃类首先与坯体的低温表面接触,逐步向内部高温处扩散,由于温差的影响,越向内部,沉积越快,有效地防止了表面沉积快而生成硬壳的现象,图4.13是热梯度法沉积炉示意图。炉内发热体为支撑坯体的石墨芯模,炉壁有冷却水管,形成坯体内外有一温差,并随沉积时间的增加,沉积层由内向外移动。同时,随着沉积的致密化,材料的导热性增加使内外温度梯度变小。此法沉积周期短,制品密度高,性能比均热法更好。存在的问题是重复性差,不能在同一时间内加工不同的坯体和多个坯体,坯体的形状也不能太复杂。

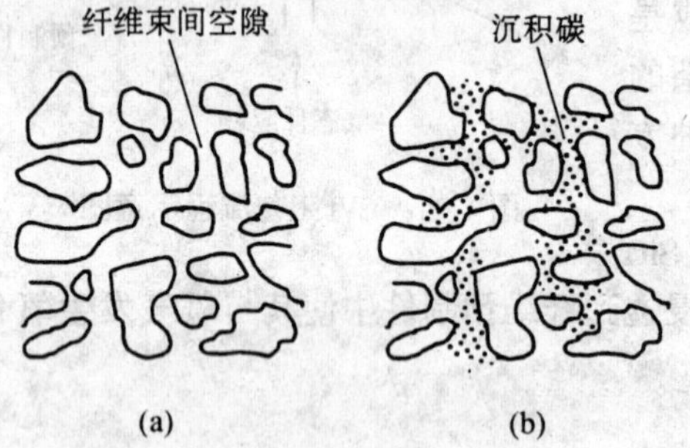

图 4.12 坯体沉积前后的示意图
(a)沉积前 (b)沉积后

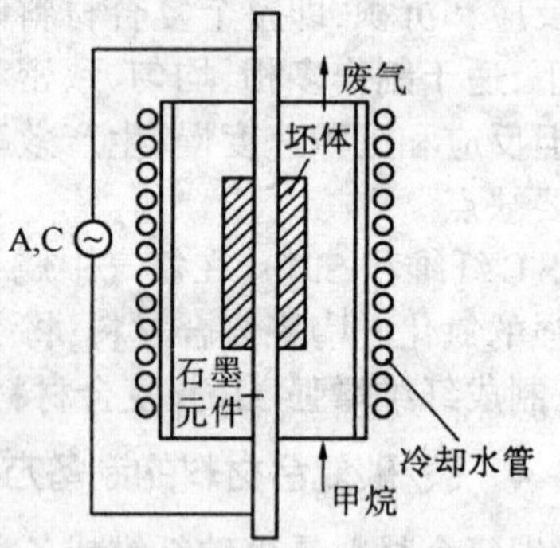

图 4.13 热梯度法沉积炉示意图

压差法是在沿坯体厚度方向造成一定的压力差,反应气体被强行通过多孔坯体,如图4.14所示。此法沉积速度快,渗透时间较短,沉积的碳也较均匀,适用于处理透气性低的部件。由于易生成表面硬层,在沉积过程中需要中间加工。

脉冲法是一种改进了的均热法,在沉积过程中利用脉冲阀交替地充气和抽真空。图4.15为此法的示意图。抽真空过程中有利于气体反应产物的排除。由于它能增加渗透深度,故适宜制造不透气的石墨材料。

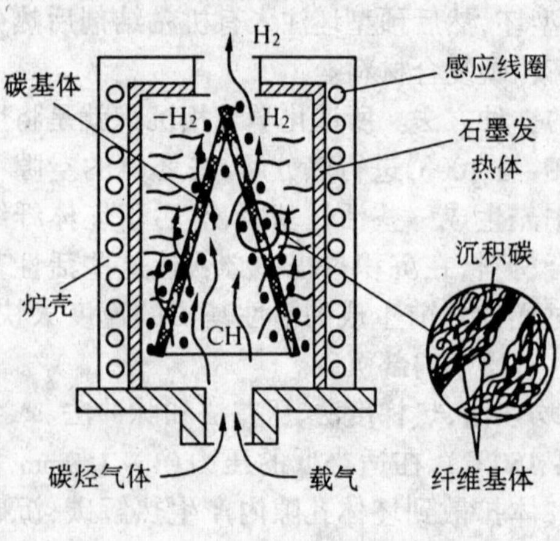

图 4.14 压差法沉积炉示意图

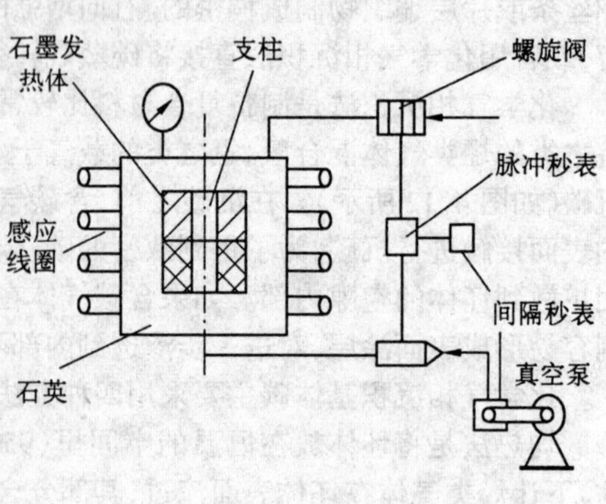

图 4.15 脉冲法沉碳示意图

4.4 颗粒增强复合材料的制备工艺

颗粒增强复合材料主要是以金属基或陶瓷基复合材料为主。其研究发展至今,已形成多种制备工艺,总体上可划分为两大类,即外加颗粒增强的制备工艺和原位自生颗粒增强制备工艺。

4.4.1 外加颗粒增强金属基复合材料的制备方法

外加颗粒增强制备金属基复合材料的方法主要包括:粉末冶金法、搅拌铸造法、压力铸造、喷射沉积法等。

1.粉末冶金法

粉末冶金法(Powder Metallurgy,PM)是用于制备与成形非连续增强型金属基复合材料(MMCs)的一种传统固态工艺法。该工艺流程图如图4.16所示。其方法就是将合金粉末和增强相(颗粒、晶须、短纤维等)均匀混合后装入模具,在真空热压条件下紧实烧结形成毛坯,然后进行二次加工成型。

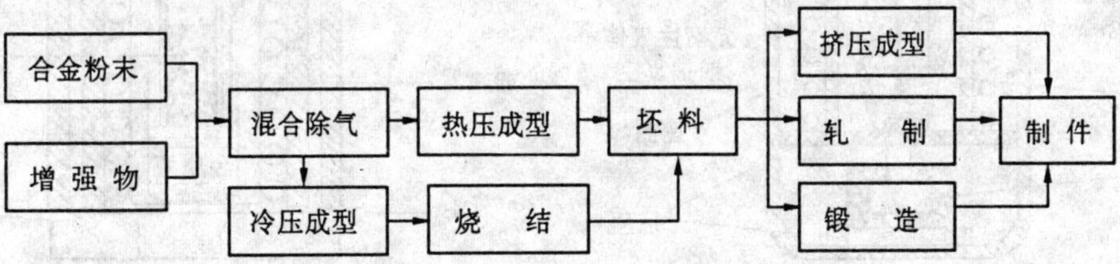

图4.16 粉末冶金法制备颗粒增强复合材料的工艺流程图

该法的主要优点是:增强颗粒与基体合金粉末有较宽的选择范围,颗粒的体积分数可以任意调整,并可不受颗粒的尺寸与形状限制,可以实现制件的少无切削或近终形成型。其不足之处在于:制造工序繁多,工艺复杂,制造成本较高,内部组织不均匀,存在明显的增强相富集区与贫乏区,不易制备形状复杂、尺寸大的制件。目前,美国的Lockheed(洛克希德公司)、G.E(通用动力)、Northrop(诺斯罗普公司)、DEA公司和英国的BP公司及前苏联的军工厂等已能批量生产SiC和Al_2O_3颗粒增强的铝基复合材料。

2.搅拌铸造法

搅拌铸造法是较早用于制备颗粒增强金属基复合材料的一种弥散混合铸造工艺。搅拌铸造有二种方式,其一是在合金液高于液相线温度以上进行搅拌,称为液态搅拌或复合铸造(Compocasting);另一种是当合金液处于固液相之间进行搅拌,称之为流变铸造(Reheocasting)。无论是哪种方式,其基本原理都是在一定条件下(通常采用保护气氛),对处于熔化或半熔化状态的金属液,施以强烈的机械搅拌,使其形成高速流动的旋涡,并导入增强颗粒,使颗粒随旋涡进入基体金属液中,当增强颗粒在搅拌力作用下弥散分布后浇注成形。该工艺受搅拌温度、时间、速度等因素影响较大。同时,还必须要考虑增强颗粒与基体的润湿性和反应性,还要防止搅拌过程中,基体的氧化和卷入气体。搅拌工艺过程如

图4.17所示。搅拌铸造法的优点在于:工艺简单,效率高,成本低,铸锭可重熔,进行二次加工,是一种可实现商业化规模生产的颗粒增强金属基复合材料的制备技术。其缺点为:颗粒在金属液中易产生比重偏析,凝固时形成枝晶偏析,造成增强颗粒在基体合金中分布不均倾向。如果在搅拌过程中卷入气体,可使材料凝固时形成气孔,导致材料致密度降低,影响材料的力学性能。另外,颗粒的尺寸和体积分数也受到一定的限制,颗粒尺寸一般大于 10μm,体积分数小于 25%。

最早采用液相搅拌法制备金属基复合材料的是 Surappa 和 Rohtgi。随后,许多人都在这方面做过大量有益的研究。其中,在此方面取得重要突破的是 Skibo 和 Schuster 开发的 Duralcan 工艺,该工艺可用普通的铝合金和未经涂覆处理的陶瓷颗粒,通过搅拌引入增强相,颗粒尺寸可小于 10μm,而体积分数可达 25%。Duralcan 工艺在产业化进程中处于领先地位,1994 年产量大约为 6 800kg,可成锭生产。

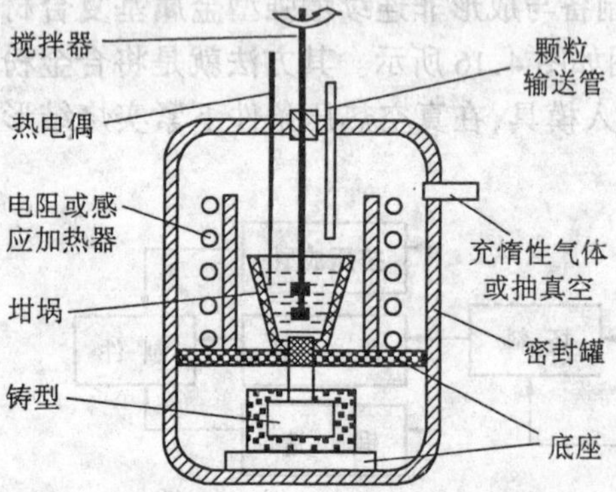

图 4.17　搅拌铸造制备颗粒增强金属基复合材料工艺过程示意图

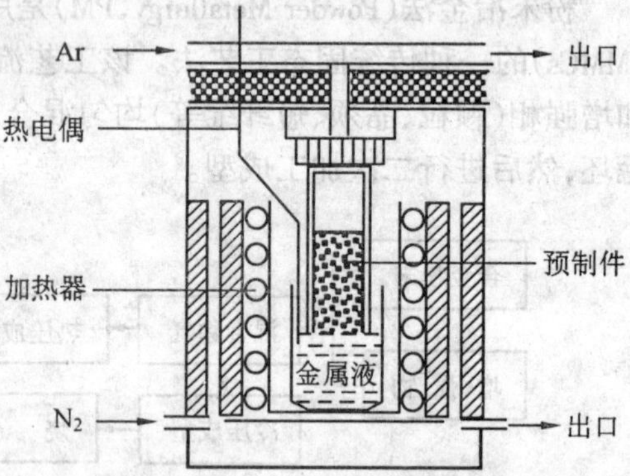

图 4.18　压力浸渗实验装置示意图

3.压力铸造法

压力铸造法是制备颗粒、晶须或短纤维增强金属基复合材料比较成熟的工艺,包括挤压铸造、低压铸造和真空吸铸等。其原理是在压力作用下,将液态金属浸入增强体预制块中,制成复合材料坯锭,再进行二次加工。对于尺寸较小、形状简单的制件,也可一次实现近终形制造。图 4.18 为压力铸造装置图。

影响压力浸渗制备工艺的主要因素有:压力模具和预制块的预热温度、预制块中颗粒的体积分数、颗粒尺寸、颗粒的表面性质、加压速度和浸渗压力等。该工艺的主要优点是:工艺简单,对设备要求低,压铸浸渗时间短,通过快速冷却可减轻或消除颗粒与基体的界面反应,同时可降低材料的孔隙率,对形状简单工件可以实现近终成形。其不足在于:对模具要求较高,在浸渗压力作用下预制块易发生变形,难以制备形状复杂的制件。

在该工艺方面获得应用的是日本的丰田公司、德国的 Mahle 公司和英国的 Schmidt 公司,用该法已成功制备出 Al_2O_3 短纤维铝基复合材料,用于汽车发动机的活塞。

4.喷射沉积法

喷射沉积是一种通过快速凝固制备颗粒增强金属基复合材料的技术。其基本原理是:在高速惰性气体射流的作用下,将液态金属雾化,分散成极细小的金属液滴,同时通过一个或几个喷嘴向雾化的金属液滴流中喷入增强颗粒,使金属液滴和增强颗粒同时沉积在水冷基板上形成复合材料。该法也称多相共沉积技术(Variable Codeposition of Multiphase Materials,VCM)。图4.19所示是喷射沉积工艺过程。利用喷射沉积技术制备金属基复合材料具有以下优点:所获得的基体组织属于快速凝固范畴,增强颗粒与金属液滴接触时间极短,使界面化学反应得到了有效的抑制,控制工艺气氛可以最大限度地减少氧化,冷却速度可高达 $10^3 \sim 10^6$ ℃/s,这可使增强颗粒均匀分布,细化组织。但此法制备的复合材料存在一定的空隙率,一般需要进行热等静压(HIP)或挤压等二次加工。其制备成本也高于搅拌铸造法。

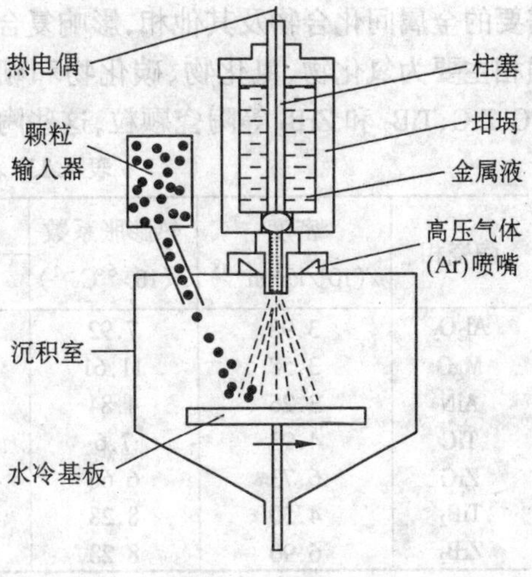

图 4.19　喷射沉积法工艺过程示意图

4.4.2　原位自生颗粒增强金属基复合材料的制备方法

原位自生的概念源于原位结晶。早在1967年,前苏联的A.G.Merzhanov等人在用SHS法合成 TiB_2/Cu 功能材料时,就提出了原位复合材料(In-situcomposites)的构想,但当时并没有引起人们的注意,直到80年代中后期,由美国的Lanxide和Drexel大学的M.J.Koczak等人先后报道了各自研制的原位反应合成 Al_2O_3/Al 和 TiC/Al 复合材料及相应的制备技术后,才引起材料研究人员的极大重视,并吸引了许多人从事该项技术的研究。

金属基复合材料原位反应合成技术的基本原理是在一定的条件下,通过元素与化合物之间的化学反应,在金属基体内原位生成一种或几种高硬度、高弹性模量的陶瓷增强相,从而达到强化金属基体的目的。与传统的金属基复合材料制备工艺相比,该工艺具有以下特点:

(1)增强体是从金属基体中原位形核、长大的,具有稳定的热力学特性,而且增强体表面无污染,避免了与基体相溶性不良的问题,可以提高界面的结合强度。

(2)通过合理选择反应元素(或化合物)的类型、成分及其反应性,可有效地控制原位生成增强体的种类、大小、分布和数量。

(3)省去了外加增强相需要单独合成、处理和颗粒加入等工序,因此,其制备工艺简单,制造成本较低。

(4)从液态金属基体中原位生成增强相的工艺,可用铸造方法制备形状复杂、尺寸较大的近终形构件。

(5)在保证材料具有较好的韧性和高温性能的同时,可较大幅度地提高复合材料的强度和弹性模量(刚度)。

其不足之处则在于:大多数的原位反应合成过程中,都伴随有强烈的氧化或放出气体,当难于逸出的气体滞留在材料中会形成微气孔,还可能形成氧化夹杂或生成某些并不需要的金属间化合物及其他相,影响复合材料的组织与性能。原位反应合成所产生的增强相主要为氧化物、氮化物、碳化物和硼化物等陶瓷相,常见的几种为 Al_2O_3、MgO、AlN、TiC、ZrC、TiB_2 和 ZrB_2 等陶瓷颗粒,这些陶瓷增强相的特征见表 4.13。

表 4.13 陶瓷增强相的性能

陶瓷相	密度 /(10^3/kg·m^{-3})	热膨胀系数 /(10^{-6}℃$^{-1}$)	强度 /MPa	强度 温度/℃	弹性模量 /GPa	弹性模量 温度/℃
Al_2O_3	3.98	7.92	221	1 090	379	1 090
MgO	3.58	11.61	41	1 090	317	1 090
AlN	3.26	4.84	2 069	24	310	1 090
TiC	4.93	7.6	55	1 090	269	24
ZrC	6.73	6.66	90	1 090	359	24
TiB_2	4.50	8.28	—	—	414	1 090
ZrB_2	6.90	8.28	—	—	503	24

原位自生金属基复合材料的制备方法,按参与合成增强相的两原始反应组分存在的状态,可分为气-液反应、固-液反应、固-固反应、液-液反应等四种模式。

1.气-液反应

(1)VLS 法

这种方法是由 M.J.Koczak 等人发明并申报了美国专利。其工艺是将含有 C 或 N 的气体通入高温合金液中,使气体中的 C 或 N 与合金液中的个别组分反应,在合金基体中形成稳定的高硬度、高弹性模量的碳化物或氮化物,冷却凝固后即获得这种陶瓷颗粒增强的金属基复合材料。该工艺一般包括如下两个过程。

气体的分解,如

$$CH_4(g) \rightarrow C(s) + 2H_2(g) \tag{4.7}$$

$$2NH_3(g) \rightarrow N_2(g) + 3H_2(g) \tag{4.8}$$

气体与合金的化学反应及增强颗粒的形成,如

$$C(s) + Al - Ti(l) \rightarrow Al(l) + TiC(s) \tag{4.9}$$

$$N_2(s) + Al - Ti(l) \rightarrow Al(l) + TiN(s) + AlN(s) \tag{4.10}$$

为了保证上述两个过程的顺利进行,一般要求较高的合金熔体温度和尽可能大的气液两相接触面积,并应采取适当措施抑制 Al_3Ti 和 Al_4C_3 等有害化合物的产生。为此,M.J. Koczak 等人研究了原位 TiC/Al-Cu 复合材料的气-液反应合成工艺,其工艺操作是将混合气体 CH_4(Ar)通过一个特制的多孔气泡分散器(其工艺过程如图 4.20 所示),导入到含 Ti 的 Al-4.5Cu 合金液中,结果表明:这种工艺能保证上述两个过程充分进行,并认为:CH_4 的分解、C 与 Ti 的反应时间和温度取决

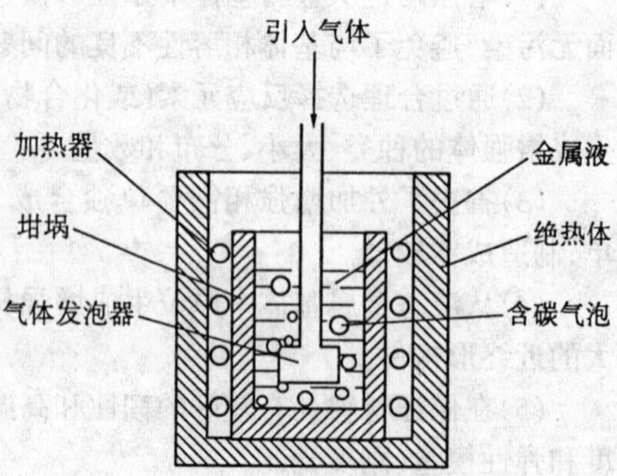

图 4.20 VLS 法制备复合材料示意图

于气体的分压、合金的成分以及所需的 TiC 颗粒的大小、分布和数量。当反应时间为 20～120min,反应温度为 1 200～1 300℃时,原位形成的 TiC 尺寸为 0.1～3μm,其体积百分数可达 11%,从而使所得的复合材料具有优良的性能。尽管如此,该工艺仍然存在一些不足:①合成处理温度为 1 200～1 300℃,这对含有易挥发元素的铝合金来说烧损太严重;②反应产物中有 Al_4C_3 等有害相,且相组成较难控制;③导入过量的气体可能形成凝固组织中的气孔等缺陷。因此,该工艺仍然停留在实验室阶段。

(2)Lanxide 法

由美国 Lanxide 公司开发的 Lanxide 法,也是利用了上述气液反应的原理,它由金属直接氧化法(DIMOX^{TM})和金属无压浸渗法(PRIMEX^{TM})两者组成。

①DIMOX^{TM}法

让高温金属液(如 Al、Ti、Zr 等)暴露于空气中,使其表面首先氧化生成一层氧化膜(如 Al_2O_3、TiO_2、ZrO_2 等),里层金属再通过氧化层逐渐向表层扩散,暴露空气中后又被氧化。如此反复,最终形成金属氧化物复合材料(MMCs)或金属增韧的陶瓷基复合材料(CMCs)。为了保证金属的氧化反应不断进行下去,Newkirk 等人研究认为,在 Al 中加入一定量的 Mg、Si 等合金元素,可破坏表层的 Al_2O_3 膜的连续性,并可降低液态 Al 合金的表面能,从而改善生成的 Al_2O_3 与铝液的相容性,这样使得氧化反应能不断地进行下去。目前,DIMOX^{TM}法的研究包括 Al_2O_3 形成的反应动力学、材料的显微组织结构分析等等。

②PRIMEX^{TM}法

在 PRIMEX^{TM}工艺中,同时发生两个过程:一是液态金属在环境气氛的作用下向陶瓷预制件中的渗透;二是液态金属与周围气体的反应而生成新的增强粒子。例如,将含有 3w%～10w%Mg 的 Al 锭和 Al_2O_3 陶瓷预制件一起放入 N_2(Ar)混合气氛炉中,当加热到 900℃以上并保温一段时间后,上述两个过程同时发生,冷却后即获得了原位自生的 AlN 粒子与预制件中原有的 Al_2O_3 粒子复合增强的 Al 基复合材料。研究发现,原位自生的 AlN 的数量和大小主要取决于 Al 液的浸透速度,而 Al 液的浸透速度又与环境气氛中 N_2 分压、熔体的温度和成分有关,因此,复合材料的组织与性能容易通过调整熔体的成分、N_2 的分压和处理温度而得到有效的控制。

目前,Lanxide 法主要用于制备 Al 基复合材料或陶瓷基复合材料,其制品已在汽车、燃气涡轮机和热交换机上得到一定的应用。

2.固－固反应

(1)自蔓延高温合成法(SHS)

SHS 法是前苏联的 A.G.Merzhanov 等人于 1967 年提出来的,有些文献也称为燃烧合成或自蔓延燃烧。它是利用高放热反应的能量,使两种或两种以上物质压坯的化学反应自动持续蔓延下去,生成金属陶瓷或金属化合物的方法。它一般有两种基本的燃烧反应形式:一是在压坯一端进行强行点火,使反应以燃烧波的形式自动蔓延进行;二是以极快的加热速度将压坯加热至燃点,使其以整体热爆合成反应的形式快速进行。前者主要用于强放热反应体系,如 TiB_2、TiC 等的合成,后者则用于弱放热体系,如 B_4C、SiC 等的合成。目前,用 SHS 法已制备了 300 多种材料,包括复合材料、电子材料、陶瓷、金属间化合物、超导材料等,表 4.14 是 SHS 反应合成化合物的热力学特性。在金属基复合材料方面,已制备了原位生长 TiC、TiB_2、Al_2O_3 和 SiC 等 Al、Cu、Ni、Ti 等复合材料及金属表面陶瓷涂层复合材料。尽管这种方法有许多优点，但其中一个明显的不足在于所制备的材料多为疏松开裂状态，因此，SHS－致密一体化是该材料的一个发展方向。常与 SHS 技术相配合的致密化工艺过程有反应烧结、热挤压、熔铸和离心铸造等，其中 SHS－熔铸法 SHS－热压反应烧结工艺是目前用 SHS 法制备致密材料的研究热点。

表 4.14 SHS 反应合成化合物的热力学特性

生成物	$-\Delta H^{\circ}_{298K}$ /(kJ·mol^{-1})	T_m /K	T_{ad} /K	热量 /(kJ·kg^{-1})
TiB_2	293	3 193	3 193	4 215
TiC	185	3 343	3 343	3 089
SiC	69	2 973	1 775	1 720
NbC	138	3 753	2 920	1 314
Si_3N_4	748	2 100	4 670	8 878
AlN	320	2 600	2 900	11 855
TiN	336	3 220	5 100	7 016
NbN	235	2 480	3 480	2 528
$MoSi_2$	117	2 300	1 779	770
TiAl	75	1 733	1 557	1 000
TiNi	67	1 513	1 420	628

(2)XD^{TM}法

该工艺是由美国 Martin Marietta 实验室发明的。图 4.21 所示是 XD^{TM}法制备复合材料原理图。它是将两个固态的反应元素粉末和金属基体粉末混合均匀并压实除气后，将压坯快速加热到金属基体熔点以上的温度，这样，在金属熔体的介质中，两固态反应元素相互扩散、接触并不断反应析出稳定的增强相，然后再将熔体进行铸造、挤压成型。另外，也可以用 XD^{TM}法先制备出增强体含量很高的母体复合材料，然后在重熔的同时，加入适量的基体金属进行稀释，铸造成型后即得所需增强体含量的 MMCs。目前，利用 XD^{TM}法，已制备出了 TiC/Al、TiB_2/Al 和 TiB_2/Al－Ti 等复合材料，具有很高的实用价值。但这种工艺技术性强，难度高，不易掌握，从阅读现有的资料看，只有 Martin 公司掌握该技术，研究方向集中在铝基和钛基复合材料上。

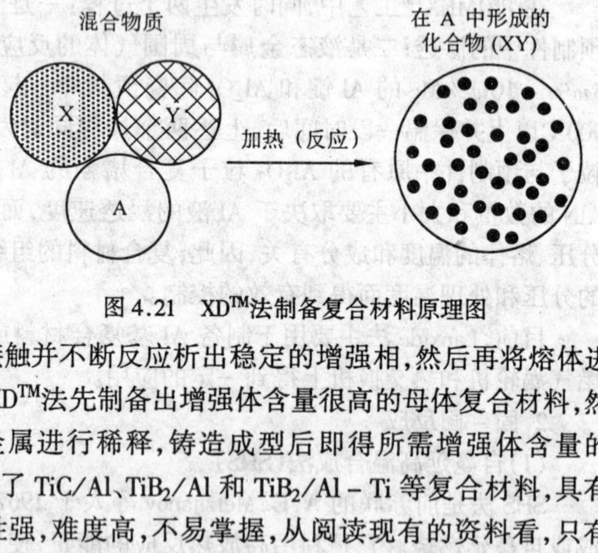

图 4.21 XD^{TM}法制备复合材料原理图

(3)接触反应法

该法是哈尔滨工业大学铸造教研室开发研制并申报国家专利的技术。这是在综合了 SHS 法和 XD^{TM}法优点的基础上，发展起来的又一制备原位自生 MMCs 的方法。其工艺过程是先将反应元素粉末按一定的比例混合均匀，并压实成预制块，然后用钟罩等工具将预制块压入一定温度的金属液中，在金属液的高温作用下，预制块中的反应元素发生化学反应,生成所需的增强相,搅拌后浇注成型。目前,用这种工艺已制备了 TiC/Al、TiC/Al - Si 等复合材料,组织中 TiC 尺寸细小,且分布均匀,因此,材料具有良好的力学性能。

(4)混合盐反应法

该工艺是英国 London Scandinarian Metallurgical 公司的专利技术。其过程是将含有 Ti 和 B 的盐类(KBF_4,K_2TiF_6)混合后,加入到高温的金属熔体中去,在高温作用下,所加盐中的 Ti 和 B 就会被金属还原出来而在金属熔体中反应形成 TiB_2 增强粒子,扒去不必要的副产品,浇注冷却后即获得了原位 TiB_2 增强的金属基复合材料。J. V. Wood 等人在 Al - 7.5Si - 0.35Mg合金液中,通过加入 KBF_4 和 K_2TiF_6,在基体中获得了尺寸为 0.4 ~ 2μm、含量为 4*w*% ~ 8*w*%且分布均匀的原位自生 TiB_2 粒子,所获得的 TiB_2/Al 复合材料与外加相同百分含量的 SiC/Al 复合材料相比,具有更高的力学性能和耐磨性。目前,为了使该工艺得到进一步的完善,LSM 公司正着手开发新的反应盐类和研究进一步提高增强相百分含量的工艺措施。

4.4.3 颗粒增强陶瓷基复合材料的制备方法

颗粒增强陶瓷基复合材料的制备与普通陶瓷基本相似,其工艺过程大致可分为配料、成型、烧结及最后精加工等步骤。

在陶瓷基复合材料中,连续纤维增韧陶瓷基复合材料(FCMC)是一种较为理想的材料。各工业发达国家对 FCMC 的大量研究成果表明 FCMC 有潜力来满足未来工业对高温结构材料日益增长的需求。但是连续纤维的生产、排布和编织等工艺复杂,复合材料的成型和烧结致密化都很困难,强度较低,此外适合作陶瓷增强的纤维材料很少,而且价格昂贵,这都极大地限制了 FCMC 的推广应用。

近年来,一种陶瓷基层状复合材料,具有比传统的陶瓷基复合材料(CMC)更优越抗断裂、冲击性能。与常规 SiC 陶瓷材料相比,其断裂韧性和断裂功提高了几倍甚至几十倍,成功地实现了宏观结构增韧。而且其制备工艺具有简便易行、易于推广、周期短而廉价的优点,可以应用于制备大的或形状复杂的陶瓷部件,已引起人们的极大关注。以下仅对这种陶瓷基层状复合材料的制备方法进行简介。

1.流延成型

流延成型是一种比较成熟的,能够获得高质量、超薄形陶瓷片的成型方法,广泛用于电子陶瓷工业中。工艺过程为:先将陶瓷粉料加上溶剂,必要时再加上烧结添加剂、抗凝剂、除泡剂等,进行充分混合,目的在于使可能聚成团块的粉料充分分散、悬浮,各种添加物达到均匀分布。然后再加入粘结剂、增塑剂、润滑剂等,再充分混合,使这些高分子物质均匀分布于粉体之上,形成稳定的、流动性良好的浆料。经过真空除气、过滤除去个别团聚粉料及未溶化的粘结剂后,便可流延成型。为了使浆料保持足够的流动性,要求粉料粒度细,粒形圆润,颗粒之间较少团聚,有较好的粒度分布等。有时除泡剂并不直接加入到粉料中,而是在真空除气之前喷洒于料浆表面,然后搅拌除泡。坯厚由堆积厚度及干燥收缩和烧成收缩等多种因素控制。

该工艺的优点是可以进行材料的微观结构和宏观结构设计。对于界面不相容的两种材料可以用梯度化工艺叠层连接。陶瓷基片的厚度由刮刀的高度控制,可以控制在

0.05～0.5mm左右。此外，流延法成型，可连续操作，生产效率高，自动化水平高，工艺稳定，膜坯性能均匀一致且易于控制。缺点是制备成分复杂的材料较为困难。在整个流延成膜工艺过程中，没有外加压力，溶剂和粘结剂的含量又较多，故膜坯密度不够大，烧成收缩也较大，烧成后也或多或少残留灰分而影响材料性能。

研究人员已经使用流延法制备了 Al_2O_3/ZrO_2、$Si_3N_4/Si_3N_4-12w\%Al_2O_3$、$\alpha-Si_3N_4/\alpha-Si_3N_4+70\varphi\%\beta-Si_3N_4$、$\beta$-Sialon/$\alpha-Si_3N_4$ 等陶瓷基层状复合材料。

2.注浆成型

注浆成型是应用非常普遍的一种形成陶瓷薄片生坯的方法，而且它还可以直接形成层状结构。注浆成型是一种以水为主要溶剂的流态成型方法，要求浆料具有充分的流动性，因此加入的水量较大，约30%～35%，还常常需要加入电解质调节料浆的pH值、粘度。成型时将制备好的浆料倒入吸水性很强的石膏模具中，由于浆料中的水分向石膏模壁结壳固化，到一定厚度时，便可倒出剩余浆料，因此层状体厚度可由时间来控制。只要交替在石膏模中倒入不同浆料，就可获得层状复合陶瓷的素坯。待水分为石膏模具充分吸收后，坯体内侧略有收缩，故脱模比较容易。但在注浆成型中，由于水分只靠重力和毛细管作用为石膏模所吸收，以及坯体本身的自然干燥，在整个过程中没有施加任何其他压力，故坯体制成后的密度和机械强度都比较低，通常壁厚都不能制得过薄，以免干燥和烧成过程中开裂、变形。

在这类工艺中，离心注浆使用较多，该方法涉及陶瓷料浆的制备，即需要制备浓陶瓷悬浮体，因而在已有的报道中，采用的材料体系还相当有限。相比之下，其设备的要求更低，更加简便易行。

3.轧膜成型

轧膜工艺是一种非常成熟的成型工艺。将料粉与有机粘结剂、溶剂等置于两轧辊之间进行混练，使粉料、粘结剂和溶剂等成分充分混合均匀。伴随着吹风，使溶剂逐步挥发，形成一层厚膜，这是粗轧。精轧则是逐步调近轧辊间距，多次折叠，90度转向，反复轧练，以达到必须的均匀度、致密度、光洁度和厚度为止。轧好的坯片宜在保持一定湿度的环境下储存，防止干燥变脆。

轧膜工艺可以方便地得到均匀致密的薄片，其中陶瓷粉体含量比流延、注浆等方法高、气孔少，而且很容易控制。轧膜工艺一个非常显著的优点是通过塑性泥团成型，因而不必如其他工艺需要形成液体料浆，避免了繁杂的陶瓷悬浮体的制备过程，特别是在多成分的材料体系中，极易得到高质量的陶瓷薄片生坯。但是轧膜工艺需要粗轧和精轧等多道工序，工艺复杂，效率低，而且轧膜成型所能轧制的陶瓷薄片较厚，一般在100μm以上。由于轧辊的工艺方式，使坯料只在厚度方向和前进方向受到碾压，在宽度方向缺乏足够的压力，使有机物分子和粉料都具有一定的方向性。

4.电泳沉积

这种工艺方法可以直接形成层状结构。陶瓷粉体和增强体的悬浮溶液在直流电场的作用下，荷电质点向电极迁移并在电极上沉积成一定形状的坯体，经干燥烧结后获得成品。分散系中由于质点离解或吸附使质点表面带电，分散介质可以是水或其他溶剂，但由于水易电解，常用甲醇、乙醇、丙醇和丙酮等。电极材料为金属或石墨等，其形状可以根据产品形状来设计确定,可以是棒状、板状或筒状,还可以沉积到电极内表面。荷电质点在电极上的沉积速度和沉积量与悬浮液浓度、相对介电常数、粘度、质点荷电量、直流电场大小、电极面积大小、电极间距离及沉积时间等因素有关。EPD 过程包括两步:(1)稳定的悬浮粒子在电势差的作用下移动。悬浮液的稳定性是通过静电作用、空间位阻使悬浮粒子带有电荷而实现的;(2)沉积。通常这两个过程所需的电势差不同。此工艺得到的最小层厚可达 2μm,且界面平整度在亚微米级,成型过程中无需使用有机结合剂、润滑剂或增塑剂等就可以制备出形状复杂的坯体,也无需烧失热处理步骤。但由于工艺本身实现的特殊性,这种工艺方法所能应用的材料体系有很大局限性。

利用这种方法制备的 YSZ/Al_2O_3 层状复合材料,层厚约为 2μm。

5.凝胶注模成型法

凝胶注模成型法已在本书第三章成型原理中详细介绍,这里不再叙述。

本章小结

本章从复合材料加工原理的角度出发,对复合材料的分类、特点以及构成各种复合材料的组分材料的特点和性能,给出了比较系统的介绍;讨论了复合材料界面结合力,组分材料的相容性和润湿性,不同类型复合材料界面结合形式、特点及其界面作用机理对复合材料性能的影响;介绍了纤维增强聚合物基、金属基、陶瓷基和碳/碳复合材料的制备方法以及颗粒增强金属基、陶瓷基复合材料的制备方法。

复习思考题

1.复合材料可划分几种类型,其共有的特点和优点是什么?

2.制备聚合物基、金属基、陶瓷基和碳/碳复合材料时,选择基体和增强体材料的原则是什么?

3.复合材料界面上存在哪些相互作用力?

4.组分材料的相容性和润湿性对复合材料的界面有什么影响?

5.纤维增强聚合物基复合材料的界面形成分哪两个阶段?界面作用机理及相关理论是什么?

6.金属基复合材料的界面分几种类型,其界面结合形式和影响界面的稳定因素各是什么?

7.陶瓷基复合材料的界面特点是什么?

8.纤维增强聚合物基、金属基、陶瓷基和碳/碳复合材料的制备方法有哪些,其原理各是什么?

9.外加颗粒增强金属基、陶瓷基复合材料的制备方法有哪些,其原理各是什么?

10.原位自生法制备颗粒增强金属基复合材料的原理、特点和方法各是什么?

参考文献

1 赵渠森编译.复合材料.北京:国防工业出版社,1979

2 肖长发编著.纤维复合材料-纤维、基体、力学性能.北京:中国石化出版社,1995

3 刘茂森,涂江平编著.先进复合材料.杭州:浙江大学出版社,1995

4 于春田等编.金属基复合材料.北京:国防工业出版社,1995

5 汪顺亭,杨学忠等编著.树脂基复合材料.北京:中国建材工业出版社,1997

6 贺福,王茂章著.碳纤维及其复合材料.第二版.北京:科学出版社,1997

7 汤佩钊编著.复合材料及其应用技术.重庆:重庆大学出版社,1998

8 王荣国,武卫莉,谷万里主编.复合材料概论.哈尔滨:哈尔滨工业大学出版社,1999

9 杨桂,敖大新等编著.编织结构复合材料制作、工艺及工业实践.北京:科学出版社,1999

10 沃丁柱主编.复合材料大全.北京:化学工业出版社.2000

11 陈祥宝,包建文,娄葵阳编著.树脂基复合材料制造技术.北京:化学工业出版社,2000

第五章 高分子材料加工原理

5.1 概述

高分子材料包括天然高分子材料(如棉、毛、丝、麻、胶、木材等)和合成高分子材料。合成高分子材料包括:塑料、橡胶和纤维,通称为三大合成材料,其余还有涂料、胶粘剂、离子交换树脂等。它们各自形成庞大的工业体系,并在此基础上形成了具有鲜明特色的专业。目前世界高分子材料的年产量中,塑料约1.08亿吨,合成纤维约0.2亿吨,合成橡胶约0.09亿吨,其余产量较少。橡胶工业起源最早,塑料工业发展最快,纤维工业最精细。高分子材料工业主要包括两部分:高分子材料的生产(包括树脂和半制品的生产)和聚合物制品的生产(也称为成型工业)。本章侧重探讨高分子材料成型加工的基本原理。

5.1.1 高分子材料的基本概念

1. 高聚物(Polymer)

从化学结构上看,高分子物质的共同特征是:“无论天然或合成高聚物,其形态和特征,都可以由具有共价键连接的链型高分子结构来解释。”这即是1920年德国人H. Staudinger首先提出的链型高分子概念。所谓链型高分子是指由很多相同的小化学单元(单体)靠化学键重复地连接而成的大分子长链。其相对分子质量一般可达几十万、几百万、甚至上千万,而且大分子链的长度一般约为$10^3 \sim 10^4$nm,巨大的相对分子质量是高聚物具有独特性质的根源。高聚物是分子链长度不同的同系聚合物的混合物,即高聚物的分子量是具有多分散性的(即分子量的不一致性)。习惯上将由高分子组成的物质称为高分子化合物、高聚物、聚合物或树脂。

2. 纤维(Fiber)

一般认为,纤维是一种细长形状的物体,其长度与直径之比至少为10:1,其截面积小于0.05mm^2。对于供纺织应用的纤维,其长度与直径之比一般大于1 000:1。典型的纺织纤维的直径为几微米,长度超过25mm,线密度的数量级为10^{-6}g/mm,还应具有一定的柔软性、强度、伸长和弹性等。但要给纤维下确切的定义较为困难。特别是近年来,用于新领域的一些结构材料也以纤维来命名,长度与直径之比以及柔曲性就不再作为这类纤维的基本特征。

纤维包括天然纤维和化学纤维。天然纤维是由纤维状的天然物质直接分离、精制而成,包括植物纤维(例如棉、麻等)、动物纤维(例如羊毛、蚕丝等)和矿物纤维(例如石棉等)。化学纤维是用天然或人工合成的聚合物为原料制成的纤维。根据原料的不同可分为人造纤维(用天然聚合物为原料,经化学和机械加工制得的纤维)、合成纤维(用合成聚合物为原料制得的化学纤维)和无机纤维(也称“矿物纤维”,主要成分为无机物)等。其中无机纤维根据原料来源不同又分为天然无机纤维和人造无机纤维。

3.**塑料**(Plastics)

塑料是指由树脂等高分子化合物与配料混合,再经加热加压而形成的,具有一定形状的材料,在常温下或使用温度下不再变形。

大多数塑料是以合成高分子化合物为基本成分,它们的平均分子质量一般都大于1万,有的甚至可以达到百万级。聚合物虽然是塑料的主要成分,但是单纯的聚合物性能往往不能满足成型生产中的工艺要求和成型后的使用要求,若要克服这一缺陷,必须在聚合物中添加一定数量的助剂,并通过这些助剂来改善聚合物的性能。例如,添加增塑剂可以改善聚合物的加工性能并影响制品的性能;添加增强剂可以提高聚合物的强度,等等。因此可以认为塑料是由聚合物和某些助剂结合而成的。

塑料按其原料来源可以分为合成塑料和半合成塑料;按塑料的热行为可分为热塑性塑料和热固性塑料;按使用领域分为通用塑料和工程塑料。

目前塑料的主要品种有聚乙烯、聚丙烯、聚苯乙烯、丙烯腈-丁二烯-苯乙烯共聚物(ABS)、聚氯乙烯、聚酰胺、聚氨酯。此外,还有聚苯醚砜、聚甲醛、聚苯醚、聚砜、聚碳酸酯、含氟塑料、纤维素塑料、聚酯、环氧树脂、有机硅、氨基树脂、呋喃树脂等很多重要的塑料品种。

4.**橡胶**(Rubber)

橡胶是高弹性的高分子材料,也称为弹性体。分为天然橡胶和合成橡胶。橡胶材料具有如下共性:①弹性模量小,一般在$10^3 \sim 10^4$Pa,伸长变形可达100%~1 000%。②具有粘弹性,在外力作用下产生的形变等行为具有时间、温度依赖性,表现有明显的应力松弛和蠕变现象。③必须加入配合剂才能使用,单纯橡胶未经加工时(称为生胶)是长链形分子,其强度低,在溶剂中易于溶解或溶胀,所以几乎没有用生胶制取橡胶制品的情况。加入配合剂可提高使用价值,降低成本。配合剂主要有:①硫化剂,起交联作用。不饱和橡胶常用硫磺,饱和橡胶需用有机过氧化物等。②填充剂,常用的有炭黑,起补强作用,在橡胶工业中,炭黑是仅次于生胶居第二位的重要原料,其耗用量占生胶的40%~50%,其他还有硫化促进剂、防老剂、增塑剂等。

橡胶按来源分为天然胶和合成胶。天然胶的主要化学成分是聚异戊二烯。合成胶主要有:丁苯胶、乙丙胶等很多种。按分子链上是否含有不饱和化学键,分为饱和橡胶和不饱和橡胶。如:天然胶和丁苯胶属于不饱和胶,乙丙胶属于饱和胶。这两种橡胶加工时用的交联剂不同。

目前,橡胶工业用的主要橡胶品种有:天然橡胶、丁苯橡胶、丁腈橡胶、硅橡胶、氟橡胶、聚氨酯橡胶、丙烯酸酯类橡胶、氯磺化聚乙烯胶、热塑弹性胶等。

5.**胶粘剂**(Adhesive)

能把各种材料粘合在一起的物质称为胶粘剂,又称粘合剂。

胶粘剂在产品设备的连接、密封、修复等方面有突出的功能,如在结构粘合、耐高温和耐超低温密封、瞬间粘合、水下粘合、推动新型材料的开发等方面具有特殊的功效。

胶粘剂通常由几种材料配制而成,这些材料按其作用不同,一般分为主体材料和辅助材料两大类。主体材料是在胶粘剂中起粘合作用并赋予胶层一定的机械强度的物质,如各种树脂、橡胶等合成材料以及淀粉、蛋白质、磷酸盐、硅酸盐等天然物质;辅助材料是在胶粘剂中用以改善主体材料性能,或为便于施工而加入的物质。常用的有固化剂、增塑剂、填料和溶剂等。

6.涂料(Coating)

涂料是应用于物体表面能结成坚韧保护膜的物质的总称,我国在生产和使用涂料方面有着悠久的历史。生漆和桐油是我国的特产,也是我国以往制作涂料的主要原料。在过去,由于涂料都是用植物油和天然树脂熬炼而成,其作用又同我国的生漆差不多,因此一直被叫做油漆。

涂料是保护和装饰物体表面的涂装材料,它能提高被涂物的使用寿命和使用效能。而一些特种涂料还可具有防污、导电、伪装等一系列特殊性能。目前涂料在各领域中的应用十分广泛,具体作用可总结为:

(1)防护作用。防止物体表面受到气候、腐蚀以及日光照射而变化,防止或减轻物体表面直接受到磨擦和冲击。

(2)装饰作用。增加物体表面美观,如美化房屋、家具、交通工具、日用品等,有美化作用。

(3)标志作用。对交通灯、工厂装备、管线等涂上各种颜色,具有特殊的标识作用。

(4)特种涂料的特殊作用。宇宙飞船重返大气层时,表面温度达 2 800℃,中程导弹驻点温度达 3 000℃以上,洲际导弹驻点温度达 7 000℃以上,金属材料不能承受这样高的温度,用合成树脂和无机材料配制的隔热烧蚀涂料涂装于金属表面,能保护飞船、导弹的正常运行。把防污涂料涂布于在海上航行的轮船船体表面,可以防止海生物附着,等等。

涂料的主要成分有:树脂基料、颜料、溶剂,以及其他助剂如:增稠剂、催干剂、抗结皮剂、表面活性剂、杀菌剂、防霉剂等。其中树脂基料为成膜物,依据成模物分类,涂料可分为:(1)油性涂料;(2)天然树脂涂料;(3)沥青涂料;(4)醇酸树脂涂料;(5)酚醛树脂涂料;(6)氨基树脂涂料;(7)硝基涂料;(8)纤维素涂料;(9)过氯乙烯涂料;(10)乙烯树脂涂料;(11)丙烯酸树脂涂料;(12)聚酯树脂涂料;(13)环氧树脂涂料;(14)氨基甲酸酯涂料;(15)元素有机涂料;(16)橡胶涂料;(17)其他涂料。

5.1.2 高分子材料加工学科分类

本书将高分子材料加工定义为"对聚合物材料或体系进行操作以扩大其用途的工程",它是把聚合物原材料经过多道工序转变成某种制品的过程。

尽管各种高分子材料均有独特的成型方法,例如化学纤维的熔体纺丝、干法纺丝和湿法纺丝等,塑料的注塑和挤塑等,而且每一种制品的原料准备和后成型操作也各不相同,但是如果把高分子材料加工作为一门工程学科,根据基本的工程和科学原理,则可以将各种高分子材料的加工学科按下图(见下页)进行分类。

由上图可知,高分子材料加工的基础阶段为成型准备原料。基础阶段可以先于成型,或与成型同时进行。"结构化"贯穿这些过程的始终并在这些过程之后进行,结构化之外的后成型操作可以跟在其后。而主要的工艺操作是建立在若干工程基础之上的，特别是建立在传质现象、聚合物流体流变学、混合以及高分子物理学和化学的基础上的。

高分子材料加工中工序和原理的分类

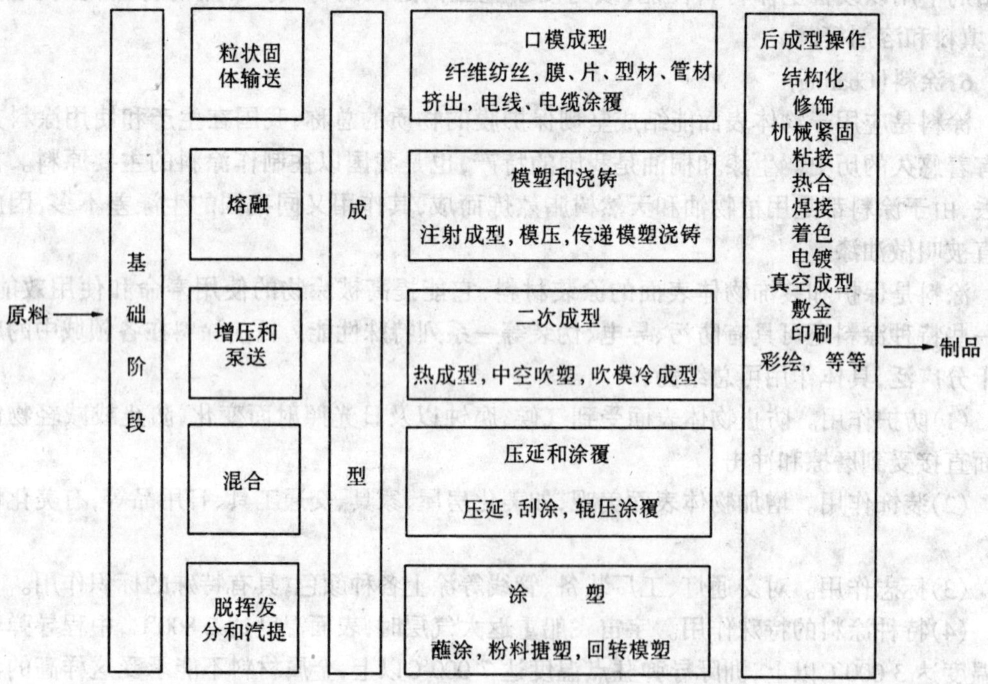

加工中聚合物的结构化

传质现象	混合原理	固体力学	聚合物流体流变学	高分子物理学	高分子化学
工程原理			高分子科学		

1.高分子材料加工的基础阶段

由于聚合物原材料通常以颗粒形式供给加工者，因此高分子材料的成型应在一系列的准备性操作之后才进行。这些操作的性质在很大程度上决定了加工机械的形状、尺寸、复杂程度和价格。这些准备性操作通常为一种或多种，我们把它们称之为高分子材料加工的“基础阶段”，它主要包括：固体粒子的处理；熔融或溶解；增压和泵送；混合；脱挥发分和汽提。

考虑到固体颗粒系统具有的独特性质，有必要把“固体颗粒的处理”定义为一个基础阶段。为了保证合理地设计加工设备，必须很好地了解以下内容：颗粒的装填和集聚、料斗中的应力分布、重力流动、架拱、压实和机械引起的流动。在处理固体的某种操作之后和成型之前，必须将聚合物溶解、熔融或加热软化。为了进行成型，例如流经口模或进入模具，必须泵送熔融或溶解的聚合物，这一过程通常产生压力。被称作“增压和泵送”的阶段完全是受聚合物流体的流变特性支配的，并对加工机械的结构设计产生深刻的影响。增压和熔融可以同时进行，它们通常相互影响，而且对聚合物流体也有混合作用。当加入的物料是由混合物组成而不是单纯的聚合物时，为了使流体的温度和组成均匀，必须对流体进行混合；对不相容聚合物分散体系在宽范围内的混合操作，即打碎结块和填料等操作也都属于“混合”这一阶段。脱挥发分和汽提虽然也是常用的方法(例如在排气挤出机中的脱挥发分)，但在后反应器进行加工中尤为重要。

2.高分子材料的成型方法

虽然高分子材料的品种繁多，而且各有其传统的成型方法，但正如前面所述，根据其基本的工程和科学原理，可以将所有高分子材料的成型方法归纳为以下五种。

(1)压延和涂覆这是一种稳定的连续过程，它是在橡胶和塑料工业中广泛应用的最古老的方法之一。它包括传统的压延以及各种连续涂覆操作，例如刮涂和辊涂。

(2)口模成型操作包含使聚合物流体通过口模的过程，其中有纤维纺丝、薄膜和板(片)的成型，管和异型材成型，以及电线和电缆绝缘包皮的涂覆。

(3)模涂蘸涂、粉料搪塑、粉料涂覆和旋转模塑等加工方法均属于模涂。所有这些方法都涉及到在模具内表面或外表面敷上一层相对比较厚的涂层。

(4)模塑和铸塑它们包括用热塑性或热固性聚合物为模具“供料”的所有方法。这些方法包括了常见的注射成型、传递模塑和模压，以及单体或低分子量聚合物的普通浇铸和“原位”聚合。

(5)二次成型顾名思义，这一成型方法是指预成型的聚合物的进一步成型。纤维的拉伸、塑料的热成型、吹塑和冷成型等可以归为二次成型操作。

5.1.3 聚合物流体的流变特性

聚合物流变学是研究聚合物形变与流动的科学。其主要研究对象是在应力作用下，聚合物产生弹性、塑性、粘性形变的行为及这些行为与各因素之间的关系。由于聚合物加工过程如化纤纺丝、橡胶加工、塑料成型都离不开聚合物的流动与形变，因此对从事聚合物加工过程的人员而言，深刻了解加工过程中的流变行为及其规律，对加工工艺的合理选择、正确操作条件的确定、加工设备的优化设计、获得性能良好的制品等都具有相当重要的意义。

1.聚合物流体的非牛顿剪切粘性

(1)聚合物流体的流动行为

聚合物流体的流动行为可用粘度表征，粘度不仅与温度有关，而且对非牛顿流体来说与剪切速率有关，在剪切速率不大的范围内，流体剪切应力 σ_{12} 与剪切速率 $\dot{\gamma}$ 之间呈线性关系，其粘度 η 与剪切速率无关，并服从牛顿定律

$$\sigma_{12} = \eta\dot{\gamma} \tag{5.1}$$

这类流体称为牛顿流体。聚合物流体在加工过程中的流动都不是牛顿流动。其剪切应力与剪切速率之间不呈线性关系，其粘度随剪切速率而变，这类流体称为非牛顿流体。

有多种描述非牛顿流体流动的关系式，用得最多的是幂律定律

$$\sigma_{12} = k\dot{\gamma}^n \tag{5.2}$$

式中　k——粘度系数；

　　n——非牛顿指数，用来表征流体偏离牛顿型流动的程度。

当 $n=1$ 时,式(5.2)与牛顿定律相同,表明流体具有牛顿行为;当 $n<1$ 时,表观粘度 η_a($\eta_a=\sigma_{12}/\dot{\gamma}=k\dot{\gamma}^{n-1}$)随 $\dot{\gamma}$ 增大而减小,这种流体称为假塑性流体或切力变稀流体,大部分聚合物熔体或其良溶液属于这类;当 $n>1$ 时,表观粘度 η_a 随 $\dot{\gamma}$ 的增大而增大,这种流体称为胀流性流体或切力增稠流体,少数聚合物溶液(如聚甲基丙烯酸甲酯的戊醇溶液)和一些固体含量高的聚合物分散体系(如聚氯乙烯糊)属于这一类。

此外还有一种流体,必须克服某一临界剪切应力才能使其产生牛顿流动,这类流体称为宾汉流体,其临界应力值称为屈服应力,在屈服应力以下流体不流动。聚合物的浓溶液、油漆等属于这一类。图 5.1 是各种流体的流动曲线。

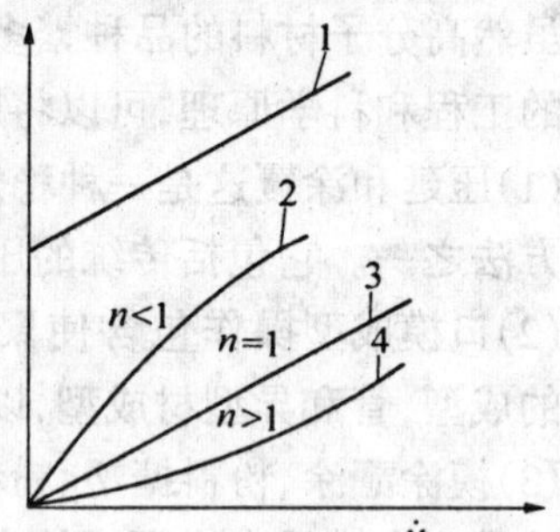

图 5.1 各种熔流体的流动曲线

1—宾汉流体 2—切力变稀流体

3—牛顿流体 4—切力增稠流体

(2)非牛顿流体的流动曲线

表征聚合物流体的剪切应力 σ_{12} 与剪切速率 $\dot{\gamma}$ 的关系的曲线称为流动曲线。研究聚合物流体在宽广的剪切速率范围内的流动曲线(如图 5.2 所示)可以发现,在不同的剪切速率范围内,粘度对剪切速率的依赖关系是不同的。聚合物流体是非牛顿型的,但非牛顿流动现象只是在某一特定 $\dot{\gamma}$ 范围内显现。当 $\dot{\gamma}$ 较低时,流动是牛顿型的,非牛顿指数 $n=1$,表观粘度 η_a 与剪切速率 $\dot{\gamma}$ 无关,称为零切粘度 η_0,相应的 $\dot{\gamma}$ 区间称为第一牛顿区;当剪切速率 $\dot{\gamma}$ 增加到某极限值 $\dot{\gamma}_{cr}$ 以上时,σ_{12} 与 $\dot{\gamma}$ 的比值不再是常数,表观粘度 η_a 的变化有两种情况:一是表观粘度 η_a 随 $\dot{\gamma}$ 的增加而下降,呈现所谓的"切力变稀"现象,二是表观粘度 η_a 随 $\dot{\gamma}$ 的增加而增大,呈现所谓的"切力增稠"现象,相应的 $\dot{\gamma}$ 区间称为非牛顿区;继续提高剪切速率,流体又表现为牛顿流动,相应的粘度称为极限牛顿粘度 η_∞,此时流动进入第二牛顿区。

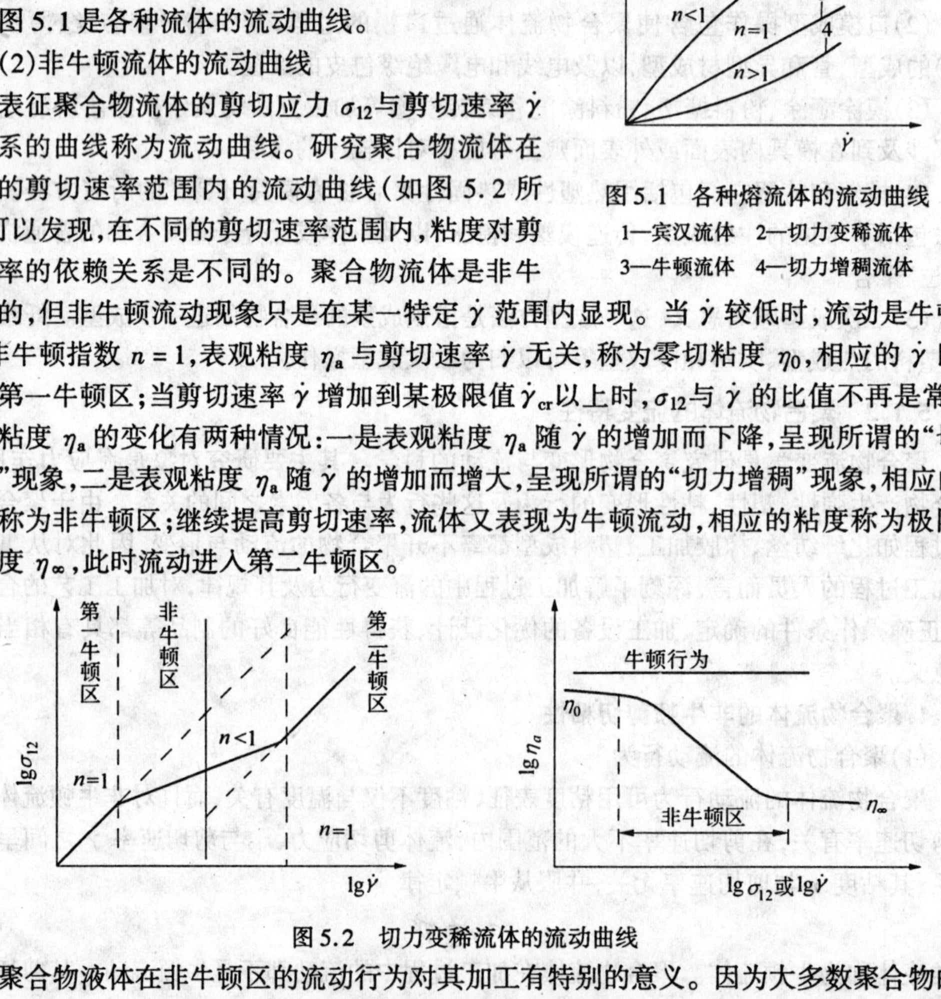

图 5.2 切力变稀流体的流动曲线

聚合物液体在非牛顿区的流动行为对其加工有特别的意义。因为大多数聚合物的成型都是在这一剪切速率范围内进行的,流体的非牛顿指数 n($\lg\sigma_{12}$ 与 $\lg\dot{\gamma}$ 曲线的斜率 $\mathrm{d}\lg\sigma_{12}/\mathrm{d}\lg\dot{\gamma}$)越小,则随着 $\dot{\gamma}$ 的增大表观粘度 η_a 下降越严重。刚性大分子或分子对称性较大的聚合物流体的 n 值较小,"切力变稀"现象较显著。n 值还具有温度、相对分子质量、剪切速率依赖性,只是在较窄的温度范围内才保持常数。不同聚合物熔体的粘度对剪切速率依赖性的敏感程度不同。由图 5.3 可看出,聚酰胺和聚酯熔体在很宽的 $\dot{\gamma}$ 范围内仍保持牛顿流体行为,但聚乙烯和聚丙烯熔体的表观粘度则随剪切速率的增加而急剧下降。

聚丙烯腈在 NaSCN - H_2O 浓溶液中的流动曲线如图 5.4 所示。浓溶液的 n 值在较大的 $\dot{\gamma}$ 范围内可视为常数。有人测得聚丙烯腈浓溶液的 $n = 0.238 \sim 0.364$,因此,在实际喷丝孔流动中,纺丝流体的表观粘度仅为零切粘度的 1/10 ~ 1/30。

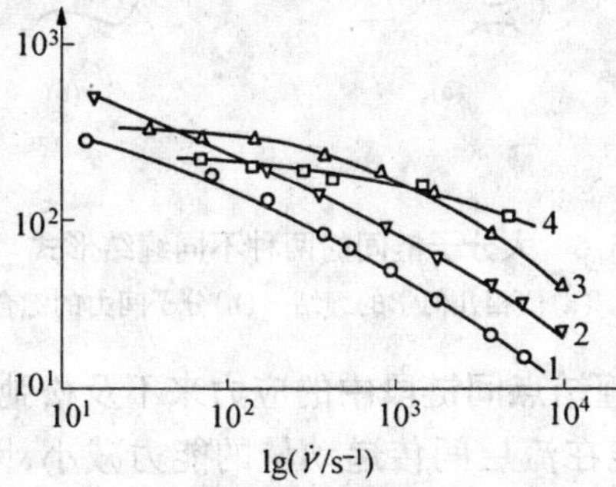

图 5.3　聚合物熔体的流变行为

1—PP(MI = 15,272℃)　2—PE(MI = 1.5,258.5℃)

3—PA6(η_r = 2.38,243℃)　4—PET(284℃)

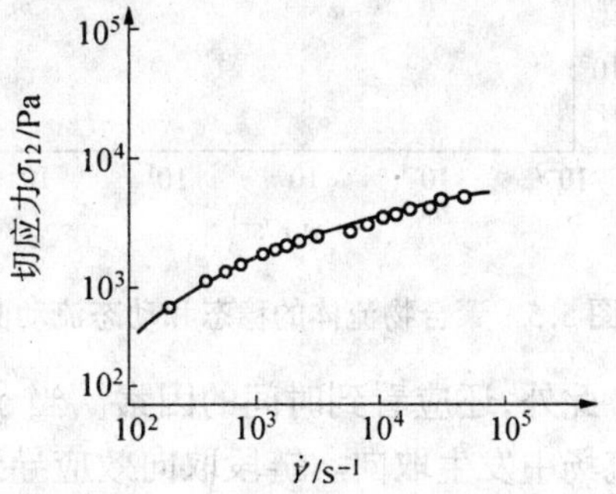

图 5.4　聚丙烯腈在 NaSCN - H_2O 浓溶液中的流动曲线

除了在稳态流动下测定流体的粘度外,还可以在交变应力的作用下研究流体的动态力学性质,如正弦交变应力的角频率为 ω,则复数粘度 η^*、动态粘度 η' 和虚数粘度 η'' 之间存在

$$\eta^* = \eta' - i\eta'' \tag{5.3}$$

关系,式中 $i = (-1)^{1/2}$。

动态实验中的 ω 与稳态流动中的 $\dot{\gamma}$ 具有相同的因次和相似的意义,所不同的是在动态实验中是小形变,而在稳态流动中是大形变。有大量的实验表明,同一聚合物流体的动态流动曲线与稳态流动曲线几乎重合,都表现为切力变稀的特征(见图 5.5)。由此可推测,非牛顿粘弹性流体的表观粘度 η_a 中,实际上已包括有弹性的贡献。当 ω 趋近于零时,动态粘度 η' 即相当于零切粘度(η_0),即

$$\eta_0 = \lim_{\omega \to 0} \eta'$$

(3)切力变稀的原因

聚合物流体切力变稀的原因在于大分子链间发生的缠结。当线型大分子的平均分子量超过某一临界值 M_c 以上时,大分子链间形成了缠结点。不同研究者对缠结点的本质有不同的看法,总括起来不外两种:一是位相几何的缠结,如图 5.6(a)所示;二是分子间力所引起的键合,如图 5.6(b)所示。

根据缠结点的存在,人们提出了聚合物流体的拟网络结构理论。缠结点和橡胶中化学交联点不同,它不是固定不变的,而具有瞬变性质。缠结点不断地拆散和重建,并在某一特定条件下达到动态平衡。因此,可以把聚合物流体看成为瞬变网络体系。该体系达到动态平衡后的缠结浓度与给定的条件(例如剪切应力大小)有关,随着剪切应力增大(相应地 $\dot{\gamma}$ 也增大),部分缠结点被拆除。缠结点浓度的下降相应地使表观粘度下降。

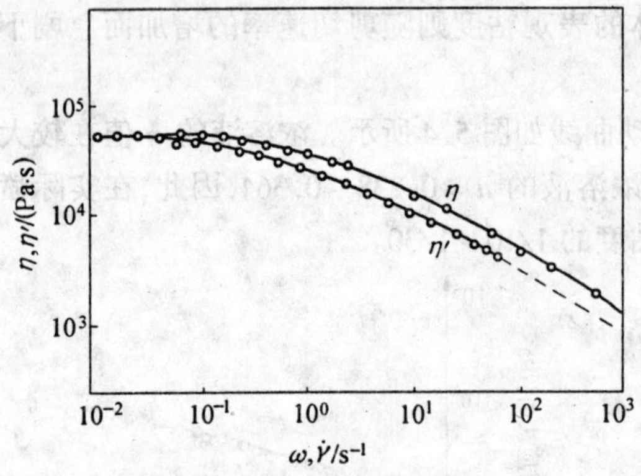

图 5.5　聚合物流体的稳态和动态流动曲线

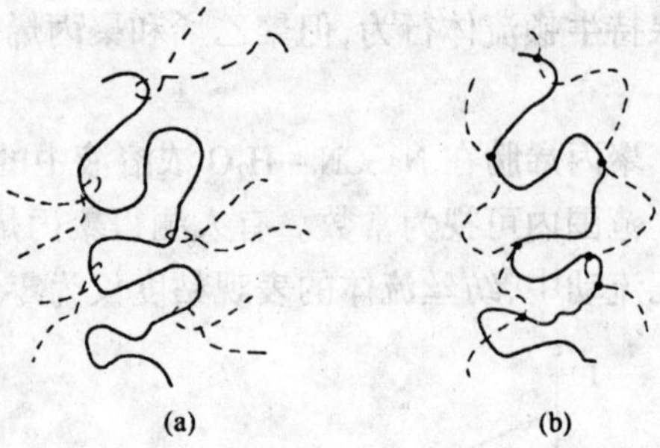

图 5.6　大分子链间的两种不同缠结形式

(a)位相几何学的缠结　(b)分子间力的键合

此外，还应看到时间的因素。当 $\dot{\gamma}$ 增大时，缠结点间链段中的应力来不及松弛，链段在流场中发生取向。链段取向效应导致大分子链在流层间传递动量的能力减小，因而流层间的牵曳力也随之减小，表现为表观粘度下降，这是切力变稀的另一个原因。链段取向的另一个后果是瞬变网络结构因储存内应力而产生弹性形变，因而非牛顿粘弹性体往往是在切力变稀的同时显现弹性现象，这也是在表观粘度 η_a 中往往包括有弹性贡献的原因。

对于聚合物浓溶液来说，切力变稀还有另外一个原因，当剪切应力增大时，大分子链发生脱溶剂化，脱溶剂化使大分子链有效尺寸变小，这也会引起粘度下降。应该指出，在给定的剪切速率下，形成一定缠结点浓度的瞬变网络的动态平衡不可能瞬间达到。当 $\dot{\gamma}$ 恒定时，η_a 随流动时间推移而发生变化，这样就反映出逐渐趋向动态平衡状态的动力学过程。这种 η_a 随时间而变化的现象称之为触变现象。

(4)切力增稠的原因

切力增稠的原因是剪切速率或剪切应力增加到某一数值时流体中有新的结构形成。静止状态时，流体中的固体粒子处于堆砌得很紧密的状态，粒子间空隙很小并充满了液体。当剪切速率或剪切应力很低时，固体粒子在液体的润滑作用下会产生相对滑动，并能在大致保持原有堆砌密度的情况下使整个悬浮体系沿受力方向移动，表现出牛顿流动行为；当剪切速率或剪切应力增加到某一数值时，粒子的移动速度较快，粒子间碰撞机会增多，流动阻力增大，同时粒子也不能保持静止状态时的紧密堆砌，粒子间移动时的润滑作用减小，阻力增大，表观粘度增大。

(5)流动曲线对聚合物加工的指导意义

流动曲线在较宽广的剪切速率范围内描述了聚合物的剪切粘性。这种剪切粘性是其内在结构的反应，当流体内聚合物的链结构、平均分子量、分子量分布以及链间的结构发生变化时，流动曲线相应地发生变化。

当聚合物分子量分布相似时，流动曲线随平均分子量的增大而上移(见图 5.7)。此时 η_0 增大，相同 $\dot{\gamma}$ 下的 η_a 亦增大，而开始呈现切力变稀的临界切变速率 $\dot{\gamma}_{cr}$ 则向低值移动。

当平均分子量相近时，分子量分布宽度对流动曲线也有明显的影响(见图 5.8)。当分布宽度增加时，$\dot{\gamma}_{cr}$向低值移动，曲线在非牛顿区的负斜率 $S_\eta\left(S_\eta \equiv \frac{-\mathrm{dlg}\eta_a}{\mathrm{dlg}\dot{\gamma}} = 1 - n\right)$下降。

因此流动曲线可以作为衡量聚合物流体质量是否正常的依据，也可以作为判断聚合物质量波动程度的依据，它所提供的内容比零切粘度要丰富得多。

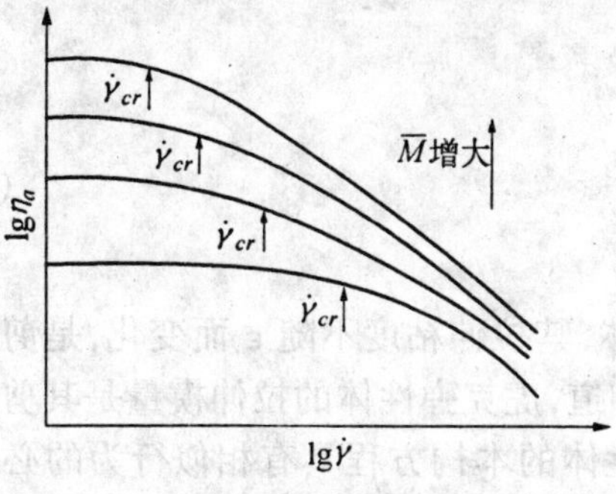

图 5.7 相对分子质量分布相似时相对分子质量对流动曲线的影响

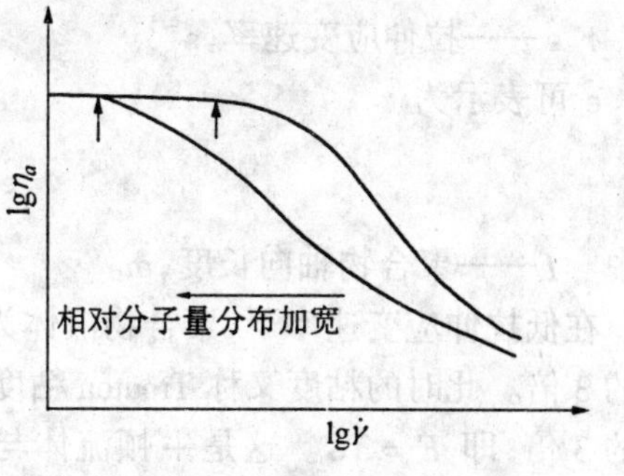

图 5.8 平均相对分子质量相近时相对分子质量分布对流动曲线的影响

聚合物流体在不同加工方法中有不同的剪切速率，见表 5.1。同一加工方法中流体在不同设备中的流动速度也有很大差异，见表 5.2。在处理工艺及工程问题时，需要了解聚合物流体在特定的流动条件下的表观粘度，而流动曲线可以提供这方面的数据。

表 5.1 各种加工方法中的剪切速率

加工方法	剪切速率/s^{-1}
模　压	1 ~ 10
开　炼	$5\times10^1 \sim 5\times10^2$
密　炼	$5\times10^2 \sim 5\times10^3$
挤　出	$10^1 \sim 10^3$
压　延	$5\times10^1 \sim 5\times10^2$
纺　丝	$10^2 \sim 10^4$
注　射	$10^3 \sim 10^5$

表 5.2 聚酰胺 6 纺丝流体流经不同设备时的切变速率范围

设备或部件名	切变速率范围/s^{-1}
VK 管	$10^{-3} \sim 10^{-2}$
分配管	$10^{-2} \sim 10^{-1}$
喷丝板孔道	$10^2 \sim 10^4$
纺丝泵	$10^4 \sim 10^5$

2. 聚合物流体的拉伸粘性

聚合物流体的拉伸流动是聚合物加工中的另一种流动方式，如在纤维成型加工中熔体细流的拉伸，熔膜从平直口模挤出后的单轴拉伸，管状膜变成"泡"膜的双轴拉伸，在吹塑成型加工中型坯形成封闭中空制品的多轴拉伸及收缩流道中的流动等。常见的拉伸流动包括以下几种类型：

(1)简单拉伸流动。这种拉伸流动是由在长度方向上均匀拉伸引起的，圆形截面细丝的拉伸可用这样的流动处理。

(2)平面拉伸流动(纯剪切流动)。这种流动是由在一个方向上均匀拉伸薄膜造成的，使薄膜厚度减小，但其他尺寸不变。

(3)双轴拉伸流动。这种流动是由等比例拉伸薄膜引起的，使厚度减小。

这里仅介绍简单拉伸流动。

拉伸粘度用来表示流体对拉伸流动的阻力。在稳态简单拉伸流动中拉伸粘度可表示为

$$\eta_e = \frac{\sigma_{11}}{\varepsilon} \tag{5.4}$$

式中 σ——聚合物横截面上的拉伸应力或法向应力，Pa；

$\dot{\varepsilon}$——拉伸应变速率，s^{-1}。

$\dot{\varepsilon}$ 可表示为

$$\dot{\varepsilon} = \frac{d\varepsilon}{dt} = \frac{dL}{dt} \tag{5.5}$$

式中 L——聚合物轴向长度，m。

在低拉伸应变速率下，聚合物液体为牛顿流体，其拉伸粘度不随 ε 而变化，是剪切粘度的 3 倍。此时的粘度又称 Trouton 粘度。我们知道，虎克弹性体的拉伸模量是其剪切模量的 3 倍，即 $E = 3G$。这是牛顿流体与虎克弹性体的本构方程具有相似行为的必然结果。对于粘弹性的非牛顿体，拉伸粘度与零切粘度的关系可用 Lodge 模型关系式表示，即

$$\eta_0 = 3\eta_0\left[\frac{1}{(1+\tau\dot{\varepsilon})(1-2\tau\dot{\varepsilon})}\right] \tag{5.6}$$

式中 τ——松弛时间。

当 $\tau = 0$ 时，式(5.6)可简化为 $\eta_e = 3\eta_0$，即牛顿流体可视为松弛时间为零的粘弹体。

3. 聚合物流体的弹性

上述聚合物流体是一种典型的粘弹性流体，也称为粘弹体。我们已比较详细地讨论了聚合物流体的非牛顿剪切粘性和拉伸粘性，下面将讨论聚合物流体的弹性。

(1)聚合物流体弹性的表征

聚合物流体的弹性可以从许多现象中观察到，例如：

①液流的弹性回缩。把聚合物流体从容器中倾出，使之成为液流，突然切断后，液流会发生弹性回缩。

②聚合物流体的蠕变松弛。在同轴旋转圆筒粘度计中，对流体施以形变，维持一段时间后再令其松弛，曲线上的可回复部分即为弹性形变(见图 5.9)所示。

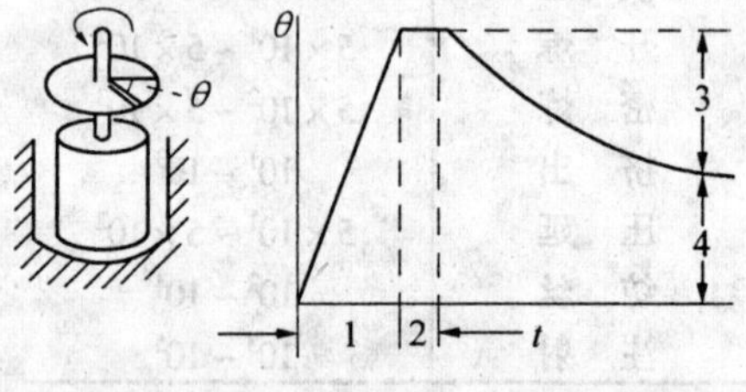

图 5.9 同轴旋转圆筒粘度计中的可回复形变与流动示意图

1—外加形变时间 2—维持恒定形变时间

3—可回复形变 4—由于粘性流动所产生的形变

③孔口胀大效应。聚合物流体从毛细孔中挤出时，在孔口处出现细流胀大现象，这就是著名的 Barus 效应(见图 5.10)。

④Weissenberg 效应。小分子流体在搅拌轴周围为凹面，而聚合物流体为凸面(见图 5.11)。这种效应又称爬杆效应，可以从圆锥圆板式流变仪上的液压指示管直接看到。

⑤剩余压力现象。聚合物流体沿孔道流动时，测定沿流向各点的压力，用外推法可求出出口处表压不为零，有剩余压降 ΔP_{exit}。

⑥孔道的虚构长度。聚合物流体流经孔道时，孔端实测压力降 $(\Delta P)_s$ 大于计算的压

力降$(\Delta P)_j$。因为这里的$(\Delta P)_j$(末端效应已补正)是根据 Poecni 方程式以纯粘性流体为基础求出的,$(\Delta P)_s$ 却包括由于弹性能的储藏所消耗的压降在内,即相当于孔道增加了一段虚构长度。

聚合物流体在加工流动中所经历的是大粘弹形变,其弹性部分的应力－应变关系已不符合 Hooke 定律所表示的简单线性关系。在大粘弹形变下,其应力状态比小变形更复杂,除了剪切应力分量外,还需附加非各向同性的法向应力分量,使粘弹流体在剪切流动中表现出法向应力差。因此,法向应力差是粘弹性流体在剪切流动中的弹性表现,是一种非线性力学响应。这种响应为大多数低分子单相液体(其流动行为基本上属于牛顿流体类型)所不具备,也是经典流体力学所未加考虑的,它导致了一系列从经典流体力学观点来看属于反常的流动现象,即上述的种种弹性表现。

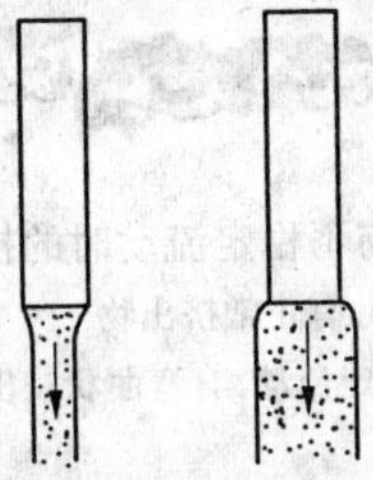

图 5.10 挤出细流的形状
(a)纯粘性流体的挤出收缩现象
(b)粘弹性流体的挤出胀大现象

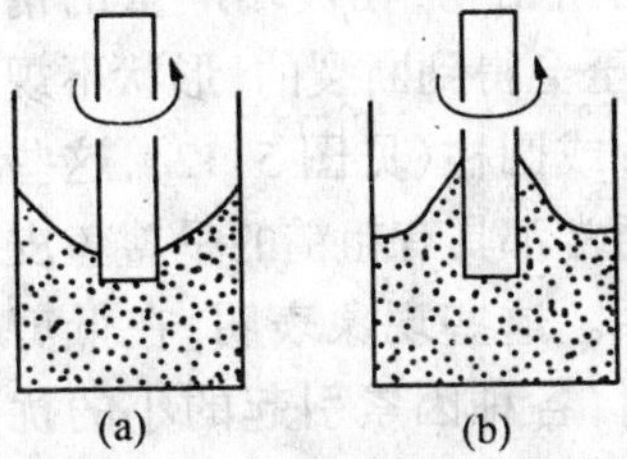

图 5.11 Weissenberg 效应
(a)小分子流体
(b)聚合物流体

从热力学的角度来看,聚合物的弹性大形变与小形变与 Hooke 弹性之所以有区别,在于产生两种弹性的分子机理不同。Hooke 弹性基于组成材料分子或原子之间平衡位置的偏离,这部分形变与内能变化相联系。聚合物的弹性大形变,则除了内能的贡献外,更重要的是熵的贡献。大分子在应力作用下构象熵减小,外力解除后,聚合物大分子会自动恢复至熵的最大平衡构象上来,因而表现出弹性回复。聚合物流体弹性实质是一种熵弹性。

为了表征聚合物流体的弹性,可以采用第一法向应力差函数 $\psi_1(\dot{\gamma})$,也可以模仿弹性固体,即采用弹性模量(剪切弹性模量 G 或拉伸弹性模量 E)来表征流体弹性。有时为了更明显地对比它的弹性和粘性,亦即为了表征综合了弹性和粘性的粘弹性质,也常采用松弛时间 $\tau(\tau=\eta/G)$。

聚合物流体在交变应力作用下,粘弹性表现得尤其明显。从动态实验不仅能表征粘弹流体的频率依赖性粘度(动态力学粘度),而且能表征其弹性。测定值是复数模量(G^*)或复数粘度(η^*)。前者的实部称为储能模量或动态模量(G'),是弹性的表征,相当于稳定测量中的法向应力差;虚部是耗损模量(G''),后者的实部是动态粘度(η'),是非牛顿性的表征;虚部(虚数粘度 η'')是弹性的表征。

在聚合物加工中,聚合物流体在喷丝孔中的流动是一维剪切的稳态流动,聚合物流体在狭缝中的流动也主要是一维剪切的稳态剪切流动。

聚合物流体在流动中除表现出粘性外,还不同程度地表现出弹性行为,这些弹性行为对聚合物加工与成型有很大影响,应加以考虑。

(2)聚合物加工过程中弹性的影响

在采用挤出或注射法加工聚合物时，常常会看到这种现象：在低剪切速率或低剪切应力范围内，挤出的流体表面光滑均匀，但当剪切速率或剪切应力增加到一定的数值时，挤出物表面变得粗糙，失去光泽，并出现粗细不均和扭曲等，严重时会得到波浪形、竹节形或周期性螺旋形的挤出物，在极端严重的情况下，甚至会得到断裂的、形状不规则的碎片或圆柱(见图5.12)，这些挤出物通常都具有粗糙的呈鲨鱼皮状的表面。这些现象表明，在低剪切速率时，各种因素引起的小的扰动容易受到控制，而在高剪切应力或剪切速率时，液体中的扰动难以控制并易发展成不稳定流动，引起液流破坏，这种现象称为“熔体破裂”。出现“熔体破裂”时的剪切应力或剪切速率称为临界剪切应力和临界剪切速率。

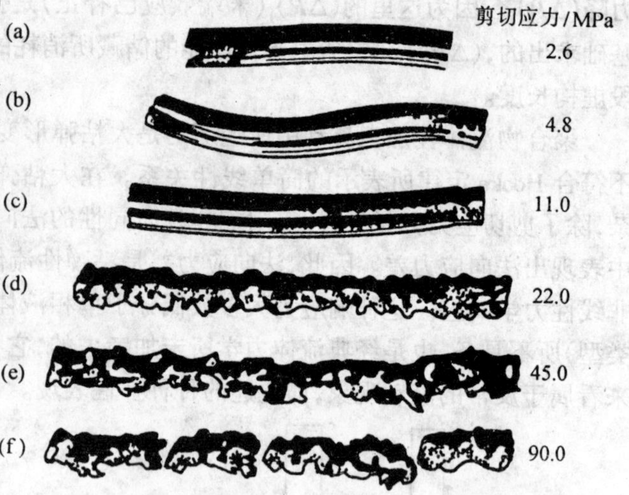

图5.12 稳定流动与不稳定流动时的挤出物试样

(a、c)稳定流动，有正常挤出物

(b、d、e、f)不稳定流动，有弯曲状挤出物

产生熔体破裂的主要原因是流体在流动时出现滑移和流体中的弹性回复。前已述及，流体在管道中流动时管壁附近的剪切速率最大，由于粘度对剪切速率的依赖性，所以管壁附近的流体必然具有较低的粘度，同时流动过程的分级效应又使聚合物中低相对分子质量级分较多地集中到管壁附近，这两种作用都使管壁附近的流体粘滞性降低，从而容易引起流体在管壁上滑移，使流体流速增大。这种剪切速率分布的不均匀性还使流体中弹性能的分布沿径向上存在差异，剪切速率大的区域聚合物分子的弹性形变和弹性能储存较多。流体中的弹性能的不均匀分布导致在大致平行于速度梯度的方向上产生弹性应力。当流体中产生的弹性应力一旦增加到与粘性流动阻力相当时，粘性阻力不能再平衡弹性应力的作用，液体中弹性应力间的平衡即遭破坏，随即发生弹性回复作用。既然管壁附近的液体粘度最低，弹性回复作用在这里受到的粘滞阻力也最小，所以弹性回复较容易在管壁附近发生。可见，流体通过自身的滑移就使流体中的弹性得到回复，从而使该区域流体中的弹性应力降低。滑移与弹性回复的作用可用图5.12说明：当液体处于稳态流动时，具有正常的沿管轴对称的速度分布，并得到直线形表面光滑的挤出物(见(a))；当管壁某一区域形成低粘度层时，伴随弹性回复滑移作用使管子中的速率分布发生改变，产生滑移区域的液体流速增加，压力降减小，层流流动被破坏，一定时间内通过滑移区域的流体增多，总流速增大(见(b))；当新的弹性形变发生并建立起新的弹性应力平衡后，这一区域的流速分布又回复到如图(c)的正常状态，然后液体中的压力降重新升高。与此同时，管中另外的区域有时会出现上述类似的滑移→流速增大→应力平衡破坏的过程。流体流速在某一区域的瞬时增大并非雷诺数增大引起，而是弹性效应所致，所以又称这种流动为

"弹性湍流"。在毛细孔中,如果产生弹性湍流的不稳定点沿着毛细孔的周围移动,则挤出物将呈螺旋状;如果不稳定点在整个圆周上产生,就得到竹节状的粗糙挤出物(见(d)、(e)、(f))。

产生不稳定流动和熔体破裂现象的另一个原因是流体剪切历史的差异引起的。如前所述,流体在入口区域和毛细孔中流动时,受到的剪切作用不一样,因而能引起流体中产生不均匀的弹性回复。另一方面,在入口端收敛角以外区域存在着漩涡流动(图 5.13),这部分流体与其他部分的液体相比较,受到不同的剪切作用。当漩涡中的流体周期性进入毛细孔时,这种剪切历史不同的流体能引起流线的中断,当它们流过毛细孔时,就可能引起极不一致的弹性回复,如果这种弹性回复力很大,以致能克服流体的粘性阻力,就能引起挤出物出现畸变和断裂。可以看出,熔体破裂现象是聚合物流体产生弹性应变与弹性回复的总结果,是一种整体现象。

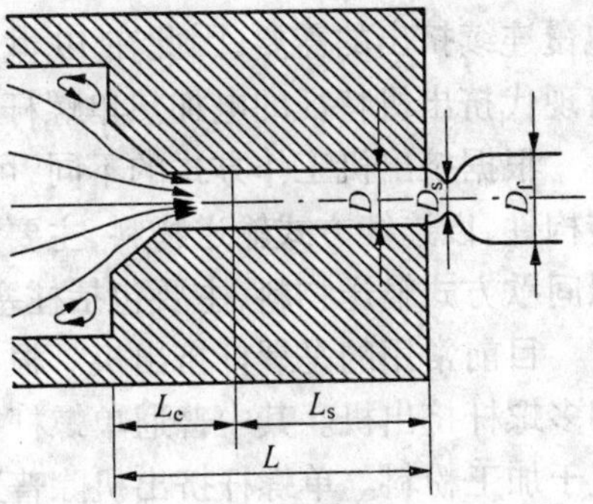

图 5.13 聚合物在毛细管入口和出口区域的流动

不稳定流动和熔体破裂现象还与聚合物的性质、剪切应力和剪切速率的大小、流体流动的管道形状等因素有关。

非牛顿性愈强的线性聚合物(聚丙烯、高密度聚乙烯、聚氯乙烯等),由于流速分布曲线呈柱塞状,流体在入口区域和毛细孔中流动时的剪切作用是引起不稳定流动的主要原因。非牛顿性较弱的聚合物(聚酯和低密度聚乙烯等),流速分布曲线是近抛物线形,因而入口端容易产生漩涡流动,流动历史的差异是这类聚合物产生不稳定流动的主要原因。如前所述,在临界剪切应力下,随剪切应力和剪切速率的增大,流体流动中的弹性效应增加。对各种聚合物,出现不稳定的临界剪切应力约在 $10^5 \sim 10^7$ Pa 数量级,一般为 $(0.4 \sim 3.7) \times 10^5$ Pa,平均值为 1.2×10^5 Pa。由于各种聚合物熔体粘度相差颇多,因而它们出现熔体破裂的难易和严重程度很不一致。例如聚酰胺 66 的牛顿性较强,要在 $10^5 s^{-1}$ 的剪切速率下 275℃才出现熔体破裂,而聚乙烯这样的非牛顿流体在剪切速率为 $10^2 \sim 10^3 s^{-1}$ (250℃)时便出现熔体破裂。

5.2 高分子材料的口模成型

聚合物加工中所用的口模是形状各异的金属流道,其作用是使聚合物熔体流过时能够获得特定截面形状,主要用于连续挤出成型诸如管、膜、片、丝以及复杂截面形状的异形材等聚合物产品。口模装在产生或输送熔体的装置的出口端。产生和输送熔体的机械主要是挤出机,因此也称挤出成型。挤出成型主要用于塑料成型加工以及化学纤维的纺丝加工中。塑料制品的 1/3 以上是由挤出成型法制得。

5.2.1 挤出机

挤出是在挤出机上实现的。早在19世纪初期，挤出机就用于生产铅管、面条、包覆电线。早期的挤出机是柱塞式的，由于工作方式是间歇的，效率较低，难以满足电线和电缆包覆连续挤出的需要，因此在19世纪中期出现了单螺杆挤出机，直到1936年才研制出具有现代挤出机特征的电加热单螺杆挤出机。

根据挤出机工作方式的不同，可将其分为连续式和非连续式。连续式挤出机具有旋转构件，以连续方式输送物料，主要包括螺杆挤出机、盘式或鼓式挤出机；非连续式挤出机以间歇方式输送物料，主要包括柱塞式挤出机和往复式螺杆挤出机。

目前常用的是螺杆挤出机。根据螺杆数量可将其分为单螺杆挤出机、双螺杆挤出机和多螺杆挤出机。其中普通单螺杆挤出机是用量最多的一类挤出机，但其混炼效果差，不适于加工粉料。单螺杆挤出机除普通挤出机外，还有排气式挤出机和混炼式挤出机。排气式挤出机适于加工吸湿性大或含挥发物成分较多的物料，可以在加工过程中排出水分和挥发物，得到质量较好的制品；混炼式挤出机具有较强的分散、混合效果，可以简化物料在挤出成型前的工序，一次完成混炼和连续挤出制品。

双螺杆挤出机进料稳定，挤出量大，混合效果好，可以直接加工硬PVC粉料，使之成为制品，也可用于混料，因此其应用范围不断扩大，且有覆盖单螺杆挤出机各用途的趋势。

1.单螺杆挤出机

在塑料挤出机中，最通用的是单螺杆挤出机，规格一般用螺杆直径的大小来表示，其基本结构包括传动装置、加料装置、机筒、螺杆、机头和口模等五部分(如图5.14所示)。

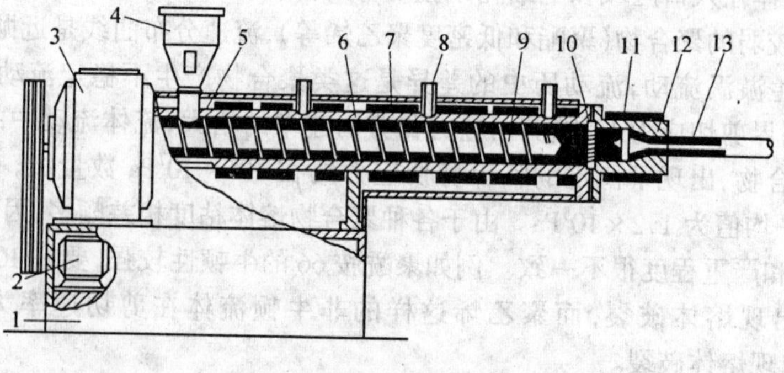

图5.14 单螺杆挤出机结构示意图

1—机座 2—电动机 3—传动装置 4—料斗 5—料斗冷却区 6—机筒
7—料筒加热器 8—热电偶控温点 9—螺杆 10—过滤网及多孔板
11—机头加热器 12—机头 13—挤出物

(1)传动装置。传动装置是驱动螺杆转动的部分，通常由电动机、减速机构和轴承组成。在稳定的挤出过程中，螺杆转速必须保持恒定，不随螺杆负荷的变化而变化，以保证挤出量的稳定。为了满足不同生产工艺要求，螺杆应能变速驱动。为此，传动部分一般采用交流整流子电动机、直流电动机等装置，以达无级变速。螺杆转速一般为10～100r/min。

(2)加料装置。物料的形式有粒状、粉状、带状等。加料设备通常使用锥形料斗，料斗底部有截流装置，以便调整和切断料流，料斗侧面有视孔和标定计量的装置。有些料斗带有可防止原料从空气中吸收水汽的真空(减压)装置或加热装置，有些料斗有搅拌器或螺旋输送强制加料器，或配有自动上料的辅助装置。

(3)机筒。机筒是挤出机主要部件之一。挤出时机筒内的压力可达 30～50MPa，温度一般为 150～300℃。一般用耐温耐压强度较高、耐磨耐腐蚀的合金钢或内衬合金钢的复合钢管制成。

一般机筒的长度为其内径的 15～30 倍，其长度以使物料得到充分加热和塑化(混合)均匀为原则。通常机筒内壁光滑，有些则刻有各种沟槽，以增大与塑料的摩擦力。在机筒外部设有分区加热和冷却装置。加热方法一般有电阻加热、电感应加热、铸铝加热器等。冷却方法有水冷和风冷。

(4)螺杆。螺杆是挤出机最主要部件，它直接关系到挤出机的应用范围和生产率。通过螺杆的转动，塑料在机筒中产生移动、增压，由摩擦取得部分热量，在移动过程中得到混合和塑化。与机筒一样，螺杆也是用高强度、耐热和耐磨蚀的合金钢制成。

(5)机头和口模。机头和口模通常为一整体，习惯上统称机头；但也有机头和口模各自分开的情况。机头的作用是将处于旋转运动的物料流体转变为平行直线流动，并将熔体均匀平衡地导入口模。口模为具有一定截面形状的通道，塑料熔体在口模中流动时取得所需形状，并被口模外的定型装置和冷却系统冷却硬化而定型。机头与口模的组成部件包括多孔板、过滤网、分流器(有时它与模芯结合成一个部件)、模芯、口模和机颈等部件。

依据螺杆的作用、聚合物物理状态所发生的变化，沿螺杆全程将螺杆大致分为以下几段：

①进料段。聚合物颗粒或切片经料斗进入机筒，松散的固体充满螺槽，由于摩擦力的作用，聚合物随螺杆的旋转而前移，其堆集密度较小，故这段螺杆的螺槽通常较深。这一段需精心设计，恒定的螺槽深度保证供给匀化段足够的物料。优化设计关系到原料的形状和性质，螺杆的几何条件以及螺杆、机筒与塑料之间的摩擦性质。这部分的长度通常约占螺杆总长度的 20%～40%。

②压缩段。螺槽逐渐变小，使物料压实。进料段最初一个螺槽容积与匀化段最后一个螺槽容积之比定义为压缩比。压实具有双重作用，使卷吸空气泡返回进料区，同时在外加热的作用下物料从固态逐渐熔融，固液两相共存，物料密度减小。在物料前进的方向上，流道狭窄，导致压力急剧上升。这一段又称为熔化或熔融段。

③匀化段。螺槽深度再次成为常数，但其值小于进料段。在这一区域物料全部熔化成为高粘流体，熔体在输送中进一步混合均匀。熔体到达螺杆头部，由于头部的特殊结构，螺旋运动改为直线运动，从而定量地进入机头。所以，这一段又称为计量段或压出段。

不同类型的聚合物有不同的塑化特征：结晶形或无定形，因此螺杆结构特别是螺槽深度沿螺杆变化方式也不同，大致有四种类型(图 5.15)。

a.三段式螺杆，进料段螺槽恒定，压缩段的结构与位置按聚合物熔化特征设计；

b.具有排气口的三段式螺杆，排气段压力降低，与真空管线连接，气体由熔体中排除；

c.“PVC 型”螺杆，无定形聚合物经历玻璃转化阶段逐渐软化；

d.“尼龙型”螺杆,结晶型聚合物,存在着急剧转变的熔化点。

挤出过程的工艺参数:温度、压力等沿螺杆轴向而变化,如图 5.16 所示。

2.双螺杆挤出机

单螺杆挤出机由于设计简单,制造容易,价格便宜,因而得到广泛应用。但是由于其混炼效果差,不适于加工粉料,且提高压力后逆流加大,生产效率低,有较大的局限性。为解决上述问题,出现了双螺杆挤出机,图5.17是双螺杆挤出机结构示意图。双螺杆挤出机进料稳定,混合分散效果好;可以直接加工硬PVC 粉料,也可用于混料;物料在机筒内的停留时间短,且机筒有自清洁功能,因而其应用日益广泛。

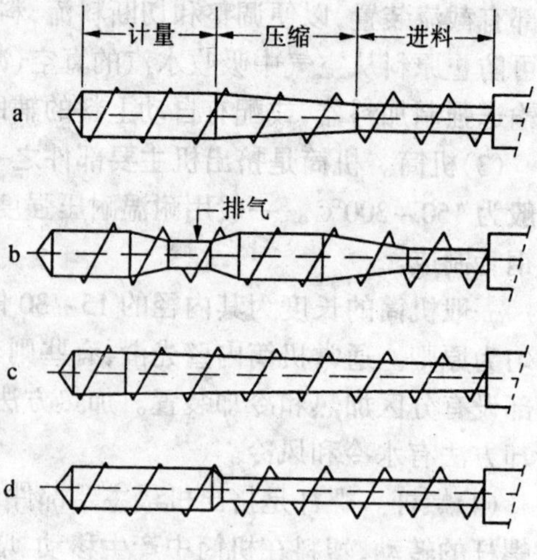

图 5.15　螺杆的主要类型

a—三段式螺杆　b—具有排气口的三段式螺杆

c—“PVC 型”螺杆　d—“尼龙型”螺杆

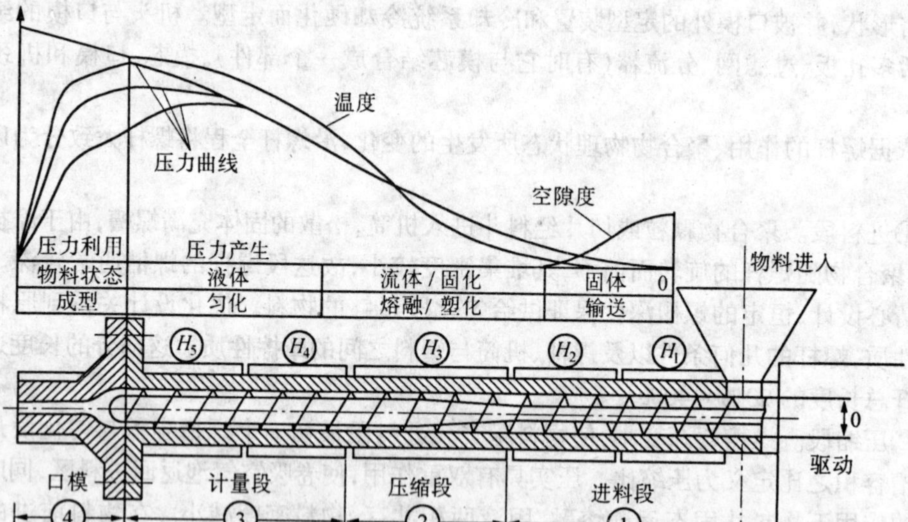

图 5.16　单螺杆挤出机的功能段及操作参数的变化

(1)双螺杆挤出机的结构和分类

双螺杆挤出机是指在一根两相交孔道组成“∞”截面的机筒内由两根相互啮合或相切的螺杆组成的挤出装置,它由螺杆、机筒、加料装置和传动装置等组成。由于双螺杆结构大大增加了设计变量的数目,如旋转方向、啮合程度等,因此各种双螺杆挤出机之间的差异大于单螺杆挤出机之间的差异。根据两螺杆的相对位置,可将双螺杆挤出机分为啮合型与非啮合型;根据螺杆的旋转方向,又可将双螺杆挤出机分为同向旋转和反向旋转两大类。基于双螺杆挤出机的几何构型,其分类如下:

啮合挤出机
- 同向旋转
  - 低速挤出机
  - 高速挤出机
- 异向旋转
  - 锥形挤出机
  - 圆柱型挤出机

非啮合挤出机
- 反向旋转挤出机
- 同向旋转挤出机
- 同轴挤出机

非啮合挤出机的工作原理类似于单螺杆挤出机,故实际应用较少。同向旋转的啮合挤出机多用于配混料以及作为排气装置及化学反应器等,反向旋转的多用于挤出热敏性材料(如 PVC)制品。

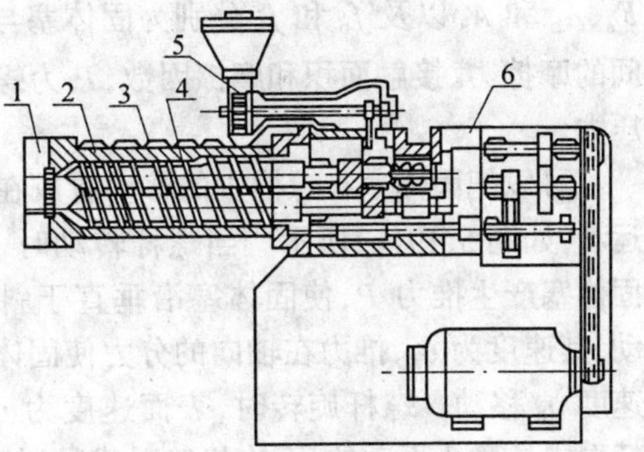

图 5.17　双螺杆挤出机结构示意图

1—机头　2—机筒　3—加热器
4—螺杆　5—加料装置　6—传动装置

(2)双螺杆挤出机的特点

双螺杆挤出机与单螺杆挤出机之间的根本差别在于挤出机中物料的输送形式不同。单螺杆挤出机中物料的输送是靠拖曳,固体输送段为摩擦拖曳,熔体输送段为粘性拖曳;双螺杆挤出机中物料的输送是靠螺纹的推力,即所谓的正向位移输送或强制输送,基本不存在倒流或滞流。由于输送形式的不同使双螺杆挤出机具有以下特点:

①良好的进料特征。单螺杆挤出机输送行为在很大程度上取决于固体物料的摩擦性能和熔融物料的粘性,因此难以给单螺杆挤出机加入摩擦性能不良及具有很高或很低粘度的物料,如粉状料、带状料、糊状料或玻璃纤维等。而双螺杆挤出机则从根本上解决了此类问题。

②充分的物料混合。双螺杆挤出机由于两根螺杆互相啮合,物料在挤出中进行着比单螺杆挤出机远为复杂的运动,不断受到纵向、横向的剪切混合,其速度分布更难以描述,但复杂流场带来的直接好处是物料混合充分、温度分布均匀及排气能力良好等。

③自洁作用。由于两根螺杆的螺棱和螺槽在啮合处存在速度差或速度方向相反,因而能够相互剥离或刮去粘附在螺杆上的积料,使物料在机筒内的滞留时间短且混合均匀。

5.2.2　挤出原理

以固体进料的挤出过程,塑料要经历固体→弹性体→粘性流体的变化;同时物料又处于变动的温度和压力之下,在螺槽与机筒间,物料既产生拖曳流动,又有压力流动,因此挤出过程中物料的状态变化和流动行为十分复杂。下面以单螺杆挤出机为例,对固体输送、熔融和熔体输送三个过程进行简略介绍。

1.固体输送

挤出过程中,物料靠本身的自重从料斗进入螺槽,当粒料与螺纹斜棱接触后,斜棱面对物料产生一与斜棱面相垂直的推力,将物料往前推移。推移过程中,由于物料与螺杆、物料与机筒之间的摩擦以及料粒相互之间的碰撞和摩擦,同时还由于挤出机的背压等影响,物料不可能呈现像自由质点那样的螺旋运动状态。在机筒与螺杆之间这些由于受热而粘连在一起的固体粒子和未塑化的、冷的固体粒子,是一个个连续地整齐地排列着的,并塞满了螺槽,形成所谓"弹性固体"(固体塞),图 5.18 为固体塞的摩擦模型,图中,F_b 和

F_s、A_b 和 A_s 以及 f_b 和 f_s 分别为固体塞与机筒及螺杆间的摩擦力、接触面积和摩擦因数，P 为螺槽中体系的压力。

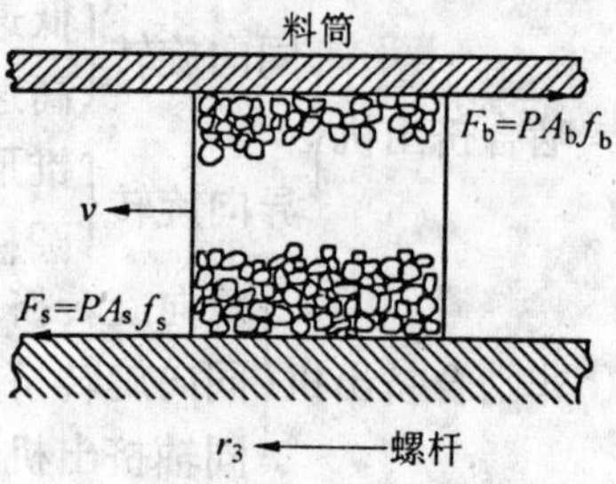

图 5.18　固体塞摩擦模型

可以把固体塞在螺槽中的移动看成在矩形通道的运动，如图 5.19(a)所示。当螺杆转动时，螺杆斜棱对固体塞产生推力 P，使固体塞沿垂直于斜棱的方向运动，其速度为 v_x，推力在轴向的分力使固体塞沿轴向以速度 v_a 移动。螺杆旋转时，表面速度为 v_s，如果将螺杆看成是静止不动的，而将机筒看成是以速度 v_b 对螺杆作相对的切向运动，其结果也是一样的。v_z 是(v_b-v_x)的速度差，它使固体塞沿螺槽 z 轴方向移动，见图 5.6(b)。由图 5.19 中可看出，螺杆对固体塞的摩擦力为 F_s，料筒对固体塞的摩擦力为 F_b，F_b 在螺槽 z 轴方向的分力为 F_{bz}，而 $F_{bz}=A_bf_bP\cos\varphi$，在稳定流动情况下，推力 F_s 与阻力 F_{bz} 相等，即 $F_s=F_{bz}$，所以 $A_sf_s=A_bf_b\cos\varphi$。

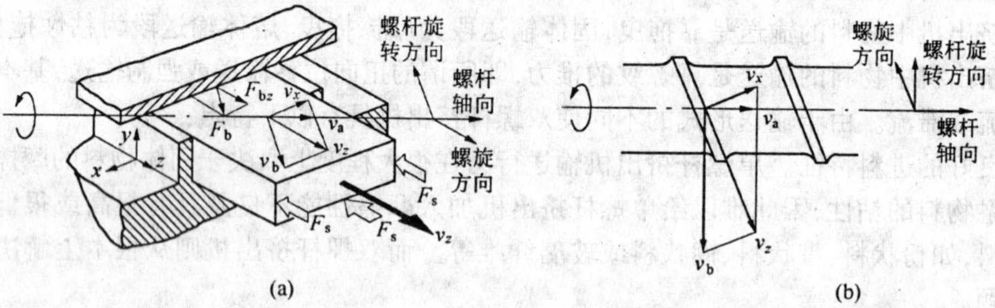

图 5.19　(a)螺槽中固体输送的理想模型　(b)固体塞移动速度的矢量图

显然当 $F_s=F_{bz}=0$ 时，即物料与机筒或螺杆之间的摩擦力为零时，物料在机筒中不能发生任何移动；当 $F_s>F_{bz}$时，物料被夹带于螺杆中随螺杆转动也不能产生移动；只有当 $F_s<F_{bz}$时，物料才能在机筒与螺杆间产生相对运动，并被迫沿螺槽移向前方。可见固体塞运动受它与螺杆及机筒表面之间摩擦力的控制。只要能正确地控制物料与螺杆及物料与机筒之间的摩擦因数，即可提高固体输送段的送料能力。

从挤出机结构角度来考虑，增加螺槽深度是有利的，但会受到螺杆扭矩的限制。其次，降低物料与螺杆的摩擦因数 f_s 也是有利的，这就需要提高螺杆表面的光洁度。增大物料与机筒间的摩擦因数，也可以提高固体输送率。提高机筒摩擦因数的有效办法是在机筒内开纵向沟槽。此外，决定螺杆螺旋角时应采用最佳值，但必须注意螺杆制造上的方便，通常螺旋角为 17°41′。

从挤出工艺分析，关键是控制加料段外机筒和螺杆的温度，因为摩擦因数是随温度而变化的。一些物料对钢的摩擦因数与温度的关系见图 5.20。绝大部分物料对钢的摩擦因数随温度的下降而减小。为此，螺杆通水冷却可降低 f_s，对物料的输送是有利的。

以上讨论并未考虑物料因摩擦发热而引起摩擦因数的改变以及螺杆对物料产生的拖曳流动等因素。实际上，当物料前移阻力很大时，摩擦产生的热量很大，当热量来不及通过机筒或螺杆移除时，摩擦因数的增大，会使加料段输送能力比计算的偏高。

迄今,关于挤出机固体输送的理论尚未完全成熟。有人提出了粘滞剪切机理,从另外的角度解释了螺杆的固体输送。但也不能完全符合实际,还需进一步研究。

2. 熔化过程

物料在挤出机中的塑化过程是很复杂的,以往的理论研究多着重均化段熔体的流动,其次是螺杆上固体物料在加料段的输送。对熔化区研究得比较少的原因是:这一区域内既存在固体料,又存在熔融料,流动与输送中物料有时还有相变化,过程十分复杂,给分析带来极大困难。通常物料在挤出机中的熔化主要是在压缩段完成的,所以,研究物料在该段由固体转变为熔体的过程和机理,就能更好地确定螺杆的结构,这对保证产品的质量和提高挤出机的生产率有很密切的关系。

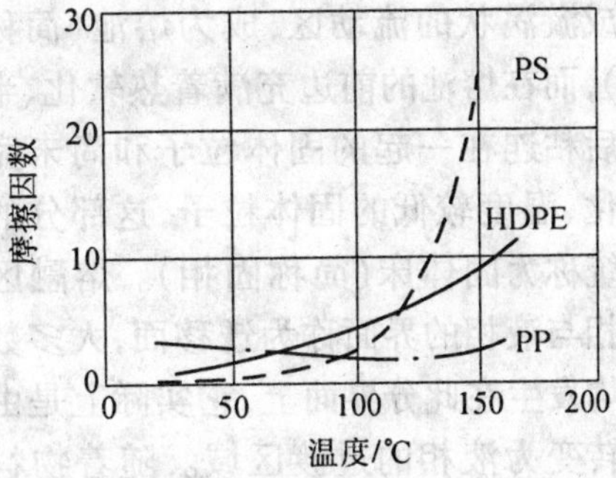

图 5.20　物料对钢的摩擦因数与温度的关系

PS—聚苯乙烯　HDPE—高密度聚乙烯　PP—聚丙烯

当固体物料由加料段进入压缩段时,逐渐受到越来越大的挤压,在机筒温度和摩擦热的作用下,固体物料在塑炼中逐渐开始熔化,最后在进入均化段时,基本上完成熔化过程,即由固相逐渐转变为液相,出现粘度的变化。

根据实验观察,塑料在螺杆上由固体转变为熔融状态的过程可由图 5.21 表示。图(a)中示出了固体床在展开的螺槽内的分布和变化情况,图(b)则表示了固体床在压缩段随熔融过程的进行而逐渐消失的情况。可以看出,在挤压过程中,在螺杆加料段附近一段内充满着固体粒子,接近均化段的一段内侧充满着已熔化的塑料;而在螺杆中间大部分区段内固体粒子和熔融物共存,塑料的熔化过程就是在此区段内进行的,故这一区段又称为熔融段。在一个螺槽中固体物料的熔化过程可用图 5.22 表示。从图可看出,与机筒表面接触的固体粒子由于机筒的传导热和摩擦热的作用首先熔化,并形成一层薄膜,称为熔膜,这些不断熔融的物料,在螺杆与机筒相对运动的作用下,不断向螺纹推进面汇集,从而

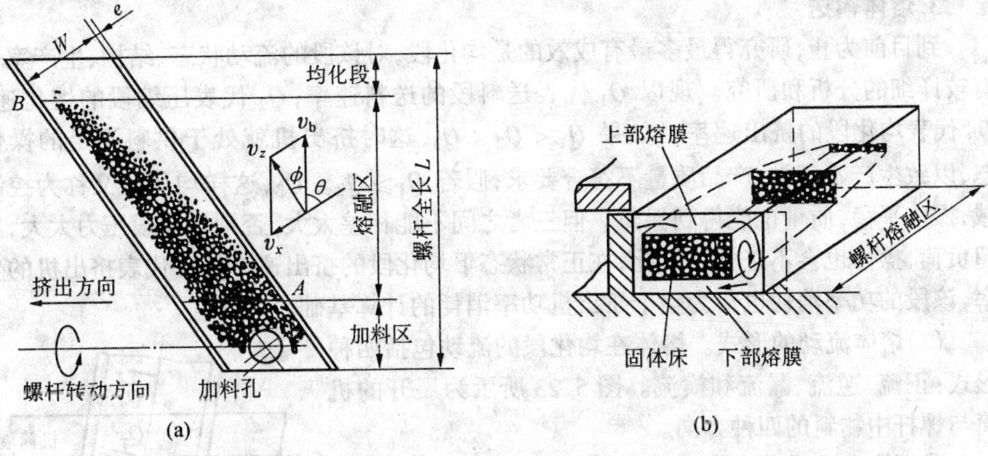

图 5.21　螺槽全长范围固体床熔融过程示意图

(a)固体床在螺槽的分布变化　(b)固体床在螺杆熔融区的体积变化

形成漩涡状的流动区，成为熔池（简称液相），而在熔池的前边充满着热软化、半熔融后粘连在一起的固体粒子和尚未完全熔化、温度较低的固体粒子，这部分的物料统称为固体床（简称固相）。熔融区内固相与液相的界面称为迁移面，大多数熔化均发生在此分界面上，它实际上是由固相转变为液相的过渡区域。随着物料往机头方向的输送，熔融过程逐渐进行，如图 5.21(a)所示。自熔融区始点（相变点）A 开始，固相的宽度将逐渐减小，液相宽度则逐渐增加，直到熔化区终点（相变点）B，固相宽度就减小到零。螺槽在整个宽度内均将被熔融物充满。从熔化开始到固体床的宽度降为零为止的总长，称为熔化长度。一般讲，熔化速率越高，则熔化长度越短；反之越长。固体床在螺槽中的厚度（即为螺槽深）沿挤出方向逐渐减小。

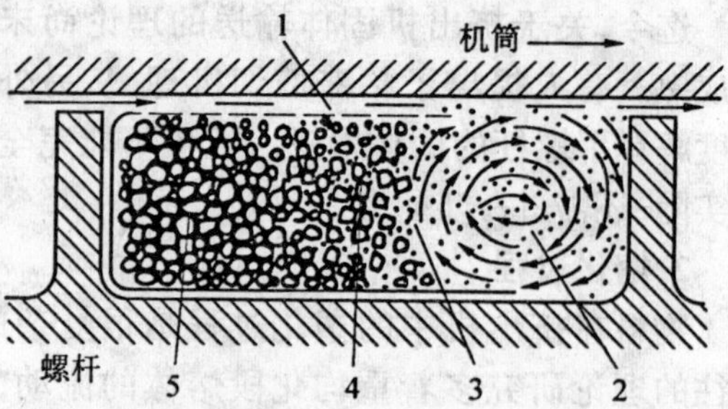

图 5.22　固体物料在螺槽中的熔融过程

1—熔膜　2—熔池　3—迁移面

4—熔结的固体粒子　5—未熔结的固体粒子

从上述的熔化实验研究可知：①塑料的整个熔化过程是在螺杆熔融段进行的；②塑料的整个熔化过程直接反映了固相宽度沿螺槽方向变化的规律，这种变化规律，决定于螺杆的参数、操作条件和塑料的特性等。

3.熔体输送

到目前为止，研究得最多最有成效的是均化段，对该段的流动状态、结构、生产率等都有较详细的分析和研究。现以 Q_1 代表送料段的送料速率，Q_2 代表压缩段的熔化速率，Q_3 代表均化段的挤出速率。如果 $Q_1 < Q_2 < Q_3$，这时挤出机就处于供料不足的操作状态，以致生产不正常，产品质量不符合要求；假若 $Q_1 \geqslant Q_2 \geqslant Q_3$，这样均化段又称为控制区域，操作平稳，质量也能得到保障。但三者之间不能相差太大，否则均化段压力太大，出现超负荷，操作也会不正常。因此，在正常状态下均化段的挤出速率就可代表挤出机的生产率，该段的功率消耗也作为整个挤出机功率消耗的计算基础。

(1)熔体流动的形式。熔体在均化段的流动包括四种形式：正流、逆流、漏流和横流。图 5.23 所示为展开的机筒与螺杆中物料的四种方向。

①正流。即沿着螺槽向机头方向的流动，它是螺杆旋转时螺纹螺棱的推力在螺槽 z 轴方向的作用的结果，其流动也称拖曳流动。塑料的挤出就是这种流动产生的，其体积流率用 Q_D 表示。正流在螺槽深度方向的速度分布见图 5.24(a)。

②逆流。逆流的方向与正流相反，它是由机头、口模、过滤网等对塑料反压所引起的反压流动，所以又称为压力流动。逆流的体积流率用 Q_P 表示，速度分布见图 5.24(b)。将正流和逆流合成就得净流，其合成速度见图 5.24(c)。

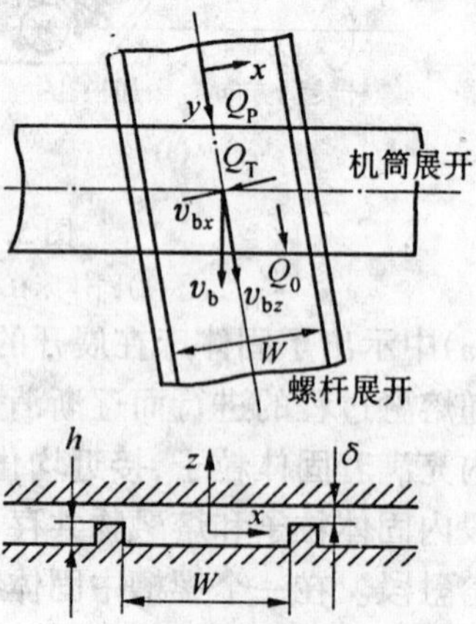

图 5.23　螺槽中塑料熔体的流动

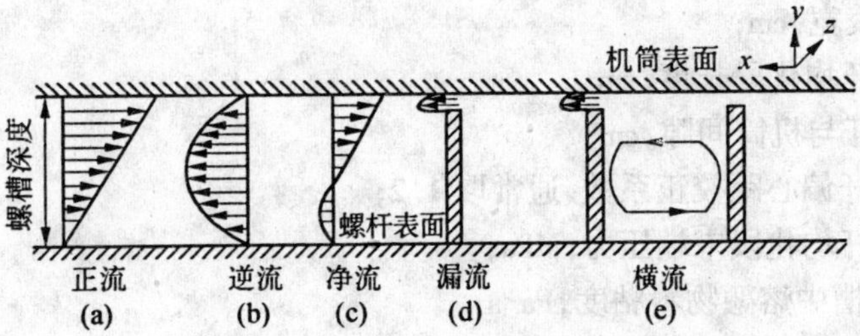

图 5.24　熔体在螺槽内的流速分布图

③漏流。漏流也是由于口模、机头、过滤网等对塑料的反压引起的，不过它是从螺杆与机筒的间隙 δ，沿着螺杆轴向向料斗方向流动。其体积流率以 Q_L 表示，由于通常 δ 很小，所以漏流比正流和逆流小得多。

④横流。横流是沿 x 轴方向即与螺纹斜棱相垂直方向的流动。塑料沿 x 方向流动到达螺纹侧壁时受阻，而转向 y 方向流动，以后又被机筒阻挡，料流折向与 x 相反的方向，接着又被螺纹另一侧壁挡住，被迫改变方向，这样便形成环流。这种流动对塑料的混合、热交换和塑化影响很大，但对总的生产率影响不大，一般都不予以考虑；其体积流率用 Q_T 表示。

物料在均化段的流动是以上四种流动的组合，它在螺槽中是以螺旋形式的轨迹向前移动的，见图 5.25。

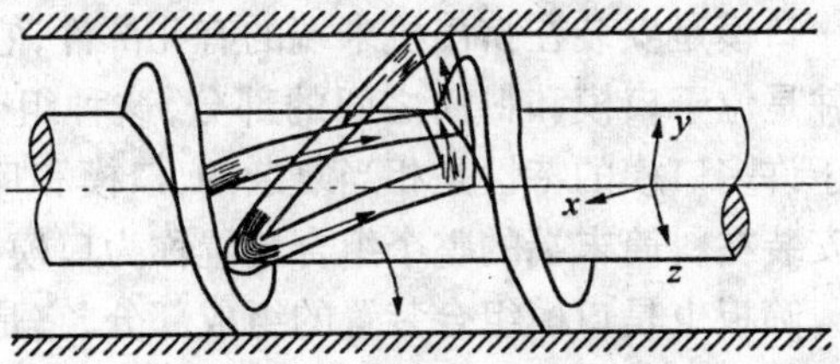

图 5.25　塑料熔体在螺槽中混合流动的示意图

(2)挤出机生产能力的计算。由于塑料在挤出机中的运动情况相当复杂，而影响挤出机生产能力的因素又很多，所以要精确地计算挤出机生产能力还是困难的，目前计算挤出机生产能力主要有以下几种方法。

①按经验公式计算。该法是经过挤出机生产能力的多次实测，并分析总结而得出的。经验公式为

$$Q = nD^3\beta$$

式中　Q——挤出量，cm^3/s；

D——螺杆直径，cm；

n——螺杆转速，r/s；

β——系数，随物料、螺杆线速度的不同而异，一般 $\beta = 0.003 \sim 0.007$。

②按理论公式计算。挤出机生产率理论公式，是根据假定塑料在螺槽中呈等温状态下均匀的牛顿流体而得出的最简单流动方程式。挤出机生产率

$$Q = Q_D - Q_P - Q_L$$

$$Q = \frac{\pi^2 D^2 nh \sin\varphi\cos\varphi}{2} - \frac{\pi^2 Dh^3 \cdot \sin^2\varphi \cdot P}{12\eta_1 L} - \frac{\pi^2 D^2 E\delta^3 \mathrm{tg}\varphi \cdot P}{12\eta_2 L}$$

式中　D——螺杆直径，cm；

n——螺杆转速，r/s；

h——均化段螺槽深，cm；

φ——螺旋角，°；

e——螺棱宽,cm;

L——螺杆均化段长度,cm;

δ——螺杆与机筒间隙,cm;

E——螺杆偏心距校正系数,通常取 1.2;

P——螺杆均化段末端压力,MPa;

η_1——螺槽中熔融物料粘度,Pa·s;

η_2——间隙中熔融物料粘度,Pa·s;

Q——体积流量,cm^3/s。

上式中右边第一项为正流流量 Q_D,第二项为逆流流量 Q_P,第三项是漏流流量 Q_L。

由于双螺杆挤出机结构的复杂性,其理论不像单螺杆挤出机理论发展得那么完善,螺杆的设计及挤出性能的预测都十分困难。因而出现了组合式的双螺杆挤出机,即螺杆和机筒元件均为可卸的,利用搭积木的方式,将多种几何形状的螺杆和机筒组合在一起,从而优化设计以适应各种特殊需求。

5.2.3 机头和口模

口模是安装在挤出机末端的有孔部件,它使挤出物形成规定的横截面形状。口模连接件是位于口模和料筒之间的部分,这种组合装置的某些部分有时称做机头或口模体。由于许多口模的特性是相当复杂的,口模和口模体(机头)实际上是一回事。因此,习惯上把安装在料筒末端的整个组合装置称为口模,但也有称做机头的。

筛板也是口模组合装置的组成部分,它是由多孔圆板组成,并安装在料筒和口模体之间。筛板的主要作用是使物料由旋转运动变为直线运动,增加反压、支撑过滤网等。过滤网由不同数目和粗细金属丝组成,其作用是过滤熔融料流和增加料流阻力,以滤去机械杂质和提高混合或塑化效果。

口模一般由口模分配腔、引流道和口模成型段("模唇")这三个功能各异的几何区组成(图 5.26)。口模分配腔是把流入口模的聚合物熔体流分配在整个横截面上,并承接由熔体输送设备出口送来的料流;引流道是使聚合物熔体呈流线型地流入最终的口模出口;口模成型段是赋予挤出物以适当的横截面形状,并消除在前两区所产生的不均匀流动。

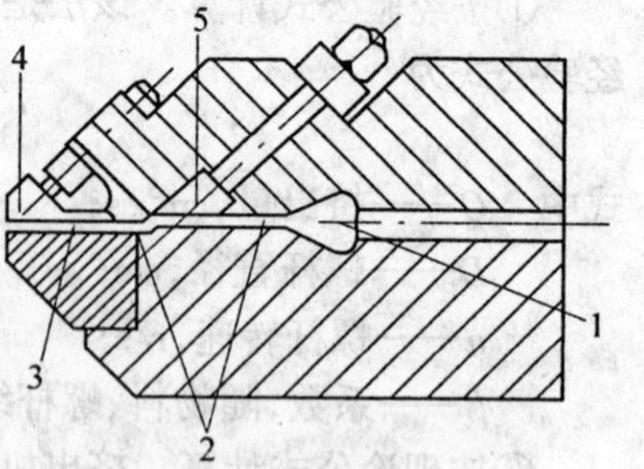

图 5.26 挤片口模的结构

1—分配腔 2—引流道 3—模唇 4—模唇调节器 5—扼流棒

影响口模设计的主要因素有:口模内部流道的设计、结构材料和温度控制均匀性。口模设计的工程目的是在给定尺寸均匀性限度内在最高的可能产率下得到所需的制品形状。目前,口模设计是根据加工经验和理论分析相结合进行的。从流变学角度考虑,在设计前应计算:流量分布、压力降和停留时间,以及有无不稳定流动现象,以便决定流道尺寸。其次,根据制品的形状和尺寸、聚合物的热稳定性以及挤出生产线与口模的相对位置,选择口模的形式和结构。在这些工作的基础上就可以进行口模设计。应当指出,前面所作计算是以粘性流动为基础的。实际上，聚合物熔体是粘弹性流体，它的离模膨胀对口模形状设计和制品形状都有重要的影响，但目前对此问题还研究得不够，特别是异形口模的设计仍需借助实践经验。

1.圆孔口模

在挤出塑料圆棒、单丝和造粒时所用的口模，均具有圆形出口的横截面，这就是圆孔口模。这种口模中的流动是典型的一维流动，虽然沿半径方向流速有很大变化，但在同心圆上的轴向流速则是相同的。另外，如果圆孔平直部越短，则熔体的离模膨胀越大。口模平直部分长度（L）与直径（D）之比一般低于 10。

挤出棒材口模的结构比较简单，进口处的收缩角为 30°～60°左右，平直部分为（4～6）D，出口处可做成喇叭形，以适应不同直径棒材的需要，其扩张角在 40°以下。

对于单丝口模，喷丝孔应布置在等速线上以使丝条在拉伸时受力均匀，长径比一般为 6～10，而孔径的大小则取决于单丝的直径和拉伸比，孔数一般为 20～60（图 5.27）。另外，喷丝孔的精度应高，以免平丝粗细不均，因为孔径误差 10%，则大致可使体积流率误差到 47%。

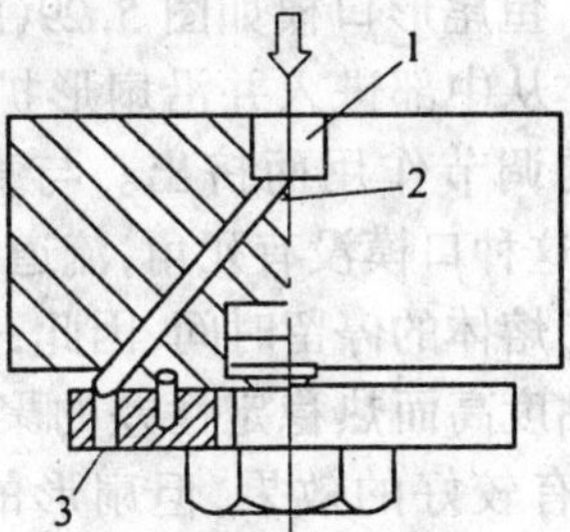

图 5.27　单丝口模

1—熔体入口　2—分流管　3—喷丝孔

造粒口模的长径比也低于 10，圆孔的排布多排在同心圆上使料流速度基本相同，以获得均匀的粒料。图5.28为造粒口模的一例。

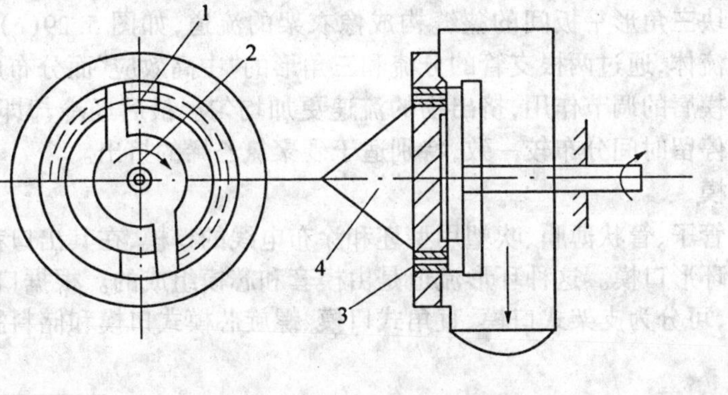

图 5.28　同心刀轴式造粒口模

1—切刀　2—刀架　3—分流梭　4—圆孔

2.扁平口模

用挤出法生产平膜（厚度小于 0.25mm）和片材（厚度大于 0.25mm）的口模，其出口都具有狭缝的横截面，这就是扁平口模。从挤出机送来的熔体一般为圆柱体，要把它转变成扁平的矩形截面而且具有相等流速的流体，就需要在口模内构成具有分配流体作用的空腔（分配腔）。根据分配腔的几何形状不同，扁平口模可分成直支管式口模（T 型口模）、鱼尾形口模（扇形口模）和衣架式口模三种（图 5.29）。

支管式口模是用一根带缝的直圆管与矩形流道组成。聚合物熔体从中间部分进入，经过圆管分配腔而从狭缝流出片状流体。如果熔体从中心到支管末端的压力降比较大，通过狭缝（模唇）挤出的片材则会出现中间较厚、两边较薄的情况。如果增大支管半径，这种厚薄不均的现象将会减小。通过口模内的流动分析,可以得到合理的支管半径。另外,在流道内设置扼流棒和对模唇间隙加以调节(参见图 5.26),即可得到厚度均匀的产品。但是,熔体在这种口模内的停留时间在中部和两侧相差很大,因而它不宜挤聚氯乙烯,而常用于聚烯烃和聚酯的挤出。

鱼尾形口模如图 5.29(b)所示。聚合物熔体从中部进入并沿扇形扩展开来,再经模唇的调节作用而挤出。与直支管式口模相比,这种口模没有死角,流道内的容积小而减小了熔体的停留时间,因此,这种口模对于熔体粘度高而热稳定性差的聚合物(如聚氯乙烯)有较好的效果,但扇形的扩张角不能太大、片材宽度受到一定的限制。为使速率更均匀,在模唇前加上弧形阻力块和扼流棒,熔体再经模唇挤出。

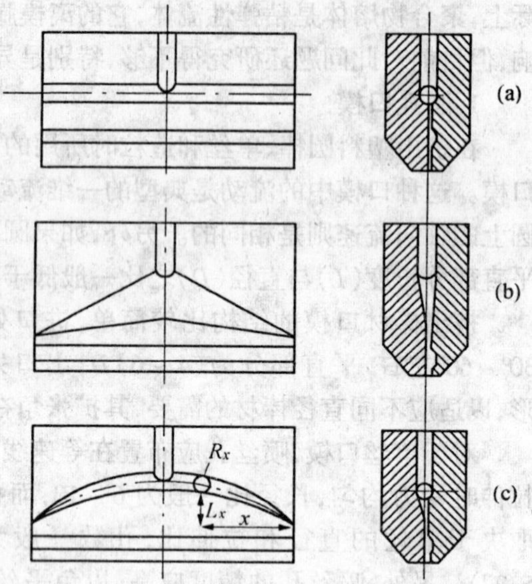

图 5.29 扁平口模

(a)直支管式口模 (b)鱼尾形口模 (c)衣架式口模

为了改进聚合物熔体在上述口模内的流动分布均匀性,将直支管式口模与鱼尾形口模的优点结合在一起而构成了衣架式口模。这种口模的分配腔是由两根直径递减的圆管(即支管)与两块三角形平板间的狭缝构成像衣架的流道,如图 5.29(c)所示。从挤出机送来的柱塞状流体,通过两根支管的分流和三角形的"中高效应"而分布成片状熔体流,再经过扼流棒和模唇的调节作用,挤出物的流速更加均匀。最后经冷却即得片材。熔体在这种口模内的停留时间分布较一致,特别适于硬聚氯乙烯的挤出。

3. 环形口模

用于挤出管子、管状薄膜、吹塑用型坯和涂布电线的口模,在其出口都具有环形截面,这类口模称为环形口模。这种环形流道是由模套和芯模组成的。根据口模套与芯模间的连接形式不同,可分为支架式口模、直角式口模、螺旋芯模式口模和储料缸式口模等,如图 5.30 所示。

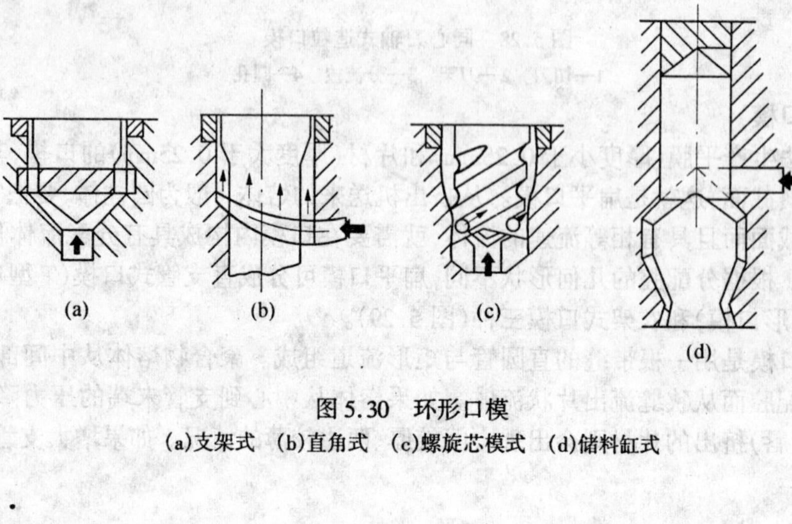

图 5.30 环形口模

(a)支架式 (b)直角式 (c)螺旋芯模式 (d)储料缸式

支架式口模是将芯模用支架柱支撑在模体上构成环形空间的。从挤出机送来的聚合物熔体经分流梭再绕过支架后汇合成管状物从环形流道挤出。这样,汇合处的熔接痕就会影响到制品质量,如力学强度、光学性能和壁厚不均等。改进方法是将支架设计成筛孔管式,用来挤聚烯烃管。也有将分配腔设计成莲花瓣状或补偿心脏式,用来吹制管膜。

4.异形口模

这里所谓异形制品(或称型材)是指从任一口模(异形口模)挤出而得到具有不规则截面的半成品。它包括中空和开放的两大类。由于聚合物熔体具有粘弹性,加之壁厚不一定均匀和边界条件的复杂,要分析异形口模中的流变行为,并用以指导口模设计是很困难的,因此,异形口模设计目前主要还是靠经验,反复修模,以达到所需制品的形状。近年来关于异形口模设计的理论发展也很快。

在考虑口模流道的几何形状时,首先考虑从口模挤出的熔体流速在整个横截面应是相同的,其次,挤出熔体的轮廓应与制品形状基本一致,经过定型达到制品的形状。当然,这是一个总的原则。为达到此目的,要从制品设计和口模设计两个方面考虑。

在设计异形制品时,制品的截面形状应尽量简单,壁厚应尽量均匀而且相等,中空型材内部应尽量避免设置增强筋和凸起部分,拐角部分的圆角应大一些。

在设计异形口模时,口模与制品形状关系应根据速度分布和离模膨胀的原则结合实践经验来确定。例如,要制取正方形的挤出物,口模的横截面应做成四角形。

口模成型段的长度是随流道截面大小而变化的。壁厚大的部分要增长成型段,壁薄的成型段要短,尽可能使压力分布均匀,以保持挤出物具有相同流速。

在口模设计上,有两个极端的设计,一是板式口模,另一个是流线型口模(图5.31)。板式口模的流道几何形状从入口到出口发生急骤变化。这种口模简单容易制造,也容易改进,但有大量死角,对热稳定性差的聚合物则会发生降解。主要用于热稳定性好的聚合物。

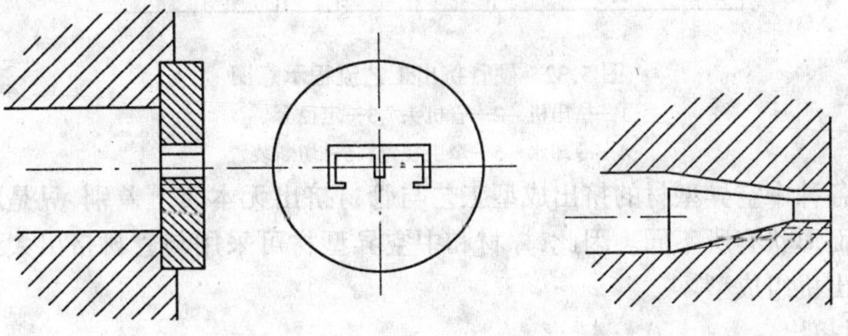

(a) (b)

图5.31 异型口模

(a)板式口模 (b)流线型口模

流线型口模的流道几何形状从入口到出口是逐渐改变的。显然,这种口模是较复杂的,较难制造和改进,适用于热稳定性差的聚合物。

5.2.4 挤出机辅助设备

挤出机的辅助设备大致可以分为以下三类:

(1)挤压前处理物料的设备(如预热、干燥等),一般用于吸湿性物料。进行干燥的设备可以是烘箱或沸腾干燥器,也可以用真空加料斗。

(2)处理挤出物的设备,如用作冷却、牵引、卷取、切断和检验等的设备。

(3)控制生产条件的设备,也就是各种控制仪表,如温度控制器、电动机启动装置,电流表、螺杆转速表和测定机头压力的装置等。

以上三类设备不仅随制品的种类、对制品质量的要求以及自动化程度等的不同而有差别,而且每一种设备的类型也有不同的形式。

5.2.5 典型挤出制品成型工艺

1.典型塑料挤出制品成型工艺

挤出成型可生产多种多样的制品,其工艺流程随制品的不同而不同,但在工艺上最有代表性的制品是管材、板材、吹塑薄膜及包覆电缆,在此就上述四种制品成型的工艺作一简要介绍。

(1)管材挤出

挤出法成型的塑料管材有硬管和软管之分,两种管的挤出工艺流程大致相同,硬管的挤出工艺流程示意图如图5.32所示。物料在螺杆料筒挤出装置中塑化均匀后,经料筒前端的机头环隙口模挤出,离开口模的塑性管状物进入定型装置(又称定径套)冷却,使表层首先凝固。再进入冷却水槽进一步冷却定型。已充分冷却定型的管状物由牵引装置匀速拉出,最后由切割装置按规定长度切割。软管的挤出工艺流程与硬管稍有不同,一般不用定型装置,靠往挤出的管状物中通入压缩空气来维持截面形状,管状物经自然冷却或喷淋水冷却后,用输送带或靠管的自重实现牵引,最后由收卷盘卷绕至一定量时切断。

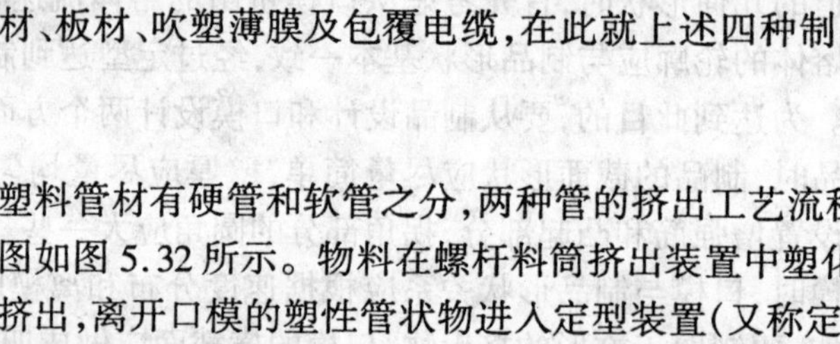

图5.32 硬管挤出工艺流程示意图

1—挤出机 2—管机头 3—定径套

4—冷却水 5—牵引装置 6—切断装置

棒材和各种中空异型材的挤出成型工艺与管材挤出无本质上差别,只是所用机头口模的模孔截面形状有所不同。因此,棒材和中空异型材可采用与管材挤出大致相同的工艺流程的挤出机组成型。

(2)板材挤出

典型的板材挤出工艺流程示意图如图5.33所示。物料经挤出机塑化均匀后,由狭缝机头挤出成为板坯,板坯立即进入三辊压光机降温定型,从压光机出来的板状物先在导辊上进一步冷却定型后用切刀切去废边,由二辊牵引机送入切断装置截切成所需长度的板材。

板材挤出所用狭缝机头均具有宽而薄的出料口,熔体由料筒进入机头,流道由圆形变成狭缝形。要保证挤出的板材厚度均匀和表面平整,就必须采取措施使熔体沿口模宽度方向以相同的流速离开出料口。

板材挤出常用的狭缝机头有T型机头、鱼尾式机头和衣架式机头。T型机头常用于成型聚烯烃、聚酯等热稳定性塑料；鱼尾式机头只宜挤幅面不太宽的板材；衣架式机头则是目前应用最广泛的机头。

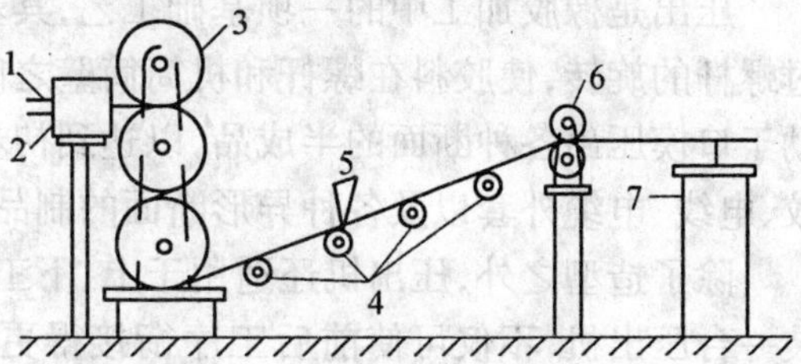

图5.33 板材挤出工艺流程示意图

1—挤出机 2—狭缝机头 3—三辊压光机
4—导辊 5—切边机 6—二辊牵引机 7—切割装置

(3)薄膜挤出吹塑

薄膜挤出吹塑工艺根据从挤出机机头引出筒坯方向的不同，可分为上吹、下吹和平吹三种方法，目前工业上常用的是上吹法。

上吹法薄膜挤出吹塑工艺示意图如图5.34所示。用这种装置成型筒膜的基本过程是：成型物料经挤出机塑化均匀后，自机头的环形隙缝挤出筒坯，筒坯被从机头下面的进气管引入的压缩空气横向吹胀，同时被机头上方的牵引辊纵向拉伸，并由机头上面的冷却风环吹出的空气冷却；充分冷却定型后的筒膜被人字板压叠成双折，再经牵引辊压紧封闭并以均匀的速度引入卷取辊；当进到卷取辊的双折筒膜达到规定长度时即被切断成为膜卷。

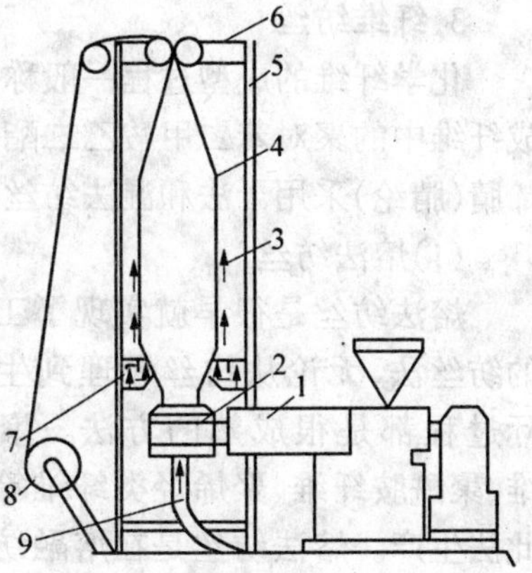

图5.34 上吹法薄膜挤出吹塑装置示意图

1—挤出机 2—机头 3—膜管
4—人字板 3—牵引架 4—牵引辊机
7—风环 8—卷取辊 9—进气管

(四)线缆包覆挤出

这种成型工艺是将一层热塑性塑料(如PVC、PE等)通过挤出包覆在芯线上作为绝缘层。当芯线为单股或多股金属线时，挤出产品即为电线；当芯线为一束互相绝缘的导线时，挤出产品则为电缆。

线缆包覆挤出工艺流程示意图如图5.35所示。金属导线由送料装置经矫正机和预热器进入直角式口模的导线器，从挤出机送来的熔体绕导线形成管状物，并在口模的成型段紧密地贴合，这种已被包覆的导线离开口模进入水槽冷却，再通过绝缘检验机、经牵引到卷线机上卷绕成圈。

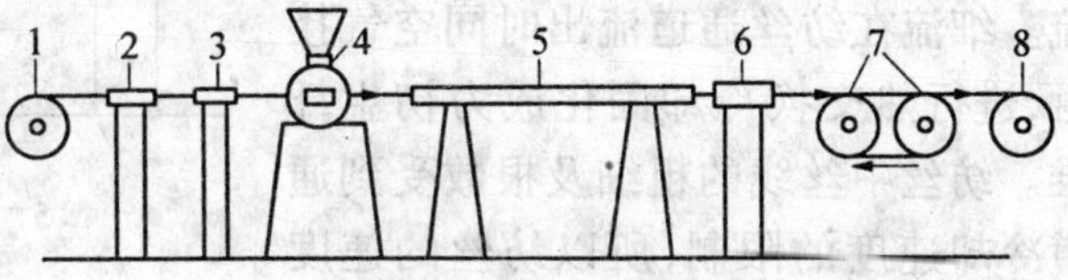

图5.35 线缆包覆挤出工艺流程示意图

1—送料装置 2—矫正机 3—预热器 4—挤出机与直角机头
5—水槽 6—检验机 7—牵引机 8—卷取机

线缆包覆挤出常用的机头有挤压式包覆机头和套管式包覆机头两种，前者主要用于电线绝缘层包覆，后者用于电缆护套的包覆。线缆包覆层的厚度由芯线的牵引速度和挤出机的挤出速率的比决定。

2.橡胶的挤出成型

橡胶的挤出成型习惯上被称做压出，其与塑料的挤出在设备及加工原理方面基本相似，下面仅就橡胶压出的特点作一概述。

压出是橡胶加工中的一项基础工艺,其基本作业是在压出机中对胶料加热与塑化,通过螺杆的旋转,使胶料在螺杆和机筒筒壁之间受到强大的挤压力,不断地向前移送,并借助于口模压出各种断面的半成品,以达到初步造型的目的,如轮胎胎面、内胎、胶管内外层胶、电线、电缆外套以及各种异形断面的制品等都可用压出机来造型。

除了造型之外,压出机还适用于上、下工序的联动化,例如在热炼与压延成型之间加装一台压出机,不仅可使前后工序衔接得更好,还可提高胶料的致密性,使胶料均匀、紧密。

压出机的优点很多,例如它能起到补充混炼和热炼的作用,使胶料质量更致密、更均匀。它适用面广,可以通过口模的变换压出具有各种尺寸、各种断面形状(管、棒、板、片、条)的半成品,而且压出机的占地面积小、重量轻、结构简单、造价低、使用灵活机动。

3.纤维纺丝

化学纤维的成型过程一般称为纺丝。代表性的纺丝方法有熔融、干法、湿法。三大合成纤维中的聚对苯二甲酸乙二酯(涤纶)和聚酰胺(尼龙)采用熔融纺丝,熔融困难的聚丙烯腈(腈纶)采用干法和湿法纺丝。

(1)熔法纺丝

熔法纺丝是很早就实现了工业化的纺丝法,无论从纺丝原理到生产实际过程都是很成熟的方法。聚酯纤维、聚酰胺纤维、聚烯烃类纤维等均用此法生产。熔法纺丝是在熔融纺丝机中进行的,其生产工艺过程如图 5.36 所示。聚合物颗粒加入纺丝机后,受热熔融而成为熔体。此熔体通过纺丝泵打入喷丝头,在一定的压力下熔体通过喷丝头的小孔流出,形成液体细流。细流在纺丝通道流出时同空气接触,进行热交换冷却固化成为初生纤维。纺丝中丝线的粗细及根数受到通道冷却速度的限制,所以纺丝的速度也受到冷却速度的限制,一般可达 1 000 ~ 2 000m/min。如果采取措施,能强化冷却固化过程,改进通道的冷却条件,纺丝的速度可提高到 4 000 ~ 6 000m/min。纺成的丝线越粗,成型速度就越低。

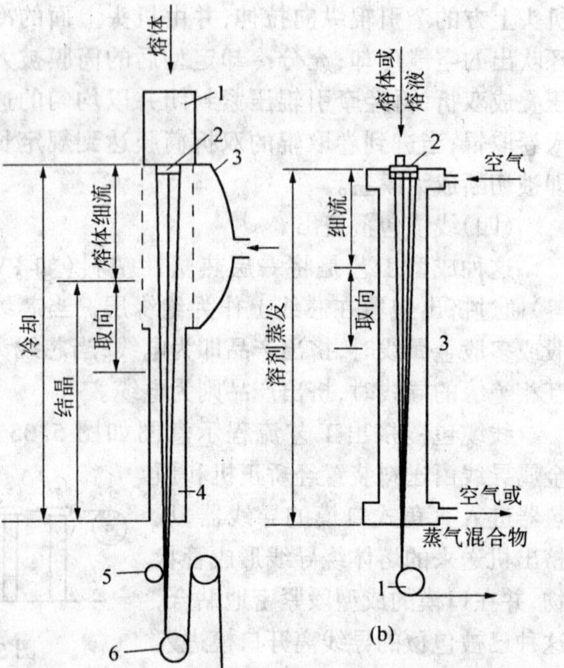

图 5.36　熔法成型(a)及干法成型(b)的示意图

(a)1—喷丝头　2—喷丝板　3—通道　4—通道下部
5—上油盘　6—纺丝盘　7—卷绕装置
(b)1—卷丝盘　2—喷丝头　3—通道

熔体成型法所制得的纤维的纤度为 0.25 ~ 20tex(特),要形成更细的纤维将会增加成型的不稳定性,并降低生产能力。如形成太粗的纤丝则传热困难,并将增加通道的长度。如采用软化聚合物的方法成型，由于熔体的粘度太大，不可能将熔体从直径很小的喷丝孔中压出，所以不能生产很细的丝线。在熔法及软化聚合物法制成的单丝时为了强化冷却过程，可以采用冷却浴(水浴及水溶液的方法)进行冷却，此法生产过程如图 5.37 所示。用此法一般生产聚烯烃、聚酰胺、聚酯、聚氯乙烯及其他聚合物的单丝，成型的速度不大，一般为 30m/min 左右。

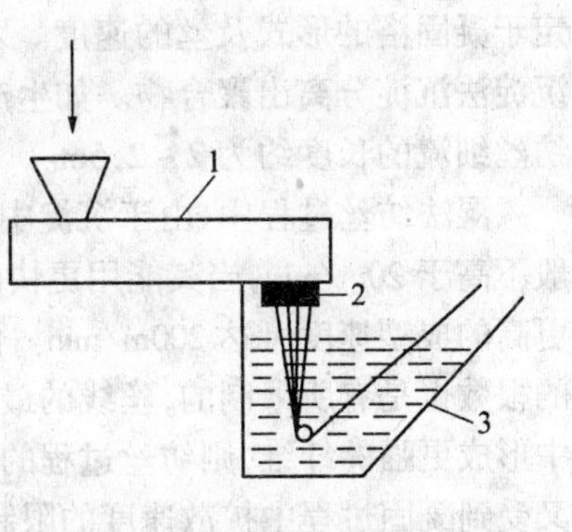

图 5.37　单丝在冷浴中成型示意图
1—纺丝挤出机　2—喷丝机　3—冷浴

(2)干法纺丝

聚合物溶液干法成型时用纺丝泵喂料，从喷丝孔流出的液体细流送入成型通道，在此通道中吹入热空气蒸发溶剂，制得的丝线送入卷绕装置。此法成型的流程图如 5.36(b)所示。干法成型时溶剂的蒸发使聚合物产生解溶剂化作用，细流的流动性急剧下降，使其转为固态。干法成型的纤维有醋酸纤维、聚烯烃、聚氯乙烯、过氯乙烯等纤维。

用挥发性溶剂增塑聚合物的成型与溶液干法原则上区别不大。一般是聚氯乙烯和聚苯乙烯采用此法成型。

干法成型时速度由于受到丝线中溶剂挥发速度的限制，一般为 100 ~ 500m/min，如果增大纺丝通道和降低纺丝的纤度时，可提高到 700 ~ 1 500m/min，但是这样高的速度会引起一系列的困难。

在熔法和干法成型时丝线的纤度及其根数有一定的限制，低纤度的纤维由于纺丝液粘度不高，成型的纤维达到 1tex。用挥发性溶剂增塑聚合物的成型过程中所形成的丝线的纤度大约为 10 ~ 20tex，用水增塑的聚乙烯醇成型的单纤维的纤度可达 100tex，但由于溶剂蒸发较慢，丝线的纤度一般不大于 0.2tex。

(3)湿法纺丝

聚合物溶液湿法成型时用纺丝泵加料，通过过滤器，通入沉浸在凝固池中的喷丝头，从喷丝孔中流出液体细流在凝固浴中与凝固剂产生传质过程，凝固剂向细流扩散，溶剂从细流内向外扩散。在传质过程中，低分子组分的改变使聚合物凝固并形成固相纤维。在凝固的初期是形成含有大量溶剂的凝胶，再转变为固态纤维。

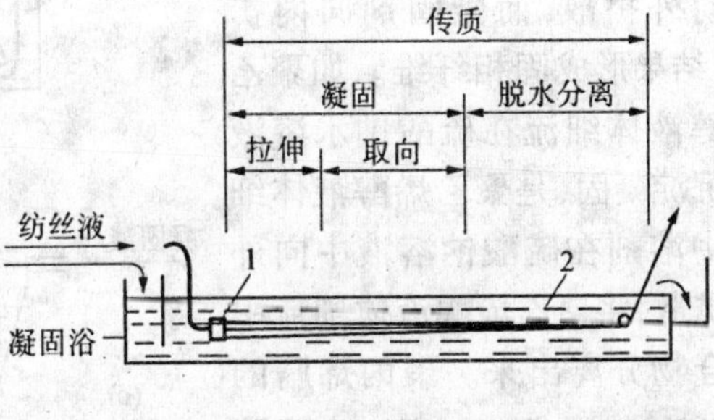

图 5.38　湿法(水平式)纺丝中成型主要过程的流程图
1—喷丝头　2—凝固浴

纺丝细流同凝固浴的组分之间产生双扩散过程，使聚合物的溶解度急剧地发生变化，聚合物从纺丝溶液中分离出来形成纤维。有时在湿法形成的凝固浴内还进行聚合物的化学改性。湿法成型的流程如图 5.38 所示。湿法成型的纤维有：聚丙烯腈、聚氯乙烯、聚乙烯醇、粘胶纤维及其他纤维。

在湿法纺丝过程中涉及较多的生产设备及工艺过程，有不同的纺丝方法，这些方法决定于凝固浴的形式及丝的速度。水平式纺丝的细流长约为0.8~1m,采用高速或中速的沉淀法沉淀分离出聚合物。如生产聚氯乙烯纤维和聚丙烯腈短纤维时,纺丝板孔数较多,纺丝细流的长度约为2~2.5m。

湿法纺丝过程中,由于沉淀中双扩散的限制,沉淀的速度一般较慢,所以成型速度一般不高于20m/min,当其能用更快的速度沉淀出聚合物时,纺丝速度可达100~120m/min,更高的成型速度可达200m/min。像熔融法和干法纺丝一样,在湿法纺丝中的纤度和纤维的根数也是有所限制的,丝线的最低纤度约为0.1tex,最大不得大于1~2tex。如要在纺丝中形成更强的纤维,则纺丝过程的稳定性下降,纺丝过程很难进行。如形成太粗的纤维,又受到凝固过程中扩散速度的限制。一般水平式纺丝机,丝线根数为10~10 000,短纤维的纺丝速度比长纤维要少3/5~2/3左右。湿法纺丝的方法较多,有水平式纺丝法、沉淀池纺丝法、喇叭漏斗形纺丝法、立式纺丝法等,如图5.39所示。

喇叭漏斗形的纺丝法用于凝固速度很慢的聚合物溶液。此法的特点是纺丝细流从喇叭口流出后,需要较长的时间进行凝固,才能完成凝固过程。

如要求纺出液体细流能较快地凝固,一般都采用水平式或凝固浴式的纺丝法。用此类方法纺丝形成的丝线不太长(约为0.5m左右)。用湿法成型由于凝固速度较慢的关系,所以不可能使纺丝速度提得很高。

在湿法纺丝过程中,凝固浴中凝固剂同液体细流接触作用后,改变了液体细流的相平衡,破坏了聚合物在溶剂中的溶剂化作用,使聚合物和溶剂分离为两相。液体细流中的溶剂及盐类向外扩散,而凝固剂向内扩散,结果形成固相纤维。如聚乙烯醇液体细流在硫酸钠水溶液中沉淀凝固,是聚乙烯醇液体细流中溶剂在硫酸钠溶液中向外部扩散,将聚乙烯醇液体细流中聚合物分离出来。聚丙烯腈的NaSCN(浓度50%~52%)溶液进行纺丝也是利用这个原理。纺丝所形成的液体细流在浓度很低的NaSCN溶液中,由于NaSCN浓度改变,液体细流中的聚丙烯腈被凝固成纤维。所以,湿法成型的本质是双扩散的传质过程和传热过程。

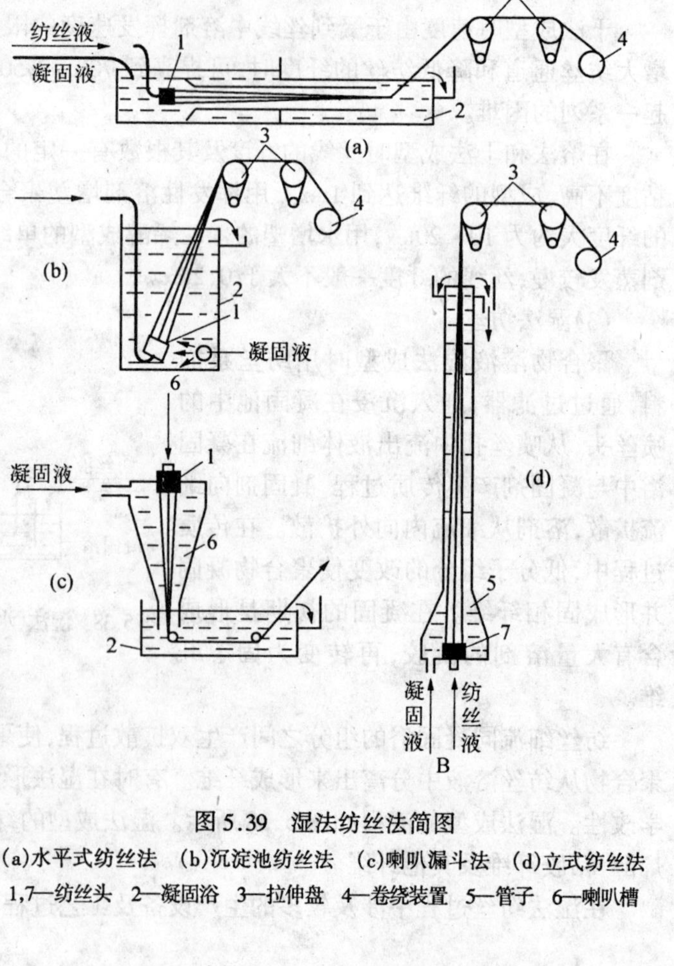

图5.39 湿法纺丝法简图

(a)水平式纺丝法 (b)沉淀池纺丝法 (c)喇叭漏斗法 (d)立式纺丝法

1,7—纺丝头 2—凝固浴 3—拉伸盘 4—卷绕装置 5—管子 6—喇叭槽

5.3 高分子材料的模塑和铸塑

模塑是指聚合物被强制进入模腔，充满模腔后冷却、固化的一种成型方法。模塑包括注射成型、压塑成型和传递模塑成型。铸塑是指模腔被低粘度流体（如反应单体、预聚物、溶液和分散体）的重力流所充满，聚合（或固化、溶剂蒸发、胶凝熔化）后流体固化的一类成型方法。铸塑包括静态浇铸、离心浇铸、流延铸塑、搪塑和滚塑等。本节重点讨论注射成型。

5.3.1 注射成型

注射成型是古老的铸造方法的一个分支，由金属铸造演化而来。其特点是能制造形状复杂、尺寸精确或带金属嵌件的塑料制品，并且大多数热塑性塑料（氟塑料除外）可用此法成型。近年来也用于某些热固性塑料（如酚醛塑料），甚至扩大到橡胶、纤维增强聚合物复合材料、陶瓷和粉末金属（后两种情况下添加聚合物粘合剂），因而注射成型是一种应用很广的成型方法。下面以塑料制品为例讨论注射成型的成型原理。

注射成型（也称注塑）包括两个不同的过程。第一是熔体的产生、混合、增压和流动，这些都是在注射装置中发生的；第二是制品的成型，是在模腔中发生的。

1. 注射机

目前使用的注射机类型很多，其中最有代表性、应用最广泛的是通用型注射机，它有螺杆和柱塞式两种，但以螺杆式为主，见图5.40和图5.41。

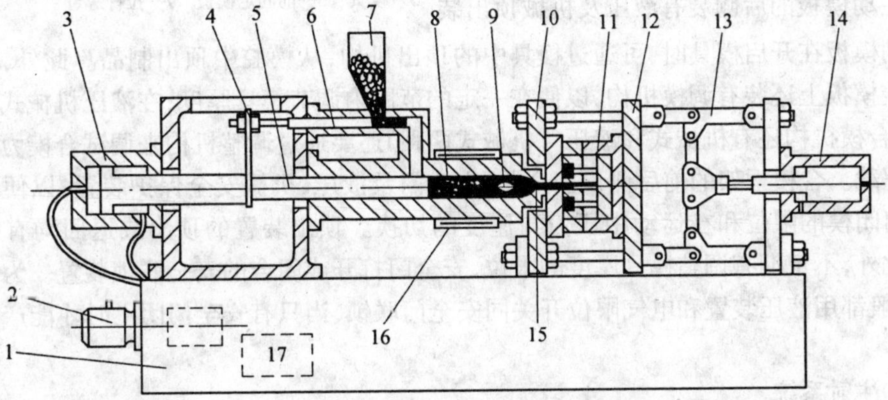

图5.40 卧式柱塞式注射机结构示意图

1—机座 2—电动机及油泵 3—注射油缸 4—加料调节装置 5—注射料筒柱塞 6—加料筒柱塞 7—料斗 8—料筒 9—分流梭 10—定模板 11—模具 12—动模板 13—锁模机构 14—锁模（副）油缸 15—喷嘴 16—加热器 17—油箱

(1)注射机的基本组成及其功能

①合模系统

合模系统的作用是保证成型模具的闭锁、开启并取出制品。主要由固定模板、活动模

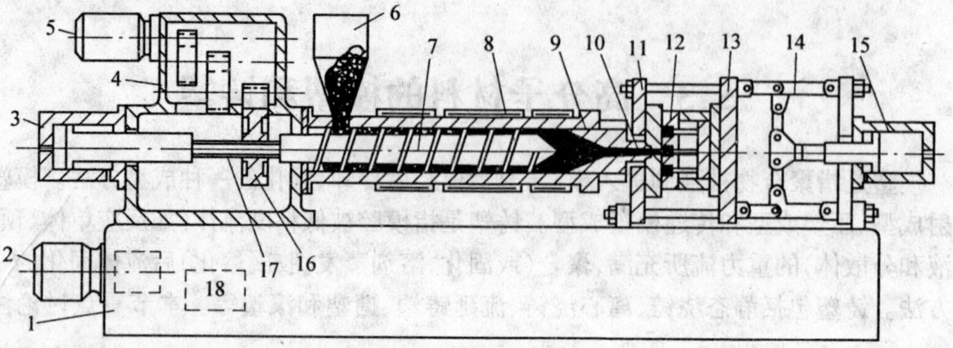

图 5.41 卧式螺杆式注射机结构示意图

1—机座 2—电动机及油泵 3—注射油缸 4—齿轮箱 5—齿轮传动电动机 6—料斗 7—螺杆 8—加热器 9—料筒 10—喷嘴 11—定模板 12—模具 13—动模板 14—锁模机构 15—锁模用(副)油缸 16—螺杆传动齿轮 17—螺杆花键槽 18—油箱

板、拉杆、油缸及模具调整机构、制品顶出机构等组成(如图 5.42)。动模板装在前、后模板之间,后模板上固定合模油缸;动模板在合模油缸的作用下以 4 根拉杆为导向柱作启闭模运动。模具的动模装在动模板上,而定模则装在前固定模板上。当模具闭合后,在合模油缸压力作用下,锁紧模具,防止当注入高压熔体时模具胀开。

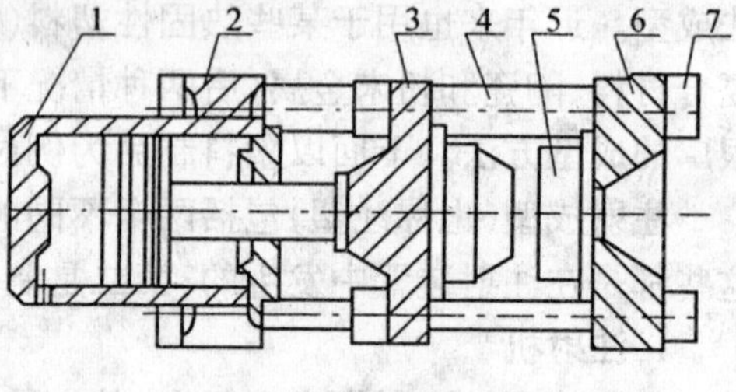

图 5.42 合模装置

1—合模油缸 2—后固定模板 3—移动模板 4—拉杆 5—模具 6—前固定模板 7—拉杆螺母

在动模板的后侧装有液压及机械顶出装置。动模板在开启模具时,可通过模具中的顶出机构,从模腔中顶出制品。此外,在动模板或定模板上还装有调模机构,以便在一定的范围内调节模具厚度;在液压机械式合模机构中(合模机构还有机械式和液压 - 机械式两种)还要通过调整机构来调试合模力的大小控制超载。合模框架的前后侧设安全罩、安全门及液压、机械安全保护装置,以便控制动模板启闭模的限位和在运动中压力与速度的切换。顶出装置的顶出或退回均有限位开关。此外,不定期有调整模具厚度的限位、安全门打开或闭合的安全联锁装置。为确保安全,一般都用液压装置和电气限位开关同安全门联锁,当只有安全门闭上时才能产生闭模动作。

②注射系统

注射机注射系统的作用是“吃进”塑料,使之塑化和熔融,并在高压和高速下将熔体注入模腔。注射系统主要由塑化装置、螺杆传动装置、计量装置、注射装置、注射座及料斗装置等组成。

塑化装置又由螺杆和加热料筒组成,在螺杆头部装有防止熔体倒流的止逆环和各种剪切或混炼元件。

螺杆传动装置主要由减速装置、轴承支架、主轴套和螺杆驱动电机组成。预塑化时,动力通过主轴套和轴承以及轴承支架上的减速装置带动螺杆旋转。

注射装置主要由注射油缸和活塞及喷嘴组成。在注射时，油缸产生注射推力，通过主轴推动螺杆向头部熔体施加高压，使熔体通过喷嘴充入模腔。

计量装置是由支架和行程挡块组成的装置，起塑化和计量作用。

注射座是一个可以在机身上移动的基座，塑化装置、注射装置以及计量装置和料斗都固定在注射座上。注射座在油缸作用下，可以整体前进或后退，使喷嘴与模具接触或离开。

③液压传动和电器控制系统

液压传动和电器控制系统主要作用是保证注射机按工艺过程预定的要求(压力、速度、温度、时间)和程序准确无误地进行工作。液压系统是注射机的"血液"循环系统，是为注射机的各种执行机构(工作油缸)提供压力和速度的回路。液压回路一般由控制系统压力与流量的主回路和各执行机构的分回路组成。回路中由进出过滤器、泵、蓄能器(压力阀、流量阀、方向阀、换向阀、溢流阀、调速阀、行程阀等)以及热交换器、各种阀类、各种压力、温度指示仪表和开关元件等组成。电器控制系统是注射机的"中枢神经"系统，它控制着注射机的各种程序及其动作，对时间、位置、压力、速度和转数等进行控制和调节，主要由电子元件、检测元件及自动化仪表组成。

(2)注射模具

注射模具是注射成型的工装设备，它是成型中赋予塑料形状所有部件的组合体。能否有效地利用注射成型方法关键在于模具，并且塑料制品的生产与更新都是以模具制造与更新为前提的。因此，模具设计制造的优劣直接影响着制件的质量和生产效率。

①注射模具的组成

注射模可分为动模和定模两大部分。

a.成型零部件

成型零部件是直接成型制件的部分，它通常由型芯(又称凸模)型腔(又称凹膜)等部件构成。如图 5.43 所示模具中件 13 为凸模，件 14 为凹模。

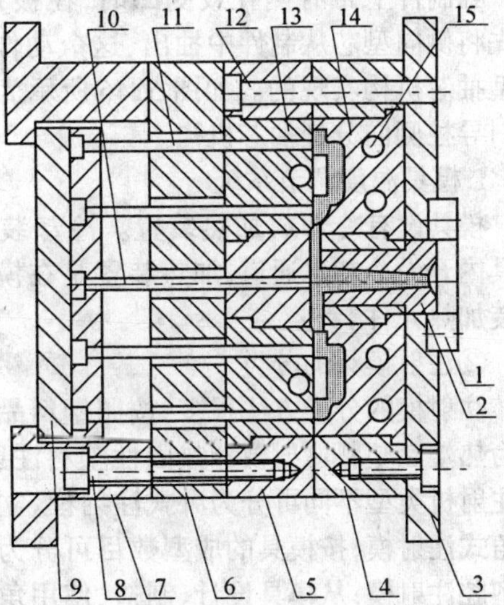

图 5.43　单分型面注射模

1—定位环　2—主流道衬套　3—定模底板　4—定模板　5—动模板　6—动模垫板　7—模脚　8—顶出板　9—顶出底板　10—拉料杆　11—顶杆　12—导柱　13—凸模　14—凹模　15—冷却水模

b.浇注系统

将塑料由汴射机喷嘴引向型腔的流道称为浇注系统，由主流道、分流道、浇口、冷料井等组成。

主流道：它是模具中连接注射机喷嘴至分流道或型腔的一段通道。分流道：是多槽模中连接主流道和各个型腔的通道。浇口：是主流道(或分流道)与型腔的通道，其截面是缩小的，其作用是 A.控制料流速率；B.模具降温时，此处料早凝而防止倒流；C.使通过的熔料受到较强的剪切而升高温度，从而降低其表观粘度以提高流动性；D.便于制品与流道系统分离，因此浇口的形状、尺寸和位置的设计都应依据塑料的性质、制品的大小和结构而定。冷料井:也称冷料穴,它是设在主流道末端的一个空穴,用以捕集喷嘴末端部两次注射之间所产生的冷料,从而防止分流道或浇口的堵塞。如果冷料一旦混入型腔,则制品中就容易因料温不均而产生内应力。冷料穴直径约为 8 ~ 10mm,深度约为 6mm。为了便于脱模,其底部常由脱模杆承担。脱模杆的顶部宜设计成曲折钩形或下陷沟槽,以便脱模时能顺利拉出主流道赘物。

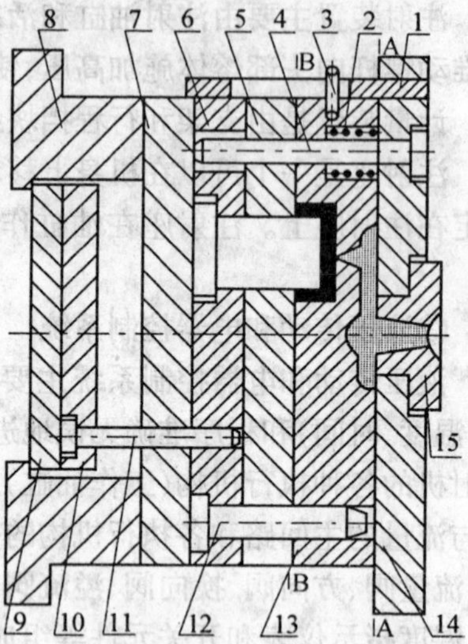

图 5.44 双分型面注射模

1—定距拉板 2—弹簧 3—限位钉 4—导柱 5—脱模板 6—型芯固定板 7—动模垫板 8—模脚 9—顶出底板 10—顶出板 11—顶杆 12—导柱 13—中间板 14—定模板 15—主流道衬套

c.导向系统

为确保动模与定模合模时准确对中而设的导向零件,通常由导向柱、导向孔或导向套组成。有的模具采用斜面定位机构,以及在顶出装置上设导向零件。

d.脱模系统

在开模过程中,将制件从模具中顶出的装置,其结构形式很多。最常见的有顶杆式、顶管式、推板式等,图 5.44 即为顶杆式脱模系统。

e.分型抽芯机构

当制件上带有侧孔或侧凹时,在被顶出之前,需先将侧向型芯从制件中抽出,这个动作过程是由分型抽芯机构实现的。如图 5.46 所示为一最常用的斜导柱侧向分型抽芯机构。

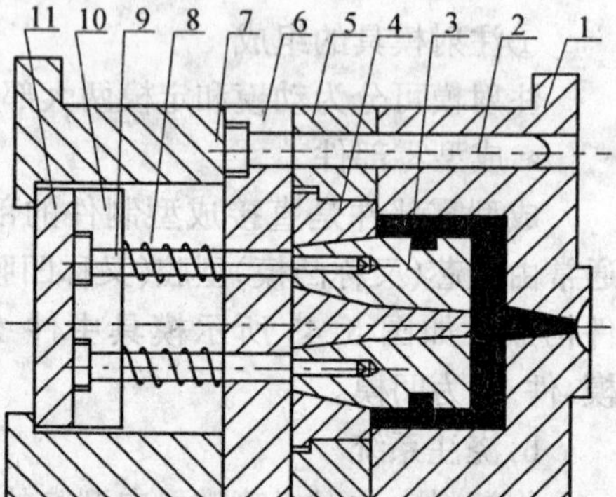

图 5.45 带活动镶件的注射模

1—定模板 2—导柱 3—活动镶件 4—型芯 5—动模板 6—动模垫板 7—模脚 8—弹簧 9—顶杆 10—顶出板 11—顶出底板

f.模具温度调节系统

模具设有冷却或加热装置。冷却装置一般在模具内开设冷却水通道,加热装置是在模具或周围安装加热元件。

②注射模具的分类

注射模的分类方法很多:按照塑料品种不同可分为热塑性塑料注射模和热固性塑料注射模;按所用注射机类型不同可分为卧式注射模、立式注射模和角式注射模;按模具的成型数目可分为单型腔和多型腔注射模;从模具设计、制造、使用角度最常用的分类方法是以注射模的总体结构特征进行分类,可以分为以下几种:

a.单分型面注射模

单分型面注射模具也叫二板式注射模,它是注射模中最简单的一种。型腔的一部分在动模上,另一部分在定模上。图 5.43 所示即为一典型的单分型面注射模。主流道设在定模一侧,分流道设在分型面上,开模后制件连同流道凝料一起流在动模一侧,动模上设有顶出装置,用以顶出制件和流道凝料(料把)。

b.双分型面注射模

双分型面注射模具特指浇注系统凝料和制件由不同的分型面取出者,也叫三板式注射模。与单分型面模具相比增加了一个可移动的中间板(又名浇口板)。它用作针点浇口进料的单型腔或多型腔模具。开模时,中间板与固定模板作定距离分离,以便取出这两板间的浇注系统凝料,如图5.44所示。

c.带活动镶件的注射模

由于制件的特殊要求,模具上需设有活动的镶件(如图5.45所示)或者是活动的螺纹型芯、型环等。开模时,这些部件不能简单沿开模方向与制件分离,必须在制件脱模时连同制件一起移出模外,然后通过手工或简单工具使它与制件分离。模具的这些活动镶件装入模具时,应可靠地定位,以免造成制件报废或模具损坏。

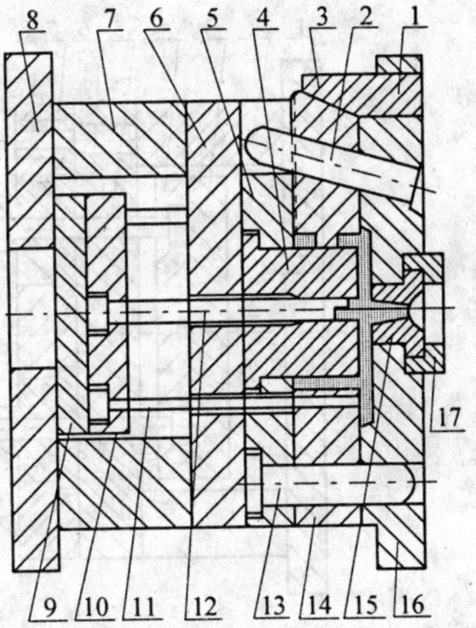

图5.46　带有侧向分型抽芯的注射模

1—锁紧楔　2—斜导柱　3—滑块　4—型芯　5—固芯板　6—动模垫板　7—支架　8—型芯　9—顶出底板　10—顶出板　11—顶杆　12—拉斜杆　13—导柱　14—动模　15—主流道衬套　16—定模板　17—定位环

d.带有侧向分型抽芯的注射模

当制件带有侧孔或侧凹时,在自动操作的模具上需设有侧向分型抽芯机构。开模时,利用开模力带动侧向型芯作横向移动,使其与制件脱离。图5.46所示为斜导柱带动抽芯的侧向分型抽芯的注射模。

e.自动卸螺纹注射模

对带有内、外螺纹的制件要求自动脱模时,在模具上设有可转动的螺纹型芯或型环,利用开模行程或设置专门的电机、液压电机等带动传动装置使螺纹型芯或型环从制件上脱出,如图5.47所示。该模具用于角式注射机,主螺纹型芯由注射机开合模的丝杆带动旋转使其与制件相脱离。

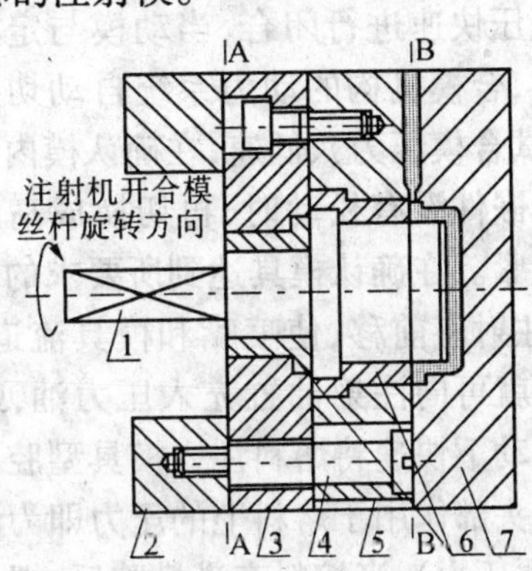

图5.47　自动卸螺纹注射模

1—螺纹型芯　2—模脚　3—动模垫板　4—定距螺钉　5—动模板　6—衬套　7—定模板

f.热流道注射模

热流道注射模包括热流道或绝热流道模,它们采用对流道进行加热或绝热的办法来保持从注射模喷嘴到型腔浇口之间的塑料呈熔融状态。在每次注射后,只需取出制件而没有浇注系统凝料,从而大大提高了劳动生产率,同时也保证了压力的传递,易实现自动化操作。图5.48所示为热流道注射模。

(3)注射机的工作过程

各种注射机完成注射成型的动作程序可能不完全一致,但所要完成的基本工序是相同的。现以螺杆式注射机为例予以说明。如图5.49所示。

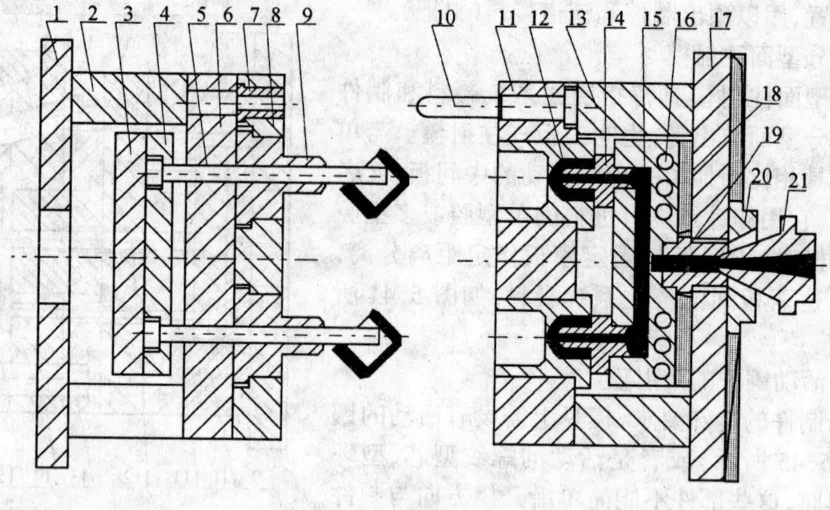

图 5.48 热流道注射模

1—动模底板 2—模脚 3—顶出底板 4—顶出板 5—顶杆 6—动模垫板 7—导套 8—动模板 9—凸模 10—导柱 11—定模板 12—凹模 13—支架 14—喷嘴 15—热流道板 16—加热器通孔 17—定模底板 18—绝热层 19—主流道衬套 20—定位环 21—注射机喷嘴

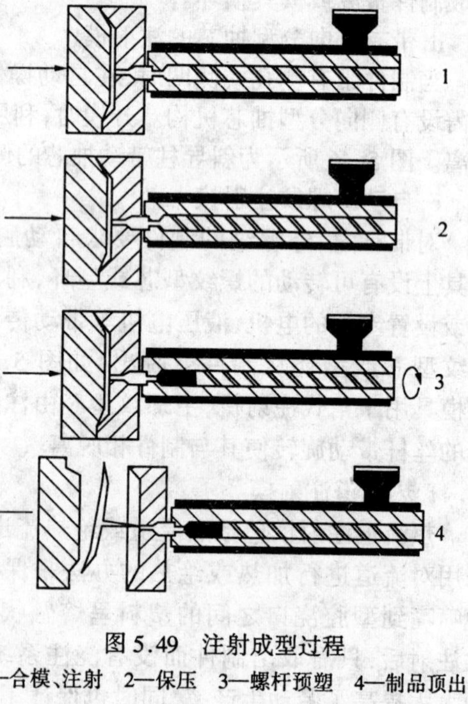

图 5.49 注射成型过程

1—合模、注射 2—保压 3—螺杆预塑 4—制品顶出

注射机的成型周期一般从模具开始闭合时起。原始状态时动模板在开启位置，模具的动模和定模是分开的；注射座在后退位置，料筒的喷嘴和定模呈非接触状态。模具首先以低压快速进行闭合，当动模与定模快要接近时，合模机构的动力系统自动切换成低压(即试合模压力)、低速，在确认模内无异物存在且嵌件没有松动时，再切换成高压而将模具锁紧。在确认模具达到所要求的锁紧程度后，注射座前移，使喷嘴和模具流道口贴合，继而就可向注射油缸充入压力油，螺杆在高压驱动下快速将熔料注入模具型腔中。此时螺杆头部作用于熔料上的压力即为注射压力(一次压力)，当熔料充满模腔后，螺杆仍对熔料保持一定的压力，以防止模腔中熔料的倒流，并向模腔内补充因低温模具的冷却作用而使熔料收缩需要的物料，从而保证制品的致密性、尺寸精度和力学性能。此时螺杆作用于熔料上的压力称之为保压压力(二次压力)，在保压时螺杆因补缩而有少量的前移。

当保压进行到模腔内的熔料失去从浇口回流的可能性时(即浇口凝封)，即可卸压，制品在模腔内继续冷却定型。与此同时，螺杆在传动装置的驱动下开始后退转动，塑料从料斗落入到料筒中随着螺杆的转动沿着螺杆向前输送。在这一输送过程中物料被逐渐压实，在机筒外加热和螺杆摩擦热的作用下，物料逐渐熔融塑化最后呈粘流态，并建立起一定的压力。由于螺杆头熔料压力的作用，螺杆在转动的同时又发生后退。当螺杆回退到计量值时，螺杆即停止转动，准备下一次注射。制品冷却与螺杆塑化在时间上通常是重叠的，这是为了缩短成型周期。在一般情况下，要求螺杆塑化计量时间要少于制品冷却时间。

螺杆塑化计量结束后，为使喷嘴不至于长时间和冷的模具接触而形成冷料，有些塑料品种需要将喷嘴撤离模具，即注射装置后退（根据物料可选择）。模腔内的制品经冷却定型后，合模机构即开模，在顶出装置作用下顶出制品。

上述过程按时间先后，可绘制成注射机工作过程：

合模 → 注射 → 保压 → 冷却 → 开模 → 顶出 → 合模

（保压 → 冷却 之间 ↓ 预塑）

(4)注射机的分类

注射机可按塑化方式、加工能力和成型工艺的特点进行分类。按塑化方式可分为螺杆式和柱塞式；按加工能力（合模力或注射量）分为大、中、小型；按特殊的成型工艺分为热固性塑料注射机、结构发泡注射机、多组分注射机、反应成型注射机、排气式注射机。总之，注射机已由单一品种向系列化、标准化、高速、高效、自动化、节能、省料、专用化方向发展，它是塑料成型机械制造中增长速度最快、产量最高的机种之一。

2.注射成型工艺原理

(1)成型周期

注射成型是周期性过程，主要由合模、锁模、注射座前移、注射、保压、预塑、制品冷却、开模、顶出制品等程序组成。在一个注射成型周期内，注射座合模装置、螺杆的动作时间顺序及熔体所经历的过程如图5.50所示。

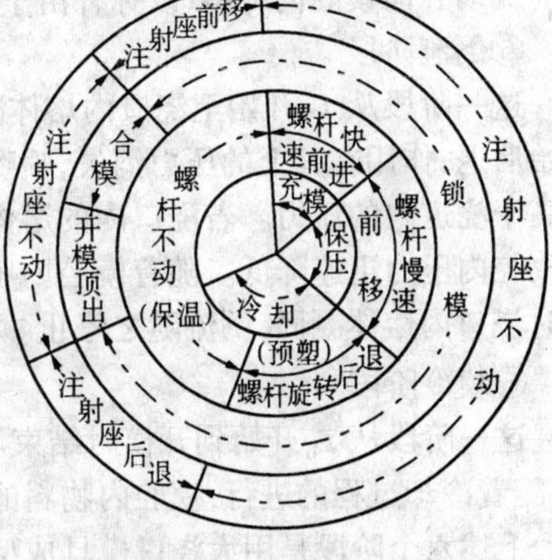

图5.50　注射成型周期

在一个成型周期中，时间可分为成型时间和辅助操作时间。成型时间是指熔体充模、保压和在模腔内冷却定型需要的时间；辅助操作时间是指除成型时间外的其余时间，通常包括合模、注射座前移、开模、顶出的动作时间及安放嵌件、涂脱模剂、取出制品的时间等。由于制品成型都是在闭合的模腔中进行的，因此成型时间实际上包括在模具锁紧的时间范围内。图5.51为成型时间内，塑料熔体所经受的温度和压力变化，一般可将此过程分为六个阶段。

①螺杆（柱塞）空载阶段

从 t_0 时刻螺杆开始快速向前移动，熔体通过喷嘴和浇口，但熔体尚未进入模腔，螺杆处于空载状态。当熔体高速通过喷嘴和浇口时，受到很大的阻力并产生大量的剪切摩擦热，故在这一阶段结束时熔体温度明显升高，而作用在螺杆上和喷嘴处的压力迅速升高。

②充模阶段

从 t_1 开始进入模腔,到 t_β 时熔体到达模腔末端结束。在此间螺杆(柱塞)继续快速前进,直至熔体充满模腔。由于充模时间很短,模具对熔体的冷却作用不显著,加之充模速度较高,熔体在模腔内流动时仍有剪切摩擦热产生,故充模过程中熔体温度仍有一定升高,到充模结束时达到最大值。在此期间模腔内压力开始上升,螺杆和喷嘴处的压力升到最大值。

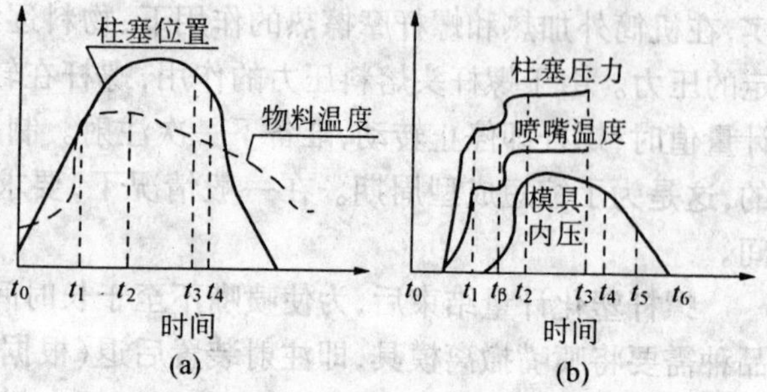

图 5.51 成型时间内熔体经受的温度和压力变化情况

(a)柱塞位置与物料温度的关系

(b)柱塞压力、喷嘴温度与模具内压的关系

③压实阶段

这一阶段从 t_β 开始至螺杆(柱塞)到达前进行程的最大位置的时刻 t_2 结束,该过程经历的时间很短,在此期间,尽管模腔已被充满,但在螺杆推动下仍有少量熔体进入模腔以压紧(实)模腔中的熔体,因而使模腔内熔体密度增大而压力急剧上升,压实期结束时模腔内的压力达到成型周期内的最高值。

④保压阶段

这一阶段从 t_2 开始至螺杆(柱塞)开始退回的时刻 t_3 结束。此间,螺杆在压力控制下向前蠕动并向模腔内补料,以弥补由于模具冷却和料温下降引起的熔体体积收缩。

⑤倒流阶段

这一阶段从 t_3 开始至浇口内熔体凝固的时刻 t_4 结束。保压期结束后螺杆在 t_3 时刻开始后退,作用在其上的压力消失,喷嘴处和浇道内的压力迅速下降。这时模腔内的压力会高于浇道内的压力。若浇口内的熔体仍能流动,就会有少量熔体从模腔倒流入绕道并导致腔内压力迅速降低。随着模腔内压力降低、倒流速度减慢,浇口处温度迅速下降,到 t_4 时浇口内熔体凝固,倒流随之停止。

⑥续冷阶段

这一阶段从 t_4 开始到开模时结束。此间,模腔内物料在没有外界压力作用下继续冷却,随着冷却过程的进行,模腔内物料的温度和压力继续降低。

上述六个阶段是用大浇口模具成型厚壁制品时观测到的,实际生产中由于制品的形状和结构、模具浇注系统的结构和尺寸及成型工艺条件的不同,并非每个制品的成型过程都要全部经历上述六个阶段。例如,成型薄壁制品或用点浇口模具时,在物料充满模腔后,模腔或浇口内熔体会很快凝固,不必保压,也不会出现倒流。

(2)物料熔融塑化(预塑)过程

所谓熔融塑化是将固体物料在料筒内加热熔融并混合的过程,该过程是注射成型的一个准备阶段,塑化所得熔体的质量对成型过程和制品的质量都有不可忽视的影响。在塑化过程中,重要的是应该保证熔体达到要求的成型温度,且熔体温度分布尽可能均匀,其中的热降解产物含量应尽可能少。在此着重讨论目前广泛采用的螺杆式注射机料筒内物料的熔融塑化过程。

①熔融塑化

在塑化过程中，根据物料在料筒中所处的状态和螺槽尺寸及形状的不同，一般可将料筒分为三个区域，即固体输送区、熔融区和熔体输送区；与此相对应的螺杆一般也可分为三段，即加料段、压缩段和计量段。在加料段，固体物料被压实并向前输送；在压缩段，由于螺槽逐渐变浅，固体物料继续被压实，同时在料筒加热器，物料与螺杆、料筒之间摩擦和物料与物料之间剪切产生热量的共同作用下，在靠近料筒表面处形成熔膜，并被螺棱前缘刮下聚积在螺槽内形成熔池，随着物料向前输送，熔池不断扩大，固体物料不断减少，在压缩段的末端物料已全部被熔融，但物料温度还不很均匀；在计量段，熔体在剪切力作用下温度进一步升高，且得到较充分混合，使熔体温度分布进一步均匀。

塑化过程中螺杆的旋转运动把熔体从计量段的螺槽中向前挤出，使之汇集到螺杆头部的计量室中，并在室中形成了熔体压力(即预塑背压)。在背压作用下，螺杆旋转的同时向后作直线运动，后退动作一直持续到计量行程结束为止。当螺杆后退停止时，螺杆旋转运动也随之停止，塑化过程结束，进入下一循环周期，物料在料筒内处于“保温”状态。

②主要工艺参数

a.温度

料筒各段温度的分布主要取决于成型物料的热物理及流变性质。熔点低而粘度大的塑料(如 PVC－U、HIPS 和 ABS 等)在很大程度上可利用剪切摩擦加热，成型这类塑料时螺杆加料段的温度只需高于塑料的软化温度。加热器的主要作用是提供开始运转所需要的热量和弥补热损失，物料的熔融塑化所需的热量大部分靠剪切摩擦产生。熔点高而粘度小的塑料(如 PA、HDPE 等)在熔融前难以由剪切摩擦获取热量，这时应采用高的加料段温度以增大料筒向物料的传热，加速物料的熔融。因加料段靠近料斗，一般温度要低一些，以防止物料“架桥”，保证较高的输送效率；压缩段温度应比加料段高 20～25℃，计量段温度应比加料段高 20～25℃。不论成型哪一类塑料，压缩段末端与计量段的温度都应高于物料的熔融温度，而低于其热分解温度。对于成型温度区间较宽且热稳定性较好的塑料，料筒各段温度可适当提高，以利于物料充模，否则，料筒各段温度应偏低。

b.背压

背压对塑化质量和塑化能力有较大影响。背压提高有助于螺槽中物料的压实，提高剪切效果，驱赶走物料中的气体。背压的增大使系统阻力加大，螺杆回退速度减慢，延长了物料在料筒中的热历程，使物料塑化质量得到改善。但过高的背压会增加计量段螺槽熔体逆流和漏流，降低熔体输送能力，减少塑化量，而且过高的背压会产生过量的剪切热和过大的剪切应力，使物料发生降解。

c.螺杆转速

螺杆转速是决定物料剪切速率大小和剪切热多少的重要参数，直接影响塑化能力、塑化质量和成型周期。若提高螺杆转速，则塑化能力增加、塑化时间缩短，熔体温度也随之升高，但温度的均匀性可能有所降低。

d.成型周期

成型周期对塑化过程也有影响，这是因为成型周期的长短将改变物料在料筒内的停留时间，成型周期长有利于提高熔体温度的均匀性，但要受生产效率和物料的热稳定性等因素限制。

(3)塑料熔体在模具内的成型

①充模过程

充模过程是从熔体进入模腔到充满模腔阶段,此间高温熔体在模腔内的流动情况很大程度上决定着制品的表面质量和物理性能,是注射过程最为复杂而又重要的阶段。

a.熔体在模腔内的充填模式

充模过程中熔体在模腔中的充填模式主要与浇口位置和模腔形状及结构有关。图5.52为熔体经过四种不同位置的浇口进入不同形状模腔的典型充填模式,其中最基本的充填模式为前三种,它们分别对应于熔体在圆管、带有膜状浇口的矩形狭缝模腔和中心开浇口的圆盘模腔中的流动。圆管模腔和矩形模腔内的流动特点是熔体沿轴向流动,前锋面面积保持不变;圆盘模腔内流动的特点是熔体沿径向方向以同样的速度向四周辐射扩展,熔体前锋面为一柱面,面积不断增大。一般说来,熔体在复杂模腔内的流动都可以分解为以上三种基本流动模式。带有小扇形浇口的矩形模腔充填模式如图5.52(d)所示。整个充模过程可分为浇口段、过渡段和充分发展段。在浇口段,熔体沿径向向四周扩展,形成一弧形前锋面,类似于圆盘径向流;在过度段,随着流动的发展,弧形前锋不断扩大,直到与侧壁接触,弧形前锋逐渐转为平直,同时具有圆盘径向流和带状流的特征;在充分发展段,前锋面较为平直光滑地向前推进直至充满模腔,具有带状流的特点。

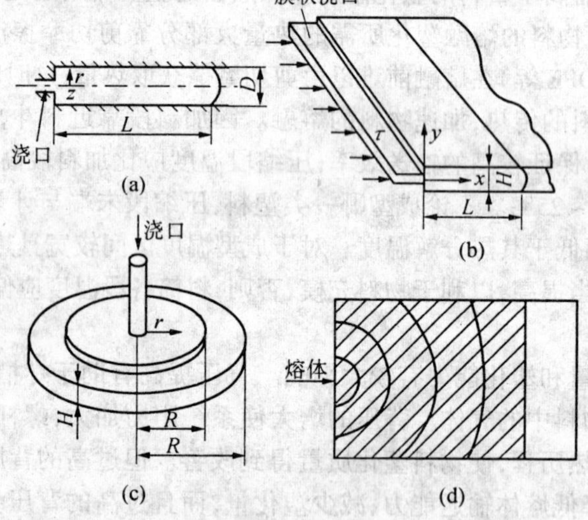

图5.52 熔体模腔中的流动形式

(a)圆管模腔中的流动 (b)矩形狭缝模腔中的流动

(c)薄壁圆盘模腔中的流动 (d)矩形模腔中的流动

b.熔体在模腔中的流动状态

熔体在模腔中的流动状态一般为稳态层流(即熔体流动时受到的惯性力与粘滞剪切应力相比很小),从浇口向模腔终端逐渐扩展。但当熔体以较高速度从狭窄的浇口进入较宽、较厚的模腔时,熔体不与上、下模壁接触而发生喷射,如图5.53所示,熔体首先射向对壁,蛇样的喷射流叠合很多次,从撞击表面开始并连续转向浇口充模,即逆向充模。充模过程中熔体的这种流动状态会在叠合处形成微观的“熔接线”，严重影响塑料件表面质量和光学及力学性能。喷射流的发生主要与浇口尺寸和熔体挤出胀大程度有关。

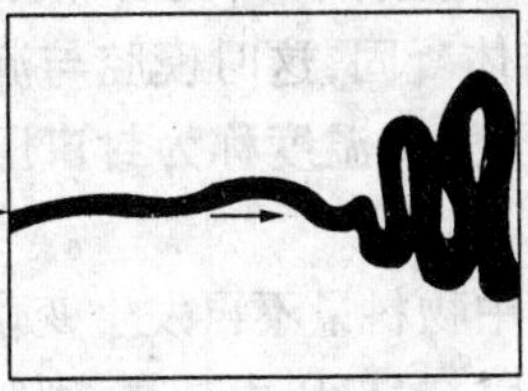

图 5.53　射流

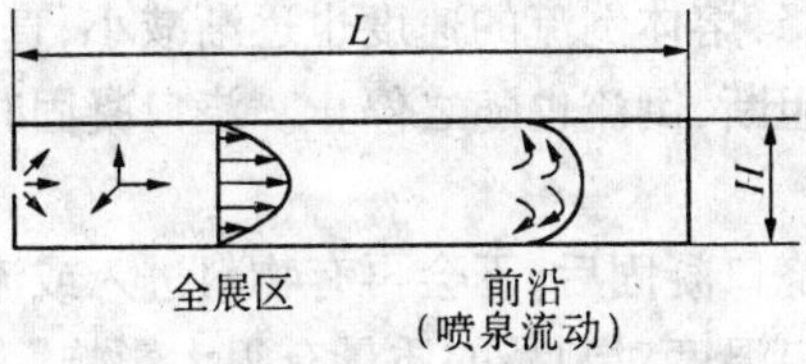

图 5.54　熔体充模过程的喷泉效应

c.充模过程的“喷泉”效应

熔体在模腔内流动时，前锋面由于和冷空气接触而形成高粘度的前缘膜，膜后的熔体由于冷却较差，故粘度较低，因此以比前缘更高的速度向前流动，到达前缘的熔体受到前缘膜的阻碍，使熔体交替发生以下两个过程，一是熔体不能向前运动而转向模壁方向，附着在模壁上被冷却固化形成了表层；二是熔体冲破原有的前缘膜，形成新的前缘膜，如图 5.54 所示。这两个过程的交替进行，就形成了熔体流动前锋的所谓喷泉效应。喷泉效应的存在对注塑过程的压力降、充填时间等影响很小，但对熔体的温度分布、聚合物分子取向及残余应力等有重要的影响。

②增密与保压过程

a.增密（压实）过程

充模结束时模腔被充满，熔体的快速流动停止，喷嘴处的压力达到最大值（注射压力）；但模腔内的压力还未达到最大值，在喷嘴压力的作用下，熔体继续进入模腔，使模腔内压力迅速升高，以压实熔体使其致密，并改善其间不同熔体界面之间的熔合程度。

压实阶段时间很短，熔体的流速很小，温度变化也不明显，但压力的变化却很大。因此从某种意义上说，压实过程是一个压力传递的过程，注射压力的大小和充模结束时熔体的流动性是影响压实效果的主要因素。注射压力决定了模腔在压实期所能达到的最高压力，而熔体的流动性则决定了压力向模腔末端传递的难易程度。

b.保压过程

保压阶段仍有少量熔体被挤入模腔，以弥补由于熔体温度降低和相变引起的体积收缩。保压过程流动与压实过程的流动都是在高压下的熔体致密流动，其特点是熔体流速很小。影响保压过程的主要因素还是压力。保压压力决定模腔内物料压缩程度，如果保压压力较高，不仅使制品的密度增大、成型收缩率减小，而且还能促进物料各部分之间的更好熔合，因而对提高制品的力学性能有利。但保压压力过高又会使物料产生较大的弹性形变，致使制品内应力和分子取向增大，导致制品力学性能降低。

保压时间是影响保压过程的另一重要工艺参数，保压压力一定时，保压时间越长就可能向模腔中补进更多的熔体，其效果与提高保压压力相似。但保压时间过长，也与保压压力过高类似，不仅无助于制品质量的提高，反而可能降低制品性能。需要指出的是，保压时间实际上应该是向模腔内补料的时间，其取决于浇口凝固时间。

③熔体的倒流与模腔封口

保压结束(保压压力解除)时如果浇口还没有凝封,由于流道内的压力随之急剧下降而远低于模腔内的压力,致使熔体从模腔倒流入浅道。随着熔体的流出,模腔内的压力迅速下降,熔体倒流的速度也逐渐减小,直至浇口处的熔体凝固,这时模腔与流道之间的通道被阻断,倒流也随之停止。浇口凝固时刻模腔内的压力和温度称为封口压力和封口温度。

浇口凝固后,不会再有物料进入或流出模腔,模腔中物料量不再发生变化。封口压力和封口温度对制品的质量有很大影响。封口温度一定时,封口压力越高,则制品的密度越大,成型收缩率越小,制品尺寸精度越好,但内应力大,且会造成脱模困难;封口压力一定时,封口温度越高,则制品的密度越小,成型收缩率越大,尺寸精度也越差,制品容易出现凹陷和缩痕,但内应力小。影响封口压力和封口温度的主要工艺参数有保压时间、保压压力、熔体温度和模具温度等。此外,浇口尺寸和熔体的热扩散率等模具结构参数和塑料热物理参数对其也有较大影响。一般说来,当其他参数一定时,延长保压时间可增大封口压力,降低封口温度。

④浇口凝固后的冷却

浇口凝固后模腔内物料的冷却过程中由于没有物料的运动,因此是一个典型的热传导过程。其内部较高温度的熔体将热量传导给温度较低的外层及表面的凝固层,凝固层再将热量传递给模腔壁,最后由模具向外散发,直到制品具有足够的刚度从模腔中脱出。由于塑料的热导率远小于金属模具,因此冷却时间主要取决于塑料的热物理性能和制品的壁厚。对于薄壁制品,一般将其中心层温度降低到玻璃化转变温度或热变形温度以下所需的时间称为冷却时间。由一维瞬态热传导方程可推导出薄壁制品的最小理论冷却时间

$$t_{冷} = \frac{H^2}{\pi\alpha^2}\ln\left(\frac{4}{\pi}\cdot\frac{T_0 - T_W}{T_E - T_W}\right)$$

式中 H——制品的壁厚;

α——塑料的热扩散率;

T_0——模腔内物料的温度;

T_W——模壁温度;

T_E——脱模温度。

冷却时间一般占注塑周期的一半以上,是决定注塑效率的主要因素之一。知道了 $t_{冷}$ 就可以改进模具冷却系统,使实际的冷却时间尽可能接近于 $t_{冷}$,以提高生产效率。

(4)注塑工艺参数及对成型的影响

在制品及模具确定之后,注塑工艺参数的选择就成为决定制品质量的关键因素。注塑工艺参数主要包括温度(物料和模具温度)、压力(注射压力、保压压力)及时间(注射时间、保压时间)等。此外,预塑背压、螺杆转速、注射量和剩余料量等对制品质量也有不可忽视的影响,图 5.55 为模塑面积图,可定性说明熔体温度和注射压力的取值范围。图 5.55的成型区域由四条曲线围成,低于底部曲线时,物料是固态,或者不能流动;高于顶部曲线时塑料发生热分解;"缺料"线的左侧,物料不能充满模腔;"溢料"线的右侧,熔体溢至

模具零件之间的缝隙,形成毛刺。工艺参数只有在这四条曲线所包围的区域内,物料才能较好地成型。下面分别讨论主要注塑工艺参数的作用及相互关系。

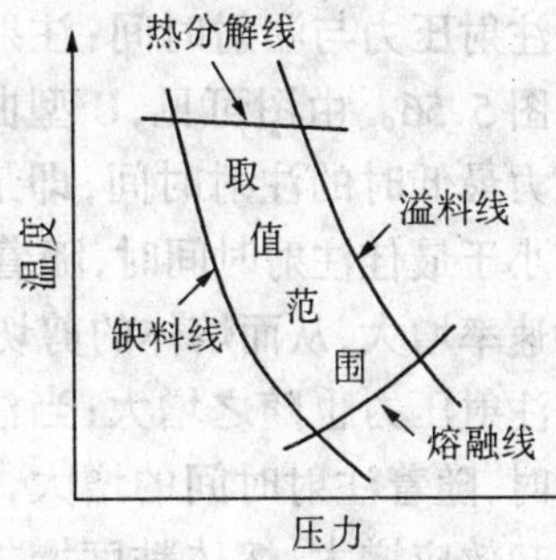

图 5.55 模塑面积图

①温度

a.料筒温度

料筒温度的选择与物料的特性有关,确定料筒温度时,还应考虑制品和模具的结构特点。成型薄壁制品时,流动阻力很大,且熔体极易冷却而失去流动能力,故应选择较高的料筒温度;成型厚壁制品时,流动阻力较小。因厚壁制品冷却时间长而使注射成型周期增加,塑料在料筒内受热时间较长,故应选择较低的料筒温度;对形状复杂或带有嵌件的制品,熔体流程较长且曲折,也应选择较高的料筒温度。

b.喷嘴温度

熔体通过喷嘴时因为高的剪切速率而产生较大温升,且为了防止熔融塑料自动从喷嘴流出,通常应将喷嘴温度调得比料筒最高温度略低。但是喷嘴温度也不能过低,否则会使注射压力增大,或造成物料早凝,影响制品质量。

c.模具温度

模具温度直接影响熔体的充模和制品的冷却,是决定成型周期和制品质量的主要因素之一。模具温度的选择取决于物料性质、制品的大小和形状及模具结构等。对于无定型塑料,模温主要影响熔体粘度(流动性),如果物料的熔体粘度较低(如 PS),则可选择较低的模温,以提高生产效率;如果物料的熔体粘度较高(如 PC),则应采用较高的模温,以满足充模的需要。对于结晶型树脂,模温高时,物料冷却时间长,结晶度高,制品硬度大,强度高,但收缩率大;模温低时,物料冷却时间短,结晶度低,制品柔软,挠曲性好。

对尺寸精度要求较高的制件,应选择较低的模温,以利于控制收缩率;对表面光泽要求较高或又薄又复杂的制件,则应选择较高的模温,以利于充模;对于厚壁制件,应选择较高的模温,如果模温偏低,制件内外层温差大,有可能造成凹陷、空隙,内应力大。

②压力

a.注射压力

注射压力是指注射时在螺杆头部(计量室)的熔体压力。注射压力的作用是克服熔体从料筒流向型腔的阻力,给予熔体一定的充模速率并对熔体进行压实。注射压力过低会导致熔体不能充满模腔;反之,注射压力过高,不仅会造成制品溢边、胀模等不良现象,还会使制品产生较大内应力,并对模具及注射机产生较大损害。选择注射压力时,首先要考虑注射机所允许的注射压力,然后根据影响熔体充模过程中压力损失的主要因素(材料性质、模具结构及工艺参数),调整注射压力。

注射压力与浇口位置和个数:对单浇口而言,中心浇口与侧浇口相比可缩短熔体的流动长度,因而可减小注射压力;多浇口可减少熔体的流动长度,减小所需的注射压力。

注射压力与制品厚度:制品的厚度对注射压力有很大影响,制品厚度越小,流动阻力越大,所需注射压力越大,反之亦然。

注射压力与注射时间:注射压力与注射时间的关系见图5.56。由图可见,U型曲线的最低点对应着注射压力最低时的注射时间,即最佳注射时间。当注射时间小于最佳注射时间时,随着注射时间的减小,熔体流动速率增大,从而熔体的剪切速率和剪切应力增大,所需注射压力也随之增大;当注射时间大于最佳注射时间时,随着注射时间的增大,熔体流动速率减小,模壁冷却效应增大,熔体粘度增加或产生较厚的不流动层使流道变窄,因而需要更高的注射压力。

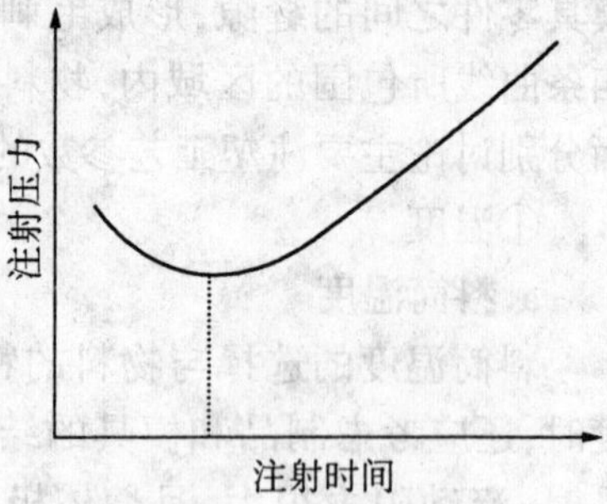

图5.56 注射压力与注射时间的关系

注射压力与物料性质:物料粘度越大,流动阻力越大,因而需要更高的注射压力。

注射压力与熔体及模壁温度:较高的熔体温度可降低熔体粘度,改善流动性,减小注射压力;较高的模壁温度可减小模壁冷却效应,因而也可减小注射压力。

b.保压压力

保压压力是指为了补偿模具中物料收缩,需要继续维持熔体流动的压力。保压压力对成型制品的品质有很大影响。保压压力不足会造成制品产生凹陷、气泡、收缩过大等缺陷;保压压力过大时会出现过度充填、浇口附近应力过大、脱模困难等问题。保压压力一般可取最高注射压力的70%~80%。为改善制品的质量,也可采用分段保压压力控制。一般常用的方式有下列二种:

逐段下降的保压压力:可以避免过度保压,减少浇口附近与流动末端的密度差,并可减少残余应力,避免变形。

先低后高的保压压力:第一段较低的保压压力,可防止毛边产生;第二段较高的保压压力,在表层已固化时,可提高保压压力补偿收缩,避免表面凹陷。

③时间

a.注射时间(注射速度)

注射时间是指充模时间,注射速度是指螺杆向前推进的速度。当注射行程一定时,注射速度与注射时间成反比。在实际生产中,注射速度的快慢除影响注射压力外,还直接影响制品质量和生产效率。注射速度越慢,注射时间越长,制品易产生冷接缝、密度不均、制品内应力大等弊病。合理缩短注射时间,提高注射速度,可以减少熔体在模内的温差,改善压力传递效果,保持制品密度均匀,提高制品力学性能和表面光泽性。对于薄壁和长度较长的制品快速注射更为合适,否则易出现缺料。当用高速注射时,可以低温模塑,缩短成型周期,提高生产效率。但注射时间过短,注射速度过高,熔体离开喷嘴后会产生不规则流动,且产生大的剪切热而烧焦物料。在高速注射时,模内的气体往往来不及排出,夹杂在物料中严重影响制品质量。

对于复杂形状型腔的物料充填,当注射速度一定时,不一定能保证熔体前沿速度(MFV)不变,如图5.57所示,尽管注射速度一定(熔体体积流率恒定),但由于熔体前沿面积(MFA)发生变化,嵌件周围MFA较小,使MFV增加,在制品嵌件周围产生了高的应力和分子取向,导致产品不同的收缩,使制件产生翘曲。因此,在充填过程中应根据模腔及浇注系统的具体情况，适当调整注射速度。

b.充填/保压切换点

充填阶段的注射控制以速度为主，保压阶段以压力控制为主。充填切换到保压，控制方式有三种：

行程：当螺杆推进到指定位置时，切换为保压控制。

注射压力：当注射压力达到设定值时，切换为保压控制。

模腔压力：当模腔压力达到设定值时，切换为保压控制。

一般的注射成型以行程控制为主，先进的注射机可能提供其他两种控制方式。通常以模腔压力控制的成型制件品质最为稳定，注射压力控制次之，行程控制较差。不管采取哪种控制方式，充填/保压切换点的设定对成型过程都有很大影响。图5.58为保压阶段模腔压力曲线，切换点设定过迟时(图5.58(a))，会造成高的模腔内压力尖峰、过度充填(毛边等)、产品过重、高残余应力、模具受损、锁模装置承受较大应力等不良影响；切换点设定过早(图5.58(b))，会造成模腔内压力突降、短射、产品质量不足、熔接线结合不好、凹陷等不良影响；图5.58(c)所示为切换点设置合理时的模腔压力曲线。

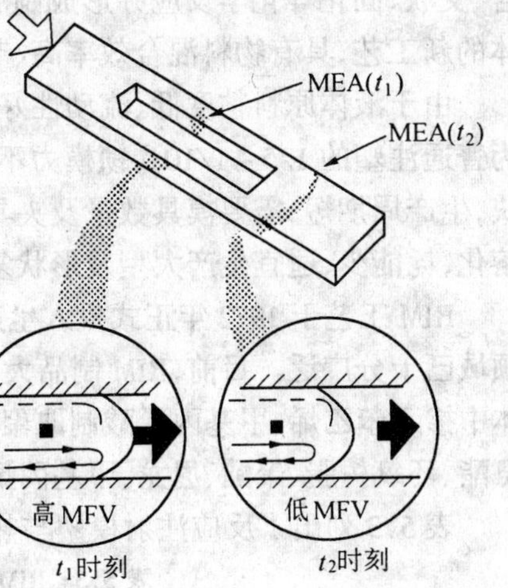

图5.57 MFV变化图

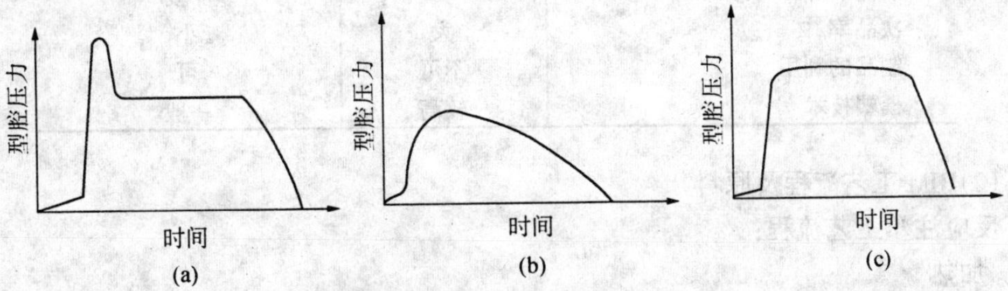

图5.58 保压阶段模腔压力曲线

c.保压时间

通常，保压压力维持到浇口凝固后即可停止，太长的保压时间只是浪费能源而已。保压时间太短，在浇口尚未凝固时就停止保压，会造成模腔内压力比流道内压力高，出现熔体倒流现象，从而使制品表面凹陷并产生残余应力。因此，保压时间主要由浇口凝固时间决定。

5.3.2 其他注射成型技术

1.反应注射成型

(1)概述

反应注射模塑(Reaction Injection Moulding, RIM)工艺是将两种具有高化学活性的低相对分子质量液体原料，在高压(14~20MPa)下经撞击混合，然后注入密闭的模具内完成聚合、交联、固化等化学反应并形成制品的工艺过程。这种将聚合反应与注射模塑结合为一体的新工艺，具有物料混合效率高、节能、产品性能好和成本低等优点。

由于液体原料粘度低、流动性好、易于输送，混合均匀，原料配方灵活，充模压力低（仅为普通注塑的 1/5 ~ 1/10），锁模力不大；调整化学组分可模塑性能不同的产品；反应速度快，生产周期短；需要模具数量及夹具量少，可节约设备投资；生产过程简化不需要造粒、熔化，耗能少，适宜生产大型及形状复杂的制品，因此，受到世界各国的重视。

RIM 工艺于 1972 年正式投入生产，此后，随着原料、机械设备的改进发展很快，应用领域已十分广泛。目前，RIM 制品大多为聚氨酯体系的产物，并已开展了在聚氨酯体系单体中掺入苯乙烯、甲基丙烯酸制取聚合物共混物的共混改性工作。RIM 适用的树脂有：聚氨酯、环氧树脂、聚酯、尼龙、甲基丙烯酸系共聚物、有机硅等树脂。

表 5.3 列出了反应注射模塑与热塑性塑料注射模塑的比较。

表 5.3 RIM 与热塑性塑料注射模塑的比较

比较项目	RIM	热塑性塑料注射模塑
反应物的温度/℃	30 ~ 60	200 ~ 320 或更高
模具温度/℃	70 ~ 140	视品种而异
注射压力/MPa	< 14	70 ~ 220
锁模压力	低	高
材料粘度/Pa·s	0.001 ~ 0.1	$10 \sim 10^4$
模塑周期	较慢	快
模具价格及运行成本	低	高
制品后加工与修饰	要	不要
次品率/%	大	小
制品的利用	不可	可
模塑技术	较高	一般

(2)RIM 工艺流程及原料

反应注塑工艺流程：

加热 ↓ A 组分→计量 ┐
B 组分→计量 ┘（↑加热） → 高压下碰撞混合（↑机械能）→注射充模→聚合交联固化（↓放热）→脱模→后处理（↑加热）→制件

单体或齐聚物以液体状态经计量泵按一定的配比送入混合头混合，混合物注入模具后在模具内进行快速聚合反应并交联固化，脱模后成为制品。反应注塑用原料见表 5.4。

如表 5.4 所示：

①氨基甲酸乙酯 RIM。模塑后生成聚氨酯，是最先商业化并不断取得新进展的品种。在汽车工业配件领域占有优势，并已向农业设备、电话通讯设备、家用电器市场扩展。

②）尼龙 6 RIM。尼龙 6 制品热变形温度达 160℃，质地坚硬。尼龙 6 的弹性模量可用多元醇或橡胶类材料进行嵌段共聚来调整。但是 RIM 尼龙 6 受到吸水性、脱模时间、模

具温度和结晶速率的限制，材料价格高于聚氨酯。由于结晶产生收缩，脱模容易。

③苯乙烯类树脂 RIM。配方包括苯乙烯和不饱和聚酯两组分经反应模塑生成热固性树脂。还可引入许多品种组成反应体系，因此在材料成本上有竞争力。但是制品较脆，尚需进行增韧处理，聚合收缩率也较大。

④环氧树脂 RIM。环氧树脂制品具有很好的力学性能和优良的电性能，但是原料成本较苯乙烯类树脂高，固化时间比聚氨酯要长。

表 5.4 RIM 常用原料及加工参数

名称及化学结构	原液温度/℃	模壁温度/℃	固化时间/s	反应热	活化能	收缩率/%
				摩尔热力学能/(kJ·mol^{-1})		
氨基甲酸乙酯 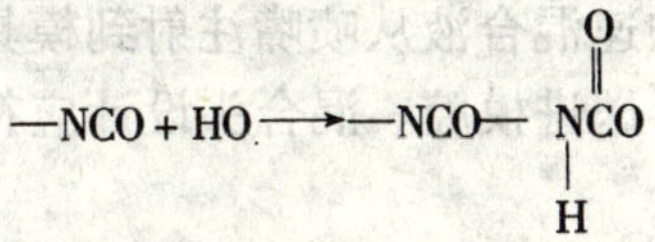	40	70	45	84(20)	59(14)	5
尼龙 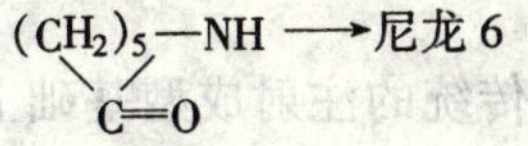	100	130	150	42(10)	88(21)	10
苯乙烯类树脂 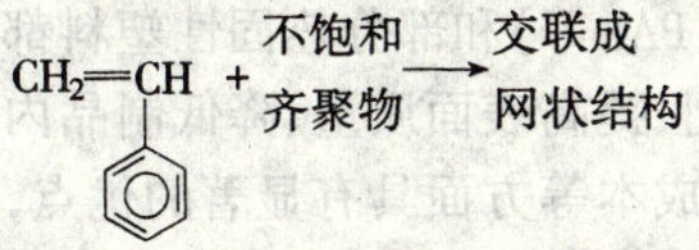	25	150	60	69(16)	126(30)	20
环氧树脂 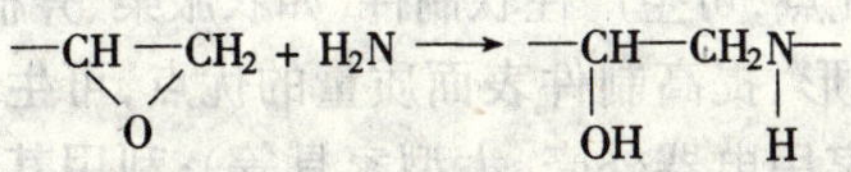	60	130	150	126(30)	69(16)	5

(3)RIM 模塑设备

①反应注射模塑对设备的要求

a.能准确控制原料各组分的流量及混合比率；b.能快速加热或冷却原料；c.两组分在混合头内能获得充分的混合，混合头内的原料注入模腔后具有自动清理作用；d.两组分应同时进入混合头，不允许某一组分超前或滞后；e.料流应以层流形式注射入模内；f.入模后固化速度快，能进行快速的模塑循环。

②RIM 设备的工作原理

RIM 设备工作原理如图 5.59 所示。

它的工作过程包括加料比例的控制、两组分的均匀混合及注模等。加料常用两种基本形式。一种是用计量泵来计量反应物原液；另一种则使用活塞位移来计量反应物，通过活塞的位移来完成一次送料脉冲。这两种方式都使用高压来强迫反应液体通过喷嘴孔进入一个小的混合室，由于进入的物料具有很高的速度，两组分在混合室强烈撞击得以充分混合。

③RIM 设备的组成

主要由以下三个系统组成。

a.蓄料系统主要由蓄料槽和接通惰性气体的管路所构成。

b.液压系统是由泵、阀、管件及控制分配缸工作的油路系统和管路所组成，其作用是使 A、B 两组分物料能准确地按比例进行输送。

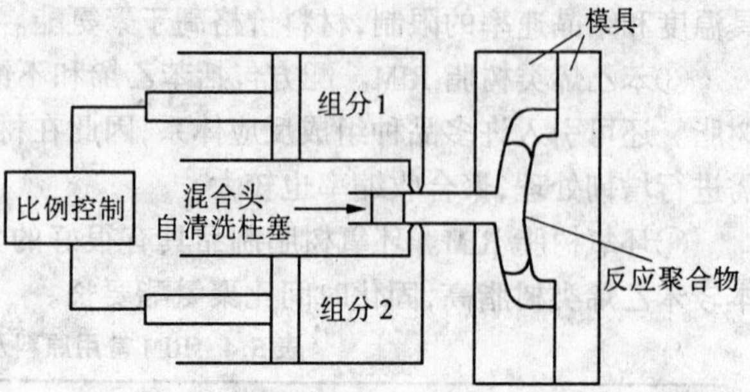

图 5.59　RIM 设备的工作原理

c.混合系统里使 A、B 组分物料实现高速、均匀混合并加速混合液从喷嘴注射到模具中，混合头必须保证物料在小混合室得到均匀混合与加速再送进模腔。混合头设计应符合流体动力学原理，并具有自动清洗作用。

2.气体辅助注射

(1)概述

气体辅助注射成型(Gas Assisted Injection Molding，GAIM)是在传统的注射成型基础上发展起来的一种新型注射成型工艺，它从 20 世纪 80 年代开始实际应用至今，已使传统的注射成型工艺发生了根本的变革，并引起了越来越多人们的重视。目前，几乎所有的用于注射成型的热塑性塑料(比如工程塑料中的 PEEK、PESU、PAI 等)和部分热固性塑料都可采用 GAIM。该技术在节省原料、防止缩痕、缩短冷却时间、提高表面质量、降低制品内应力及变形程度、减小锁模力、提高生产效率以及降低生产成本等方面具有显著的优点，它突破了传统注射成型的局限性，可灵活地运用于多种制件的成型。例如，利用其充填阶段注入气体能节省原料、降低成本、缩短冷却时间的优点，可生产柱状制件(如衣服架、斧柄、沙滩椅腿等)；利用其具有减小锁模力、减轻翘曲变形、提高制件表面质量的优点，可生产平板状的设有内立式气道的制件(如汽车仪表板、家用电器外壳、大型家具等)；利用其可将复杂结构制件一次成型的优点，可加工厚、薄壁一体结构的制件(如汽车车窗滑槽、办公和文具用品)，等等。目前 GAIM 尚存在着的缺点是，专用设备成本较高，排气孔可能会引起制件表面质量问题，加工某些制件所需锁模力较大，以及 GAIM 模具的设计和制造需要额外地考虑气道的设置等。此外，加工过程中增加了许多控制参数，诸如气体压力、熔体注射量、熔体－气体注射之间的延迟时间、气体保压时间等，这些对于缺乏 GAIM 加工、模具设计及制造经验的工程技术人员都具有一定的难度。

(2)成型设备及工艺过程

GAIM 所需的设备是利用普通的注射机，再加装一套气体注射装置(见图 5.60)。该气体注射装置由气体压力制备系统、喷气嘴和特殊的气压控制系统三部分组成。如图 5.60所示，由工业气瓶出来的气体经柱塞式气缸 I 时受到预压缩，气缸里所含气体的最大容量能完全满足预充气的需要量，换言之，气缸 I 的气压能保证开始充气时所需要的低压压力。气体在柱塞式气缸 II 内被压缩到充气时所需的高压压力是通过一个比例阀来控制的。整个气体制备过程对注射循环周期不会产生任何不利影响,因为它与注射成型中的计量过程是同时发生的,不占用设备的注射时间。

GAIM 工艺过程分为下列三个阶段(见图5.61):

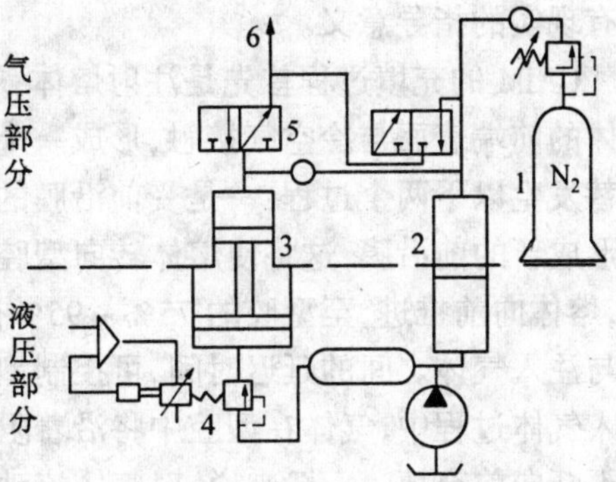

图 5.60 GAIM 的气体注射装置示意图

1—N_2瓶 2—柱塞式储气缸Ⅰ 3—柱塞式储气缸Ⅱ 4—比例阀 5—气体换向阀 6—喷气嘴

①充填阶段分为熔体注射期和充气期。在熔体注射期,将定量的熔体充填到腔内,注入的熔体量少于型腔的体积即欠料注射(Shotshort)。所需熔体的量经试验来确定,以确保在充气时气体不会把成品表层冲破,即能有一理想的充气体积。进入充气期时,将定值压力或定量体积的气体注入到型腔内的塑料熔体中。虽然充气期(即从开始注入气体到最后整个型腔被充满的时间)很短,但它在整个生产周期中占有重要的地位,对整个加工能否成功起着至关重要的作用,因为在充气期需要确定注入气体的状况,例如熔体-气体切换时间、注入气体的压力等,这将直接影响到最终制件的质量。另外,GAIM 制件的许多缺陷如气穴、气体充透、缺料、气体充入薄壁部位等都发生在这一阶段。

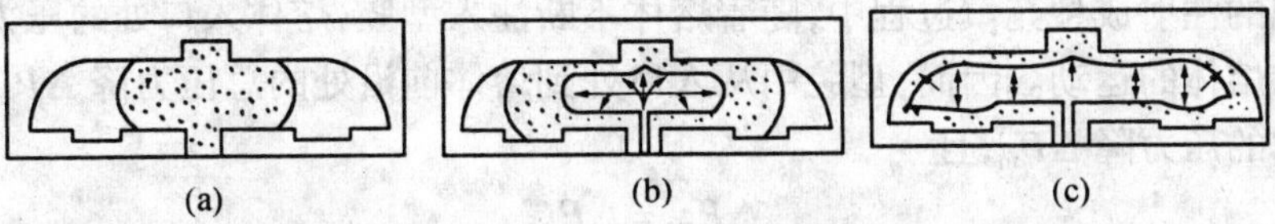

图 5.61 GAIM 的模塑过程

(a)注入模内一定体积的熔体塑料

(b)模塑全过程中,在互相贯通的通道内保持低而不变的气体压力

(c)气体在熔体内膨胀,使模腔内各处承受相同的压力

②保压阶段。在型腔充填完毕之后,仍要保持一定的气体压力对成型制件进行保压。在保压阶段,沿着气道继续注入气体以弥补因物料冷却而引起的收缩。由于气体压力始终使物料紧贴在型腔壁上,因此在制件较厚部分的外表面不易形成凹陷,从而大大提高了制件的质量。

③脱模阶段。当成型制件冷却后,模内气体压力降至大气压力,将制品顶出。

(3)工作原理

GAIM 的基本工作原理是借助气体的作用将熔融塑料注入模具型腔,利用受压气体在塑料熔体内的膨胀使熔料形成中空断面,而且保持完整的外形。由于靠近模具表面部分的熔体温度低,表面张力高,而处于模具型腔中心部位的熔体温度高,粘度低,致使气体易在塑料件较厚的部位(如加强筋)形成空腔,而熔融物料在气体的推动下向着模具的末端继续充填,形成所要成型的制件。GAIM 塑料件的质量和性能受塑料熔体和气体在充模过程中流动行为的直接影响,对型腔充填过程的充填机理进行分析,定性地讨论充填过程中熔体和气体的流动行为对塑料件性能和质量的影响,对于 GAIM 制品及模具设计和制造具有现实的指导意义。

GAIM的充填过程首先是注射熔体,塑料熔体先进入浇注系统,而后呈泉状进入型腔。熔体的前端表面与冷空气接触,形成一个粘度较高的前沿膜,由于前沿膜的存在,使熔体交替发生以下两个过程:一是受前沿膜的阻止不能直接向前推进;二是中心热核冲破前沿膜形成新的前沿膜,这将使熔体转向型腔壁方向形成新的前沿膜。伴随这两个交替的过程,熔体向前推进,至型腔的75%~95%被熔体充填时,停止注射熔体。通过控制注射熔体与注入气体之间的延迟时间,可控制型腔中冷凝层的厚度,从而调节气体的流动空间。注入气体过程中,气体在型腔中将沿着阻力最小的路径向着熔体前沿方向运动以推动熔体不断向前充填。一般来说,对气体流动产生阻力相对较小的路径有三种:其一是气体前沿距熔体前沿最短距离的方向;其二是型腔内气道中,这是因为此处的尺寸较周围大,因而其中熔体温度较其他地方高,粘度较低.对气体产生的流动阻力小;其三是被气体推动的熔体仍有向前流动的空间方向。

在传统的注射成型充填过程中,随着熔体不断注入型腔,熔体入口处的压力需要不断增加以维持熔体的运动。因而,型腔中从入口处到熔体前沿处的总压力降 ΔP_{tot} 等于熔体沿流动方向的压力降 ΔP_m,且

$$\Delta P_{tot} = \Delta P_m$$

与传统注射成型充填不同,随着气体注入型腔,继续注入型腔的熔体被气体所取代,推动型腔中正充填的熔体继续向前运动。对于气体和熔体同一入口的情况,从入口处到熔体前沿处的总压力降,等于入口处到气体前沿处在气体中产生的压力降 ΔP_g 与气体前沿到熔体前沿处在熔体中产生的压力降 ΔP_m 之和,即

$$\Delta P_{tot} = \Delta P_g + \Delta P_m$$

而气体的粘度与熔体粘度相比可以忽略不计,认为气体中产生的压力降为零,即 $\Delta P_g = 0$。这样,气体可以无压力损失地进行压力传递(见图5.62)。通过以上对比不难发现,利用气体这一特点可使GAIM所需的成型压力显著降低,且由此而使GAIM具有一系列传统注射成型所无法比拟的优越性。

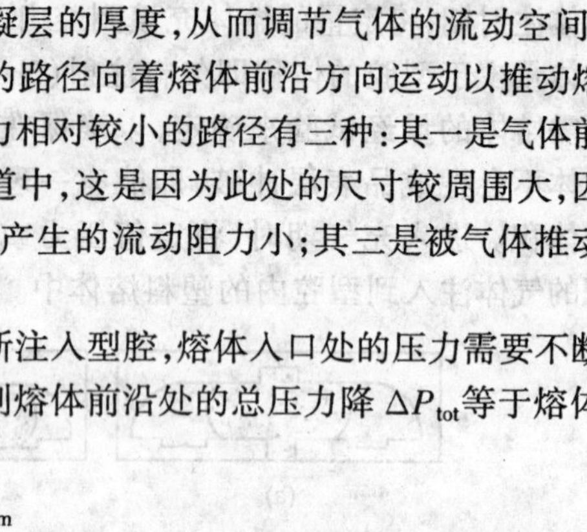

图5.62 GAIM与传统注射成型的压力发展比较

(a)传统注射成型的压力发展 (b)GAIM的压力发展

(4)新型GAIM简介

英国GIL公司采用的封闭式气体注射(SIG)是一种新型的气体注入制品内的方式。它将气体注入到厚壁部位的中心,使气体封闭于厚壁位置,从而达到压力控制。该方式无活阀、空心针、加热嘴或其他活动部件,是通过简单的加工将气嘴(可多个)直接组装在模具内,因而SIG相对脱离了注射机,可由制品的任一表面注入气体。换言之,它可将气体由多点注入,用来解决制品的任一局部缺陷,因而大大简化了模具设计的复杂程度。该方式对模具改动较少,只需加设细小的充气定位或者作其他轻微变动即可。

表面气体成型(EGM)技术主要用于薄壁(厚度低至1mm)制件或较长流程制件的成

型,气体可用于制件的局部或整个表面之上。

成型较长流程的制件时,由于熔体迅速地冷却,使压力传递困难,此时所需的注射压力及速度较高,所需设备的质量及价格也较高,提高了生产成本。利用 EGM 技术可借助气体的传导能力来解决这个问题。该方式可降低注射及保压压力,所需的锁模力也大大减小,并且可使压力平均分布;避免制件因压力集中而残存许多内应力,减少制件变形。局部表面采用 ECM 技术可提高表面的粗糙度等级,也能防止缩痕及其他外观问题的出现。另外,采用 ECM 可取消注射机的保压程序,且使保压压力能局部或平均分布。

5.3.3 压缩成型(压塑模塑、模压、传递模塑)

模压是迫使一定量的聚合物进入所希望的形状的模腔,但不是把聚合物注射到闭合的模具中,而是把一片模具合紧在另一片模具上(图 5.63)。由液压机产生的压缩使加入的聚合物与模具密切接触并产生一种充满模腔的平面散布式流动。这种方法广泛地用于热固性聚合物,虽然在原理上它也可以用于热塑性聚合物。热量由热模具壁面传给聚合物,引起聚合和交联化学过程。加入的物料可能是预先称量好的模塑粉料混合物,先做成片、粒状;或采用螺杆挤出机预塑过的物料。模压有某些超过注射成型的优点:模具比注射成型中用的模具简单,填充料相对地保持不受损害,材料浪费少。但过程较慢,并且成型件存在着几何形状上的限制。

为克服上述某些限制,发展了传递模塑。这是模压法的合乎逻辑的延伸,对传递模塑来说是一个中间阶段。物料在分开的“料槽”中熔融,料槽是被加热模具的一部分。模具是闭合的,用一根柱塞经过浇道和浇口将已熔的聚合物由“料槽”中压铸到闭合的模腔中,图 5.64 画出了这一过程。与模压周期相比,传递模塑周期较短,因为模具温度可以维持在较高的水平。预先熔融的聚合物比较容易地流到模具中,因此,有可能模制较大的、更复杂的零件而又呈现出较少翘曲。对于整个传递模塑来说,一种可供选择的方法是采用具有更大适应性的柱塞式传递模,柱塞传递模塑有“料槽”、柱塞和固定模板外边的分开的液压缸。而“料槽”通过非常类似于注射成型中的固定模板与浇道系统相联。

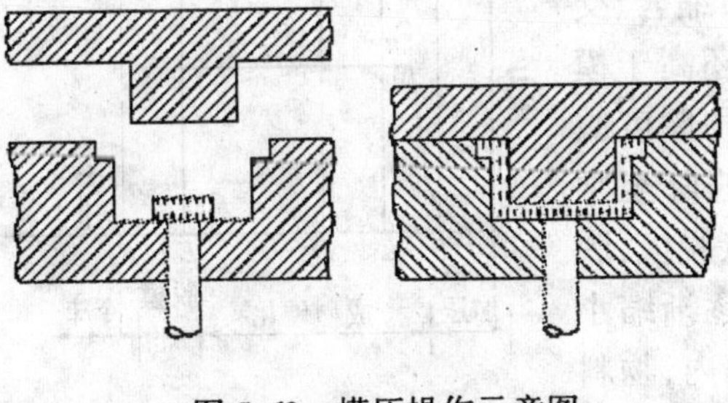

图 5.63　模压操作示意图

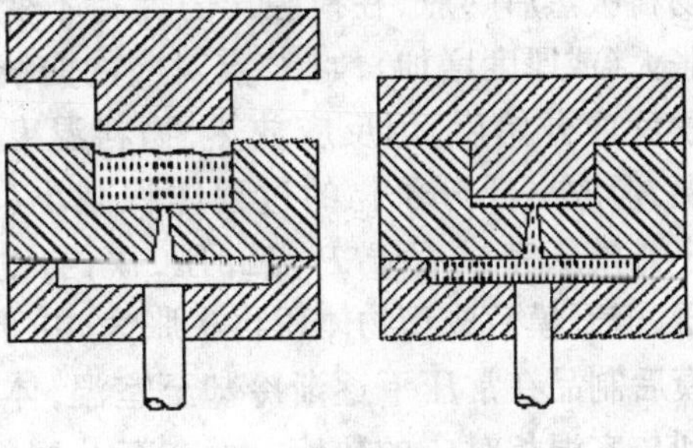

图 5.64　传递模塑操作示意图

以下介绍塑料的压缩模塑。

1.压缩模塑的工艺过程

模压成型通常是在油压机上进行。模压前塑料原料一般经预热、计量和预压。模压过程主要包括加料、闭模、排气、固化、脱模和吹洗模具几个步骤。

加料前,常对塑料原料进行预热。在适当的温度下加热一定时间,既可排除原料中某些挥发物(如水分等),又可提高原料温度,缩短成型时间。由于热固性塑料的成分中含可交联的官能团或固化剂,预热温度过高或时间过长,会降低其流动性,所以在预热温度确定后,预热时间应控制在获得最大流动性的极小范围内为佳(见图5.65)。经预热的原料即可计量预压(粉状原料亦可不经预压),当采用溢式模具时,计量必须稍有过量,多余的料在合模时即从溢料缝溢出,造成制品带有飞边;当采用不溢式模具时,物料不能从模腔中外溢,计量必须准确,否则制品厚薄不一。用这种模具可以成型流动差或压缩率较大的塑料。预压是在室温下将一定量的原料压成一定形状的坯料,可减少塑料成型时的体积,有利于加料操作和提高加热时的传热速度,从而缩短模压时间。

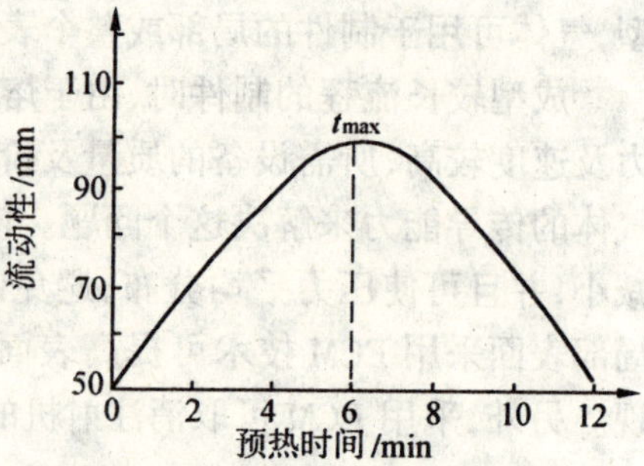

图5.65 预热时间对流动性的影响(热塑性酚醛压塑粉 180℃±10℃)

2.模压成型工艺特性及影响因素

热固性塑料模压成型时,塑料从粉末或粒料经过熔融,并同时经过交联反应而成致密的固体制品。物料在模内进行着复杂的物理和化学变化的同时,模具内的压力、塑料的体积(或模腔的容积)以及温度也随之变化。图5.66表示了两种模具中这种压力-体积-温度的关系。在无凸肩模具的情况下,模腔的容积是随模压压力和所加物料量而变化的。图中 A 点表示加料时塑料粉的体积-温度关系;B 点为对模具施加压力后,物料受压缩而体积(厚度)逐渐减小,当模腔内压力达最大时,体积(厚度)也压缩到所对应的数值;但物料吸热后膨胀,在模腔压力保持不变的情况下体积胀大(或厚度增加),如 C 点对应的曲线表示;缩合、交联反应开始后,因反应放热,物料温度甚至还高于模温,但放出低分子物的过程体积减小(成型物厚度减小);模压完成后于 E 点卸压,模内压力迅速降至常压,但开模后成型物体积再次胀大,并于 F 点脱模,脱模后制品在常压下逐渐冷却至室温,体积也逐渐缩小到与室温相对应的数值。而在有凸肩的模具内,物料的体积-温度-压力关系则稍有不同,这是因为有凸肩的模具成型模腔的容积保持不变。多余的物料能通过阳模上的气隙和分型面而溢流,所以模压过程中塑料的体积或尺寸不变是其特点。由于物料在高压下溢流,所以初期模腔压力(B 点以后)上升到最大值后很快下降(虚线所示),因物料吸热但无法膨胀导致压力又有所回升;在交联反应脱除低分子物过程中,也因阳模不能下移,物料体积不能减小,以致模内压力逐渐下降。

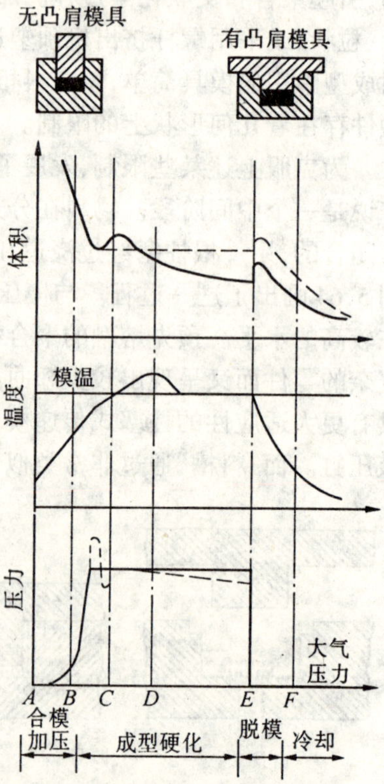

图5.66 热固性塑料模压成型时的体积-温度-压力关系

对实际模压过程，模型中物料所显示两种情况的复合。体积、温度和压力的变化是互相影响且同时进行的。例如在 C 点物料的吸热膨胀和 D 点因化学反应而收缩的情况，就可能同时进行。图 5.66 的曲线关系仅定性地表明了模压过程的物料压力、温度和体积间变化的一般规律。下面分别讨论温度、压力和时间等因素对模压成型过程的影响。

(1)温度是指模压时所规定的模具温度，它是使热固性塑料流动、充模，并最后固化成型的主要原因。它决定了成型过程中聚合物交联反应的速度。从而影响塑料制品的最终性能。物料温度上升的过程，意味着物料从固体逐渐熔化，粘度由大到小，交联反应开始，聚合物熔体粘度经历由减小到增大(流动性由增加到减小)的变化，并随温度的升高交联反应速度增大，因而其流动性－温度曲线具有峰值。因此，在闭模后迅速增大成型压力，使塑料在温度还不很高而流动性又较大时流满模腔各部分是非常重要的。由于流动性影响着塑料的流量，所以模压成型时熔体的流量－温度曲线也具有峰值，如图 5.67 所示。流量减少的情况反映了聚合物交联反应进行的速度，峰值过后曲线斜率最大的区域，交联速率最大，此后流动性逐渐降低。从图 5.68 可以看出，温度升高能加速热固性塑料在模腔中的固化速度，固化时间缩短。但过高的温度会因固化速度太快而使塑料流动性迅速降低，并引起充模不满，特别是模压形状复杂、壁薄、深度大的制品，这种弊病最为明显；同时高温下外层固化要比内层快得多，以致内层挥发物难以排除，这不仅会降低制品的机械性能，而且在模具开启时，会使制品发生开裂、变形等。因此，在模压厚度较大的制品时，要适当降低温度，延长模压时间。对经过预热的塑料进行模压时，由于内外层温度较均匀，流动性较好，故模压温度可高些。

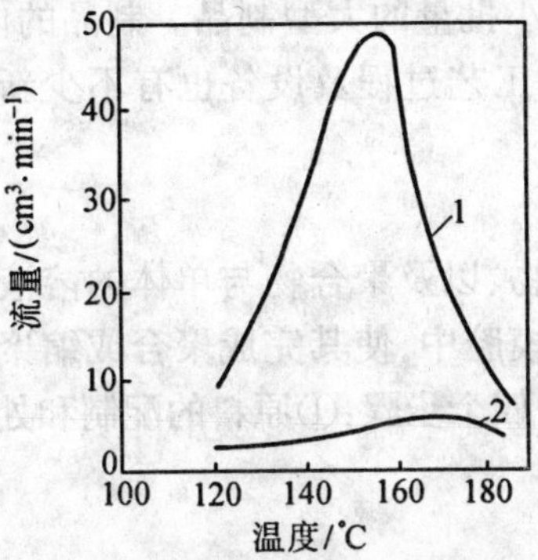

图 5.67　热固性塑料流量与温度的关系

1—模压压力为 29.46kPa(300kgf/cm²)

2—模压压力为 9.82kPa(100kgf/cm²)

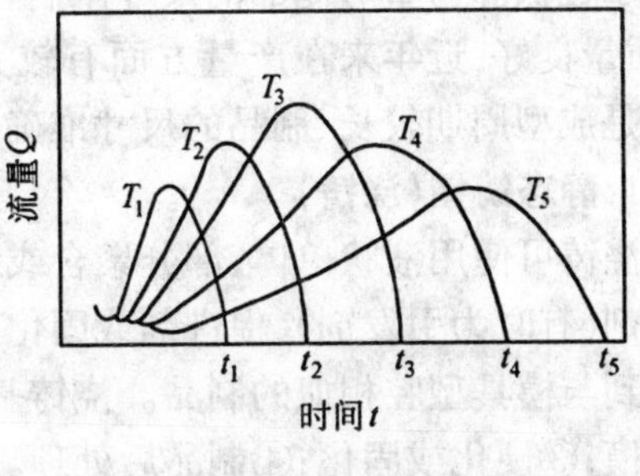

图 5.68　热固性塑料在不同温度下的流动　固化曲线

温度 $T_1 > T_2 > T_3 > T_4 > T_5$

固化时间 $t_1 < t_2 < t_3 < t_4 < t_5$

(2)模压压力能使①塑料在塑模中加速流动；②增加塑料的密实度；③克服树脂在缩聚反应中放出的低分子物及塑料中其他挥发物所产生的压力，避免出现肿胀、脱层等缺陷；④使模具紧密闭合，从而使制品具有固定的尺寸、形状和最小毛边；⑤防止制品在冷却时发生变形。模压压力的大小不仅取决于塑料的种类，而且与模温、制品的形状以及物料是否预热等因素有关。对一种物料来说，流动性愈小、固化速度愈快以及物料的压缩率愈大时，所需模压压力应愈大；模温高、制品形状复杂、深度大、壁厚和面积大时，所需成型压力也愈大。

(3)模压时间指塑料在模具中从开始升温、加压到固化完全的这段时间。模压时间与塑料的类型(树脂种类、挥发物含量等)、制品形状、厚度、模具结构、模压工艺条件(压力、温度)以及操作步骤(是否排气、预压、预热)等有关。如前所述,升高温度能缩短塑料固化时间,模压周期缩短。通常,模压时间随制品厚度增加而增加。模压时间太短,树脂固化不完全(欠熟),制品物理机械性能差,外观无光泽,制品脱模后易出现翘曲、变形等现象;但过长的模压时间会使塑料交联过度,增加制品收缩率,引起树脂与填料间产生内应力,制品表面发暗和起泡,制品性能降低,严重时会使制品破裂,而且会浪费能源和降低生产率。

5.3.4 铸塑成型

塑料的铸塑成型类似于金属的浇铸。它包括静态铸塑、嵌铸、离心铸塑、流涎成膜、搪塑和滚塑等。聚甲基丙烯酸甲酯、聚苯乙烯、碱催化聚己丙酰胺、有机硅树脂、酚醛树脂、环氧树脂、不饱和聚酯、聚氨酯等都常用静态铸塑方法生产各种型材和制品,如有机玻璃就是最典型的静态铸塑产品。在此基础上还发展了其他铸塑方法:用透明塑料进行嵌铸以保存生物或医学标本和生产工艺美术品、精密电子装置等;用离心铸塑可生产管状物、空心制品以及齿轮、轴承等;流涎法用于生产薄膜;搪塑法可生产玩具或其他中空软质塑料制品;滚塑用于生产大型容器等。其过程均可用下列方框图简单表示:

浇注液配制 ⟶ 过滤和除泡 ⟶ 浇铸 ⟶ 聚合 ⟶ 后处理和后加工

铸塑的特点是所用设备较简单,成型时一般不需加压,故不需加压设备,对模具强度的要求也低。铸塑对制品的尺寸限制较少,宜生产小批量的大型制品。制品的内应力较低,质量良好,近年来在产量方面有较大的增长,其工艺过程及设备也有不少新的发展。缺点是成型周期较长、制品的尺寸准确性较差等。

1.静态铸塑(浇铸)

浇铸可使用液状单体、部分聚合或缩聚的浆状物、以及聚合物与单体的溶液;将其与催化剂(有时为引发剂)、促进剂或固化剂一起倒在模腔中,使其完成聚合或缩聚反应,从而得到与模具型腔相似的制品。浇铸基本上可分为四个步骤:①原料的配制和处理;②浇铸入模;③硬化或固化;④制品后处理。

2.嵌铸

嵌铸,又常称为封入成型。它是将各种样品、零件等包封到塑料中间去的一种成型技术;即在浇铸的模型内放入一预先经过处理的样品(或零件),然后将准备好的浇铸原料倾入模中,在一定的条件下硬化(或固化)后,样品(或零件)便包嵌在塑料中。用于这一目的塑料为透明性好的丙烯酸酯类塑料及有机硅、不饱和聚酯、环氧树脂等。

3.离心浇铸

离心浇铸是将塑料原料浇铸入高速旋转的模具或容器中,在离心力的作用下,使其充满回转体型的模具或容器,再使其硬化定型而得到制品。它与浇铸成型的区别在于其模具要求转动,而浇铸的模具不转动。离心浇铸所生产的制品多为圆柱形或近似圆柱形,如大型管材、轴套等,也用于垫圈、滑轮、转子、齿轮的生产。离心浇铸所采用塑料通常都是熔融粘度较小,热稳定性较好的热塑性塑料,如聚酰胺、聚烯烃等。离心浇铸与浇铸比较,其优点是宜于生产薄壁或厚壁的大型制品,且制品的精度比浇铸高,因而机械加工量少,其缺点是设备较复杂。离心浇铸与滚塑(旋转成型)不同,前者主要靠离心力作用,故转速较大,每分钟几十到几千转;滚塑主要靠塑料自重的作用流布并粘附于旋转模具的模型壁面,因而转速较慢,每分钟几十转。

4.流延成膜

将热塑性塑料与溶剂等配成一定粘度的胶液,然后以一定速度流布在连续回转的基材(一般为无接缝的不锈钢带)上,通过加热排除溶剂成膜的成型方法称流涎成膜。从钢带上剥离下来的膜称流涎薄膜。薄膜的宽度取决于钢带的宽度,其长度可以是连续的,而其厚度则取决于胶液的浓度和钢带的运动速度等。

流涎薄膜的特点是厚度小(可达 5~10μm)且厚薄均匀,不易带入机械杂质,透明度高,内应力小;较挤出吹塑薄膜更多地用于光学性能要求高的场合;其缺点是生产速度慢,需耗用大量溶剂,且设备昂贵、成本较高等。

5.搪塑

搪塑又称做涂凝模塑或涂凝成型。它是用糊塑料制造空心软制品(如玩具)的一种重要方法。其方法是将糊塑料(塑性溶胶)倾倒到预先加热至一定温度的模具(只用阴模)中,接近模壁的塑料即会因受热而胶凝,然后将没有胶凝的塑料倒出,并将附在模子上的塑料进行热处理(烘熔),再经过冷却即可从模中取得空心制品。

塑料糊由悬浮体变为制品一般要经历"胶凝"和"熔化"这两个阶段的物理变化,在第一阶段,塑料糊(悬浮体)由于受热(130℃左右),树脂不断地吸收分散剂(增塑剂)而发生溶胀作用,使塑料糊粘度逐渐增大,树脂颗粒间的距离逐渐缩小,成为连续相,把残余的液体包含在凝胶的颗粒之间。在较长加热时间的条件下,残余的液体被吸收(当悬浮体含有低沸点的溶剂时,如稀释增塑糊,会发生液体的挥发),塑料糊就成为一种表面无光而易碎的固体物料,胶凝阶段达到终点。在第二阶段的热处理(160~170℃)条件下,溶胀的塑料颗粒逐渐成为连续的透明体或半透明体,成为均匀的单一相,完成熔化(或塑化)过程。此时即可冷却脱模得到中空的搪塑制品。

制品的厚度取决于塑料糊的粘度、灌注时模具的加热温度和塑料糊在模具中停留的时间。生产较厚的制品时,可以采用重复灌注的方法。

6.滚塑

滚塑又称做旋转成型,或旋转浇铸成型。与离心浇铸不同,滚塑是靠塑料自重的作用流布并粘附于旋转模具的型腔壁内,因而转速较慢,一般每分钟只有几转到几十转。其方法是将定量的液状或糊状塑料加入模具中,通过对模具的加热及纵横向的滚动旋转,使塑料均匀地分布于模腔内壁,待冷却固化后脱模即可得到中空的制品。滚塑最初主要用于生产聚氯乙烯糊塑料,如玩具、皮球、瓶罐等小制品,近来在大型制品生产上也有较多的应用。此法也衍生用至聚乙烯、改性聚苯乙烯、聚酰胺等粉状塑料代替液体或糊状塑料来滚塑成型。如生产内外层为聚乙烯,中间层为发泡聚乙烯的贮槽;用尼龙 11 作内层,聚乙烯作外层的贮槽;用特种牌号的聚碳酸酯生产大型容器(直径达 2.5m)和车、船及飞机壳体或结构体。

5.4 高分子材料的压延成型

压延可使热塑性材料成为薄膜或薄板，与挤出法制薄膜有互补性。压延可以产生含添充剂的薄片，可在其上刻制花纹。将压延薄片复合到的织物或纸上，可以制造人造革或涂层纸。这些都是挤出法难以适应的。此外，对极高粘度的聚合物，挤出法不经济。压延薄膜的质量还优于吹塑，因而压延是一种重要的连续化成型加工方法。

用压延法成型的聚合物有橡胶、聚氯乙烯、聚乙烯、ABS以及改性聚苯乙烯等。主要生产设备是压延机，它由内部加热的两个或多个异向旋转的圆柱形辊筒组成，熔融塑化物料挤入辊筒间隙，延展成一定厚度的制品。塑料压延是在橡胶压延工艺上发展起来的，但由于两者流变性的差异，现已发展出专用的塑料压延体系。

5.4.1 压延的必要条件

如图5.69所示，熔融树脂被加到两个具有一定温度以不同线速度相对旋转的辊筒中间时，辊筒表面与熔料接触点分别作用以径向作用力 F_1 和 F_2 与切向作用力 f_1 和 f_2。若将它们分别沿 $x-y$ 坐标分解，则得 F_{1x}、F_{1y}、f_{1x}、f_{1y}和 F_{2x}、F_{2y}、f_{2x}、f_{2y}。

分力 F_{1y}、f_{1y}和 F_{2y}、f_{2y}对熔料沿 y 轴方向起压缩作用，通常叫做挤压力。

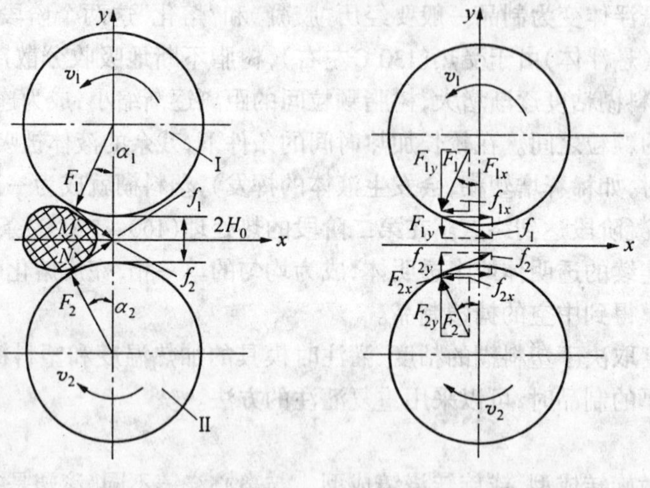

图5.69 辊筒对物料的作用力及其分解

分力 F_{1x}和 F_{2x}则将熔料推出辊隙，而分力 f_{1x}和 f_{2x}则试图把熔料拉入辊隙。因此，为了使熔料能够进人辊隙，必须使

$$f_{1x} > F_{1x}$$

$$f_{2x} > F_{2x} \tag{5.7}$$

就辊筒1对熔料的作用力分析，即有

$$f_{1x} = f_1\cos\alpha \tag{5.8}$$

$$F_{1x} = F_1\sin\alpha \tag{5.9}$$

而 $$f_1 = F_1\mu \tag{5.10}$$

式中 μ——物料与辊筒表面的摩擦因数，$\mu = \mathrm{tg}\rho$（ρ 为摩擦角）；

α——物料与辊筒表面的接触角，即物料在辊筒上接触点和辊筒圆心连线与两辊中心连接线的夹角。

将式(5.10)代入式(5.8)和式(5.7)可得

$$F_1\mu\cos\alpha > F_1\sin\alpha$$

所以 $\mu > \mathrm{tg}\alpha$ 或者 $\mathrm{tg}\rho > \mathrm{tg}\alpha$，即

$$\rho > \alpha$$

由此得出，压延操作的必要条件是摩擦角 ρ 必须大于接触角 α，亦即物料有大的摩擦因数（粘流态）；同时辊筒进料处存料要少，使物料的接触角 α 减小。

5.4.2 压延原理

在压延成型过程中，借助于辊筒间产生的剪切力，让物料多次受到挤压、剪切以增大可塑性，在进一步塑化的基础上延展成为薄型制品。在压延过程中，受热熔化的物料由于与辊间的摩擦和本身的剪切摩擦会产生大量的热，局部过热会使塑料发生降解，因而应注意辊筒温度、辊速比等，以便能很好地控制。

图 5.70 所示为物料在两个辊筒间的挤压情况。物料在喂入两个相向旋转的辊筒入口端前沿时，由于物料与辊筒间的摩擦作用而被两辊筒钳住，物料同时受到两辊作用的区域称为钳住区。

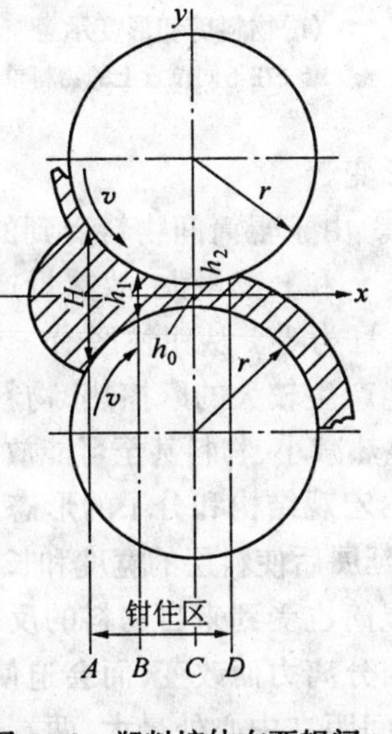

图 5.70 塑料熔体在两辊间受到挤压时的情况

A—始钳住点 B—最大压力钳住点

C—中心钳住点 D—终钳住点

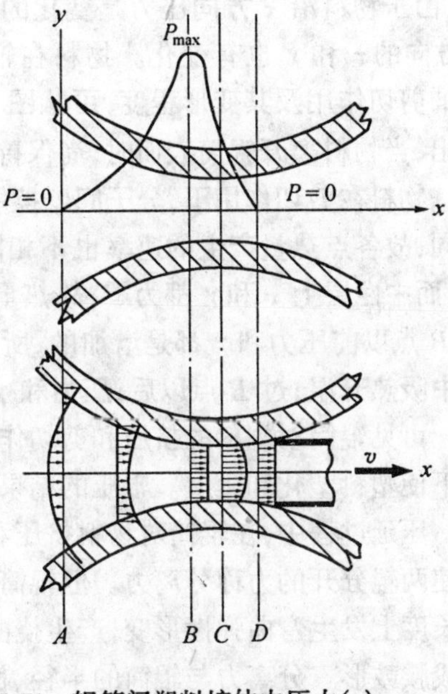

图 5.71 辊筒间塑料熔体中压力(a)和速度(b)的分布

显然，在 y 轴方向，辊筒对物料的压力是不变的，但物料从喂入到出料的方向即 x 方向上，在不同位置上压力是变化的。在 A 或 D 点压力为零；从 A 点以后物料受到的压力

逐渐增加，到 B 点达到最大值；两辊筒间的中心钳住点其压力仅为 B 点最大压力的一半。压力在辊间的分布如图 5.71(a)所示。

物料在辊间流动时，沿 y 轴和 x 轴方向的速度也是不相同的。实践与理论分析证明，物料在 B 点和 D 点的速度都等于辊筒表面的速度，其速度分布均为直线，在 B 点和 D 点之间压力梯度为负值，速度分布曲线是凸形(见图 5.71(b))。

物料在钳住区还受到辊筒表面的剪切作用，物料所受到的剪应力 τ 与物料在辊筒上的移动速度 v 与熔体的粘度 η 成正比，而与二辊中心线上的辊间距 h_0 成反比，亦即当辊筒转速愈大、辊间距愈小以及物料的粘度愈大时，τ 就愈大；而剪切速率 $\dot{\gamma}(\frac{\partial v_x}{\partial y})$ 也与 v 和 η 成正比，而与 h_0 成反比。且 τ 和 $\dot{\gamma}$ 在 y 方向的分布均为直线，如图 5.72(a)所示。由于两辊间的中性面(即 $h_0/2$ 处)对两个辊筒是对称的，故该处物料中的剪切速率和剪应力都最小，且等于零。而在物料与辊筒的接触表面上，τ 和 $\dot{\gamma}$ 都最大。但物料在 B 点和 D 点处的速度分布成直线关系，因此在 B 点和 D 点处 τ 和 $\dot{\gamma}$ 都为零。另一方面，由于物料沿 x 方向压力是变化的，故物料沿 x 方向的 τ 和 $\dot{\gamma}$ 也有变化。物料在辊筒间所受到的剪切作用及其变形程度，可从图 5.72(b)中看出，当物料离开辊筒表面时，尚保持有一定的剪切形变。

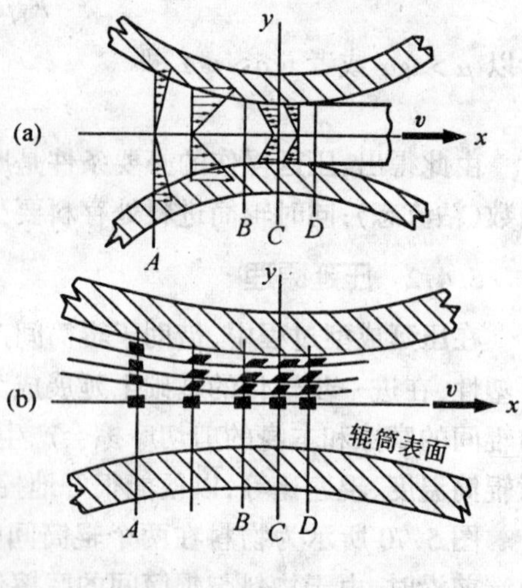

图 5.72 (a)辊筒间塑料熔体中剪切应力和剪切速率沿 y 轴的分布
(b)物料剪切形变示意
■—在不同位置上的物料单元

物料在剪切作用下，分子间摩擦能引起料温升高。由于辊筒间物料受到的剪切作用不同，故各点热量产生的速率也不相同。辊筒表面上 $\dot{\gamma}$ 和 τ 都最大，故热量产生速率最大；而中性层上 τ 和 $\dot{\gamma}$ 都为零，故热量产生速率最小，且为零。从钳住区沿 x 方向来看，在 B 点以前压力和 $\dot{\gamma}$ 都是增加的，所以辊筒进料端能产生较大的摩擦热，物料在前进过程中吸热升温；过 B 点以后，压力和 $\dot{\gamma}$ 逐渐减小，摩擦热减小，物料甚至可能放热。

可见辊筒对塑料的挤压和剪切作用改变了物料的宏观结构和分子的形态，在温度配合下使塑料塑化和延展。辊压的结果使料层变薄，而延展后使料层的宽度和长度均增加。

压延过程中，在辊筒对物料挤压和剪切的同时，辊筒也受到来自物料的反作用力，这种使两辊分开的力称分离力。但辊筒间的距离不会因分离力而改变，而会迫使辊筒沿轴向长度上发生弯曲弹性形变，产生挠曲。这使两辊的间距在中心处最大，两端逐渐减小，形成腰鼓形。分离力与辊筒的半径、长度和速度成正比，而和辊间距成反比。当辊筒间隙发生上述变化时，成型的薄膜和薄片也会变得中间厚两边薄，从而降低了制品的尺寸精度。通常可将辊筒设计和加工成略带腰鼓形，或调整两辊筒的轴，使其交叉一定角度(轴交叉)或对其加预应力，就能在一定程度上克服或减轻分离力的有害作用，提高压延制品厚度的均匀性。

在压延过程中，热塑性塑料由于受到很大的剪切应力作用，因此大分子会顺着薄膜前进方向发生定向作用，使生成的薄膜在物理机械性能上出现各向异性，这种现象称为压延效应。压延效应的大小，受压延温度、转速、供料厚度和物料性能等的影响，升温或增加压延时间，均可减轻压延效应。

5.4.3 压延设备

压延机是压延生产中的关键设备。压延机的辊筒数目，至少有三辊，也有四辊或五辊；以三辊和四辊用得最普遍。五辊主要用在硬质片材的生产上，一般用得较少。辊筒的排列方式有三角型、直线型、逆L型、正Z型、斜Z型、L型等。其中又以图5.73所示的几种最为常用。由图可看出，塑料在四辊压延机上压延的次数比三辊机多一次；五辊又比四辊多一次。因此在压延同一塑料时，如用四辊压延机则较三辊压延机好，它可以使薄膜更薄一些、更匀一些，而且表面也较光滑。同时，还可增大辊筒的转速以提高生产率，例如三辊压延机辊筒的转速（线速度）一般只有30m/min，现在四辊压延机的转速则能达到它的2～4倍。因此，目前塑料工业中的三辊压延机正逐步被四辊压延机所代替。而四辊压延机又以逆L型和斜Z型使用最广。

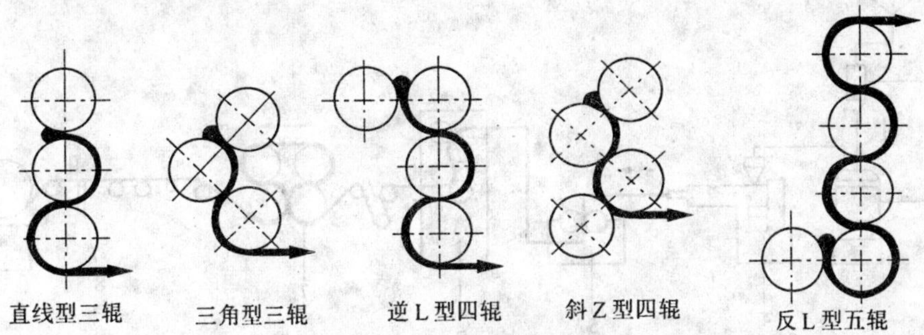

图5.73　几种压延机的辊筒排列方式

压延机主要是由机体、辊筒、辊筒轴承、辊距调整装置、挡料装置、切边装置、传动系统、安全装置和加热冷却装置等组成。机体主要起支承作用，包括机架和机座，也用以支承辊筒、轴承、调节装置和其他附件。辊筒起压延成型作用，是压延机中最主要的部件。辊筒为一中空圆柱体（一般略成腰鼓形），内部可通蒸汽、过热水或油来加热或冷却。按载热体流道的形式不同，压延机可分为空心式和钻孔式两种。由于钻孔式比空心式优越得多，因此精密压延机多采用钻孔式辊筒。辊筒多用冷铸铁制成，一般要求表面光洁度高、硬度大。同一压延机的几个辊筒，其直径和长度都是相同的。每个辊筒都通过一对滚柱轴承支承在支架上，四辊压延机顺着塑料行程向前数的第三辊（三辊压延机则为第二辊）的轴承位置是固定不变的。其余辊筒的轴承都可通过辊距调节装置调节，在机架上特设的导轨中作前后移动，以便调整辊间距，对所压制品的厚度进行控制。

此外，还有主机加热及温度控制装置、冷却装置、引离卷取装置、输送带、刻花装置、金属检验器、β射线测厚仪等以及轴交叉装置、预应力装置等。

5.4.4 塑料的压延工艺过程

整个压延过程可分为两个阶段，即供料阶段（包括塑料各组分的捏合、塑化、供料等）

和压延阶段(包括压延、牵引、刻花、冷却定型、输送以及切割、卷取等工序)。

但不是都要经历这些阶段中的所有工序,片材只需经过切割,就制成成品。由此可见,压延过程实际上是各种加工步骤组合而成的一套连续生产线。

压延制品通常可分为软质薄膜和硬质片材两种。由于它们的配方和品种的不同,所以生产工艺和工艺条件有所不同,然而基本原理相同,下面以软质聚氯乙烯薄膜和人造革生产工艺过程为例,对压延工艺进行简单介绍。

1. 软质聚氯乙烯薄膜生产

整个生产过程如图5.74所示,首先将树脂按一定配方加入高速捏合机(或管道式捏合机)中,增塑剂、稳定剂等先经漩涡式大混合器(图上未画出)混合后,也加入高速捏和机中充分混合。混合好的物料送入螺杆式挤出机(或密炼机)中预塑化,然后输送至辊筒机内反复塑炼、塑化;由辊筒机出来的塑化完全的料再进入四辊压延机。在压延机的辊筒间塑料受到几次压延和辗平,形成了厚薄均匀的薄膜,再经冷却辊冷却后由卷绕装置卷绕成卷。

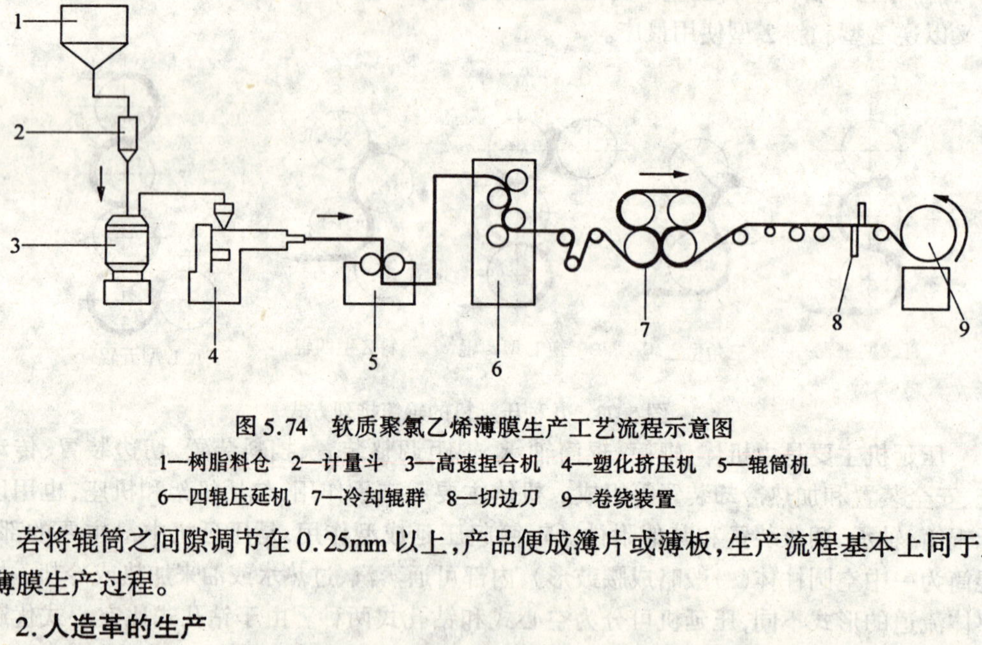

图5.74 软质聚氯乙烯薄膜生产工艺流程示意图

1—树脂料仓 2—计量斗 3—高速捏合机 4—塑化挤压机 5—辊筒机
6—四辊压延机 7—冷却辊群 8—切边刀 9—卷绕装置

若将辊筒之间隙调节在0.25mm以上,产品便成薄片或薄板,生产流程基本上同于上述薄膜生产过程。

2. 人造革的生产

人造革就是以布(或纸)为基材,在其上覆以聚氯乙烯糊的一种复合材料。将聚氯乙烯糊涂于布(或纸)上的方法称刮涂法,它不属于压延技术。通过辊压方式将熔态聚氯乙烯复合于布(或纸)上的方法,则称为压延法。

以压延法生产人造革时,布(或纸)应先经预热,同时聚氯乙烯可先经挤压塑化或辊压塑化再喂于压延机的进料辊上,通过辊筒的挤压和加热作用,使聚氯乙烯与布(或纸)紧密结合,再经压花、冷却、切边和卷取而得制品。通常压延法生产人造革又可分为贴胶法和擦胶法两种。

贴胶法是用转速比相同(上辊:中辊:下辊=1:1:1)的三辊压延机,使预热的布和聚氯乙烯熔体相贴合,聚氯乙烯仅粘贴于布的表面。擦胶法是三辊速比不相同(上辊:中辊:下辊＝1:1.3～1.5:1)，而要求中辊转速比下辊稍大，这样在聚氯乙烯与布接触的过程中，其速度比布的移动速度大，能使塑料部分擦入布缝中，因此塑料与布间的粘合较牢。如图 5.75 所示。

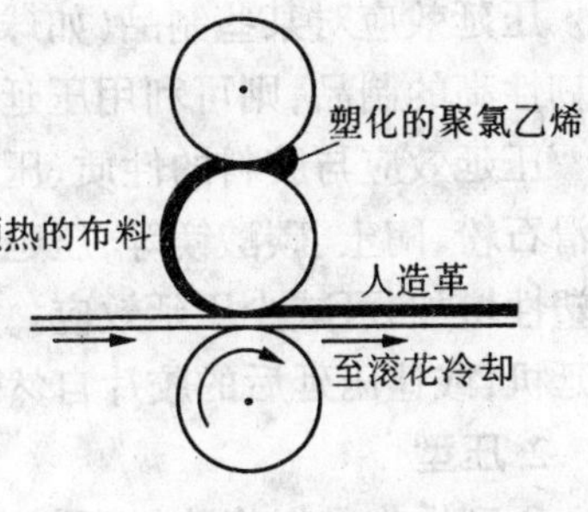

图 5.75　擦胶法生产人造革的工艺原理示意图

5.4.5　橡胶的压延

橡胶的压延工艺包括将胶料制成一定厚度和宽度的胶片；在胶片上压出某种花纹，以及在作为制品结构骨架的织物上覆上一层薄胶(如贴胶、擦胶)等。

压延的主要设备是压延机。压延机按辊筒数目分为双辊、三辊、四辊等。此外，还常配备有作为预热胶料的开放式炼胶机，向压延机输送胶料的运输装置，纺织物的浸胶、干燥装置以及纺织物压延后冷却装置等。

压延按压延物的类型分为三种。

1.胶片压延

预热好的胶片用压延机压制成一定规格的胶片，这种工艺过程称为胶片压延。胶片表面应光滑、无气泡，不皱缩，厚度均匀。

胶片压延工艺如图 5.76 所示。图(a)、(c)的中、下辊间不积胶，下辊仅作冷却用，温度要低；图(b)的中、下辊间有积胶，下辊温度接近中辊温度。适量的积胶可使胶片光滑而气泡少。四辊压延(图(c))所得的胶片规格准确。

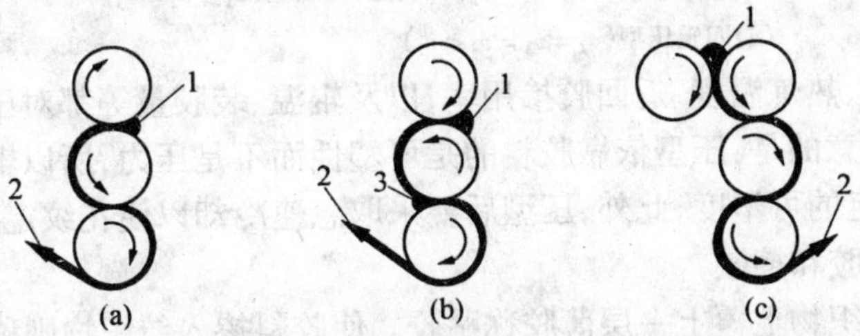

图 5.76　胶片压延示意图

(a)中下辊间无积胶　(b)中下辊间有积胶　(c)四辊胶片

1—进料　2—压片出料　3—积胶

胶片压延时，辊温应根据胶料的性质而定。通常，胶料含胶量高或弹性大的，其辊温应较高；含胶量低、弹性小的胶料，其辊温宜较低。为了使胶片在辊筒间顺利转移，压延机各辊筒应有一定的温度。例如，天然胶胶料会粘附在热辊上；胶片由一个辊筒转入另一个辊筒时，后者的辊温就应该高一些；丁苯胶胶料则粘附冷辊，所以后辊的辊温应低一些。

胶料的可塑性对胶片压延质量影响很大，要得到好的胶片，就要求胶料有一定的可塑度。胶料塑性小，压延后的胶片收缩大，表面不光滑。

压延后的胶片，它的纵向(胶片前进的方向)与横向的物理机械性能是不相同的。试验证明：纵向的扯断力比横向的大，伸长率比横向小，收缩率则比横向大。其他的物理机械性能也有相应的变化(即前述的压延效应)。这是由于胶料中橡胶和各种配合剂分子经压延作用后产生定向排列的结果。

压延效应对某些制品(如球胆)是有害的,能使制品发生纵向破裂,但对某些需要纵向强韧性高的制品,则可利用压延效应。

压延效应与胶料的性质、压延温度及操作工艺有关。胶料中使用各向异性的配合剂如滑石粉、陶土、碳酸镁等,压延效应较大;适当提高压延机的辊温或热炼的辊温,使胶料热塑性增加,可减少压延效应。热炼的胶料已有了压延效应,所以将热炼胶改换方向加入压延机,或让压延后的胶片自然缓缓冷却以减少压延效应。

2. 压型

压型操作是指将胶料压制成具有一定断面形状或表面有某种花纹的胶片的工艺。此种胶片用作鞋底、力车胎胎面等的坯胶。

压型用的压延机,其辊筒至少有一个在表面上刻有一定的图案。各种类型的压型方法如图 5.77 所示。其操作情况与压片相似。压型要求规格准确、花纹清晰、胶料致密性好。

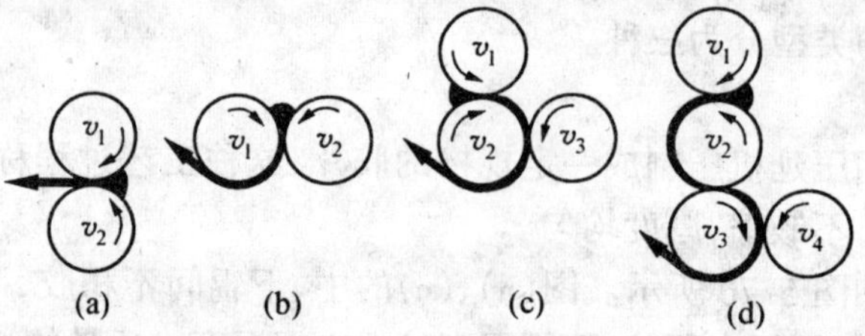

图 5.77　胶料压型示意图

(a),(b)两辊压型($v_1 = v_2$)　(c)三辊压型($v_1 \geqslant v_2 = v_3$)

(d)四辊压型($v_2 = v_3 = v_4 \leqslant v_1$)

胶料的可塑性、热炼温度、返回胶掺用率,以及辊温、装胶量等都对压型质量有很大的影响。尤其需要注意的是:压型依靠胶料的是可塑性而不是压力,所以辊筒左右的压力要平衡,胶料要有一定的可塑度,此外,压型后要采取急速冷却以使花纹定型。

3. 纺织物的贴胶和擦胶

用压延机在纺织物上覆上一层薄胶称贴胶。使胶料掺入纺织物则称为擦胶。贴胶和擦胶的目的主要是保护组织物以及提高纺织物的弹性。为此,要求橡胶与纺织物有良好的附着力,压延后的胶布厚度要均匀,表面无布折,无露线。

常用的四辊压延机一次双面贴胶以及三辊压延机单面两次贴胶的工艺如图 5.78 所示。

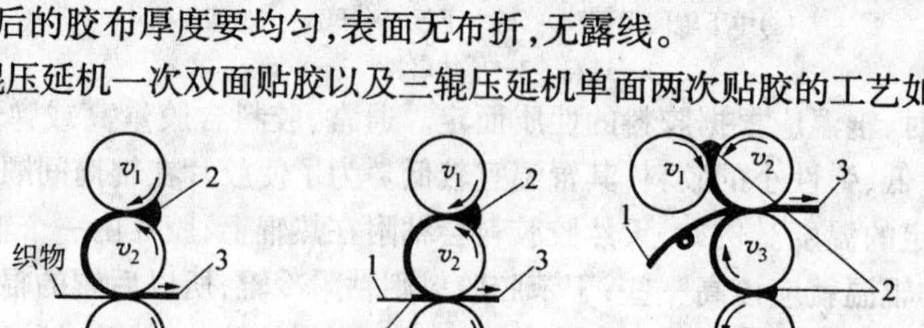

图 5.78　贴胶示意图

(a)无积胶贴胶($v_2 = v_3 > v_1$)　(b)有积胶贴胶($v_2 = v_3 > v_1$)

(c)四辊两面一次贴胶($v_2 = v_3 > v_1 = v_4$)

1—纺织物进辊　2—进料　3—贴胶后出料　4—积胶

贴胶的两辊速相等(即 $v_2 = v_3$),靠辊筒压力使胶压贴在纺织物上。供胶的两辊筒转速可相同或稍有速比(即 $v_2 > v_1$,即 $v_3 > v_4$),有速比利于除去气泡,胶也不易粘辊,粘贴效果好。

三辊压延机的贴胶也分两种:一种是中、下辊间没有积胶的贴胶;另一种是中、下辊间有适当积胶的贴胶,这种叫做压力贴胶。后者由于有堆积胶,胶料易于渗入纺织物中。

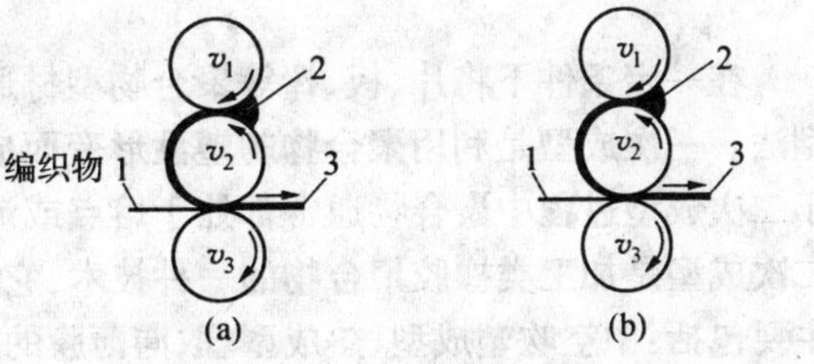

图 5.79 擦胶示意图

(a)中辊包胶($v_2 > v_1 = v_3$) (b)中辊不包胶($v_2 > v_1 = v_3$)

1—纺织物进辊 2—进料 3—擦胶后出料

擦胶是利用压延机辊筒的速比,把胶料擦到纺织物线缝和捻纹中去。常用三辊压延机或四辊压延机的三个辊筒进行单面擦胶,辊筒速度是中辊转速大于上、下辊,如图 5.79 中,$v_2 > v_1 = v_3$。擦胶又分中辊包胶与中辊不包胶两种。纺织物经过中、下两辊时部分胶料擦入纺织物,余胶仍包在中辊上,叫做中辊包胶法;反之,胶料全部擦到纺织物为中辊不包胶法。两者相比,中辊包胶法胶料的渗透好,胶与纺织物的附着力大,但纺织物表面覆胶少。中辊不包胶法情况正好相反。需要说明的是,中辊包胶要求胶料有良好的包辊性。也可采用在辊筒上涂增粘剂如松香酒精溶液或牛皮胶水溶液等方法,使胶包辊。

贴胶和擦胶的方法在生产上都已获得普遍采用,有些纺织物既可采用贴胶又可采用擦胶。贴、擦各有优缺点。贴胶法由于两辊筒间摩擦力小,对纺织物的损伤较少,同时压延速度快,效率高,但胶料对纺织物的渗透较差,会影响胶料与纺织物的附着力。此法适用于薄的纺织物或经纬密度稀的纺织物(如帘布),特别适于已浸胶的纺织物。擦胶法胶料浸透程度大,故附着力高,但易擦坏纺织物,对密度大的纺织物如帆布等较适用。

胶料的性能、纺织物的含水率和温度、压延的辊温和速度以及操作技术水平等都直接影响着织物的贴、擦胶质量。

4.几种橡胶的压延特性

天然胶热塑性大,收缩率较小,压延较易。天然胶的另一特点是易向热辊粘附,压延时应适当控制各辊筒的温差就能使胶片在辊筒间顺利转移。

丁苯胶收缩率较天然胶大,因此用于压延的胶料必须充分塑炼。胶料中增加软化剂、填料或掺入少量的天然胶是减少收缩的有效方法。此外,由于收缩快而裹入的空气多,因而气泡多又难于排除也是丁苯胶压延的一个特点。丁苯胶压延温度应低于天然胶(一般低 5~15℃),压延前胶料的热炼需多次薄通。

氯丁胶对温度敏感性大,通用型胶在 70~94℃时因胶粘辊而不易压延。为此,解决粘辊问题必须掌握辊温,即在低于或高于此温度范围进行操作。若压延质量要求一般,可采用低温法,即辊温不超过 60℃。若要求压延质量高的胶片,则可采用高温法,辊温高于 90℃。这样,胶料收缩率最小,能准确保持应有厚度,但压延层要迅速冷却。废料中掺入少量的石蜡、硬酯酸或掺用 10%左右的天然胶、顺丁胶均能减少粘辊现象。

5.5 高分子材料的二次成型

在一定条件下将片、板、棒等聚合物型材通过再次加工成型为制品的方法,称二次成型法。一次成型是利用聚合物的塑性形变而成型,二次成型是利用推迟形变而成型。由于二次成型过程中聚合物通常都处于熔点或流动温度以下的"半熔融"类橡胶状态,所以二次成型是加工类橡胶聚合物的一种技术,它仅适用于热塑性聚合物的成型。二次成型主要包括:中空吹塑成型、热成型、取向薄膜的拉伸和初生纤维的后加工等。

必须指出的是:这样的分类法并不很确切,因为一、二次成型法之间有时并没有明显的界限。

5.5.1 二次成型的粘弹性原理

聚合物在不同温度下,分别表现为玻璃态(或结晶态)、高弹态和粘流态,在正常相对分子质量($M_2 > M_1$)范围内,温度对无定型和部分结晶线型聚合物物理状态转变的关系如图 5.80 所示。可以看出,无定型聚合物在玻璃化温度 T_g 以上呈类橡胶状,显示橡胶的高弹性,在更高的温度(T_f)以上是粘性液体状;部分结晶的聚合物在 T_g 以上呈韧性结晶状,在熔点 T_m 附近转变为具有高弹性的类橡胶状,比 T_m 更高的温度才呈粘性液体状。聚合物在类橡胶状时的模量比 T_g 以下时要低,形变值大,但仍具有抵抗形变和恢复形变的能力,只是在较大的外力作用下才能产生不可逆的形变。聚合物的二次成型加工,就是在材料处于类橡胶状条件下进行的。聚合物在 $T_g \sim T_f$(或 T_m)间,既表现液体的性质又显示固体的性质。因此,在二次成型过程中聚合物会表现出粘性和弹性。

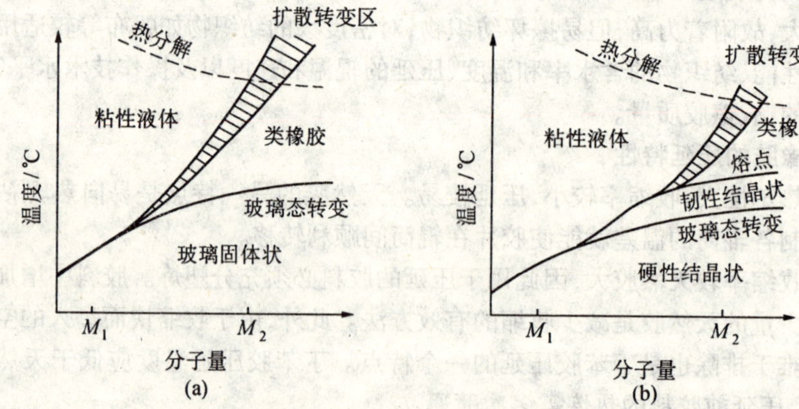

图 5.80 温度对无定型聚合物(a)和部分结晶聚合物(b)物理状态的转变关系

各种聚合物的 T_g 有很大差别。适用于二次成型的只能是那些 T_g 比室温高得多的聚合物。因为由它们所成型的制品在室温的使用条件下,才具有长时期的稳定性。

如取 T_g 比室温高得多的无定形聚合物,使其在 T_g 以上受热软化,并受外力(σ)作用而产生形变,此时如忽略通常很小的瞬时普弹性形变,同时由于材料的温度又低于 T_f,故其粘度很大,塑性形变几乎可以忽略,此时聚合物的形变可表示为

$$\gamma(t)=\gamma_{\infty}(1-e^{-t/t^*}) \qquad (5.11)$$

这种形变近似 Voigt 模型的推迟形变(图 5.81)。若这种形变充分保持在 $t=t_1$ 时,则形变近似于极限 γ_{∞}。当于时间 t_1 除去外力时,塑料形变可用 $\sigma=0$、$t=t_1$ 和 $\gamma=\gamma_{\infty}$ 的边界条件求解,则形变回复为

$$\gamma=\gamma_{\infty}e^{-(t-t_1)/t^*} \qquad (5.12)$$

由式(5.12)给出的形变是以产生形变的相同速度迅速回复的(将 γ 降低到 γ_{∞}/e 时所需时间 $t-t_1$ 相当于此温度下的平均推迟时间 t^*)。若使其形变至 γ_{∞} 后,再将它置于比 T_g 低得多的室温下,则式(5.12)中的指数项接近于 1,因此,链节的运动被完全冻结,形变回复几乎看不出来,仍被冻结在 $\gamma=\gamma_{\infty}$ 处,成型物的形变就被固定下来,如图 5.81 曲线所示,这就是二次成型的原理。

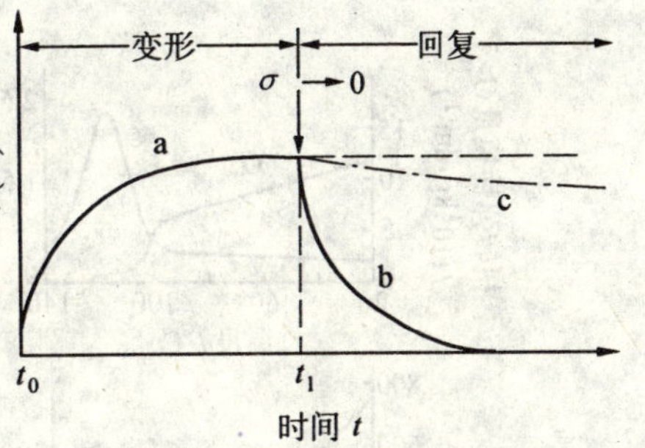

图 5.81　二次成型时聚合物形变-时间曲线

a—成型时变形温度 $T>T_g$

b—变形的回复温度 $T>T_g$

c—变形的回复温度 $T=$ 室温 $\ll T_g$

对于 T_g 比室温高得多的无定型或难于结晶的聚合物(如聚氯乙烯、聚甲基丙烯酸甲酯和聚苯乙烯等),二次成型通常按下述方式进行:①将该类聚合物在 T_g 以上的温度下加热,然后使之产生形变并成型为一定形状;②形变完成后将其置于接近室温下冷却,使形变冻结并固定其形状(定型)。

结晶聚合物形变过程则在接近熔点 T_m 的温度下进行,此时粘度很大,成型可按前述方式一样考虑,但其后冷却定型的本质则不同于无定型聚合物。结晶聚合物冷却定型过程中产生结晶,分子链本身因成为结晶结构的一部分或与结晶区域相联系而被固定,不可能再产生基于热弹性的蜷曲回复,从而达到定型的目的。

二次成型的温度以聚合物最易产生形变且伸长率最大的温度为宜,对许多无定型热塑性聚合物而言,最宜成型温度与其 T_g 相当。Kleine Albens 研究认为,在 1r/s 的低频下,最宜加工温度应选在力学损耗(A)的峰值处。如图 5.82 所示,硬聚氯乙烯($T_g=83$℃)最宜成型温度为 92~94℃,而聚甲基丙烯酸甲酯最宜成型温度($T_g=105$℃)为 118℃。

由于二次成型所产生的形变具有可回复性,实际被冻结的有效形变(残余形变)的数值与成型条件有关,随着冻结温度(模温)的升高,成型制品因可回复形变的成分增加而使有效形变减小,所以模温不宜过高,以处于材料的 T_g 以下最好。同时,升高成型温度,材料中弹性形变成分减少。图 5.83 系 Buchmann 对硬聚氯乙烯二次成型条件的研究结果,它说明 85℃以下对该塑料加热时收缩很小,塑料所获得的形变几乎能 100% 的固定,但在 T_g 以上加热使塑料收缩时,随收缩温度提高,制品的形变值增大,即残余形变减小。从图中还可看出:在相同的收缩温度下,较高温度比较低温度成型的制品有更高的残余形变,说明较高温度下成型的制品形状稳定性较好,有较强的抵抗热弹性回复的能力。但二次成型中材料的伸长率(δ)在 T_g 以上的一个适当温度可达最大值,在太高的温度下则得不到稳定的形变(即相对伸长率相反地急剧下降),这是因为在高温、长时间(特别是低速成型)受热下,聚合物粘度低、强度小,并可能有热分解,以致聚合物受力时容易龟裂,伸长率

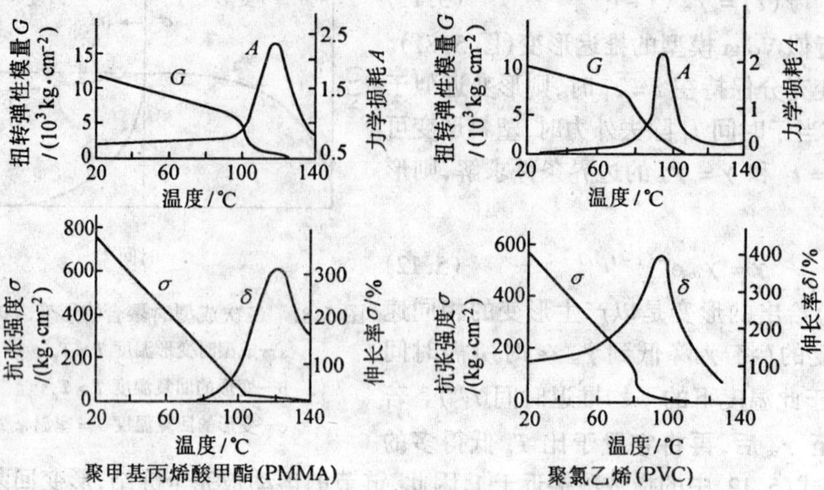

图 5.82　二次成型法的最佳成型温度及力学损耗

降低。此外,成型速度(完成一给定形变所需时间或在某一定时间内的形变率)也影响成型温度下材料的伸长率,例如硬聚氯乙烯在各种成型温度下的伸长率,随成型速度变化的关系如图 5.84 所示。一般地说,在 T_g 以下的温度下成型速度慢,能获得较高的伸长率,而在 T_g 以上的温度下则成型愈快,伸长率反而愈高,这是因为在高温下缓慢成型时,有充分时间产生龟裂,而龟裂处成为应力集中点,以致得不到所需的稳定伸长形变。因此,成型温度应根据材料的伸长率和抗张强度并结合成型速度综合考虑。一般以硬聚氯乙烯为例,最适宜的成型温度为 92 ~ 94℃,成型速度为 100% ~ 400%/min。

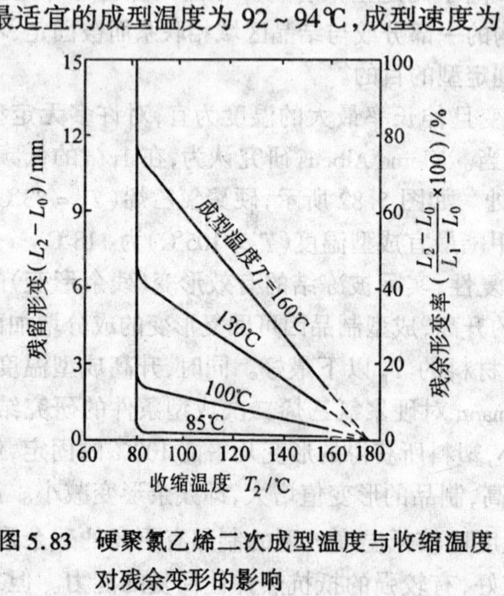

图 5.83　硬聚氯乙烯二次成型温度与收缩温度对残余变形的影响

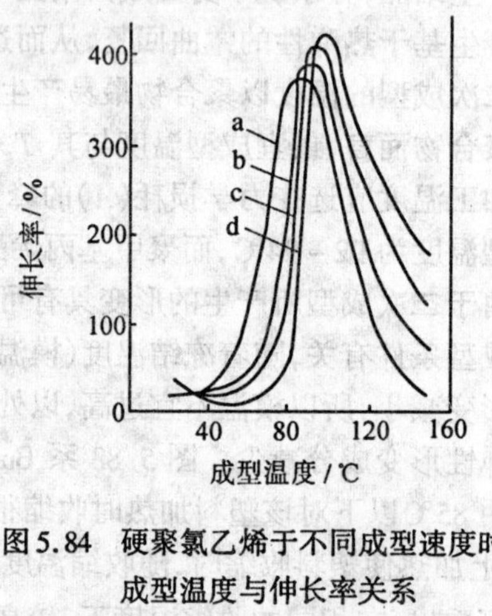

图 5.84　硬聚氯乙烯于不同成型速度时成型温度与伸长率关系

成型速度:a—10%/min　b—100%/min　c—1 000%/min　d—6 000%/min

5.5.2　中空吹塑成型

吹塑也称中空吹塑,是指借助压缩空气的压力将闭合模具内处于熔融状态的塑料型坯吹胀成中空制品的一种成型方法。

吹塑的主要形式有注射吹塑、挤出吹塑和拉伸吹塑三种，但后者不能独立成为一种加工方法，必须与注射吹塑或挤出吹塑结合起来形成注射拉伸吹塑或挤出拉伸吹塑。尽管在形式上有差异，但吹塑过程的基本步骤是相同的，即熔化物料→将熔融物料制成管状物或型坯→将型坯置于吹塑模具中熔封→利用压缩空气将模具内型坯吹胀→冷却→取出制品→修整。

1. 挤出吹塑

挤出吹塑是吹塑工艺中最主要的方法。适于PP、PE、PVC、PET、其他热塑性工程塑料、热塑性弹性体等聚合物及各种共混物，主要用于成型包装容器、储存罐及大桶(容积1mL~10 000L)，也可成型工业制件。

挤出吹塑机械主要由挤出机、型坯机头、吹塑模具与合模装置等构成。挤出吹塑中，型坯的吹胀是在聚合物的粘流态下进行的，故可取得较大的吹胀比，吹塑制品与吹塑模具的设计灵活性较大。挤出吹塑成型过程是：①通过挤出机将塑料熔融并成型管坯；②将管坯送入吹塑模具中，闭合模具夹住管坯，插入吹塑头；③通入压缩空气，在压缩空气的作用下，使型坯膨胀并附着在型腔壁上成型；④成型后保压、冷却、定型并放出制品内的压缩空气；⑤开模取出制品，切除尾料。挤出吹塑用的模具除在小批量生产或试制时采用手铰链式模具外，在成批生产中均采用对开式结构。挤出吹塑成型方法的优点是挤出机与挤出吹塑模具的结构简单，其缺点是易造成制品壁厚不一致。挤出吹塑在吹塑中应用最为广泛，所生产的中空制品约占吹塑成型制品的90%。挤出吹塑又可分为连续挤出吹塑和间歇挤出吹塑两类。

2. 挤出吹塑工艺过程分析

挤出吹塑工艺主要涉及材料的选择和加工条件两个问题。在选择材料时要考虑到聚合物的结构对熔体强度和型坯垂伸的影响，材料结构上的差异将使制品性能有所不同。在采用间歇挤出吹塑时，要考虑所用材料的相对分子质量分布是否适于这种加工，因为储料缸口模生产型坯的速率很高，容易产生熔体破裂，从而影响制品外观。考虑加工条件时，在保障熔体塑炼均匀的前提下，熔体温度应稍低为宜，这样可以提高熔体强度，降低垂伸现象。

挤出吹塑过程中值得认真讨论的共性问题主要有型坯的形成、型坯的吹胀、截坯口的设计及型坯的冷却和固化时间等。

(1)型坯的形成。从制品设计和经济角度考虑，在型坯整个长度上，在吹塑模闭合之前必须控制其形状和厚度。这样，才能保证制品的壁厚分布均匀而且又最轻。影响型坯的因素有口模的结构、聚合物的分子参数和操作条件等。

(2)型坯的吹胀。吹塑模型腔的造型对制品壁厚分布的影响是显著的，所以有必要了解型坯吹胀变薄与模腔造型的关系。设计吹塑模型腔时，需参考型坯壁厚变化比的经验公式。

(3)截坯口的设计。大型中空制品要求强度和刚度高，密封性好。而截坯口所形成的接合缝是影响密封的关键部位。如果截坯口设计不当，会使接合缝的厚度过小，甚至截面成V形造成接缝处的强度低和泄漏。截坯口的作用不仅是截断余料，还有将熔体推进接合缝而起到增厚的作用，即接缝处的厚度不仅不小于制品厚度，而且应稍微突出且大于壁厚。因此，应根据聚合物特性、制品大小及加工设备的情况对截坯口进行设计。

(4)型坯的冷却和固化时间。冷却阶段是整个吹塑周期中最长的部分，为了提高生产效率，需要提高冷却速率。但是，高的冷却速率会使制品产生冻结应力和缺陷。因此，要考虑优化冷却装置。在设计模具时对厚壁部分和截坯口区域应加强冷却。

3. 注射吹塑

注射吹塑是先用注射法将塑料制成有底型坯，然后将它移至吹塑模具中制成中空制品。这种方法可生产用于日用品、化妆品、医药、食品等的包装容器，但其容积不得超过2L。常用的塑料有PE、PS和PVC等。与挤出吹塑相比，注射吹塑的制品具有壁厚均匀、瓶颈尺寸稳定、废料少、更换模具容易等优点，但模具费用较高，型坯温度不宜控制，不能生产有柄制品，只适合生产大批量小型的精密容器。注射吹塑工艺是在专用设备上实现的。这种设备一般是由三个相距120°的工位组成，并设有自动运转的回转架。也有相隔180°的两工位机构或相隔90°的四工位机构。

注射吹塑工艺过程分两阶段：第一阶段，由注射机将熔体注入带吹气芯管的管坯模具中成型管坯、启模后，管坯带着芯管转到吹塑模具中。第二阶段，闭合吹塑模具，压缩空气通入芯管吹胀管坯成型制品，冷却定型后启模取出制品。当管坯转到吹塑模具中时，下一个管坯成型开始。注射吹塑工艺过程如图5.85所示。同普通注射成型比较，注射吹塑在注射型坯时最重要的是控制模温，使聚合物的温度在高弹态温度范围内，既能脱模，又能在吹塑工位吹胀，因此，注射模要用油加热/冷却。

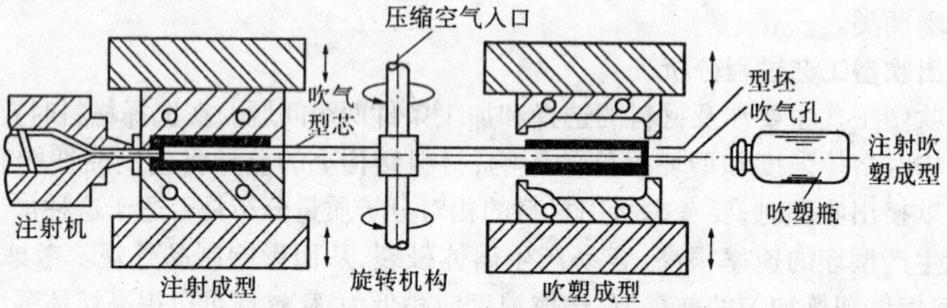

图5.85　注射吹塑工艺过程示意图

在注射吹塑中，设计型坯的厚度为1～5mm。芯棒的直径实际上取决于制品最大内径。为了确定型坯的厚度，必须知道制品的壁厚和最大内径。

4. 拉伸吹塑

拉伸吹塑是用挤出、注射等方法制成型坯，然后将型坯加热至拉伸温度，经内部(如芯棒)或外部(如夹具)的机械力作用而进行纵向拉伸，同时或稍后经压缩空气吹胀而进行横向拉伸。因此拉伸吹塑实质上是双向拉伸吹塑，又称双轴取向吹塑。根据型坯制造的方法，将拉伸吹塑分为注射拉伸吹塑和挤出拉伸吹塑。根据型坯的受热经历可进一步分为一步法(热型坯法)和二步法(冷型坯法)。

(1)注射拉伸吹塑

注拉吹主要用于聚酯瓶的成型，可采用一步法注拉吹和二步法注拉吹。一步法注拉吹其型坯是热的，它把预制型坯、拉伸和吹塑三个工序在一台设备中完成。所用设备是由注射装置、注射模、调温装置、吹塑模和锁模装置等组成的。

在成型型坯时，注射机将熔融塑料注入预制型坯模内，模具处于垂直位置。冷却后模具型芯向上，模腔部分向下移动，然后由转台将型坯旋转到加热调温工位，达到所需温度后再转至拉伸吹塑工位进行拉伸、吹胀和冷却定型。最后转至顶出工位将瓶子顶出。用一步法制瓶具有投资低、制品外观好等优点，其缺点是效率低、预制型坯设计不易优化、操作控制要求高、产品质量不易控制。

二步法注拉吹是将预制型坯和拉伸吹塑分开进行的。第一步是用注射法制得型坯。第二步是将预制型坯在烘箱中预热，用夹具将其夹住并以一定的速度转动。当预制型坯内外层温度已达到平衡时，离开烘箱并将其放到托架上，运送到拉伸工位进行成型。二步法的注射条件与一步法类似，所不同的是二步法所用的预制型坯需冷却至玻璃化温度 T_g 以下，使其处于非晶态。

早期的二步法是用 8 型腔热流道注射模注射预制型坯，现在可用 48 型腔热流道注射模成型，大大提高了生产效率。二步法生产聚酯瓶成本低，质量(隔离性和强度)好，还可集中生产预制型坯，分散加工瓶子。其缺点是投资大，耗能高。

(2)挤出拉伸吹塑

挤拉吹的一步法主要用于 PVC，二步法主要用于 PP 和 PVC。

一步法挤拉吹是将挤出的型坯置于预吹塑模中进行预吹胀和封端(瓶底)，再将预制型坯调温到适于拉伸取向的温度，然后将其置于成型模中进行纵向拉伸、吹胀和冷却定型。图 5.86 为 PVC 瓶的挤拉吹过程。拉伸吹塑设备是由挤出机、型坯口模、预吹塑模、成型模、回火箱和锁模装置等构成的。由于拉伸吹塑的双轴取向作用，故制得瓶子的强度高、光泽好、成本低，但投资较高。

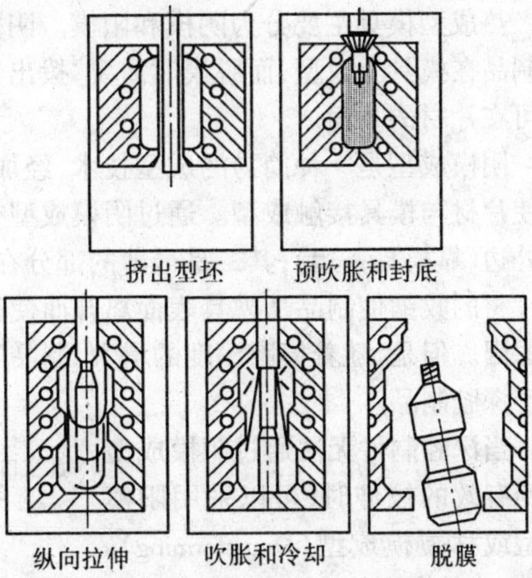

图 5.86　PVC 瓶的挤拉吹过程

二步法挤拉吹是将挤出的型坯冷却结晶，然后将型坯在低于熔点的温度加热，以保持其结晶结构，并进行拉伸和吹塑。用二步法制得的瓶子改进了低温脆性，提高了强度、透明度和阻隔性等，可用于食品包装。

5. 多层吹塑

多层吹塑是用注塑法或挤出法制取的多层型坯制造中空制品的吹塑方法，所得制品具有阻隔氧、二氧化碳和湿气的特点，而且具有耐化学药品性，可用作饮料瓶、燃料罐和化学药品的容器，但成本较高。多层吹塑一般采用共挤法制得型坯再经吹塑制得制品。如前所述的挤出吹塑一样，共挤出吹塑的多层型坯成型也有连续与间歇两种方式，但多采用连续方式。共挤出吹塑机械与单层挤出吹塑机械的主要差别在于挤出系统与共挤出型坯机头。各种聚合物由各自的挤出机熔融混炼成均匀的熔体后泵入共挤出机头内复合。温度、流变性能不同的熔体要在机头内良好地复合在一起，因此，共挤出机头是共挤出吹塑的关键。多层型坯的吹胀、冷却过程与单层型坯的类似。共挤出采用的吹塑模具与单层挤出吹塑模具很类似，只是夹坯口刃要特殊设计，因为采用像单层吹塑模具的夹坯口刃设计时，制品上接合缝的粘合强度会变低，造成脱层现象。为此，要采用增强型的夹坯口设计，使制品内层两边的接触面积达到最大，从一边到另一边密封外层，并夹住中间几层，以提高夹坯区各层的粘合性与接合缝强度，这对包装化学试剂等多层容器尤其重要。

5.5.3 塑料热成型

热成型是以各种热塑性塑料片材为成型对象的二次成型技术，主要包括真空成型、压力成型、模塞辅助成型及它们的组合。所有这些成型技术都需要采用压力(或真空)迫使热的热塑性塑料片材作用于模具表面，从而达到加工的目的。

1. 热成型方法

热成型技术的特点之一就是成型方法的多样性和价格的合理性，当材料和模具可以选择时，首先应考虑采用哪一种热成型方法。

(1)基本阴模、阳模成型

热成型模具主要分为阴模和阳模。阴模制品在模具内成型，而脱模时只需“取出”；阳模制品在模具上成型，而脱模时需要“拔出”。无论阴模或阳模成型，既可在片材的上面，也可在片材的下面。

阴模成型是一种简易的成型技术，经加热的片材被夹在阴模或模盒上，通过真空或气压使片材与模具接触成型。通过阴模成型得到的制品有两个特征：其一是最清晰的细节在外边(靠模具一边)；其二是最薄的部分在角落(那里的模具底部挨着侧边)。由于冷却时片材的收缩使制品从模具表面离开而使得脱模容易，这也是阴模成型受欢迎的一个主要原因。但是，随着模腔深度的增大，制品底部转角处的壁厚将变得很薄，因此它不适于生产深腔制品。

当深腔制件无法通过阴模成型得到有效的拉伸时，可以采用阳模成型或称覆模成型(Drapeforming)。该方法是在施加真空或气压之前，先将加热的片材预拉伸，覆盖在模具上，拉住模具平台的边缘以获得必要的封闭，使空气能够从片材与模具之间被抽走。

(2)阳模快速反吸真空成型

图 5.87 是阳模快速反吸真空成型示意图。成型过程中，受热片材被缓慢拖进一个真空腔，由微小的压力差使片材受到预拉伸而产生一个预定深度。这种“膜泡”的高度

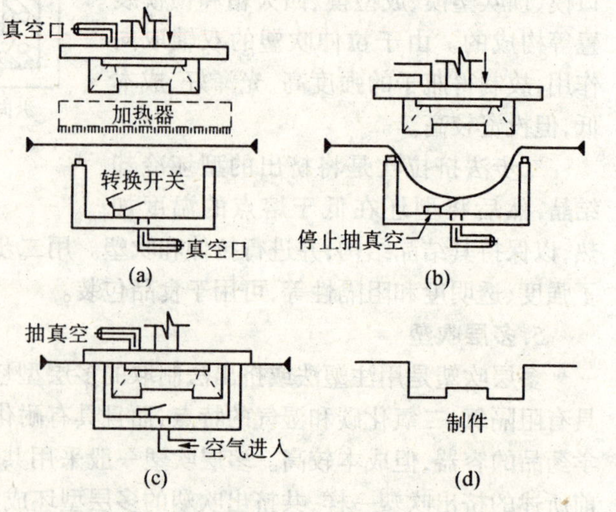

图 5.87 阳模快速反吸真空成型示意图

(a)片材加热 (b)预拉伸 (c)上模、反吸 (d)制件

通常是通过“电子眼”来控制的，当“膜泡”高度达到设计高度时，模具便落下进入“膜泡”，使模具边缘密封住真空箱，这时箱内可由真空恢复到正常气压而片材通过抽真空被吸在模具上。该方法可使材料分布大为改善，可以成型深腔制品并可消除一些不必要的薄壁部位，适合于生产形状复杂的制件。

(3)气胀阳模反吸真空成型

图5.88是气胀阳模反吸真空成型示意图。该成型工艺是将加热的塑料片材密封在压力箱上，然后使片材向上吹泡，当片材的预拉伸接近35%～40%时，模具进入“膜泡”并与压力箱接触密封，通过模具的抽真空而将制品反吸到模具上。在此过程中，阳模不仅起辅助模塞的作用，而且使塑料成型，甚至执行冷却任务。该成型方法由于气胀作用可使材料分布大为改善，但是仍表现出阳模成型特有的材料移动或变薄现象。

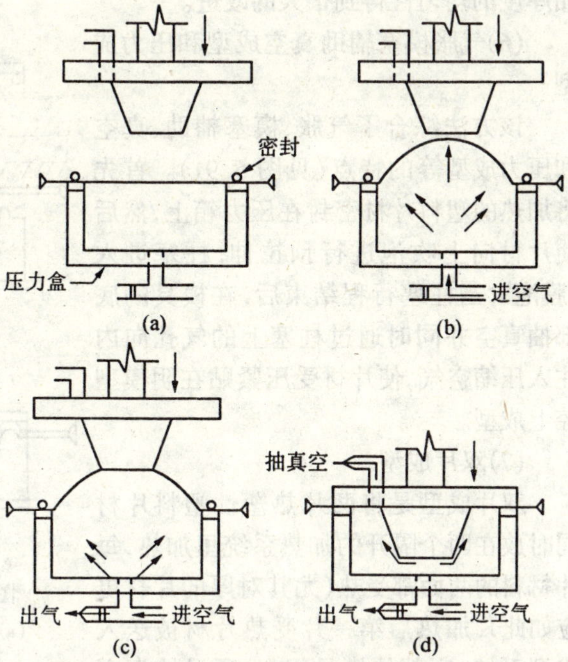

图5.88 气胀阳模反吸真空成型示意图

(a)密封 (b)吹泡 (c)上模 (d)反吸成型

(4)模塞辅助阴模真空成型

如图5.89所示，塑料片材经加热软化后，柱塞开始工作，片材被柱塞拉伸并随柱塞下降，当片材下降到一定程度时，片材与阴模上部边缘完全接触而密封，此时开始对阴模抽真空，片材继续被拉伸紧贴阴模表面而成型。由于柱塞的冷却作用，制品先接触柱塞的部位厚度较厚。柱塞的形状变化可以改变制品的厚度分布，因此柱塞设计是决定制品最后形状的关键因素。

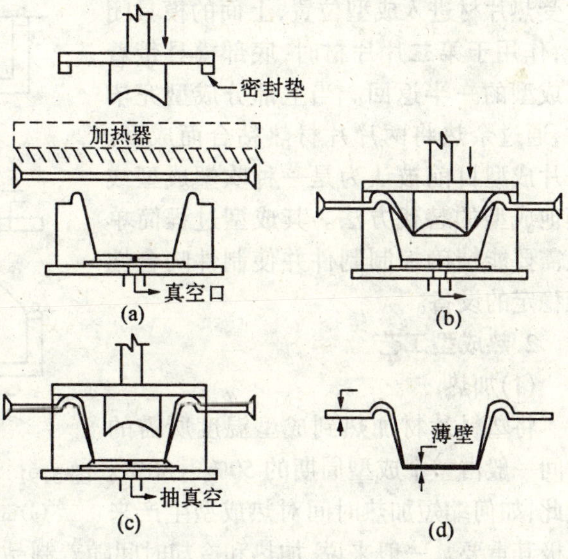

图5.89 模塞辅助阴模真空成型示意图

(a)加热 (b)压柱塞 (c)抽真空 (d)制品

(5)模塞辅助阴模压力成型

模塞辅助压力成型(见图5.90)与模塞辅助真空成型很相似，当柱塞底面压紧并密封时，通过柱塞上开设的气孔向模腔内吹入压缩空气，使片材受压紧贴在阴模型腔上成型。同时柱塞温度对成型的影响也很大。采用合适的柱塞设计、柱塞温度和柱塞压力可使制品厚度的均匀性得到很大的改进。

(6)气胀模塞辅助真空成型和压力成型

该方法综合了气胀、模塞辅助、真空和压力成型等的特点(见图5.91)。首先将加热的塑料片材密封在压力箱上,然后使片材向上吹泡进行预拉伸,柱塞进入"膜泡",当柱塞行程结束后,在模具的底部抽真空并同时通过柱塞上的气孔向内注入压缩空气,使片材受压紧贴在阴模型腔上成型。

(7)双片成型

双片成型是将两片热塑性塑料片材同时放在两个隔开的加热系统里加热,每片材料的两面都受热(尤其对厚的片材更应如此),加热后第一片受热片材被送入成型系统,底部的模具闭合,通过抽真空使受热片材进入模具底部,此时得到的是完整制品的一半。撤去底部模具,让第二片受热片材进入成型位置,上面的模具闭合,作用于第二片片材时,底部模具带着已成型的一半返回。当上部分成型完毕时,通过余热将两片片材热粘合而成型。双片成型目前被认为是一种吹塑成型或其他成型的替代方法。其成型过程简单但需要能精确控制制件并使制件吻合性能稳定的设备。

2.热成型工艺

(1)加热

将塑料片材加热到成型温度所需的时间一般占整个成型周期的50%~80%。因此,如何缩短加热时间对热成型生产来说极其重要。一般来说,加热和冷却时间随着制品厚度和材料比热容的增大而延长,随着片材热导率和热扩散系数的增大而缩短,但这种变化并不呈线性关系。

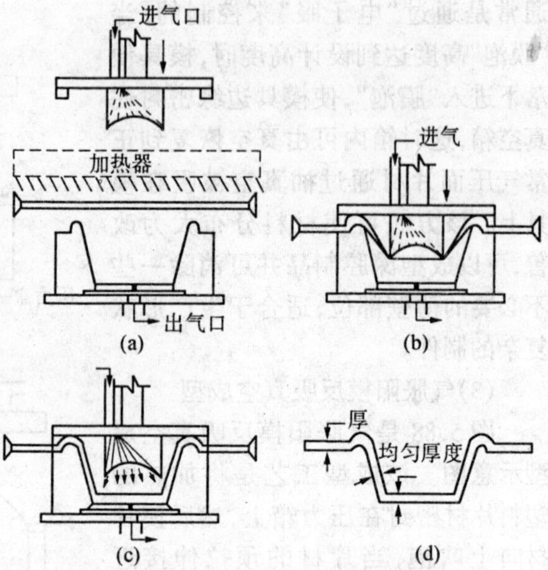

图5.90 模塞辅助阴模压力成型示意图
(a)加热 (b)压柱塞/吹气 (c)吹气 (d)制品

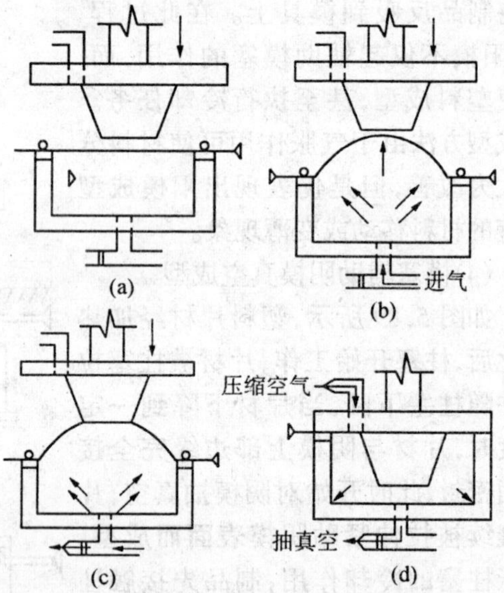

图5.91 气胀模塞辅助真空成型和压力成型示意图
(a)密封 (b)吹胀 (c)压柱塞 (d)吹气/抽真空

加热效果的好坏很大程度上影响壁厚分布的均匀性,其与板材厚度、加热速度、加热单元区域控制有关。片材的厚度应尽可能均匀,公差通常不应大于4%~8%,否则易出现温度不均而产生内应力。由于塑料热导率小,对厚片材加热时如采用单面加热,往往会造成一面温度过高而另一面加热不足,因此最好采用双面加热、预热或高频加热来缩短加热时间。

片材产生熔垂的原因是热膨胀和熔体流动所致。热膨胀是所有非取向片材在加热过程中的普遍现象,而熔体流动主要依赖于塑料的熔体粘度。采用取向片材在一定程度上可以克服熔垂现象,但任何过热的片材均会产生熔垂现象。控制熔垂的最普通方法是控制加热时间和缩短片材在烘箱内的停留时间。

为防止各部分因拉伸不同而造成制品厚薄不均,可在加热时将成型中拉伸较为强烈的部分遮蔽,使该部分减少受热并保持温度相对较低,以防止变形过大引起的壁厚过薄。现在也可采用程序加热等方法使片材各处受热温度不同来解决变形程度不同而引起的壁厚不均现象。但这些技术往往需反复试验或采用 CAE 模拟技术来设计加热工艺。

(2)成型速度

模具动作由液压、气压或者伺服电动机驱动。模具运行速度可以分级进行控制,一般选择先快后慢方式,速度调节范围为 200 ~ 1 000mm/s。模具动作快慢必须与预拉伸速度相配合,如果动作太慢,则板材温度降低,不利于成型,而动作太快可能造成板材撕裂。对于一定厚度的片材在适当提高加热温度的同时应采用较快的成型速度。

其他还有拉幅膜的成型与上述原理相同,此处不详述。

5.5.4 纤维的后拉伸和热处理

用不同的纺丝法制成的初生纤维,虽然具有纤维的基本结构和性能,特别是经过纺丝过程中的初步拉伸和定向后,纤维已具有一定的结晶度和取向度,但是纤维的物理机械性能还不适宜做纤维成品。这是由于它的取向度和结晶度还较低,结晶还不稳定,结构也不紧密,它的强度和模数都不够高,延伸率较大,所以这种初生纤维容易变形,纤维的外形和尺寸不稳定,需要进一步加工及处理。初生纤维的进一步加工不仅强化了纤维的结构,提高了它的取向度和结晶度,同时还可改善它的综合性能。此外,要求进一步除去纤维中的不纯物质,如干法纺成的丝线中还残留不少溶剂需要除去,湿法制成的初生纤维中还有不少溶剂及凝固浴中带入的杂质或盐类等需要除去。所以初生纤维的进一步加工及处理又称为纤维的第二次加工。

1.初生纤维的拉伸取向过程

初生纤维进行拉伸取向的生产过程是纤维分子结构发生取向结晶重排的过程。在外力作用下纤维直径变小,纤维沿作用力作用的方向发生变形,使纤维中柔曲的分了链沿作用力的方向单向变形、重排和取向,同时产生结晶作用。拉伸取向过程中无论是无定形的或结晶形的聚合物,分子链的链段及整个大分子都有可能沿外力作用方向进行排列,分子间的距离缩小,结构变紧密,分子间的相互作用力增大,物理机械性能随拉伸倍数的增加而改变。

在拉伸过程中,纤维结构的变化,分子链或链段取向度的增大,使分子构象数目减少,蜷曲的分子链转为排列整齐和舒展状态,所以纤维的强度指标上升。拉伸取向后纤维的强度可提高 4 ~ 9 倍。取向度达最大值的纤维的强度可接近理论值。例如未拉伸的聚酰胺 – 6 纤维的强度为 25MPa,高度取向后可超过 150MPa,提高了 4 倍多。表 5.5 的数据说明聚酰胺 – 6 纤维的性能随拉伸倍数的增加而变化。当聚酰胺 – 6 拉伸 1.15 倍时,强度为 1.44g/tex，伸长率为 389%，密度为 1.1327g/cm³，双折射 Δn 为 11.9×10^{-3}。当伸长 4 倍时，强度提高到 4.75g/tex，伸长率下降到 24%，双折射 Δn 上升为 53.5×10^{-3}。这些数据有力地说明拉伸取向后纤维性能的变化。特别要指出的是，纤维的双折射指标，它既是纤维的光学性能指标也是纤维取向度变化的指标。未取向的纤维的光学性能是各向同性的，即纤维对光的折射率在不同方向上相同。取向度越大，折射率之差就越大。纤维的双折射是测量纤维在两个相互垂直方向的折光率之差，一般表示为

$$(n_{/\!/}-n_{\perp})=B\lambda=\frac{R_0}{D}=\frac{\lambda\delta}{2\pi D} \tag{5.13}$$

表 5.5 聚酰胺－6 的拉伸倍数与性能的关系

聚酰胺－6 拉伸	强度 /(g·tex⁻¹)	伸长率 /%	密度 /(g·cm⁻³)	双折射 $\Delta n/10^3$	聚酰胺－6 拉伸	强度 /(g·tex⁻¹)	伸长率 /%	密度 /(g·cm⁻³)	双折射 $\Delta n/10^3$
1.15	1.44	369	1.1327	11.9	3.5	4.20	48	1.1367	46.0
1.50	1.70	259	1.1331	2.0	3.8	4.60	34	1.1360	49.5
2.0	2.26	133	1.1337	42.5	4.0	4.75	24	1.1385	53.5
2.5	2.80	75	1.1324	43.2	3.8(二段)	6.25	41	1.1445	54.2
3.0	2.61	67	1.1324	43.8					

式(5.13)中的($n_{/\!/}-n_{\perp}$)为与拉力平行和垂直的两个方向的折光率之差，用 Δn 表示；B 是每厘米厚样品的光程差，以光的波长为单位；R_0 为光的速度；λ 是光的波长(cm)，σ 为两个方向上的相差(单位为孤度)，D 为试样厚度。

双折射指标的上升不仅证明纤维取向度增加，而且也证明纤维结晶度增加，纤维的密度因分子链整齐排列而增加。

纤维拉伸取向过程是在纺丝过程中初步拉伸取向的基础上进行的。纤维加工中进一步的取向情况与纤维上受力情况有关。在纺丝过程中，纤维的初步取向随每段的速度而变化，如在第一段内主要是在喷丝孔中流动，液体细流沿孔轴方向形成剪切流动，分子强迫取向，由于温度高，粘度低，分子间相互作用力小，取向是不稳定的。在此段不产生结晶作用，速度梯度 $\mathrm{d}u/\mathrm{d}r\geqslant0$。第二段为细流膨胀段，原在孔中取向的分子链由于应力松弛作用而产生解取向，这时的速度梯度为负值。第三段由于丝线的温度下降，在拉伸力的作用下，速度梯度为正值。纤维拉伸后直径变细，取向度增大，初生纤维的取向是在此段完成的。第四段为固态纤维，纤维直径变化不大，此段取向过程近于停止。经过这四段后形成的初生纤维具有一定的取向度，这样的纤维在拉伸过程中能进一步取向和产生结晶作用。初生纤维的拉伸取向不同于纺丝过程中的取向，它是在一定温度下进行的。由于取向拉伸的温度是恒定的(或接近恒定)，从而保证了纤维各部分均匀取向和结晶，纤维的质量才均匀。适当升高温度进行拉伸有利于分子重排，减少拉伸过程中分子链的阻力，使分子链沿受力方向重排而不出现机械断裂现象。

非晶态纤维的取向过程是在 T_f 至 T_g 之间进行的，即在高弹态进行。在取向过程中，分子链段和链间的结构单元发生相对运动。它们可能是链段的取向，也可能是整个分子链的取向。所以只有在 T_g 以上的温度时，分子链才具有较大活动性，才容易取向，取向速度较快。同时也只有当拉伸的外力大于分子链的活动力时，纤维的取向变形才能固定下

来。取向的速度主要决定于温度、外力大小和拉伸速度。

结晶性纤维取向,不同于前者。在拉伸过程中结晶体分子链间作用力的方向重排,原来纤维中的部分晶体被破坏,重新沿作用力方向取向结晶,其中的微结晶体也产生重排。结晶态纤维在拉伸取向中经常容易出现"细颈"现象,所谓"细颈"就是纤维在变形中出现粗细变化,纤维中一部分较粗,另一部分又很细,在应力稳定不变或很少变化的情况下继续产生变形。结晶体的变形曲线如图 5.92 所示。曲线分为五段,o—a 段为最初阶段,变形不大,而应力增加较快,应力与应变的速比较大。第二阶段为 a—b 段,此段斜率下降,变形相当于强迫高弹变形,而 b 点为屈服点,此点应力为屈服应力。第三段 b—c 段,此段变形大而应力变化极小,纤维上出现"细颈"不均匀的变形。第四段为 c—d 段,此段将已出现的"细颈"又进一步拉伸,到 d 点"细颈"消失,所以变形特别大,取向度不断增加,而应力维持平衡值。第五段为 d—e 段,过 d 点纤维被拉伸变形不大,而应力增加很快,这时纤维受到均匀的拉伸和取向,到 e 点纤维将发生断裂,强度达极限值。

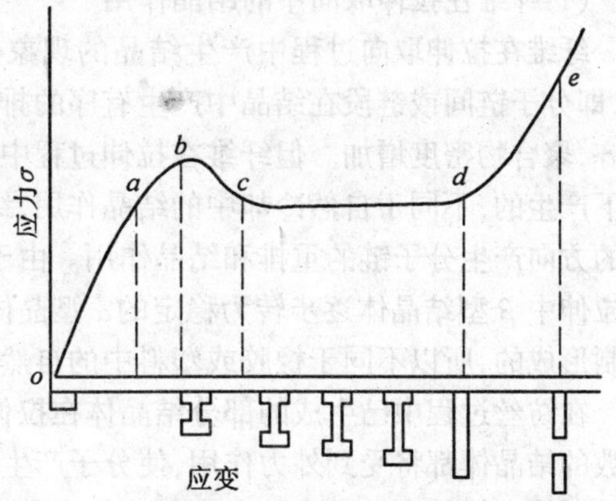

图 5.92 拉伸过程的不均匀现象和应力 - 应变曲线

"细颈"现象是结晶类纤维在拉伸到一定伸长率时出现的,它与温度有关。在较高温的情况下不易出现此现象;在温度适当、分子链活动力较小、作用力较大时,拉伸时易出现此现象。

初生纤维中生成的部分晶体为不稳定的 β 型晶体,或称为六角形晶体,在冷却放置中或外力作用下可以转化为单斜晶体(α 晶体)。拉伸倍数越大取向度越大,结晶度也越大,拉伸比与结晶度的关系如下:在拉伸时开始形成的为 β 型结晶体,拉伸倍数增加后,温度升高才转为 α 型晶体,β 型的结晶体在拉伸中逐渐减少,α 型的晶体逐渐增多。

在拉伸取向中强化了纤维结构,提高了纤维的综合性能,但是在此过程中由于温度、变形受力、设备和操作等因素也可能引起纤维的机械降解、热裂解、热氧裂解以及官能团的反应等,这些反应无疑会影响纤维理化性能和其他性能。

拉伸取向的方法可分为以下几种。

(1)增塑拉伸。对于湿法纺成的初生纤维多采用此法,此法是将刚纺成的丝线在热介质中进行拉伸,多数情况是在一次加热中进行拉伸。

(2)在无增塑剂存在的条件下加热纤维并进行拉伸。在加热时拉伸可以促使有高的取向,同时又可使部分内应力得到一定的松弛。对热稳定性不好的纤维,此法将受到限制。

(3)某些纤维可以进行冷拉伸。

从拉伸的过程来看,可以采用一步拉伸法、二步拉伸法以及多步拉伸法等,应根据纤维的特性加以选择。

2.初生纤维在加工过程中的结晶现象

(1)纤维在拉伸取向中的结晶作用

纤维在拉伸取向过程中产生结晶的现象与一般聚合物在结晶过程中的情况有些相似,即分子链间或链段在结晶中产生有序的排列,大分子间的作用力增加,链段的排列很整齐,聚合物密度增加。但纤维在拉伸过程中的结晶作用又有它的特殊性,它是在外力作用下产生的,不同于自然冷却中的结晶作用,结晶体的排列方向是有限制的,即沿外力作用的方向产生分子链的重排和结晶作用。由于外力的作用,结晶排列的总趋势是线型的。在拉伸中 β 型结晶体逐步转为稳定的 α 型晶体。纤维在拉伸中产生晶体是在外力作用下强制形成的,所以不同于橡胶或塑料中的自然结晶过程。

在纺丝过程中已生成的部分结晶体在拉伸中由于外力的作用以及纤维变形较大,大多数的结晶体都将受到外力作用,使分子产生重排,使晶体增多,晶体增大。

纤维在拉伸中结晶度的大小与拉伸温度、伸长倍数、拉伸速度等有密切关系。经过拉伸取向后生成的结晶体比较稳定。结晶度越高,纤维的强度越大,模数越高。纤维在拉伸中的结晶速度是指单位时间内结晶体增长的速度。结晶体的形成过程一般分晶核生成和晶体的形成两步。晶核生成的速度与晶体长大的速度不同。结晶过程的第一步是形成晶核,然后以晶核为中心,晶体不断生长。晶核生成的速度随温度的下降而增大,而晶体的增长速度随温度的升高而增加,所以结晶的速度与温度有明显的关系。

在温度接近于熔点时,分子链内部的活化能较高,链运动剧烈,分子间的作用力小,所以无法进行结晶。当温度降至玻璃化温度(T_g)时,由于大分子链热运动将被冻结,也不易形成结晶体。不同成纤聚合物的结晶能力是不同的,如聚酰胺的结晶能力比聚酯大得多。最大结晶速度的结晶温度对于不同的聚合物差别很大。例如聚丙烯的最大结晶速度的温度为65℃,而聚酯为190℃,聚酰胺-6和聚酰胺-66分别为150℃和145.6℃。不同成纤聚合物的结晶动力学参数不同,但都与温度有极为密切的关系。结晶时间决定于结晶速度,在一定的温度下结晶速度随时间而变化。为了方便起见,一般将结晶度达到50%的结晶时间($t_{1/2}$)的倒数作为各种聚合物结晶速度比较的标准,并称为结晶速度常数(K)。结晶速度加快时,K 值将增大。

在拉伸过程中,纤维结晶的速度主要决定于拉伸的工艺参数。如在温度恒定的条件下,结晶速度主要决定于拉伸作用力大小、拉伸变形的速度和纤维的拉伸倍数。拉伸倍数高、变形速度较低时,纤维的结晶度就大,如变形速率太高,容易产生细颈过程而使结晶不均匀。变形速度太低时,流动缓慢,纤维中产生的应力不足以使不稳定的晶粒破坏并继而产生重排,结果拉伸倍数可能达最高值,但取向效果仍然不良。在生产过程中,对某种纤维来说,拉伸温度被固定在一定的范围内,故影响纤维晶种生成的因素是拉伸速度和拉伸倍数。

(2)初生纤维取向结晶过程的热力学

初生纤维在进行拉伸过程中产生的取向和结晶作用是成纤聚合物的基本特点之一。影响此过程的动力学参数前已指出,主要为温度、外力、内部活化能以及外力作用时间等因素。纤维拉伸的温度在 $T_g \sim T_f$ 之间,温度对拉伸过程起决定性的作用,外力作用大小及作用的速度和时间也是重要的因素。这些因素的内在联系无疑是热力学的基本参数。

拉伸过程中纤维的变形，其本质是热力学第一、第二定律起决定性作用。拉伸取向过程近似于热力学上的等温等压过程，因为拉伸中外压力低（为 10^5 Pa），温度是恒定的。纤维在外力作用下产生变形，纤维中的分子链从无序向有序状态转化，不规整的分子转为规整的分子结构，在此过程中分子链的构象数目减少，分子间作用力增强，分子链活动能力减少。同时由于结晶作用产生相变过程，在拉伸过程中可发现粗纤维被拉成细纤维时有热效应和温度升高的现象。因此在拉伸取向过程中，系统的内能、熵值都将发生明显的变化，即 ΔU、ΔS 发生变化。纤维的外形尺寸的变化也相当于外力做了部分机械功，所以整个系统内热力学有关参数可表示为

$$A = F\Delta L = \Delta U - T\Delta S + P\Delta V + A' = \Delta H - T\Delta S + A' \tag{5.14}$$

式中，A 为外力的机械功，F 为外加拉伸力，L 为试样长度，U 为内能，S 为熵，H 为热焓，P 为压力，V 为试样容积，A' 为简单形式的功。

在取向过程中链运动减弱，相应地产生热效应，内能减少，$\Delta H < 0$。分子链构象数目减少引起熵值减少，即 $\Delta S < 0$。由于纤维体积和外形的变化虽然不大，但也需要作一定的外功，这部分功相当于方程式中的 $P\Delta V + A'$，所以拉伸取向过程中外力作功主要引起系统内的热焓及熵值的变化，上式可写为

$$A \approx \Delta H - T\Delta S = \Delta H - T(\Delta S_{\text{comf}} + \Delta S_k)$$

式中，ΔS 由纤维分子链构象数目减少所引起的熵变（ΔS_{comf}）和产生结晶相的熵变（ΔS_{k}）所组成的。拉伸过程中产生的热效应表明熵值减少，所以拉伸过程是系统熵值减少的过程，在无外力做功的情况下此过程是不可能自动进行的，即纤维的取向结晶不可能自动进行。要完成此过程就必须有外力作功。相反，对已经被拉伸取向的纤维，要使其分子链恢复到卷曲无规状态，也不可能在不吸收一定能量的条件下会自动进行。只有再升高温度进行热处理，并给纤维吸收一定的能量后，才能使纤维中的分子链产生松弛和卷曲，达到解取向的目的。

解取向过程中，分子构象数目增加，系统熵值增大。即系统熵值的变化是正值（$\Delta S > 0$），聚合物链的柔性增大，规整性减小。此时再进行热处理，熵值变化是不大的。在纤维进行热处理时，拉伸后大分子的柔性链产生有限制的卷曲，其过程是自动进行的（$\Delta A < 0$）。

外力的存在将大大地影响热处理过程，此时系统热焓的变化很小，熵值却发生改变。热处理时外力越大则分子构象转变的可能性越小，纤维的收缩将趋向于零。纤维拉伸结晶的柔性链如在固定的状态下（即无收缩现象和无外力做功时）进行热处理，自由能的变化有限，同在自由状态下进行热处理（即有收缩现象）相比，熵值变化很小，所以在固定状态下热处理可以保持纤维中高度取向。

刚性链纤维的取向和热处理时与柔性链完全不同，在进行热处理时同样可使系统热焓减少（$\Delta H < 0$），但刚性链分子构象数目的变化较少，熵值也可能减少（$\Delta S < 0$）。如分子间的相互作用力达到很大时，热焓减少的绝对值比熵的增加要大一些，此时外力所做的功 $\Delta A < 0$，过程可能自动进行，纤维的长度将会增加。柔性链和刚性链的初生纤维在进行拉伸和热处理时，它们的热力学参数的变化很大，也很不相同。总之，在初生纤维的拉伸取向和热处理等过程中，纤维的取向结晶以及松弛收缩等现象都是热力学有关参数变化的

结果。纤维直径变小、长度增加、结构紧密的变化等都是外力作用后引起系统的热焓、熵值变化的结果。拉伸结晶过程是熵值减少的过程。

3. 纤维的热处理

合成纤维经过冷却、固化和拉伸后要进一步进行热处理,从生产的角度来看要求成型的纤维尺寸稳定,内部应力松弛达到平衡状态;同时,在纺织加工和使用过程中具有稳定的结构,不产生收缩和变形,具有这样稳定结构的纤维才具有使用价值。

初生纤维经过拉伸定向后,纤维内部的分子结构排列整齐规整,有高的取向度和结晶度,分子间的相互作用力增加,所以纤维的使用性能有明显的改善和提高。但当外力作用时,分子链相互受到的作用力是不平衡的,所以各个分子链受力后的变形也极不相同。在同一时间,内有的分子链的取向和结晶度高,变形与作用力相适应地达到平衡变形,或达到较稳定的变形;有的分子链或分子的某些链段虽然在外力作用下发生了变形,但分子链间或链段的作用力并未达到平衡状态,外力除去后分子链间或链段中存在的内应力并没有消除。纤维中内应力的存在使纤维的结构处于不稳定状态。这种不稳定的结构使分子链的排列、取向度和结晶度都将不够稳定,所以刚拉伸后未进行热处理的纤维容易变形,尺寸不稳定,性能也不稳定。

成纤聚合物由于它的粘弹特性,在变形后分子链上产生的内应力不是瞬时能达到平衡状态的,而是要经过一定的时间才能使分子的变形与应力相适应。也就是说,这种内应力随时间的延长而逐渐衰减、消失。受外力作用产生变形的初生纤维在外力消除后,分子链上的内应力的消除有一较宽的时间谱。就是说初生纤维中的内应力的下降是时间的函数。如果要纤维拉伸定向后纤维的外形不变,即保持它的结构不变,并使内应力达到稳定的平衡状态,那就需要很长很长的时间,实际上这是不可能的,只要外界的条件发生变化,它的结构、外形必将产生一定的变化。

热力学的状态函数分析表明,内应力的松弛过程是纤维内部熵和热焓变化的过程。解决纤维的内应力采用热处理,生产上称为热定型,就是将拉伸定形的纤维在较高温度的热介质(空气、水溶液等)中处理一段时间。在热处理过程中纤维可以是自由状态,或处在一定的外形装置上(即外形变化很少的圆筒上)进行短时间加热。纤维中分子链吸收一定的能量使分子运动加剧,有利于消除分子链上的内应力。这样使纤维的结构和分子链上的内应力很快达到稳定的平衡状态。

在热处理过程中温度的高低是极为重要的,如温度太低则应力松弛所需时间很长;温度太高,分子链的运动过分剧烈,不仅消除了纤维上的内应力,同时使纤维结构也产生较大变化,可能出现解取向,结晶度也发生变化,导致纤维的物性下降。所以在热处理中取向和解取向是在相互矛盾的过程中,解决这对矛盾除了控制纤维在热处理时的形状外,核心的问题是适当控制热处理的温度。但热处理的时间和压力等也不可忽视。通过热处理后,纤维分子得到局部舒展,变形稳定,内应力能很好松弛而达到平衡状态,又不会使纤维的结晶度和取向度发生较大的变化。如纤维处于自然状态受热必然产生较大的收缩;纤维在固定装置上热处理时,它的收缩要小得多。温度越低收缩越少。

热处理的温度应该高于使用温度。如对衣料用的纤维在热处理时的温度应高于衣料的使用温度,这样才能保证纤维在使用中有稳定的尺寸。热处理中纤维自然会产生一定的收缩。但如果使纤维在固定装置上和一定的压力下进行处理,可以避免大量的收缩及解取向作用。这时,内应力的消失当然不如纤维处于自由状态下热处理那样完全,但这对纤维性能不仅没有坏的影响,而且还更为可取。

纤维在热处理过程中的收缩程度主要决定于温度和时间,不同的纤维的收缩率不一样,所以热处理的条件也是不同的。如聚酰胺-6和聚酰胺-66两种纤维热处理的时间比聚酯纤维进行热处理的时间就要短一些,因为后者结晶较缓慢。如图5.93所示,聚酯纤维在热处理时的收缩率随温度的升高而增加,在同一时间内,高温产生的收缩率要高。不同温度的收缩率曲线的形状是相似的,在最初的一段时间收缩率变化最大,但经过一定时间后,曲线趋于水平,此时表示纤维的变形达稳定状态。从图看出,温度较高,则松弛过程进行得较快,应力松弛的时间较短。所以,热处理过程中温度和时间有一定的关系,即

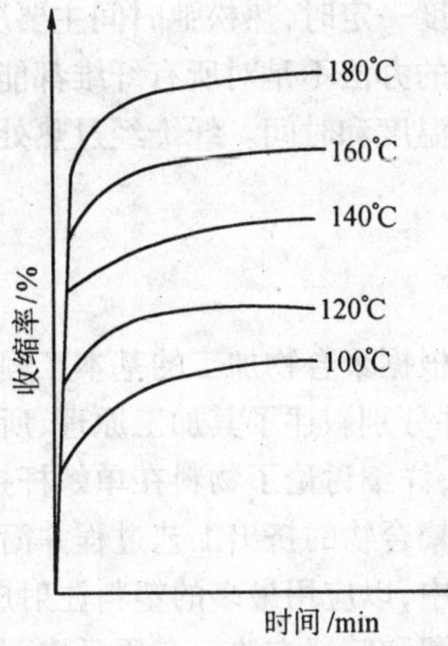

图5.93 聚酯纤维热处理时的温度与时间的关系

$$t^{*} = Ae^{E/RT} \tag{5.15}$$

式中,t^{*}为松弛时间,T为温度,E为松弛过程中1mol聚合物高弹变形的活化能,A、R为常数。

此式可改写为

$$\ln t^{*} = \ln A + \frac{E}{RT} \tag{5.16}$$

从式(5.16)看出,随温度的升高松弛时间缩短,降低E值有利于松弛时间的减少。为了缩短纤维中内应力松弛的时间,可以升高温度,但温度的升高受到结构、变形、收缩的限制,因此对某些纤维来说,为了缩短时间,可以采用降低E值的办法。在生产中经常在拉伸前进行热增塑,使拉伸的活化能下降,使纤维预收缩一部分以减少过程的时间。如果增塑后活化能下降值为E_p,则应力松弛时间可写成

$$t^{*} = A \cdot e^{\frac{E - E_p}{RT}} \tag{5.17}$$

从此式得知,E值下降后松弛时间t^{*}减少。当高聚物内部有应力存在时,也可能使活化能进一步下降。如果内应力的方向与作用力的方向相同,链节活动就容易些;如与作用力的方向相反,链段活动比未加作用力之前更为困难,活化能不但不下降,反而增加。因此,内应力对活化能的影响导致改变松弛时间,即

$$t^{*} = A \cdot e^{\frac{E - \alpha |\sigma_e|}{RT}} \tag{5.18}$$

式中,α为常数,σ_e为内应力。

在热处理定型过程中如同时存在内应力和增塑作用,活化能的下降应包括两部分,即

为 $E-(E_p+\alpha|\sigma_e|)$，代入式(5.18)中，则得松弛时间与活化能的关系式

$$t^*=A\cdot e^{\frac{E-(E_p+\alpha|\sigma_e|)}{RT}} \tag{5.19}$$

当温度一定时，热松弛时间主要决定于成纤聚合物大分子的高弹变形的活化能。降低活化能的办法不是对所有纤维都能起一定作用的，在实际生产中进行热定型处理时，主要是控制温度和时间。纤维经过热处理后，其综合性能得到改善。

本章小结

本章根据聚合物加工的基本工程原理和科学原理，重点讨论了四类传统的聚合物成型方法，并分别叙述了其加工原理、所用的基本设备和典型制品的成型工艺过程。在口模成型法中，详细讨论了物料在单螺杆挤出机中的输送、熔融均化原理，介绍了塑料、橡胶和纤维三大聚合物的挤出工艺过程并简述了双螺杆挤出机的类型、工艺特征。在模塑和铸塑成型法中，以应用最多的塑料注射成型为例，详细讨论了其注射成型工艺原理，并简述了其他模塑和铸塑方法。在压延成型中讨论了实现压延过程的必要条件和物料在压延机中受力及流速分布情况，介绍了塑料、橡胶压延成型过程。在二次成型法中讨论了其成型原理及工艺控制要点。

复习思考题

1. 高分子材料的相对分子质量、分子结构特征是什么？
2. 什么是 T_g、T_f？讨论其在高分子材料使用和加工中的意义。
3. 什么是零切粘度？什么是极限粘度？什么是拉伸粘度？
4. 聚合物流体属于哪种流动类型的流体？
5. 聚合物流体的流动特性是什么？找出与分子结构相关的原因。
6. 流动曲线对聚合物加工有什么指导意义？
7. 聚合物流体有哪些弹性表现？其本质是什么？如何表征？对成型加工有什么影响？
8. 什么是塑料？工业生产中最常用的品种有哪些？
9. 简述塑料盆的成型加工工艺过程。
10. 以塑料加工为例，叙述挤出成型过程中物料是怎样由固体状态转变为流动状态的。加工中的主要工艺参数设置的依据是什么？
11. 注射机与挤出机有什么相同点和不同点？
12. 什么是橡胶？什么是生胶？橡胶的弹性与分子结构有什么关系？
13. 橡胶在压延、挤出等加工过程中要注意的主要问题是什么？
14. 炭黑在橡胶制品中的作用是什么？什么叫硫化？它在制品生产中有何意义？
15. 什么是初生纤维？分别以 PET、PA66 和 PAN 纤维为例叙述其纺丝过程。
16. 初生纤维为什么还要经后加工才能作为纤维制品应用？讨论拉伸中纤维结构的

变化。

17.简述二次成型的粘弹原理。

18.什么是压延效应？它对制品有什么影响？

19.举例说明哪些高分子材料制品是用口模成型法制得的？哪些是用模塑成型法制得的？哪些是用压延法制得的？

20.什么类型的高分子材料可以用压延成型法获得制品？其压延的原理是什么？

21.以塑料制品的二次加工为例讨论其工艺控制要点。

22.讨论比较纤维、塑料和橡胶这三大材料成型加工中的共同点和不同点。

23.根据加工原理，高分子材料的成型方法可以分为几种？举例说明。

参考文献

1 沈新元等.高分子材料加工原理.北京:中国纺织出版社,2000

2 Z 塔德莫尔,C G 戈戈斯.聚合物加工原理.耿孝正等译.北京:化学工业出版社,1990

3 黄锐等.塑料成型工艺学.第二版.北京:中国轻工业出版社,1997

4 Z 塔德莫尔,I 克莱因.塑化挤出工程原理.夏延文等译.北京:中国轻工业出版社,1984

5 戴干策.聚合物加工中的传递过程.北京:中国石化出版社,1999

6 王贵恒.高分子材料成型加工原理.北京:化学工业出版社,1982

7 邓本诚等.橡胶工艺原理.北京:化学工业出版社,1984

8 张明善.塑料成型工艺及设备.北京:中国轻工业出版社,1998

9 工程塑料应用,1999(3～12);2000(1～3)

第六章 材料连接加工原理

两种或两种以上的同质或异质材料通过机械、物理和化学及冶金方式结合起来的工艺过程称为材料连接。

机械连接是指用螺钉、螺栓和铆钉等紧固件将分离的零件连接成可以松动或拆卸的接头。主要用于机器的装配、易损件的连接。

物理和化学连接主要是指粘接。粘接是胶粘剂在被粘接材料的连接面上通过机械、物理和化学作用产生的粘附力，将两个分离表面连接成不可拆卸接头的过程。主要用于异种材料和非金属材料之间的连接，以及复杂零件之间的组装连接。

冶金连接是指通过加热或加压，或两者并用，使两个分离表面达到原子间结合而实现材料永久性连接的一种加工方法，通常称为焊接。焊接是材料连接加工中的一种主要工艺。随着新材料的不断涌现和新技术的不断发展，材料的焊接技术已成为一门独立的学科。本章以连接方法为主线，着重讨论熔化焊、钎焊、扩散焊及其他连接方法的原理。

6.1 熔化焊连接原理

焊件在焊接过程中，未施加压力，仅通过焊件加热而熔化来完成连接的方法，称为熔化焊。熔化焊时焊接接头的形成，一般都要经历加热、熔化、冶金反应、凝固结晶、固态相变，直至形成接头。

6.1.1 焊接热过程

熔焊时被焊金属在热源作用下发生局部受热和熔化，使整个焊接过程始终都在焊接热过程中发生和发展。它与冶金反应、凝固结晶和固态相变、焊接温度场和应力变形等均有密切的关系，是影响焊接质量和焊接生产率的重要因素之一。

1.焊接热源

根据热源的种类，熔焊方法被分为电弧焊、电渣焊、等离子弧焊、电子束焊和激光焊等。熔化焊工艺的发展过程反映了焊接热源的发展过程。从19世纪末的碳弧焊到20世纪末的微波焊的发展来看，新热源的出现，促进了新的焊接技术的产生。从目前的发展趋势来看，焊接逐步向高质量、高效率、降低劳动强度和能量消耗的方向发展。若从这种趋势出发，焊接热源应具有：能量密度高度集中，快速实现焊接过程，并保证得到高质量的焊缝和最小的焊接热影响区。

根据对焊接热源的基本要求，满足焊接条件的热源有以下几种：

(1)电弧热。利用气体介质在两电极之间产生的强烈而持久的放电过程所产生的热能来作为焊接热源，这种焊接称为电弧焊。如手工电弧焊、埋弧焊、气体保护焊等多种焊接方法。

(2)电阻热。利用电流通过导体时产生的电阻热作为焊接电源，如电阻焊和电渣焊。

(3)高频热源。利用高频感应产生的二次电流作为热源，对具有磁性的金属材料进行局部集中加热，其实质也是电阻加热的一种形式。

(4)摩擦热。利用机械摩擦所产生的热量进行焊接，如摩擦焊。

(5)等离子弧。利用等离子焊炬，将阴极和阳极之间的自由电弧压缩成高温、高电离度及高能量密度的电弧。利用等离子弧作为焊接热源的熔焊方法称为等离子弧焊接。

(6)电子束。利用真空中被电场加速的集束电子轰击被焊工件表面所产生的热能作为焊接热源。由于热能高度集中和在真空中焊接，故焊接质量很高。如电子束焊。

(7)激光束。通过受激辐射而使放射增强的光(激光)，经聚焦产生能量高度集中的激光束作为焊接热源，如激光焊接。

(8)化学热。利用可燃性气体的燃烧热和铝、镁热剂的反应热作为焊接热源，如气焊、热剂焊。

2. 焊接热效率

焊接时，焊接热源所产生的热量因向周围介质散热和飞溅等原因而不能被工件全部吸收。所以，真正用于焊接的热量只是热源提供热量的一部分。

以电弧焊为例，如果电弧是无感的，此时电能全部转化为热能，则电弧的功率为

$$P = UI \tag{6.1}$$

式中，P 为电弧功率，即电弧在单位时间内所放出的能量(W)；U 为电弧的电压(V)；I 为焊接电流(A)。若能量不全部用于加热焊件，则加热焊件获得的有效热功率为

$$P_e = \eta UI \tag{6.2}$$

式中，η 为加热过程中的功率有效系数或称热效率。在一定条件下 η 是常数，主要取决于焊接方法、焊接规范、焊接材料和保护方式等。不同焊接方法的电弧热效率如表 6.1 所示。

表 6.1 不同焊接方法的电弧热效率 η

焊接方法	碳弧焊	厚皮焊条手工电弧焊	自动埋弧焊	电渣焊	电子束及激光束	钨极氩弧焊		熔化极氩弧焊	
						交流	直流	钢	铝
η	0.5 0.65	0.77~0.87	0.77~0.90	0.83	>0.9	0.68~0.85	0.78~0.85	0.66~0.69	0.70~0.85

需要指出的是，焊接热效率 η 仅仅反映焊件所吸收的热量的大小，而不能反映热量在焊缝和热影响区上的分配，即热能分配的合理性。因为焊件所吸收的热量可分为两部分：一部分用于熔化金属而形成焊缝；另一部分使母材近缝区的温度升高以致发生组织变化，从而形成组织和性能都有别于母材的热影响区。实际上，用于熔化金属形成焊缝的热量才是真正的热效率。

3. 焊接温度场

焊接时，由于焊件局部受热致使焊件本身出现很大的温度差。因此，在焊件内部以及焊件与周围介质之间必然发生热的流动。根据传热学的理论，热能传递的基本方式是传导、对流和辐射。焊接时，上述三种传热方式都存在，但焊接方法不同使其主次有别。除

了电阻焊和摩擦焊外,大多数焊接方法的热源主要以热辐射和对流的形式来传递热量,母材和焊条获得热能之后则以传导为主向金属内部传递热能。由于焊接传热学主要研究焊件上温度分布和随时间变化的规律性,因此,焊接温度场的研究是以热传导为主,适当考虑对流和辐射的作用。

在热源的作用下,焊件上各点的温度都在随时间的变化而变化,因此,某瞬时焊件上各点温度的分布称为温度场。温度场以某一时刻在某一空间内所有点的温度值来描述,在直角坐标系内为

$$T=f(x,y,z,t) \tag{6.3}$$

式中,T 为焊件上某点某瞬间的温度,x、y、z 为焊件上某点的空间坐标,t 为时间。温度场的分布可用等温线或等温面来描述。焊件上瞬时温度相同的点连成的线或面称为等温线或等温面。各个等温线或等温面之间不能相交。因为每条线或面之间存在温度差,其大小可用温度梯度表示。温度梯度反映了温度场中任意点温度沿法线方向的变化率。

当焊件上温度场各点温度不随时间变化时,称之为稳定温度场;而焊件上各点的温度随时间变化的温度场,称之为非稳定温度场。当恒定功率的热源作用在一定尺寸的焊件上并作匀速直线运动时,经过一段时间后,焊件传热达到饱和状态,温度场会达到暂时稳定状态,并可以随着热源以同样速度移动,这样的温度场称为准稳定温度场。如果采用移动坐标系,坐标的原点始终与热源中心重合,则各点的温度只取决于系统的空间坐标,与热源移动的速度和距离无关。这样可把非稳定温度场转变为稳定温度场。

根据焊件尺寸和热源性质,焊接温度场可分为三维温度场(空间传热,如厚大焊件表面的堆焊)、二维温度场(平面传热,如一次焊透薄板)和一维温度场(线性传热,如焊条和焊丝的加热或细棒的电阻焊)。

焊接方法、焊接工艺参数、材料热物理性质、焊件的板厚及形状等因素均会影响焊接温度场的形状。

4. 焊接热循环

在焊接热源的作用下,焊件上某点的温度随时间的变化过程称为焊接热循环。决定焊接热循环特征的基本参数有以下四个,如图 6.1 示。

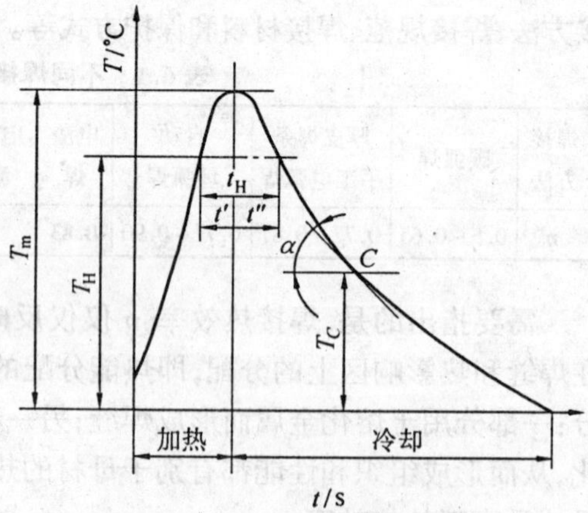

图 6.1 焊接热循环参数

加热速度 ω_H。焊接热源的集中程度较高,引起焊接时的加热速度增加。较快的加热速度将使相变过程进行不充分,从而影响接头的组织和力学性能。

最高加热温度 T_m。也称为峰值温度。距焊缝远近不同的各点,加热的最高温度不同。焊接过程中的高温使焊缝附近的金属发生晶粒长大,从而降低材料的塑性。

在相变温度以上的停留时间 t_H。在相变温度以上停留时间越长,有利于奥氏体的均匀化过程,增加奥氏体的稳定性,但同时易使晶粒长大。

冷却速度 ω_c(或冷却时间 $t_{8/5}$、$t_{8/3}$、t_{100})。冷却速度是决定热影响区组织和性能的主要参数。对低合金钢来说,熔合线附近冷却过程中约540℃的瞬时冷却速度是最重要的参数。为便于分析研究,常采用某一温度范围内的冷却时间来代表冷却速度,如800~500℃的冷却时间 $t_{8/5}$,800~300℃的冷却时间 $t_{8/3}$和 T_m~100℃的冷却时间 t_{100}等。

对焊接热循环影响较大的因素有被焊材料的材质、接头的形状尺寸和焊接工艺条件等。

6.1.2 熔化焊化学冶金过程

熔焊时,金属、熔渣与气相之间进行一系列的化学冶金反应,如金属氧化、还原、脱硫、脱磷、合金化等,称为焊接化学冶金过程。这些冶金反应可直接影响到焊缝的成分、组织、性能以及焊接工艺性能等。焊接化学冶金学主要研究在各种焊接工艺条件下,冶金反应与焊缝金属化学成分、性能之间的关系及其变化规律。下面以低碳钢和低合金钢手工电弧焊工艺的冶金过程为重点,用热力学的角度来阐明焊接化学冶金的一般规律,为分析其他熔焊方法及材料的冶金问题打下基础。

1.焊接气氛与熔池金属的相互作用

焊接过程中,大量的气体在焊接区存在。焊接区的气体主要来源于以下几个方面:焊接材料、热源周围气体介质、焊丝和母材表面上的杂质。实验证明,焊接区气体主要来源于焊接材料。

气体不同的状态对气体在金属中的溶解和与金属的作用有较大的影响。在焊接温度(5 000K)下,氢和氧的分解度很大,大部分以原子状态存在。而氮的分解度很小,基本上以分子态存在。CO_2 几乎完全分解为 CO 和 O_2。而水蒸气的分解是比较复杂的,分解产物有 H_2、O_2、OH、H 及 O 等。这不仅增加了气相的氧化性,而且增加了气相中氢的分压,其最终结果使焊缝金属增氧和增氢。焊接时气相的成分和数量随着焊接方法、焊接工艺参数、焊条或焊剂的类型等因素的不同而变化,如表 6.2 所示。

表 6.2 焊接碳钢时气相冷至室温的成分

焊接方法	焊条和焊剂类型	气相成分/φ%					备注
		CO	CO_2	H_2	H_2O	N_2	
手工电弧焊	钛钙型	50.7	5.9	37.7	5.7	—	焊条在110℃烘干2h
	钛铁矿型	48.1	4.8	36.6	10.5	—	
	纤维素型	42.3	2.9	41.2	12.6	—	
	钛型	46.7	5.3	35.5	13.5	—	
	低氢型	79.8	16.9	1.8	1.5	—	
	氧化铁型	55.6	7.3	24.0	13.1	—	
自动埋弧焊	HJ330	86.2	—	9.3	—	4.5	焊剂为玻璃状
	HJ431	89~93	—	7~9	—	<1.5	
气焊	$\frac{O_2}{C_2H_2}$=1.1~1.2(中性焰)	60~66	有	34~40	有	—	

通过比较发现,使用低氢型焊条进行手工电弧焊接时,气相中含 H_2 和 H_2O 很少,故称“低氢型”。埋弧焊和采用中性焰气焊时,气相中含 CO_2 和 H_2O 很少,因而氧化性很小;

但是手工电弧焊时气相的氧化性就相对较大。总之，电弧区内的气体是由 CO、CO_2、H_2O、N_2、H_2、O_2、金属和熔渣的蒸气以及它们分解或电离的产物所组成的混合物。其中对于焊接质量影响最大的是 N_2、H_2、O_2、CO_2 及 H_2O 等。

(1)氢的作用

电弧气氛中的氢主要来源于焊接材料中的水分及有机物、吸附水和结晶水、表面杂质及空气中的水分等。氢在铁水中的溶解度与温度有关，即随着温度的升高，氢的溶解度增加。但温度接近沸点时，由于金属的蒸发，氢的溶解度急剧下降。当温度降到金属的变态点时，氢的溶解度下降，在接头中易产生气孔和裂纹等缺陷。由于氢在面心立方晶格中的溶解度大于在体心立方晶格中的溶解度，当铁发生固态相变时，氢的溶解度将发生突变。

由于氧能减少金属对氢的吸附，若焊接气氛中存在氧，可以有效地降低液态铁中氢的溶解度。另外，合金元素对氢在铁中的溶解度有较大的影响。C、Si、Al 可降低氢在液态铁中的溶解度；Ti、Zr、Nb 及一些稀土元素可以提高氢的溶解度；而 Mn、Ni、Cr 和 Mo 对其影响不大。

溶于金属中的氢由于原子半径较小，因而在钢中与 $\alpha-Fe$ 或 $\gamma-Fe$ 形成间隙固溶体并且具有很强的扩散能力。在焊缝中，一部分以原子或离子状态存在并可在晶格中自由扩散迁移的氢，被称为扩散氢。如果氢扩散到金属的晶格缺陷、显微裂纹和非金属类杂质等非连续缺陷中时，可以结合成氢分子，由于氢分子的半径大而不能扩散，因此这部分氢称为残余氢。在钢焊接的接头中，氢主要是扩散氢。由于氢的扩散运动，随着时间的延长，焊缝中的一部分扩散氢从接头中逸出而使氢的溶解度降低；另一部分扩散氢转变为残余氢，使残余氢随着时间延长而增加。

氢对很多金属及合金焊接质量的影响都是有害的。氢对结构钢焊缝的有害作用主要有以下几点：氢脆、白点、冷裂纹、气孔、组织变化等，故必须采取措施控制焊缝金属的含氢量。对氢的控制，首先应限制氢及水分的来源；其次应防止氢溶入金属；最后应对溶入的氢的金属进行脱氢处理。

(2)氮的作用

焊接区的氮主要来源于焊接区周围的空气。铁既能溶解氮，又能与氮形成稳定的氮化物，故焊接钢时，必须防止焊缝金属的氮化。

随着温度的升高，氮在液态铁中的溶解度增加。温度达到 2 200℃左右后，温度升高将使气相中铁的分压增加，而氮的分压下降，这将引起氮在铁中的溶解度下降。由于氮在固态铁中的溶解度远小于在液态铁中的溶解度，当液态铁凝固时，氮的溶解度突降，易引起焊缝中氮的过饱和。

氮是沉淀强化元素，在合金钢中加入适量氮，与其他合金元素(如 Ti、Nb、Zr 等)配合，可以起到沉淀强化和细化晶粒的作用。但在碳钢焊缝中氮是有害的杂质。氮是导致焊缝产生气孔的主要原因之一；氮是促使焊缝金属时效脆化的元素；氮可以降低焊缝的塑性、韧性而使强度提高，但如果把氮的溶解度限制在 0.001% 以下时，则对接头的力学性能无明显影响。

控制焊缝含氮量的措施有：加强对焊接区机械保护、控制焊接工艺参数以及利用合金元素控制焊缝的含氮量。但加强预防和保护作用是控制焊缝含氮量的最有效措施。

(3)氧的作用

氧是以原子氧和氧化亚铁两种形式溶于液态铁中。随着温度的升高,氧在液态铁中的溶解度增加。当液态铁中含有合金元素时,随着合金元素含量的增加,氧的溶解度下降。

在铁的冷却过程中氧的溶解度急剧下降。焊缝金属和钢中含有的氧绝大部分是以氧化物(FeO、SiO_2、MnO、Al_2O_3 等)和硅酸盐夹杂物的形式存在,因此焊缝含氧量既包括溶解在金属中的氧量,又包括非金属夹杂物中的氧量。

焊接气氛中的氧化性气体 O_2、CO_2、H_2O 等将使铁发生氧化。在高温下 CO_2 对铁和许多金属元素来说都是活泼的氧化剂。当温度高于 3 000K 时,CO_2 的氧化性超过了空气。

焊接区的水蒸气既使焊缝金属增氢,又使液态铁及其他合金元素氧化。因此当气相中含有较多 H_2O 时,仅仅脱氧是不行的,为了确保焊缝的质量,还必须去氢。

氧无论以何种形式存在于焊缝中,都将使焊缝的性能受到明显的影响。随着焊缝含氧量的增加,焊缝的强度、塑性和韧性明显下降,尤其是焊缝的低温冲击韧度急剧下降。此外,还引起焊缝金属的热脆、冷脆和时效硬化倾向增加。

溶解在溶池中的氧可以与碳反应而生成 CO,如果 CO 自溶池中来不及逸出,将在焊缝中形成 CO 气孔。与此同时,高温下在熔滴中产生的 CO 受热膨胀还将引起较多的金属飞溅,破坏焊接过程的稳定性。焊接过程中合金元素的氧化损失将恶化焊缝的性能。

综上所述,氧对焊接过程及焊缝金属性能的影响是有害的。但是,在特殊情况下使焊接材料具有氧化性是有利的。例如为了减少焊缝金属中的含氢量、改进电弧的特性等,需要在焊接材料中加入适量的氧化剂。

在正常焊接条件下,焊缝中的氧来源于焊接材料和工件、焊丝表面的铁锈及氧化膜等,因此控制氧首先要控制焊接材料的含氧量,其次要控制焊接工艺参数,最后要采用合理的冶金方法脱氧。

2.焊接材料

焊接时所消耗的材料统称为焊接材料。常用的焊接材料概括为:

焊接材料
- ①焊条
  - 通用焊条
  - 专用焊条
- ②焊剂
  - 熔炼焊剂
  - 非熔炼焊剂
- ③焊丝
  - 实芯焊丝
  - 药芯焊丝
- ④保护气
  - 惰性气体
  - 活性气体
  - 混合气体

手工电弧焊的焊接材料是焊条。埋弧焊或电渣焊采用焊剂与焊丝的组合作为焊接材料。气体保护焊的焊接材料则是焊丝和保护气体。

焊条和焊丝作为与焊件产生电弧的一个电极,是焊接回路的组成部分。另外,在焊接热源的作用下,焊条与焊丝受热熔化,以熔滴的形式进入熔池,起到填充焊缝金属的作用,与熔化的母材共同组成焊缝。焊条药皮、焊剂和保护气体是进行焊接冶金反应和保证焊接质量所必须的重要材料。因此,焊接材料不仅影响焊接过程的稳定性、焊接接头的性能与质量,还影响着焊接生产率。下面简单介绍钢焊接的焊接材料的组成特点。

(1)焊条

焊条是由药皮和焊芯两部分组成。焊芯是焊条中间的金属芯。药皮是焊条中压涂在焊芯表面上的涂料层,主要由各种粉料和粘接剂按一定比例配制。根据药皮和焊芯的质量比,焊条可分为厚皮焊条和薄皮焊条两大类。目前工业生产中主要用厚皮焊条。

焊芯。在进行电弧焊时,焊芯受热熔化成为焊缝的填充金属,其化学成分和性能对焊缝的质量有着直接的影响。焊接碳钢和低合金钢时,通常选用低碳钢焊丝作为焊芯,其牌号为H08A或H08E。"H"是焊条用钢丝一词中的"焊"字汉语拼音的第一个字母;"08"表示焊芯的平均含碳量为0.08w%;"A"表示优质钢,"E"表示特级钢,即对硫、磷等杂质的限量更加严格。

药皮。焊条药皮的作用主要为:①保护作用:在焊接过程中药皮产生气体,隔离空气,保护熔滴、熔池和焊接区,防止有害气体侵入焊缝。②冶金作用:焊接时药皮组成参与冶金反应,去除有害物质,保护和添加有益的合金元素,改善焊缝的力学性能。③使焊条具有良好的工艺性能。为了实现渣-气联合保护的效果,药皮必须含有造气剂和造渣剂;为使电弧稳定燃烧和过渡合金元素,药皮中还应含有稳弧剂和合金化剂,以及脱氧剂、脱硫剂和去氢剂等;为保证药皮有一定的强度和压涂性,在药皮中还应配有粘接剂、增塑剂等。故焊条药皮为多种物质的混合物,归纳起来有矿石、铁合金、化工制品、有机物等四类。焊条药皮的化学组成不同,其特性也有很大差别。如酸性药皮和碱性药皮两者的性质就大不一样。酸性药皮工艺性好,而碱性药皮工艺性差。因酸性药皮中无反电离物质萤石(CaF_2),因而电弧易引燃,引燃后燃烧稳定,脱渣性好,焊缝成形美观。而碱性药皮恰好相反。但碱性药皮中不含有机物,而含有能降氢的萤石,且焊后焊缝中有害元素(S、P、H、O、N)少,故焊接接头的力学性能高于酸性药皮。另外,碱性药皮氧化性强,对锈、油、水的敏感性强,易产生飞溅和CO气孔,高温下易生成较多的有毒物质(HF等)。

(2)焊剂

焊剂是焊接时能够熔化形成熔渣和气体,对熔化金属起保护和冶金处理作用的一种颗粒状物质。焊剂应保证热源的稳定,S、P含量低,熔点和粘度合适,脱渣性要好,不析出有害气体,不吸潮。焊剂有熔炼焊剂和非熔炼焊剂两类,非熔炼焊剂又有粘接焊剂和烧结焊剂两种。熔炼焊剂主要起保护作用,非熔炼焊剂除了起保护作用外还可以起合金化、脱氧、脱硫等作用。焊剂主要有SiO_2、MnO、MgO及CaF等组成,根据其中硅、锰、氟的含量不同,可分为无锰、低锰、中锰和高锰型。

(3)焊丝

焊丝是焊接时作为填充金属或同时作为导电的金属丝,是埋弧焊、气体保护焊、自保护焊、电渣焊等各种焊接工艺方法的焊接材料。本文重点介绍气体保护焊的实芯焊丝和药芯焊丝。

实芯焊丝。将热轧焊条钢线材经拉拔加工而成,常称为焊丝。常用钢焊丝的成分因所焊对象及所用焊接方法的不同而有所不同。其中H08A、H08MnA、H10Mn2、H08MnMoA主要用于埋弧焊;而H08Mn2SiA和H08Mn2SiMoA则用于CO_2气体保护焊。埋弧焊时,采用的焊丝必须与一定成分的焊剂相配合。需要注意的是，由于 CO_2 在焊接时具有强氧化作用，焊丝中必须含有足够量的脱氧元素。

药芯焊丝。在薄钢带卷成圆形钢管或异型钢管的同时，填满一定成分的药粉，经拉制而成的一种焊丝。由于药芯焊丝类似药皮焊条，因此可以单独应用于生产，无需与焊剂和保护气体配合使用。与药皮相比，药芯对熔化的要求不完全相同，引起其成分的差异。根据药芯的组成分类，有高钛型(酸性渣)、钙－钛型(中性或碱性渣)、及钙型(碱性渣)药芯焊丝。

(4)保护气体

焊接时的保护气体常用单一气体 CO_2、Ar、He 或混合气体 $Ar+CO_2$、$Ar+O_2$ 等。结构钢焊接时常用 CO_2 及 $Ar+20\%CO_2$ 作为保护气体。若要获得单面焊双面成型的效果，常用 Ar 气保护。

3.焊接熔渣

焊接时焊条药皮或焊剂熔化后，经过一系列化学变化而形成的覆盖在焊缝表面上的非金属物质称为焊接熔渣。焊接熔渣在焊接过程中有着极其重要的作用，它与熔融金属发生反应，在很大程度上决定了焊缝金属的成分与性能。

为了了解熔渣的冶金活性或酸性强弱程度，人们提出了碱度的概念。熔渣中的氧化物按其性质，可分为酸性氧化物(SiO_2、TiO_2、ZrO_2 等)、碱性氧化物(CaO、MgO、MnO、FeO、Na_2O 等)和中性氧化物(Al_2O_3、Fe_2O_3 等)。碱度的表达式是

$$B_1=\frac{\sum 碱性氧化物质量分数(\%)}{\sum 酸性氧化物质量分数(\%)} \tag{6.4}$$

当 $B_1>1.0$ 时，为碱性渣；$B_1<1.0$ 时，为酸性渣。由于未考虑各氧化物碱性强弱程度，不太符合实际。为此，人们参照国际焊接学会推荐的计算式，建议采用

$$B_1=\frac{w(CaO)+w(MgO)+w(K_2O)+w(Na_2O)+0.4[w(MnO)+w(FeO)+w(CaF_2)]}{w(SiO_2)+0.3[w(TiO_2)+w(ZrO_2)+w(Al_2O_3)]} \tag{6.5}$$

计算碱度。一般 $B_1>1.5$，为碱性熔渣；$B_1<1.0$，为酸性熔渣；$B_1=1.0\sim1.5$，为中性熔渣。根据熔渣的碱度可将焊条分为碱性焊条(低氢型焊条)和酸性焊条(非低氢型焊条)。

焊接熔渣的物理性能主要包括熔点、粘度、导电性及表面张力等，它对焊条和焊剂的工艺性及冶金反应都有很大的影响。

4.焊接化学冶金反应

焊接化学冶金反应实质上是金属在焊接条件下再熔炼的过程。与炼钢过程相比，焊接化学冶金反应无论是原材料还是冶炼条件都有很大的不同。

焊接冶金过程是分区连续进行的，即反应区不止熔池一处，且反应有阶段性。以焊条药皮为例，焊接冶金反应分为三区：药皮反应区、熔滴反应区和熔池反应区。这三个阶段虽然分开进行，但又是相互连续的。焊接冶金反应具有超高温特征，有利于冶金反应强烈进行。焊接冶金反应的界面大，可促使冶金反应的完成。焊接冶金反应过程短促，不利于焊接冶金反应达到平衡状态。焊接熔池中的对流和搅拌现象，有利于加强熔池成分均匀化和冶金反应的进行。

以焊条药皮为例，下面主要分析药皮反应区、熔滴反应区和熔池反应区中的冶金反应问题。

(1)药皮反应区

药皮反应区的加热温度低于药皮的熔化温度，此时进行固态药皮物质的分解和分解产物间的反应，反应的结果形成一些气体和熔渣。

当加热温度超过100℃时，药皮吸附的水分开始蒸发，当温度超过300~400℃，药皮组成物中的结晶水和化合水开始析出。温度超过200~250℃时，药皮中的有机物开始分解，析出CO和H_2等气体。继续升高温度，药皮中的碳酸盐和高价氧化物发生分解，产生CO_2和O_2。此时反应形成的气体一方面对熔化金属起保护作用；另一方面对母材和药皮中的锰铁和钛铁等合金起强烈的氧化作用。当温度达到600℃以上时，药皮中的铁合金发生明显氧化，其结果使气相中的氧化性大大下降。

(2)熔滴反应区

从熔滴的形成、长大到过渡至熔池中，这一阶段都属熔滴反应区。这个区具有以下特点：温度高、熔滴的比表面积大、相互作用时间短、熔滴金属与熔渣发生强烈混合反应。由上述特点可知，熔滴反应区是冶金反应最激烈的部位，因此熔滴区对焊缝金属成分有明显的影响。下面着重分析熔滴反应区的重要冶金反应。

金属的氧化反应。在正常焊接条件下，熔滴金属增氧的途径有三方面：气氛中CO_2、H_2O及O_2的直接氧化；熔渣中(FeO)向熔滴金属中的分配氧化；熔渣中(MnO和SiO_2等)的置换氧化。其中熔渣中(MnO和SiO_2等)的置换氧化是主要增氧途径。其冶金反应为

$$(SiO_2)+2[Fe]=\!=\!=[Si]+2[FeO] \tag{6.6}$$

$$(MnO)+[Fe]=\!=\!=[Mn]+[FeO] \tag{6.7}$$

反应结果将使金属增氧。在焊接温度下反应向右侧进行，而其反应的剧烈程度与熔渣的冶金活性、焊丝或熔滴的组成、熔渣组成及碱度等有关。

焊缝金属的合金化。除了氧化物分解使熔滴获得一定合金元素，药皮或焊剂中的合金成分均能使熔滴强烈合金化。氧化物分解使熔滴合金化，不但渗入的合金元素数量有限，而且伴有烧损其他合金或增氧的副作用，这不是理想的途径。若通过药皮、非熔炼焊剂或药芯焊丝的药芯添加合金元素，可以灵活地调整成分，但合金利用率低下，并易引入有害杂质S和P。如果直接用合金钢焊丝渗合金，易于保证成分稳定，合金利用率高，但不便调整成分。

脱氢反应。为了降低熔融金属中的[H]，必须采用冶金方法使H_2转化为稳定且不溶于熔融金属的OH或HF。一方面降低焊接气氛中的P_{H_2}。气氛中存在一定数量的氧化性气体，如CO_2或O_2，有利于降低P_{H_2}。二是适当添加氟化物去氢。当熔滴表面存在熔渣，氢必须透过熔渣才能溶于金属，此时熔渣成为传递氢的介质。酸性渣有一定的控氢能力且限制氢向金属溶入。在碱性渣中加入适当的CaF_2后，因CaF_2可显著降低氢在渣中的溶解度，从而限制氢透过熔渣向金属溶入。

(3)熔池反应区

熔池反应区的平均温度比较低，比表面积较小，但反应时间较长，熔池同时处于一定的运动状态下。这不但使熔池中的冶金反应速度加快，也有利于熔池中气体的逸出，因此

熔池反应区直接影响到焊缝的最终化学成分。由于焊接热源的作用，熔池的温度分布不均，熔池头部属于升温阶段，故熔滴反应区的一些主要物化反应如金属的氧化及焊缝金属的合金化等继续进行。而熔池尾部属于降温阶段，从而使熔池的尾部可以进行和头部同一冶金过程相反方向的反应，如焊缝金属的脱氧、脱硫及脱磷等。

熔池金属中存在的氧可以是可溶的[O]或[FeO]，也可以为不溶的氧化物，如 MnO、SiO_2 等。对于不溶性氧化物，利用熔渣的性质使之进入熔渣中。酸性渣易于吸收碱性氧化物，碱性渣则利于吸收酸性氧化物。对于可溶[FeO]，按照分配定律，金属中的[FeO]会向渣中转移一部分，即扩散脱氧。但在凝固阶段，熔池金属及熔渣粘度增大，不利于[FeO]向渣中扩散。另外，在碱性渣中[FeO]的活度大，也不利于[FeO]向渣中扩散。因此，扩散脱氧存在很大的局限性。故焊缝金属的脱氧主要通过溶解在液态金属中的脱氧剂(如 Mn、Si 等)和[FeO]直接反应，把铁还原，脱氧产物转入熔渣中。典型的脱氧反应为

$$[Mn] + [FeO] \xlongequal{} [Fe] + (MnO) \tag{6.8}$$

$$[Si] + 2[FeO] \xlongequal{} 2[Fe] + (SiO_2) \tag{6.9}$$

上述脱氧反应亦称沉淀脱氧。脱氧效果不仅与脱氧剂和脱氧产物有关，并且和熔渣碱度 B_L 有关。脱氧剂越多，熔渣中脱氧产物的活度越低，脱氧效果越好。另外，熔渣性质应与脱氧产物性质相反，这样最有利于降低脱氧产物在熔渣中的活度，也有利于熔渣吸收脱氧产物。

为了实现沉淀脱氧，应选用对氧亲和力大的脱氧元素，如 Al、Ti、Si 等。但这些元素在加入到熔池中时很易烧损，并且它们的氧化物的熔点很高，在熔池凝固很易成为夹杂物残留在焊缝金属中。这与脱氧的目的相矛盾。由于复合氧化物的熔点较低，密度较小，在熔池中易于聚合长大为大颗粒，并浮出被熔渣吸收，因此采用联合脱氧的方式进行脱氧，可以从根本上减少金属中的总氧量。如采用 Mn－Si 联合脱氧时有

$$(MnO) + (SiO_2) = (MnO \cdot SiO_2) \tag{6.10}$$

当[Mn]:[Si]为 3～6 时，其脱氧产物为不饱和液态硅酸盐 $MnO \cdot SiO_2$，其密度较小，易于浮出，并易被熔渣吸收，从而减少焊缝金属中的夹杂物和含氧量。

有害杂质 S、P 将大大提高焊缝金属的脆性和裂纹敏感性，因此在熔池反应区的后部必须采取冶金方法脱 S、P。

脱 S 可以采用脱 S 剂，如 Mn，其脱 S 反应为

$$[FeS] + [Mn] = (MnS) + [Fe] \tag{6.11}$$

亦可采用渣中碱性氧化物如 CaO、MnO、MgO 等脱硫。而脱 P 则主要靠渣中碱性氧化物如 FeO 、CaO 等。因此提高熔渣的碱度有利于降低 S、P 含量。但焊接熔渣的碱度受焊接工艺性能的制约，不可过分增大，故焊接时通过冶金方法脱 S、P 的能力有限，而且脱 P 比脱 S 更困难。实际上，控制焊缝金属中的 S、P 含量，主要是依靠严格限制焊接材料中的 S、P 含量。

6.1.3 熔化焊接头的组织与性能

熔焊时在高温热源的作用下，母材金属将发生局部熔化，并与熔化了的焊丝金属相互混合而形成焊接熔池，冷却时重新结晶形成接头的焊缝部分。近缝的金属在焊接温度场分布以内的区域均受到焊接热循环的作用。在一定范围内发生组织和性能变化的区域称为“热影响区”(Heat Affected Zone)或称“近缝区”(Near Weld Zone)。焊接接头主要由焊缝

和热影响区两大部分组成，其间有过渡区，称为熔合区，如图6.2所示。

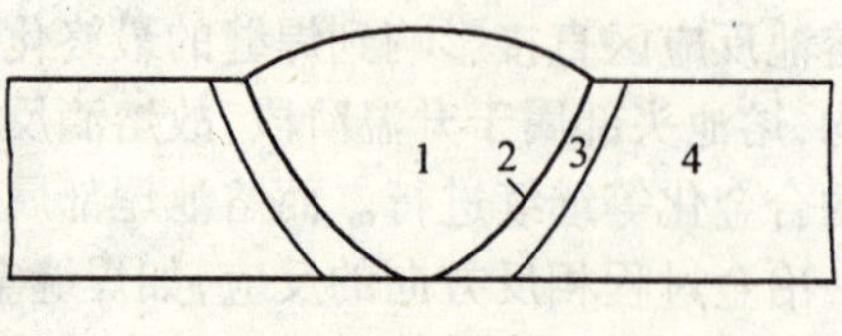

图6.2 焊接接头示意图

1—焊缝 2—熔合区 3—热影响区 4—母材

目前，随着焊接技术的发展，焊接方法日益增多，给焊接接头的组成带来新的变化。手工焊、埋弧焊的接头是由焊接材料(焊条或焊丝、焊剂)与母材组成焊缝。等离子、电子束及摩擦焊，接头均由母材自身组成。另外，不同的焊接方法具有不同的热过程，因此也影响接头成分、大小和组织性能。

1.焊缝金属的组织与性能

焊接热循环作用下的焊缝形成经历了加热熔化、结晶、固态相变三个热过程，故控制和调整焊缝金属的凝固和相变过程，就成为保证焊缝性能的关键。

(1)焊缝金属的结晶

焊接过程中焊缝的结晶与铸造的结晶过程相似但不尽相同。区别如下：

① 加热温度高，冷却速度快。

② 热源移动，结晶过程连续进行并随熔池前进。

③ 液体金属中不同部位其温度不均匀性巨大、中心过热。

④ 原始成分不均匀，因熔池存在时间短而来不及均匀。

固相晶体从液体中形成、长大的过程称为初次结晶，其组织即为初次组织或一次组织。熔池金属的结晶直接影响焊缝的组织，对焊缝性能起重要作用。焊接过程中许多缺陷，如气孔、夹杂、偏析，尤其是裂纹等也都是在熔化结晶过程中产生的，因而研究熔化金属结晶过程及一次组织对控制焊接质量具有重要意义。

现代结晶理论指出，过冷是凝固的条件，并且是通过萌生晶核和晶核长大而进行的。但在焊接熔池这种非常过热的条件下，在开始凝固时，均匀成核的可能性是极其微小的。特别是在过热度最大的熔池中心区域尤其困难。实际上，在邻近熔池边界区域，虽然过热度较低，但均匀成核的可能性还是不大的。从金属凝固理论可知，现成固相表面往往最易促使晶核的形成。这就是非自发形核。

在焊接条件下，熔池中存在有两种所谓现成表面：一种是合金元素或杂质的悬浮质点(在一般正常情况下所起作用不大)；另一种就是熔合区附近加热到半熔化状态基本金属的晶粒表面，非自发晶核就依附在这个表面上，并以柱状晶的形态向焊缝中心成长，形成所谓交互结晶(或称联生结晶)。

焊接时，为改善焊缝金属的性能，通过焊接材料加入一定量的合金元素(如钼、钒、钛、铌等)作为熔池中非自发晶核的质点，从而使焊缝金属晶粒细化。

熔池中晶核形成之后，就以这些新生的晶核为核心，不断向焊缝中成长。当晶体最易长大方向与散热最快方向(或最大温度梯度方向)相一致时，则最有利于晶粒长大，便优先得到成长，可以一直长至熔池的中心，形成粗大的柱状晶体。有的晶体由于取向不利于成长，与散热最快的方向又不一致，这时晶粒成长就停止下来，这就是焊缝中柱状晶体选择长大的结果。

由于焊缝凝固是在热源不断移动的情况下进行的，随着熔池向前推进，最大的温度梯度方向不断地改变，因此柱状晶长大的有利方向也随之变化。一般情况下，熔池呈椭圆状，柱状晶垂直于熔池边缘弯曲地长大。

焊缝中的凝固结晶组织主要有柱状晶和等轴晶两类。由于结晶条件的不同，柱状晶可以有胞状晶、胞状树枝晶及柱状树枝晶三类型态。焊缝凝固组织的最大特点主要表现在各种形态的柱状晶组织。

研究焊缝中的一次组织形态的变化、粗细程度及化学成分不均匀的程度，可以判断焊缝的力学性能和对裂纹的敏感性。一般来说，细密的一次组织具有比较良好的性能。

(2)焊缝金属的化学成分不均匀性

在熔池进行结晶的过程中，由于冷却速度很快，已凝固的焊缝金属中化学成分来不及扩散，合金元素的分布是不均匀的，出现所谓偏析现象。与此同时，在焊缝的边界处——熔合区，还出现更为明显的成分不均匀，常成为焊接接头的薄弱地带。焊缝金属的化学成分不均匀性一般分为三类：宏观偏析、微观偏析和熔合线偏析。

宏观偏析是柱状晶倾向性方向使杂质偏聚于晶间及部分地区溶质浓度升高。在大范围内从断面即可发现引起宏观组织改变甚至产生裂纹。如层状偏析、焊缝中心偏析、焊道偏析、弧坑偏析等。

微观偏析(显微偏析)是指焊缝结晶过程中，先结晶的固相含溶质浓度低，而后结晶的固相含溶质的浓度较高，并富集了较多的杂质。由于焊接快速冷却，结晶后的成分来不及趋于一致，而在相当大的程度上又保持着结晶有先后，从而使晶界、晶内的亚晶和树枝晶之间都存在着不同程度的显微偏析。

熔合线偏析是焊接过程中由于焊接热作用使熔合线附近产生碳和合金元素浓度明显变化的现象。

(3)焊缝固态相变组织

焊缝金属经凝固完成一次结晶过程，随着连续冷却过程的进行，对于低碳低合金钢来讲，在一次结晶组织的基底上产生 $\gamma \to \alpha$ 转变。随冷却速度的不同，可以有铁素体转变、珠光体转变、贝氏体转变与马氏体转变。因此，在一个实际的焊接接头中，各种组织如铁素体、珠光体、贝氏体、马氏体等都可能出现，形成复杂的组织形态。

低碳钢的焊缝金属含碳量很低，故固态相变组织大部分是铁素体加少量珠光体。由于铁素体一般首先沿原奥氏体晶界析出，往往勾划出一次组织的柱状轮廓，故又称为柱状铁素体，其晶粒十分粗大。此外，焊缝中的一部分铁素体还具有魏氏组织的形态。随成分与冷却速度的不同，还有可能出现各种形态贝氏体，甚至出现马氏体。相同化学成分的焊缝金属，由于冷却速度不同，也会使焊缝的组织有明显的不同。多层焊或热处理对焊缝金属的组织和性能将起改善作用，使焊缝获得细小的铁素体和少量珠光体，并消除柱状晶组织。

低合金钢焊缝固态相变后的组织比低碳钢焊缝组织要复杂得多。由于合金元素的加入，往往使连续冷却转变曲线(CCT 图)右移，而贝氏体转变部分向左突出。因此，在焊缝金属中，各种组织如铁素体、珠光体、贝氏体、马氏体等都可能出现，形成复杂的组织形态。

当合金元素较少时，低合金钢焊缝组织与低碳钢相近，在一般焊接冷却条件下为铁素体加少量珠光体，冷却速度增大时常常会出现粒状贝氏体。

当焊缝中合金元素较多、淬透性较好时，则出现多种形态的贝氏体和马氏体组织。有时合金元素较高时，焊缝中可看到由于合金元素的偏析，而保留下来的胞状或树枝晶界的轮廓。

(4)焊缝金属的强韧化

焊缝金属的力学性能是影响接头使用可靠性的基本性能，而其中强度与韧性又是最关键的性能指标，特别是对结构钢接头更为重要。而低合金高强度结构钢在工程中占有极其重要的地位，有一定的典型意义，所以下面主要讨论结构钢焊缝金属的强韧性问题。

各类金属材料所采用的强化方式大体有以下几种：固溶强化；细晶强化（变质处理）；冷作强化；沉淀强化（弥散强化）；相变强化。

焊缝金属的强化，要比各类母材困难得多，提高焊缝金属的强度，通常还是采用固溶强化和细晶强化。固溶强化和变质处理属于两种不同强化机制。焊缝中合金元素的种类很多，所起的作用很复杂，有的主要是固溶强化（如 Mn、Si 等），有的主要是变质处理（如 Ti、B、Zr、稀土等），有的兼有两种作用（如 V、Nb、Mo 等）。细晶强化不仅可提高焊缝的强度，还能改善焊缝韧性和抗裂性。一般不希望采用沉淀强化或马氏体相变强化，因为这一类属于热处理强化方式，焊后须进行适当的热处理。

冷作强化要求对材料进行形变加工，故这种方式在焊接中极少采用。

保证焊缝金属的强度和母材匹配是比较容易的。为了防止结构的脆性破坏，对如何提高结构钢焊缝金属的韧性则是一个既重要又困难的问题。

焊缝金属力学性能的影响因素众多且复杂，但主要因素是焊缝的化学成分（包括杂质元素）和冷却条件（焊接工艺）。

焊缝化学成分对性能的影响是比较复杂的，尤其是对韧性的影响。焊缝的化学成分包括合金元素和有害杂质，其存在形态可以是固溶于基体，也可以形成析出相，或者析集于晶界，不仅可以直接影响到韧性，也可以通过改变相变过程及其产物形态而影响韧性。

对于低合金结构钢的焊缝金属，最有害的脆化元素是：S、P、N、O、H，必须加以限制。强度级别越高的焊缝，对这些杂质的限制应该越严。合金元素对韧性的影响极其复杂，每一合金元素的影响，因合金系统及焊接工艺条件的不同，而可有一定的差别；其影响效果不仅与其数量有关，而且和共存的其他元素的种类和数量有很大关系。采用微合金元素改善焊缝金属的组织和韧性是一项十分复杂的问题，特别是不同合金体系最佳韧化效果的合适微量元素，有时很难从理论上给以解释。但是，不管采用何种微量元素，其最终都能改善焊缝的微观组织。对于低合金钢焊缝来讲，就是增加焊缝金属中的针状铁素体，抑制先析铁素体的形核长大，这是最重要的韧化机制。

焊接工艺参数、焊接材料性质、接头尺寸形状以及预热或后热等，均对焊缝的成形及其冷却条件产生明显的影响，从而影响到 $\gamma \rightarrow \alpha$ 转变，最终影响到焊缝金属的性能。

对于相同板厚焊接结构，采用多层焊接可以有效地提高焊缝金属的性能。这种方法一方面由于每层焊缝变小而改善了凝固结晶的条件；另一方面，更主要的原因，是后一层对前一层焊缝具有附加热处理的作用，从而改善了焊缝固态相变的组织。

焊后热处理可以改善整个焊接接头的组织，当然也包括焊缝的组织。但这种方法比较麻烦，而且耗能耗资都比较大，不是在所有情况下都是可取的。

(5)焊缝金属与母材的强韧匹配

对低合金高强钢焊接接头采用何种焊接材料的匹配问题已进行了许多研究。长期以来，无论是施工、设计，还是试验、研究，多采用等强匹配的原则。然而近年来发现，对某些强度级别较高的钢种（$\sigma_b \geq 700$MPa），除考虑强度问题之外，还必须考虑接头的韧性和裂纹敏感性。这种情况采用等强匹配就不一定是最好的，而采用低强匹配更为合理。

经验及研究指明，对于 C－Mn 钢之类低强度钢，按“等强”原则选用焊接材料，焊接接头可具有足够的韧性储备。而适当“超强”，也确实有利于提高接头抗脆断性能。但对于高强钢(特别是超高强钢)，如要求焊缝与母材等强，则焊缝的韧性储备不够高，若为超强的情况，韧性储备就会更为低下，甚至可能低到安全限以下。此时，如少许牺牲焊缝强度而使韧性储备有所提高，可能更有利些。

研究表明，“低强”焊缝，既焊缝强度低于母材强度，若焊缝有足够的韧性，其接头抗脆性破坏的性能并不比等强或超强匹配差。

2.焊接热影响区的组织与性能

焊接热影响区在组织性能上是一个非均匀的连续体。造成焊接 HAZ 组织性能不均匀的根本原因是各部位所经历的热循环不同。焊接热循环是焊接接头经受热作用的里程，它对于焊接接头的应力变形、组织和力学性能等的影响都是十分重要的。

(1)焊接热影响区的组织转变

与一般热处理条件下的组织转变相比，焊接条件下的组织转变既有相同，又有本身的特点。对于低合金高强钢来说，钢的固态相变规律仍是分析焊接热影响区组织转变的基础。与热处理相比，焊接热过程概括起来有以下特点：

①加热温度高；

②加热的速度快；

③高温停留的时间短；

④自然条件下连续冷却；

⑤局部加热，将产生不均匀相变及应变。

综合上述，焊接条件下的组织转变必然有它本身的特殊性。

快速加热，首先将使各种金属的相变温度比起等温转变时大有提高。大量的试验结果表明，加热速度越快，不仅被焊金属的相变点 A_{C1}和 A_{C3}提高，而且 A_{C1}和 A_{C3}之间的间隔越大。钢中含有较多的碳化物形成元素(Cr、W、Mo、V、Ti、Nb 等)时，随加热速度的提高，对相变点 A_{C1}和 A_{C3}的影响更为明显。

加热速度除对相变点有影响外，还影响奥氏体的形成过程。从金属学的原理可以知道，加热时奥氏体的形成过程包括形核、长大和均匀化三个阶段。随着加热速度的提高，上述各过程都移向更高的温度范围，这是连续加热转变的特点。

由于焊接热过程的特点，导致焊接条件下的组织转变不仅与等温转变不同，也与热处理条件下的连续冷却组织转变不同，而且在组织成分上比一般热处理条件下更为复杂。

焊接过程属于不平衡的热力学过程。在这种情况下，随冷却速度增加，平衡状态图上各相变点和温度线均发生偏移，A_{C1}、A_{C3}等均向更低的温度移动，同时共析成分已经不是一个点(0.77w%C)，而是一个成分范围。当冷却速度增加到一定程度之后，珠光体转变将被抑制，发生贝氏体或马氏体转变。

近年来，许多国家十分重视建立焊接条件下连续冷却组织转变图(CCT 图)的工作。它可以比较方便地预测出焊接 HAZ 的组织和性能，同时也能作为选择焊接线能量、选择预热温度和制定焊接工艺的依据。

图 6.3 所示是 16Mn 钢的 CCT 图及组织和硬度的变化。

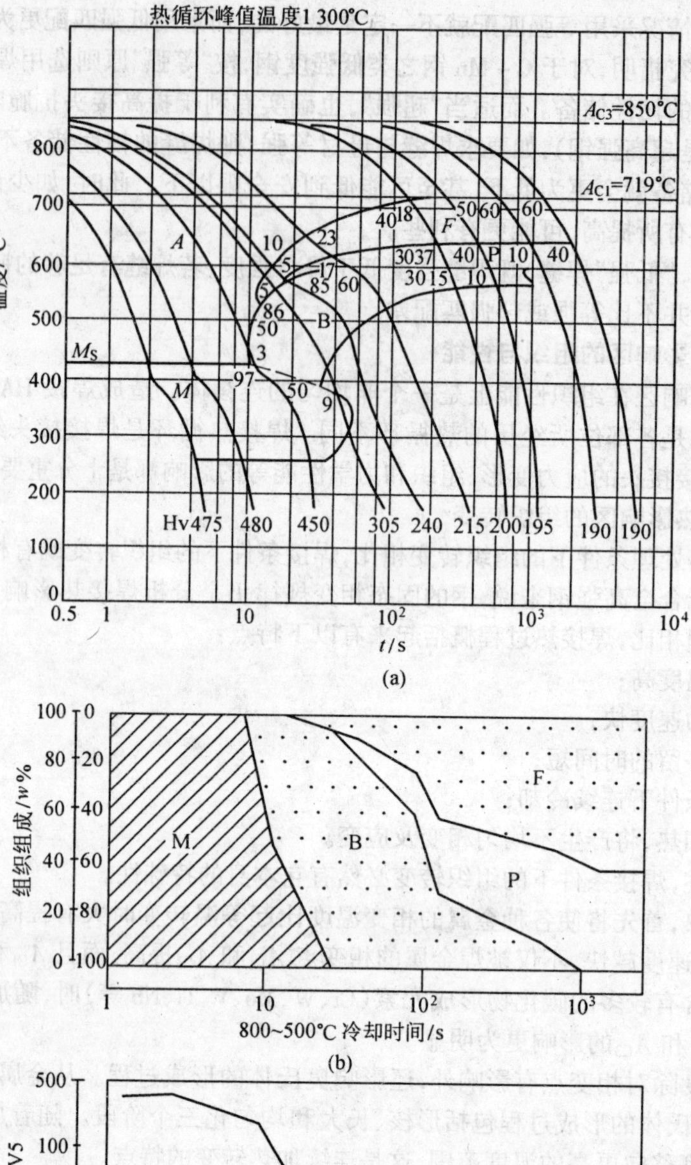

图6.3　16Mn 钢的 CCT 图

(a)16Mn 钢的 CCT 图　(b)$t_{8/5}$与组织的关系　(c)$t_{8/5}$与硬度的关系(C = 0.16, Si = 0.36, Mn = 1.53, S = 0.028, P = 0.014)　σ_b = 570MPa　σ_s = 393MPa　T_m = 1 300℃

(2)焊接热影响区的组织分布

用于焊接的结构钢,从热处理特性来看,可分为两类,一类是淬火倾向很小的,如低碳钢及含合金元素很少的普通低合金钢(如 16Mn、15MnV、15MnTi 等),称为不易淬火钢;另一类由于含碳量较高或合金元素较多的钢,能通过热处理淬火强化,如中碳钢,低、中碳调质合金钢(如 18MnMoNb、30CrMnSi、45 钢)等,称为易淬火钢。由于淬火倾向不同,这两类钢的焊接热影响区组织也不同,下面分别讨论之。

不易淬火钢焊接热影响区的组织分布根据特征,可分为以下四个区,如图 6.4 所示。

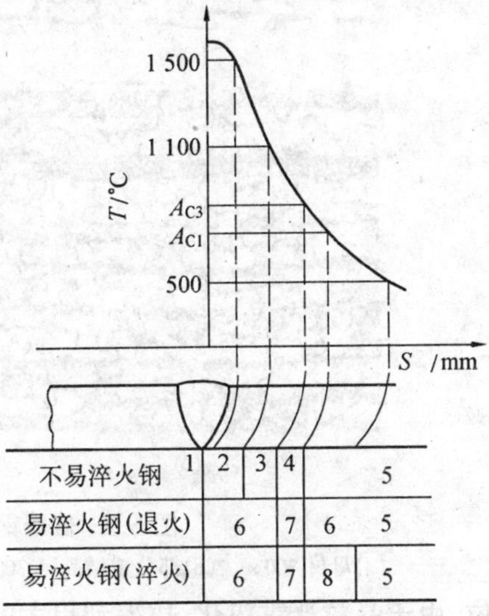

图 6.4　焊接热影响区的分布特征

1—熔合区　2—过热区　3—相变重结晶区　4—不完全重结晶区　5—母材　6—淬火区　7—部分淬火区　8—回火区

熔合区。焊缝与母材之间的过渡区域,常称熔合区。该区的范围很窄,温度处于 $T_L \sim T_S$ 之间。熔合区最大的特征是具有明显的化学不均匀性,从而引起组织、性能上的不均匀性。在许多情况下,熔合区常常成为焊接接头最薄弱的部位。

过热区。此区的温度范围是处在固相线 $T_S \sim T_G$(晶粒急剧长大温度,约为 1 100℃左右),金属处于过热的状态,奥氏体晶粒发生严重的粗化,冷却之后便得到粗大的组织,并极易出现脆性的魏氏组织。故该区的塑性、韧性较差。过热区与熔合区一样,都是焊接接头的薄弱环节。

相变重结晶区。该区的母材金属被加热到 $T_G \sim A_{C3}$温度范围,铁素体和珠光体将发生重结晶,然后在空气中冷却就会得到均匀而细小的珠光体和铁素体,相当于热处理时的正火组织,故亦称正火区。由于组织细密,此区的塑性和韧性均较高。

不完全重结晶区。焊接时处于 $A_{C1} \sim A_{C3}$之间范围内的热影响区属于不完全重结晶区。因为处于 $A_{C1} \sim A_{C3}$范围内只有一部分组织发生了相变重结晶过程,所以此区特点是晶粒大小不一,组织不均匀,因此力学性能也不均匀。

图 6.5 为低碳钢焊接热影响区的典型组织。

对于低碳钢和一些淬硬倾向较小的钢,除了过热区的组织以外,其他部位的热影响区组织基本相同。低碳钢的过热区主要是魏氏组织,而 16Mn 由于合金元素 Mn 的加入,使过热区还出现少量粒状贝氏体。15MnTi 则由于过热区加热温度高,除 Mn 以外,还有部分钛的碳化物、氮化物溶入奥氏体,提高了奥氏体的稳定性,因此过热区全部获得粒状贝氏体组织。

至于焊接淬硬倾向较大的钢种,焊接热影响区加热温度高于 A_{C1}以上的区域的组织分布为:

完全淬火区。焊接时热影响区处于 A_{C3}以上的区域,由于这类钢的淬硬倾向较大,焊后冷却时很易得到淬火组织(马氏体),故称淬火区。在紧靠焊缝相当于低碳钢过热区的

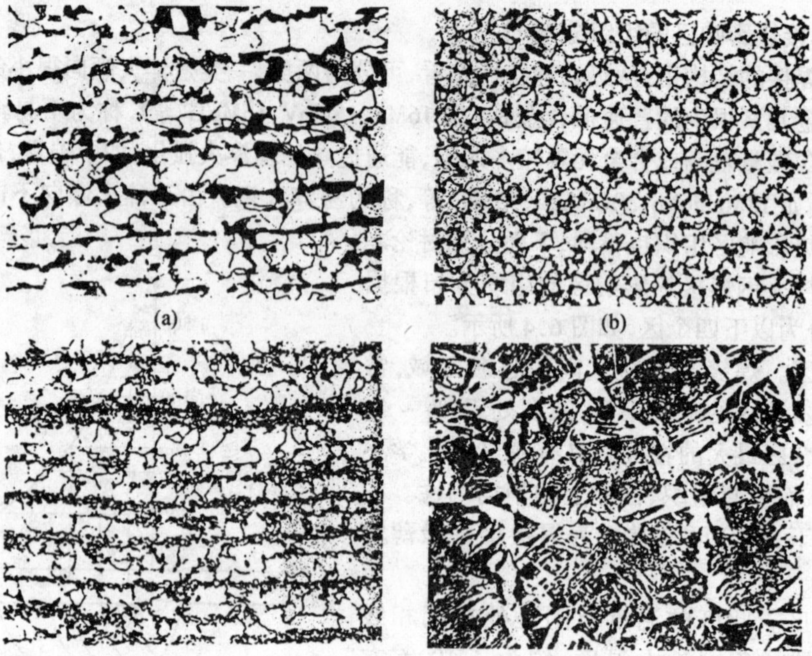

图 6.5　低碳钢焊接热影响区各部位的组织

(a)母材 300×　(b)部分重结晶区 300×　(c)过热区 450×　(d)正火区(重结晶区)450×

部位,由于晶粒严重粗化,故得到粗大的马氏体,而相当于正火区的部位则得到细小的马氏体。但在实际焊接接头中,由于焊接用钢一般淬硬性不会太高,并在实际施焊时注意了恰当选择热规范,加之该处的奥氏体均匀性差,故出现贝氏体、索氏体等正火组织的可能更大,从而形成了与马氏体共存的混合组织。

不完全淬火区。母材被加热到 A_{C1} ~ A_{C3} 温度之间的热影响区,在快速加热条件下,奥氏体化不完全。铁素体很少溶入奥氏体,而珠光体、贝氏体、索氏体等转变为奥氏体。在随后快冷时,奥氏体转变为马氏体。原铁素体保持不变,并有不同程度的长大,最后形成马氏体 + 铁素体的混合组织,故称不完全淬火区。

热影响区加热低于 A_{C1} 以下的区域的组织分布与母材焊前的热处理状态有关。如果母材焊前是正火或退火状态,一般不发生组织变化,即保持其原始组织;若焊前为淬火态,则可获得不同的回火组织。如果母材在焊前是调质状态,组织和性能发生变化程度决定于焊前调质的回火温度。如焊前调质时的回火温度为 T_t,那么低于此温度的部位,其组织性能不发生变化,而高于此温度的部位,组织性能将发生变化,出现软化现象。

由此看来,热影响区的组织和性能不仅与母材的化学成分有关,同时也与焊前的热处理状态有关。图 6.6 为 30CrMnSiA 钢埋弧焊后热影响区的组织。

总括以上,焊接热影响区的组织分布是不均匀的。其中近缝区常是影响接头性能的关键部位,是整个焊接接头的薄弱地带。

(3)焊接热影响区的性能

根据前面的讨论可以知道,焊接热影响区的组织分布是不均匀的,因而在性能上也不

(a) (b)

图 6.6 退火态 30CrMnSiA 埋弧焊热影响区的组织

(a)过热淬火区 150× (b)部分淬火区 200×

均匀。焊接热影响区的性能对于一般焊接结构来讲,主要考虑硬化、脆化、韧化、软化,以及综合的力学性能等,这要根据焊接结构的具体使用要求来决定。

① 焊接热影响区的硬化

焊接 HAZ 的硬度主要决定于被焊钢种的化学成分和冷却条件,其实质是反映不同金相组织的性能。

HAZ 的硬化倾向,从根本上说取决于母材的化学成分,焊接工艺条件只是能否出现硬化的外界因素。首先是含碳量,它显著影响奥氏体的稳定性,对硬化倾向贡献最大。含碳量越高,越容易得到马氏体组织。但马氏体数量增多,并不意味着硬度一定大。马氏体的硬度随含碳量的增高而增大。碳当量是反映钢中化学成分对硬化程度的影响,它是把钢中合金元素(包括碳)按其对淬硬(包括冷裂、脆化等)的影响程度折合成碳的相当含量。世界各国根据具体情况建立了许多碳当量公式,实践证明,这些碳当量公式对于解决工程实际问题起到了良好的作用。

焊接热影响区的冷却条件主要取决于焊接热循环。如采用冷却时间 $t_{8/5}$反映冷却速度,增大 $t_{8/5}$均使硬度下降。

由于硬度试验比较方便,因此,常用 HAZ 的最高硬度 H_{max}判断 HAZ 的性能,也可以间接预测 HAZ 的韧性、脆性和抗裂性等。近年来已把 HAZ 的 H_{max}作为评定焊接性的重要标志。采用 HAZ 最大硬度 H_{max}作为一个因子来评价金属的焊接性(包括冷裂纹的敏感性),不仅反映了化学成分的作用,同时也反映了不同组织形态的作用。因此,不少国家结合本国的钢种,在大量实验的基础上建立了硬度计算公式。

对于国产低合金钢,作为粗略估算,天津大学建立了经验公式

$$H_{max}(\mathrm{HV10}) = 140 + 1\,089 P_{cm} - 8.2 t_{8/5} \tag{6.12}$$

碳当量 $$P_{cm} = w(\mathrm{C}) + \frac{w(\mathrm{Si})}{30} + \frac{w(\mathrm{Mn}) + w(\mathrm{Cu}) + w(\mathrm{Cr})}{20} + \frac{w(\mathrm{Ni})}{60} + \frac{w(\mathrm{Mo})}{15} + \frac{w(\mathrm{V})}{10} + 5w(\mathrm{B}) \tag{6.13}$$

② 焊接热影响区的脆化

焊接热影响区的脆化常常是引起焊接接头开裂和脆性破坏的主要原因。造成脆化的原因有:粗晶脆化、析出脆化、组织转变脆化和热应变时效脆化。

粗晶脆化。由于受热的影响程度不同，焊接接头在近缝区靠近熔合线附近将发生晶粒粗化。晶粒粗大严重影响组织的脆性。一般来讲，晶粒越粗，则脆性转变温度越高。脆化的程度与粗晶区出现的组织类型有关。

析出脆化。某些金属或合金，在回火时效过程中，从过饱和固溶体中析出碳化物、氮化物、金属间化合物及其他亚稳定的中间相等，由于这些新相的析出，而使金属或合金的强度、硬度和脆性提高，这种现象称为析出脆化。一般强度和硬度提高并不一定发生脆化(如时效马氏体钢)，但发生脆化必然伴随强度和硬度的提高。

组织脆化。对于常用的低碳低合金高强钢，焊接 HAZ 的组织脆化主要是由于 M－A 组元、上贝氏体、粗大的魏氏组织等所造成。

HAZ 的热应变时效脆化。在制造过程中要对焊接结构进行加工，如下料、剪切、冷弯成型、气割、焊接和其他热加工等。由这些加工引起的局部应变、塑性变形对焊接接头的性能，特别是断裂韧性，都会产生很大影响。这种现象称为热应变时效脆化。

③ 焊接 HAZ 的韧化

焊接 HAZ，特别是熔合区和粗晶区是整个焊接接头的薄弱地带，因此，应采取措施提高焊接 HAZ 的韧性。但 HAZ 的韧性不可能像焊缝那样，利用添加微量合金元素的方法加以调整和改善，而是材质本身所固有的，故只能通过提高材质本身的韧性和某些工艺措施在一定范围内加以改善。

对低合金钢，应控制含碳量，使合金元素的体系为低碳微量多种合金元素的强化体系。这样，在焊接的冷却条件下，使 HAZ 分布有弥散强化质点，在组织上能获得低碳马氏体、下贝氏体和针状铁素体等韧性较好的组织。另外，应尽量控制晶界偏析。

提高焊接 HAZ 韧性的工艺途径很多。对于一些重要的结构，常采用焊后热处理来改善接头的性能。但是对一些大型而复杂的结构，即使采用局部热处理也是困难的。

合理制定焊接工艺，正确地选择焊接线能量和预热、后热温度是提高焊接 HAZ 韧性的有效措施。

④ 焊接 HAZ 的软化

冷作强化或热处理强化的金属或合金，在焊接热影响区一般均会产生不同程度的失强现象，最典型的是经过调质处理的高强钢和具有沉淀强化及弥散强化的合金，焊后在热影响区产生的软化或失强。冷作强化金属或合金的软化，则是由再结晶引起的。热影响区软化或失强对焊接接头力学性能的影响相对较小，但却不易控制。

6.1.4 熔化焊冶金缺陷

结构材料经过焊接加工后，通常都不可能达到理想上的完美无缺，常常会存在某种形式的不连续性，这种不连续性即称为“缺欠”。当缺欠发展到对焊接结构的使用性能构成危害时则成为“缺陷”。通常，焊接缺陷可分为工艺因素引起的和冶金因素引起的两大类。工艺性缺陷主要是指工艺成型方面的缺陷，如咬边、未焊透和夹渣等；冶金缺陷是指焊接过程中，由于物理－化学冶金过程未能满足一定的要求而产生的缺陷，主要是气孔和各种裂纹(下面主要介绍焊接热裂纹和冷裂纹)。

1.气孔

气孔是指焊缝表面或内部形成的连续的或不连续的孔洞。气孔的形成是由于熔池金属中的气体在金属结晶凝固前未能及时逸出，从而以气泡的形式残留在凝固的焊缝金属内部或出现在焊缝表面。气孔的存在不仅减少了焊缝金属的有效工作截面，显著地降低金属的强度和塑性，而且还可能造成应力集中，引起裂纹。此外，弥散小气孔虽然对强度影响不显著，但会引起金属组织疏松，导致塑性、气密性和耐腐蚀性降低。

气孔的形成显然与气体有关。研究表明，气孔的形成是多种气体(包括 CO、H_2 和 N_2)共同作用的结果，但通常其中一种气体是气孔内气体的主要成分。无论何种气体，其气泡的形成也是受扩散控制的。形成气孔都包括三个阶段：气泡的生核、长大和上浮。如果气泡在上浮过程中受到阻碍，则将成为气孔保留在焊缝金属中。焊缝气孔可按不同特征区分为不同的类型，如按其形态可分为球形气孔和条虫状气孔，按其分布可区分为孤立状气孔和均布状气孔等。由于形成气孔的气体来源不同，金属中存在的气孔可分为析出型气孔和反应型气孔两种类型。

析出型气孔是指高温时熔池金属中溶解了较多的气体，凝固时由于气体的溶解度突然下降，气体处于过饱和来不及逸出而引起的气孔。过饱和气体主要是从外部侵入熔池的氢和氮。氢气孔通常出现在焊缝表面，气孔的端面形状如同螺钉状，从表面看呈喇叭口形，内壁光滑。但铝、镁合金的氢气孔也常常出现在焊缝内部。

空气是焊接区域氮的惟一来源，因此，如果采取有效的保护，氮不会成为形成气孔的主要原因。关于氮气孔的形成，一般认为其原因与氢的情况类似，即由凝固前后溶解度的突变而引起。气孔的位置也多在焊缝表面，且常常成堆出现，外观与蜂窝很相似，但在焊接实际生产中完全由氮引起的气孔并不多见。

熔池中除上述从外部入侵的气体氮和氢外，还有由于冶金反应而生成的气体。反应型气孔是指由于冶金反应产生的不溶解于金属的气体，如 CO 引起的气孔。钢焊接时，钢中的氧或氧化物与碳反应后能生成大量 CO，例如

$$[C]+[O]=CO \tag{6.14}$$

$$[FeO]+[C]=CO+[Fe] \tag{6.15}$$

如果这些反应发生在高温液态金属中，则由于 CO 完全不能溶于钢液，将以气泡的形式从熔池金属中高速上浮逸出，不易形成气孔。但当熔池凝固时，由于铁碳合金溶质浓度在固液界面的偏析，造成在结晶前沿和枝晶间氧化铁和碳浓度的局部增高，有利于反应的式(6.15)进行，因液体金属正处于凝固过程，熔池金属的粘度迅速增大，故生成的 CO 气泡很难浮出，成为残留在焊缝中的 CO 气孔。CO 气孔通常沿结晶方向分布，就像条虫似地卧在焊缝内部。为有效地防止气孔的产生，应针对其形成原因采取相应的措施。影响气孔产生的因素众多，这些因素可分为冶金的和工艺的。冶金因素主要包括：熔渣的氧化性、冶金反应、保护气体种类、焊接材料成分以及母材表面状态等；工艺因素包括：焊接电流、电压、焊接速度和焊接位置等。

2.焊接热裂纹

热裂纹是高温下在焊缝金属和焊接热影响区中产生的一种沿晶裂纹。根据金属断裂理论，在高温阶段当晶间延性或塑性变形能力 σ_{min} 不足以承受当时发生的应变时，即发生高温沿晶断裂。因此，热裂纹是由金属的低塑性或脆化和拉伸应力共同作用产生的。常见的热裂纹主要有结晶裂纹(凝固裂纹)和液化裂纹。

(1)凝固裂纹(结晶裂纹)

焊缝结晶过程中,在固相线附近,由于凝固金属的收缩,残余液体金属不足而不能及时填充,在应力作用下发生沿晶开裂,故称结晶裂纹。多数情况下,在发生裂纹的断面上,可看到有氧化色。结晶裂纹主要产生在含杂质较多的碳钢、低合金钢焊缝中和单相奥氏体钢、镍基合金以及某些铝合金的焊缝中。

研究表明,结晶裂纹倾向的大小随合金状态图结晶温度区间的增大而增加,故可利用各种合金状态图的类型来预测焊接时结晶裂纹倾向的大小。不同的合金系统有着不同的状态图,因而合金元素对凝固裂纹敏感性的影响也不相同。

结晶初生相的结构能影响到杂质的偏析和晶间层的性质。例如当钢中的初生相为δ相时就能比γ相时溶解更多的S和P(S、P的最大溶解度在δ相中为$0.18w\%$S、$2.8w\%$P;而在γ相中为$0.05w\%$S、$0.25w\%$P),因此初生相为γ相的钢比初生相为δ相的钢材更易产生凝固裂纹。此外,初生相的晶粒大小、形态和方向也都会影响凝固裂纹产生的倾向。当初生相为粗大的方向性很强的柱状晶时,则会在晶界上集中较多的低熔点杂质,并形成连续的弱面,增加了裂纹倾向。当对金属进行细化晶粒的变质处理后,不仅打乱了柱状晶的方向性,而且晶粒细化后晶界明显增多,减少了杂质的集中程度,有效地降低了凝固裂纹的倾向。改善焊缝凝固结晶,细化晶粒是提高抗裂性的重要途径。广泛采用的办法是向焊缝中加入细化晶粒元素(如Mo、V、Ti、Nb、Zr、Al、稀土等)。

晶间易熔物质形成的晶间液膜是引起凝固裂纹的根本原因,且与晶间易熔物质的数量有关,但热裂倾向并不随着晶间易熔物质数量的增多一直增大,而是有一个最大值。超过最大值后,热裂倾向又逐渐下降,直到最后不产生裂纹。引起这种变化特征的原因是:一方面,结晶前沿低熔点物质的增加阻碍了树枝晶的发展和长合,改变了结晶的形态,缩小了有效结晶温度区间。另一方面是由于增加了晶间的液相,促使液相在晶粒间流动和相互补充;因此即使局部晶间液膜瞬间被拉开,但很快可通过毛细管作用将周围的液体渗入缝隙,起到填补和"愈合"作用。这也就说明了为什么在共晶型合金系统中当成分接近共晶成分时也不易产生凝固裂纹。此外,凝固裂纹敏感性与易熔物质在晶间所处的形态也有很大关系。以液膜形态存在时,凝固裂纹敏感性大;而以球状存在时,则裂纹敏感性小。

合金元素的影响十分复杂,是影响裂纹最本质的因素。某个合金元素的影响并不是孤立的,与其所处的合金系统有关。多种合金元素的相互影响,往往比单一元素复杂得多,在某些情况下,甚至彼此是矛盾的。经过许多试验研究,认为C、S、P对结晶裂纹影响最大,其次是Cu、Ni、Si、Cr等,而N、O、As等尚无一致的意见。S和P在钢中能形成多种低熔共晶,使结晶过程中极易形成液态薄膜,因而显著增大裂纹倾向。

另外,为了防止结晶裂纹,必须合理选择焊接材料和控制焊接参数。如对于一些易于向焊缝转移某些有害杂质的母材,焊接时必须尽量减小熔合比。从熔池的凝固特点可知,焊接参数与接头形式对焊缝枝晶生长状态有重要影响。如前面所述高速焊时,柱状晶近乎垂直地向焊缝轴线方向生长,易在会合面处形成显著的偏析弱面,所以热裂倾向大。一般说来,接头冷却速度越大,变形速率越大,越易于促进产生热裂纹。预热对于降低热裂倾向一般是比较有效的。但提高预热温度如果增大高温阶段的内应变,就不太有利。为了减少应变量及应变增长率,从结构设计开始就应考虑接头的刚度或拘束度。如尽可能减小板厚和合理布置焊缝，注意避免焊缝交叉，尽可能减小焊脚尺寸和焊道截面积，还应控制合理的焊接顺序等。

(2)近缝区液化裂纹

焊缝热影响区或近缝区也会因晶界存在液膜而导致产生热裂纹。因为近缝区在焊接过程中宏观上始终保持固态，晶界的液膜只能是焊接过程中晶界液化所致，这种由于晶界局部液化而形成的裂纹，称为液化裂纹。

液化裂纹与凝固裂纹有相类似之处，它们都与晶界液膜有关，但其形成机理不同。液化裂纹的液膜并非产生于凝固过程，而是由于加热过程中近缝区晶界局部熔化形成的液膜。另一种晶界熔化发生于集中热源快速加热(如焊接和激光重熔)时的高温热影响区内，由于第二相来不及溶入而引起的共晶反应。

液化裂纹的产生主要与合金成分及其纯度有关。裂纹本身并不大，但它能诱发其他的裂纹(如凝固裂纹和冷裂纹等)。要消除热影响区过热区的液化裂纹是很困难的，只有采用熔点低于晶间液膜的焊缝金属，才有可能渗入过热区的液化裂纹中起“愈合”作用。

3.焊接冷裂纹

与形成热裂纹的温度截然不同，冷裂纹是由于材料在室温附件温度下脆化而形成的裂纹。产生热裂纹的脆性温度区间往往高于它的工作温度范围，而冷裂纹往往就是在它的工作温度区间产生的。冷裂纹的起源多发生在具有缺口效应的焊接热影响区或有物理化学不均匀的氢富集区。冷裂纹的断裂路径，有时是沿晶，有时是穿晶。这与热裂纹总是沿晶开裂不一样。冷裂纹有时可在焊后立即出现，但也有要经过一段时间(几小时、几天，甚至更长)后才出现，对于这类不在焊后立即出现的冷裂纹，称为“延迟裂纹”。它是冷裂纹中最常见的一种形态。由于延迟裂纹不是在焊后即能发现，需延迟一定时间，甚至在使用过程中才出现，故它的危险性更大。冷裂纹多发生在中、高碳钢以及合金结构钢的焊接热影响区，但对某些超高强钢、钛及钛合金等，冷裂纹有时也发生在焊缝中。

研究表明，焊接冷裂纹的形成与被焊钢材的淬硬组织、接头中的含氢量以及接头所处的拘束应力状态具有密切的关系，这三者可称为形成冷裂纹的三大要素。

(1)氢的作用

焊后焊缝金属中的含氢量分为两部分，既扩散氢和残余氢。一般情况下，残余氢含量很少，并且在300℃以下的焊接区扩散氢变化时，残余氢含量基本不变。因此，可以认为是扩散氢对冷裂纹的形成和扩展起着关键的作用。许多文献把氢引起的延迟裂纹特别地称为“氢致裂纹”或“氢助裂纹”，以突出氢的作用。由于冷裂纹一般均在 M_S 点以下温度形成，因而在较高温度下(如100℃以上)氢的扩散速度很快，能迅速扩散到金属表面而逸出，不会形成氢致裂纹。只有在较低温度下的扩散氢才具有致裂作用，这部分扩散氢可称为“残余扩散氢”$[H]_R$。另外，当氢的扩散受到抑制时(如在很低的温度，-100℃)，即使经历很长时间后也不会导致这种延迟开裂。因此，扩散氢在金属中的扩散行为对其脆化和延迟开裂起着决定性的作用。裂纹的产生与其产生部位的局部实际扩散氢含量有关。下面阐述氢的“相变诱导扩散”和“应力诱导扩散”机制。

相变诱导扩散是由于晶体结构变化引起的。氢在金属中的溶解和扩散行为与金属组织类型关系密切。氢在奥氏体中的溶解度要比在铁素体中溶解度大得多。但氢的扩散速度却恰好相反。由于焊缝金属的含碳量一般均低于母材，所以焊缝与近缝区的固态相变不同步,故焊缝在较高的温度就发生从奥氏体向铁素体的转变($\gamma \rightarrow \alpha$),而近缝区的转变则要滞后焊缝。当焊缝中的 γ 已分解转变为 α 时,近缝区仍为 γ 组织。这样,如图 6.7 所示,氢很快地越过熔合线 ab 向尚未发生分解的近缝区扩散。因氢在奥氏体中溶解度大而扩散速度小,因而在近缝区转变前不能扩散到距熔合区较远的母材中,在熔合线附件就形成了富氢地带。当滞后相变的富氢热影响区发生奥氏体向马氏体 $\gamma \rightarrow M$ 转变时,氢难以扩散离开,便以过饱和状态残留在马氏体中,促使该区域进一步脆化。这就是冷裂纹易于在熔合区产生的原因。若该部位还有缺口效应,则更加剧了裂纹敏感性。当焊接某些超高强钢时,有时由于焊缝金属合金成分复杂,使得热影响区的组织转变先于焊缝进行,这时氢就从热影响区向焊缝扩散,氢致延迟裂纹就可能在焊缝出现。

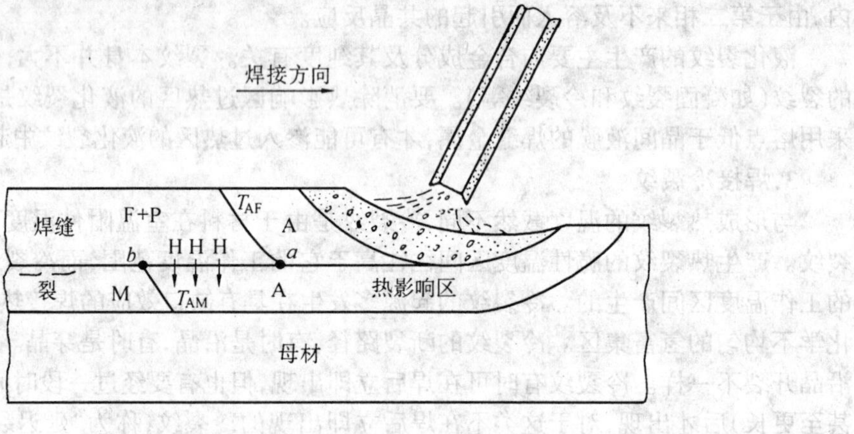

图 6.7　高强钢热影响区延迟裂纹的形成过程

焊接冷裂纹易于在熔合区产生不仅与“相变诱导扩散”有联系,还与氢的“应力诱导扩散”过程有密切的关系。图 6.8 为应力诱导扩散模型。焊接接头在应力作用下,会在微观缺陷构成的裂纹敏感区域附近形成局部三维应力场。氢具有向该区域扩散的倾向,应力随着氢的扩散而增高,缺口尖端局部塑性应变量也随氢量增多而增大,同时,微观局部塑性应变量最大的部位也是扩散氢最易于偏聚的部位。即存在一个扩散氢向应力集中场“浓化扩散”的过程,这就是应力诱导扩散。在氢浓化区域,当氢的浓度达到临界值时,裂纹就会形核(启裂)并扩展。当裂纹向前延伸时,又会形成新的三维应力场。如果氢的浓化扩散尚未达到临界浓度,裂纹会暂停向前延伸,一旦氢量达到临界浓度时裂纹又通过富氢区继继向前扩展。

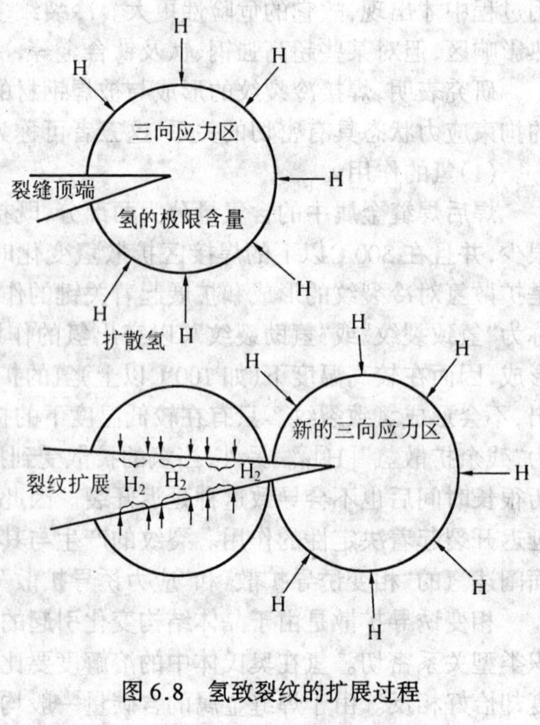

图 6.8　氢致裂纹的扩展过程

这种过程可周而复始反复不断进行，直至形成宏观裂纹。所以，裂纹的扩展是和氢的扩散聚集密切联系的断断续续的过程。

由此可见，在焊接过程中存在着多种促使氢扩散集聚的条件。无论是何种原因引起氢在接头中的扩散集聚，只要某个局部区域含氢量超过一定的临界值后就会产生裂纹。但引起裂纹的扩散氢含量的临界值$[H]_{cr}$与其他两个因素，即组织状态和应力状态有着密切的关系。

(2)组织硬化作用

通常，焊接热影响区的近缝区淬硬程度越大或脆硬马氏体数量越多，越易形成冷裂纹。热影响区的淬硬倾向主要决定于钢材的化学成分、板厚、焊接工艺和冷却速度等。合金化程度越高的钢，就越易淬硬。热影响区淬硬易于引发冷裂纹是由于马氏体的脆硬性和淬硬会形成更多的晶格缺陷。根据大量的研究，组织对裂纹的敏感性大致按下列顺序增大：铁素体(F)或珠光体(P)—下贝氏体(B_L)—低碳马氏体(M_L)—上贝氏体(B_U)—粒状贝氏体(B_g)—岛状 M－A 组元(M－A)－高碳孪晶马氏体(M_T)。

另外，由于近缝区淬硬倾向与其化学成分关系密切，其中尤以碳当量的影响最大，因此可以用碳当量来反映淬硬倾向和冷裂纹敏感性。随着碳当量的增加，即使扩散氢含量很低，也会产生冷裂纹。为了判断淬硬对形成裂纹的影响程度，常以硬度作为指标，用焊接热影响区的最高硬度 H_{max}作为评定某些高强钢的淬硬倾向。H_{max}既反映了马氏体含量和形态的影响，也包含了位错密度的影响，所以用硬度来衡量淬硬倾向是可行的。对于不同的钢种，在具体条件下可能存在一个易于产生冷裂纹的临界硬度值。但必须指出，冷裂纹的产生不仅取决于硬度，还与扩散氢含量和接头所受的应力有关，仅用硬度来判断冷裂纹倾向是不全面的。

(3)应力的作用

应力(内应力和外拘束应力)是产生冷裂纹的又一个重要因素。内应力包括：①焊接不均匀加热与冷却后在焊件宏观范围内平衡的第一类内应力；②相变过程中比容和各向异性引起的第二类内应力。但由于目前尚难以掌握内应力的真实情况，所以目前主要用表征不同外拘束条件的宏观拘束应力来作为评价影响冷裂纹的力学条件。这种外拘束条件可用“拘束度”来表征，拘束度表示了接头的刚度。其定义是：“使接头根部间隙发生单位长度的弹性位移时，单位长度焊缝所承受的力。”对两端被刚性固定的对接接头，拘束度 R 可表示为

$$R = \frac{E\delta}{L}\ \mathrm{N/(mm \cdot mm)} \tag{6.16}$$

式中，E 为弹性模量，δ 为板厚，L 为拘束距离。

实际上，拘束度就是反映了不同焊接条件下焊接接头所承受的拘束应力的程度。焊接时产生的拘束度不断增大，直至形成裂纹，此时的应力称为临界拘束应力 σ_{cr}。实际上 σ_{cr}反映了对冷裂纹的形成和扩展具有直接影响的各个因素共同作用的结果。如钢的化学成分、接头的含氢量、冷却速度和应力状态等。因此，可以用 σ_{cr}作为评价冷裂纹敏感性的判据。

根据以上分析可知，氢、组织和应力三者对冷裂纹的影响是非常复杂的，它们的影响

不是孤立的,相互之间有着密切的关系。因此防止冷裂纹总的原则就是控制影响冷裂纹的三大因素,即尽可能降低拘束应力、消除一切氢的来源,并改善组织。一般冷裂纹的防止都从冶金和工艺两方面考虑。

冶金方面考虑,首先应选择抗裂性好的钢材,同时合理选择焊接材料。如选用低氢或超低氢焊条;对于低碳低合金高强钢,选用低强焊条以适当降低焊缝强度从而降低拘束应力,减轻熔合区的负担,对防止冷裂纹有利。为降低焊缝含氢量,在焊接材料中加一些表面活性元素,主要是:Te(碲)、Se(硒)及稀土元素 Re(铼)等。在焊条中复合加入 Te 和 Re 可以显著提高接头的抗冷裂性能。其次应选用低氢的焊接方法。CO 气体保护焊由于具有一定的氧化性,故可获得低氢焊缝,可显著提高抗冷裂纹的能力。

焊接工艺方面应考虑调整预热温度 T_0 及线能量 E 以及采用多道焊工艺,以防止奥氏体晶粒粗化,这些均有利于氢的逸出和减轻硬化,从而可显著降低接头冷裂倾向。

以上所谈各种防治冷裂纹的措施固然重要,但实际生产中有一些工艺细节可能对冷裂纹的产生有相当大的影响,而这些细节又常常易被忽视。其中特别要强调的是设计上造成的应力集中和施工过程中造成的应力集中,这常是冷裂纹形成和发展为破坏事故的重要原因之一。

4.其他焊接裂纹

(1)再热裂纹

厚板焊接结构,并采用含有某些沉淀硬化合金元素的钢材,在进行消除应力热处理或在一定温度下服役的过程中,在焊接热影响区粗晶部位发生的裂纹称为再热裂纹。由于这种裂纹是在再次加热过程中产生的,故称为“再热裂纹”,又称“消除应力处理裂纹”。

再热裂纹多发生在低合金高强钢、珠光体耐热钢、奥氏体不锈钢和某些镍基合金的焊接热影响区粗晶部位。再热裂纹的敏感温度视钢种的不同约在 550~650℃。这种裂纹具有沿晶开裂的特征,但在本质上与结晶裂纹不同。

(2)层状撕裂

近年来在建造大型采油平台和厚壁压力容器的过程中,有时出现平行于轧制方向的阶梯形裂纹,即所谓层状撕裂,如图 6.9 所示。

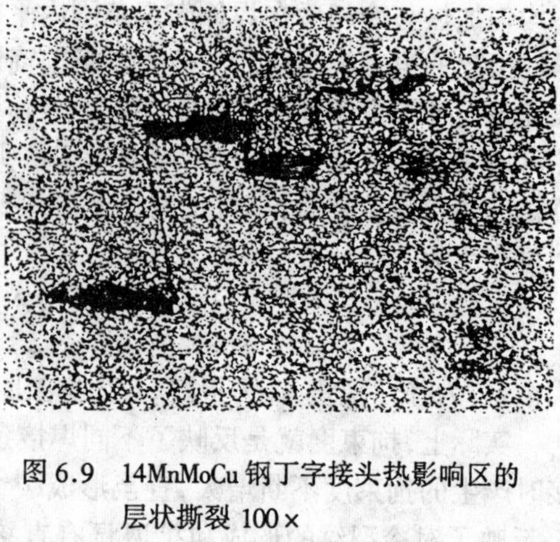

图 6.9　14MnMoCu 钢丁字接头热影响区的层状撕裂 100×

产生层状撕裂的主要原因是轧制钢材的内部存在不同程度的分层夹杂物(特别是硫化物、氧化物夹杂),在焊接时产生的垂直于轧制方向的应力,致使热影响区附近的地方,产生呈“台阶”形的层状开裂,并可穿晶扩展。

层状撕裂属于低温开裂,一般低合金钢,层状撕裂的温度不超过 400℃,但它的特征与冷裂纹截然不同。层状撕裂易发生在厚壁结构的 T 型接头、十字接头和角接头,是一种难以修复的缺陷,甚至会造成灾难性的事故。

影响产生层状撕裂的因素很多,如钢材的材质、夹杂的分布及类型、焊接接头的含氢量、接头的形式和受力状态，以及焊接工艺等。此外，当焊接接头中存在有其他缺陷时，如微裂纹、微气孔、咬边、未焊透等缺口效应，都可能在应力作用下发展成为层状撕裂。

6.2 钎焊连接原理

钎焊是材料连接的又一种方法。它与其他焊接技术(如熔焊和压焊)之间，虽有共同之处(本质均为材料的冶金连接)，但却存在着机理上的差别。材料钎焊连接时，一般是以搭接形式装配，彼此间保持很小的间隙，采用比母材熔点低的填充材料(钎料)，在低于母材熔点、高于钎料熔点的温度下，借助熔化钎料填满母材间的间隙，并通过钎料与母材的相互作用，然后冷却凝固成牢固的接头。因此，钎焊与熔焊或压焊相比，不同之处是：钎焊时只有钎料熔化而母材保持固态；钎料的熔点低于母材的熔点，因而其成分与母材有很大差别；钎焊的整个过程是熔化的钎料依靠润湿、毛细作用填入并保持在母材间隙内，使液态钎料与固态母材间发生相互作用而形成材料的冶金结合。

现代钎焊技术之所以在各工业部门得到越来越多的应用，是由于它与熔焊和压焊相比具有一些独特的优点。首先，钎焊温度比较低，钎焊加热温度一般远低于母材的熔点，因而对母材的物理化学性能通常没有明显的不利影响；其次，在低的钎焊温度下，可对焊件整体均匀加热，引起的应力和变形小，容易保证焊件的尺寸精度；同时由于存在焊件整体加热的可能性，这对结构复杂、开敞性差的焊件，可一次完成多缝多零件的连接；再者，对于不少异种金属、金属与非金属材料的连接，如铝－不锈钢、钛－不锈钢、金属－陶瓷、金属－复合材料等，用其他焊接方法往往难以甚至无法实现连接，但采用钎焊却可以解决。总之，钎焊特别适宜于连接精密、微型、复杂、多钎缝、异类材料的焊件。

必须指出，钎焊技术虽有种种优点，但决不意味着它可以取代熔焊和压焊技术。相比之下，钎焊技术也有不足之处。例如，钎焊接头的强度一般比较低，耐热能力差；焊件结构较多采用搭接头形式，势必增加了母材的消耗和结构重量。因此，必须根据产品的材料、工作条件、结构特点及技术要求，选用合理的连接方法。

工程中通常将钎焊分为两类，即“硬钎焊”和“软钎焊”。将液相线温度在 450℃以上的钎料用于钎焊时称作硬钎焊，450℃以下的钎料用于钎焊时称为软钎焊。

6.2.1 液态钎料与固态母材的润湿、铺展及填缝

材料的钎焊连接必须保证液态钎料充分润湿母材基体，并在毛细作用下致密地填满母材间隙，从而使两者很好地相互作用，以得到一个优质的接头。

1. 液体钎料与固体母材的润湿、铺展及填缝

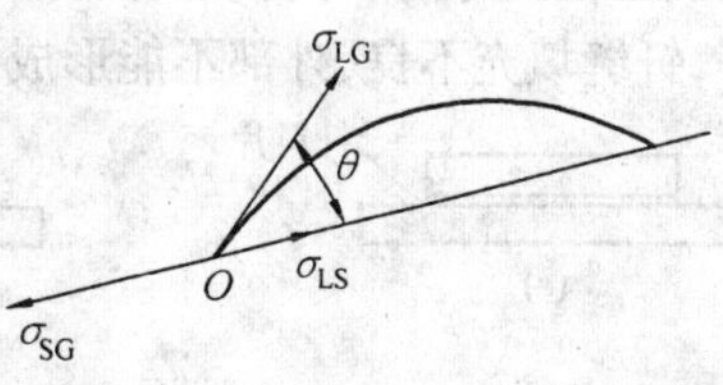

图 6.10　气－液－固界面示意图

钎焊时，熔化的钎料与固态母材相接触。从物理化学理论得知，一滴液体置于固体表面，若液滴和固体界面的变化促使液－固体系自由能降低，则液滴将沿固体表面自动铺展，如图 6.10 所示。图中 θ 称为润湿角，σ_{SG}、σ_{LG}、σ_{LS}分别表示固－气、液－气、液－固

界面间的界面张力。铺展终了时，润湿角 θ 与固体表面张力 σ_{SG}、液体表面张力 σ_{LG}以及液－固界面张力 σ_{LS}存在关系

$$\sigma_{SG} = \sigma_{LS} + \sigma_{LG}\cos\theta \tag{6.17}$$

$$\cos\theta = \frac{\sigma_{SG} - \sigma_{LS}}{\sigma_{LG}} \tag{6.18}$$

θ 角表示了液滴对固态的润湿程度，$0° < \theta < 90°$表明液滴能润湿固体，$90° < \theta < 180°$表明液滴不能润湿固体，$\theta = 0°$表明液－固完全润湿，$\theta = 180°$视为完全不润湿。钎焊时希望钎料的润湿角小于 20°。从式(6.18)中还看出，如 σ_{SG}、σ_{LG}为某定值，则 σ_{LS}与 θ 有一定的正比关系，即 σ_{LS}愈小，θ 也愈小，也就是说液－固间的界面张力愈小，它们也愈易润湿。钎焊时，对液态钎料的要求主要不是沿固态母材表面的自由铺展，而是尽可能填满钎缝的全部间隙。通常钎缝很小，如同毛细管。钎料是依靠毛细作用在钎缝间隙内流动的。因此，钎料能否填满钎缝取决于它在母材间隙中的毛细流动特性。

液体在固体间隙中的毛细流动特性表现为如下的现象：当把间隙很小的两平行板插入液体时，液体在平行板的间隙内会自动上升到高于液面的一定高度，但也可能下降到低于液面，如图 6.11 所示。液体在两平行板的间隙中上升或下降的高度

$$h = \frac{2\sigma_{LG}\cos\theta}{a\rho g} = \frac{2(\sigma_{SG} - \sigma_{LS})}{a\rho g} \tag{6.19}$$

式中 a——平行板的间隙，钎焊时即钎缝间隙；

ρ——液体的密度；

g——重力加速度。

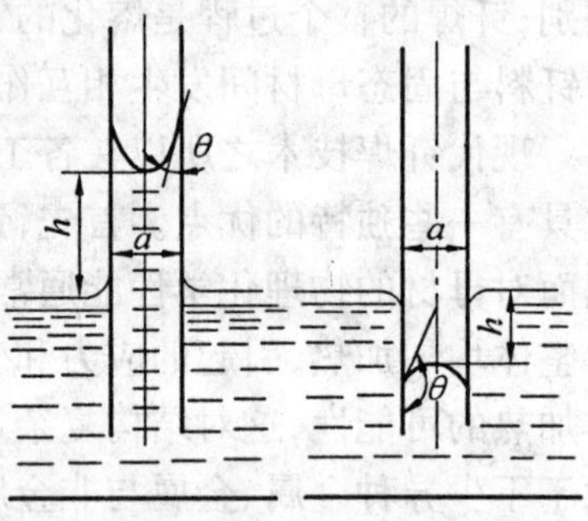

图 6.11 在两平行板间液体的毛细作用

当 h 为正值时，表示液体在间隙中上升，h 为负时表示液体下降。

由式(6.19)可以看出：

①当 $\theta < 90°$、$\cos\theta > 0$ 时，$h > 0$，液体沿间隙上升；若 $\theta > 90°$、$\cos\theta < 0$，则 $h < 0$，液体沿间隙下降。因此，钎料填充间隙的好坏也取决于它对母材的润湿性。显然，钎焊时只有在液态钎料能充分润湿母材的条件下钎料才能填满钎缝。

②液体沿间隙上升的高度 h 与间隙大小 a 成反比。随着间隙的减小，液体的上升高度增大。从上升高度来看，是以小间隙为佳。因此，钎焊时为使液态钎料能填满间隙，必须在接头设计和装配时保证小的间隙。

若钎料是预先安放在钎缝间隙内的(图 6.12(a))，润湿性和毛细作用仍有重要意义。当润湿性良好时，钎料填满间隙并在钎缝四周形成圆滑的钎角(图 6.12(b))；若润湿性不好，钎缝填充不良，外部不能形成良好的钎角；在不润湿的情况下，液态钎料甚至会流出间

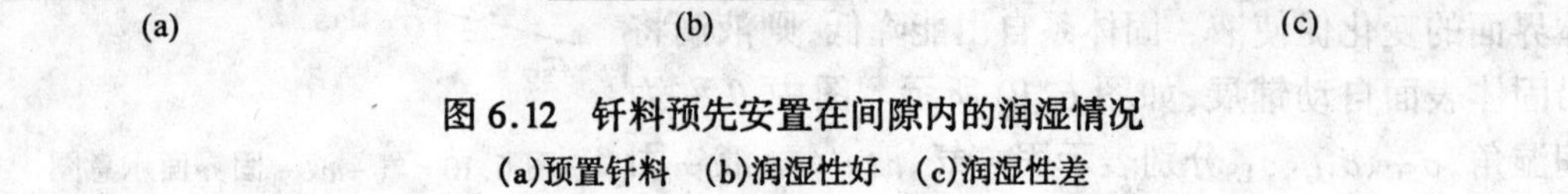

图 6.12 钎料预先安置在间隙内的润湿情况

(a)预置钎料 (b)润湿性好 (c)润湿性差

隙，聚集成球状钎料珠(图 6.12(c))。

2.影响钎料润湿性的因素

由式 (6.17) 可以看出，钎料对母材的润湿性取决于具体条件下固 - 气、液 - 气和液 - 固间的界面张力，除液态纯金属的表面张力数据比较齐备外，后二项数据目前尚很少。由于钎料通常均为多元合金，故上述各项数据更为稀少。因此，借助公式(6.17)来指导生产实践是极其困难的。研究表明，下述因素对钎料润湿性影响明显。

(1)钎料和母材的成分

钎料和母材的成分对润湿性的影响存在以下的规律：液体钎料与母材间如有一定的互溶度，通常能够很好地润湿，反之则较难润湿。例如，液态 Zn 和固体 Al 在 500℃时有近 30% 溶解度，它们润湿得很好。液态 Pb 和固态 Al 在 500℃时几乎完全没有互溶度，它们极难润湿。这些关系可以从 Al - Zn 和 Al - Pb 的相图上看出来。

由此可见，对于那些与母材无相互作用因而润湿性差的钎料，借在钎料中加入能与母材形成共同相的合金元素，可以改善它对母材的润湿性。纯铅与钢基本上不形成共同相，故铅对钢润湿性很差，但铅中加入能与钢形成共同相的锡后，钎料在钢上的润湿角减小。含锡量越多，润湿性越好。研究表明，合金元素改善钎料润湿性的作用，主要取决于它们对液态钎料与母材界面张力 σ_{LS}的影响。合金元素与母材存在相互作用时均能使此张力减小。

(2)温度的影响

一般随着温度的升高，液体的表面张力减小，有助于提高钎料的润湿性。为使钎料具有必要的润湿性，选择合适的钎焊温度是很重要的，但并非加热温度越高越好。温度过高，钎料的润湿性太强，往往造成钎料流失。温度过高还会引起母材晶粒长大、溶蚀等现象。通常钎焊温度选择为高于钎料液相线温度 25 ~ 60℃。

(3)金属表面氧化物的影响

金属表面总是存在氧化物。在有氧化膜的金属表面上，液态钎料往往凝聚成球状，不与金属发生润湿。氧化物对钎料润湿性的这种有害作用是由于氧化物的表面张力比金属本身的要低得多所致。

(4)母材表面状态的影响

母材表面粗糙度在不少情况下也影响到钎料对它的润湿。研究表明：母材的表面粗糙度对与它相互作用弱的钎料的润湿性有明显的影响。这是因为较粗糙表面上的纵横交错的细槽对液态钎料起了特殊的毛细管作用，促进了钎料沿母材表面的铺展，改善了润湿。但是表面粗糙度的这种特殊毛细管作用在液态钎料同母材相互作用较强烈的情况下不能表现出来，因为这些细槽迅速被液态钎料溶解而不复存在。

(5)表面活性物质的影响

凡是能使溶液表面张力显著减小、促使溶液的表面自由能降低而发生正吸附的物质，称为表面活性物质。因此，当液态钎料中加有表面活性物质时，它的表面张力将明显减小，使母材的润湿性得到改善。

(6)环境气氛的影响

钎焊时，环境气氛对润湿性的影响是显而易见的。在空气中钎焊，金属表面极易氧化，严重阻碍钎料的润湿。在保护气氛和真空中钎焊，不仅保护金属不被氧化以利钎料的润湿，还在不同程度上有利于金属氧化膜的去除。

3.钎料润湿性、填缝性的评定

钎料对母材的润湿性、填缝性好坏是衡量钎料工艺性能的重要指标。对其的评定，难以从理论上加以确定，主要借助试验方法。用得较多的是下述几种方法。

(1)测定润湿角 θ。将一定体积的钎料放在母材上，采取相应的去除氧化膜措施，在选定的温度下保持一定时间。冷凝后截取钎料的横截面，测出钎料的润湿角 θ，以 θ 的大小来评定钎料润湿性的好坏。θ 角越小，润湿性越好。

(2)测定铺展面积 S。试验方法同上，但以测出钎料铺展面积 S 的大小作为评定的指标。铺展面积 S 越大，钎料的润湿性越好。

(3)测定填缝长度 L。取一定体积的钎料放在 T 型试件的一端，采用相应的去除氧化膜措施，将试件在选定的温度下保持一定时间，钎料熔化后沿接头流动，冷凝后测量钎料流动的距离 L，按 L 长短来评定其填缝性。L 长表明钎料填缝性好。试验中试件尺寸可根据具体情况确定，试件间隙可选择等间隙或不等间隙。

除了以上介绍的评定方法外，不同国家、不同行业都可能制定各种相应的评定方法。但任何一种评定润湿性、填缝性的方法所得出的数据都与其试验条件有密切关系，所以这些试验只有相对比较的意义。

6.2.2 金属表面氧化膜的去除机制

无论是溶态钎料还是固体母材，其表面总是覆盖一层厚度不等的氧化膜。这种表面膜在钎焊加热过程中还会加速形成。氧化膜越致密，它与金属基体的结合越牢固，它的热稳定性和化学稳定性越高，钎焊时要去除它们也就越困难。

金属表面膜的去除无疑是钎焊过程的一个重要环节。目前，在钎焊技术中可用气体介质、机械方法和物理方法来清除金属表面氧化膜，更多的是采用钎剂来去膜。钎剂去膜机制常引起许多钎焊研究者的兴趣。在钎剂的作用下表面膜清除机制有溶解、反应、剥落、松动或被流动的钎料推开等过程。对于不同的母材，上述的机制可能有所侧重，有的是两种并重，有的甚至多种作用兼而有之。

钎焊过程在钎剂的作用下一旦开始往往在几秒至几十秒钟内便完成。除非表面膜在钎剂中以极快的速度溶解(例如高温下 CuO 在 B_2O_3 的溶解)，否则表面氧化膜在钎剂中去除机制通常不会是单纯的一种溶解作用，因此实际钎焊中钎剂去膜作用宁可认为是一综合的过程。

对于一些不用钎剂而在空气进行钎焊，往往藉钎料中的挥发组元在加热时与表面膜反应将其还原破坏或乘母材表面膜的破隙渗入膜下，再由它和母材的互溶与润湿以及钎料的流布来推开氧化膜。例如用 Cu－P 钎料钎焊铜等。

在真空条件下的钎焊，其金属表面膜的破坏对不同的金属合金其机制是不同的。有些金属氧化膜在真空下加热到一定温度可能挥发除去，如 Cr_2O_3、1Cr18Ni9Nb 钢的氧化物在温度高于 1 000℃和真空度为 1.33MPa 时会挥发而去除，但在真空下钛的氧化膜在温度高于 700℃时强烈地溶入钛中，这又是氧化膜溶解去除的一个典型例子。另一些情况是金属表面膜在真空中加热时发生破裂，熔态钎料由裂缝渗入而润湿母材，这也是一种去膜的方式。真空钎焊不锈钢时，超过 900℃其本身所含的碳即足以使氧化膜被还原而破坏，而真空钎焊铝时则是微量 Mg 的蒸气直接对铝氧化膜的还原置换并渗入膜下母材表层达到破坏表面氧化膜与母材的结合。

由上可见，无论哪一种钎焊方法和对象其表面膜的脱除机制都不是完全相同的，有些去膜机制尚在深入研究之中，不可能用一个统一的模式来理解去膜过程。应该看到，钎焊实际上是一个破膜—润湿—铺展—扩散—凝固的过程，这个过程是相当复杂交错的，并不一定能明确地划分出各个阶段来。尤其不应将“去膜”看成是一个独立的阶段，或产生“只有母材表面膜先去光了才会开始下一个过程”的观点。

6.2.3 液体钎料与固体母材的相互作用

液体钎料一旦与母材润湿，其相互作用立即开始。这种作用可以归结为两种：一是母材向液态钎料的溶解；二是钎料组分向母材的扩散。

1. 固态母材向液态钎料的溶解

钎焊时一般都发生母材向液态钎料的溶解过程。母材向钎料的适量溶解，可使钎料成分合金化，有利于提高接头强度。但是，母材的过渡溶解会使液态钎料的熔点和粘度提高，流动性变坏，往往导致不能填满钎缝间隙，严重时也可能使母材表面出现溶蚀缺陷。随液态钎料数量的增多、钎焊温度的提高、保温时间的延长以及母材在钎料中的极限溶解度的增大，母材在液态钎料中的溶解量都将增多。

需要指出的是，母材在钎料中的溶解量会受到钎料组分在母材中溶解度大小的影响，因为钎料与母材的相互作用首先是钎料组分向母材扩散，达到饱和溶解度后，母材才开始向钎料中溶解。所以，钎料组分在母材中溶解度大，达到饱和溶解度时间长，消耗的钎料量也多，母材的溶解就少；反之，溶解就多。

2. 钎料组分向母材的扩散

钎焊时，钎料的组分会向固态母材进行扩散。其扩散量与组分的浓度梯度、扩散系数、扩散面积和扩散时间有关。显而易见，浓度梯度、扩散系数、扩散面积和扩散时间增大，扩散量也随之增大。如果钎料扩散入母材的组分浓度在饱和溶解度内，则形成固溶体组织，这对接头性能没有不良影响。若冷却时扩散区发生相变，则组织将产生相应的变化。

在钎焊过程中，有时出现钎料或其组分向母材晶间渗入的现象。这是因为在液态钎料同母材接触时，钎料组分向母材中扩散，由于晶界上空隙较多，扩散速度比较大，结果在晶界上形成了钎料组分同母材的共晶体，它的熔点低于钎焊温度，因此在晶界上形成了一层液体层，这就是晶间渗入。钎料及其组分向母材晶间渗入，往往使钎焊接头的强度、塑性及其他性能变坏。

6.2.4 钎缝的金相组织

钎焊接头基本上由三个区域组成，从母材向钎缝中心依次是扩散区、界面区和中心区(图 6.13)。不难理解，由于钎焊时钎料和母材的相互作用，钎缝的组织和成分同钎料原有组织和成分差别较大，并且是很不均匀的。在扩散区，其组织是钎料组分向母材扩散形成的。界面区组织是母材向钎料溶解、冷却后形成的。钎缝的中心区的组织则由于母材的溶解和钎料组分的扩散以及结晶时的偏析,也不同于钎料的原始组织。钎缝间隙小时,二者差别可能很大,只有间隙大时,该区组织同钎料原始组织才较接近。

当钎焊纯金属和单相合金时,如果选用的钎料与母材基体相同,本身也是单相合金,只是含一些合金元素,那么随着凝固过程的进行,液态钎料就从母材晶粒表面向液态金属继续生长。这种结晶叫做交互结晶。

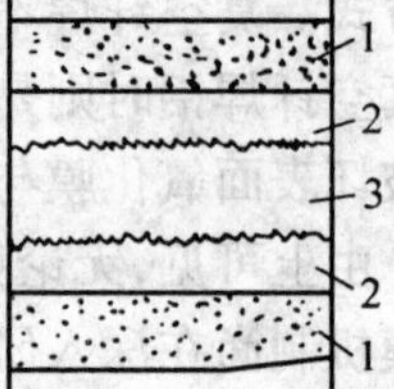

图 6.13 钎缝组织示意图

1—扩散区 2—界面区

3—钎缝中心区

如果母材是纯金属和单相合金,钎料与母材的基体相同,但本身是双相和多相组织,则并不总是出现交互结晶。在一定的条件下可以出现局部的交互结晶。

一般说来,在状态图上钎料与母材能形成固溶体,钎焊后在界面区即可能出现固溶体。固溶体组织是具有良好的强度和塑性,对接头性能是有利的。

钎缝中也可能出现共晶组织,一方面是钎料本身含有大量的共晶体组织,如铜磷、银铜、铝硅、锡铅等钎料;另一方面是母材与钎料能形成共晶体。利用钎料和母材作用形成共晶体的这一可能性,可用来进行接触反应钎焊。

钎料中一个组元如果含量较大又能与母材生成金属间化合物,则在钎缝中会出现这些化合物的特征。

6.2.5 钎焊材料

钎焊材料包括钎料和钎剂。钎料和钎剂的合理选择对钎焊接头的质量有着举足轻重的作用。

1.钎料

为了满足接头性能和钎焊工艺的要求,钎料应满足以下几项基本要求:

(1)合适的熔化范围,一般情况下它的熔化温度范围要比母材低;

(2)在钎焊温度下具有良好的润湿作用,能充分填充接头间隙;

(3)与母材的物理化学作用应保证它们之间形成牢固的结合;

(4)成分稳定,尽量减少钎焊温度下元素的损耗,少含或不含稀有金属和贵重金属;

(5)能满足钎焊接头物理、化学及力学性能等要求。

钎料通常按其主要成分和熔化温度范围分为两大类。液相线温度低于 450℃的称为软钎料(也称为易熔钎料),它们是锡基、铅基、锌基、镉基、镓基、铋基、铟基等合金。液相线温度高于 450℃的称为硬钎料(也称为难熔钎料),它们是铝基、银基、铜基、锰基、镍基、钯基、钛基、金基等合金。钎料的选用应从使用要求、钎料与母材的相互匹配以及经济角度等多方面进行全面考虑。

2.钎剂

钎剂的组分按功能可划分三类组成,一是基质,二是去膜剂,三是界面活性剂。基质是钎剂的主要成分,它控制着钎剂的熔点,并且又是钎剂中其他组元的溶剂。去膜剂主要起溶解母材和钎料表面氧化膜的作用。界面活性剂的作用是进一步降低熔化钎料与母材的界面张力，加速氧化膜的清除并改善钎料的铺展。应该指出，上述每种组分的作用往往不是单一的，而是兼具三方面的功能。

为了达到上述要求，钎剂必须要满足以下各点：

(1)具有足够去除母材及钎料表面氧化物的能力；

(2)熔化温度及最低活性温度应稍低于钎料的熔化温度；

(3)具有良好的热稳定性；

(4)在钎焊温度下具有足够的润湿能力；

(5)钎剂及其残渣腐蚀性小，无毒性，焊后易清除。

钎剂可分为软钎剂、硬钎剂、铝用钎剂和气体钎剂等数类。

6.2.6 钎焊缺陷

钎焊生产过程中，接头常常会出现一些缺陷，如气孔、夹渣、未焊透、裂缝和溶蚀等。这些缺陷的存在，难以保证接头的质量。

1.接头不致密性缺陷

钎缝中各种气孔、夹渣、未钎透、裂缝等缺陷的存在不仅降低接头的强度也使接头的气密性大受影响。这类不致密性缺陷的产生除与钎焊工艺参数(温度、保温时间、冷却速度)不当、焊前清理不干净，钎料、钎剂不合适外，还与钎焊过程中熔化钎料及钎剂的填缝过程有很大的关系。事实上，在常用的平行间隙情况下，液态钎剂或钎料在填缝时不是均匀、整齐地流入间隙，而是以不同的速度、不规则的路线流入间隙，从而导致大、小包围现象，见图 6.14、6.15，这是产生不致密性缺陷的根本原因之一。采用不等间隙和适当增大钎缝间隙有利于提高钎缝致密性。

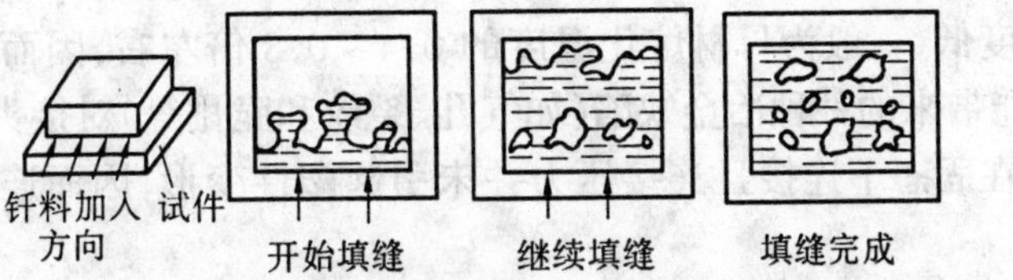

图 6.14 实际的填缝过程和小包围缺陷形成过程示意图

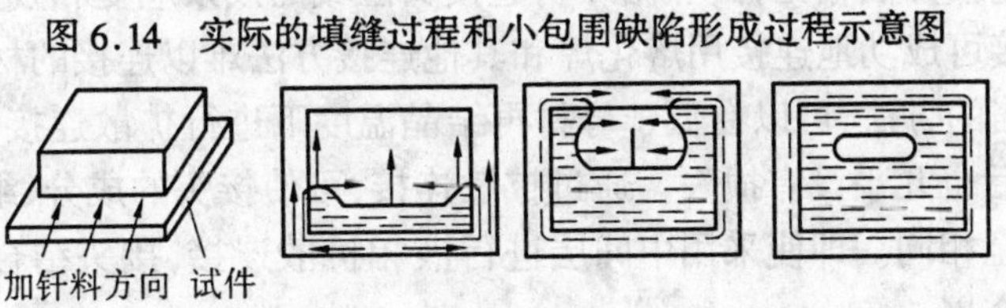

图 6.15 钎缝中大包围缺陷形成示意图

2.溶蚀

溶蚀是钎焊的一种特殊缺陷，它是母材向钎料过度溶解所造成的。溶蚀缺陷一般发生在钎料安置处。溶蚀缺陷的存在将降低钎焊接头性能，对薄板结构或表面质量要求很高的零件，更不允许出现溶蚀缺陷。研究表明：正确地选择钎料是避免产生溶蚀现象的主要途径。其次，钎焊工艺参数、钎料用量等均将对能否发生溶蚀现象有较大的影响。

3. 母材的自裂

许多高强度材料，如不锈钢、镍基合金、铜镍合金等，钎焊时与熔化的钎料接触的地方容易产生自裂现象。经研究发现，这种自裂现象常出现在焊件受到锤击或有划痕的地方以及存在冷作硬化的焊件上。当焊件被刚性固定或者钎焊加热不均匀时，也容易产生自裂。可见，钎焊过程中的自裂是在应力作用下，在被液态钎料湿润过的地方发生的。

6.3 扩散连接原理

扩散连接是一种精密连接方法，特别适合于异种金属材料、耐热合金和新材料如陶瓷、复合材料、金属间化合物材料的连接。随着新材料的迅速发展，近年来更加引起了人们的兴趣和关注，并在航空航天、电子和原子能等高技术领域得到了广泛应用。

扩散连接是将两待连接工件紧压在一起，置于真空或保护气氛中加热至母材熔点以下温度，对其施加压力使两焊接表面微观凸凹不平处产生微观塑性变形达到紧密接触，再经保温、原子相互扩散而形成牢固的冶金结合的一种连接方法。

可见，扩散连接过程是在温度和压力的共同作用下完成的，但连接压力不能引起试件的宏观塑性变形。固相扩散连接时母材不发生熔化，液相扩散连接时靠近界面处母材仅发生少量熔化。温度和压力的作用主要是：使连接表面微观凸起处产生塑性变形而增大紧密接触面积，激活原子之间的扩散。扩散连接时控制和保证接头质量的主要因素是连接界面区原子扩散的情况。这正是扩散连接与其他连接方法的不同之处，并因此而得名。

与其他连接方法特别是熔化焊相比，扩散连接具有下列优点和特点：

(1) 连接温度低，一般为母材熔化温度的 0.4 ~ 0.8 倍左右，因而排除了由于母材熔化、焊缝结晶可能带来的种种冶金缺陷(如气孔、裂纹和脆化等)对接头性能的影响。

(2) 由于是在固态下连接且连接压力并未引起塑性变形，因而连接构件的尺寸精度高。

(3) 与其他连接方法相比，由热循环引起接头区域的残余应变和残余应力非常小。

(4) 扩散连接可成功地连接用熔化焊和其他连接方法难以连接的材料和异种材料。

(5) 借助适当的方法，可以在低于母材再结晶温度下进行扩散连接，因而经过加工的母材的性能连接后也几乎没有损失。通过扩散连接，可使接头的成分、组织和接头性能达到与母材相近甚至相同。即使采用中间层进行液相扩散连接，接头结合区域中也不存在钎焊时的低熔点金属。

(6)可连接结构复杂、厚薄相差悬殊、精度要求高的各种工件，以及有封闭性连接要求的工件，如蜂窝夹芯板等。

但由于扩散连接要求被连接材料表面加工精度高、并能均匀加压，因而，生产率较低，加之所用设备较贵，使其应用范围受到一定限制。

扩散连接发展至今，已出现了多种扩散连接方法，可根据不同的准则进行分类。从连接的定义来看，一旦待连接材料之间达到了紧密接触，对连接起主要作用的就是扩散过程。而紧密接触和扩散过程受温度以及扩散连接界面的性质(固相界面还是固液界面)的影响最为显著。因此,以下我们将分别讨论固相扩散连接和液相扩散连接的原理和过程。当然,也可按连接时是否使用中间层、连接气氛来分类,具体的几种分类方法示于图6.16。

扩散连接是一种适合于同种或异种金属、合金(特别是难熔和可熔焊性差的金属材料)和无机非金属材料连接的技术。各种材料扩散连接接头组合可分为四种类型,如图6.17所示。

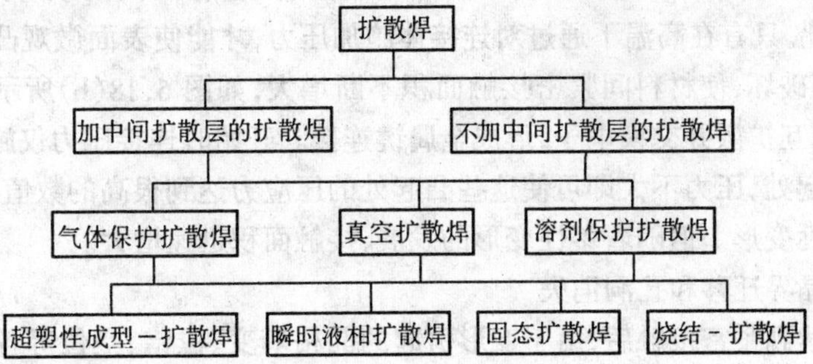

图 6.16 扩散焊分类图

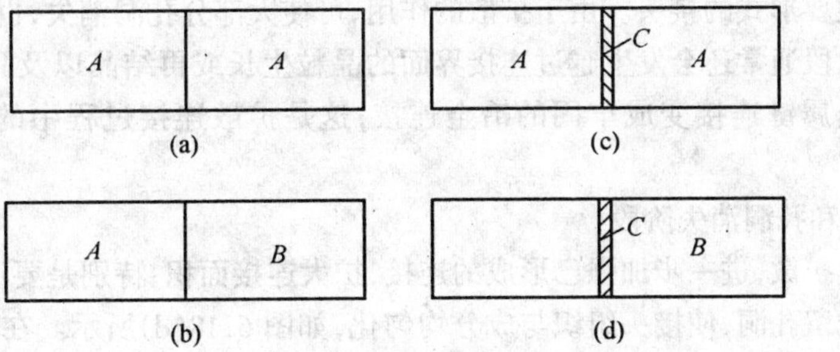

图 6.17 扩散焊接头四种组合类型

(a)同种材料 (b)异类材料 (c)同类材料加中间扩散层 (d)异类材料加中间扩散层

6.3.1 固相扩散连接

1.固相扩散连接的基本原理

扩散连接时,首先必须要使待连接母材表面接近到相互原子间的引力作用范围。但由于实际的材料表面不可能完全平整和清洁,不管进行怎样的精密加工和严格的清洗,实际的待连接表面总是存在微观凹凸、加工硬化层、气体吸附层、有机物和水分吸附层以及氧化物层。通过对连接界面加压和加热,使得表面氧化膜破碎、表面微观凸出部发生塑性变形和高温蠕变。因此,在若干微小区域出现金属之间的结合。这些区域进一步通过连接表面微小凸出部位的塑性变形、母材之间发生的原子相互扩散得以不断扩大,当整个连接界面均形成金属键结合时,也就最终完成了扩散连接过程。

2.固相扩散连接过程

关于固相扩散连接形成高强度连接接头的机理,由于连接方法、材料和实验条件的不同,存在着多家学术观点,其所论述的接头形成过程及其机理都有着不同程度的可信性,但同时也产生了对扩散连接过程认识上的差异。

目前,人们认为扩散连接包括以下三个过程:塑性变形使连接表面接触;扩散、晶界迁移和孔洞消失;界面和孔洞消失。下面分别叙述各阶段的过程和机理。

(1) 塑性变形使连接表面接触

固相扩散连接时,材料表面通常是进行机械加工后再进行研磨、抛光(包括化学抛光)和清洗,材料表面在微观上仍然存在许多微观凹凸,且表面还常常有氧化膜覆盖。将这样的固体表面相互接触,在不施加任何压力的情况下,只会在凸出的顶峰处出现接触(图6.18(a))。因此,只有在高温下通过对连接体施加压力,才能使表面微观凸出部位发生塑性变形、氧化膜破坏,使材料间紧密接触面积不断增大,如图6.18(b)所示。在金属紧密接触后,原子相互扩散并交换电子,形成金属键连接。开始时连接压力仅施加在极少部分初始接触的凸起处,压力不大即可使这些凸起处的压应力达到很高的数值,超过材料的屈服限而发生塑性变形。但随着塑性变形的发展,接触面积迅速增大。

(2)扩散、晶界迁移和孔洞消失

连接表面达到紧密接触后,由于变形引起的晶格畸变、位错、空位等各种缺陷大量堆集,界面区的能量显著增大,原子处于高度激活状态,扩散迁移十分迅速,很快就形成以金属键连接为主要形式的接头。由于扩散的作用,可使大部分孔洞消失,也会产生连接界面的移动。该阶段通常还会发生越过连接界面的晶粒生长或再结晶以及晶界迁移,使第一阶段形成的金属键连接变成牢固的冶金连接,这是扩散连接过程中的主要阶段,如图6.18(c)。

(3) 界面和孔洞消失阶段

通过继续扩散,进一步加强已形成的连接,扩大连接面积,特别是要消除界面、晶界和晶粒内部的残留孔洞,使接头组织与成分均匀化,如图6.18(d)所示。在这个阶段中主要是体积扩散,速度比较缓慢,通常需要几十分钟到几十小时,最后才能达到晶粒穿过界面生长,原始界面完全消失。

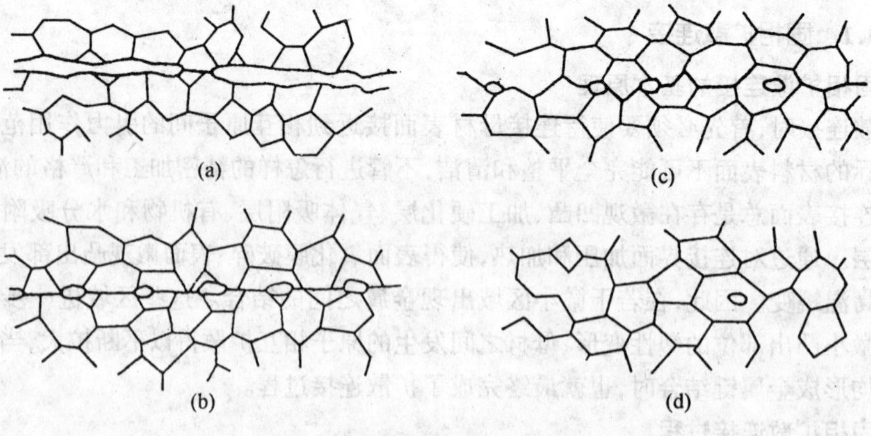

图6.18 扩散焊接过程三阶段机理示意图

(a)室温装配状态 (b)第一阶段 (c)第二阶段 (d)第三阶段

3.连接过程中表面氧化膜的行为

氧化膜在连接过程中首先发生分解,然后向母材中扩散和溶解。实验表明,不同材料的表面氧化膜在扩散连接过程中的行为是不同的。总结归纳氧化膜的行为特点，可将材料分为以下三种类型：

(1) 钛镍型。这类材料扩散连接时，氧化膜可迅速通过分解、向母材溶解机制而被去除，因而在连接初期氧化膜即可消失。这类材料的氧化膜在不太厚的情况下一般对扩散连接过程没有影响。

(2) 铜、铁型。由于氧在基体金属中溶解度较小，所以表面的氧化膜在连接初期不能立即溶解，界面上的氧化物会发生聚集，在空隙和连接界面上形成夹杂物。随连接过程进行，通过氧向母材的扩散，夹杂物数量逐步减少。铜、铁和不锈钢均属此类。

(3) 铝型。这类材料的表面有一层稳定而致密的氧化膜，它们在基体金属中几乎不溶，因而在扩散连接中不能通过溶解、扩散机制消除。

4.扩散连接时扩散孔洞问题

异种材料扩散连接时，由于母材化学成分不同，不同元素的原子具有不同的扩散速度，扩散速度大的原子大量越过界面向另一侧金属内扩散，而反方向扩散过来的原子数量较少，这样就造成了通过界面向其两侧扩散迁移的原子数量不等，移出量大于移入量的一侧就出现了大量的空穴，集聚起来达到－定密度后即凝聚为孔洞，这种孔洞称为扩散孔洞，也称 Kirkendall 效应。图 6.19 为 Ni－Cu－Ni 扩散连接后接头的微观形貌，可见扩散孔洞与界面孔洞不同，其特征是集聚在离界面一段距离的区域。这是 Cu 原子向 Ni 中扩散速度比 Ni 原子向 Cu 中扩散大造成的。在无压力的情况下，连接与退火都会产生扩散孔洞。压力可减少孔洞，提高接头强度。

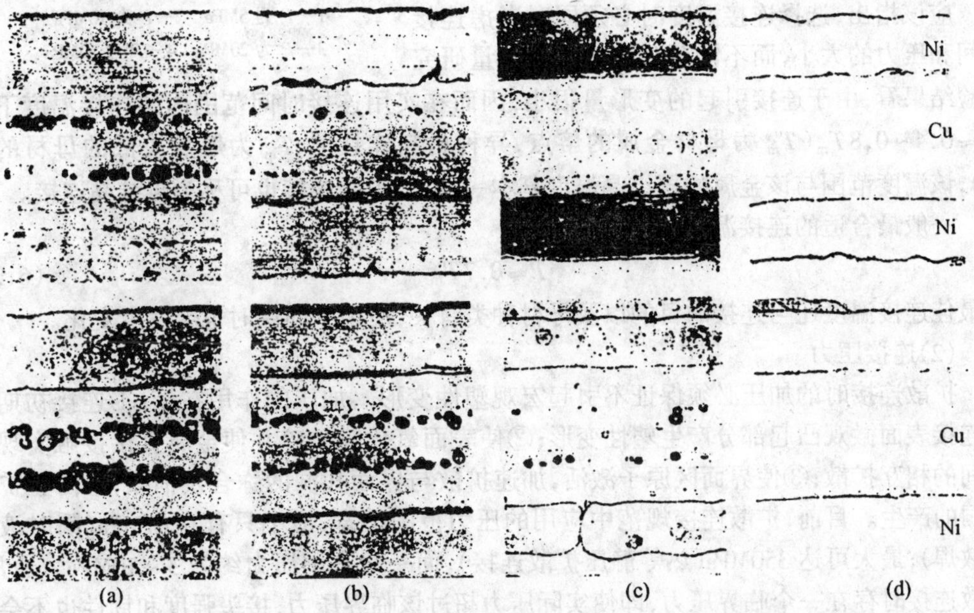

图 6.19　Ni－Cu－Ni 扩散焊接头扩散空洞 270×

上部：焊后；下部：1 000℃×4h 退火

(a)压力为零　(b)压力 1.75MPa　(c)压力 8.4MPa　(d)压力 17.5MPa

5.影响扩散连接质量的若干因素

以下讨论连接温度、压力和时间对连接过程的影响。

(1)连接温度

材料在连接加热过程中伴随着一系列物理的、化学的、力学的和冶金方面的变化,这些变化都要直接或间接地影响到扩散连接过程及接头质量。连接温度的变化会对连接初期表面凸出部位的塑性变形、扩散系数、表面氧化物向母材内的溶解以及界面孔洞的消失过程等产生显著影响,因而是扩散连接的重要因素之一。

从扩散规律可知,扩散系数 D 与温度有指数关系,即

$$D = D_0 \exp\left(-\frac{Q}{RT}\right) \tag{6.20}$$

式中,D_0 为扩散常数,R 为气体常数,Q 为扩散激活能,T 为温度。

由式(6.20)可知,温度愈高,扩散系数愈大。同时,温度愈高,金属的塑性变形能力愈好,连接表面达到紧密接触所需的压力愈小。从这两方面考虑,似乎连接温度愈高愈好。但是,加热温度的提高受到被焊材料的冶金物理特性方面的限制,如再结晶、低熔共晶和中间金属化合物的生成等。此外,提高加热温度还会造成母材软化及硬化,因此要特别注意。因此,不同材料组合的连接接头,应根据具体情况,通过实验来选定连接温度。图6.20为温度对连接强度的影响。

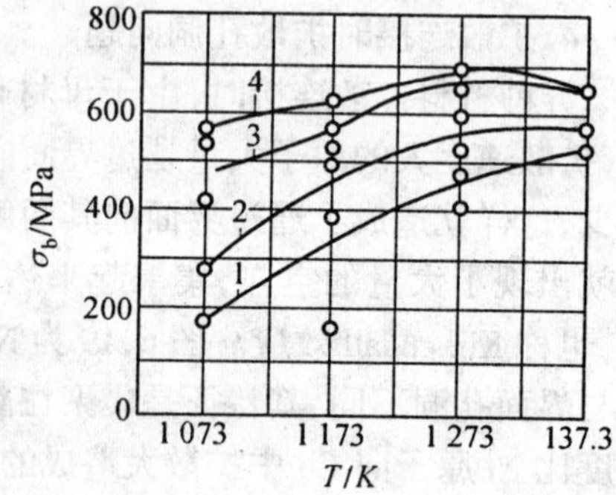

图6.20 接头强度与焊接温度的关系

1—P 为 5MPa 2—P 为 10MPa

3—P 为 20MPa 4—P 为 50MPa

应该指出,选择连接温度时必须同时考虑连接时间和压力的大小,而不能单独确定。从大量研究试验结果看,由于连接引起的变形量很小,因而在实用连接时间范围内的连接温度下限 $T_L \approx 0.4 \sim 0.8 T_m$($T_m$ 为母材金属的熔点,异种材料连接时 T_m 为熔点较低的母材的熔点),该温度范围与该金属的再结晶温度基本一致,故扩散连接也可称为再结晶连接。

一般最合适的连接温度

$$T \approx 0.7 T_m \tag{6.21}$$

但最佳连接温度还与连接的目的以及母材种类有关,使用中间层时也会发生变化。

(2)连接压力

扩散连接时的加压必须保证不引起宏观塑性变形。加压的作用在于:①连接初期促使连接表面微观凸起部分产生塑性变形;②使表面氧化膜破碎并使金属直接接触实现原子间的相互扩散;③使界面区原子激活,加速扩散与界面孔洞的弥合及消除;④防止扩散孔洞的产生。目前,扩散连接规范中应用的压力范围很宽,最小只有 0.07MPa(瞬时液相扩散焊),最大可达 350MPa(热等静压扩散连接),而一般常用压力约为 3~10MPa。通常,扩散连接时存在一个临界压力,即使实际压力超过该临界压力,接头强度和韧性也不会继续增加。确定连接压力时,还要同时考虑温度和时间的影响。

(3)连接保温时间

扩散连接所需的保温时间与温度、压力、中间扩散层厚度和对接头成分及组织均匀化

的要求密切相关,也受材料表面状态和中间层材料的影响。原子扩散走过的平均距离(扩散层深度)与扩散时间的平方根成正比,异种材料连接时常会形成金属间化合物等反应层,反应层厚度也与扩散时间的平方根成正比,即(抛物线定律)

$$X = k\sqrt{t} \tag{6.22}$$

式中 X——扩散层深度或反应层厚度,cm;

t——扩散连接时间,s;

k——常数,$cm/s^{1/2}$。

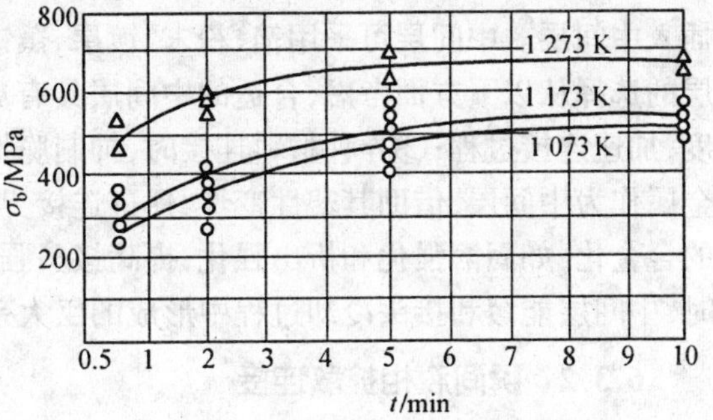

图 6.21 真空扩散焊接头强度与时间的关系(压力 20MPa,结构钢)

因此,要求接头成分均匀化的程度越高,保温时间就将以平方的速度增长。扩散连接接头强度与保温时间的关系如图 6.21。与压力的影响相似,也有一个临界保温时间。开始焊接的最初几分钟内,接头强度随时间的增大而增大,待 6 ~ 7min 后,接头强度即趋于稳定,不再明显增高。相反,时间过长还常常会导致接头脆化。

6.异种材料扩散连接时的物理与化学问题

相对而言,异种材料之间的扩散连接要比同种材料的连接复杂。这是因为:(1)两种材料之间相互扩散常会形成脆性金属间化合物、氧化物以及脱碳层等;(2)材料的热膨胀系数不同,连接后会产生残余应力。这两个问题必然会对异种材料连接接头性能产生影响。

(1) 由相互扩散引起的问题

异种材料连接时,由于材料间的相互扩散,在界面附近必然会形成一定的成分梯度,以致出现新相,如金属间化合物反应层。根据相图,我们对其可进行预测。异种金属的相图可大致分为三类:

(a)型:两种金属在整个成分范围区间完全互溶,即无限固溶体,如 Cu - Ni 系;

(b)型:相互间仅有限固溶,即两相分离型,如 Fe - Ag, Ni - Ag, Cu - Fe, Cu - Ag;

(c)型:形成金属间化合物,如 Ti - Si, Ti - Ni。

具有(a)型状态图的金属组合进行扩散连接时情况比较简单,但要防止产生扩散孔洞,如 Cu 与 Ni 扩散连接时,由于相互扩散速率不同导致在靠近界面的 Cu 中形成扩散孔洞。

材料组合为(b)型时,相互溶解度较小,不会因相互扩散形成反应相,因而对接头性能影响不大。能形成化合物的(c)型材料组合扩散连接时情况比较复杂。随着连接温度和时间的增加,连接界面区会形成金属间化合物反应相,如 Cu - Al、Mo - 耐热合金和 Mo - Ti 连接时,且反应相厚度随连接时间增加而增加,达到 1 ~ 10μm 时,将严重影响接头强度。

(2) 热膨胀系数差带来的问题

异种材料(包括异种金属、金属与陶瓷等)扩散连接后从高温冷却时,由于材料热膨胀系数不同，且界面上存在相互约束，就会形成残余热应力。这种热应力显著降低了接头强度，甚至会超过界面强度或母材强度，使得连接后在界面上形成裂纹，甚至导致断裂。为了缓和残余应力，人们普遍采用在两材料之间插入一定厚度的中间层。

7.中间层材料的作用及其选择

为能促进扩散连接过程的进行、提高接头性能，扩散连接时常常会在待连接材料之间插入中间层。中间层可采用箔、粉末、镀层、蒸镀膜、离子溅射和喷涂层等多种形式。中间层的选择从以下方面考虑，合适的中间层具有如下的效果：①促进原子扩散，降低连接温度，加速连接过程；②异种材料连接时，抑制脆性金属间化合物的形成；③使用比母材软的金属作为中间层，借助其塑性变形，促进连接界面的紧密接触；④借助中间层材料与母材的合金化，如固溶强化和析出强化，提高接头强度；⑤连接热膨胀系数相差大的异种材料时，中间层能缓和接头冷却过程中形成的巨大残余应力。

6.3.2 瞬间液相扩散连接

与熔化焊相比，固相扩散连接虽有许多优特点，解决了许多用熔化焊难以连接的材料的可靠连接，但由于其连接过程中材料均处于固相，因而也存在某些不足。首先，固体材料塑性变形较难，为了使连接表面达到紧密接触和消除界面孔洞，常常需要较高的连接温度并施加较大的压力，这样仍然会有引起连接件宏观变形的可能性；其次，固相扩散速度慢，因而要完全消除界面孔洞，并使界面区域的成分和组织与母材相近，通常需要很长的连接时间，生产效率较低；再有，因为要同时加热和加压，固相扩散连接设备也比钎焊设备复杂得多，连接接头的形式也受到限制。为了克服固相扩散连接的上述不足，人们又发明了瞬间液相扩散连接方法，该方法首先在弥散强化 Ni 基超合金的连接上得到应用，并获得了美国专利。

瞬间液相连接是在连接过程开始时中间层熔化形成液相，液体金属浸润母材表面填充毛细间隙，形成致密的连接界面。随后，在保温过程中，借助固液相之间的相互扩散使液相合金的成分向高熔点侧变化，最终发生等温凝固和固相成分均匀化，接合区域组织与母材相近，不会残留凝固铸态组织，这种连接方法称为瞬间液相连接(TLP 连接)。

用于 TLP 连接的中间层主要有两类，一类是低熔点合金中间层，其成分常常与母材相近，但添加了少量能降低熔点的元素，使其熔点低于母材。因此，加热时中间层直接熔化形成液相；另一类是与母材能发生共晶反应形成低熔点合金的中间层。TLP 连接过程包括四个阶段：①中间层溶解或熔化；②液相区增宽和成分均匀化；③等温凝固；④固相成分均匀化。

6.3.3 扩散连接过程的数值模拟

扩散连接是一门边缘学科，涉及材料、扩散、相变、界面反应、接头应力应变等方面，工艺参数多，虽然已进行了大量的试验研究，但对各种材料的连接机理认识尚不深入。为此，人们试图借助于计算技术，对接头行为进行数值模拟，以便找到共同规律，对扩散连接过程及质量进行预测与实时控制。目前主要从以下三个方面对扩散连接行为进行了模拟研究：①界面孔洞消失过程的机理模拟，即物理接触行为的模拟；②接头元素扩散与反应层形成的模拟；③接头变形及应力行为的模拟。

6.4 其他连接原理

除前面几种连接方法外，常用于材料连接的方法还有电阻焊、摩擦焊、冷压焊、高频焊、爆炸焊、超声波焊等焊接方法及胶接。

6.4.1 电阻焊连接

电阻焊是焊件组合后通过电极施加压力，利用电流通过接头的接触面及临近区域产生的电阻热进行焊接的方法。

电阻焊的物理本质，是利用焊接区金属本身的电阻热和大量塑性变形能量，使两个分离表面的金属原子之间接近到晶格距离，形成金属键，在结合面上产生足够量的共同晶粒而得到焊点、焊缝或对接接头。

电阻焊与其他连接方法相比，具有接头质量高、辅助工序少、无须填加焊接材料及文明生产等优点，尤其易于机械化、自动化，生产效率高，其经济效益显著。但电阻焊方法也存在一些缺点，例如，电阻焊接头质量的无损检验较为困难；电阻焊设备复杂、维修困难和一次性投资较高。

1.电阻焊连接方法

电阻焊按接头形式可分为搭接电阻焊和对接电阻焊两类；按工艺特点则分为点焊、凸焊、缝焊和对焊；按所使用的电流波形特征又可分为交流、直流和脉冲三类。

点焊。点焊是指焊件装配成搭接接头，并在两电极之间压紧，利用电阻热熔化母材金属，形成焊点的电阻焊方法。

凸焊。凸焊是指在一焊件的贴合面上预先加工出一个或多个突起点，使其与另一焊件表面相接触并通电加热，然后压塌，使这些接触点形成焊点的电阻焊方法。

缝焊。缝焊是指焊件装配成搭接或对接接头并置于两滚轮电极之间，滚轮加压焊件并转动，连续或断续送电，形成一条连续焊缝的电阻焊方法。

对焊。对焊是把两工件端部相对放置，利用焊接电流加热，然后加压完成焊接的电阻焊方法。对焊包括电阻对焊及闪光对焊两种。电阻对焊是将工件装配成对接接头，使其端面紧密接触，利用电阻热加热至塑性状态，然后迅速施加顶锻力完成焊接的方法。闪光对焊指焊件装配成对接接头，接通电源，使其端面逐渐移近达到局部接触，利用电阻热加热这些接触点（产生闪光），使端面金属熔化，直至端部在一定深度范围内达到预定温度时，迅速施加顶锻力完成焊接的方法。

电阻焊热源产生于焊件内部，与熔化焊时的外部热源（电弧、气体火焰等）相比，对焊接区的加热更为迅速、集中。电阻焊时产生的总热量正比于焊接电流的平方、焊接区的总电阻值及通电焊接时间。其中焊接区的总电阻取决于被焊材料的热物理性能、工件的形状和尺寸等因素，而焊接电流及通电焊接时间可作为焊接过程参数，按焊件厚度或截面大小及焊接生产率要求不同在一定的范围内人为地设定和调节。对于完成某一特定的焊接接头（即焊接区总电阻一定），可以通过调节焊接电流及通电焊接时间的不同组合（大电流、短时间;或小电流、长时间)来获得同样的焊接热量。

总之,电阻焊的加热特点可以概括为利用焊件本身在压力作用下流过电流时的电阻热,对焊接区实现迅速和集中的加热,并在压力作用下形成接头。

2.电阻焊接头质量

点焊接头的质量要求,首先体现在接头应具有一定的强度,这主要取决于熔核尺寸(直径和焊透率)、熔核和其周围热影响区的金属显微组织及缺陷情况。

缝焊接头的质量要求,首先体现在接头应具有良好的密封性,而接头强度则容易满足。密封性主要与焊缝中存在某些缺陷(局部烧穿、裂纹等)及其在外界的作用(外力、腐蚀介质等)有关。

对焊接头的质量要求,体现在接头应具有一定的强度和塑性,尤其对后者应给予更多的注意。通常,由于工艺本身的特点,电阻对焊的接头质量较差,不能用于重要结构。而闪光对焊时,在适当的工艺条件下,可以获得几乎与母材等性能的优质接头。

6.4.2 摩擦焊连接

摩擦焊是一种压焊方法,它是在外力作用下,利用焊件接触面之间的相对摩擦运动和塑性流动所产生的热量,使接触面及其临近区金属达到粘塑性状态并产生适当的宏观塑性变形,通过两侧材料间的相互扩散和动态再结晶而完成焊接的。

1.摩擦焊原理

图6.22是摩擦焊的基本形式,两个圆断面的金属工件摩擦焊前,工件1夹持在可以旋转的夹头上,工件2夹持在能够向前移动加压的夹头上。焊接开始时,工件1首先以高速旋转,然后工件2向工件1方向移动、接触,并施加足够大的摩擦压力 F_1,这时开始了摩擦加热过程,摩擦表面消耗的机械能直接转换成热能。摩擦一段时间后,接头金属的摩擦加热温度达到焊接温度,立即停止工件1的转动,同时工件2向前移动,对接头施加较大的顶锻压力 F_2,使其产生一定的顶锻变形量。压力保持一段时间后,松开两个夹头,取出焊件,全部焊接过程结束,通常全部焊接过程只要2~3s的时间。

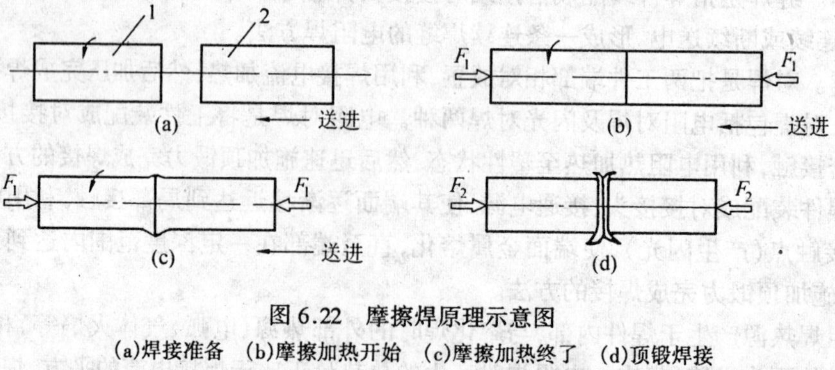

图6.22 摩擦焊原理示意图

(a)焊接准备 (b)摩擦加热开始 (c)摩擦加热终了 (d)顶锻焊接

在整个焊接过程中,摩擦界面温度一般不会超过材料熔点,所以摩擦焊属于固相焊接。

同种材质摩擦焊时,最初界面接触点上产生犁削-粘合现象。由于单位压力很大,故粘合区增多。继续摩擦使这些粘合点产生剪切撕裂,金属从一个表面迁移到另一个表面。

界面上的犁削－粘合－剪切撕裂过程进行时，摩擦力矩增加使界面温度升高。当整个界面上形成一个连续塑性状态薄层后，摩擦力矩降低到一最小值。界面金属成为塑性状态并在压力作用下不断被挤出形成飞边，工件轴向长度也不断缩短。

异种金属的结合机理比较复杂，除了犁削－粘合－剪切撕裂物理现象外，金属的物理与力学性能、相互间固溶度及金属间化合物等，在结合机理中都会起作用。焊接时由于机械混合和扩散作用，在结合面附近很窄的区域内有可能发生一定程度的合金化。这一薄层的性能对整个接头的性能会有重要影响。机械混合和相互镶嵌对结合也会有一定作用。这种复杂性使得异种金属的摩擦焊接性很难预料。

摩擦焊工艺方法目前已由传统的几种形式发展到20多种，极大地扩展了摩擦焊的应用领域。焊件的形状由典型的圆截面扩展到非圆截面（线性摩擦焊）和板材（搅拌摩擦焊），所焊材料由传统的金属材料拓宽到粉末合金和异种材料领域。

2.摩擦焊接头中的缺陷

摩擦焊是固相连接，接头中不会出现与熔化、凝固有关的缺陷，但当材料焊接性差、焊接参数不当或表面清理不好时，在摩擦焊连接界面上也会出现一些“非理想结合”的缺陷，如裂纹、未焊合、夹杂、金属间化合物、错叠等，这些缺陷一般具有二维、平面、弥散分布的特征。

“灰斑”是一种焊接缺陷在断口上的表现形式，它在断口上一般表现为暗灰色平斑状，无金属光泽，一般为近似圆形、椭圆形或长条形，与周围金属有明显的分界，无显著塑性变形，具有明显的沿焊缝断裂的特征。根据扫描电镜分析和X射线能谱分析，“灰斑”缺陷系由以Si、Mn为主的低塑性物质组成。一般认为其形成机理为：由于焊接部位母材内部存在的一些夹杂物，在摩擦加热、顶锻加压时被碎化而进入焊接面，但又未被完全挤出，从而形成“灰斑”。

摩擦焊接头上的裂纹主要出现在焊合区边缘飞边缺口部位、焊合区内部、近缝区及飞边上。飞边缺口裂纹沿焊合区向内扩展，其产生与材料的淬硬性及焊接参数有关。异种材料焊接时可能在焊合区内部产生裂纹。脆性材料（陶瓷）或易淬硬材料（高速钢）与其他异种材料焊接时，在焊后或热处理后会产生由飞边缺口部位起裂，并向脆性材料一侧近缝区内部扩展的环状裂纹，这类裂纹的产生与焊接接头内部的残余应力分布及焊接过程中脆性材料的损伤有关。飞边裂纹是指飞边上沿径向或环向开裂的裂纹，其产生的原因主要是焊合区温度不当（过高或过低），飞边金属塑性低，以及焊接变形速度（特别是顶锻速度）过快。通过改变焊接转速及顶锻速度可有效地防止飞边裂纹的产生。

未焊合一般产生于焊接接头的焊合面上，其表面宏观特征呈氧化颜色。它的产生与摩擦加热不足、顶锻力过小及原始表面状态等因素有关。另外，摩擦焊接头中还会出现焊缝脱碳、过热组织、淬火组织等缺陷。

6.4.3 粘接技术及其应用

粘接是利用胶粘剂把两种性质相同或不同的物质牢固地粘合在一起的连接方法。它同焊接、机械连接（铆接、螺接连接等）统称为三大连接技术。

胶粘剂所以能够把两个物质牢固地粘接在一起，主要因为胶粘剂能通过本身在被粘接材料的连接面上产生机械、物理和化学作用而具有粘附力。

粘接具有以下特点：

①粘接对材料的适应性强，既可用于各种金属、非金属的连接，也可用于金属与非金属的连接。

②能减轻结构重量。采用粘接可省去很多螺钉、螺栓等连接件，并可用于较薄的金属和非金属材料。因此，粘接比铆接、焊接减轻结构重量约25%～30%。

③粘接接头的应力分布均匀，应力集中较小，因此它的耐疲劳性能好。

④粘接接头的密封性能好，并具有耐磨蚀和绝缘等性能。

⑤粘接工艺简单，操作容易，效率高，成本低。

但是，粘接也存在以下一些缺点：

①粘接强度比较低，一般仅能达到金属母材强度的10%～50%。粘接接头的承载能力主要依赖于较大的粘接面积。

②使用温度低，一般长期工作温度只能在150℃以下，仅有少数可在200～300℃范围内使用。

③粘接接头长期与空气、热和光接触时，易老化变质。

④粘接质量因受多种因素影响不够稳定，而且质量难以检验。

1.粘接原理

对胶接中的作用力，曾提出了许多种理论。对胶接力的某些较通俗的解释可概括地分为：化学或分子理论；扩散理论；静电理论；机械理论。

胶接的化学或分子理论。在上述的四种不同的理论中，用分子力来解释的吸附理论是最有根据的，也是最基本的。这些力可分为长程和短程分子间作用力，或主要的和次生的力。化学键的基本形式是离子键和共价键。离子键在晶格常数为0.2nm范围之内是很强的，耐热性(稳定性)极好，但却很容易被像水这样的极化溶液所离解。共价键由于本身的结合力很强，因而对胶粘剂的结合力来说，是非常重要的。

扩散理论。Voyutskii和Vakula提出，根据相似相分子的扩散或相互扩散，或者是一相的分子与另一相分子的相互渗透，可以对不同聚合物之间的胶接作出非常满意的解释。例如，在一分子群里有一空穴存在，那么第二相的分子就有进入这一空穴的可能。这一理论对某些聚合物可能是适用的，但是，理所当然地，要求有足够大的界面力，才能使聚合物穿过界面进行扩散。此理论也以在胶粘剂和母材之间处于理想的润湿状态的假设为前提。

静电理论。在胶接接头破裂时，观察到有静电荷存在。Derjaguin及其合作者们已经计算了从金属和玻璃材料上剥离聚合物膜所需的能量。他们假设，在小距离范围之内，这种剥离作用与分离极大电容器两极板的情况相同。在通过传导、电子散射和在大气中电介质放电使电荷消失之前，分离极板所需要的力是一个常数。假设快速分离时传导所造成的耗散是可以忽略的和在气隙里电介质放电是很有限的，静电理论似乎有点错误。已用试验方法验证，把胶粘剂涂敷到各种各样的母材上时，其性能变化甚微。如果胶粘剂的性能取决于各种母材的静电能级的话，那么，性能变化甚微这一点是不真实的。

机械理论。机械理论的基础是，在结合处，胶粘剂流进粘接母材上的小孔里，固化后形成钩或锁紧力。这一理论虽适用于那些多孔的母材,像木材或混凝土等,但是,同一胶粘剂对于无孔的母材也能同样很好地进行胶接,这就解释不通了。现在,机械理论已经让位给极性理论。胶粘剂的极性是个非常重要的因素。

2.胶粘剂

胶粘剂的分类方法很多,如按主要用途分为结构胶、修补胶、密封胶、软质材料用胶、特种胶(如高温胶、导电胶、点焊胶等)。胶粘剂不是单一的组分,一般由几种材料组成。配方不同,对胶粘剂的性能、粘接强度影响较大。

3.粘接工艺过程

胶接表面准备的第一步与软钎焊是相似的,必须有很好的准备。下一步考虑是材料表面状况。材料表面必须没有灰尘、氧化膜和液态物质。如果任何液态物质已被母材表面所吸附,这将妨碍胶粘剂的渗透。

胶粘剂可以用各种方法涂敷。例如,可把环氧树脂配制成适当状态,以便喷涂、涂刷、浸渍、滚涂、掸撤、挤压和抹。如果胶粘剂是以溶液形式涂敷上去的,在两个零件接配以前,要有一定的时间让溶剂气化。溶剂可减小胶粘剂的粘度,降低接触角和表面张力。溶剂也使胶粘剂渗透到多孔母材的孔隙中去。

通过溶剂的释放、交联或加压可使胶粘剂固化。固化所需要的时间是变化的,它取决于加热温度、压力和所用的催化剂。

某些胶粘剂自然变为干胶膜型。胶粘剂可在组装前提前几天就涂敷上去。表面用下述方法中的一种再活化。一是用吸有溶剂或吸有同类型液态胶粘剂的海绵擦轻轻擦抹表面。二是用红外线灯或其他能达到再活化温度的方法加热已涂敷的胶粘剂。因为其呈粘性的时间短,再活化以前零件须固定。

4.粘接技术的应用举例

蜂窝夹层结构。蜂窝夹层结构是由蜂窝夹芯和上下蒙皮粘接在一起组成的三层结构材料。这种夹层材料的单位结构重量所能承受的强度(比强度)和刚度(比刚度),要比其他结构材料高得多。此外,它还具有表面平整、密封、隔热和易实现机械化生产等优点,因而在现代技术中,尤其是在航空和航天工业中得到广泛的应用。制造蜂窝夹芯是将涂有平行胶条的金属箔,按胶条相互交错排列叠合起来,胶条固化后将多层金属箔粘接在一起,再在专用设备上拉伸成蜂窝格子。蜂窝夹层结构主要用酚醛-缩醛型、酚醛-丁腈型、环氧-丁腈型胶粘剂,也可用再活化组装工艺制造。

金属切削刀具的粘接。硬质合金刀具大多采用焊接方法将刀片固定在刀杆上。由于焊接高温的影响,刀片容易产生裂纹,从而缩短了使用寿命。若采用粘接则可避免上述影响。粘接刀具所用的胶粘剂多数采用无机胶粘剂。

铸件的修补。生产中铸件经常会产生气孔或砂眼,对这些缺陷用胶粘剂修补,使可能报废的铸件得到利用,这对一些较大型的铸件是十分有意义的。铸件的修补应根据气孔、砂眼的大小、位置采取不同的措施。对于微小的气孔,应采用低粘度的胶液,采用抽真空的方法,使胶液能更多地进入气孔中。对于较大的气孔或砂眼,可采用含填料的胶粘剂涂敷。当气孔或砂眼很大时,可采用扩孔、再用粘接的方法镶入一个金属塞。

本章小结

本章阐述了现代材料连接加工中各种典型的连接方法，着重讨论了熔化焊、钎焊、扩散连接的冶金结合原理，对其他连接方法如电阻焊、摩擦焊、粘接等也作了一些介绍，在此基础上分析了连接工艺与材料的合理选择、连接接头组织与性能的控制、各种典型缺欠的产生机理和影响因素，为探索提高金属材料以及陶瓷、复合材料连接质量的新途径提供理论依据。

复习思考题

1.焊接的定义？焊接方法的分类及区别？

2.对焊接热源有何要求？描述焊接热源主要用什么指标？

3.何谓温度场？何谓准稳定温度场？

4.何谓焊接化学冶金？它的主要研究内容和学习目的是什么？

5.熔化系数和熔敷系数的概念、表达式，反映焊条焊接生产率的指标是什么？

6.何谓熔合比？熔合比对焊缝成分有何影响？多层焊时，如果各层间的熔合比是恒定的，试问第 N 层焊缝金属的成分？

7.焊接区内气体的主要来源？它们是怎样产生的？

8.氢、氮、氧对焊接质量有何影响？分别讨论其控制措施？

9.焊接熔渣的作用？熔渣碱度的概念及表达式？

10.试以硅的沉淀脱氧为例，叙述提高脱氧效果的途径？

11.为什么酸性焊条宜用锰铁脱氧？而碱性焊条宜用硅锰联合脱氧？为何要控制[Mn]/[Si]比？

12.低氢焊条熔敷金属氢含量低的原因有哪些？

13.焊接熔池的结晶和铸造的结晶过程有何区别？

14.焊缝和熔合区的化学不均匀性主要有哪几类？分析其产生原因？

15.以低碳钢焊接为例，试述提高焊缝金属韧性的冶金手段、焊接工艺手段及焊后措施？

16.焊接热循环与热处理相比有何特点？试用这些特点来说明45钢和40Cr热影响区的组织转变，并加以比较？

17.简要说明易淬火钢和不易淬火钢HAZ粗晶区的组织特点和对性能的影响？

18.试分析钢种淬硬倾向的影响因素？用什么指标来衡量高强钢的淬硬倾向比较合理？

19.试分析焊接热影响区的脆化类型及防治措施？

20.试述焊接热影响区韧化的途径有哪些？

21.通常焊缝中可能产生哪几种气孔？形成气孔的原因是什么？

22.试分析焊缝金属产生结晶裂纹的条件和防治措施？并分析哪些元素最易促使产

生结晶裂纹？

23.延迟裂纹为何易在近缝区产生？请分析防治延迟裂纹的措施？

24.钎焊连接的基本特征是什么？它与其他连接方法(熔焊和压力焊)的主要区别在哪里？

25.影响钎料对母材的润湿性因素有几个方面？具体是如何起影响作用的？

26.金属表面的氧化膜为何对钎料的润湿性有不利影响？

27.为什么说钎焊时固态母材向液态钎料的溶解及钎料组分向母材的扩散对接头的组织和性能有决定性的意义？

28.钎焊接头的钎缝组织有何特征？它们是在什么条件下形成的？

29.试述电阻焊与电弧焊在焊接本质上的异同？

30.分析在电阻焊各种方法中,哪些会形成熔化焊接头？哪些形成固相连接？

31.简述摩擦焊焊接过程。

32.胶接(粘接)的原理、特点及应用如何？

参考文献

1 张文钺.焊接冶金学(基本原理).北京:机械工业出版社,1995

2 张文钺.金属熔焊原理及工艺(上册).北京:机械工业出版社,1980

3 陈伯蠡.焊接冶金原理.北京:清华大学出版社,1991

4 陈伯蠡.焊接工程缺欠分析与对策.北京:机械工业出版社,1998

5 张文钺.焊接物理冶金.天津:天津大学出版社,1991

6 潘金生等.材料科学基础.北京:清华大学出版社,1998

7 中国机械工程学会焊接学会编.焊接金相图谱.北京:机械工业出版社,1987

8 沈其文.材料成型工艺基础.武汉:华中理工大学出版社,1999

9 鞠鲁粤.现代材料成型技术基础.上海:上海大学出版社,1999

10 邹僖.钎焊(修订本).北京:机械工业出版社,1989

11 张启运,庄鸿寿.钎焊手册.北京:机械工业出版社,1999

12 中国机械工程学会焊接学会.焊接手册第一卷焊接方法与设备.北京:机械工业出版社,1992

13 美国金属学会.焊接手册,第九版,第六卷.北京:机械工业出版社.1994

14 赵熹华.压力焊.北京:机械工业出版社,1988

15 中国机械工程学会焊接学会.电阻焊理论与实践.北京:机械工业出版社,1994

16 何德孚.焊接与连接工程学导论.上海:上海交通大学出版社,1998

17 李志远等.先进连接方法.北京:机械工业出版社,2000

18 曾乐.现代焊接技术.上海:上海科学技术出版社,1996

第七章　材料切割加工原理

适用于各种材料的切割方法很多，现代工业生产中普遍应用的主要是氧气切割、等离子弧切割、激光切割和水射流切割法等。本章重点介绍几种常用切割方法的原理和相关的理论。

7.1　氧气切割原理

氧气切割也称氧－燃气切割。属氧气切割的各种切割方法都是利用纯氧气流的快速氧化的可控化学反应来切除经预热的金属。最简单的氧－燃气切割设备包括：两个气瓶（一个氧气瓶，一个可燃气瓶）、减压器和压力表、输气管和带有一套可更换割嘴的割炬。这种手工操作设备灵便性好，价格低廉。机械切割设备因有一个或几个由定型靠模缩放仪、光学线型随动器、数字控制器或计算机引导的割炬，可以提高生产效率并且可以提供优质切割质量，对于在板料上切割规则和不规则形状的成型切割、机械切割非常重要。

7.1.1　氧气切割原理

金属的氧气切割是利用氧－燃气火焰（称预热火焰）将金属表层的一个小区域加热到燃点并形成活化状态，然后送入高纯度、高流速的切割氧，使金属在氧氛围中燃烧生成氧化物熔渣同时放出大量的热。已燃烧的气体和高压氧气流将熔融的氧化物冲刷掉，这些燃烧热和熔渣不断加热金属新的待切割表面，使之在氧气流下继续燃烧，直至工件的底部，从而形成切口，将金属割开（图 7.1）。

因此，从宏观上来说，氧气切割是金属在高纯度氧中燃烧的化学过程和借切割氧流动量排除熔渣的物理过程相结合的一种加工方法。

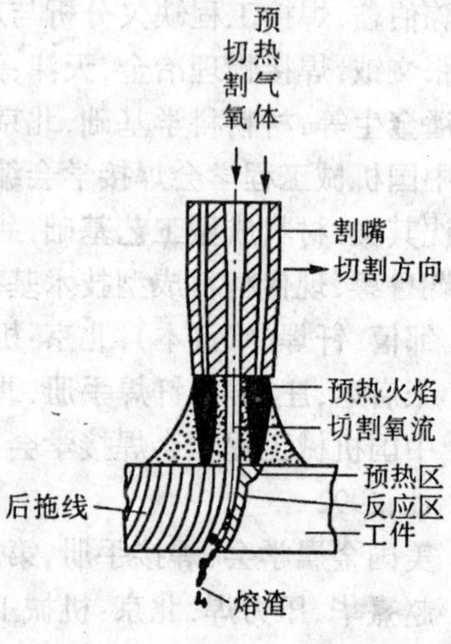

图 7.1　氧气切割原理简图

切割过程中，氧气和可燃气体分别通过不同的管路送到割炬，气体压力可由操作者通过减压器调节。割炬包括有管道、混合室，还有一些阀门，通过它们可向割嘴输送按一定比例混合的氧－可燃气体及切割用纯氧气流。通过调节割炬手把或切割机控制盘上的控制阀，操作者调定所希望的准确的氧－可燃气体的混合气。手工切割时，操作者压下割炬上的切割氧气手柄接通切割氧气；机械切割时，氧气通常由遥控室中的操作者或由数控设备控制。

割嘴中心有一个氧气小孔,环绕它的是一组小的氧－燃气小孔。操作者可以通过改变割嘴尺寸和重新调节减压阀及各个阀门来改变切割能力。因为不同可燃气体有不同的燃烧及流动特性,所以可燃气体的类型、割嘴结构、混合室的结构不同时,燃烧及流动特性是不同的。

7.1.2 氧气切割过程

整个氧气切割过程可分为互为关联的四个阶段:

(1)起割点处的金属表面用预热火焰加热到其燃点,随之在切割氧中开始燃烧反应。

(2)燃烧反应向金属下层传播。

(3)排除燃烧反应生成的熔渣,沿厚度方向割开金属。

(4)利用熔渣和预热火焰的热量将切口前缘的金属上层加热到燃点,使之继续与氧产生燃烧反应。

上述过程不断重复,金属切割就连续地进行。

从微观上来说,氧气切割过程可用图 7.2(a)来描述。随着燃烧反应从金属顶面向下方进展,一部分切割氧与金属反应产生液态氧化物熔渣,使氧流的纯度下降、动量也减小。如图 7.2(b)所示,沿板厚方向出现三种形态的反应区。

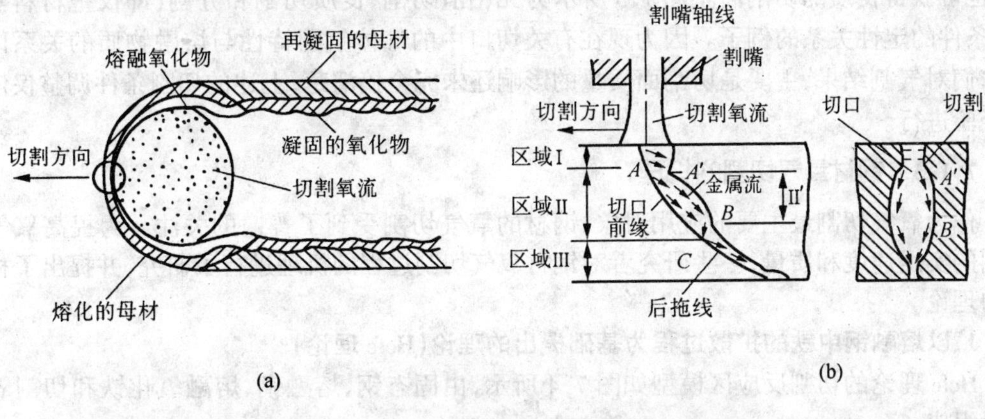

图 7.2　氧气切割进行状况和切口的形成

(a)氧气切割进行状况　(b)切口的形成

区域Ⅰ(从金属表面至 A 点)中,因切割氧的纯度相对为最高,故氧化反应快,切口前壁虽有倾斜,但切割速度在较宽范围内变动时,前壁的斜度变化不大。此时,反应所生成的熔融氧化物及熔融金属以高速流向切口侧壁,并使侧壁熔渣的厚度增大(图 7.2(a))。

在区域Ⅱ,因切割氧的纯度已有某种程度的下降,氧化反应减慢,故切口前壁的倾斜度增大,随着氧流向切口下部深入,前壁的倾斜度进一步增加,至 B 点附近,熔融金属的再凝固线向切割前方突出(图 7.2(b)),熔渣流也随之改变方向,转向切口前壁(图 7.2(b)中的 C 点)。

在区域Ⅲ中,从切口前壁流下来的熔化金属和熔渣积集起来,并以较慢的速度流动。同时一边借切割氧流与熔化金属间的缓慢氧化反应来补充热量,一边借熔渣热的熔化作用形成切口,且切口宽度变窄。如果在此区中熔渣层的堆积厚度过厚,切割氧流会向后翻卷,并在熔渣的推挤和卷起的氧流作用下,切口侧壁会发生扣槽现象(图 7.2(b)中的右图),严重时将导致金属不能割透。

上述这种切口中切割反应由上至下不断减慢的周期性变化,乃是切割面上出现“后拖线”的原因。按上述的切口形成机理,如适当调整切割条件,控制流向切口侧壁的液态熔渣量,就能获得平滑的切割面。

对熔渣从切口底部流出状况的研究查明,在切割速度较慢和过快时,切口中的熔渣流流向后方,于是就产生大量粘渣。而当熔渣流沿切口垂直向下或稍向前方流出时,就几乎不产生粘渣。由图 7.2(b)可知,若把区域Ⅱ中的 *B* 点和 *C* 点调整到靠近金属的底面,那么熔渣即从 *C* 点处集中流向前方,即使发生粘渣,当切割向前进行时,粘渣也就被带走,从而获得无粘渣的切口。这样,如能选定使图 7.2(b)所示的区域Ⅱ下部移向板的底面附近,不但可消除粘渣,也可获得良质的切割面。图 7.3 所示为无粘渣切割、良质切割和分割(即仅把材料割开)条件的定性关系的例子。因为现在有关切口中的气体氛围特性与熔融物质的关系以及它们对气割结果,主要是切割面质量的影响还未完全搞清楚,上述的切割条件调整仅依靠经验进行。

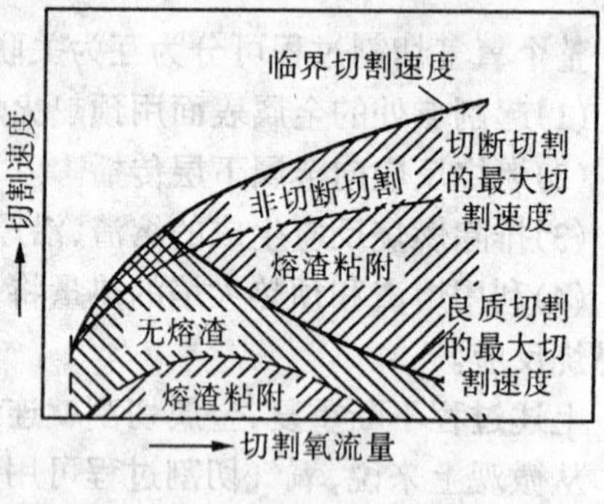

图 7.3　氧气切割条件与质量状况

7.1.3　钢材氧气切割的机理

作为氧气切割最主要的应用对象,钢材的氧气切割受到了普遍的关注。为提高氧气切割的实用速度和质量,一些研究者对钢材氧气切割过程的机理进行了研究,并提出了相应的理论。

1. 以熔融钢中铁的扩散过程为基础提出的理论(Hofe 理论)

Hofe 理论的切割反应区模型如图 7.4 所示,由固态钢、熔融钢、熔融氧化铁和切割氧流所组成。

Hofe 假定:切割反应是熔融钢中的铁通过熔融氧化铁层与切割氧流进行的,也就是说,铁–氧反应发生在熔融氧化铁层与切割氧流的界面上。而且固态钢与熔融钢之间的表面张力大于熔融钢与熔融氧化铁层间的表面张力,故被切割氧流所排除的主要是氧化铁熔渣。

根据上述切割反应区的模型和假设,该理论认为:铁通过熔融氧化铁层的扩散速度决定着气割反应速度。也就是说,熔融钢中铁的扩散速度快,切割反应就加速,因而切割速度就能提高。据此,如能减薄切口中,特别是切口前缘熔融熔渣层的厚度,就能加快铁的扩散进程,从而提高切割速度。为减薄熔渣层厚度,就要提

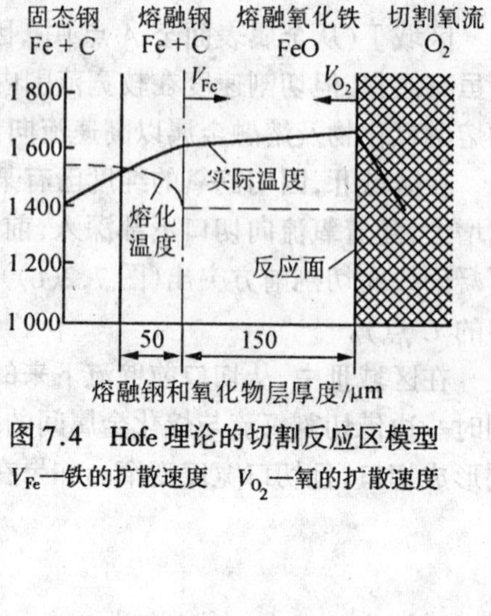

图 7.4　Hofe 理论的切割反应区模型
V_{Fe}—铁的扩散速度　V_{O_2}—氧的扩散速度

高切割氧流的动量,使切口前缘的熔渣能及时排除。另外,割炬后倾一个角度,使切割氧流相对切口前缘形成攻角,也能显著地减薄熔渣层。再则,降低氧化铁熔渣的粘度也有利于排渣。向切割区加入硅酸盐、硫酸氢钾、氟化物以及它们的混合物,可使熔渣变得稀薄,易于排除。

2.以切割氧流中氧的扩散过程为基础提出的理论(Wells 理论)

该理论的切割反应区的模型如图 7.5。Wells 假定:切割过程中氧是从切割氧流(即图中 A 区)借扩散作用进入反应面与铁起反应的。同时假定,氧通过边界层(图中 B 区)的扩散速度远比铁-氧反应速度要小。据此得出:切割反应速度取决于氧通过其边界层的扩散速度。

由于实际切割氧流中存在一定量杂质气体,这些杂质气体与氧一起向反应面扩散,一到达反应面,氧就与铁起反应并被消耗了,而杂质气体因不与铁反应而残留在反应面近傍。于是在切割氧流与反应面之间便形成了一个杂质浓度逐渐变化的边界层(B),妨碍氧向反应面的扩散。

设边界层(B)的厚度为 x,反应区的气体总压为 p,氧流中杂质气体的分压为 p_2,靠近反应面处杂质气体的分压为 p_1,则氧从区域(A)通过区域(B)扩散到反应面的速度按扩散理论可表示为

$$N=\frac{Dp}{RTx}\ln\frac{p_1}{p_2} \tag{7.1}$$

式中 N——氧通过边界层的扩散速度,mol/s·cm^2;

D——扩散系数,cm^2/s;

p——反应区气体总压,N/cm^2;

R——气体常数;

T——反应区的温度 K;

x——边界层厚度,cm;

p_1——反应面上杂质气体的分压,N/cm^2;

p_2——切割氧流中杂质气体的分压,N/cm^2。

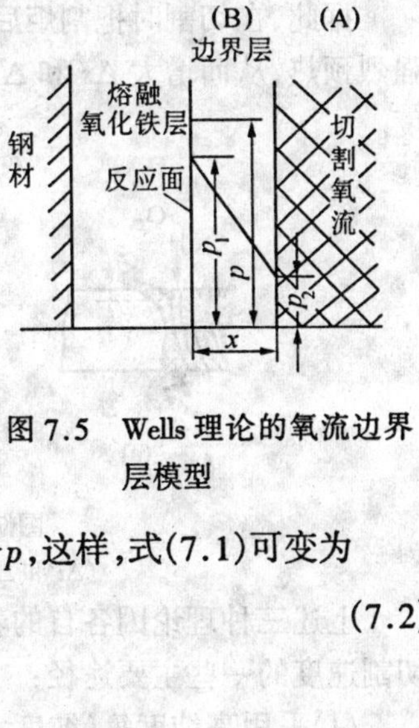

图 7.5 Wells 理论的氧流边界层模型

因原假定铁-氧反应速度远大于氧的扩散速度,故 $p_1\rightarrow p$,这样,式(7.1)可变为

$$N=\frac{Dp}{RTx}\ln\frac{p}{p_2} \tag{7.2}$$

设 p_2/p 为杂质气体的体积比 η,于是可得

$$N=\frac{Dp}{RTx}\ln\frac{1}{\eta} \tag{7.3}$$

由式(7.3)可知,氧的扩散速度,亦即切割反应速度与杂质含量百分数倒数的对数成正比。也就是说,切割氧流中杂质气体稍有增加,切割速度就大大降低。

式(7.3)还表明,氧的扩散速度与边界层厚度 x 成反比,x 越小,扩散速度 N 就越大,切割反应也就加快,而 x 同氧流的雷诺数有很大的关系。

据此理论,若要提高切割速度,需采用高纯度氧,尤其是要保持进入切口的切割氧的纯度。其次要增大氧流的雷诺数,亦即切割氧流的流速要高,使边界层减薄。

3.从切口前缘钢材温度场分布提出的理论

这一理论是基于切割钢材时切口前缘必须达到燃烧温度的原理提出的。图 7.6 示出切割时钢材等温面和切口前缘形成的暂时等温区。由图 7.6 可见,等温面系从钢板表面向下层和里面方向逐渐变化的。图中区域Ⅰ主要是预热火焰的加热作用;区域Ⅱ主要受铁-氧反应热的加热作用(由于热传导、辐射和对流,预热火焰的作用减弱了);而区域Ⅲ除反应热外,钢板底部的熔渣热也起附加的加热作用,该区的温度比区域Ⅱ要高些。同时可见,只在紧靠切割氧流前方的钢板表面厚为 Δt 和钢板里面厚 Δs 区域才达到燃烧温度。研究查明,切割速度越快,Δs 值越小。当 Δs 等于零时,切割速度即达到极限值。据实验,钢材温度为 10℃和 700℃时,相应于 $\Delta s=0$ 的最高切割速度分别为 0.9 和 1.8m/min。因此该理论认为:决定切割速度的是切口前缘钢材表层和里面获得充分强烈的加热,亦即在高的切割速度下,仍能维持一个足够宽的 Δs 区。

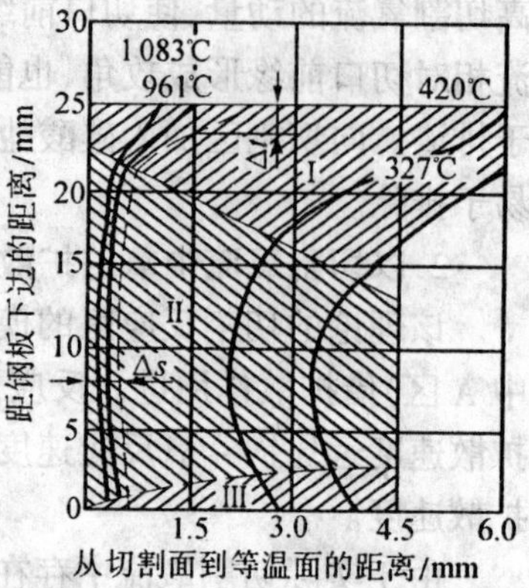

图 7.6　切割时等温面沿切割方向和板厚方向的变化

Δs—切口前缘达到燃点的等温面深度

Δt—钢材表面达到燃点的等温面深度

据此,在切割时把割炬后倾一个角度,把炽热的熔渣强制地推向切口前缘,使之获得强烈预热,从而增大 Δs 和 Δt 值,如图 7.7 所示,就能加速切割反应,明显地提高切割速度。

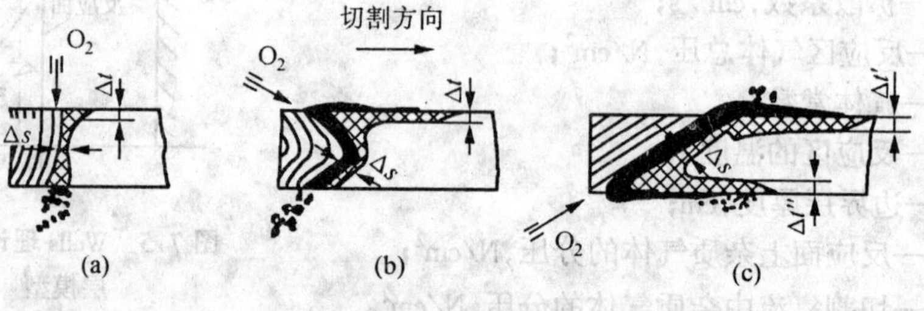

图 7.7　燃烧温度等温面与割炬位置的关系

($\Delta t'$和 $\Delta t''$—钢板上表面和底面处达到燃点的等温面深度)

上述三种理论因各自的着眼点不同,虽都不够全面,但综合这些理论可以归纳出提高切割速度的一些主要途径:

(1)采用高纯度氧(纯度大于 99.5%),或采取措施防止进入切口中的切割氧流的纯度降低。

(2)采取措施增大切割氧流的流速和动量,如采用扩散型割嘴。

(3)强化对切口的预热,诸如附加预热嘴,把割炬后倾对切口形成攻角等。

7.1.4　预热火焰在气割过程中的功能

预热火焰是影响气割过程的一个重要因素,它的功能有:加热作用、活化被切割金属表面作用、维持切割氧流的动量作用和保持切割氧流纯度的作用等。

1.加热作用

预热火焰的加热作用表现在:

(1)气割开始前将起割点处钢板表层加热至其燃点。

(2)在气割过程中补偿气割区因热传导、辐射、对流和排渣等热损失,保持气割区的温度。

2.活化金属表面作用

预热火焰活化金属表面的作用是:

(1)使钢板表面的氧化皮、锈等剥离或开裂;

(2)使钢板表面的氧化皮、锈等熔化;

(3)使钢板表面活性化,能与切割氧起反应。

虽然气割过程中燃烧反应热很大,但仍不能充分除去钢板表面上的锈和氧化皮等,因而使切割氧不能很好与表面接触。预热火焰的上述作用已为实验所证实。

3.维持切割氧流动量的作用

预热火焰维持切割氧流动量的作用可从图7.8看出。在无预热火焰的场合,切割氧流不论喷向切口还是喷向大气中,离开喷嘴后其流速迅速下降,使氧流的有效长度缩短。在有预热火焰的场合,离喷嘴端部较远处仍保持较高的流速。这是由于燃烧气体在高温下迅速膨胀,密度很小,使切割氧流与预热火焰之间的摩擦力远比其与大气间的摩擦力小的缘故。据此可以推知,预热火焰的二次焰流越长,效果就越好,切割氧流的有效长度就大,所能切割的厚度也越厚。

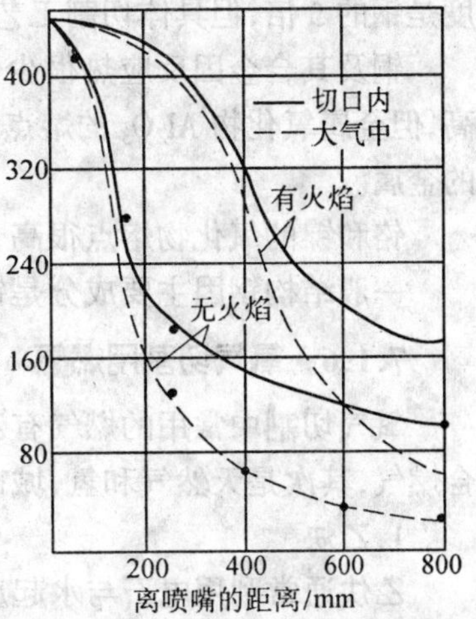

图7.8 预热火焰保持切割氧流流速的效果

4.保持切割氧流纯度的作用

预热火焰在保持切割氧流纯度方面的作用与维持动量作用相似。虽然燃气燃烧过程中所产生的水蒸气、二氧化碳等气体不可避免地混入到氧流中,但其保持切割氧纯度的效果是十分明显的。

上述预热火焰在切割过程中的重要作用,对割嘴的设计和选用具有一定的参考价值。

7.1.5 金属氧气切割的必要条件

不是所有的金属都能用氧气切割方法进行加工,只有满足以下条件的金属才能顺利地实现氧气切割:

(1)金属能同氧发生剧烈的燃烧反应并放出足够的反应热。这种燃烧热除补偿辐射、导热和排渣等热散失外,还必须保证将切口前缘的金属表层迅速且连续地预热到其燃点。

(2)金属的燃点要低于它的熔点,否则金属在达到燃点前就被熔化了,达不到气割的目的。

(3)燃烧生成的金属氧化物(熔渣)的熔点要低于该金属的熔点。因为高熔点氧化物将粘附在切割面上,阻碍氧与金属之间持续进行反应。另外,熔渣的流动性要好,否则难以从切口中及时排除,也会使切割反应难以连续地进行。

(4)金属的热导率不能太高。如热导率过高,预热火焰热和燃烧反应热会被迅速导散,使切割过程不能开始或者中途停顿。

铁虽然其熔点略低于氧化物的熔点,但氧化反应热大,特别是熔渣的粘度低、流动性好,易于为切割氧排除,故氧气切割性良好。钛因其反应热大,氧气切割性很好,其切割速度是钢的5倍,但具体切割工艺与钢有差别。另外,钒也属氧气切割性良好的金属。

铜及其合金因反应热很少,而热导率又高,故不可氧气切割。铝虽然氧化反应热很高,但金属氧化物 Al_2O_3 的熔点高出其熔点2倍,且燃点接近熔点,故也属不可氧气切割的金属。

铬和镍的氧化物熔点很高,难以氧气切割,但可采用氧-熔剂工艺进行切割。

一般结构钢因主要成分是铁,故氧气切割性良好;也是气割加工的主要对象。

7.1.6 氧气切割用燃气

氧气切割中常用的燃气有乙炔、石油气(丙烷、丙烯及丙烷和丁烷等混合气)及各种混合燃气,其次是天然气和氢,城市煤气和汽油等也可用于氧气切割。

1.乙炔

乙炔通常利用电石与水起反应而制取。它是一种发热量大、燃烧速度(即火焰传播速度)快、火焰温度高的燃气,因此是氧气切割中应用较多的一种气体。但是,由于乙炔气易爆、安全系数低,生产过程既耗能耗电又污染环境,使得其生产、储存、运输、使用、环保及价格等方面存在诸多缺陷和隐患。因此,许多国家在研制并逐步使用新的更安全、更节能的工业燃气,以取代乙炔气。

2.石油气

液化石油气的主要成分是丙烷。氧-丙烷切割比氧-乙炔切割燃气费用大幅降低,切割面质量好——表面光洁,棱角整齐,氧化铁渣易于清理。切割面硬度和含碳量低于氧-乙炔切割。切割薄板时变形量小。

丙烷燃烧速度低,是乙炔的27%,切割时不易回火。缺点是切割速度慢,氧气耗量大。

3.氢

氢早在20世纪初就作为氧气切割(气焊)的燃气而获得应用。制氢的常用方法有:分解粗汽油、分解氨和电解水等。由于氢的密度很小,装瓶后运输效率极低,而氢与氧和空气混合气体也容易爆炸,加之火焰温度低,主要代替不能加高压的乙炔用于水下切割。但近年来,鉴于氢的燃烧产物是水,对环境无污染,开始发展直接利用电解水所得的氢和氧作为预热气体的技术,即所谓水解氢-氧气切割法。

4.天然气

天然气的主要成分是甲烷。天然气比丙烷燃烧温度更低,预热时间比氧-丙烷切割稍长,割速更慢,但切割质量仍然较好。预热时,氧与天然气的混合比为2:1,以提高火焰温度;切割时混合比为1.5:1,切割较厚板材时常用1:1。

5.汽油

氧-汽油是国内目前正在推广使用的环保型切割方法。其安全性好,不回火,无污染,操作方便,割缝平整,高效节能。

7.2 等离子弧切割原理

等离子弧切割是利用高速高温的离子气流来切割碳钢、不锈钢、铝、铜和其他金属的一种切割方法。等离子流在它的喷射路线内熔化并排除工件材料。等离子弧切割不依赖工件金属与气体间的化学反应,而是依赖割炬电极与工件间的电弧所产生的热以及因为它可产生非常高的温度(28 000℃,而氧-燃气为3 040℃),所以等离子弧可切割几乎所有的导电材料,包括一些氧-燃气切割无法切割的材料。等离子弧切割由于具有很快的切割速度,过去的十多年有了很大的发展。采用这种方法无需增加空间或对设备的要求,就可以获得比氧-燃气切割更高的切割生产率。

7.2.1 等离子电弧

等离子体是物质的第四态,由气态物质电离而成,是带正电的离子、中性原子和自由电子等粒子组成的,具有良好导电性的类似气体的物质,它也遵循气体的某些规律。正如水变成蒸汽时要吸收潜热,气态物质变成等离子体时也要吸收热量。

众所周知,焊接电弧是气体电离后形成的。钨极氩弧焊时,电弧因受到周围保护气体的轻度压缩,电弧区的气体的电离度比一般电弧高,弧柱的最高温度达16 000℃左右。但是,随着电流的增加,这种氩电弧弧柱的截面扩大,能量密度难以进一步提高。

为此,在一般焊(割)炬的保护气体外罩与电极之间设置一水冷却、小孔径喷嘴,并通入某种气体(这种气体用于形成等离子体,称为工作气体或离子气),同时使电弧通过喷嘴孔,如图7.9所示。这样,弧柱受孔道限制而被压缩,工作气体则被电弧强烈加热,气体分子从电弧中吸收热能分裂成原子,原子又离解成正离子和电子,从而变成了高温等离子电弧。

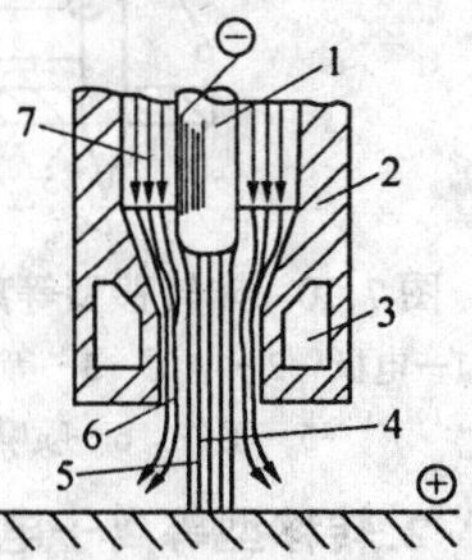

图7.9 等离子电弧形成原理示意图

1—电极 2—水冷喷嘴 3—冷却水通道 4—等离子电弧 5—电流线 6—气体套 7—工作气体

实际上,在等离子电弧形成过程中,电弧受到三种压缩作用:

(1)通过喷嘴孔约束电弧柱,使其截面缩小,从而提高气体的电离度和电弧的能量密度。这种压缩作用,称为"机械压缩效应"。

(2)由于喷嘴是通水冷却的,沿喷嘴内壁流动的气体的温度相对较低,电离度不高。因此形成了一个热导率和电导率低、几乎是中性的气体套筒。这一气体套筒使喷嘴孔内的气体沿径向形成相当大的温度梯度,迫使带电粒子向电离度高、导电性好的弧柱集中,于是弧柱进一步受到压缩,电离度更高。这种因气体温度梯度压缩电弧的效果,称为"热收缩效应"。

(3)因电弧柱所载电流是同向电流,这一电流所形成的磁场(按左手定则)对弧柱产生收缩作用,使其进一步缩小,能量密度进一步提高。这种由电弧磁场产生的效果,称为"磁收缩效应"。而且这一效应的强度与通过载流体的电流平方成正比,电流越大,磁收缩效应也越强。

由于这三种压缩效应使等离子电弧具有很高的能量密度、比任何火焰和一般电弧高得多的温度(足以使任何金属熔化)以及很大的流速。

7.2.2 切割用等离子电弧的种类

根据电弧形成的方式,等离子电弧有三种形态,即非转移型等离子电弧、转移型等离子电弧和联合型等离子电弧。由于联合型等离子电弧不适用于切割加工,本章不作介绍。

1.非转移型等离子电弧

如图 7.10 所示,电弧在电极(通常为阴极)和喷嘴(阳极)之间形成,工件不接入电路,亦即电弧不转移到工件上,经喷嘴压缩的等离子体以喷流形态流向工件。这种电弧称为非转移型等离子电弧,或间接等离子弧,简称为等离子焰。

因等离子焰离开喷嘴后能量密度急速衰减,且工件不接电,所以热量有效利用率低(约 10%~20%)。一般只适用于切割较薄的金属和非金属材料,喷涂或作为熔融金属和非金属的热源。

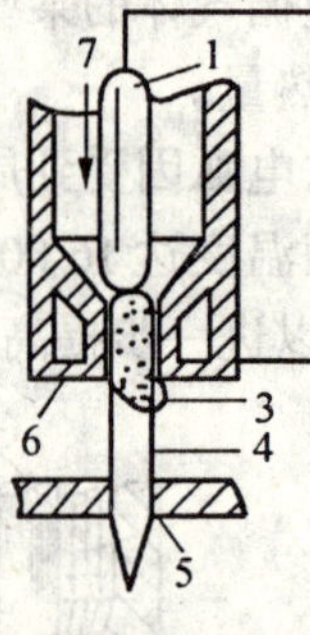

图 7.10 非转移型等离子电弧(等离子焰)

1—电极 2—电源 3—等离子电弧 4—等离子焰 5—工件 6—喷嘴 7—工作气体

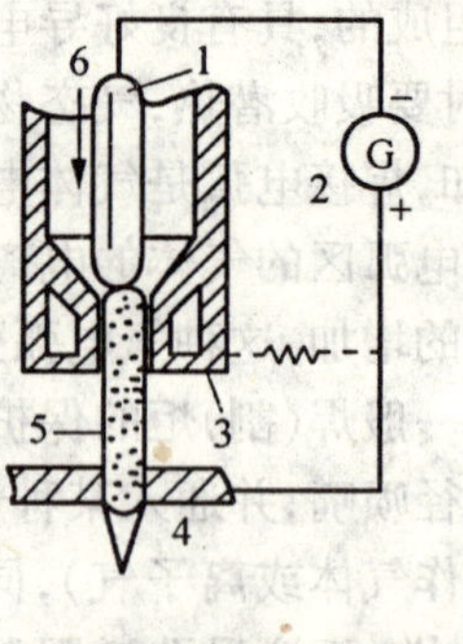

图 7.11 转移型等离子电弧(等离子弧)

1—电极 2—电源 3—喷嘴 4—工件 5—等离子电弧 6—工作气体

2.转移型等离子电弧

如图 7.11 所示,电弧在电极(阴板)和能导电的工件(阳极)之间形成。这一电弧的形成过程是:先借助高频发生器和导引电源在焊(割)炬的电极与喷嘴之间点燃导引电弧(一种小电流电弧,也称小弧),使阴极与阳极间的工作气体迅速电离,然后把电极与工件间的主电弧引燃。一旦主电弧建立,控制回路即把导引电弧切断。这种由非转移电弧转引的电弧称为转移型等离子电弧或直接等离子弧,简称为等离子弧,以同等离子焰相区别。等离子弧因受充分的压缩效应作用,弧柱的能量密度相当高,细长而挺直,能在较窄的范围内急速加热工件并使之熔化,加之工件又是电弧的一极,热量有效利用率高(约为 60%~75%)。因此,特别适合于各种金属材料的切割和焊接。目前热切割中广泛使用的就是这种转移型等离子弧,并称为等离子弧切割。

7.2.3 等离子弧切割的原理

1.等离子弧切割的原理

等离子弧切割是利用高温等离子电弧的热量使工件切口处的金属局部熔化(和蒸

发),并借助高速等离子的动量排除熔融金属以形成切口的一种加工方法。与利用铁-氧燃烧反应化学过程的氧气切割法不同,它是利用物理过程的熔割法。

等离子弧割炬(如图7.12所示)与钨极气体保护焊焊枪类似,但钨极缩在喷嘴内,喷嘴的开口很小,更加坚固。高频电压脉冲在钨极(阴极或称负极)与铜喷嘴(阳极或称正极)之间引发导引弧,两极都是水冷的。这个导引弧使非转移弧在电极与工件之间引发转移弧,工件与线路连接作为阳极(正极)。导弧断开后,由转移弧供给能量以维持切割。电弧区中,等离子体随着通过割炬喷孔而膨胀并加速,带着非常大的能量喷出。

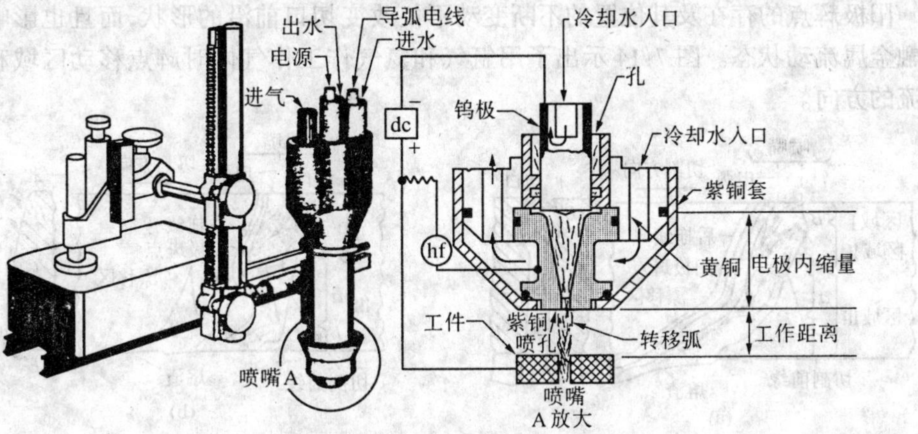

图7.12　等离子弧割炬的组成

等离子弧割炬构造不一,普通的等离子弧切割法利用铜嘴来压缩电弧以得到高温等离子弧,通过减小孔径提高等离子体温度。但孔径只可以缩小到不发生双弧从而损坏喷嘴为止。喷水型等离子弧割炬在铜嘴内部喷水,进一步压缩电弧,增加电流密度。这样可使电弧热区伸长(等离子弧更长,更窄),切口在垂直方向的偏差小于0.5°。喷水型等离子弧切割速度可更快,并且可减少切割毛刺。

在图7.12的割炬中,气体从上部围绕电极引入,到达电极室下部时会形成环绕喷嘴壁的旋流,有利于稳定和压缩等离子弧。靠近喷嘴的较低温气层能起隔电、隔热的作用,因而可防止喷嘴熔化。

等离子流是通过电子对工件的轰击以及从高温、高能气体传输能量来加热工件的。割炬中的等离子弧压缩孔使等离子弧的能量集中在工件上的一个很小区域并将它加热到熔化温度。等离子流迫使熔化材料从切口排出。

割炬切割功率取决于等离子体的强度和流速,而这两个变量又取决于气体成分、压力和喷嘴的形状、尺寸。

2.等离子弧切割过程和切口形成机理

等离子弧切割时,切口中切割进行状况和阳极辉点存在区域如图7.13所示。阳极辉点基本上处

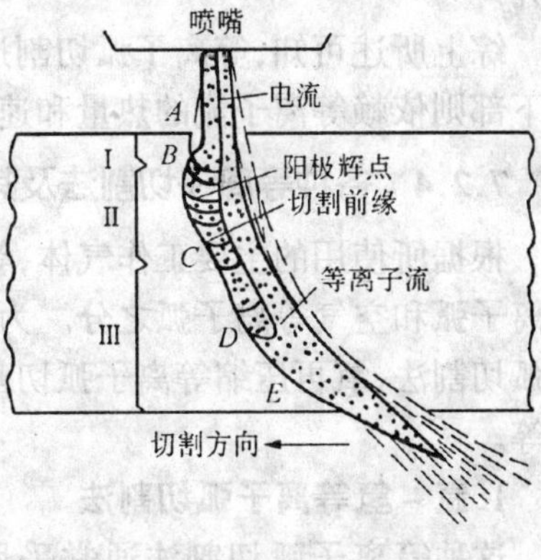

图7.13　等离子弧切割时切割进行状况

于 *BC* 段内(即区域Ⅱ中,但沿切口前缘作高速上下往返运动,其频率达数十千赫),故大部分电流通过区域Ⅱ。再加上阳极辉点产生的热量,使 *BC* 区间稍向前突出。当切割速度加快时,存在阳极辉点的区域Ⅱ的切口变窄,且辉点上移,使电弧再引燃变得容易。这表明等离子弧切割时存在自调节能力,在切割速度稍有变动时切割过程能自动适应。上面所说的是辉点的一般动态。当用氮气作工作气体时,则出现异常情况,即在包含有 *DE* 段的切割参数下,与主电弧相并列存在另一个具有特殊光亮度的阳极辉点,它在切口下部以 1s 左右的慢周期上下移动。

阳极辉点的存在及其位置的不断变动不仅改变切口前沿的形状,而且也影响切口中熔融金属流动状态。图 7.14 示出了用氩气和氮气作工作气体时辉点移动区域和熔融金属流的方向。

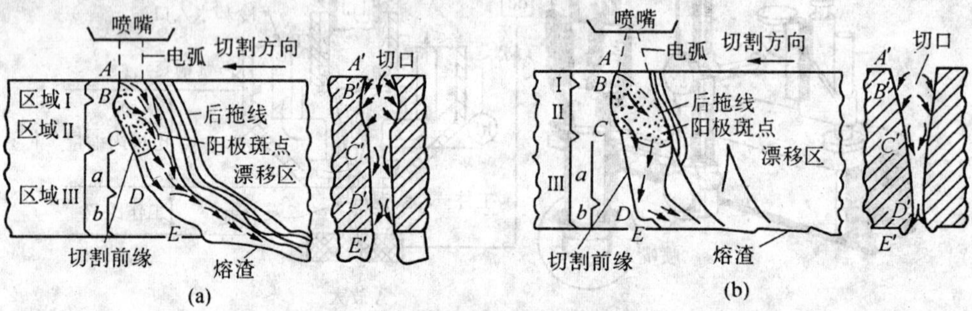

图 7.14 等离子弧切割时切口形成机理(箭头表示熔融金属流动方向)

(a)工作气体为氩气 (b)工作气体为氮气

切割进行区可分为三个区域:

(1)区域Ⅰ。主要靠弧柱热量熔化,且热输入集中于切口前沿,熔融金属向切口两侧流动加强,故使切口上缘扩宽。

(2)区域Ⅱ。靠弧柱加辉点的热量熔化,根据辉点漂移情况,金属向下流动方向略有不同。

(3)区域Ⅲ。靠等离子粒子流的热量熔化,在 *D* 点附近金属的流动方向还同辉点分布有关。用 N_2 作工作气体时,这种熔融金属流还使切口底部扩宽(见图 7.14(b)的 *D′E′* 段)。

综上所述可知,等离子弧切割过程中,切口上部主要是利用电弧和阳极辉点的热量,而下部则依赖等离子流的热量和速度来熔化金属和完成切割。

7.2.4 各种等离子切割法及其原理

根据所使用的主要工作气体,等离子电弧有氩等离子弧、氢等离子弧、氮等离子弧、氧等离子弧和空气等离子弧之分。为进一步提高电弧的能量密度,又发展了水再压缩等离子弧切割法、氧再压缩等离子弧切割法、高精度等离子弧切割法、双层气流等离子弧切割法等。

1.氩-氢等离子弧切割法

这种等离子弧切割法通常采用 Ar(体积分数 65% ~ 75%)和 H_2(体积分数 25% ~ 35%)的混合气体作工作气体。其中 Ar 易电离,可降低电弧电压,形成稳定的等离子弧,加之原子量大,等离子流的动量也大。而 H_2 的导热性好,电离粒子复合时放热量高。两者相结合能形成稳定、能量密度高、弧柱长的等离子弧,切割能力强,而且切口宽度和切割面倾斜度较小,切口光洁,是等离子弧切割法中切割质量较优的一种方法。

这种方法适用于切割各种厚度的不锈钢、铝及其合金、铜和铜合金等有色金属。使用大电流,切割不锈钢的最大厚度可达 200mm。由于氩的价格较高,主要用于切割较厚的工件。

2.氮等离子弧切割法

这种等离子弧切割法采用单一氮气为工作气体。氮的导热和携热性能较好,弧柱也较长,因此具有较好的切割能力。但切割面质量不如氩-氢等离子弧,且粘有氮化膜,尤其在切割铝时,切割面会因氮化而变色。在使用大电流和大气体流量时,电极易烧损(当电流大于 250A 时,需用嵌镶结构钨极)。不过,氮气的价格较低,单一气体在操作上也较简便。

这种方法适用于对质量要求不很高、厚度在 120mm 以下的不锈钢、铸钢和铜及其合金等的切割。因切割面较粗糙且有氮化层,故不用于切割碳素钢。

3.空气等离子弧切割法

这种等离子弧切割法是利用干燥的压缩空气作为工作气体。其切割性能介于氮等离子弧和氧等离子弧之间。因此,既可用于切割不锈钢和铝合金,也适合于切割碳素钢和低合金钢等。由于等离子弧中含有氧,切割碳素钢时,切口中氧与铁的放热反应提供附加的热量,同时生成表面张力低、流动性好的 FeO 熔渣,改善了切口中熔融金属的流动特性,因此不但切割速度快,而且切割面较光洁,切口下缘基本上不粘渣,切割面的倾斜角也小。切割不锈钢和铝合金时,氧与铝和不锈钢中的铬起反应,形成高熔点的氧化物,因此切割面比较粗糙。

按所使用工作电流大小,空气等离子弧切割一般分为大电流切割法和小电流切割法。

大电流空气等离子弧切割,工作电流在 100A 以上。采用水冷式割炬结构,因尺寸和重量较大,主要适合于装在大型切割机上使用。

小电流空气等离子弧切割,工作电流小于 100A,乃至 10A。因切割电流低,喷嘴和电极等受热大为减少,一般不需使用水冷却,而用空气冷却即可,从而使割炬结构简化、重量减轻、体积缩小,甚至可制成微型笔状割炬。图 7.15 所示为小电流空气等离子弧切割的原理图。

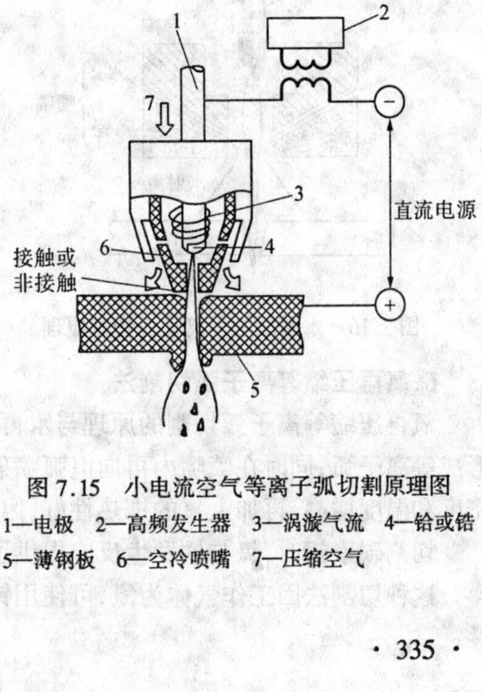

图 7.15　小电流空气等离子弧切割原理图

1—电极　2—高频发生器　3—涡漩气流　4—铪或锆
5—薄钢板　6—空冷喷嘴　7—压缩空气

4.氧等离子弧切割法

这种等离子弧切割法使用氧气作工作气体,主要是为切割碳素钢而开发的。氧的离解热高,携热性好,粒子复合时放热量大,投入切割的热量多,因此可获得较高的切割速度。在加工铁基金属时,因切割进程中铁-氧燃烧反应提供了大量的附加热量,促进切割速度进一步提高。

与空气等离子弧切割相比,采用氧等离子弧切割碳素钢时,切割速度更快,切割面更光洁,且呈金属光泽,尤其是无氮化层,切割边割后即可直接用于焊接,切口下缘不粘渣,切割变形小,精度高。

氧等离子弧切割因氧化作用强,电极损耗更快,使用寿命仅 1~2h。新型耐用电极的研制开发是目前国内外正在进行的课题之一。

与空气等离子弧切割法一样,氧等离子弧切割也分为大电流切割和小电流切割。

5.水再压缩等离子弧切割法

水再压缩等离子弧(也称水射流等离子弧)切割的原理如图 7.16 所示,由工作气体形成等离子弧,并在铜喷嘴与绝缘材料制件(如陶瓷、页腊石)之间的小孔中喷出经过处理的高压水,对等离子弧再次加以压缩。同时由于高温电弧使水迅速汽化,汽化层在等离子弧外围形成一个温度梯度很大的“套筒”,进一步加强了“热收缩效应”,从而使电弧能量密度大大提高,并形成温度极高、挺度好且流速大的等离子弧。加之部分水(约喷射水量的10%以下)离解生成的 H_2 和 O_2 对切割过程也起一定的促进作用。因此,水再压缩等离子弧具有很好的切割性能。它既可切割不锈钢和铝,又可切割碳素钢。

另外,工作气体是通过涡流环供给的涡漩气流(图 7.16),使等离子流也以涡漩方式射向工件(旋转方向可按需要通过更换涡流环来改变,使之顺时针或逆时针),因此可以获得一个切割边近于垂直面的切口,如图 7.17 所示。

水再压缩等离子弧所用的工作气体主要是氧、氮和空气。

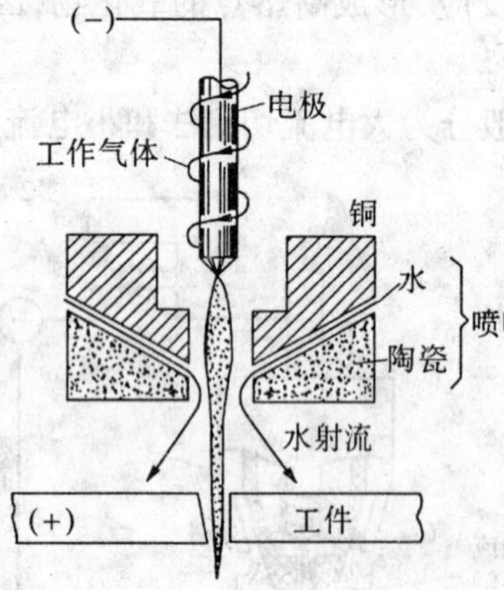

图 7.16 水再压缩等离子弧切割原理

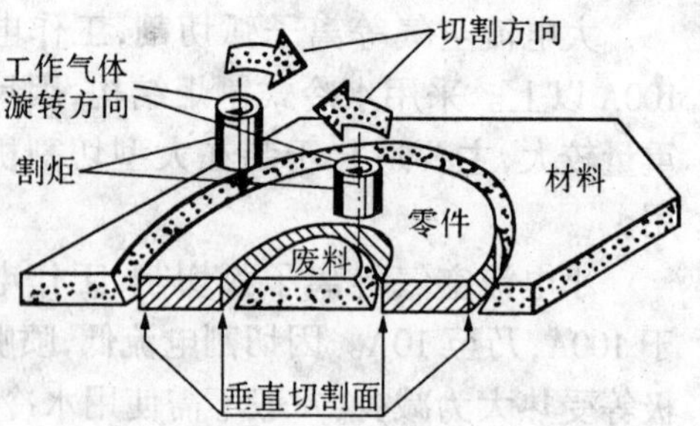

图 7.17 垂直切割面形成图解

6.氧再压缩等离子弧切割法

氧再压缩等离子弧切割的原理与水再压缩等离子弧切割法相似,即用氮作工作气体形成等离子弧,同时在喷嘴内再向电弧喷射氧气,对电弧进行再压缩,从而使弧柱的能量密度和温度增高,再加上氧的携热性好,因此大大提高了切割能力。

切割碳素钢时,氧与铁发生反应提供了附加热量,还能使切割速度进一步加快。

这种切割法因工作气体为氮,可使用钨电极,且工作寿命长。

7.高精度等离子弧切割法

高精度等离子弧切割的原理是:在特殊设计的割炬中使工作气体通过特制涡漩环加速成“龙卷风”状气流,加强对电弧的压缩作用,并缩小喷嘴孔径(通常为 ϕ0.4~1.1mm,相当于一般喷嘴孔径的 1/3),把等离子弧压缩至更细。同时引进旋转磁场,提高电弧的稳定性,并把阴极辉点控制在电极端面的固定位置上不让其摆动。另外,限制工作电压的波动在 ±1V 以下(普通等离子弧的波动范围为 ±5V)。这种稳定的、细而挺度好的等离子弧切割可获得很好的切口质量和精度,使之接近激光切割的水平。

图 7.18 示出三种高精度等离子弧割炬的工作原理图。

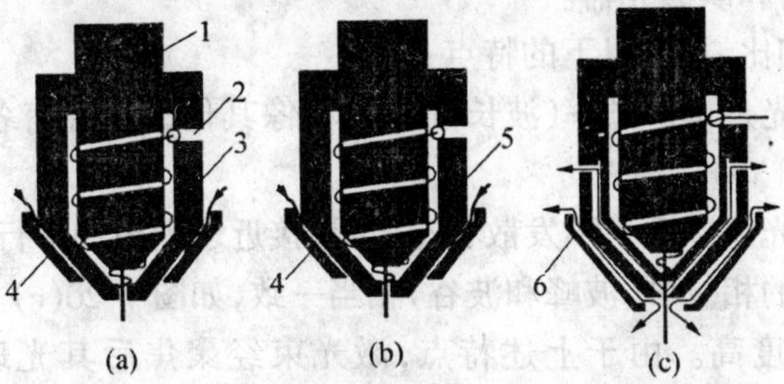

图 7.18　高精度等离子弧割炬工作原理图

(a)KoikeSupercut 型割炬　(b)Komatsu/Cybermation 型割炬

(c)Hypertherm 型割炬

1—电极　2—涡流环　3—喷嘴　4—保护罩　5—磁铁　6—绝缘保护罩

8.双层气流等离子弧切割法

双层气流等离子弧切割的原理如图 7.19 所示,是在等离子弧喷嘴的外围附加流量较大的辅助气体进行切割的方法。外围气流对等离子弧起一定程度的再压缩作用,有助于提高电弧能量密度和排渣能力。

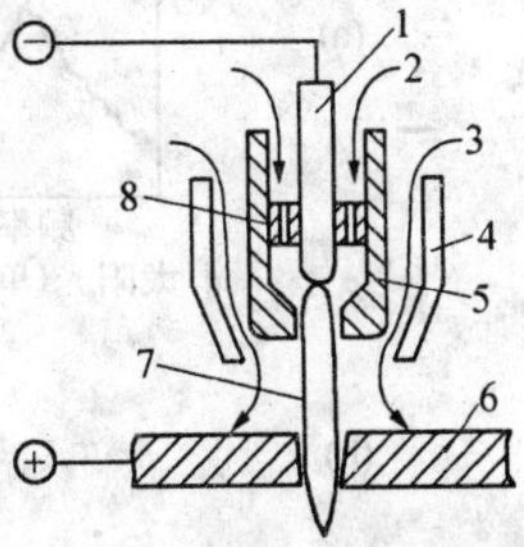

图 7.19　双层气流等离子弧切割原理

1—电极　2—工作气体

3—辅助气体　4—保护罩

5—冷却型喷嘴　6—工件

7—等离子弧　8—对中环

采用双层气流切割的主要目的是利用活性的辅助气体以提高碳素钢的切口质量和速度。工作气体通常采用氮气(能产生较长的等离子弧,保护电极不受氧化烧损,且气体价格较廉),而辅助气体(不与电极相接触)则选用氧气、空气或 CO_2 等。

使用氧气或空气作辅助气体,因氧与铁的化学反应,切口比较整洁,下缘的熔渣易清除,切割速度较快。如功率 100kW 双层气流(辅助气体为氧气)等离子弧可切割厚 100mm 钢板,切割速度为 153mm/min。

使用 CO_2,尤其是瓶装 CO_2 气作辅助气体,因气体的温度较低,既能冷却喷嘴,又能提高对等离子弧的“热收缩效应”。切割厚度 25mm 以下碳素钢,切口窄,切割面垂直度较好,而且粘渣也少。

双层气流等离子弧切割还具有不易产生“双弧”、提高喷嘴寿命的优点。

7.3 激光切割原理

7.3.1 激光及其特点

激光是利用原子受激辐射原理在激光器中使工作物质受激励而获得光放大后射出的光。现在,加工用的激光器主要是 CO_2 气体激光器和钇铝石榴石(YAG)激光器,已开发出的有受激二聚物激光器和碘激光器。

激光与其他的光相比,具有以下的特点:

(1)单色性好。激光是单一频率(波长)的光,不像其他的光混有各种频率的光,如图7.20(a)。

(2)定向性好。激光能以几乎不发散状态传播,接近于理想的平行光,如图7.20(b)。

(3)相干性好。光的相位(即波峰和波谷)相当一致,如图7.20(c)。

(4)功率密度和亮度高。由于上述特点,激光束经聚焦后其光斑直径最小能达到0.01mm,相应的功率密度可达 $0.10 \sim 10^3 MW/cm^2$,比一般的切割热源高几个数量级。而且激光的亮度比太阳光高几百倍,如图7.20(d)。

因此,激光是一种理想的切割热源。

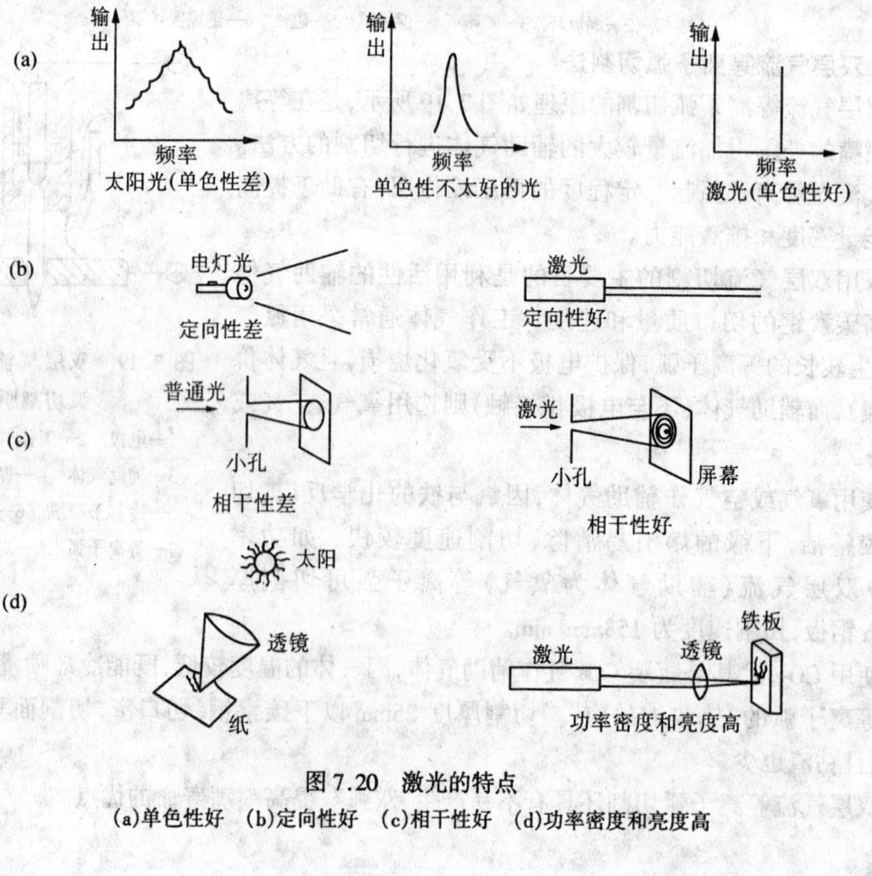

图7.20 激光的特点

(a)单色性好 (b)定向性好 (c)相干性好 (d)功率密度和亮度高

7.3.2 激光切割的基本原理和特点

1.激光切割的原理

激光切割是利用经聚焦的高功率密度激光束照射工件,使被照射处的材料迅速熔化、汽化、烧蚀或达到燃点,同时借助与光束同轴的高速气流吹除熔融物质,从而实现割开工件的一种热切割方法。

根据工件的热物理特性和辅助气体的性状,激光切割主要有以下几种类型:

(1)激光熔化切割。利用激光加热工件使之熔化,同时借助非氧化性辅助气体排除熔融物质,形成割缝。大多数金属材料的切割属熔化切割。

(2)激光汽化切割。当高功率密度的激光照射到工件表面时,材料在极短的时间内被加热到气化点,并以气体或者被气体冲击以液态、固态微粒形态逸出,形成割缝。大部分有机材料和陶瓷的切割主要是汽化切割。

(3)激光燃烧切割。利用激光热能将工件加热至其燃点,利用活性辅助气体(氧气、空气)使材料燃烧,并排除燃烧产物,形成割缝,类似氧气切割过程。钢和钛等金属的激光切割属这种类型,其特点是切割速度相当高。

(4)激光烧蚀。利用激光斑点的高温和光化学作用,在脆性材料上烧刻小槽,然后施加一定的外力使材料沿槽口断开。

2.激光切割的特点

激光切割与其他热切割方法相比具有一系列特点:

(1)既能切割金属又能切割各种非金属材料,包括木板、布匹、纸板等。

(2)可实现高速切割,特别是薄板,切割速度可达每分钟数米至十数米。

(3)切割质量好。由于激光的光斑小,能量密度高,切割速度又快,故能获得良好的切割质量。

(4)能进行多工位操作,1 台激光器通过光缆可供几个工作台切割。

(5)利用机器人可切割三维零件。

(6)切割时割炬等与工件无接触,没有工具的磨耗问题,易于实现无人化自动切割,提高切割生产率。

(7)噪声和振动小,对环境基本无污染。

目前,由于受到激光器功率和设备体积的限制,只能切割中、小厚度的材料,且随着工件厚度增大,切割速度明显降低。

3.材料的激光切割性

从原理上讲,利用激光能够切割各种金属和非金属材料。但在实用上,材料的激光切割性同其热物理性能和对激光的吸收率有很大的关系。一般来说:

(1)对激光的吸收率低的材料通常不易用激光切割。对于切割常用的 YAG 固体激光和 CO_2 气体激光的波长,铜、铝等金属的吸收率很低。过去因激光的输出功率小,曾发现很难切割。这些金属一经受热熔化,其对激光的吸收率就迅速增加,故现在用大功率、高能量密度的激光已能进行切割。

金、银等金属对激光的反射率比铜和铝还要高,因此难以用激光切割。

(2)对蒸发(汽化)或熔化温度低、热导率小的材料易进行激光切割。

(3)热膨胀率大而热导率低的材料，主要是陶瓷等非金属材料在激光切割过程中易产生裂纹。

(4)表面经特别抛光的材料，因其对激光的反射率很高，故很难用激光切割。

表7.1给出各种材料的 CO_2 激光切割性。

表7.1　各种材料的 CO_2 激光切割性

材料及其特性				切割性能
金属	对激光的吸收率极低	——	Au, Ag, Cu, Al	一般难以切割，用大功率激光，铝、铜可以切割
	对激光的吸收率高	高熔点材料	W, Mo, Cr, Ta, Zr, Ti	薄板可以用低速进行切割
		其他材料	Fe系和Ni、Pb、Sn等	较易切割
非金属	有机材料	透射白炽光材料	丙酰基材料，聚乙烯，聚丙烯，聚四氟乙烯聚酯材料	通常可用小功率激光器切割，但因其可燃，切割面易炭化，其中丙酰基、聚酯材料不易被炭化
		不透射白炽光材料	皮革，木材，布，橡胶，纸，绝缘胶木，纤维增强塑料(玻璃钢)	
	无机材料	热膨胀大 热膨胀小	玻璃，玻璃纤维陶瓷，石英玻璃，石棉，云母，磁器	玻璃、陶瓷、磁器等在切割过程中或切割后易产生裂纹，石英玻璃厚2mm以下切割性良好

7.3.3　激光切割的机理

1. CO_2 连续激光切割钢材的机理

研究表明，氧化反应热在激光切割中起着重要作用。为提高切割能力和质量，一般采用 O_2 作辅助气体对碳素钢进行激光切割。切割速度较低时，激光切割过程同氧气切割一样，以氧化反应热为主。随着切割速度的增加，熔渣流向后方，减少了其对切口前沿的加热作用，激光束至切口前沿的距离也减小，激光切割则以激光束的能量为主，使切口前沿达到一定的温度并维持切割过程。

借助高速摄影观察切割过程，当切口前沿的上表面受激光照射达到铁-氧反应温度时，氧化反应即从其中的一点开始，并迅速向周围扩展，形成一个类似球瓣状的反应区(图7.21(a)标有碎点部分)，在球瓣的下端处存在一颈缩部。此颈缩部向下，氧化反应继续往下进行。随着熔渣被辅助气体排除和激光束向前行进，就扩展成图7.21(b)所示的形状。上述过程不断重复，就形成切口并将工件割开。在正常切割情况下，切口宽度取决于聚焦后光斑的直径。用聚焦后能量集中度高的激光束切割可获得较窄的切口宽度。

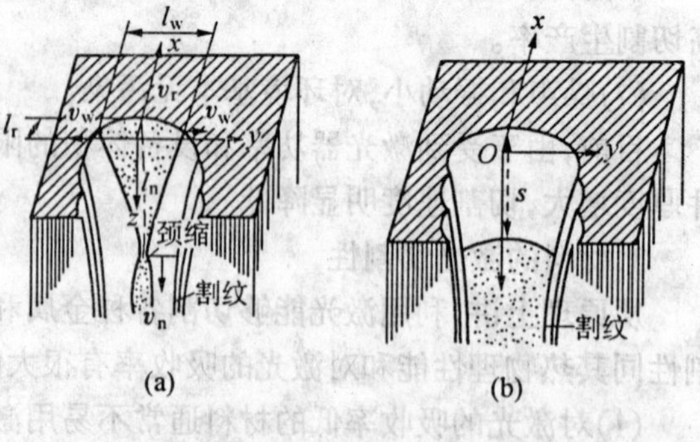

图7.21　激光切割碳素钢时的切口形成机理示意图

图 7.22 为沿切割方向的氧化反应进展速度 v_r、向切口两侧的氧化反应进展速度 v_w 和沿板厚向下的氧化反应进展速度 v_n 随切割速度改变而变化的情况。由图 7.22(b)可见，切割速度低于 200 cm/min 时，向前的反应进展速度 v_r 为一定值，且大于切割速度 v。而且 v_w 和 v_n 更大大高于切割速度。这是由于在低速切割时，切割过程以铁 - 氧反应热为主。在这种场合，由于切割速度跟不上氧化反应速度，过剩的反应热就使切口发生过度熔化，从而形成较宽的、不整齐的切口。这一出现切口质量恶化时的最低切割速度即为良质激光切割的速度下限。

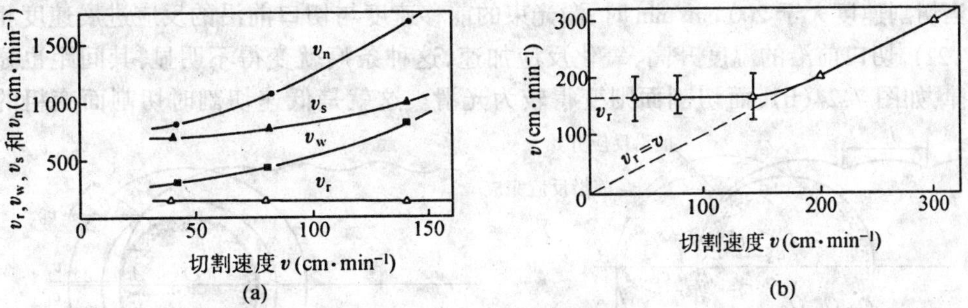

图 7.22　激光切割低碳钢时反应区的反应进展速度与切割速度的关系

（板厚 1.2mm；激光功率 200W；氧气压力 0.127MPa）

随着切割速度的加快，光束的照射点向切口前沿靠近，使前沿处的温度升高，氧化反应速度随之加快，如图 7.22(b)的斜实线。当切割速度大于 200 cm/min 时，切口前沿的向前反应速度与切割速度相同（即图 7.22(b)中的虚线与实线合二为一）。但切割速度继续增加时，在板厚一定的条件下，因向下的反应速度跟不上切割速度，而投入板厚下部的激光能量也不足，切口中就出现后拖线、切割面变粗等现象，从而限定了良质激光切割的上限速度。

顺便指出，这一良质切割速度的上限还取决于氧气的压力。当氧气压力≥0.1MPa 时，此上限临界速度值与氧气压力成比例增大。而氧气压力低于 0.1MPa 时，因氧射流的动量小，在板厚的下部出现不整齐的切口，使上限临界速度降低。

切割面上割纹的形成过程如图 7.23所示。设切口前沿的氧化反应开始于工件上表面的 S 点，反应完成点为 F。在切割速度低于(150 ~ 200)cm/min 时，如图 7.24 所示，随着切割的向前进行，相应于 E_S 的光束圆，即圆 O_S 与反应区前缘 CAD 相切，因受到激光束的加热，前缘处就开始氧化反应。在切

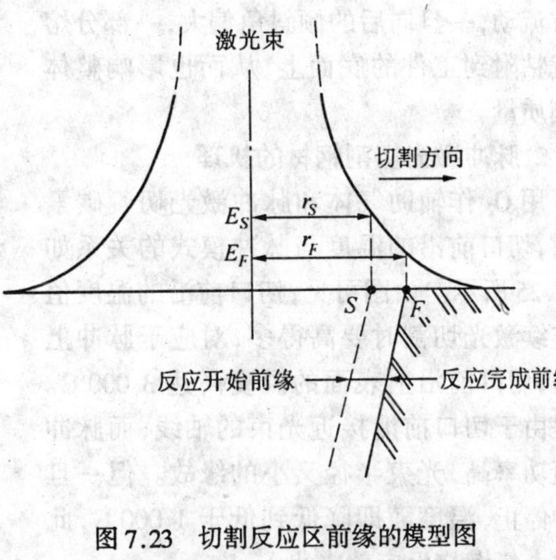

图 7.23　切割反应区前缘的模型图

r_S—氧化反应起始点 S 至激光束轴线的距离

r_F—氧化反应起始点 F 至激光束轴线的距离

E_S, E_F—对应于 S 点和 F 点的激光束能量密度

割速度较低的场合，反应速度 v_r 大于切割速度 v（图 7.22），因此在燃烧热的作用下氧化反应向周围扩展，并形成相当于激光束能量密度 E_F 的光束圆 O_F。于是就使切口前沿的半月形区域 *CADB* 熔化，而熔化产物为辅助气体所排除。由于切割速度赶不上反应速度，氧化反应便暂时中止。待激光束前移到新的位置（即图中的 O'_S 圆），B 点处就重新开始氧化反应，并重复发生上述过程。切割进程就是在这种周期性过程中持续进行的。每一次氧化反应暂停时，在切割面上就留下一条条痕，即是割纹。在正常的情况下，割纹的间距 l_p 是相同的。由于这种割纹的出现，使切割面变粗。

当切割速度大于 200 cm/min 时，激光束的前移速度与切口前沿的反应进展速度相同（图 7.22），切口前沿的温度升高，氧化反应加速，这种条痕就变得不明显，其间距也显得无规律，如图 7.24(b)，而切割面则变得较为光滑。这就是低速切割时切割面变粗的原

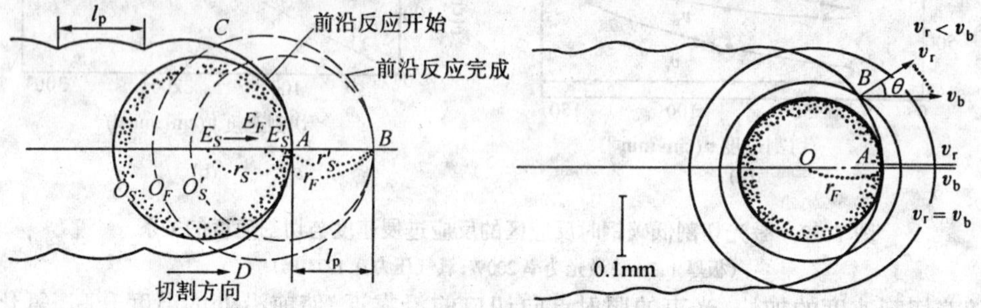

图 7.24　割纹形成机理示意图

(a)低速切割时割纹的形成　(b)高速连续切割时的状况

因，也表明激光切割碳素钢时宜尽可能采用较高的速度以获得光滑的切割面。但当切割速度过快时，熔渣流呈喷射状向切割方向的后方流动，一旦向后的倾斜角偏大，一部分熔渣就粘附到工件的底面上，从而也影响整体切割质量。

2.脉冲激光切割钢材的机理

用 O_2 作辅助气体和脉冲激光切割碳素钢时，切口前沿的温度与脉冲模式的关系如图 7.25 所示。由图可见，切口前沿的温度值比连续激光切割时要高得多，对应于脉冲上升边，切口前沿上表面的温度高达 3 000℃。这是由于切口前沿接近光束的轴线，而脉冲峰值功率高，光束半径又小的缘故。但一旦脉冲停止，温度随即降低到低于 1 000℃，此时铁－氧燃烧反应就中止。

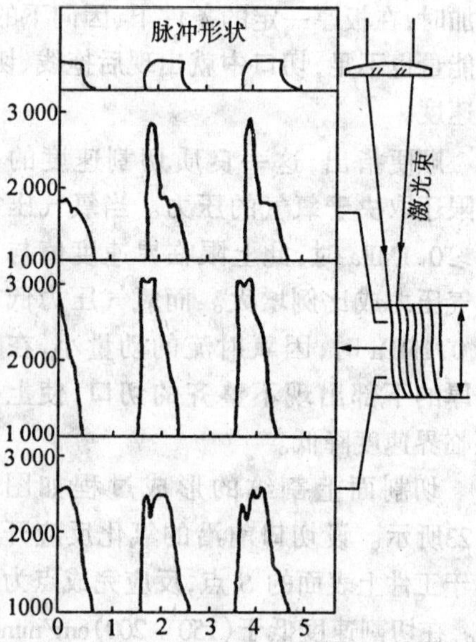

图 7.25　脉冲激光切割碳素钢（$t = 2$mm）时切口前沿的温度

由于切割反应区迅速被加热到约 3 000℃的高温，切口中氧化反应产生的熔渣

又很快被辅助气体所排除，而脉冲一停止，切口即冷却到较低的温度，因此向周围的热传导极小，故脉冲激光切割的热影响区和热变形比连续激光切割更小。

对难以用连续激光切割的材料，如激光反射率高的金属，利用 Q－开关 CO_2 激光和峰值功率高的 YAG 激光分别脉冲切割铝和不锈钢已获得了光洁优良的切割面。加之热影响区和热变形很小，故脉冲切割是实现细微且高精度切割的有效方法。

不过，脉冲切割的高温会引起切口前沿的材料发生汽化，而材料汽化时需吸收大量的热（汽化潜热），故其切割速度大大低于连续激光切割。

7.4 水射流切割法

7.4.1 水射流切割的原理和特点

1.水射流切割的原理

水射流切割是利用压力数十至数百兆帕的高压水通过特殊设计的、孔径很小的喷嘴以数百米每秒（通常为 2～3 倍音速）的高速度喷出，即借助这种高速水射流的动能的冲击作用分割工件的一种加工方法。由于所用的水压力很高，故也称超高压水射流切割法。

水射流切割法按所用的工作介质分为纯水射流（即纯水型）切割和在水中加入各种磨料的加磨料水射流（即加磨料型）切割两种基本类型，如图 7.26 所示。正在研究的还有一种空泡（流体中因压力局部降低，液体内形成气相的现象称为空泡）型水射流。利用空泡对材料的侵蚀作用以提高纯水型切割能力，目前尚未达到实用阶段。

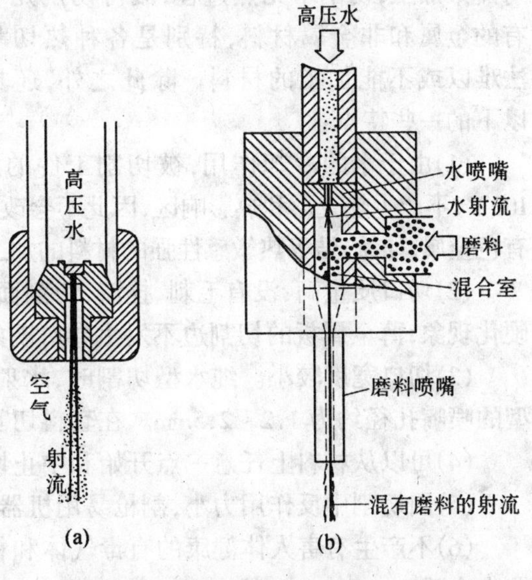

图 7.26　水射流切割法的两种类型

(a)纯水型　(b)加磨料型

纯水型因仅利用洁净水增压后从喷嘴喷出的高速水射流进行切割，加工能力低，但设备简单，消耗品少，操作成本低，所用水压在 20～400MPa 之间。

加磨料型因水中混有磨料，大大增强了水射流的冲击作用，故切割能力比纯水型大为提高，但设备较复杂，操作成本高。加磨料型按混入磨料的方式和水压又分为高压加磨料水射流切割和低压加磨料水射流切割两种。后者是近年才开发的一种新技术，因具有很多优点，是很有发展前途的切割方法。

(1)高压加磨料水射流切割的原理

高压加磨料型水射流切割的原理如图 7.26(b)所示，高压水和磨料分别用管道输送至割枪，在割枪的混合室内混合后，随高压水从磨料喷嘴喷出，也称挟带式水射流。切割所用的水压力通常在100~400MPa之间,但近年也有使用水压力低于100MPa的。由于水压力很高,水从高压泵至割枪须用刚性的管子输送(柔性管仅在短时间内能承受250MPa压力),因此切割工作只能在高压泵装置附近进行,亦即大多数高压加磨料型切割装置是固定式的。另外,切割性能还受混合室结构的影响。

(2)低压加磨料水射流切割的原理

低压加磨料型水切割的原理如图7.27所示。水和磨料预先在加压储罐内进行混合,然后把混合好的、带磨料的液浆用管子直接送至割枪的喷嘴喷出进行切割,也称直接注入式水射流切割。所使用的压力较低,通常在20~100MPa之间。由于压力相对较低,液浆可使用柔性管子输送到割枪,故割枪能远离高压泵装置,一般可在300~350m范围内实施切割,甚至能用于离高压泵500m处乃至水下切割。

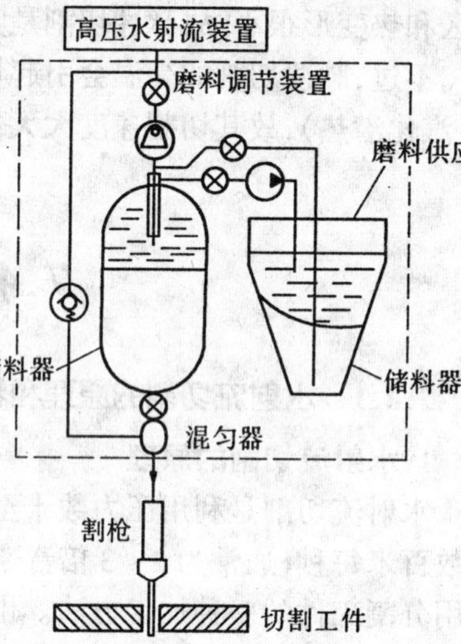

图7.27 低压加磨料型水切割原理图

2.水射流切割的特点

水射流切割的最大特点是非热源的高能量射流束加工,切割中无热过程,故可切割几乎所有的金属和非金属材料,特别是各种热切割方法难以或不能加工的材料。除此之外,还具有以下的一些特点:

(1)由于水的冷却作用,被切割工件的温升很小,切口中(包括切割面)的温度低于100℃,不产生热变形和热影响区,因此不会改变被切割材料的材质和性能。这对于合金钢、有色金属,如钛、锆等热敏感性强的材料的加工尤为合适,可直接制备金相检验用的试件。

(2)切口质量高,没有毛刺、挂渣,切割面垂直、平整、光洁度好,而且也无撕裂或应变硬化现象,薄金属板的切割边不发生卷口现象。

(3)切口宽度较小。纯水型切割时,水射流的直径通常在0.1~0.5mm之间,加磨料型的喷嘴孔径约为1.2~2.5mm。在套料切割的场合有利于提高材料利用率。

(4)可以从材料上任意一点开始和中止切割,而且在零件内部开孔也较容易。

(5)因切割中反作用力小,割枪易用机器人操纵,故能切割三维曲形工件。

(6)不产生有害人体健康的有毒气体和粉尘等,对石棉、毛织物和各种纤维合成材料尤为合适。

(7)在那些严禁明火作业的场合,如海洋石油钻井和采油平台,炼油厂,大型油、气储罐区以及油气输送管道等场合可安全使用。

水射流切割的缺点主要有:设备成本比其他切割方法高,在切割硬质材料时切割速度较低,切割精度与机械加工相比稍差,在某些场合需对废水进行处理,加磨料型的操作成本高。

就切割金属材料而言,水射流切割与等离子弧切割相比,虽然加工速度较慢,但切割工件的材质不受限制,切割面不发生热变质,也无热变形,切割精度差异不大;与激光切割相比，加工精度较差，但具有能切割厚板、对切割面材质无热影响等优点；与线电极电火花切割相比，加工精度差，但加工速度快，且能加工各种材料。

另外，水射流切割设备的投资高于热切割法。在使用加磨料型切割时，虽然磨料价格较高，但若计及所切割零件的附加值，从总的加工费用来比较，在某些场合，并不是一个大的问题。

综上所述，水射流切割法既具有独特的优点，也具有一些不足之处，应针对被切割材料的材质以及质量和精度要求，综合考虑技术经济因素后慎重地加以选用。在目前，一般适于用其他方法不合适、难以或不能加工的材料，尤其是特种复合或合成材料的切割。

7.4.2 水射流切割的机理

1.纯水射流切割

在空气中喷出的高速水射流的构造如图 7.28 所示。喷嘴出口区附近具有不含空气的中心水流，随着离喷嘴端部的距离的加大，水射流逐渐扩展，并在外围区与空气相混合。

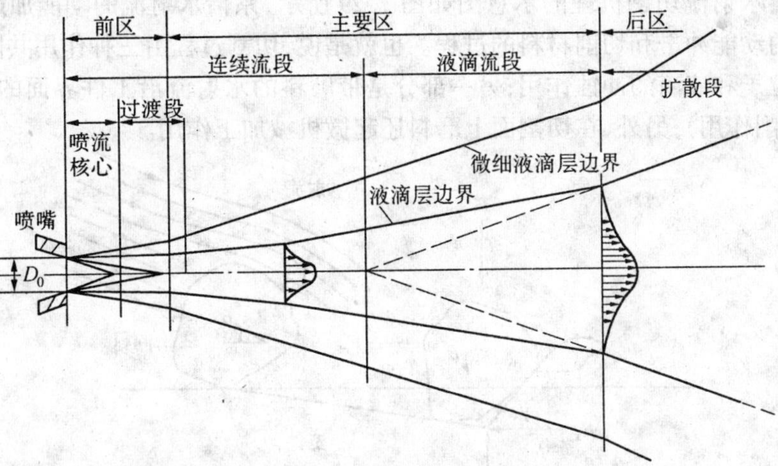

图 7.28 空气中高速水射流的构造简图

水射流中的压力在喷嘴出口附近分布比较陡，且峰值大。随着离喷嘴端部距离的增加，压力分布渐趋平缓。当喷出水压大于 196MPa 时，射流的速度超过音速。这种水射流对材料有以下的作用：

(1)动压作用；

(2)因空泡引起的浸蚀作用(空蚀作用)；

(3)因水滴的非固定撞击所引起的水冲击作用。

简单地说，纯水射流切割就是借高速流体动能的上述作用破坏材料分子间的结合，并将切口中材料除去的过程。

如把这种切割现象模型化，则切割深度(H_t)表示为

$$\frac{H_t}{d_n}=\left(1-\frac{\sigma_Y}{\rho v^2}\right)\left(\frac{\rho v}{\eta}\right)\left(\frac{v}{u}\right)+\frac{M}{1+g\,\dfrac{v_c}{c_1}} \tag{7.4}$$

式中　H_t——切割深度；

d_n——喷嘴孔径；

σ_y——材料的压缩屈服应力；

ρ——液体的密度；

v——射流的流速；

η——衰减系数；

u——喷嘴移动速度(相当于切割速度)；

M——马赫数；

g——被切割材料的密度；

v_c——极限切割速度；

c_l——液体中冲击波传播速度。

2.加磨料水射流切割

加磨料水射流切割机理的示意图如图7.29所示，系借水射流的动能加速磨料，利用磨料和水的动能冲击和切削材料的过程。也就是说，切割过程由三种作用共同完成，一部分是固体粒子和液滴的冲蚀作用；另一部分是带磨料的水射流沿工件界面的剪切破断作用(亦即切削作用)；另外，在切割面上磨料还起微机械加工作用。

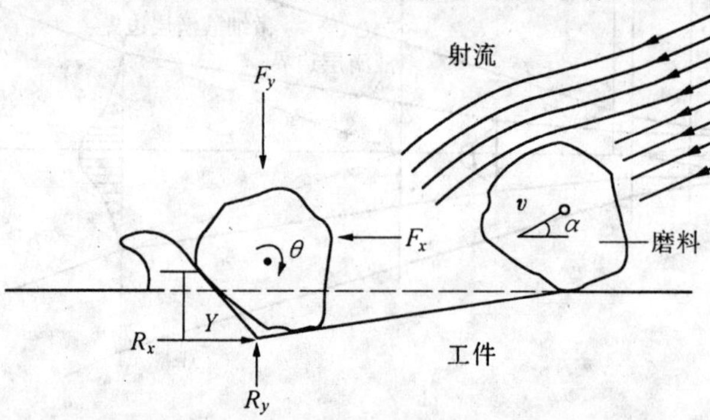

图7.29　加磨料水射流切割机理的示意图

据此机理，如把这种切割现象模型化，则其切割深度可表示为

$$H_a = \frac{mp}{d_j u(1+R)^2}\left[\frac{C}{4\sigma} + \frac{(1-C)}{\pi E}\right] \tag{7.5}$$

式中　H_a——加磨料型的切割深度；

m——磨料供给量；

p——喷出压力；

d_j——射流直径；

u——喷嘴移动速度；

R——磨料量相对水流量之比；

C——射流中产生切削磨耗部分的比例；

σ——被切割材料的流动应力沿切割面上切割方向的分量；

E——由形变磨耗除去单位质量材料所需的能量。

由于这些切割模型比较简化，据此尚不能确切掌握切割面的质量，故在实用上需通过切割试验来加以确定。

7.5 其他切割方法原理

7.5.1 氧－熔剂切割法

氧－熔剂切割是在普通氧气切割过程中同时向切割区加入熔剂（铁粉、铝粉、矿石粉末等），利用它们的燃烧、造渣或冲刷作用实现切割的一种特殊切割法。

根据切割对象和熔剂在切割过程中的作用，氧－熔剂切割可细分为下列三种。

（1）氧－金属粉末气割。这种方法是利用送入切割反应区的金属粉末在氧中燃烧的附加热量及所生成的低熔点氧化物的稀释熔渣作用，改善切口中熔渣的流动性，使之易被切割氧流所排除，从而使切割氧不断与被切割金属反应以实现切割。

（2）氧－金属粉末熔化切割。这种方法是利用送入切割区的金属粉末在氧中燃烧的热量补充预热火焰的加热作用将被切割材料熔化，并借燃烧生成的低熔点氧化物的稀释熔渣作用使之能被切割氧流排除以实现切割。

（3）氧－矿石粉末气割。这种方法通过向切割反应区送进矿石粉末（如石英砂等），利用矿石粉末的冲刷作用结合切割氧流的动量排除高熔点熔渣，使切割氧能不断与被切割金属反应，从而实现切割。

氧－金属粉末气割和氧－矿石粉末气割适用于铬和铬镍不锈钢、铸铁和铜及其合金等某些有色金属的切割。利用熔剂产生的高热量、低熔点氧化物或冲刷作用消除气割时形成的高熔点氧化铬、氧化铝等薄膜，使切割氧不断与被切割材料产生燃烧反应。

7.5.2 氧矛穿孔和切割

氧矛穿孔也称火焰穿孔。其原理是，将工件的待穿孔部位用预热火焰局部加热到燃点或熔点，然后把内通氧气的管子（称为氧矛）顶在该部位，利用金属在氧中燃烧所产生的热量使工件燃烧或熔化并利用氧流的动量排除熔渣而形成贯穿的孔。将一个个穿孔连成一条切口就可把工件割开。

当工件为非金属材料（如混凝土、岩石等）时，穿孔是熔化切割过程，而对金属材料则主要是燃烧切割过程。

7.5.3 火焰气刨

火焰气刨（也称表面气割），是利用气割原理在金属表面加工槽道的一种方法。借预热火焰把工件表面加热到其燃点，然后送进切割氧使金属燃烧，所生成的熔渣被切割氧流推向前方，预热前沿金属，并随后为切割氧流所吹除，从而形成所需的槽道。通常槽道的深宽比为 1:1～3。这种工艺主要适用于碳素钢和低合金钢，但也可用于不锈钢和有色金属。在切割氧流中加入铁粉等熔剂，进行类似氧－熔剂切割，即所谓氧－熔剂火焰气刨法。

7.5.4 火焰表面清理

火焰表面清理是利用火焰气刨原理清除锭坯表面缺陷的一种特殊气刨方法。其刨削宽度比火焰气刨宽得多。这种工艺主要用于清理钢坯、板坯表面的伤痕、裂纹、非金属夹杂和脱碳层等缺陷。

在清理高合金钢缺陷的场合,则采用在氧流中加入铁粉等熔剂的粉末火焰清理法。

火焰表面清理按工件的温度分为热表面清理(钢坯温度在 900~1 150℃之间)、温表面清理(钢坯温度在 500~700℃之间)和冷表面清理;按工作地点分为在轧制生产线上清理和非轧制生产线上清理;而按操作方式则分为手工火焰清理和自动火焰清理。

7.5.5 碳弧气刨和切割

碳弧气刨和切割是利用碳电极(即碳棒)和金属工件之间产生的电弧热迅速将工件局部加热到熔融状态,同时借压缩空气流的动量把熔融金属吹除,从而实现刨削或切断金属的一种工艺方法。

7.5.6 金属极电弧切割和刨槽法

金属极电弧切割和刨槽是利用金属电极与工件间的电弧热局部熔化工件并利用气流的动量排除熔渣进行切割或刨槽的加工方法。现用的金属极电弧切割和刨槽法主要有:

1.电弧-氧切割法

电弧-氧切割是兼用电弧热和氧化反应热的切割方法,使用外涂药皮的空心割条,内通氧气。电弧起预热火焰的作用,从割条内芯喷出的氧流使金属燃烧并起排除熔渣的作用,从而实现金属的切割。

这种切割法可切割碳素钢,但主要是为切割不锈钢等有色金属开发的。在切割有色金属的场合,割条的熔融金属还起氧-熔剂切割中熔剂的作用。

2.金属刨割条电弧刨槽和切割法

金属刨割条电弧刨槽和切割是利用涂有特种涂药的刨割条(外貌如手工焊条)与工件间产生的电弧热局部熔化工件并借药皮在高温下产生的喷射气流吹除熔融金属进行刨割的方法。

这种刨割法不需要特殊的附加设备,用普通的交流或直流手弧焊机和焊钳即可工作,相当简便。

3.熔化极电弧切割和刨槽法

熔化极电弧切割是利用连续进给的金属丝极与工件间产生的电弧热(和/或部分氧化燃烧热)局部熔化工件,同时借从喷嘴喷出的气流(或水流)的动量排除熔融金属的切割或刨槽方法。现用的熔化极切割方法有以下三种:

(1)惰性气体熔化极电弧切割法(简称 MIG 切割法);

(2)喷水式熔化极电弧切割法;

(3)压缩空气熔化极电弧切割和刨槽法(也称 E 法)。

7.5.7 电弧锯切割法

电弧锯切割是利用带电的移动电极与被切割工件之间产生电弧放电使金属熔化,同时由移动电极将熔融金属除去的一种放电切割法。

通常，被切割金属接电源的正极，电极接负极。电极的形状主要有旋转圆盘电极和作直线运动的带状电极，也有棒状的。切割过程中一般用水溶性加工液冷却电极。

本章小节

切割是重要的材料加工程序之一。适用于各种材料的切割方法很多，其中氧气切割、等离子弧切割、激光切割和水射流切割法是现代工业生产中普遍应用的几种切割方法，本章重点介绍了这几种切割方法的原理和相关的理论。

氧气切割是金属在高纯度氧中燃烧的化学过程和借助切割氧流动量排除熔渣的物理过程相结合的一种加工方法。整个切割过程分为互有关联的4个阶段。从微观上对氧气切割过程进行了描述，介绍了三种关于钢材氧气切割的理论：以熔融钢中铁的扩散过程为基础的Hofe理论、以切割氧流中氧的扩散过程为基础的Wells理论和从切口前缘钢材温度场分布提出的理论；归纳出提高切割速度和质量的主要途径；阐述了预热火焰在氧气切割中的主要功能。提出金属氧气切割的必要条件，包括金属能同氧发生剧烈的燃烧反应并放出足够的反应热；金属的燃点低于它的熔点；燃烧生成的金属氧化物熔点低于该金属的熔点；金属的热导率不能太高等。

等离子弧切割是利用高温等离子电弧的热量使工件切口处的金属局部熔化（和蒸发），并借助高速等离子的动量排除熔融金属以形成切口的一种加工方法。与利用铁－氧燃烧反应化学过程的氧气切割法不同，它是利用物理过程的熔割法。切割用等离子弧主要有非转移型等离子电弧和转移型等离于电弧。根据所使用的主要工作气体，等离子电弧又有氩等离子弧、氢等离子弧、氮等离子弧、氧等离子弧和空气等离子弧之分。为进一步提高电弧的能量密度，又发展了水再压缩等离子弧切割法、氧再压缩等离子弧切割法、高精度等离子弧切割法、双层气流等离子弧切割法等。本章分别介绍了上述各种切割方法的原理。

激光切割是利用经聚焦的高功率密度激光束照射工件，使被照射处的材料迅速熔化、汽化、烧蚀或达到燃点，同时借助与光束同轴的高速气流吹除熔融物质，从而实现割开工件的一种热切割方法。从原理上讲，利用激光能够切割各种金属和非金属材料。但在实用上，材料的激光切割性同其热物理性能和对激光的吸收率有很大的关系。因此，本章介绍了材料的激光切割性。切割速度较低时，激光切割以氧化反应热为主；随着切割速度的增加，激光切割则逐渐转化为以激光束的能量为主。

水射流切割是压力数十至数百兆帕的高压水通过特殊设计的、孔径很小的喷嘴以数百米每秒（通常为2~3倍音速）的高速度喷出，借助这种高速水射流的动能的冲击作用分割工件的一种加工方法。水射流切割法按所用的工作介质分为纯水射流（即纯水型）切割和在水中加入各种磨料的加磨料水射流（即加磨料型）切割两种基本类型。由于纯水型加工能力低，应用较少，本章重点介绍了高压加磨料型和低压加磨料型水射流切割方法的原理。本章还介绍了纯水型和加磨料型水射流切割的机理。

本章还介绍了氧－熔剂切割法、氧矛穿孔和切割、火焰气刨等其他切割方法的原理。

复习思考题

1.简述金属氧气切割的原理。

2.氧气切割包括哪几个互为关联的阶段?

3.用钢材氧气切割的机理分析提高切割速度的主要途径。

4.简述预热火焰在氧气切割中的作用。

5.金属氧气切割的必要条件是什么?

6.简述等离子弧切割的原理。

7.试述等离子弧形成过程中,电弧受到的压缩作用。

8.与空气等离子弧切割相比,氧等离子弧切割有哪些优缺点?

9.简述水再压缩等离子弧切割法的原理。

10.激光切割有哪几种主要类型?

11.试述材料的激光切割性。

12.浅析激光切割过程中切割速度与能量的关系。

13.简述水射流切割方法的原理。

14.简述纯水射流切割过程中水射流对材料的作用。

15.试述加磨料水射流切割的机理。

参考文献

1 梁桂芳主编.切割技术手册.北京:机械工业出版社,1999

2 机械工程手册电机工程手册编辑委员会编.机械工程手册:机械制造工艺及设备卷(一).北京:机械工业出版社,1996

3 美国金属学会主编.金属手册.第九版.第六卷:焊接·硬钎焊·软钎焊.北京:机械工业出版社,1994

4 赵家瑞编著.逆变焊接与切割电源.北京:机械工业出版社,1995

5 孙大涌主编.先进制造技术.北京:机械工业出版社,2000

6 梁桂芳.高速氧气切割法.北京:机械工业出版社,1975

7 中菜悦男.プラズマ切断(第1回).溶接技術,1988,36(5):148~154

8 Irving B. High-Tolerance Plasma Arc Cutting Corvesoutsome Nichesin Industry. Welding Journal, 1992,71(10):33~37

9 俞尚知主编.焊接工艺人员手册.上海:上海科学技术出版社,1991

10 Miyamoto I, Maruo H. The Mechanismof Laser Cutting. Welding in the World, 1991, 29(9/10):283~294

11 杨振林.水射流切割工艺及应用.焊接研究与生产,1993(1),5~6,10

12 Bolt Andersen C. Abrasive Water Jet Cutting at Low Water Pressure. Welding in the World. 1992,30(11/12):312~315

第八章　材料加工新技术及其原理

随着科学技术的迅猛发展,材料科学和加工技术也日新月异,许多材料加工新技术和新工艺不断出现,特别是以纳米材料为先行的纳米技术正在兴起。本章对一些有代表性的技术及其基本原理作一简介。

8.1　定向凝固和单晶铸造

定向凝固技术是在铸型中建立特定方向的温度梯度,使熔融合金沿着与热流相反的方向,按照要求的结晶取向进行凝固的铸造工艺。它能大幅度地提高高温合金的综合性能。

铸件中形成定向生长的柱晶组织需要两个基本条件:首先,热流向单一方向流动并垂直于生长中的固－液界面;其次,晶体生长前方熔体中没有稳定的结晶核心。为此,在工艺上必须采取措施避免侧向散热,同时在靠近固－液界面的熔体中维持较高的温度梯度。图 8.1 是目前广泛使用的定向凝固装置示意图。

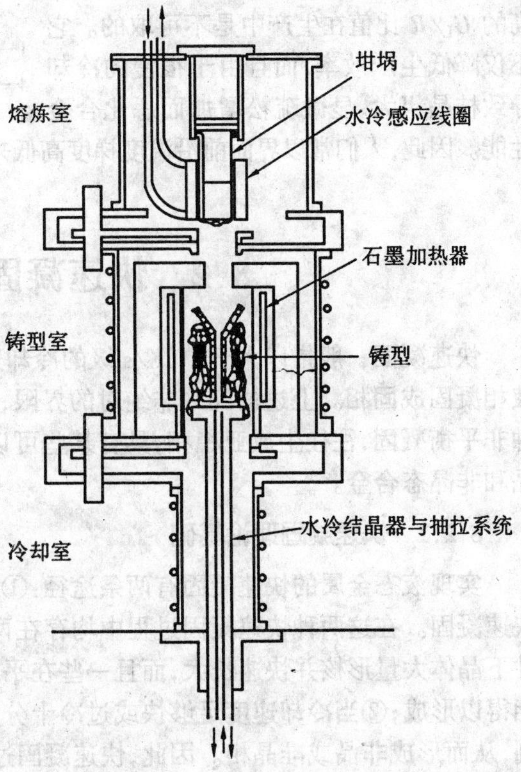

图 8.1　定向凝固炉的示意图

在严格的单向凝固过程中,除初始或最终阶段,可认为凝固是在近于稳态条件下进行的,如果合金是简单的二元固体熔体,则在稳态凝固过程中溶液中溶质沿生长方向 x 的分布应满足溶质 Laplace 方程 $D_L\frac{d^2C_L}{dx^2}+R\frac{d^2C_L}{dx^2}=0$。式中,$D_L$ 为溶液中溶质扩散系数;C_L 为固－液界面前沿溶液中溶质含量;R 为界面移动速度(即生长速度)。式中第一项为扩散流,第二项是由于界面向前推进即生长所引起的溶质变化。

引入各项凝固条件,可得“成分过冷判据”方程

$$\frac{G_L}{R} \geq \frac{-m_L C_0(1-k)}{D_L k} \tag{8.1}$$

式中 G_L 为溶液温度梯度;m_L 为该二元合金系相图中液相线斜率;C_0 为该合金溶质含量;k 为溶质分配系数,即液－固界面两侧的固－液相溶质含量之比($k = C_S/C_L$)。

对简单固熔体合金只有保持上式条件才能得到平界面生长的定向凝固组织。随 G_L/R 值的减少,平界面将失稳,形成胞状组织,继而形成枝状,最后会由于过冷的增大而完全破坏定向凝固特性,形成无明显方向的等轴晶。图 8.2 为 K_5 合金的定向凝固特性曲线,各形态区间的斜线表示 G_L/R 比值。

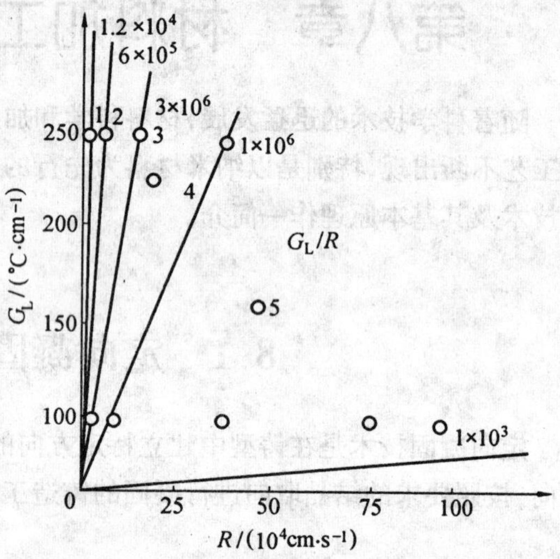

图 8.2 K_5 合金定向凝固特性

1— 平面界面 2— 平面－胞状过渡 3— 胞－胞枝过渡 4— 胞枝－枝晶过渡 5— 枝晶界面

由以上讨论可知,保证获得高质量定向组织的基本条件是保持界面前沿的高温度梯度。在高温度梯度下,才能适量增加凝固速率而不至于过分降低 G_L/R 值,破坏晶体的定向生长。以极小的凝固速率来维持高的 G_L/R 比值在生产中是不可取的。它不仅降低生产效率,而且由于很慢的冷却导致枝晶粗大,显微疏松增加而恶化合金性能。因此,人们常以界面前沿温度梯度高低来表征定向凝固技术及定向装置的发展。

8.2 快速凝固技术和材料

快速凝固一般指以大于 10^5K/s 级的冷却速度、以数 m/s 级的固－液界面前进速度使液相凝固成固相。上述情况并非绝对的界限,可根据不同材料有所变化。快速凝固是一种非平衡凝固,往往生成亚稳相,具有某些可以开发利用的特性,如制备微晶、纳米晶、准晶和非晶态合金。

8.2.1 快速凝固理论基础

实现液态金属的快速凝固有两条途径:①传统的急冷快速凝固过程;②深过冷熔体的快速凝固。在这两种快速凝固过程中均存在两种不同的凝固机制:①在急冷或深过冷条件下晶体大量形核并快速长大,而且一些在平衡或近平衡凝固条件下不可能出现的亚稳相得以形成;②当冷却速度足够快或过冷十分大时,通常情况下的晶体形核与长大受到抑制,从而形成非晶或准晶相。因此,快速凝固过程将呈现出许多与常规凝固不同的动力学特点。

快速凝固为一种非平衡凝固，增加凝固速度，平衡体系按下述箭头方向发生变化，判据也随之发生变化。

增加凝固速度 ↓

①完全扩散平衡
　无化学势梯度，相成分一致
　无温度梯度
　各相组分可应用(相图)杠杆定律计算
②局部界面平衡
　只在固－液界面处服从相图，得到相应成分和温度
　要考虑界面曲率(Gibbs－Thompson 效应)
③亚稳局部界面平衡
　稳定相不能成核或快速生长
　适用亚稳相图
④界面非平衡
　在界面处相图不适用
　界面处化学势不等
　相的自由能函数仍然可作为相变能否进行的判据
⑤远离平衡条件下的凝固
　适用耗散结构自组织理论

8.2.2 快速凝固工艺

快速凝固工艺可以粗分为三大类：①用高速气流打击金属液流，或在离心力的作用下，使之雾化变成十分细小的液滴，最后凝固成粉末；②把金属液喷到急冷板或转动的辊轮上，凝固成很薄的金属箔或丝材；③用激光或电子束熔化极薄一层金属表层，整块金属基体起到自身冷却剂的作用，也能获得很高的冷却速度，可达 $10^5 \sim 10^9$K/s，比雾化法的 $10^3 \sim 10^6$K/s 高很多。溅射急冷法的冷却速度介于上述两者之间。

获得快速凝固有三种不同途径：①在凝固前施加一个足够大的过冷，使凝固过程放出的潜热能够消散在正在凝固的熔体中。此时再辉现象使温度升高，只要过冷度等于这个温升，潜热可完全消散。凝固速度主要不决定于向周围传热，原则上溶液体积不受限制。②施加一个很高的冷却速度。用高速排热造成很大的冷却速度。③在连续凝固时施加一个很高的固－液界面前进速度。平面凝固时在一个很大的温度梯度下可使凝固速度大大提高。

(1)雾化法

一般在亚音速范围内，克服液流低的切阻，金属液流变成雾化粉末，粉末粒度分布较宽，有小于 1μm 的，也有大于 0.5mm 的。对高性能易氧化材料往往用氩气雾化法。影响粉末质量的因素有：①喷流直径；②喷口至金属液流的距离；③气压；④喷气流与金属液流的夹角；⑤过热度；⑥金属液流直径；⑦合金成分；⑧金属的热物理性能。

氩气雾化生产的粉末的气体含量较高，一般高温合金的含氧量为$(100 \sim 280) \times 10^6$。该法的冷却速度不高，在 $10^2 \sim 10^3$K/s。粉末质量不高的特征是：①有较高的气孔率，所以

密度较低;②粉末颗粒有卫星组织,即大粉末颗粒上粘了小颗粒,对性能有不良影响,粉末颗粒间的组织不一致,筛分困难,增加玷污;③粉末粒度不均匀,合格粉末收得率低,有时低到不足四分之一,因此提高了成本。

后来改用氦气不强制对流离心雾化法,使冷却速度提高到 10^5K/s。在氦气下可比在氩气下获得更大的冷却速度,一般可大一个数量级。如制备 IN100 合金粉末,气孔率低于氩气雾化法的,成分较均匀,并且树枝晶臂间距减小。

(2)液态急冷法

用这种方法,液流可以喷到辊轮的内表面,或辊轮的外表面,或板带的外表面。单辊法又可分为两种,一种是液流自由地喷射到转动的辊轮上;一种是平面流铸造法,后者是把金属液容器放得十分靠近辊轮面上,溶液同时直接接触喷口中的液流和转动的辊轮,这种办法可阻尼液流的扰动,改善条带的几何尺寸精度,反过来又保证在条带的不同部位处于相同的冷却速度,得到均匀的组织。金属液与辊轮面的接触好坏决定于外部因素(有否气层或杂质层等)或者内部因素(润湿性等)。此外喷口至轮面的距离也直接影响条带的冷却速度。一般情况下条带在接触轮的一面往往是急冷组织。

(3)束流表层急冷法

可用激光束、电子束和离子束等方法进行表面层快速熔凝,常用的是激光快速熔凝。大致可分为两类:①只改变组织结构,不改变成分,如表面上釉,表面非晶化等;②既改变成分,又改变组织结构,如表面合金化,表面喷涂后激光快速熔凝,离子注入后激光快速熔凝等。这种工艺是以很高能量密度的激光束(约 10^7W/cm^2)在很短的时间内(10^{-3} ~ 10^{-12}s)与金属交互作用,这样高的能量足以使金属表面局部区域很快加热到几千度以上,使之熔化甚至汽化,随后借助尚处于冷态的基座金属的吸热和传热作用,使很薄的表面熔化层又很快凝固,冷却速度达 10^5 ~ 10^9K/s。

8.3 纳米技术与纳米材料

纳米技术是 20 世纪 90 年代出现的一门新兴技术。它是在 0.10 ~ 100nm(1 纳米为十亿分之一米)尺度的空间内,研究电子、原子和分子运动规律和特性的崭新技术。由于纳米技术将最终使人类能够按照自己的意愿操纵单个原子和分子,以实现对微观世界的有效控制,所以被认为是对 21 世纪一系列高新技术的产生和发展有极为重要影响的一门热点学科,被世界各国列为 21 世纪的关键技术之一,并投入大量的人力物力进行研究开发。

8.3.1 纳米科学技术

纳米科学技术(Nanotechnology)是用单个原子、分子制造物质的科学技术。纳米科学技术是以许多现代先进科学技术为基础的科学技术,它是现代科学(混沌物理、量子力学、介观物理、分子生物学)和现代技术(计算机技术、微电子和扫描隧道显微镜技术、核分析技术)结合的产物。纳米科学技术又将引发一系列新的科学技术,例如纳米电子学、纳米材料学、纳米机械学等。纳米科学技术被认为是世纪之交出现的一项高科技。

8.3.2 纳米材料与纳米粒子

纳米材料(Nano Material)又称为超微颗粒材料,由纳米粒子(Nano Particle)组成。纳米粒子也叫超微颗粒,处在原子簇和宏观物体交界的过渡区域。从通常的关于微观和宏观的观点看,这样的系统既非典型的微观系统亦非典型的宏观系统,是一种典型的介观系统,它具有表面效应、小尺寸效应和宏观量子隧道效应。当人们将宏观物体细分成超微颗粒(纳米级)后,它将显示出许多奇异的特性,即它的光学、热学、电学、磁学、力学以及化学方面的性质和大块固体时相比将会有显著的不同。

8.3.3 纳米材料的制备方法

按照材料的形态,可将其分为四种,即纳米颗粒型材料、纳米固体材料、纳米薄膜材料和纳米磁性液体材料。纳米粒子的制备方法很多,可分为物理方法和化学方法。

(1)物理方法

(a)真空冷凝法

用真空蒸发、加热、高频感应等方法使原料汽化或形成等离子体,然后骤冷。其特点是纯度高、结晶组织好、粒度可控,但技术设备要求高。

(b)物理粉碎法

通过机械粉碎、电火花爆炸等方法得到纳米粒子。其特点是操作简单、成本低,但产品纯度低,颗粒分布不均匀。

(c)机械球磨法

采用球磨方法,控制适当的条件得到纯元素、合金或复合材料的纳米粒子。其特点是操作简单、成本低,但产品纯度低,颗粒分布不均匀。

(2)化学方法

(a)气相沉积法

利用金属化合物蒸气的化学反应合成纳米材料。其特点是产品纯度高,粒度分布均匀。

(b)沉淀法

把沉淀剂加入到盐溶液中反应后,经沉淀热处理得到纳米材料。其特点是简单易行,但纯度低,颗粒半径大,适合制备氧化物。

(c)水热合成法

高温高压下材料在水溶液或蒸气等流体中合成,再经分离和热处理得纳米粒子。其特点是纯度高,分散性好,粒度易控制。

(d)溶胶-凝胶法

金属化合物经溶液、溶胶、凝胶而固化,再经低温热处理而生成纳米粒子。其特点是反应物种多,产物颗粒均一,过程易控制,适于氧化物和Ⅱ~Ⅵ族化合物的制备。

(e)微乳液法

两种互不相溶的溶剂在表面活性剂的作用下形成乳液,经成核、聚结、团聚、热处理后得纳米粒子。其特点是粒子的单分散和界面性好,Ⅱ~Ⅵ族半导体纳米粒子多用此法制备。

8.4 氧化物弥散强化与机械合金化

氧化物弥散强化(ODS)是一种将超细氧化物质点非常均匀地引入金属或合金中使其强化的方法。机械合金化(MA)是在冷态下,组成元素的金属粉末通过反复变形冷焊、剥落并伴有扩散,最终达到合金化,是使人工加入的第二相高度均匀分散的先进粉末冶金工艺。MA 是实现 ODS 的最有效的手段。

1970 年发明 MA 工艺后,因 MA 工艺可制备非常规的固溶体,一系列多种强化方式相结合的高温合金(Superalloy)由此而生。不仅如此,MA 在研制非晶、功能材料及纳米晶(Nano Crystal)方面初露锋芒。

8.4.1 氧化物弥散强化的特点

ODS 合金中作为弥散强化相的氧化物是用特殊粉末冶金方法引入金属基体,它具有热力学及化学稳定性、理想的形貌、极小的尺寸、足够的数量、极好的弥散度。这种经过选择和精制的氧化物质点几乎在接近基体熔点时也不溶解,因而在高温下仍不失其强化作用。此外,一般固溶体强化时,随着大量强化元素加入基体金属,合金的熔点会有明显下降,某些电导材料的电导率也因加入合金而大大降低。而 ODS 合金没有这些缺点,而且还带来晶粒细化、加工纤维结构和织构等特性。

8.4.2 机械合金化的原理和机制

两种以上的金属粉末和中间合金在高能球磨中球磨一定时间后便可得到合金粉末。MA 过程的机制可作如下描述:塑性金属粉末在球的辗压、冲击下发生形变并以十分纯净的表面彼此接近到原子作用力的距离,于是在球表面产生冷焊层。与此同时,脆性粉末被破碎,与超细氧化物质点一起被挤进冷焊层。一定厚度的冷焊层由于不断的加工硬化又从球表面脱落,接着被破碎、冷焊。如此反复并伴随扩散过程,最终达到合金化,MA 过程的示意图如图 8.3 所示。扩散激活能非常高的氧化物与金属不能进行互扩散,只能机械地被镶嵌在基体中且非常弥散。

8.4.3 对氧化物弥散相的要求及 ODS 合金的制备方法

1.ODS 合金的弥散强化相应具备的条件

(1)热力学稳定性能。这是高温下使用的首要条件,常用形成自由能来衡量,自由能越高,高温下越稳定。形成自由能最高的一类有钇、钙、稀土、铍、钍、镁、铝的氧化物。CaO、ThO_2、BeO 分别由于潮解、放射性以及有毒被放弃使用。常用的氧化物弥散相是 Y_2O_3,而 Al_2O_3 自由能虽低于 Y_2O_3,但因价格低廉也常被选用在工作温度稍低的合金中。

(2)高的化学稳定性。保证在使用时不分解,不与基体有化学反应。

(3)极细的粒度。一般认为质点小于 $0.1\mu m$ 才宜作弥散相。

(4)低的相界面能。相界面能反映高温下氧化物质点发生聚集的可能性和速度,在一定大小的原始粒度下进行一定量的聚集所需的时间与界面能成反比。上述氧化物都有很

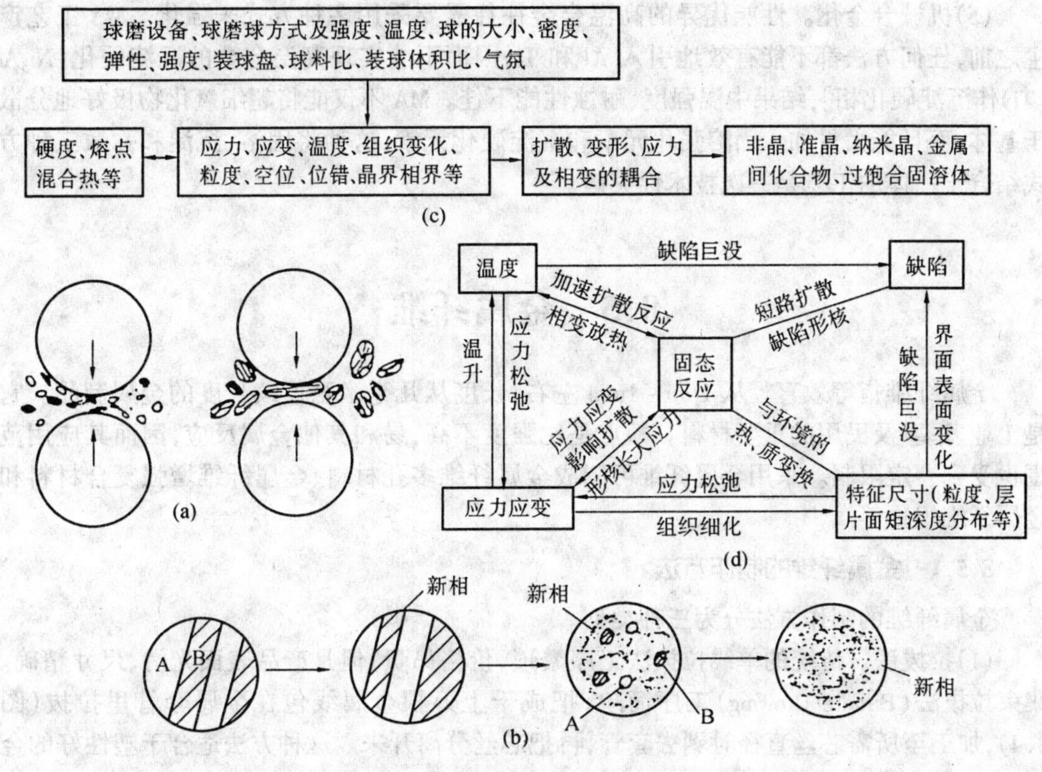

图 8.3 机械合金化过程示意图

低的界面能，Y_2O_3 和 ThO_2 发生聚集的温度皆在 1 300℃以上。

(5)无晶型的转变。合金在高温使用时如果弥散相发生相变，即由于体积变化，则影响与基体的结合强度，造成合金内部的显微缺陷。

2.ODS 合金的制备方法

欲将符合弥散相条件的少量超细的、相对密度小的氧化物十分均匀地引入金属基体中，熔炼法几乎是不可能的。长期以来所探索的各种制备方法皆为粉末冶金方法。ODS 合金的种类和性能很大程度上取决于制备工艺，一些有代表性工艺有：

(1)粉末烧结法(SAP)。用细(Al)粉末热压、烧结，再用挤压锻造方法制成氧化物(Al_2O_3)弥散强化(Al)合金。由于细(Al)粉表面极易氧化，表面氧化膜在多次加工时被破碎并分布于基体中。

(2)机械混合法。将金属粉末和氧化物粉在普通球磨机中进行长时间混合，经压制烧结、机械加工而成。

(3)内氧化法。利用几种金属的固溶体中含量较少并对氧有很大亲和力的金属与扩散进入固体的氧形成氧化物质点，从而产生均匀细小的弥散相。

(4)共沉淀法。将合金组成元素的可溶性盐制成混合水溶液，然后与沉淀剂反应生成沉淀物，经洗涤、干燥、分解还原成金属粉末。不能还原的氧化物留作弥散强化相，然后用一般粉末冶金工艺加工成型。此法能获得含有超细弥散氧化物的混合粉末，曾受到很大重视，著名的 TD－Ni、TD－Ni－Cr、TD－Ni－Cr－Mo 就是用共沉淀法生产的。

(5)机械合金化。性能优异的高温合金往往需要采用多种方式来强化。MA 工艺产生之前,任何方法都不能有效地引入 Al 和 Ti,因而不能实现高温合金的沉淀硬化[Ni_3Al(Ti)作沉淀硬化相],结果中温强度、耐蚀性能不佳。MA 不仅能将超细氧化物极好地分散于基体,而且能大量加入固溶强化元素和沉淀硬化元素,这种将固溶、沉淀和弥散三种方式结合于一体的工艺是一次技术性突破。

8.5 金属纤维

金属纤维指等效直径从 1μm ~ 1mm 左右,长度从几毫米至连续长度的金属制品。它是工业、军事及民用的重要材料。缺点是比强度不高,易和其他金属反应,因而其应用范围也受到一定限制。采用金属纤维可制成金属纤维多孔材料、金属纤维增强复合材料和金属纤维织物等。

8.5.1 金属纤维的制作方法

金属纤维的制作方法分为三种类型。

(1)拉拔法。传统的单线拉拔法工序繁琐,价格昂贵,但是产品表面光滑、尺寸精确。集束拉拔法(Bundle Drowing)工序简单,把成千上万根金属线包在金属套管里拉拔(图 8.4),加工至所需芯丝直径时剥去套管,再把芯丝分离开来。这种方法适合于塑性好的金属,生产效率高,成本低,能制作出直径 4μm 的长纤维。

(2)切削法。用刃具将金属切削成纤维屑。方法简单,成本低,但纤维表面不光,直径不均匀。主要用来生产短纤维。振动切削法(Chatter Machining)的原理见图 8.5。在切削过程中刃具产生自激振动,振动频率 500 ~ 5000Hz,每振动一个周期切削出一根纤维,纤维直径随振动频率改变,最小等效直径(折合成与横截面积相等的圆形直径)可达 20μm,长 0.5 ~ 20mm,截面呈扁平状。切削纤维的其他方法还有剃削法(Shaving)、拉削法(Brouching)和磨削法(Grinding)。

(3)熔抽法。从液态金属直接制成纤维的方法,如图 8.6。生产成本低,但需要有专门的装置。熔抽法制取金属纤维的关键是如何使液流稳定和加快凝固过程。熔抽法还可能获得非晶态。

图 8.4 集束拉拔法

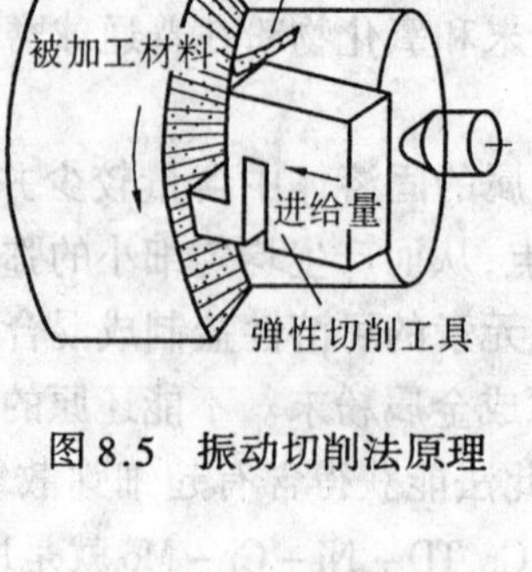

图 8.5 振动切削法原理

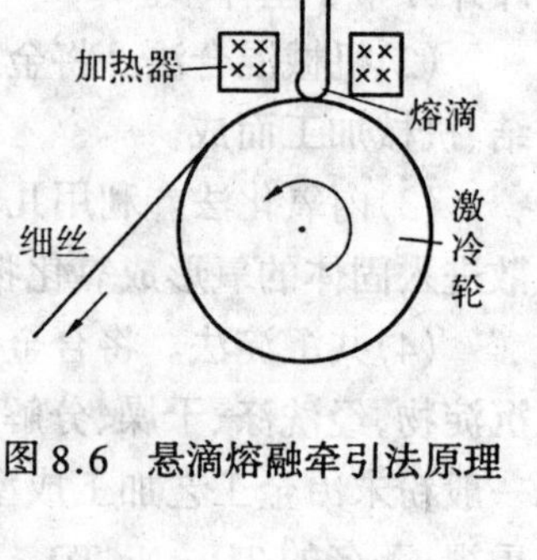

图 8.6 悬滴熔融牵引法原理

8.5.2 金属纤维的性能

金属纤维的性能不仅与成分有关,而且与工艺方法有关。铍的比强度很高,几乎可以和碳纤维相比。镍及不锈钢纤维在氧化性气氛中的热稳定性好并且耐化学腐蚀。钛耐潮湿的氯气环境。钽、铌及其合金的比强度较高,塑性好,耐酸性强。钨、钼合金的强度及模量都较高。铜、铝、铁具有高的电导性和热导性。集束拉伸纤维和切削纤维的表面粗糙,容易与周围材料咬合以提高工件的整体性能。熔抽纤维一般为铸态组织,机械性能较差。纤维越细比表面越大,在高频导电和催化应用中显示出优越性。杂质尺寸大到与纤维直径可比的程度时会严重影响其机械性能。

8.6 表面改性

有时也称表面优化,是借助离子束、激光、等离子体等新技术手段,改变材料表面及近表面的组分、结构与性质,从而获得用传统的冶金和表面处理技术无法得到的新薄层材料,或者使传统材料具有更好的功能。

现代先进的材料表面改性技术,种类很多,发展非常快,主要包括如下几类:①离子注入;②物理气相沉积;③化学气相沉积;④等离子体化学气相沉积;⑤激光表面改性。

8.6.1 离子注入和离子束沉积

(1)离子注入。在真空中离化气体或固体蒸气源,由引出系统引出离子束,将其加速至数 keV 到数百 keV 后,直接注入到靶室内的固体材料,形成一定深度的离子注入层,改变表层材料的结构和组分,达到改善力学性能和物理化学性能的目的。

(2)离子束沉积。离子束沉积有两种不同的工作方式,一种称为一次离子束沉积,即离子束由需要沉积薄膜材料的元素组成,并以低的能量(约$\leq$100eV)直接沉积到基体上,可以单原子离子或以离子团束的形式进行沉积(图 8.7(a))。另一种称二次离子束沉积,或叫离子束溅射沉积。这种方式中,离子束一般是惰性气体,或是反应性气体,能量较高(数百至数千 eV),离子束打到靶上,靶由要求沉积的材料组成,离子使靶材料溅射后沉积到基体上(图 8.7(b))。

离子束增强沉积(IBED)是一种将离子注入和薄膜沉积两者融为一体的材料表面改性新技术。通常是在基体材料上沉积薄膜的同时,用数十 eV 到数十 keV 能量的离子束进行轰击,利用沉积原子和注入离子间一系列的物理和化学作用,在基体上形成具有特定性能的化合物薄膜(图 8.8)。

8.6.2 物理气相沉积

物理气相沉积是蒸发镀膜、溅射沉积和离子镀等物理方法的总称,其基本过程包括三个步骤:用热蒸发或载能束轰击靶材等方式产生气相镀料;气相镀料在真空中向待镀基片输送;气相镀料沉积在基片上形成膜层。

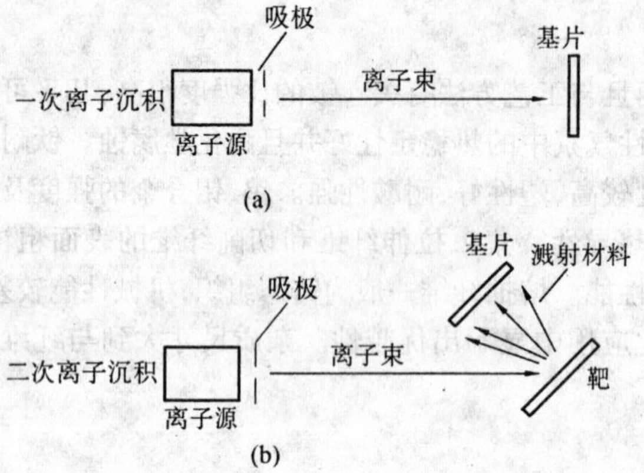

图 8.7　离子束沉积示意图
(a)一次离子束沉　(b)二次离子束沉积

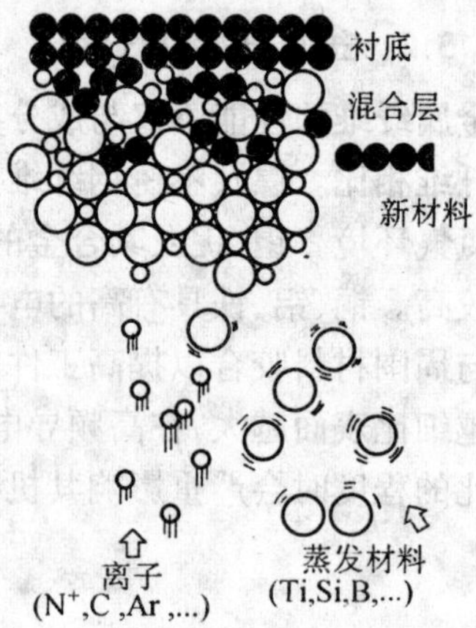

图 8.8　离子束增强沉积原理示意图

(1)蒸发镀膜。利用电阻加热、高频加热、载能束(电子束、激光束等)轰击,使镀料转化为气相达到沉积的目的。蒸发镀膜通常用于镀制对膜层与基片结合强度要求不高的某些功能膜。

(2)溅射沉积。这种方法以离子轰击靶材料,使其溅射并沉积在基体材料上。离子来源于气体放电,主要是辉光放电。溅射沉积有多种方式,其中包括二极溅射、三极或四极溅射、磁控溅射、射频溅射及反应溅射等技术。

磁控溅射是利用正交电场与磁场的磁控管放电,在靶附近造成一个高密度的等离子区,使其流过大的离子流,从而实现大功率化,提高溅射沉积的效率。但用该方法制备化学剂量比可控的多组元薄膜相当困难,主要原因是每个组分的蒸气压不同,使得膜的成分不同于靶材。为分别控制多组元各自的溅射速率,又发展了多靶直流磁控溅射装置,如图 8.9。

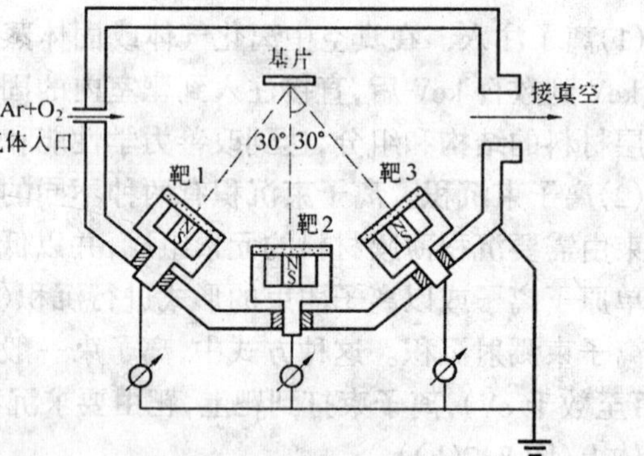

图 8.9　多靶直流磁控反应共溅射装置示意图

射频溅射是应绝缘物体的溅射需要而产生的。射频是指无线电波发射范围的频率,为了避免干扰电台工作,溅射专用频率规定为 13.56MHz。如果用直流电源溅射绝缘体,则绝缘物体的表面将被流入的带正电荷的离子所覆盖,使表面电位与等离子区的电位相等,从而使放电停止,溅射也就停止了。利用高频电源后,高频电流可以流过由绝缘体两面之间形成的电容,可用于 SiO_2、Al_2O_3 等绝缘物体的溅射。

反应溅射有两种。在第一种反应溅射中,靶是一定纯度的金属、合金或是一种混合物,这种混合物在溅射过程中与反应气体合成一种化合物;反应气体可以是纯的,或者是一种惰性气体的混合物。第二种反应溅射使用化合物靶,这种靶在随后的惰性气体离子轰击过程中发生化学分解,使膜内缺少一种或多种成分,在此情况下,需增加一种反应性气体,以补偿损失的成分。

(3)离子镀。离子镀是在镀膜的同时,采用载能离子轰击基片表面和膜层的镀膜技术。已开发了多种离子镀技术,包括空心阴极离子镀、多弧离子镀,还包括上述的离子束增强沉积等。

空心阴极离子镀由弧光放电产生等离子体,阴极是一个钽管,阳极是镀料。弧光放电时,电子轰击镀料,使其熔化而实现蒸发镀膜。蒸镀时,基片加上负偏压即可从等离子体中吸引出离子向自身轰击,从而实现离子镀。此法广泛用于镀制 TiN 超硬膜,镀 TiN 膜的高速钢刃具可提高使用寿命 3 倍以上。

多弧离子镀的阴极由电镀料靶材制成,电弧的引燃是依靠引弧阳极与阴极的触发,弧光放电仅仅在靶材表面的一个或几个密集的弧斑处进行。弧斑所在之处,靶材迅速汽化,产生大量蒸气喷出,弧斑的移动使靶材均匀消耗,以喷射蒸发的方式成膜。尽管弧斑的温度很高,但由于整个靶材加以水冷,温度只有 50~200℃,所以是冷阴极多弧放电。

电弧等离子镀在材料表面改性方面有广泛的应用,如在金属基体表面镀上一层美观、耐蚀、牢固的 Ti 及 TiN 涂层,有非常好的装饰效果。又如在涡轮机叶片上镀防热腐蚀膜,可延长叶片使用寿命。

8.6.3 化学气相沉积

化学气相沉积是近十多年发展起来的薄膜沉积新技术。这种技术是利用气态物质在一固体上进行化学反应,生成固态沉积物的过程。

化学气相沉积所用的反应体系要符合一些基本要求:①能够形成所需要的材料沉积层或材料层的组合,其他反应产物均易挥发;②反应剂在室温下最好是气态,或者在不太高的温度下有相当的蒸气压,容易获得高纯度;③沉积装置简单,操作方便,工艺上具有重现性,适于批量生产,成本低廉。

化学气相沉积的基本过程是:①反应剂被携带气体引入反应器后,在基体材料表面附近形成"边界层",然后,在主气流中的反应剂越过边界层扩散到材料表面;③反应剂被吸附在基体材料表面,并进行化学反应;③化学反应生成的固态物质,即所需要的沉积物,在材料表面成核、生长成薄膜;④反应后的气相产物,离开基体材料表面,扩散回边界层,并随输运气体排出反应室。

化学气相沉积的方法很多,包括常压化学气相沉积、低压化学气相沉积(LPCVD)、激光化学气相沉积(LCVD)、金属有机化合物化学气相沉积(MOCVD)等。

8.6.4 等离子体化学气相沉积

等离子体化学气相沉积又称等离子体增强化学气相沉积(Plasma Enhanced Chemical Vapor Deposition),是 20 世纪 70 年代发展起来的新型镀膜技术,这种工艺是辉光放电的物理过程和化学气相沉积的结合。

使低压气体分子受激电离直到在基体上形成稳定的固体膜,可分为四个阶段:①放电过程。即用低压气体作为产生辉光放电的媒介,外加电场提供足够能量,产生等离子体;②等离子体的输运过程。这是一个质量、能量、动量和电荷的交换过程,存在扩散、热传导、粘滞运动和导电现象;③激活过程。伴随气体放电和等离子体输运过程,气相物质被激活;④反应过程。等离子体中存在的大量高能电子作用于反应剂分子,使分子键断裂产生多级的自由基,异质自由基的结合在基体表面发生化学反应并沉积薄膜。

8.7 金属雾化喷射沉积

金属雾化喷射沉积技术,简称喷射成型(Spray Forming)、喷射沉积(Spray Deposition)或喷射凝铸(Spray Casting),此外还可称液态金属动态固结(Liquid Dynamic Compaction,LDC)和 CSD(Control Spray Deposition)等。商业上则通称 Osprey Process。这一技术包括金属熔化、雾化和沉积三个工艺过程。即将金属熔化成液态金属后,雾化为熔滴颗粒,随即直接沉积在具有一定形状的收集器上,从而获得大块整体致密度达到理论密度 99% 的金属实体。这一过程全部在一个密闭的炉体内完成。采用喷射成型方法可制备 Al 合金及其复合材料、高温合金及金属间化合物等。

8.7.1 喷射成型的基本原理

液态金属雾化和直接沉积技术的核心,是雾化熔滴的沉积和凝固结晶。这是在极短时间内发生和完成的一种动态过程。图 8.10 表示出喷射沉积的凝固结晶模型。喷射成型的特征在于:

(1)液态金属气体雾化的熔滴尺寸呈非对称的统计分布,随着合金性质、喷嘴几何尺寸和雾化参数的变化,颗粒尺寸分布可以有很大的不同。一般在 10~300μm 之间,多数集中在 75~150μm 范围。气体雾化时对流传热起主导作用,其换热系数和冷却速度均可由一定的解析式给出。在一定的有效换热系数(即一定的合金和雾化条件)下,熔滴的冷速主要取决于颗粒的大小。对于 < 5μm 的颗粒,冷速 $T \approx 10^6 K\cdot s^{-1}$,而 300$\mu$m 的大颗粒 $T \approx 10^3 K\cdot s^{-1}$。显然大小颗粒的凝固结晶状态是不一样的。雾化后的颗粒

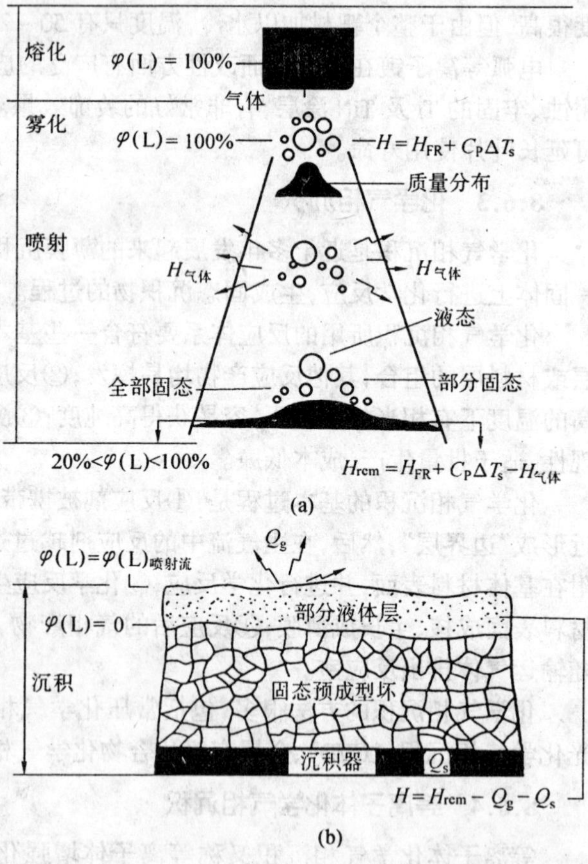

图 8.10 喷射沉积过程中雾化(a)和沉积(b)的物理与热状态示意图

C_P—比热 FR—凝固区间 H—焓

φ(L)—液体体积分效 Q—散失的热量 rem—剩余

T—温度 ΔT_s—过热

到达沉积表面的状态，是了解和控制喷射沉积过程的关键。从凝固结晶的角度分析，可大致按大、中、小三种颗粒尺寸来讨论。小于某一临界尺寸 d_c 的颗粒已经完全凝结为固态粉末，大的则可能仍为液态。而对于大多数中间尺寸的颗粒，则仍含有不同比例固相的过冷熔滴，处于半凝固状态。

(2)雾化沉积后凝固成大尺寸整块致密件的过程，是在特定条件下的一个凝固过程。基本特点是，在沉积表面形成一层极薄而又有适当厚度的部分液态金属层，大块致密件的形成则是这一薄层部分液态金属的凝固推进。若沉积的熔滴在到达沉积表面之前已经凝固，这时只能得到雾化的粉末，不可能沉积成致密的整块固体。相反，当沉积熔滴全是液态的大颗粒，则沉积表面将形成一层很厚的液态金属，其凝固类似于顺序结晶的铸锭，原则上接近于一般铸造。介于这两种情况之间，沉积颗粒仍含有一定比例的液相，则在沉积表面形成含有部分凝固颗粒的部分液态层。

8.7.2 喷射沉积工艺流程

喷射沉积可以得到棒、饼(或盘)、管(或环)、板和带的预成型坯，再经过相应的热加工成为最终产品。喷射沉积装置本身由熔炼部分、雾化沉积室、气源及控制系统和沉积过程控制台等部分组成。雾化沉积室中关键部件是气体雾化用的喷嘴以及沉积雾化颗粒用的预成型的沉积收集器及控制其运动的机械部分。图 8.11 所示为带状类产品的喷射沉积室。生产管状产品的喷射成型室还可用来生产环坯、双金属管子及对管子外表面进行涂层。生产板和带的炉体除可直接得到薄板及带以外，还可以生产多层金属板及涂层板；生产棒及盘的炉体上可以装上喷粉的装置，以生产复合材料棒及盘。喷射装置分两大类，一类通常只限于生产铁、钴、镍、铜等常规合金；另一类则可以生产铝、钛、镁等活泼金属，这一类炉体复杂很多，可以保证活泼金属能很好熔化，得到均匀的液态金属和不发生安全事故。喷射沉积装置要得到优质的产品，必须保证沉积均匀，为此采用多喷嘴或改变喷射雾化颗粒流向的方法，这是一种有效的措施。预计将会按照最终产品形状及规格，设计出更多不同形式的新型炉体来，以生产出形状复杂且由复杂材料制成的接近零件实际形状的产品。

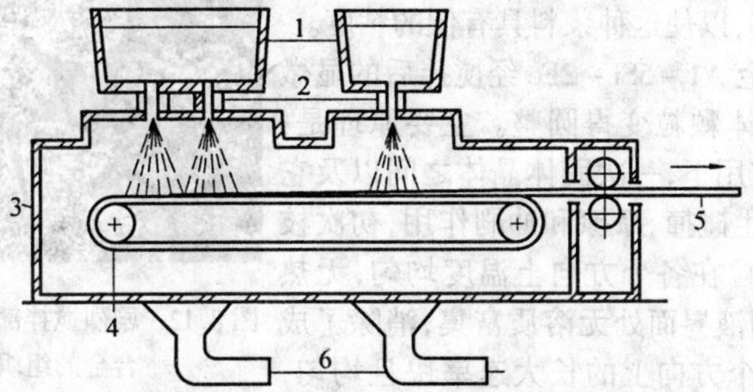

图 8.11　带状类产品的多喷嘴沉积室示意图

1—中间包　2—气体雾化品　3—喷雾室

4—沉积接受带　5—产品　6—废气

喷射沉积技术所制的不锈钢、工具钢和高强度低合金结构钢、高合金铸铁，耐磨、精密合金，高温合金以及铝、镁、钛等轻合金的组织和性能都得到改善。

8.8 金属半固态加工

在金属凝固过程中，进行剧烈搅拌，或控制温度在固液态温度区间，得到一种液态金属母液中均匀地悬浮着一定固相组分的固液混合浆料(固相组分甚至可高达60w%)，这种半固态的金属浆料具有某种流变特性，采用这种既非完全液态，又非完全固态的金属浆料加工成型的方法，称为金属的半固态加工。对流变机理的研究开拓了金属流变学这一全新的学科，相应工艺和装备的开发，使这项技术进入生产阶段，逐渐成为金属加工领域的综合学科。

8.8.1 金属流变学基础

流变学是研究固体、液体和固－液混合体的流动、变形规律的物理力学的分支学科。在流变学中，物体的流变性能可用三种基本模型来描述：弹性体(又称虎克体，H)、粘性体(又称牛顿体，N)和塑性体(又称圣维南体，S)。复杂的流变性能均由这三种模型串、并联构成，如麦克斯韦体(Maxwell Body)，其流变性能可用虎克体和牛顿体串联模型来表示，在流动变形过程中表现出应力松弛的特征。

一般认为，完全液态的金属具有牛顿体的流变性能；凝固后的金属可认为是虎克体或圣维南体或兼有二者的流变性能；而在金属凝固期间为固－液混合体，可通过测量其应力－应变曲线，然后用数学方法解析出具体的流变特性，如枝晶被破碎的半固态合金具有流变学中宾汉体(Bingham Body)的特征。

8.8.2 半固态加工的基本原理

当剧烈搅拌正在凝固的金属液时，随着温度的下降，金属液中的固体组分不断增加，甚至固相组分达50w%时，仍具有很好的流动性。这是因为固相组分呈微细球状质点均匀地悬浮在金属母液中，而不呈树枝状骨架，以使这种浆料具有低的粘度。

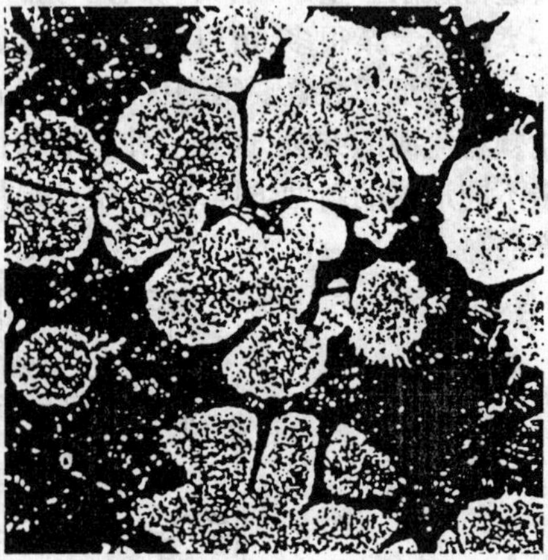

图8.12 剧烈搅拌部分凝固 Al－5Si－2Fe 合金的组织

图8.12是合金 A1－5Si－2Fe 经搅拌后的显微组织，可见一次固体颗粒变得圆整。主要原理是：在搅拌的剪切力作用下，一次固体晶体之间以及它们与液体之间，发生碰撞、摩擦和冲刷作用，初次枝晶被打碎，固相颗粒在各个方向上温度均匀，无热流方向性；此外，固液界面处无溶质富集，消除了成分过冷，晶体在各个方向上的长大速率快且均匀，成为圆整的颗粒状。这种结构类似砂浆，具有良好的流动性。

8.8.3 半固态加工工艺

(1)金属浆料的制备

目前主要方法是熔体搅拌法。常用的搅拌方法有三种：①机械搅拌法。此法使用最广。②电磁搅拌法。在控制温度条件下，通过电磁力使正在凝固的金属液产生涡流运动，

在控制温度条件下，通过电磁力使正在凝固的金属液产生涡流运动，制备半固态合金。③紊流效应法。让金属液通过特制的多流装置，使金属液的流动产生紊流效应打碎枝晶，从而获得流变金属浆料。

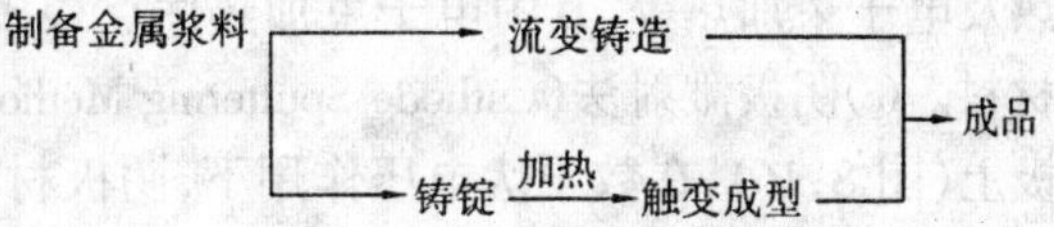

图 8.13　主要工艺流程示意图

此外，制作金属浆料还可采用：①粉末法。将金属粉末混合、压块，再加热使一种粉末熔化或不同成分粉末相互扩散形成合金熔化而得到液相，形成固－液混合金属浆料，如用此法制作 Ti－20Co，冷却后再加热可以触变成型。②再结晶法。大变形后的铝合金（如 Al－6Si）加热到固相线以上的温度，则发生再结晶并使共晶区熔化，得到金属浆料。③喷射成型（Osprey）。坯料加热到局部熔化时也可得到金属浆料。

(2)半固态铸造

方法有：①流变铸造。将搅拌制造的金属浆料直接铸造或压铸出零件，由于金属浆料具有良好的流动性，可以制造尺寸精确、形状复杂的没有内部孔隙的高质量铸件。②触变铸造。把流变铸造的锭料，先按铸件重量进行分割，然后重新将每块锭料加热到固液温度，在压射室中直接成型。③半固态成型。用流变铸造的铸锭重新加热到固液相之间的温度，可以直接挤压和锻造零件，一般称为触变挤压和触变锻造。实践证明，由于具有触变性，铸坯在成型后期具有明显的超塑效应和充填性能，变形抗力小，并可以在较高速度下变形，是一种很有前途的加工方法。从变形机理分析，其变形过程是一个从塑性变形到超塑性变形的过程。（注：触变性是指半固态金属的表观粘度在一定剪切速率下随时间延长而逐步下降的特性。）

8.9　晶体生长技术

8.9.1　气相生长

1.物理气相沉积

这种技术的基本原则是用物理凝聚的方法将多晶原料经过气相转化为单晶体。常用的方法有三种：①升华－凝结法，如图 8.14。图(a)所示为闭管体系。料源在热区被加热升华后在冷区凝结为晶体。图(b)所示为开管体系。热区升华的分子被惰性气体（载体）带到冷区凝结成晶体。Cd、Zn、CdS、ZnS、SiC 等均可用此法制得单晶。②分子束法（Molecular Beam Method）。该法又称为分子束外延（Molecular Beam Epitaxy, MBE）法，其单源多衬底装置示于图 8.15。真空中加热的料源发射出的原子或分子，按照几何光学定律射向衬底，形成外延单晶薄膜。料源的加热方式有电阻加热、感应加热、辐射

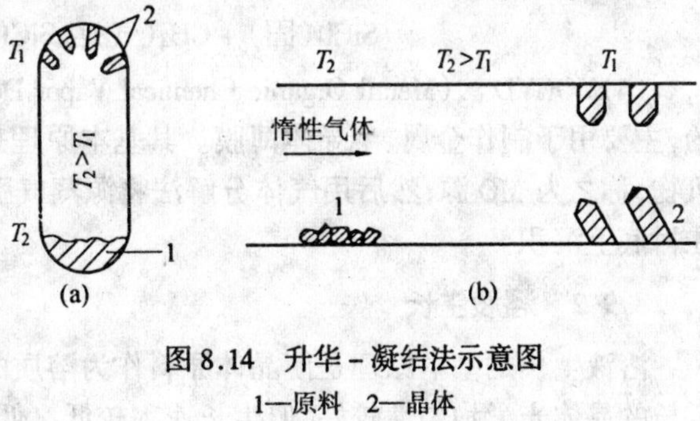

图 8.14　升华－凝结法示意图

1—原料　2—晶体

加热及电子束加热等，其中电子束加热优点最多。分子束法也常用以生长金属膜和半导体材料。③阴极溅射法(Cathode Sputtering Method)。将欲溅射的物质制成阴极，衬底放在阳极上(图8.16)，在数千伏电压作用下，阴极材料溅射到衬底，形成多晶薄膜。该技术常用于金属膜制备。

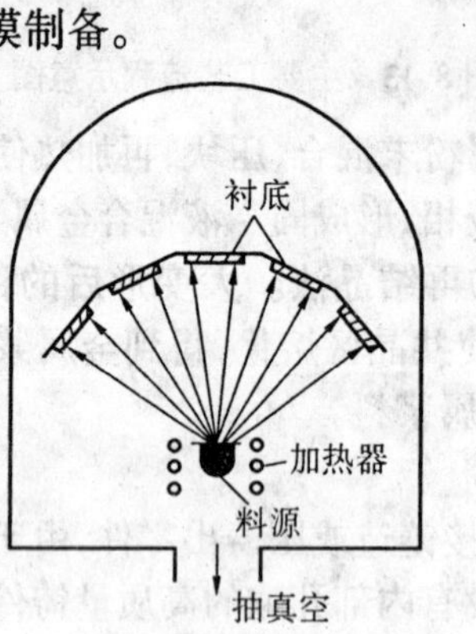

图8.15　分子束法示意图

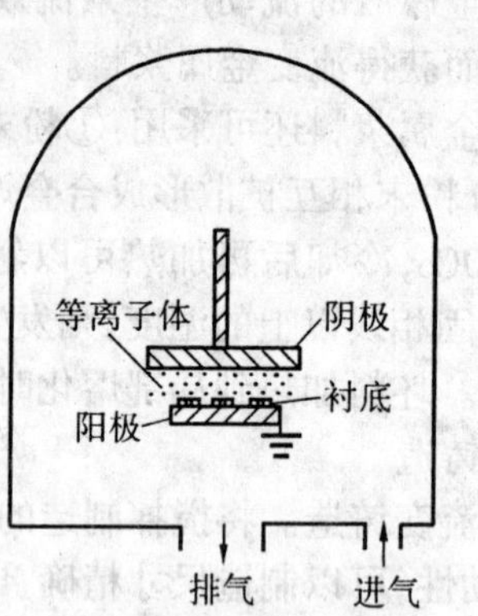

图8.16　阴极溅射示意图

2.化学气相沉积

化学气相沉积过程伴有化学反应。常用的方法有四种。

(1)化学传输法(Chemical Transport Method)。该法的原理是料源(液态或固态)与另一种物质(气态)在源区(高温)相互作用形成气态化合物，然后被输送到生长区(低温)，并在此分解。料源物质被析出，成为结晶营养料。

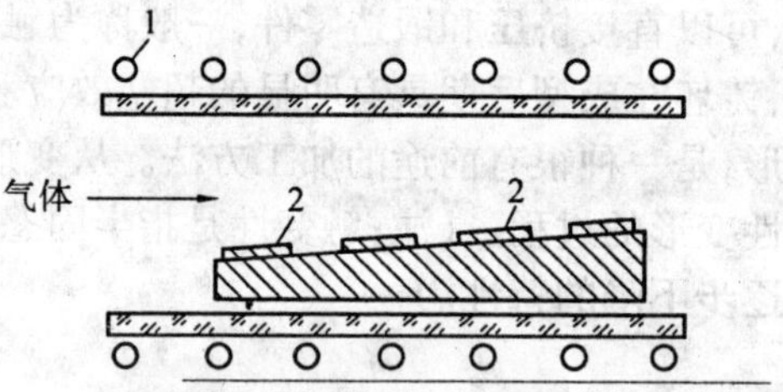

图8.17　气体分解法示意

1—加热器　2—衬底

(2)气体分解法(Vapor Decomposition Method)。将挥发性的化合物引入图8.17所示的结晶区，在气态还原剂或其他因素作用下，化合物被分解，析出的结晶物质在衬底上生长。例如用此法生长单晶Si，反应式为

$$SiCl_4(\text{固}) + 2H_2(\text{气}) \Leftrightarrow Si(\text{固}) + 4HCl(\text{气}) \tag{8.2}$$

(3)气体合成法(Vapor Synthesis Method)。此法的基本原理是在结晶区内使两种气体直接反应，生成晶体化合物。如制备SiC，反应式为

$$SiCl_4(\text{固}) + CH_4(\text{气}) \Leftrightarrow SiC(\text{固}) + 4HCl(\text{气}) \tag{8.3}$$

(4)MOCVD法(Metall Organic Chemical Vapor Deposition Method)。该法是近年发展起来的，主要用于制作金属、半导体薄膜。其基本原理是先将欲生长物质制成易挥发的金属有机物，称之为MO源；然后用气体分解法将源蒸气引入结晶室，令其分解析出生长营养料，在衬底上沉积。

8.9.2　溶液生长

溶液生长的基本原理是使晶体原料作为溶质的过饱和溶液而发生的结晶过程。该法生长的晶体光学均匀性较好，但生长速率较低。低温溶液生长方法有：

(1)变温法

变温法分降温法和升温法两种。具有较大正溶解度温度系数的材料用前者，负系数的用后者。图 8.18 是变温法装置示意图。在饱和溶液中放入晶种，以一定速率降低溶液温度，使溶液过饱和，进而析出结晶营养料使晶体得以生长。

(2)流动法

流动法生长晶体的装置如图 8.19 所示。

8.9.3 熔体生长

其基本原理是将欲生长晶体的原料熔化，在一定温度下使之凝固，转变成单晶。熔体生长包括子晶提拉法、坩埚下降法与热交换法、泡生法和焰熔法。

8.9.4 固相生长

有实际意义的固相生长技术主要有应变退火法、烧结法和多形体相应法。应变退火法是用机械加工或淬火方式增大材料应力，然后缓慢降温使其取向性增强，单晶颗粒度变大。它多用于金属材料。烧结法是加热预先压实的多晶体，使其晶粒长大，有时同时进行压缩与烧结，称为热压技术。该法常用于氧化物材料，如 MgO、Al_2O_3、$ZnWO_4$ 等。

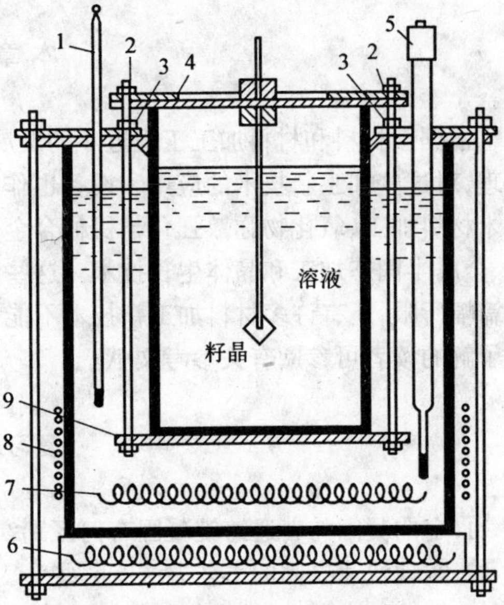

图 8.18　变温法示意图

1—温度计　2,3—固定螺丝　4—罩板　5—导电表　6,7,8—加热器　9—固定支架

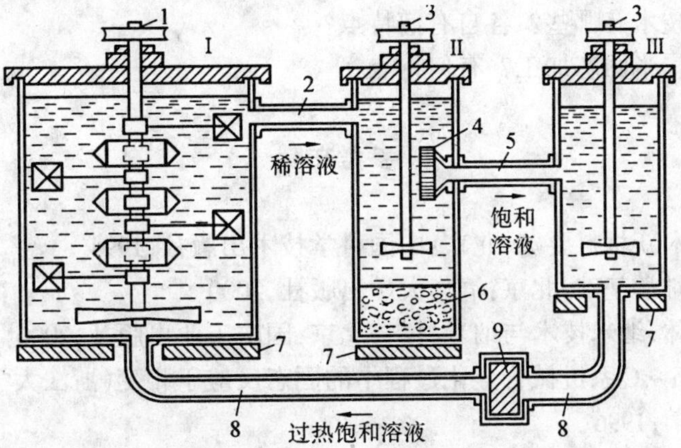

图 8.19　流动法示意

Ⅰ—生长槽　Ⅱ—饱和槽　Ⅲ—过热槽　1—子晶杆　2,5,8—连接管　3—搅拌器　4—过滤器　6—营养料　7—底座　9—泵

本章小结

根据新材料和材料加工工程近年的发展,本章介绍了一些材料加工新技术及其基本原理,对这些加工新技术的应用和设备也作了简单阐述。内容包括定向凝固、快速凝固、纳米材料加工、氧化物弥散强化与机械合金化、金属纤维加工、表面改性、金属雾化喷射沉积、金属半固态加工和晶体生长技术。这些新技术大多是从传统加工方法发展起来的,由于篇幅所限,还有许多材料加工新技术不能在此一一介绍。对此有兴趣和需要进一步加深了解的读者可参阅有关参考文献。

复习思考题

1.定向凝固与普通铸锭凝固有何区别?在什么条件下可获得定向凝固组织?

2.实现快速凝固的工艺方法有哪些?

3.简述纳米技术、纳米材料和纳米粒子的制备方法。

4.什么是ODS合金?简述机械合金化的加工过程。

5.简述物理气相沉积和化学气相沉积的原理和过程。

6.什么是喷射成型?简述其工艺过程。

7.晶体生长技术有哪些?各自有何特点?

8.什么叫金属半固态加工?有何特点?

参考文献

1 曾汉民.高技术新材料要览.北京:中国科学技术出版社,1994

2 潘金生.材料科学基础.北京:清华大学出版社,2000

3 张志琨,崔作林.纳米技术与纳米材料.北京:国防工业出版社,2000

4 吴年强.Al-Ti-C系机械合金化过程中的固态反应于相变(浙江大学博士学位论文).杭州:浙江大学,1996

5 孟广耀.化学气相沉积与无机新材料.北京:科学出版社,1984

6 李恒德,肖纪美.材料表面与界面.北京:清华大学出版社,1990